# 矿井通风与安全

王 刚 主编
孙路路 于海明
陈 建 徐 浩 副主编

清华大学出版社
北京

## 内 容 简 介

本书是根据"矿井通风与安全"课程的教学大纲编写而成,全书共11章。书中系统讲述了矿井空气的成分、性质、变化规律,矿井风流的能量变化规律与测算,矿井通风阻力类型、通风动力、通风网络与风量调节,矿井与采区通风系统的类型与设计,矿井空气加热、降温方法等,以及煤矿瓦斯、火灾、矿尘灾害的防治理论和技术。

本书可作为全日制高校采矿专业和煤炭成人高校教学用书,也可供从事矿业生产、建设、科研和设计部门的工程技术和管理人员参考。

版权所有,侵权必究。举报: 010-62782989, beiqinquan@tup.tsinghua.edu.cn。

### 图书在版编目(CIP)数据

矿井通风与安全 / 王刚主编. -- 北京 : 清华大学出版社, 2024. 12. -- ISBN 978-7-302-67491-7

Ⅰ. TD7

中国国家版本馆 CIP 数据核字第 2024H64S59 号

责任编辑: 王向珍  王 华
封面设计: 陈国熙
责任校对: 欧 洋
责任印制: 刘海龙

出版发行: 清华大学出版社
网　　址: https://www.tup.com.cn, https://www.wqxuetang.com
地　　址: 北京清华大学学研大厦 A 座　　邮　编: 100084
社 总 机: 010-83470000　　邮　购: 010-62786544
投稿与读者服务: 010-62776969, c-service@tup.tsinghua.edu.cn
质量反馈: 010-62772015, zhiliang@tup.tsinghua.edu.cn
印 装 者: 三河市东方印刷有限公司
经　　销: 全国新华书店
开　　本: 185mm×260mm　　印 张: 27.75　　字　数: 674 千字
版　　次: 2024 年 12 月第 1 版　　印　次: 2024 年 12 月第 1 次印刷
定　　价: 85.00 元

产品编号: 103655-01

# 前言

我国煤炭地质储量丰富,"富煤、贫油、少气"的资源禀赋特点决定了煤炭资源是国家发展的重要能源支撑。未来相当长时间内,煤炭在我国能源结构中将继续起到主导和压舱石的作用,并与国家经济命脉和能源安全密切相关。然而复杂的地质水文条件导致煤矿生产过程中各类灾害事故频发,严重威胁到人民的生命财产安全。调查发现,70%的矿井事故与通风系统不合理有关。工作面产量增大、采掘设备增多和开采深度增加等因素,使风网结构和通风参数变化迅速,此时若通风管理滞后和通风设备(设施)不完善,则将导致瓦斯爆炸、煤尘爆炸、矿井火灾等事故发生的风险增大或破坏程度加剧。矿井"因风致灾,以风治灾"。因此要充分发挥通风系统的监控作用和防灾抗灾能力,以"风"来监测、控制和治理诸如采煤工作面瓦斯涌出异常、采空区自然发火等灾害问题。

本书系统讲述了矿井通风的基础理论、通风设计原理及相关的通风技术,论述了煤矿各类事故发生的原因及其防治措施,编写时也考虑了现场广大工程技术和管理人员的实际工作需要。本书由王刚主编,程卫民主审。第1~8章由王刚、徐浩编写;第9章由陈建编写;第10章由孙路路编写;第11章由于海明编写。

本书在编写过程中,兄弟院校的教师提出了许多宝贵意见,谨向他们表示衷心的感谢!

由于编者水平有限,书中难免存在不足之处,恳请读者不吝指正。

编 者

2024年8月

# 目录

## 第1章　矿井空气 … 1

### 1.1　矿井空气成分 … 1
- 1.1.1　地面空气的组成 … 1
- 1.1.2　井下空气成分的生成 … 2
- 1.1.3　矿井空气的主要成分及基本性质 … 2
- 1.1.4　矿井空气主要成分的质量(浓度)标准 … 4

### 1.2　矿井空气中的有害气体 … 4
- 1.2.1　空气中常见有害气体 … 4
- 1.2.2　矿井空气中有害气体的安全浓度标准 … 6
- 1.2.3　矿井有害气体检测 … 6

### 1.3　矿井空气的物理参数 … 11
- 1.3.1　空气的压力 … 11
- 1.3.2　温度 … 12
- 1.3.3　湿度 … 12
- 1.3.4　密度、比容 … 14
- 1.3.5　黏性 … 16
- 1.3.6　焓 … 17

### 1.4　矿井空气的热力变化过程 … 18
- 1.4.1　等容过程 … 18
- 1.4.2　等压过程 … 18
- 1.4.3　等温过程 … 19
- 1.4.4　绝热过程 … 19
- 1.4.5　多变过程 … 20

### 1.5　矿井气候 … 20
- 1.5.1　矿井气候对人体热平衡的影响 … 20
- 1.5.2　衡量矿井气候条件的指标 … 21
- 1.5.3　矿井气候条件安全标准 … 23
- 1.5.4　矿井气候条件对人体的影响 … 24

    1.5.5 井下气候条件的改善 ················································· 25
  习题 ······················································································· 26

## 第2章 矿井空气流动的基本定律 ··············································· 27

  2.1 矿井风流运动特征 ······················································· 27
  2.2 矿井风流的压力 ·························································· 28
    2.2.1 静压 ································································· 28
    2.2.2 位压 ································································· 30
    2.2.3 动压 ································································· 31
    2.2.4 风流点压力测定及相互关系 ·································· 35
  2.3 矿井风流的能量方程 ···················································· 37
    2.3.1 空气流动连续性方程 ··········································· 37
    2.3.2 矿井风流能量方程 ·············································· 39
  2.4 能量方程的应用 ·························································· 44
    2.4.1 计算井巷通风阻力、判断风流方向 ························ 45
    2.4.2 矿井通风系统能量（压力）坡度线 ······················· 46
    2.4.3 其他方面应用 ···················································· 49
  习题 ······················································································· 49

## 第3章 矿井井巷通风阻力 ··························································· 52

  3.1 风流的流态 ································································ 52
  3.2 摩擦阻力 ···································································· 54
    3.2.1 摩擦阻力意义和理论基础 ···································· 54
    3.2.2 层流的摩擦阻力 ················································· 56
    3.2.3 紊流的摩擦阻力 ················································· 57
  3.3 局部阻力 ···································································· 58
    3.3.1 局部阻力的形式及计算 ········································ 58
    3.3.2 局部阻力系数的计算 ··········································· 59
    3.3.3 局部风阻 ··························································· 62
  3.4 通风阻力定律及矿井通风特性 ······································· 63
    3.4.1 井巷通风阻力定律 ·············································· 63
    3.4.2 矿井通风特性 ···················································· 63
    3.4.3 矿井等积孔 ······················································· 64
    3.4.4 多通风机矿井通风特性 ········································ 65
  3.5 矿井通风阻力测定 ······················································· 66
    3.5.1 通风阻力测定内容 ·············································· 66
    3.5.2 倾斜压差计测定法 ·············································· 67
    3.5.3 气压计测定法 ···················································· 68
  习题 ······················································································· 70

## 第4章 矿井通风动力 …… 72

### 4.1 自然风压 …… 72
- 4.1.1 自然风压特性 …… 72
- 4.1.2 矿井自然风压的影响因素及变化规律 …… 73
- 4.1.3 自然风压的测算方法 …… 74
- 4.1.4 自然风压对矿井通风的影响及控制 …… 76

### 4.2 矿井通风机 …… 77
- 4.2.1 通风机的构造及工作原理 …… 77
- 4.2.2 主要通风机的使用要求 …… 82
- 4.2.3 通风机的附属装置 …… 83

### 4.3 通风机实际特性曲线 …… 88
- 4.3.1 通风机的实际工作参数 …… 88
- 4.3.2 通风机风压、矿井通风阻力和通风机房 U 形水柱计三者的关系 …… 89
- 4.3.3 通风机的个体特性曲线 …… 92
- 4.3.4 通风机工况点及合理工作范围 …… 94

### 4.4 同类型通风机的比例定律和通用特性曲线 …… 97
- 4.4.1 同类型通风机的比例定律 …… 97
- 4.4.2 通用特性曲线 …… 99

### 4.5 通风机类型特性曲线 …… 99
- 4.5.1 无因次系数 …… 100
- 4.5.2 类型特性曲线 …… 100

### 4.6 通风机联合运转 …… 102
- 4.6.1 通风机串联工作 …… 102
- 4.6.2 通风机并联工作 …… 104
- 4.6.3 并联与串联工作的比较 …… 106

习题 …… 107

## 第5章 矿井通风网络中的风量分配与调节 …… 110

### 5.1 风量分配的基本规律 …… 110
- 5.1.1 矿井通风网络与网络图 …… 110
- 5.1.2 网络中风流流动基本定律 …… 113

### 5.2 简单通风网络特性 …… 114
- 5.2.1 串联风路 …… 114
- 5.2.2 并联风网 …… 115
- 5.2.3 串联风路与并联风网的比较 …… 117
- 5.2.4 角联风网 …… 117

### 5.3 复杂通风网络的风量计算 …… 119
- 5.3.1 计算机解算风网的目的、基本理论与方法 …… 119

5.3.2　改进的斯考特-恒斯雷法(回路法) ………………………………………… 119
　　　5.3.3　计算机模拟计算软件 …………………………………………………… 122
　5.4　矿井风量调节 ……………………………………………………………………… 124
　　　5.4.1　局部风量调节 ……………………………………………………………… 124
　　　5.4.2　矿井总风量调节 …………………………………………………………… 128
　习题 ……………………………………………………………………………………… 129

## 第6章　局部通风 ………………………………………………………………………… 132

　6.1　局部通风方法 ……………………………………………………………………… 132
　　　6.1.1　局部通风机通风 …………………………………………………………… 132
　　　6.1.2　矿井全风压通风 …………………………………………………………… 135
　　　6.1.3　引射器通风 ………………………………………………………………… 136
　6.2　局部通风装备 ……………………………………………………………………… 136
　　　6.2.1　风筒 ………………………………………………………………………… 136
　　　6.2.2　引射器 ……………………………………………………………………… 139
　6.3　局部通风系统设计 ………………………………………………………………… 139
　　　6.3.1　局部通风系统的设计原则 ………………………………………………… 139
　　　6.3.2　局部通风设计步骤 ………………………………………………………… 140
　　　6.3.3　通风方法的选择 …………………………………………………………… 140
　　　6.3.4　通风机的风量风压计算 …………………………………………………… 140
　　　6.3.5　通风设备的选择 …………………………………………………………… 140
　　　6.3.6　安全与管理措施 …………………………………………………………… 141
　习题 ……………………………………………………………………………………… 143

## 第7章　通风系统与通风设计 …………………………………………………………… 144

　7.1　矿井通风系统 ……………………………………………………………………… 144
　　　7.1.1　矿井通风方式及其适用条件 ……………………………………………… 144
　　　7.1.2　主要通风机工作方法与安装地点 ………………………………………… 146
　　　7.1.3　矿井通风系统的选择 ……………………………………………………… 147
　7.2　采区通风系统 ……………………………………………………………………… 148
　　　7.2.1　采区通风系统的基本要求 ………………………………………………… 148
　　　7.2.2　采区进风上山与出风上山的选择 ………………………………………… 148
　　　7.2.3　采煤工作面通风方式选择 ………………………………………………… 149
　　　7.2.4　采煤工作面上行通风与下行通风 ………………………………………… 150
　7.3　通风构筑物及矿井漏风 …………………………………………………………… 151
　　　7.3.1　通风构筑物 ………………………………………………………………… 151
　　　7.3.2　矿井漏风及有效风量 ……………………………………………………… 156
　7.4　矿井通风系统设计 ………………………………………………………………… 157
　　　7.4.1　拟定矿井通风系统 ………………………………………………………… 157

  7.4.2　矿井总风量的计算与分配 …………………………………… 159
  7.4.3　矿井通风阻力的计算 ………………………………………… 167
  7.4.4　通风设备选择 ………………………………………………… 169
  7.4.5　通风费用概算 ………………………………………………… 173
 7.5　矿井通风能力核定 …………………………………………………… 174
  7.5.1　矿井通风能力核定程序 ……………………………………… 174
  7.5.2　矿井通风能力核定办法适用范围 …………………………… 175
  7.5.3　矿井通风能力核定办法 ……………………………………… 176
 7.6　矿井智能化通风系统 ………………………………………………… 177
  7.6.1　智能通风监控系统 …………………………………………… 178
  7.6.2　需风量计算系统 ……………………………………………… 178
  7.6.3　矿井通风优化系统 …………………………………………… 180
  7.6.4　矿井智能化通风系统功能和优势 …………………………… 181
习题 ……………………………………………………………………………… 184

## 第8章　矿井空气调节 …………………………………………………… 186

 8.1　概述 …………………………………………………………………… 186
 8.2　矿井热源分析与计算 ………………………………………………… 187
  8.2.1　地表大气 ……………………………………………………… 187
  8.2.2　流体的自压缩 ………………………………………………… 187
  8.2.3　围岩散热 ……………………………………………………… 188
  8.2.4　机电设备的散热 ……………………………………………… 190
  8.2.5　运输中煤炭及矸石的散热 …………………………………… 191
  8.2.6　热水散热 ……………………………………………………… 192
  8.2.7　其他热源 ……………………………………………………… 193
 8.3　矿井风流温湿度预测方法 …………………………………………… 194
  8.3.1　地表大气状态参数的确定 …………………………………… 194
  8.3.2　井筒风流的热交换和风温计算 ……………………………… 194
  8.3.3　巷道风流的热交换和风温计算 ……………………………… 195
  8.3.4　采掘工作面风流热交换与风温计算 ………………………… 196
  8.3.5　矿井风流湿交换 ……………………………………………… 199
 8.4　矿井空气调节系统 …………………………………………………… 200
  8.4.1　矿井降温技术 ………………………………………………… 200
  8.4.2　矿井通风除湿技术 …………………………………………… 209
  8.4.3　井口空气加热技术 …………………………………………… 209
 习题 …………………………………………………………………………… 214

## 第9章　矿井瓦斯 …………………………………………………………… 215

 9.1　概述 …………………………………………………………………… 215

## 9.2 煤层瓦斯赋存及流动 …… 216
### 9.2.1 瓦斯的成因与赋存 …… 216
### 9.2.2 煤层瓦斯垂直分带 …… 219
### 9.2.3 煤层的瓦斯压力及测定 …… 220
### 9.2.4 煤层内的瓦斯含量及测定方法 …… 223
### 9.2.5 瓦斯在煤层和围岩中的流动 …… 227

## 9.3 矿井瓦斯涌出 …… 231
### 9.3.1 瓦斯涌出量及形式 …… 232
### 9.3.2 瓦斯涌出量的主要影响因素 …… 233
### 9.3.3 矿井瓦斯涌出量预测 …… 236
### 9.3.4 矿井瓦斯涌出管理 …… 239

## 9.4 煤(岩)与瓦斯突出及其预防 …… 241
### 9.4.1 概述 …… 241
### 9.4.2 突出机理 …… 241
### 9.4.3 突出的一般规律 …… 242
### 9.4.4 "四位一体"综合预防煤与瓦斯突出 …… 242

## 9.5 瓦斯爆炸及其预防 …… 254
### 9.5.1 瓦斯爆炸的条件及其影响因素 …… 254
### 9.5.2 瓦斯爆炸的产生、传播及其危害 …… 256
### 9.5.3 矿井瓦斯爆炸的事故原因分析 …… 257
### 9.5.4 预防瓦斯爆炸的措施 …… 257

## 9.6 瓦斯抽采 …… 261
### 9.6.1 概述 …… 261
### 9.6.2 煤矿瓦斯抽采的基本方法 …… 262
### 9.6.3 煤层瓦斯抽采增产增效措施 …… 273
### 9.6.4 矿井瓦斯抽采设备与管理 …… 278
### 9.6.5 矿井瓦斯的抽采利用 …… 284

## 习题 …… 287

# 第 10 章 火灾防治 …… 289

## 10.1 矿井火灾概述 …… 289
### 10.1.1 燃烧基础知识 …… 289
### 10.1.2 火灾/矿井火灾的概念 …… 290
### 10.1.3 矿井火灾研究内容 …… 290

## 10.2 矿井火灾分类及其危害 …… 290
### 10.2.1 矿井外因火灾 …… 290
### 10.2.2 矿井内因火灾 …… 294

## 10.3 矿井火灾的预测预报 …… 299
### 10.3.1 矿井外因火灾预测 …… 299

10.3.2　煤自然发火条件及危险区域 ………………………………… 299
　　10.3.3　煤自燃早期监测及预警 …………………………………… 300
　　10.3.4　火源位置的探测与判别 …………………………………… 306
10.4　煤矿外因火灾防治 …………………………………………………… 308
　　10.4.1　矿井外因火灾的预防 ……………………………………… 308
　　10.4.2　矿井外因火灾灭火技术 …………………………………… 310
10.5　煤炭自燃防治技术 …………………………………………………… 313
　　10.5.1　防治煤自燃的开采技术措施 ……………………………… 314
　　10.5.2　均压防灭火 ………………………………………………… 316
　　10.5.3　惰气防灭火 ………………………………………………… 319
　　10.5.4　注浆防灭火 ………………………………………………… 327
　　10.5.5　阻化剂防灭火 ……………………………………………… 334
　　10.5.6　凝胶防灭火技术 …………………………………………… 340
　　10.5.7　三相泡沫防灭火 …………………………………………… 345
10.6　矿井火灾时期风流控制 ……………………………………………… 348
　　10.6.1　风流控制原则 ……………………………………………… 349
　　10.6.2　旁侧支路风流逆转原因分析及控制措施 ………………… 349
　　10.6.3　上行风流巷道火灾风流逆转原因及条件 ………………… 349
　　10.6.4　下行风流巷道火灾风流逆转原因及条件 ………………… 350
10.7　火区封闭和启封及管理 ……………………………………………… 351
　　10.7.1　火区封闭 …………………………………………………… 351
　　10.7.2　火区管理 …………………………………………………… 355
　　10.7.3　火区启封 …………………………………………………… 356
习题 ……………………………………………………………………………… 357

## 第11章　矿尘防治 ……………………………………………………………… 358

11.1　矿尘及其危害 ………………………………………………………… 358
　　11.1.1　矿尘的分类 ………………………………………………… 358
　　11.1.2　矿尘的产生源 ……………………………………………… 359
　　11.1.3　影响粉尘产生的因素 ……………………………………… 360
　　11.1.4　矿尘的性质 ………………………………………………… 361
　　11.1.5　矿尘含尘量的计量指标 …………………………………… 364
　　11.1.6　矿尘的危害 ………………………………………………… 365
11.2　矿山尘肺病 …………………………………………………………… 365
　　11.2.1　尘肺病的发病机理 ………………………………………… 365
　　11.2.2　尘肺病的发病症状及影响因素 …………………………… 366
11.3　综合防尘措施 ………………………………………………………… 368
　　11.3.1　通风除尘 …………………………………………………… 368
　　11.3.2　湿式除尘 …………………………………………………… 372

    11.3.3 净化风流 ……………………………………………………………… 376
    11.3.4 煤层注水 ……………………………………………………………… 380
    11.3.5 个体防护 ……………………………………………………………… 387
  11.4 煤尘爆炸及其预防 ……………………………………………………………… 390
    11.4.1 煤尘爆炸机理及特征 ………………………………………………… 390
    11.4.2 煤尘爆炸性鉴定 ……………………………………………………… 395
    11.4.3 预防煤尘爆炸的技术措施 …………………………………………… 396
  习题 ……………………………………………………………………………………… 400
参考文献 ……………………………………………………………………………………… 402
**附录 A** 井巷摩擦阻力系数 $\alpha$ 值（空气密度 $\rho = 1.2\ \text{kg/m}^3$） ……………… 404
**附录 B** 典型系列矿用通风机特性曲线 ………………………………………………… 408
**附录 C** 煤层原始瓦斯含量和残存瓦斯含量的选定 …………………………………… 424
**附录 D** 分源预测法各种系数的确定 …………………………………………………… 425
**附录 E** 相对瓦斯涌出量随开采深度的变化梯度和瓦斯风化带深度的确定 ………… 428

# 第1章

# 矿 井 空 气

本章主要介绍矿井空气成分、矿井空气中的有害气体及检测、矿井空气的物理参数、矿井空气的热力变化过程、矿井气候。本章内容为进一步学习矿井通风的基本理论奠定了基础。

## 1.1 矿井空气成分

### 1.1.1 地面空气的组成

众所周知,空气成分以氮气、氧气为主,是长期以来自然界里各种变化所造成的。原始的绿色植物出现前,原始大气以一氧化碳、二氧化碳、甲烷和氨为主。绿色植物出现后,植物在光合作用中释放出的游离氧,使原始大气里的一氧化碳氧化成为二氧化碳,甲烷氧化成为水蒸气和二氧化碳,氨氧化成为水蒸气和氮气。随着植物光合作用的持续进行,空气里的二氧化碳在植物光合作用的过程中被吸收了大部分,并使空气里的氧气越来越多,最终形成了以氮气和氧气为主的空气成分。

在煤矿领域,地面空气的定义是:由干空气和水蒸气组成的混合气体,亦称为湿空气。

干空气是指完全不含水蒸气的空气,主要由氧气($O_2$)、氮气($N_2$)、氩气(Ar)、氖气(Ne)、氦气(He)、氪气(Kr)、氙气(Xe)等气体组成。氧气和氮气被视为干空气的恒定组成部分,其在空气中的含量变化非常小,虽然可能因地理位置、温度等因素略有波动,但这些波动范围通常较小。而空气中的可变组成部分(如二氧化碳、甲烷、氨、臭氧等)会随着不同地区的环境、气候以及人为活动等因素的变化而有所不同。此外,干空气中还可能含有微量的氢气、二氧化氮、尘埃等杂质。空气成分通常用体积浓度或质量浓度来表示,前者为某种气体的体积在干空气的总体积中所占的百分比,后者为某种气体的质量在干空气的总质量中所占的百分比。其主要成分如表1-1所示。

表1-1 干空气的组成成分

| 气 体 成 分 | 按体积计/% | 按质量计/% | 备 注 |
|---|---|---|---|
| 氧气($O_2$) | 20.96 | 23.23 | 惰性稀有气体氩、氖、氦、氪、氙等计在氮气中 |
| 氮气($N_2$) | 79.0 | 76.71 | |
| 二氧化碳($CO_2$) | 0.04 | 0.06 | |

湿空气中含有水蒸气,其含量的变化会引起湿空气的物理性质和状态变化。在混合空气中,水蒸气的浓度随地区和季节而变化,其平均体积浓度约为1%,此外,还含有尘埃和烟雾等杂质,有时会污染局部地区的地面空气。

地面空气进入矿井后称为矿井空气,即来自地面的新鲜空气、井下产生的有害气体及浮尘的混合体。

### 1.1.2　井下空气成分的生成

地面空气进入井下后,因发生物理和化学两种变化,使其成分种类增多,各种成分的浓度有所改变。

**1. 物理变化**

井下空气的物理变化有气体混入、固体混入和气象变化3种。

气体混入是指瓦斯、二氧化碳和硫化氢等气体从地层中涌出进入井下空气。多数矿井存在瓦斯涌出现象,但涌出量的大小不同,有些矿井瓦斯涌出量高达 $40 \sim 50 \text{ m}^3/\text{min}$,有些矿井还伴随瓦斯涌出氮气、二氧化硫和氢气等气体。

固体混入是指井下各种作业所产生的微小岩尘、煤尘、柴油机产生的烟尘和其他杂尘浮游在井下空气中。

气象变化主要是指由井下空气的温度、气压和湿度的变化引起井下空气体积和浓度的变化。

**2. 化学变化**

井下空气的化学变化:井下一切物质(煤、岩石、坑木等)的缓慢氧化、爆破工作、火区氧化(采空区的煤炭被空气氧化而逐渐起火的自燃现象)和人员的呼吸等都会产生二氧化碳;井下的爆破工作、火区氧化和机械润滑油高温分解等都能产生一氧化碳;井下火区氧化和含硫煤的水解都能产生硫化氢;井下火区氧化和含硫煤的缓慢氧化都能产生二氧化硫;井下爆破工作能产生氧化氮;井下充电硐室的电解能产生氢;井下火区氧化能产生氨。

以上化学变化的结果,不仅使井下空气的成分种类和浓度发生变化,而且各种化学变化都要消耗空气中的氧而产生二氧化碳,使井下空气中的氧含量减少,二氧化碳含量增加。就煤矿而言,井下空气的成分种类共有氧、甲烷、二氧化碳、一氧化碳、硫化氢、二氧化硫、氮、氧化氮(二氧化氮或五氧化二氮)、氢、氨、水蒸气和浮尘12种。井下空气也是湿空气。由于各矿的具体条件不同,各矿的井下空气成分种类和浓度都不相同。

在上述井下空气成分中,氧气必须保持足够的浓度;其余9种(水蒸气除外)气体和浮尘超过一定浓度时,对人体都是有害的,必须把其浓度降低到没有危害的程度。在这9种气体中,一氧化碳、硫化氢、二氧化硫和氧化氮(二氧化氮或五氧化二氮)超过一定浓度时,还能使人体中毒,故称这9种气体为有害有毒气体,又名为广义的矿井瓦斯;而狭义的矿井瓦斯则专指甲烷。

### 1.1.3　矿井空气的主要成分及基本性质

**1. 氧气**

氧气是维持人体正常生理机能所需要的气体,相对密度为1.105,比空气重。人体维持正常生命过程所需的氧气量取决于人的体质、精神状态和劳动强度等。一般情况下，人体输氧量与劳动强度的关系如表1-2所示。

表1-2　人体输氧量与劳动强度的关系

| 劳动强度 | 呼吸空气量/(L/min) | 氧气消耗量/(L/min) |
|---|---|---|
| 休息 | 6~15 | 0.2~0.4 |
| 轻劳动 | 20~25 | 0.6~1.0 |
| 中等劳动 | 30~40 | 1.2~2.6 |
| 重劳动 | 40~60 | 1.8~2.4 |
| 极重劳动 | 40~80 | 2.5~3.1 |

当空气中的氧浓度降低时，人体可能产生不良的生理反应，出现种种不舒适的症状，严重时可导致缺氧死亡。人体缺氧症状与空气中氧浓度的关系如表1-3所示。

表1-3　人体缺氧症状与空气中氧浓度的关系

| 氧浓度(体积分数)/% | 主 要 症 状 |
|---|---|
| 17 | 静止时无影响，工作时能引起喘息和呼吸困难 |
| 15 | 呼吸及心跳急促，耳鸣目眩，感觉和判断能力降低，失去劳动能力 |
| 10~12 | 失去理智，时间稍长有生命危险 |
| 6~9 | 失去知觉，呼吸停止，如不及时抢救几分钟内可导致死亡 |

空气中氧浓度降低的主要原因：人员呼吸，煤岩和其他有机物的缓慢氧化，煤炭自燃，瓦斯、煤尘爆炸。此外，煤岩氧化和生产过程中产生的各种有害气体，也使空气中的氧浓度相对降低。

**2. 二氧化碳**

二氧化碳不助燃，也不能供人呼吸，略带酸臭味。二氧化碳比空气重（其相对密度为1.52），在风速较小的巷道中，底板附近浓度较大；在风速较大的巷道中，一般能与空气均匀混合。空气中二氧化碳对人体的危害程度与浓度的关系如表1-4所示。

表1-4　二氧化碳对人体的危害程度与浓度的关系

| 二氧化碳浓度(体积分数)/% | 主 要 症 状 |
|---|---|
| 1 | 呼吸加深，对工作效率无明显影响 |
| 3 | 呼吸急促，心跳加快，头痛，人体很快疲劳 |
| 5 | 呼吸困难，头痛，恶心，呕吐，耳鸣 |
| 6 | 严重喘息，极度虚弱无力 |
| 7~9 | 动作不协调，大约10 min可发生昏迷 |
| 9~11 | 几分钟内可导致死亡 |

矿井空气中二氧化碳的主要来源：煤和有机物的氧化，人员呼吸，碳酸性岩石分解，炸药爆破，煤炭自燃，瓦斯、煤尘爆炸等。此外，有的煤层和岩层中也能长期连续地放出二氧化碳，有的甚至能与煤岩粉一起突然大量喷出二氧化碳，给矿井带来极大危害。

**3. 氮气**

氮气是一种惰性气体，它本身无毒、不助燃，也不供呼吸。但空气中氮含量升高，势必造成氧含量相对降低，从而也可能造成人员的窒息性伤害。正因为氮气具有的惰性，因此可将其用于井下防火、灭火和防止瓦斯爆炸。

矿井空气中氮气主要来源：井下爆破和生物的腐烂、有些煤岩层中氮气涌出、灭火过程中人为注氮。

### 1.1.4 矿井空气主要成分的质量（浓度）标准

《煤矿安全规程》对不同工况下矿井空气中主要成分（氧气、二氧化碳）的浓度标准做出明确的规定，如表1-5所示。

表1-5 不同工况下矿井空气中主要成分的浓度标准

| 工况 | 最高允许浓度（体积分数）/% | | 最低检出浓度（体积分数）/% |
|---|---|---|---|
| | 二氧化碳 | 甲烷 | 氧气 |
| 采区回风巷、采掘工作面回风巷风流 | 1.5 | 1.0 | — |
| 矿井总回风巷或者一翼回风巷 | 0.75 | 0.75 | — |
| 采掘工作面的进风流 | 0.5 | — | 20 |
| 矿井开拓新水平和准备新采区的回风流 | 0.5 | 0.5 | — |
| 甲烷浓度超过1.0%或者二氧化碳浓度超过1.5%的停风区 | 3.0 | 3.0 | — |

## 1.2 矿井空气中的有害气体

### 1.2.1 空气中常见有害气体

空气中常见有害气体：一氧化碳、硫化氢、二氧化氮、二氧化硫、氨气、氢气。

**1. 一氧化碳**

一氧化碳是一种无色、无味、无臭的气体，相对密度为0.97，微溶于水，能与空气均匀混合。一氧化碳能燃烧，当空气中一氧化碳浓度（体积分数）在13%～75%时有爆炸危险。

主要危害：一氧化碳进入人体后，首先与血液中的血红蛋白结合，从而减少了血红蛋白与氧结合的机会，使血红蛋白失去输氧功能，从而造成人体血液"窒息"。人体吸入一氧化碳后的中毒症状与空气中一氧化碳浓度和时间的关系如表1-6所示。

表1-6 一氧化碳中毒症状与浓度和时间的关系

| 一氧化碳浓度（体积分数）/% | 主要症状 |
|---|---|
| 0.02 | 2～3 h内可能引起轻微头痛 |
| 0.08 | 40 min内出现头痛、眩晕和恶心；2 h内发生体温和血压下降，脉搏微弱，出冷汗，可能出现昏迷 |
| 0.32 | 5～10 min内出现头痛、眩晕；0.5 h内可能出现昏迷并有死亡危险 |
| 1.28 | 几分钟内出现昏迷和死亡 |

主要来源：井下爆破，矿井火灾，煤炭自燃以及煤尘、瓦斯爆炸事故等。

### 2. 硫化氢

硫化氢无色、微甜、有浓烈的臭鸡蛋味，当空气中浓度（体积分数）达到 0.0001% 即可嗅到，但当浓度较高时，因嗅觉神经中毒麻痹，反而嗅不到。硫化氢相对密度为 1.19，易溶于水，在常温、常压下 1 个体积的水可溶解 2.5 个体积的硫化氢，所以它可能积存于旧巷的积水中。硫化氢能燃烧，空气中硫化氢浓度（体积分数）为 4.3%～45.5% 时有爆炸危险。

主要危害：硫化氢剧毒，有强烈的刺激作用，不但能引起鼻炎、气管炎和肺水肿，而且能阻碍生物氧化过程，造成人体缺氧。当空气中硫化氢浓度较低时以腐蚀刺激作用为主，浓度较高时能导致人体迅速昏迷甚至死亡，腐蚀刺激作用往往不明显。硫化氢中毒症状与浓度的关系如表 1-7 所示。

表 1-7　硫化氢中毒症状与浓度的关系

| 硫化氢浓度（体积分数）/% | 主 要 症 状 |
| --- | --- |
| 0.0025～0.003 | 有强烈臭味 |
| 0.005～0.01 | 1～2 h 内出现眼及呼吸道刺激症状，臭味"减弱"或"消失" |
| 0.015～0.02 | 出现恶心、呕吐、头晕、四肢无力、反应迟钝，眼及呼吸道有强烈刺激症状 |
| 0.035～0.045 | 0.5～1 h 内出现严重中毒，可发生肺炎、支气管炎及肺水肿，有死亡危险 |
| 0.06～0.07 | 很快昏迷，短时间内死亡 |

主要来源：有机物腐烂、含硫矿物的水解、矿物氧化和燃烧、从老空区和旧巷积水中放出。

### 3. 二氧化氮

二氧化氮是一种褐红色的气体，有强烈的刺激气味，相对密度为 1.59，易溶于水。

主要危害：二氧化氮溶于水后生成腐蚀性很强的硝酸，对眼睛、呼吸道黏膜和肺部有强烈的刺激及腐蚀作用。二氧化氮中毒症状与浓度的关系如表 1-8 所示。

表 1-8　二氧化氮中毒症状与浓度的关系

| 二氧化氮浓度（体积分数）/% | 主 要 症 状 |
| --- | --- |
| 0.004 | 2～4 h 内出现咳嗽症状 |
| 0.006 | 短时间内感到喉咙刺激、咳嗽、胸疼 |
| 0.01 | 短时间内出现严重中毒症状，神经麻痹、严重咳嗽、恶心、呕吐 |
| 0.025 | 短时间内可能出现死亡 |

主要来源：井下爆破工作。

### 4. 二氧化硫

二氧化硫无色、有强烈的硫磺气味及酸味，空气中浓度（体积分数）达到 0.0005% 即可嗅到。其相对密度为 2.22，易溶于水。

主要危害：遇水后生成硫酸，对眼睛及呼吸系统黏膜有强烈的刺激作用，可引起喉炎和肺水肿。

主要来源：含硫矿物的氧化与自燃，在含硫矿物中爆破，以及从含硫矿层中涌出。

### 5. 氨气

无色、有浓烈臭味的气体，相对密度为 0.596，易溶于水。

主要危害：氨气对皮肤和呼吸道黏膜有刺激作用，可引起喉头水肿。其在空气浓度（体积分数）达 30% 时有爆炸危险。

主要来源：爆破工作、注凝胶、水灭火等；部分岩层中也有氨气涌出。

### 6. 氢气

无色、无味、无毒，相对密度为 0.07。氢气能自燃，其燃点温度比甲烷低 100~200℃。

主要危害：当空气中氢气浓度（体积分数）为 4%~74% 时有爆炸危险。

主要来源：井下蓄电池充电时可放出氢气；有些中等变质的煤层中也有氢气涌出或煤的氧化。

## 1.2.2 矿井空气中有害气体的安全浓度标准

《煤矿安全规程》对常见有害气体的安全标准做了明确规定，井下部分有害气体的浓度不得超过表 1-9 的规定。

表 1-9 矿井有害气体最高允许浓度

| 名称 | 最高允许浓度（体积分数）/% | 名称 | 最高允许浓度（体积分数）/% |
| --- | --- | --- | --- |
| 一氧化碳 | 0.0024 | 硫化氢 | 0.00066 |
| 氧化氮（换算成二氧化氮） | 0.00025 | 氨 | 0.004 |
| 二氧化硫 | 0.0005 | | |

## 1.2.3 矿井有害气体检测

检测矿井有害气体浓度的方式有两种：①取样化验分析法，即把井下采取的气样送到地面化验室进行分析。该方式所测得的数据精确度高、范围广（如用色谱仪可分析多种气体成分和浓度），但所需时间长，不能根据具体情况及时采取有效的处理措施。②就地检测方式。最初检定管检测法是就地快速检测方法之一，后续随着科技进步，衍生出一些广泛应用的便携式多参数检测仪来精确快速地检测矿井有毒有害气体。就目前来看，就地检测有毒有害气体以便携式多参数检测仪为主要常用手段，可用检定管检测法作为一种辅助手段。

**1. 检定管检测法**

用检定管检测法检测矿井有害气体浓度的仪器由检定管和吸气装置两部分组成。

1）检定管结构

检定管由外壳、堵塞物、保护胶、隔离层及指示胶等组成，其结构如图 1-1 所示。其中，外壳是用中性玻璃管加工而成；堵塞物用的是玻璃丝布、防声棉或耐酸涤纶，它对管内物质起固定作用；保护胶是用硅胶作载体吸附试剂制成，其用途是除去对指示胶变色有干扰的气体；隔离层一般用的是有色玻璃粉或其他惰性有色颗粒物质，对指示胶起界限作用，将指示胶限定在特定区域中；指示胶是以活性硅胶为载体吸附化学试剂经加工处理而成。

2）检定管工作原理

当含有被测气体的空气以一定的速度通过检定管时，被测气体与指示胶发生化学反

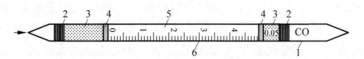

1—外壳；2—堵塞物；3—保护胶；4—隔离层；
5—指示胶；6—指示被测气体浓度的刻度。

**图 1-1　检定管结构示意**

应,根据指示胶变色的程度或变色的长度来确定其浓度。前者称为比色式,后者称为比长式。由于比色式检定管存在灵敏度低、颜色不易辨认、两个色阶代表的浓度间隔太大、成本高、定量测定准确性差等缺点,目前主要采用比长式检定管。我国煤矿使用的检定管有一氧化碳、二氧化碳、硫化氢、二氧化氮和氧气检定管等。测定时应注意,测定不同的气体必须使用不同的检定管,或者说必须使用与待测气体一致的检定管。

(1) 一氧化碳检定管是以活性硅胶为载体,吸附化学试剂碘酸钾和发烟硫酸作为指示胶,当含有一氧化碳的空气通过检定管时,与指示胶反应生成碘,沿玻璃管壁形成一个棕色环,随着气流通过,棕色环也向前移动,其移动的距离与被测空气中一氧化碳浓度成正比,因此当检定管中通过定量空气后,根据棕色环移动的距离便可测得空气中一氧化碳的浓度。目前国内生产的比长式一氧化碳检定管的主要型号见表 1-10。

**表 1-10　比长式一氧化碳检定管的主要型号**

| 型　号 | 测定范围/% | 采样量/mL | 送气时间/s | 使用温度/℃ |
| --- | --- | --- | --- | --- |
| 一型 | 0.00025~0.005 | 50 | 100 | 15~35 |
| 二型 | 0.001~0.05 | 50 | 100 | 15~35 |
| 三型 | 0.001~0.1 | 50 | 100 | 15~35 |
| 四型 | 0.01~0.5 | 50 | 100 | 15~35 |
| 五型 | 0.5~20 | 50 | 100 | 15~35 |
| C1D 型 | 0.0005~0.01 | 50 | 90 | 10~30 |
| C1Z 型 | 0.005~0.1 | 50 | 90 | 10~30 |
| C1G 型 | 0.05~1 | 50 | 90 | 10~30 |
| CO 型 | 0.0008~0.024 | 100 | 100 | |

(2) 硫化氢检定管也是以活性硅胶为载体,而它所吸附的化学试剂为醋酸铅,当含有硫化氢的空气通过检定管时,与指示胶反应并沿玻璃管壁产生一褐色的变色柱,变色柱的长度与空气中硫化氢的浓度成正比。根据这一原理便可测得空气中硫化氢的浓度。硫化氢检定管的主要型号如表 1-11 所示。

**表 1-11　硫化氢检定管的主要型号**

| 型　号 | 测定范围/% | 采样量/mL | 送气时间/s | 使用温度/℃ |
| --- | --- | --- | --- | --- |
| 一型 | 0.0001~0.01 | 50 | 100 | 不限 |
| 二型 | 0.001~0.1 | 50 | 100 | 不限 |
| 三型 | 0.005~0.5 | 50 | 100 | 不限 |
| S1D | 0.0005~0.01 | 50 | | 不限 |
| S1Z | 0.005~0.1 | 50 | | 不限 |

(3) 二氧化碳检定管是以活性氧化铝为载体,吸附带有变色指示剂的氢氧化钠作为指示胶。当含有二氧化碳的空气通过检定管时,与活性氧化铝上所载的氢氧化钠反应,由原来的蓝色变为白色,白色药柱的长度与被测空气中二氧化碳浓度成正比;当被测的定量空气通过检定管后,根据白色药柱的长度可以直接从检定管的刻度上读出二氧化碳的浓度。二氧化碳检定管的主要型号如表1-12所示。

表1-12 二氧化碳检定管的主要型号

| 型号 | 测定范围/% | 采样量/mL | 送气时间/s | 使用温度/℃ |
|---|---|---|---|---|
| 一型 | 0.05～5 | 50 | 100 | 不限 |
| 二型 | 0.5～20 | 50 | 100 | 不限 |
| C2G型 | 0.5～20 | 50 | 100 | 不限 |

(4) 其他气体检定管的型号规格如表1-13所示。

表1-13 氧、氮氧化物和二氧化硫检定管的型号

| 检定物名称 | 型号 | 测定范围/% |
|---|---|---|
| 氧 | 一型 | 1～21 |
| | 二型 | 1～100 |
| | 三型 | 0.1～5 |
| 氮氧化物 | 一型 | 0.0001～0.01 |
| | 二型 | 0.001～0.1 |
| 二氧化硫 | 一型 | 0.0001～0.01 |
| | 二型 | 0.001～0.1 |

3) 吸气装置及检测方法

吸气装置有J-1型采样器、DQJD-1型多种气体检定器和XR-1型气体检测器3种。

(1) J-1型采样器。

① 结构。

J-1型采样器实质上是一个取样(抽气)筒,其结构如图1-2所示。它是由铝合金管及气密性良好的活塞杆所组成。气样一次抽取50 mL,在活塞上有10等分刻度,表示吸入气样的毫升数。采样器前端的三通阀有3个位置:阀把平放时,吸取气样;阀把拨向垂直位置时,推动活塞即可将气样通过检定管插孔压入检定管;阀把位于45°位置时,三通阀处于关闭状态,便于将气样带到安全地点进行检定。

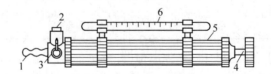

1—气样入口;2—检定管插孔;3—三通阀;4—活塞杆;5—吸气筒;6—温度计。

图1-2 J-1型采样器结构示意

② 测定方法。

a. 采样与送气。不同的检定管要求用不同的采样和送气方法。对于很不活泼的气体,

如一氧化碳、二氧化碳等,一般是先将气体吸入采样器,在此之前应在测定地点将活塞杆往复抽送 2~3 次,使采样器内完全充满气样(待测气体)。打开检定管两端的封口,把检定管浓度标尺表"0"的一端插入采样器的插孔中,然后将气体按规定的送气时间以平均速度送入检定管。如果是较活泼的气体,如硫化氢,则应先打开检定管两端封口,把检定管浓度标尺上限的一端插入采样器的入口,然后以平均速度抽气,使气样先通过检定管,后进入采样器。

b. 读取浓度值。检定管上印有浓度标尺,浓度标尺零线一端称为下端,测定上限一端称为上端。送气后变色柱(或变色环)上端所指示的数字可直接读取为被测气体的浓度。

c. 高浓度气样的测定。如果被测气体的浓度大于检定管的上限(即气样还未送完,检定管已全部变色)时,应首先考虑测定人员的防毒措施,然后采用下述方法进行测定。

首先,稀释被测气体。在井下测定时,先准备一个装有新鲜空气的胶皮囊带到井下,测定时先吸取一定量的待测气体,然后用新鲜空气使之稀释到 1/10~1/2,送入检定管,将测得的结果乘以气体稀释后体积变大的倍数,即得被测气体的浓度值。

其次,采用缩小送气量和送气时间的方式进行测定。对测定结果要求较高的,最好更换成测定上限大的检定管。

d. 低浓度气样的测定。如果气样中被测气体的浓度低,结果不易量读,则可采用增加送气次数的方法进行测定:

$$被测气体的浓度 = 检定管上的读数/送气次数$$

(2) DQJD-1 型多种气体检定器

① 结构。

DQJD-1 型多种气体检定器,主要由一个橡胶波纹管构成的吸气泵与检定管配合使用。吸气泵的结构如图 1-3 所示。吸气泵一次动作吸气体积为 50 mL。

吸气泵上的支撑环、弹簧及链条是为了保证一次吸气量为 50 mL 而设置的。调整链条的长短可以改变吸气量的大小。

② 测定方法。

使用时将所需测定气体的检定管两端打开,按检定管上所标箭头指向插入吸气泵的插管座内,手握吸气泵,并将它完全压缩;然后按照所用检定管要求的送气时间均匀放松,使 50 mL 气样匀速通过检定管;最后根据检定管变色柱(或变色环)的长度直接读出被测气体的浓度。

(3) XR-1 型气体检测器

① 结构。

XR-1 型气体检测器的抽气球是一个 60 mL 的医用洗耳球,其使用容积为 (50±2) mL,根据需要可在球嘴上安装一个金属三通活塞,以便测定时增加取气次数,其结构如图 1-4 所示。

② 测定方法。

使用该检测器时应先检查其气密性。方法是左手拿抽气球,右手拇指按压球的底部,排出球内气体后,用左手拇指与食指捏球的左边,退出右手拇指再把球对折,用手握紧。然后将一支完整的检定管插在抽气球的进气口上,放松左手,经 10 min 左右,如抽气球未鼓起则说明气密性良好。

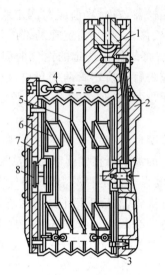
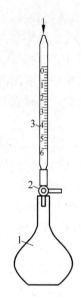

1—插管座；2—上压盖；3—橡胶波纹管；4—链条；
5—支撑环；6—弹簧；7—下压盖；8—出气阀门。

图 1-3　吸气泵结构示意

1—抽气球；2—金属三通；3—检定管。

图 1-4　XR-1 型气体检测器结构示意

测定时，按气密性检查方法，排出抽气球内气体后，在其进气口处，紧密牢固地插入一支两端打开的检定管，"0"点一端向上，松开抽气球，待测气体便通过检定管进入抽气球。当抽气球全部鼓起后，再停约 0.5 min，即可从检定管的浓度标尺上直接读出待测气体的浓度。

该检测器在使用时，虽然每次的抽气时间不同，速度也不够均匀，但实验证明，只要抽气球与检定管连接处不漏气，每次抽气体积基本上是相同的，其测定结果就能保证在规定的误差范围内。该检测器具有体积小、质量轻、便于携带及价格低廉等优点。

**2. 便携式多参数检测仪**

随着时代的发展，煤矿井下监测监控技术装备也在不断地更新迭代。针对井下有毒有害气体的检测，涌现出包括 CD10 型多参数气体检测仪、BMK-Ⅲ 便携式煤矿气体检测仪、有毒有害气体检测仪、KYS-400 型复合气体分析仪等一系列仪器（图 1-5），也为煤矿安全提供了先进可靠的检测手段。下面具体以 CD10 型多参数气体检测仪为例，介绍该仪器的一些特点。

规格：180 mm×50 mm×90 mm。

技术参数：温度 0～40℃，湿度＜95%（25℃，大气压力 80～110 kPa，贮存温度 −40～+60℃）。

工作环境：具有爆炸性气体混合物的煤矿井下危险场所。

主要用途：用于煤矿井下进行有毒有害气体等（甲烷、一氧化碳、二氧化氮、二氧化碳、硫化氢、二氧化硫）、氧气、可燃性气体及温度、湿度检测。

优点：响应时间快、性能稳定可靠，低漂移，长寿命，体积小方便携带，随时随地进行高效检测。

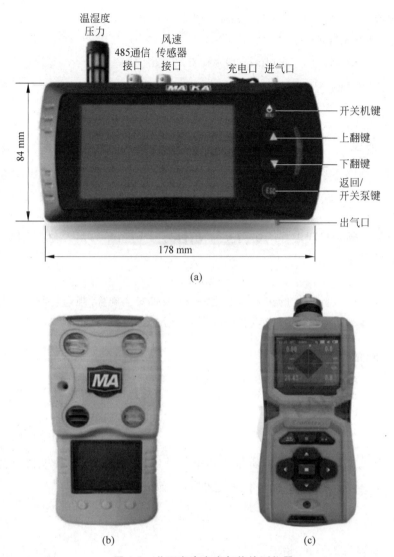

图 1-5 井下有毒有害气体检测仪器

(a) CD10 型多参数气体检测仪；(b) BMK-Ⅲ便携式煤矿气体检测仪；(c) KYS-400 型复合气体分析仪

## 1.3 矿井空气的物理参数

与矿井通风密切相关的空气物理特性参数有空气的压力、温度、湿度、密度、比容、黏性、焓等。

### 1.3.1 空气的压力

空气的压力是空气分子热运动对器壁碰撞的宏观表现，指空气分子作用在器壁单位面积上的力，其单位为 $N/m^2$，即压强(Pa)。空气压力的常用单位 Pa(帕斯卡，$1\ Pa=1\ N/m^2$)，压力较大时可采用 kPa($1\ kPa=10^3\ Pa$)、MPa($1\ MPa=10^3\ kPa=10^6\ Pa$)。矿井通风中压力的单位主要有 Pa、mmH₂O、mmHg、mbar、hPa、atm 等。

换算关系：1 mmH$_2$O＝9.81 Pa

1 mmHg＝13.6 mmH$_2$O＝133.32 Pa

1 mbar＝1 hPa＝100 Pa＝10.2 mmH$_2$O

1 atm＝760 mmHg＝101325 Pa

### 1.3.2 温度

温度是描述物体冷热状态的物理量。测量温度的标尺简称温标。热力学温标的单位为 K(Kelvin)，用 $T$ 表示。热力学温标规定纯水三相点温度（即气、液、固三相平衡态时的温度）为基本定点，定义为 273.15 K，每 1 K 为三相点温度的 1/273.15。

国际单位制还规定摄氏温标为实用温标，单位为摄氏度（℃），用 $t$ 表示。摄氏温标与热力学温标之间的关系如下：

$$T = 273.15 + t \tag{1-1}$$

温度是矿井表征气候条件的主要参数之一。《煤矿安全规程》规定：生产矿井采掘工作面的空气温度不得超过 26℃；机电设备硐室的空气温度不得超过 30℃。

### 1.3.3 湿度

空气的湿度表示空气中所含水蒸气量的多少或潮湿程度，表示空气湿度的方法有绝对湿度、相对湿度和含湿量 3 种。

**1. 绝对湿度**

每立方米空气中所含水蒸气的质量叫作空气的绝对湿度（$\rho_v$）。其单位与密度单位相同，其值等于单位体积湿空气中所含水蒸气的质量，如下：

$$\rho_v = \frac{M_v}{V} \tag{1-2}$$

式中：$M_v$——水蒸气的质量，kg；

$V$——空气的体积，m³。

在一定的温度和压力下，单位体积空气所能容纳的水蒸气量是有极限的，超过这一极限，多余的水蒸气就会凝结。这种含有极限值水蒸气的湿空气叫作饱和空气，其所含的水蒸气量叫作饱和湿度，用 $\rho_s$ 表示；此时的水蒸气分压力叫作饱和水蒸气压，用 $P_s$ 表示。绝对湿度虽然反映了空气中实际所含水蒸气量的大小，但不能反映空气的干湿程度。

**2. 相对湿度**

单位体积空气中实际含有的水蒸气量（$\rho_v$）与其同温度下的饱和水蒸气含量（$\rho_s$）之比称为空气的相对湿度，可用下式表示：

$$\varphi = \frac{\rho_v}{\rho_s} \tag{1-3}$$

$\varphi$ 值可以用小数表示，也可以用百分数表示。其大小反映了空气接近饱和的程度，故也称为饱和度。$\varphi$ 值小表示空气干燥，吸收水分的能力强；反之，$\varphi$ 值大则表示空气潮湿，吸收水分的能力弱。$\varphi=0$ 即为干空气，$\varphi=1$ 即为饱和空气。水分向空气中蒸发的快慢与相对湿度有关。

随温度下降，不饱和空气相对湿度逐渐增大。冷却达到 $\varphi=1$ 时的温度称为露点。再继续冷却，空气中的水蒸气就会因过饱和而凝结成水珠。反之，当空气温度升高时，空气的相对湿度将会减小。

### 3. 含湿量

进行矿井风流热焓变化和风温预测时，需要确定对风流（湿空气）的加湿及减湿的数量。若对湿空气取单位容积或单位质量为基准进行计算，则会由于湿空气在处理过程中容积及质量两者皆随温度及湿度改变而给计算带来麻烦。湿空气中只有干空气的质量，不会随湿空气的温度和湿度而改变。为方便起见，在湿空气中对某些参数的计算均以 1 kg 干空气作为基准。

含湿量是指每千克质量的干空气中所混合的水蒸气的质量(g)，常用 $d$ 来表示，单位为 g/kg(干空气)。$d$ 的计算公式如下：

$$d = \frac{m_v}{m_{d \cdot a}} \times 10^3 \tag{1-4}$$

式中：$m_v$——水蒸气的质量，g；

$m_{d \cdot a}$——干空气的质量，kg。

根据理想气体状态方程可知：

$$m_v = \frac{p_v V}{R_v T}$$
$$m_{d \cdot a} = \frac{p_{d \cdot a} V}{R_{d \cdot a} T} \tag{1-5}$$

式中：$p_v$——水蒸气的分压力，Pa；

$p_{d \cdot a}$——干空气的分压力，Pa；

$R_v$——水蒸气的气体常数，J/(kg·K)；

$R_{d \cdot a}$——干空气的气体常数，J/(kg·K)；

$T$——空气中的热力学温度，K；

$V$——空气体积，mL。

水蒸气和干空气的气体常数计算公式如下：

$$R_v = \frac{R}{M_v}$$
$$R_{d \cdot a} = \frac{R}{M_{d \cdot a}} \tag{1-6}$$

式中：$M_v$——水蒸气的摩尔质量，0.018 g/mol；

$M_{d \cdot a}$——干空气的摩尔质量，0.029 g/mol；

$R$——通用气体常数，8.314 J/(mol·K)。

水蒸气分压力与干空气分压力之间存在以下关系：

$$p = p_v + p_{d \cdot a} \tag{1-7}$$

式中：$p$——空气中的压力，Pa。

联立以上各式可得：

$$d = 622 \times \frac{p_v}{p - p_v} \tag{1-8}$$

式(1-8)还可以引入相对湿度 $\varphi$，表示为

$$d = 622 \times \frac{\varphi p_{sat}}{p - \varphi p_{sat}} \tag{1-9}$$

式中：$p_{sat}$——水蒸气的饱和蒸汽压力，Pa。

一定温度下含湿量的最大值，即相对 $\varphi=100\%$ 时的含湿量称饱和含湿量，用 $d_s$ 表示，即：

$$d_s = 622 \times \frac{p_{sat}}{p - p_{sat}} \tag{1-10}$$

测量空气温湿度的仪器是干湿温度计，它主要由温度计和湿度计两部分组成。目前常用的干湿温度计主要包括 HM-3A 干湿温度计、DHM2 空气温湿度测量表等，如图 1-6 所示。

使用干湿温度计的方法如下：

(1) 将干湿温度计放在要测量的空气中，等待一段时间，使温度计和湿度计达到稳定状态；

(2) 观察温度计的指针，以摄氏度或华氏度的刻度读取当前的温度；

(3) 观察湿度计的指针，以百分比的刻度读取当前的湿度。

使用干湿温度计时，应注意以下事项：

(1) 干湿温度计的温度计和湿度计的刻度是有区别的，不要混淆；

(2) 干湿温度计的温度计和湿度计的指针可能会有灵敏度差异，读取时要注意；

(3) 干湿温度计的温度计和湿度计的指针可能会因为外界环境的变化而摆动，读取时要注意；

(4) 干湿温度计的温度计和湿度计可能会因为长期使用或外界环境的变化而失准，读取时要注意。

图 1-6 温湿度测量仪器

(a) HM-3A 干湿温度计；(b) DHM2 空气温湿度测量表

### 1.3.4 密度、比容

单位体积空气所具有的质量称为空气的密度，用符号 $\rho$ 表示。对于均质空气：

$$\rho = \frac{M}{V} \tag{1-11}$$

式中：$\rho$——空气的密度，kg/m³；

$M$——空气的质量，kg；

$V$——空气的体积，m³。

空气的比容是指单位质量空气所占有的体积,用符号 $v$ 表示,比容和密度互为倒数,它们是一个状态参数的两种表达方式,根据定义:

$$v = \frac{V}{M} = \frac{1}{\rho} \tag{1-12}$$

空气的密度是温度和压力的函数。

矿井空气和地面空气都是干空气和水蒸气的混合物,工程中称为湿空气。在分析讨论湿空气时,把由多种气体成分组成的干空气当作一个整体看待,认为湿空气为干空气和水蒸气之和。

湿空气的密度 $\rho$ 是 1 m³ 空气中所含干空气的质量和水蒸气的质量之和,即

$$\rho = \rho_{d \cdot a} + \rho_v \tag{1-13}$$

式中:$\rho_{d \cdot a}$、$\rho_v$——分别为干空气和水蒸气的密度,kg/m³。

干空气可视为理想气体。存在于湿空气中的水蒸气,由于其分压力很低,密度很小,也可将湿空气视为理想气体。所以由干空气和水蒸气所组成的湿空气,也可用理想气体状态方程来表示其状态参数间的关系,即:

$$pv = RT \tag{1-14}$$

式中:$p$——气体的压力,Pa;

$v$——气体比容,它是密度 $\rho$ 的倒数,m³/kg;

$T$——热力学温度,$T = 273 + t$,K;

$R$——气体常数,干空气的气体常数为 $R_{d \cdot a} = 287$ J/(kg·K);水蒸气的气体常数为 $R_v = 461$ J/(kg·K)。

按照道尔顿定律,湿空气的总压力,即大气压力 $p$ 等于干空气分压力 $p_{d \cdot a}$ 和水蒸气分压力 $p_v$ 之和,即

$$\begin{gathered} p = p_{d \cdot a} + p_v \\ p_{d \cdot a} = p - \varphi p_{sat} \\ p_v = \varphi p_{sat} \end{gathered} \tag{1-15}$$

式中:$p_{sat}$——对应于干球温度 $t$ 的饱和水蒸气压力,Pa。

由气体状态方程,可得:

$$\begin{cases} \rho = \dfrac{1}{v} = \dfrac{p}{RT} \\ \rho_{d \cdot a} = \dfrac{p_{d \cdot a}}{R_{d \cdot a} T} = \dfrac{p - \varphi p_{sat}}{287 T} \\ \rho_v = \dfrac{p_v}{R_v T} = \dfrac{\varphi p_{sat}}{461 T} \end{cases} \tag{1-16}$$

将式(1-16)代入式(1-13),得:

$$\begin{aligned} \rho &= \frac{p - \varphi p_{sat}}{287 T} + \frac{\varphi p_{sat}}{461 T} = \frac{p}{287 T} - \frac{\varphi p_{sat}}{T}\left(\frac{1}{287} - \frac{1}{461}\right) \\ &= \frac{p}{287 T}\left(1 - \frac{0.37744 \varphi p_{sat}}{p}\right) \end{aligned} \tag{1-17}$$

式中:$p$——湿空气的压力,Pa;

$T$——空气的温度,℃;
$p_{sat}$——温度 $t$ 时饱和水蒸气的分压力(表1-14),Pa;
$\varphi$——空气的相对湿度。

表1-14 不同温度下饱和水蒸气压力

| 空气温度/℃ | 饱和水蒸气压力/Pa | 空气温度/℃ | 饱和水蒸气压力/Pa | 空气温度/℃ | 饱和水蒸气压力/Pa |
| --- | --- | --- | --- | --- | --- |
| −20 | 128 | 8 | 1069.24 | 20 | 2333.1 |
| −15 | 193.32 | 9 | 1143.9 | 21 | 2493.1 |
| −10 | 287.98 | 10 | 1127.9 | 22 | 2639.8 |
| −5 | 422.63 | 11 | 1311.89 | 23 | 2813.1 |
| 0 | 610.6 | 12 | 1402.55 | 24 | 2986.4 |
| 1 | 655.94 | 13 | 1497.21 | 25 | 3173.5 |
| 2 | 705.27 | 14 | 1598.9 | 26 | 3359.7 |
| 3 | 757.27 | 15 | 1706.2 | 27 | 3563.7 |
| 4 | 811.93 | 16 | 1818.5 | 28 | 3766.8 |
| 5 | 870.59 | 17 | 1933.2 | 29 | 4013.0 |
| 6 | 933.25 | 18 | 2066.5 | 30 | 4239.6 |
| 7 | 998.58 | 19 | 2199.3 | 31 | 4493.0 |

由式(1-17)可见,空气的压力越大,温度越低,湿度越小,空气密度越大。当空气的压力和温度一定时,空气的相对湿度越大,其密度越小,即湿空气的密度比干空气的密度小。在矿井通风中,空气流经复杂的通风网络时,其温度、压力及湿度将会发生一系列的变化,这些变化都将引起空气密度的变化。矿井风流的密度变化会引起矿井通风的动力或阻力效应,如自然风压等。

考虑矿井空气为潮湿空气,为简化计算,工程中可根据下述公式近似测算矿井空气的密度:

$$\rho = 0.00346 \times \frac{P}{273 + t} \tag{1-18}$$

式中:$P$——矿井空气的绝对压力,Pa;
$t$——矿井空气的气体温度,℃。

### 1.3.5 黏性

空气的黏性是空气流动时抵抗剪切力的性质,是产生通风阻力的内在因素。流体黏性的大小是根据牛顿内摩擦定律来衡量的。当流体以任一平均速度流动时,相邻流层之间就有相对运动,在流体内部两个流体层的接触面上便产生黏性阻力(也称内摩擦力),由牛顿内摩擦定律得:

$$\tau = \mu \frac{du}{dy} \tag{1-19}$$

式中:$\tau$——流体内摩擦应力,N/m$^2$;
$\mu$——动力黏度(或称绝对黏度),Pa·s;
$\frac{du}{dy}$——垂直于流动方向的速度变化率,即速度梯度,s$^{-1}$。

由式(1-19)可知,当流体处于静止状态或流层间无相对运动时,流体不呈现黏性。

在实际应用中还常用运动黏度,用符号 $v(\text{m}^2/\text{s})$ 表示,

$$v = \frac{\mu}{\rho} \tag{1-20}$$

流体的黏性是由流体分子间的作用力和动量交换所决定的,温度是影响流体黏性的主要因素之一,如图1-7所示。对于气体,随温度升高会使分子的动量交换加强,黏性增大;对于液体,随温度升高会使分子的间距增大,液体由黏稠变得稀薄,则黏性减小。一般情况下,压力对流体的动力黏性影响很小,可以忽略。几种有关流体的黏度见表1-15。

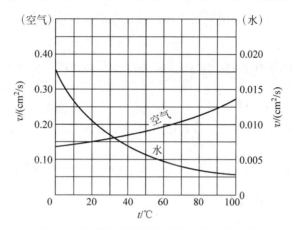

图1-7 空气与水的黏性随温度的变化曲线

表1-15 几种流体的黏度($p=0.1$ MPa,$t=20$℃)

| 流体名称 | 动力黏度 $\mu/(\text{Pa}\cdot\text{s})$ | 运动黏度 $v/(\text{m}^2/\text{s})$ |
| --- | --- | --- |
| 空气 | $1.808\times10^{-5}$ | $1.501\times10^{-5}$ |
| 氮气($N_2$) | $1.76\times10^{-5}$ | $1.41\times10^{-5}$ |
| 氧气($O_2$) | $2.04\times10^{-5}$ | $1.43\times10^{-5}$ |
| 甲烷($CH_4$) | $1.08\times10^{-5}$ | $1.52\times10^{-5}$ |
| 水 | $1.005\times10^{-3}$ | $1.007\times10^{-6}$ |

### 1.3.6 焓

焓也称热焓,它是一个复合的状态参数,是内能 $u$ 和压力功 $PV$ 之和。湿空气的焓是以 1 kg 干空气作为基础来表示的,它是 1 kg 干空气的焓和 $d$ kg 水蒸气的焓的总和,用符号 $i$ 表示,即:

$$\begin{aligned} i &= i_\text{d} + di_\text{v} \\ i_\text{d} &= 1.0045t \\ i_\text{v} &= 2501 + 1.85t \end{aligned} \tag{1-21}$$

式中:$i_\text{d}$——1 kg 干空气的焓,也称空气的显热或感热,kJ/kg;

1.0045——干空气的平均定压质量比热容,kJ/(kg·K);

$t$——空气的温度,℃;

$i_v$——1 kg 水蒸气的焓,kJ/kg;

2501——水蒸气的汽化潜热,kJ/kg;

1.85——常温下水蒸气的平均定压质量比热容,kJ/(kg·K)。

注:摄氏度与开氏度之间的核算关系为 $t(℃)=T(K)-273.15$。

将干空气和水蒸气的焓值代入式(1-21),可得湿空气的焓为

$$i = 1.0045t + (2501 + 1.85t)d \tag{1-22}$$

实际应用中,为简化计算,可使用焓湿图($i$-$d$ 图)。

在矿井通风和空气调节工程中,对空气的加热或冷却,一般都是在定压条件下进行的。所以,空气处理过程中吸收或放出的热量均可用过程前后的焓差来计算。

## 1.4 矿井空气的热力变化过程

地表空气进入井下,风流沿途要经过各类巷道,会发生热交换和能量的变化,产生各种热力变化过程。热力变化过程主要有:等容过程、等压过程、等温过程、绝热过程和多变过程。

### 1.4.1 等容过程

等容过程是指在比容保持不变的情况下所进行的热力变化过程。当 $v$ 为常数时,由气体状态方程可知:

$$p/T = R/v = 常数 \tag{1-23}$$

由式(1-23)可以看出,等容过程是 $v$ 不变而绝对压力和热力学温度成正比变化的过程。因 $v$ 不变,即 $dv=0$,则 $pdv=0$,热力学第一定律变为

$$dq = du + 0 = du \tag{1-24}$$

由式(1-24)可以看出,在这个过程中,空气不对外做功,空气所吸收或放出的热量等于内能的增加或减少。

因 $v=1/\rho$,$v$ 不变,空气密度 $\rho$ 亦不变,则通风常用的积分式的变化(即压能变化)为

$$\int_1^2 \frac{dp}{\rho} = (p_2 - p_1)/\rho = (p_2 - p_1)v \tag{1-25}$$

### 1.4.2 等压过程

当 $p=$常数时,则 $v/T=R/p=$常数。表明等压过程是 $p$ 不变而 $v$ 和 $T$ 成正比变化的过程。

对外界做功为

$$\int_1^2 p\,dv = p\int_1^2 dv = p(v_2 - v_1) = p\Delta v \tag{1-26}$$

热量变化为

$$dq = du + \int_1^2 p\,dv = du + p\Delta v = di \tag{1-27}$$

由式(1-27)可以看出,在此过程中,空气所吸收或放出的热量等于空气焓的增加或减少。

因 $dp=0$,故压能变化为

$$\int_1^2 \frac{dp}{\rho}=0 \tag{1-28}$$

### 1.4.3 等温过程

当 $T=$ 常数时,则 $pv=RT=$ 常数。表明等温过程是 $T$ 不变而 $p$ 和 $v$ 成反比变化的过程。

因 $p=RT/v$,则对外做功为

$$\int_1^2 \frac{RT}{v}dv=RT\int_1^2 \frac{dv}{v}=RT\ln\frac{v_2}{v_1}=RT\ln\frac{p_1}{p_2} \tag{1-29}$$

因 $T$ 不变,则内能 $u$ 不变,$du=0$,故热量变化为

$$dq=0+RT\ln\frac{p_1}{p_2}=RT\ln\frac{p_1}{p_2} \tag{1-30}$$

由式(1-30)可以看出,在此过程中,空气从外界获得的热量等于空气对外界做出的功;或者说空气向外界放出的热量,等于空气从外界获得的功。

因

$$pv=p_1v_1, \quad v=\frac{p_1v_1}{p}=\frac{1}{\rho}$$

故压能变化为

$$\int_1^2 \frac{dp}{\rho}=\int_1^2 p_1v_1\frac{dp}{p}=\frac{p_1}{\rho_1}\ln\frac{p_2}{p_1} \tag{1-31}$$

### 1.4.4 绝热过程

绝热过程是空气和外界没有热量交换的情况下($dq=0$)所进行的膨胀或压缩的过程,空气的 $p$、$T$、$v$ 都发生变化,而且变化规律很复杂。前人分析得出:在此过程中空气对外界做出的功等于空气内能的减少;空气从外界获得的功等于空气内能的增加。其状态变化规律为:

$$pv^K=p_1v_1^K=常数 \tag{1-32}$$

式中:$K$——绝热指数,对于空气,$K=1.41$。

即:

$$\frac{p}{\rho^K}=\frac{p_1}{\rho_1^K}, \quad \frac{1}{\rho}=\frac{1}{\rho_1}\left(\frac{p_1}{p}\right)^{\frac{1}{K}} \tag{1-33}$$

则压能变化为

$$\int_1^2 \frac{dp}{\rho}=\int_1^2 \frac{p_1^{\frac{1}{K}}}{\rho_1}\frac{dp}{p^{\frac{1}{K}}}=\frac{p_1^{\frac{1}{K}}}{\rho_1}\int_1^2\frac{dp}{p^{\frac{1}{K}}}=\frac{K}{K-1}\frac{p_1}{\rho_1}\left[\left(\frac{p_2}{p_1}\right)^{\frac{K-1}{K}}-1\right]$$

$$=\frac{K}{K-1}\left(\frac{p_2}{\rho_2}-\frac{p_1}{\rho_1}\right)=\frac{K}{K-1}(p_2v_2-p_1v_1) \tag{1-34}$$

### 1.4.5 多变过程

这是多种变化过程,这个过程的状态变化规律为:
$$pv^n = 常数 \tag{1-35}$$

式中:$n$——多变指数,可以是任何实数,不同的 $n$ 值决定不同的状态变化规律,描述不同的变化过程。

例如,当 $n=0$ 时,$p=$ 常数,表示等压过程;

当 $n=1$ 时,$pv=$ 常数,表示等温过程;

当 $n=K$ 时,$pv^K=$ 常数,表示绝热过程;

当 $n=\infty$ 时,$v=$ 常数,表示等容过程。

因
$$pv^n = p_1 v_1^n, \quad \frac{1}{\rho} = \left(\frac{p_1}{p}\right)^{\frac{1}{n}} \times \frac{1}{\rho_1}$$

则压能变化为:
$$\int_1^2 \frac{\mathrm{d}p}{\rho} = \int_1^2 \frac{p^{\frac{1}{n}}}{\rho_1} \frac{\mathrm{d}p}{p^{\frac{1}{n}}} = \frac{n}{n-1} \frac{p_1}{\rho_1} \left[\left(\frac{p_2}{p_1}\right)^{\frac{n-1}{n}} - 1\right]$$
$$= \frac{n}{n-1}\left(\frac{p_2}{\rho_2} - \frac{p_1}{\rho_1}\right) = \frac{n}{n-1}(p_2 v_2 - p_1 v_1) \tag{1-36}$$

## 1.5 矿井气候

矿井气候是指矿井空气的温度、湿度和流速 3 个参数的综合作用状态。为保持工人在生产过程中人体产生的热量与散发热量的平衡,必须创造适宜的井下气候条件。

### 1.5.1 矿井气候对人体热平衡的影响

新陈代谢是人类生命活动的基本过程之一。人体散热主要通过人体皮肤表面与外界的对流、辐射和汗液蒸发 3 种基本形式进行。对流散热取决于周围空气的温度和流速;辐射散热主要取决于环境温度;蒸发散热取决于周围空气的相对湿度和流速。

人体热平衡关系式:
$$q_m - q_w = q_d + q_z + q_f + q_{ch} \tag{1-37}$$

式中:$q_m$——人体在新陈代谢中产热量,取决于人体活动量。

$q_w$——人体用于做功而消耗的热量。

$q_m - q_w$——人体排出的多余热量。

$q_d$——人体对流散热量,低于人体表面温度,为负;否则,为正。

$q_z$——汗液蒸发或呼出水蒸气所带出的热量。

$q_f$——人体与周围物体表面的辐射散热量,可正,可负。

$q_{ch}$——人体由热量转化而没有排出体外的能量;人体热平衡时,$q_{ch}=0$。

当外界环境影响人体热平衡时,人体温度升高,$q_{ch}>0$;人体温度降低,$q_{ch}<0$。

矿井气候条件的三要素是影响人体热平衡的主要因素:空气温度对人体对流散热起主要作用;相对湿度影响人体蒸发散热的效果;风影响人体对流散热和蒸发散热的效果。对流换热强度随风速而增大,同时湿交换效果也随风速增大而加强。

### 1.5.2 衡量矿井气候条件的指标

**1. 干球温度**

干球温度是我国现行的评价矿井气候条件的指标之一。为了区别于湿球温度,将空气的温度称为干球温度,它是空气分子平均运动动能大小的宏观量度。温度的数值标尺称为温标,常用的温标是:热力学温标(又称绝对温标)、摄氏温标和华氏温标。摄氏温度 $t$ 与热力学温度 $T$ 之间的关系见式(1-1)。

摄氏温度 $t$ 与华氏温度 $t'$ 的关系为:

$$t = \frac{5(t'-32)}{9} \tag{1-38}$$

干球温度在一定程度上直接反映矿井气候条件的好坏。指标比较简单,使用方便。但这个指标只反映了气温对矿井气候条件的影响,而没有反映出气候条件对人体热平衡的综合作用。

**2. 湿球温度**

用含湿量、水蒸气分压力、绝对湿度和相对湿度等直接或间接表示湿空气中水蒸气的含量直观简洁,但这些参数无法直接测量。湿球温度计是为测量空气的湿度而设计的。将温度计的水银球用湿纱布包裹便是一个湿球温度计。当湿空气中的水蒸气未达到饱和时,湿纱布上的水分就会蒸发,从而吸收温度计的热量使温度计的实际温度低于空气温度(即干球温度),相对湿度越低,则干球温度与湿球温度之差越大。从干球温度和湿球温度就可查图或查表求出湿空气的相对湿度。湿球温度可以反映空气温度和相对湿度对人体热平衡的影响,比干球温度要合理些。但这个指标仍没有反映风速对人体热平衡的影响。

**3. 有效温度**

有效温度指数有两种,都是由美国采暖、制冷与空调工程师学会(ASHRAE,1981)提出的。最初的有效温度(ET)是要使不同的温度、湿度和空气流动速度组合具有同等的效果,即具有相同的冷热感觉。虽然 ET 被广泛应用,但它过分强调了湿度在寒冷和中等条件下的作用,对其在温暖情况下的影响重视不够。并且,它也没有充分解释潮热环境中空气流速的影响。

正因为最初 ET 的这些限制,一个新的指数 $ET^*$ 被开发出来。这一指数来源于一个复杂的公式,这个公式基于环境变量对人体生理调节的影响。图 1-8 就包括了新的 $ET^*$ 值。图的横坐标为干球温度,从左到右上扬的曲线是相对湿度线(RH)。沿着任一给定的干球温度线,如 70°F(21℃),向上直到 50% 的 RH 线,交点代表对应此干球温度的 $ET^*$ 值。在此交点上,$ET^*$ 值为一条左高右低的虚线。所有在 $ET^*$ 线上的干球温度和相对湿度的组合,代表那些被认为是具有相同 $ET^*$ 值的组合,并以此作为建立量表的基础(出于当前的目的,图中的其他属性不再详述)。该图示的 $ET^*$ 量表适用于穿着轻便衣服、坐着工作的人,并且工作空间具有低的空气流动速度以及限定的辐射效应(尤其是平均辐射温度等于空气温度)的区域。

请注意,最初的 ET 标度的 ET 线轨迹为干球温度与 100% 相对湿度线的交点。而新的 ET* 线在 50% 相对湿度线上,所以新的 ET* 值在其他条件一样时其数值比旧的 ET 值更大(后面的多数关于有效温度的参考文献都是指旧的 ET 标度而不是新的 ET* 标度)。

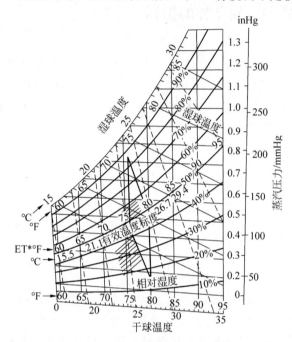

图 1-8　新的有效温度(ET*)标度

注:蒸汽压力是一个湿度指数。湿球温度是在 100% 相对湿度条件下测量的温度,用气吸式的湿芯温度计或摇动干湿计获得。
(图中阴影表示 ASHRAE 的舒适标准;菱形区域则代表 Rohles(1974)所提出的舒适包络区域(MCE))

#### 4. 卡他度

卡他度分为干卡他度和湿卡他度。

干卡他度($K_d$)反映了气温和风速对气候条件的影响,但没有反映空气湿度的影响。为了测出温度、湿度和风速三者的综合作用效果,可利用下式进行计算:

$$K_d = 41.868 F/t \tag{1-39}$$

式中:$F$——卡他常数,每支卡他计玻璃管上都标有 $F$ 值;

　　　$t$——使用卡他计时,用秒表记录下的液面从 38℃ 降至 35℃ 所需的时间。

　　　41.868——一个常数,表示在特定条件下的特定物质的分配系数,或者是与某些标准条件(如温度、溶剂类型、物质性质等)相关的经验值。

湿卡他度($K_w$)是在卡他计贮液球上包裹上一层湿纱布时测得的卡他度,其实测和计算方法完全与干卡他度相同。

一般采用卡他计测定卡他度。卡他计是一种检查气温、湿度及风速的综合作用的仪器,如图 1-9 所示。其下端为椭圆形扁液球,长约 40 mm,直径为 16 mm,表面积为 22.6 cm²,内贮酒精,上端亦有椭圆形的空间,以便在测定时容纳上升的酒精,卡他计全长约 200 mm,其上刻有

38℃和35℃两个刻度,其平均值正好等于人体的温度。

测定时,将卡他计先放入60～80℃的热水中使酒精上升至仪器的上部空间1/3左右处,取出抹干,然后挂在巷道风流中,此时酒精面开始下降,记录由38℃降至35℃所需的时间,然后用下式求出卡他度:

$$K_d = \frac{F}{t} \quad (1\text{-}40)$$

式中:$K_d$——干卡他度(贮液器单位面积,每秒散热量),$\text{mcal}/(\text{cm}^2 \cdot \text{s})$;

　　　$F$——卡他常数。每个仪器都有不同的常数,其数值是贮液球在温度由38℃降至35℃时每平方厘米的表面积上所散失的热量;

　　　$t$——温度由38℃降至35℃所经过的时间,s。

干卡他度只能测出以对流、辐射形式散热的效果。如要测出对流、辐射及蒸发三者的综合散热效果,则要用湿卡他计测量。测量时将贮液球包湿纱布后按上述方法进行测定。湿卡他度的计算公式如下:

$$K_w = \frac{F}{t} \quad (1\text{-}41)$$

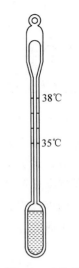

图1-9　卡他计

由于蒸发作用,故 $t$ 值变小,而湿卡他度大于干卡他度。

不同劳动强度下所需要的干、湿卡他度值,对不同体质的劳动者来说是不相同的,应通过实际测定来确定。对从事井下中等强度工作的人员,比较适合的干、湿卡他度分别为8～10 $\text{mcal}/(\text{cm}^2 \cdot \text{s})$和25～30 $\text{mcal}/(\text{cm}^2 \cdot \text{s})$。不同劳动强度时适宜的卡他度值如表1-16所示。

表1-16　不同劳动强度时适宜的卡他度值

| 劳动强度 | 干卡他度 $K_d$/($\text{mcal}/(\text{cm}^2 \cdot \text{s})$) | 湿卡他度 $K_w$/($\text{mcal}/(\text{cm}^2 \cdot \text{s})$) |
|---|---|---|
| 坐着工作或轻体力劳动 | 6 | 18 |
| 中等体力劳动 | 8 | 25 |
| 重体力劳动 | 10 | 30 |

注:1 mcal=4.185 mJ。

## 1.5.3　矿井气候条件安全标准

我国矿山气候条件的安全标准如表1-17所示。为避免热负荷对人体的伤害,《煤矿安全规程》规定:进风井口以下的空气温度(干球温度,下同)必须在2℃以上。生产矿井采掘工作面空气温度不得超过26℃,机电设备硐室的空气温度不得超过30℃;当空气温度超过时,必须缩短超温地点工作人员的工作时间,并给予高温保健待遇。采掘工作面的空气温度超过30℃、机电设备硐室的空气温度超过34℃时,必须停止作业。新建、改扩建矿井设计时,必须进行矿井风温预测计算,超温地点必须进行制冷降温设计,配齐降温设施。

表1-17　我国矿山气候条件的安全标准

| 类　别 | 最高容许干球温度/℃ | | | |
|---|---|---|---|---|
| | 煤矿 | 金属矿 | 化学矿 | 铀矿 |
| 采掘工作面 | 26 | 27 | 26 | 26 |

续表

| 类别 | 最高容许干球温度/℃ | | | |
|---|---|---|---|---|
| | 煤矿 | 金属矿 | 化学矿 | 铀矿 |
| 机电硐室 | 30 | | | |
| 特殊条件下 | | | 30 | 30 |
| 热水型和高硫矿井 | | 27.5 | | |

制定矿井气候条件的安全标准涉及国家政策、劳动卫生、劳动生理心理学以及现有的国家技术经济条件。目前,世界各国关于矿井气候条件的安全标准差别很大,主要采用的指标有:干球温度、湿球温度、同感温度等,如表 1-18 所示。从世界主要产煤国家矿井气候条件安全标准来看,我国法定的矿井气候允许值最低。但由于客观条件的限制,这一规定往往较难实现。因此,如何根据我国的具体国情,选定符合我国实际情况的标准,还有待于进一步研究。

表 1-18 世界主要产煤国家矿山气候条件的安全标准

| 国别 | 最高容许温度/℃ | | 备注 |
|---|---|---|---|
| 俄罗斯 | 干球温度 | $t \leqslant 26$ | 煤矿,相对湿度 $\varphi < 90\%$ 时 |
| | | $t \leqslant 25$ | 煤矿,$\varphi > 90\%$ 时 |
| | | $t \leqslant 25$ | 化学矿、金属矿 |
| 德国 | 干球温度 | $t \leqslant 25$ | 允许值 |
| | | $25 < t \leqslant 29$ | 限作业 6 h |
| | | $29 < t \leqslant 30$ | 限作业 5 h,每小时休息 10 min |
| | | $30 < t \leqslant 32$ | 限作业 5 h,每小时休息 20 min |
| | | $t > 32$ | 禁止作业 |
| 美国 | 干球温度 | $t \leqslant 32$ | 煤矿,允许值 |
| | | $t > 32$ | 禁止作业 |
| 英国 | 湿球温度 $t \leqslant 27.8$ | | 允许值 |
| | 同感温度 $t \leqslant 29.4$ | | 允许值 |
| 波兰 | 干球温度 | $t \leqslant 26$ | 煤矿 |
| | | $t > 26$ | 劳动定额可减免 4% |
| | | $28 < t \leqslant 33$ | 限作业时间 6 h |
| 印度 | 干球温度 | $t < 32$ | 允许值 |
| | | $32 < t \leqslant 35$ | 限工作时间 5 h |

## 1.5.4 矿井气候条件对人体的影响

人体散热的方式有对流、辐射和蒸发三种。在对流过程中起主导作用的是人体与周围空气的温度差和空气的流动速度;在辐射过程中,人体与周围介质的热交换与两者的热力学温度差成正比,因此,当气温较低时,人体产生的热量大都以对流及辐射形式散失;在气温超过 25℃的情况下,对流及辐射散热将大大减少(《煤矿安全规程》规定,采掘工作面的温度不得超过 26℃);而当气温超过 37℃时,人体的主要散热方式是出汗蒸发。人体每出汗 1 mL,能散热 2.43 J。

蒸发作用与空气温度、湿度和风速有关,蒸发的效果取决于空气的相对湿度。相对湿度 $\varphi<30\%$ 时,蒸发过快,会感到干燥;$\varphi=80\%$ 时,蒸发困难;$\varphi=100\%$ 时,蒸发完全停止。最适宜的相对湿度为 $50\%\sim60\%$。当空气的温度、湿度一定时,增加风速可提高散热效果。气温与体温相差越大,增加风速后的散热效果越显著。因此,矿内空气温度、湿度、风速对人体散热的影响是综合性的。空气温度影响辐射和对流,湿度影响汗水蒸发,风速影响对流和蒸发。如果空气温度高、湿度小,则加大风速同样能满足人体劳动时的热交换作用。因此,为了在井下创造适宜的气候条件,要结合现场实际生产条件,从温度、湿度和风速这三个方面加以解决。温度和风速的合适关系见表 1-19。

表 1-19 温度和风速的合适关系

| 空气温度/℃ | 适宜风速/(m/s) | 空气温度/℃ | 适宜风速/(m/s) |
| --- | --- | --- | --- |
| <15 | <0.5 | 22～24 | <1.0 |
| 15～20 | <1.0 | 24～26 | <1.0 |
| 20～22 | <1.0 | | |

## 1.5.5 井下气候条件的改善

改善井下气候条件的目的是将井下特别是采掘工作面的空气温度、湿度和风速调配得当,以创造良好的劳动环境,保证矿工的身体健康,提高劳动生产率。煤矿生产过程中,控制空气温度比较困难,所以主要从调节气温和风速入手来改善井下气候条件。

**1. 空气预热**

冬季气温较低,为保护矿工的身体健康和防止进风井筒、井底结冰造成提升、运输事故,必须对空气预先加热。通常采用的预热方法是使用蒸气或水暖设备,将一部分风量预热到 $70\sim80℃$,并使其进入井筒与冷空气混合,以便混合后的空气温度不低于 2℃。

**2. 降温**

我国南方地区夏季地面空气温度高达 $38\sim40℃$,直接影响井下空气温度。此外,由于开采深度大、岩层温度高、井下涌水温度高及机电设备散热等,使采掘工作面出现高温、高湿。目前采用的降温手段和方法有通风降温、杜绝热源及减弱其散热强度、用冷水或冰块降低工作面温度、制冷降温。

通风降温应采用提高矿井进风量,加大巷道和采掘工作面的风速,缩短进风路线;建立合理的通风系统,采取并联通风,尽量避免和减少串联通风;采用下行通风、W 形通风等利于通风降温的布置方式。

杜绝热源及减弱其散热强度是尽量利用岩石巷道进风,防止煤氧化生热的交换;避开局部热源;清除浮煤和不用的木料,防止曝晒的防尘水进入井下以及曝晒的矿车、材料、设备下井。

用冷水或冰块降低工作面温度是通过在采煤工作面的进风巷道放置冰块来降温,掘进工作面的局部通风机进风侧设置冰块,可以降低局部气温,但此方法消耗冰块量大。比较有效的办法是在采掘工作面用冷水喷雾降温。

制冷降温是使用机械制冷设备强制制冷来降低工作面气温。目前机械制冷方法有三种,分别为地面集中制冷机制冷、井下集中制冷机制冷及井下移动式冷冻机制冷。

## 习题

1.1 地面空气的主要成分是什么?矿井空气与地面空气有何区别?

1.2 氧气有哪些性质?造成矿井空气中氧浓度减少的主要原因是什么?

1.3 简述二氧化碳的性质、来源及危害。

1.4 矿井空气中常见的有害气体有哪些?《煤矿安全规程》对矿井空气中有害气体的最高容许浓度有哪些具体规定?

1.5 一氧化碳有哪些性质?试说明一氧化碳对人体的危害以及矿井空气中一氧化碳的主要来源。

1.6 防止井下有害气体中毒应采取哪些措施?

1.7 什么叫矿井气候条件?简述气候条件对人体热平衡的影响。

1.8 何谓卡他度?从事采掘劳动时适宜的卡他度值为多少?

1.9 应用卡他计测定某巷道的气候条件,卡他计常数 $F=513 \text{ mW/m}^2$,卡他计由 38℃冷却到 35℃所需的时间为 $t=69 \text{ s}$,试求卡他度并说明此种大气条件适于何种程度的劳动。

1.10 某井下柴油设备排气中一氧化碳浓度为 $160\times10^{-6}$,试表示成体积分数和质量浓度(mg/L)。

1.11 《煤矿安全规程》对矿井空气的质量有哪些具体规定?

1.12 说明影响空气密度大小的主要因素,压力和温度相同的干空气与湿空气相比,哪种空气的密度大,为什么?

1.13 某矿一采煤工作面二氧化碳的绝对涌出量为 $7.56 \text{ m}^3/\text{min}$,当供风量为 $850 \text{ m}^3/\text{min}$ 时,问该工作面回风流中二氧化碳浓度为多少?能否进行正常工作?

1.14 井下空气中,按体积计一氧化碳浓度不得超过 0.0024%,试将体积浓度 $C_v$(单位为%)换算为 0℃ 及 101325 Pa 状态下的质量浓度 $C_m$(单位为 $\text{mg/m}^3$)。

1.15 某矿由于井下人员呼吸及其他作业产生的二氧化碳量为 $5.52 \text{ m}^3/\text{min}$,求稀释二氧化碳到容许浓度所需的风量。

1.16 已知矿内空气的绝对静压 $p=103991 \text{ Pa}$,空气温度 $t=18℃$,相对湿度 $\varphi=75\%$,求空气的密度、比体积。

1.17 简述应用比长式一氧化碳检定管测定一氧化碳浓度的方法。

1.18 为了防止有害气体的危害,我们应该采取哪几方面的措施?

# 第2章

# 矿井空气流动的基本定律

本章介绍了矿井风流运动的特征、矿井风流的压力的基本理论,重点介绍了矿井风流的能量方程及其应用。矿井空气流动的基本定律是矿井通风的基础,也是矿井通风工程及技术管理的基本依据。

矿井空气流动的基本定律主要研究矿井空气沿井巷流动过程中宏观力学参数的变化规律以及能量的转换关系。

## 2.1 矿井风流运动特征

在正常通风状态下,矿井风流沿井巷的轴线方向运动,是连续运动的介质,其运动参数(压力、速度、密度等)都是连续分布的,流场中流体质点通过空间点的运动参数都不随时间而改变,只是位置的函数,这种流动称稳定流;但在矿井生产过程中,风门的开启、提升设备的升降、机车运输、皮带运输等会对局部风流产生瞬时扰动,但对整个矿井的风流稳定性影响不大。因此,仍可把矿井风流近似地视为一维稳定流。

在矿井里,特别是深井开采,风流沿井巷流动时,由于向下流动的压缩、向上流动的膨胀以及与井下各种热源(围岩、有机物的氧化和机电设备运转时所产生的热等)间的热交换,致使矿井风流的热力状态不断变化,可用矿井空气的热力过程来描述。

在矿井异常通风状态下,即井下一旦发生煤尘、瓦斯爆炸,火灾或煤(岩)与瓦斯突出等重大灾害时,矿井风流变得不稳定。例如,图2-1是日本某矿某日12:40发生煤与瓦斯突出时主扇风压变化的记录,曲线 $OABG$ 是突出时压力变化线,$O$ 点右侧和 $G$ 点左侧为正常通风的风压线。如果其中一个要素随时间变化,就称非稳定流在某一时期内变化不大,但这种影响是在灾变时期。这一章主要讨论矿井正常通风空气流动的运动特征和基本规律。

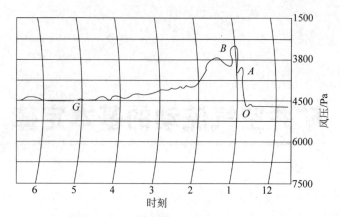

图 2-1 日本某矿某日 12:40 发生煤与瓦斯突出时主扇风压变化的记录

## 2.2 矿井风流的压力

矿井风流沿井巷运动,其根本原因是井巷中存在使风流流动的能量差。当流动风流的能量对外做功有力的表现时,就把它称为压力。井巷任意断面上风流具有的压力可以分为静压、位压和动压。

### 2.2.1 静压

**1. 概念**

风流的静压指空气分子作用在器壁单位面积上的力,是风流中各向同值的那一部分压力,其单位为 $N/m^2$,即压强(Pa)。根据物理学的分子运动理论,空气压力的表达式如下:

$$p = \frac{2}{3}n\left(\frac{1}{2}mv^2\right) \tag{2-1}$$

式中：$n$——单位体积内的空气分子数,个$/m^3$；

$\frac{1}{2}mv^2$——气体分子平移运动的平均动能,J/个；

$p$——空气的压力,Pa 或 $N/m^2$ 或 $J/m^3$。

由式(2-1)可知,空气压力的实质是单位体积内空气分子不规则热运动表现出的对外做功的能力,可以看作单位体积空气所具有的一种弹性(压力)势能,或称为压能,通风工程中习惯称之为空气的绝对静压。

按照统计观点,大量空气分子做无规则热运动时,在各个方向运动的机会是均等的,故空气的绝对静压具有在各个方向相等的特点。空气绝对静压的大小取决于空气分子的稠密程度及其热运动,即空气的压力是温度和密度的函数；反之,空气压力的变化也会导致空气温度或密度发生变化。

地表大气中的绝对静压习惯上叫作大气压力,其数值等于单位面积上空气柱的重力。地球空气圈的厚度高达 1000 km,靠近地球表面空气密度大,距地球表面越远,空气密度越小,不同海拔其上部空气柱的重力是不同的。因此,空气的压力在不同标高处其大小不同,空气压力与海拔的关系服从玻尔兹曼分布规律：

$$p = p_0 \mathrm{e}^{-\frac{\mu g z}{R_0 T}} \tag{2-2}$$

式中：$\mu$——空气的摩尔质量，28.97 kg/kmol；

　　　$g$——重力加速度，m/s$^2$；

　　　$z$——海拔，m；

　　　$R_0$——摩尔气体常数；

　　　$T$——空气的热力学温度，K；

　　　$p_0$——海平面处的大气压，Pa。

由表 2-1 可知，在矿井里，随着深度增加空气静压相应增加。通常垂直深度每增加 100 m 就要增加 1200~1300 Pa 的压力。

表 2-1　不同海拔的大气压

| 海拔/m | 0 | 100 | 200 | 300 | 500 | 1000 | 2000 |
|---|---|---|---|---|---|---|---|
| 大气压/kPa | 101.3 | 100.1 | 98.9 | 97.7 | 95.4 | 89.8 | 79.7 |

在同一水平面、不大的范围内，可认为空气压力是相同的；但空气压力与气象条件等因素也有关（主要是温度）。大气压力的变化会直接影响矿井空气压力的变化，有时会引起矿井瓦斯的异常涌出。

矿井空气的静压除与大气压力有关外，还受通风机造成的压力作用，使之高于或低于当地同标高的大气压力。

**2. 特点**

(1) 无论静止的空气还是流动的空气都具有静压力；

(2) 风流中任一点的静压各向同值，且垂直于作用面；

(3) 井巷断面上风流静压的大小主要与大气压力、断面位置（主要是高度）、通风机的作用有关。

**3. 两种测算基准**

根据压力测算基准的不同，静压可分为绝对静压和相对静压。

以真空为测算基准而测得的静压称为绝对静压，用 $p$ 表示。

以当地当时同标高的大气压力为测算基准（零点）测得的压力称为相对静压，用 $h$ 表示。

风流的绝对静压（$p$）、相对静压（$h$）和与其对应的大气压（$p_0$）三者之间的关系如下：

$$h = p - p_0 \tag{2-3}$$

某点的绝对静压只能为正，它可能大于、等于或小于该点同标高的大气压 $p_0$。因此相对静压则可正可负。

如图 2-2 所示，在压入式通风中，由于通风机的作用，风筒内 A 断面的绝对静压 $p_A$ 高于大气压 $p_0$，因此，A 断面的相对静压 $h_A = p_A - p_0 > 0$，为正；在抽出式通风中，由于通风机的作用，风筒内 B 断面的绝对静压 $p_B$ 低于大气压 $p_0$，因此，B 断面的相对静压 $h_B = p_B - p_0 < 0$，为负。

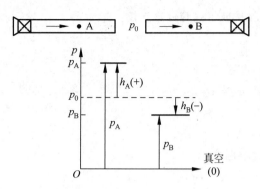

图 2-2　绝对静压、相对静压和大气压之间的关系

## 2.2.2　位压

**1. 概念**

物体在地球重力场中受地球引力作用,由于位置的不同而具有的一种能量叫作位能,用 $E_{p0}$ 表示;其位能所转化显现的压力叫作位压,用 $h_z$ 表示,单位为 Pa。如果把质量为 $M(\mathrm{kg})$ 的物体从某一基准面提高 $Z(\mathrm{m})$,就要对物体克服重力做功 $MgZ(\mathrm{J})$,物体因而获得同样数量($MgZ$)的重力位能,即 $E_{p0}=MgZ$。

当物体从此处下落,该物体就会对外做功 $MgZ$(指同一基准面)。

这里强调,重力位能是一种潜在的能量,它只有通过计算得其大小。

**2. 位能计算**

重力位能的计算应有一个参照基准。

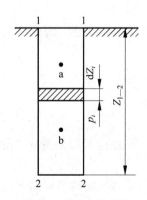

图 2-3　重力位能计算

在图 2-3 所示的井筒中,欲求 1—1、2—2 两断面间的位能差,则取 2—2 点为基准面(2—2 断面的位能为 0)。

按下式计算 1—1、2—2 两断面间重力位能:

$$E_{p0-1-2}=\int_1^2 \rho_i g \mathrm{d}Z_i \tag{2-4}$$

此式是重力位能的数学定义式。即 1—1、2—2 两断面间的位能差等于 1—1、2—2 两断面间单位面积上的空气柱重量。

实际测定时,可在 1—1、2—2 断面间再布置若干测点(测点间距视具体情况而定),如图 2-3 加设了 a、b 两点。分别测出这 4 点的静压($p$)、温度($t$)、相对湿度($\varphi$),计算出各点的密度和各测段的平均密度。再由下式计算出 1—1、2—2 断面间的位能差:

$$E_{p0-1-2}=\rho_{1a}Z_{1a}g+\rho_{ab}Z_{ab}g+\rho_{b2}Z_{b2}g=\sum \rho_{ij}Z_{ij}g \tag{2-5}$$

测点布置得越多,计算的重力位能越精确。

在实际应用中,由于密度与标高的变化关系比较复杂,因此在计算重力位能时,一般采用多测点计算法,即用式(2-5)测算。

**3. 位能与静压的关系**

如图 2-3 所示系统,当空气静止时($v=0$),由空气静力学可知,各断面的机械能相等。设以 2—2 断面为基准面,1—1 断面的总机械能 $E_1=E_{p0-1}+p_1$;2—2 断面的总机械能 $E_2=E_{p0-2}+p_2$。

由 $E_1=E_2$ 得:

$$E_{p0-1}+p_1=E_{p0-2}+p_2 \tag{2-6}$$

由于 $E_{p0-2}=0$(2—2 断面为基准面),$E_{p0-1}=\rho_{1-2}Z_{1-2}g$,所以:

$$p_2=E_{p0-1}+p_1=\rho_{1-2}Z_{1-2}g+p_1 \tag{2-7}$$

式(2-7)就是空气静止时位能与静压之间的关系。它说明 2—2 断面的静压大于 1—1 断面的静压,其差值是 1—2 两断面间单位面积上的空气柱重量,或者说 2—2 断面静压大于 1—1 断面静压是 1—2 断面位能差转化而来的。

在矿井通风中把某点的静压和位能之和称为势能。

应当注意,当空气流动时,又多了动压和流动损失,各能量之间的关系会发生变化,式(2-7)将要进行相应的变化,这将在后面讨论。

**4. 位压特点**

(1) 位压是相对某一基准面而具有的能量,它随所选基准面的变化而变化。基准面以上的位压为正值,基准面以下的位压为负值。一般应将基准面选在所研究系统风流流经的最低水平。

(2) 位压是一种潜在的能量,它在本处对外无力的效应,即不呈现压力,故不能像静压那样用仪表进行直接测量。只能通过测定高差及空气柱的平均密度来计算。

(3) 位压和静压可以相互转化,当空气由标高高的断面流至标高低的断面时位压转化为静压;反之,当空气由标高低的断面流至标高高的断面时部分静压转化为位压。二者进行能量转化时遵循能量守恒定律。

## 2.2.3 动压

**1. 概念**

当空气流动时,其动能所呈现的压力称为动压,表示的是单位体积空气的动能,用 $h_v$ 表示,单位为 Pa。

**2. 计算**

$$h_v=\frac{1}{2}\rho v^2 \tag{2-8}$$

式中:$\rho$——空气密度,$kg/m^3$;

$v$——风速,m/s;

$h_v$——动压,Pa。

由此可见,动压是单位体积空气做宏观定向运动时所具有的能够对外做功的动能的多少。

**3. 特点**

(1) 只有做定向流动的空气才具有动压,因此动压具有方向性。

(2) 动压总是大于零。垂直流动方向的作用面所承受的动压最大(即流动方向上的动压真值);当作用面与流动方向有夹角时,其感受到的动压值将小于动压真值,当作用面平行流动方向时,其感受的动压为0。因此在测量动压时,应使感压孔垂直于运动方向。

(3) 在同一流动断面上,由于风速分布的不均匀性,各点的风速不相等,所以其动压值不等。一般来讲,某断面风流的动压是用该断面平均风速计算而得。

#### 4. 井巷风速测定方法

井巷风速的测定方法主要包括风表法测风、定点法测风、最大风速法测风、烟雾法或示踪气体法测风等。

1) 风表法测风

目前我国煤矿仍广泛使用机械风表,此类风表按其构造不同分为翼式(图 2-4)和杯式(图 2-5)两种。

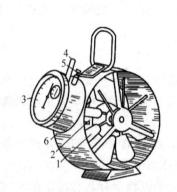

1—翼轮;2—蜗杆轴;3—计数器;4—开关;
5—回零压杆;6—护壳。

图 2-4 翼式风表

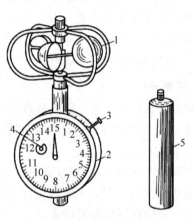

1—旋杯;2—计数器;3—启动杆;
4—计时器;5—表把。

图 2-5 杯式风表

根据测量风速的范围又可分为高速($>10$ m/s)、中速($(0.5, 10]$ m/s)和低速($(0.2, 0.5]$ m/s)风表 3 种。

图 2-6 FT-WQX 超声波
一体化微气象仪

近年来,矿山测风也在不断推广使用一些新的测风仪表,主要有电子翼轮式风表、热球式风表、风速传感器、超声波风速仪等多种原理的测风装置,有的可以实时显示点风速,有自动计算、记录及储存分析功能,为测风带来很大方便,可以根据要求选择使用。其中 FT-WQX 超声波一体化微气象仪(图 2-6)携带方便,操作简单,具有快速响应的特点,可以实时监测气象变化,在现代化矿井智能通风方面发挥着重要作用。

风速在巷道断面内的分布是不均匀的,在巷道的轴心部分风速最大,靠近巷道周壁风速最小。为测得巷道的平均风速,用风表测定巷道断面平均风速时,测风员应使风表正对风流,在所测巷道的全断面上按一定的线路均匀移动风表。通常采用的线路如图2-7所示,图2-7(a)所示线路比图2-7(b)、图2-7(c)线路操作复杂,但更准确一些。一般对较大的巷道断面用图2-7(b)所示线路,较小的巷道断面用图2-7(c)所示线路。

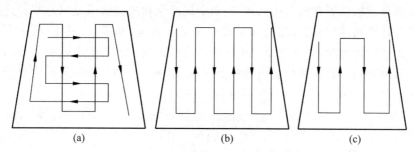

图2-7 风表法测风线路

根据测风员与风流方向的相对位置,分迎面法和侧面法两种测风方法。

迎面法是测风员面向风流站立,手持风表将手臂向正前方伸直,然后按一定的线路使风表做均匀移动。此时因测风员立于巷道中间,降低了风表处的风速。为了消除测风时人体对风速的影响,应将该法测算得到的风速 $v_s$ 经校正后才成为真实风速 $v$,它们之间的关系为 $v = 1.14 v_s$。

侧面法是测风员背向巷道壁站立,手持风表将手臂向风流垂直方向伸直,然后测风。用侧面法测风时,测风员立于巷道内减少了通风断面,从而增大了风速,故应对测风结果进行校正。其校正系数($K$)按下式计算:

$$K = \frac{S - 0.4}{S} \tag{2-9}$$

式中:$S$——测风站的断面面积,$m^2$;

0.4——测风员阻挡风流的面积,$m^2$。

测风时先将风表指针回零,使风表迎着风流,并与风流方向垂直,不得歪斜,转动正常后,同时打开计数器开关和秒表,在 1 min 内,风表要按路线均匀走完,然后同时关闭秒表和风表,读指针读数,按下式计算表速:

$$v_s = \frac{n}{t} \tag{2-10}$$

式中:$v_s$——风表测得的表速,m/s;

$n$——风表刻度盘的读数,m;

$t$——测风时间,一般为 60 s。

计算出的风速再由风表校正曲线求得真风速 $v_t$,然后将真风速乘以测风校正系数 $K$ 可得实际平均风速 $v$(m/s),即

$$v = K v_t \tag{2-11}$$

为了使测风准确,风表沿上述路线移动要均匀,翼轮一定要与风流垂直,风表不能距人太近,在同一断面测风次数不应少于 3 次,测量结果的误差不应超过 5%,然后取 3 次的平均值。

测得平均风速后,需要细致地量出测风站的巷道尺寸,计算出巷道的净断面面积

$S(\text{m}^2)$,这样就可求出通过巷道的风量 $Q(\text{m}^3/\text{s})$。

$$Q = vS \tag{2-12}$$

2) 定点法测风

定点法测风速的仪表有热电式风速仪、涡街风速仪和皮托管压差风速仪。这类风速仪一般不连续累计断面内的风速,只能孤立地测定某点风速(动压)。因此,用这类仪器测定巷道或管道的平均风速时,应该把测定风速的巷道断面划分成若干个面积大致相等的方格(图 2-8),再逐格(或同时)在其中心测量各点风速 $v_1, v_2, \cdots, v_n$,最后取平均值得到断面的平均风速 $v$:

$$v = \frac{v_1 + v_2 + v_3 + \cdots + v_n}{n} \tag{2-13}$$

式中:$n$——划分的等面积方格数。

圆形风筒的横断面应划分成若干个等面积的同心圆环(图 2-9),每一个等面积环里相应的有一个测点圆。用皮托管压差风速仪测定时,在互相垂直的两个直径上,可以测得每个测点圆的 4 个动压值,以及一系列的动压值,就可以计算出风筒全断面的平均风速。

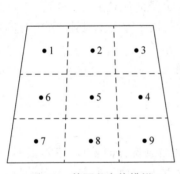

图 2-8 等面积方格模拟

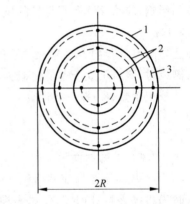

1—风筒壁;2—等面积环分界;3—测点圆。

图 2-9 等面积同心圆环

测点圆环的数量 $n$,根据被测风筒直径确定。直径为 600 mm 时,$n$ 取 3,直径为 700~1000 mm 时,$n$ 取 4。测点圆环半径 $R_i$ 通常按下式计算:

$$R_i = R\sqrt{\frac{2i-1}{2n}} \tag{2-14}$$

式中:$R_i$——第 $i$ 个测点圆环半径,mm;
  　　$R$——风筒半径,mm;
  　　$i$——从风筒中心算起圆环序号;
  　　$n$——测点圆环数。

3) 最大风速法测风

采用测风仪表测得巷道中心的最大风速 $v_{\max}$,按下述方法计算巷道平均风速:

(1) 由流体力学知道,圆管层流断面的速度为抛物面分布,巷道断面的平均风速 $v = 0.5 v_{\max}$。

(2) 紊流中,巷道断面风速分布的均匀性取决于雷诺数的大小和巷道壁面的平整程度。巷道壁越光滑,断面上风速分布越均匀。一般在完全紊流的条件下,$v=(0.8\sim0.86)\overline{v}_{max}$。

4) 烟雾法或示踪气体法测风

测量很低的风速或者判别通风构筑物是否漏风,可采用烟雾法或示踪气体法近似测定空气移动速度。

### 2.2.4 风流点压力测定及相互关系

**1. 风流点压力**

这里,风流点压力是指风流测点能够呈现的压力或能够测定的压力。在井巷和通风管道中流动的风流的点压力,就其呈现的特征来说,可分为静压、动压(位压不呈现压力)。通风中,将风流中某一点的静压和动压之和定义为全压。根据压力的两种计算基准,静压又分为绝对静压($p$)和相对静压($h$);因此,全压也可分绝对全压($p_t$)和相对全压($h_t$),它们与静压和动压的关系为:

$$p_t = p + h_v$$
$$h_t = p_t - p_0 = h + h_v$$
(2-15)

因此风流中点压力参数包括绝对静压($p$)、相对静压($h$)、绝对全压($p_t$)、相对全压($h_t$)和动压($h_v$)。

**2. 风流点压力测定**

测定风流点压力所用的仪器包括气压计、压差计和皮托管。

1) 气压计

气压计原理上只有一个感受压力的位置,用来测量风流的绝对压力和大气压力。在矿井通风中常用的气压计有水银气压计、空盒气压计和数字式气压计。

2) 压差计

压差计有两个感受压力的位置,用来测量相对压力、动压或压力差。在矿井通风中测定较大压差时,常用 U 形水柱计;测值较小或要求测定精度较高时采用各种倾斜压差计或补偿式微压计;现在也常用数字式的压差计,测压作用一样。

3) 皮托管

皮托管是一种测压管,起传递压力的作用。如图 2-10 所示,它由两个同心管(一般为圆形)组成,其结构尖端孔口 a 与标着"+"的接头相通,侧壁小孔 b 与标着"-"的接头相通。测压时,将皮托管插入风筒,皮托管尖端孔口 a 在正对风流方向,侧壁孔口 b 平行于风流方向。则孔口 a 可以感受到测点的绝对静压($p$)和动压($h_v$),因此称为全压孔;孔口 b 由于平行于风流方向,只感受测点的绝对静压($p$),故称为静压孔。

用胶皮管分别将皮托管的"+""-"接头连至气压计或压差计,即可测定测点的各个点压力参数。

**3. 风流点压力的相互关系**

1) 压入式通风

(1) 通风机及点压力测定的布置如图 2-11 所示,通风机布置在风筒的入口,在通风机作用下,风筒内风流的压力高于大气压力,从而使风流排出风筒。

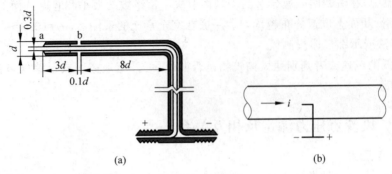

图 2-10 皮托管

(a) 皮托管结构示意图；(b) 皮托管工作示意图

(2) 风流点压力的状态及关系如下。

绝对压力 $p_t$：　　　　　　当 $p > p_0$ 时，　$p_t = p + h_v$

相对压力 $h_t$：　　　　　$h_t = p_t - p_0$，　$h = p - p_0$，　$h_t, h > 0$

测压水柱计：a 表示测得的相对静压 $h$；b 表示测得的动压 $h_v$；c 表示测得的相对全压 $h_t$。各水柱计读数的关系为 $h_t = h + h_v$；当 $h_v = 0$ 时，$h_t = h$。

压入式通风中，风筒中任一点 $i$ 的相对全压 $h_{ti}$ 恒为正值，所以也称为正压通风。

(3) 各点压力的关系如图 2-12 所示。

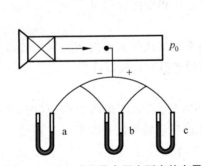

图 2-11 压入式通风点压力测定的布置

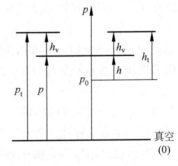

图 2-12 压入式通风点压力的关系

2) 抽出式通风

(1) 通风机及点压力测定的布置如图 2-13 所示，通风机布置在风筒的出口，在通风机作用下，风筒内风流的压力低于大气压力，从而将空气吸入风筒。

(2) 风流点压力的状态及关系如下所述。

绝对压力 $p_t$：　　　　　　当 $p < p_0$ 时，　$p_t = p + h_v$

相对压力 $h_t$：　　　　　$h_t = p_t - p_0$，　$h = p - p_0$，　$h_t, h < 0$

测压水柱计：a 表示测得的相对静压 $|h|$；b 表示测得的动压 $h_v$；c 表示测得的相对全压 $|h_t|$。各水柱计读数的关系为 $|h_t| = |h| - h_v$；$|h_t| < |h|$。

抽出式通风中，风筒内风流的相对全压 $h_{ti}$ 恒为负值，所以也称为负压通风。

(3) 各点压力的关系如图 2-14 所示。

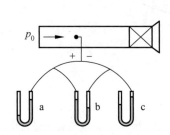 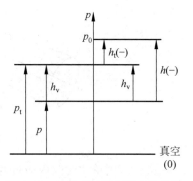

图 2-13　抽出式通风点压力测定的布置　　　图 2-14　抽出式通风点压力的关系

**例题 2.1**　如图 2-11 中压入式通风风筒中某点水柱计 a 的读数为 1000 Pa，水柱计 b 的读数为 150 Pa，风筒外与测点同标高的大气压力 $p_0=101332$ Pa，求：①测点的绝对静压 $p_i$；②测点的相对全压 $h_{ti}$；③测点的绝对全压 $p_{ti}$。

**解：**

$$p_i = p_{0i} + h_i = (101332 + 1000)\ \text{Pa} = 102332\ \text{Pa}$$

$$h_{ti} = h_i + h_{vi} = (1000 + 150)\ \text{Pa} = 1150\ \text{Pa}$$

$$p_{ti} = p_{0i} + h_{ti} = p_i + h_{vi} = (101332 + 1150)\ \text{Pa} = 102482\ \text{Pa}$$

**例题 2.2**　例题 2.1 中，如改为抽出式通风，水柱计读数的绝对值和大气压力不变，求：①测点的绝对静压 $p_i$；②测点的相对全压 $h_{ti}$；③测点的绝对全压 $p_{ti}$。

**解：**

$$p_i = p_{0i} - h_i = (101332 - 1000)\ \text{Pa} = 100332\ \text{Pa}$$

$$|h_{ti}| = |h_i| - h_{vi} = (1000 - 150)\ \text{Pa} = 850\ \text{Pa}$$

$$h_{ti} = -850\ \text{Pa}$$

$$p_{ti} = p_{0i} + h_{ti} = (101332 - 850)\ \text{Pa} = 100482\ \text{Pa}$$

## 2.3　矿井风流的能量方程

### 2.3.1　空气流动连续性方程

**1. 元流与总流**

沿流体运动方向分析其运动要素变化时，常把流体分为元流和总流。图 2-15 是由无数流线组成的曲面管，该管称为流管。流管中的流体称为元流。元流的横断面尺寸极小（以 dS 表示），小到使断面上各点速度和压力均一致且代表该处的真值。总流由无数元流组成，其横断面具有一定尺寸，断面上各点的运动要素不一定相等。对于一维运动，分析总流运动要素在断面上各点的变化，只能用断面上的平均值来代替。

**2. 流量与断面的平均流速**

在图 2-15 中，元流断面 dS 上各点速度均为 $\omega$，其方向与断面垂直。在 $dt$ 时间内通过

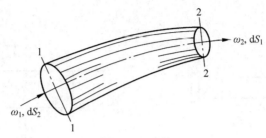

图 2-15 流管

的流体体积为 $\omega \mathrm{d}S\mathrm{d}t$，则单位时间内通过的流体体积 $\omega \mathrm{d}S\mathrm{d}t/\mathrm{d}t$，就是流量 $\mathrm{d}Q$，即：

$$\mathrm{d}Q = \omega \mathrm{d}S \tag{2-16}$$

总体的流量 $Q(\mathrm{m}^3/\mathrm{s})$ 就是无数元流流量 $\mathrm{d}Q$ 的总和：

$$Q = \int \mathrm{d}Q = \int_S \omega \mathrm{d}S \tag{2-17}$$

由于总流断面上各点速度不相等，故采用一个平均值来代替各点的实际速度，称为断面平均速度，以符号 $v$ 表示，则：

$$Q = \int_S \omega \mathrm{d}S = vS \tag{2-18}$$

或

$$v = Q/S \tag{2-19}$$

### 3. 连续方程

在矿井巷道中流动的风流是连续不断的介质，充满它所流经的空间。若流动中没有补给和漏失，则根据质量守恒定律：对于稳定流，单位时间内流入某空间的流体质量必然等于流出其空间的流体质量。风流在井巷中的流动可以看作稳定流，因此这里仅讨论稳定流的情况。如图 2-16 所示的一元稳定流动，在流动过程中不漏风又无补给时，流过各断面的风流的质量流量相等，即：

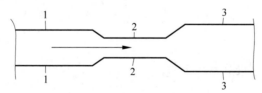

图 2-16 一元稳定流动

$$\begin{cases} \rho_1 v_1 S_1 = \rho_2 v_2 S_2 = \rho_3 v_3 S_3 \\ \rho_1 Q_1 = \rho_2 Q_2 = \rho_3 Q_3 \\ M = \rho_i v_i S_i = 常数 \end{cases} \tag{2-20}$$

式中：$M$——巷道风流的质量流量，$\mathrm{kg/s}$；

$\rho_1、\rho_2、\rho_3$——各断面上空气的平均密度，$\mathrm{kg/m}^3$；

$v_1、v_2、v_3$——各断面上空气的平均流速，$\mathrm{m/s}$；

$S_1、S_2、S_3$——各断面的面积，$\mathrm{m}^2$；

$Q_1、Q_2、Q_3$——流过各断面的体积流量，$\mathrm{m}^3/\mathrm{s}$。

式(2-20)就是空气流动的连续方程,它适用于可压缩和不可压缩流体。

对于可压缩流体,根据式(2-20),空气的密度与其流量成反比,也就是密度大的断面上的流量比密度小的断面上的流量要小,这也是通常矿井测风时,总进风量比总回风量大的原因之一。

对于不可压缩流体,密度为常数($\rho_1=\rho_2=\rho_3$),则通过任一断面的体积流量 $Q$ 相等($Q_1=Q_2=Q_3$),即:

$$Q=v_i S_i=常数 \tag{2-21}$$

井巷断面上风流的平均流速与过流断面的面积成反比,即在流量一定的条件下,空气在断面大的地方流速小,断面小的地方流速大。在矿井条件下,高差变化不大的相同或相近巷道可以认为风流密度相同。

空气流动的连续方程为井巷风量的测算提供了理论依据。

**例题 2.3** 如图 2-16 所示,风流在井巷中由断面 1—1 流至断面 2—2 时,已知 $S_1=10\ \text{m}^2$,$S_2=8\ \text{m}^2$,$v_1=3\ \text{m/s}$,断面 1—1、2—2 的空气密度为:$\rho_1=1.20\ \text{kg/m}^3$,$\rho_2=1.18\ \text{kg/m}^3$,求:

(1) 1—1、2—2 断面上通过的质量流量 $M_1$、$M_2$;

(2) 1—1、2—2 断面上通过的体积流量 $Q_1$、$Q_2$;

(3) 2—2 断面上的平均流速。

**解**

(1) $M_1=M_2=v_1 S_1 \rho_1=(3\times10\times1.20)\ \text{kg/s}=36.0\ \text{kg/s}$;

(2) $Q_1=v_1 S_1=(3\times10)\ \text{m}^3/\text{s}=30\ \text{m}^3/\text{s}$;

　　$Q_2=M_2/\rho_2=(36.0/1.18)\ \text{m}^3/\text{s}=30.5\ \text{m}^3/\text{s}$;

(3) $v_2=Q_2/S_2=(30.5/8)\ \text{m/s}=3.81\ \text{m/s}$。

### 2.3.2　矿井风流能量方程

能量方程表达了空气在流动过程中的压能、动能和位能的变化规律,是能量守恒和转换定律在矿井通风中的应用。

在矿井通风系统中,严格地说空气的密度是变化的,即矿井风流是可压缩的。当外力对它做功增加其机械能的同时,也增加了风流的内(热)能。因此,研究矿井风流流动时,风流的机械能加上其内(热)能才能使能量守恒及转换定律成立。

**1. 单位质量(1 kg)流体能量方程**

1) 能量组成(讨论 1 kg 空气所具有的能量)

在井巷通风中,风流的能量由机械能和内能组成,常用 1 kg 空气或 1 m³ 空气所具有的能量表示。

(1) 风流具有的机械能。

风流具有的机械能包括动压能、静压能和位能。

(2) 风流具有的内能。

风流的内能是风流内部储存能的简称,它是风流内部所具有的分子内动能与分子位能之和。

用 $u$(J/kg)表示 1 kg 空气所具有的内能

$$u = f(T,v) \tag{2-22}$$

式中：$T$——空气的温度，K；

$v$——空气的比容，m³/kg。

根据压力($p$)、温度($T$)和比容($v$)三者之间的关系，空气的内能还可写成：

$$u = f(T,p); \quad u = f(p,v) \tag{2-23}$$

由式(2-22)、式(2-23)可知，空气的内能是空气状态参数的函数。

2) 风流流动过程中的能量分析

风流在图 2-17 所示的井巷中流动，设 1—1、2—2 断面的参数分别为风流的绝对静压 $p_1$、$p_2$，风流的平均流速 $v_1$、$v_2$，风流的内能 $u_1$、$u_2$，风流的密度 $\rho_1$、$\rho_2$，距基准面的高程 $z_1$、$z_2$。

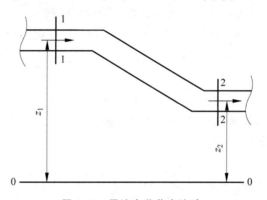

图 2-17　风流在井巷中流动

下面对风流在 1—1、2—2 断面上及流经 1—1、2—2 断面时的能量进行分析。

在 1—1 断面上，1 kg 空气所具有的能量为 $\dfrac{p_1}{\rho_1} + \dfrac{v_1^2}{2} + gz_1 + u_1$

风流流经 1—1→2—2 断面间，到达 2—2 断面时的能量为 $\dfrac{p_2}{\rho_2} + \dfrac{v_2^2}{2} + gz_2 + u_2$

假设 1—1→2—2 断面间无其他动力源（如局部通风机等），1 kg 空气由 1—1 断面流至 2—2 断面的过程中，克服流动阻力消耗的能量为 $L_R$（这部分被消耗的能量将转化成热能 $q_R$，仍存在于空气中）；另外，地温（通过井巷壁面或淋水等其他途径）、机电设备等传给 1 kg 空气的热量为 $q$，这些热量将增加空气的内能并使空气膨胀做功。

3) 可压缩空气单位质量(1 kg)流量的能量方程

当风流在井巷中做一维稳定流动时，根据能量守恒及转换定律可得：

$$\frac{p_1}{\rho_1} + \frac{v_1^2}{2} + gz_1 + u_1 + q_R + q = \frac{p_2}{\rho_2} + \frac{v_2^2}{2} + gz_2 + u_2 + L_R \tag{2-24}$$

根据热力学第一定律，传给空气的热量($q_R + q$)，一部分用于增加空气的内能，另一部分使空气膨胀对外做功，即：

$$q_R + q = u_2 - u_1 + \int_1^2 p\,dv \tag{2-25}$$

又因为：
$$\frac{p_2}{\rho_2} - \frac{p_1}{\rho_1} = p_2 v_2 - p_1 v_1 = \int_1^2 d(pv) = \int_1^2 p\,dv + \int_1^2 v\,dp \tag{2-26}$$

将式(2-25)、式(2-26)代入式(2-24)，并整理得：
$$\begin{aligned} L_R &= -\int_1^2 v\,dp + \left(\frac{v_1^2}{2} - \frac{v_2^2}{2}\right) + g(z_1 - z_2) \\ &= \int_2^1 v\,dp + \left(\frac{v_1^2}{2} - \frac{v_2^2}{2}\right) + g(z_1 - z_2) \end{aligned} \tag{2-27}$$

式(2-27)就是单位质量可压缩空气在无压源的井巷中流动时能量方程的一般形式。如果图2-17中1—1、2—2断面间有压源（如局部通风机等）$L_t$ 存在，则其能量方程为：

$$L_R = \int_2^1 v\,dp + \left(\frac{v_1^2}{2} - \frac{v_2^2}{2}\right) + g(z_1 - z_2) + L_t \tag{2-28}$$

4) 关于单位质量可压缩空气能量方程的讨论

式(2-27)和式(2-28)中，$\int_2^1 v\,dp = \int_2^1 \frac{1}{\rho} dp$ 称为伯努利积分项，它反映了风流从1—1断面流至2—2断面过程中的静压能变化，它与空气流动过程的状态密切相关。对于不同的状态过程，其积分结果不同。

对于多变过程，过程指数为 $n$，其多变过程方程式为：
$$pv^n = 常数 \tag{2-29}$$

不同的多变过程有不同的过程指数 $n$，$n$ 值可以在 $-\infty \sim +\infty$ 范围内变化。

当 $n=0$ 时，$p=$ 常数，即为定压过程，$\int_2^1 v\,dp = 0$；

当 $n=1$ 时，$pv=$ 常数，即为等温过程，$\int_2^1 v\,dp = p_1 v_1 \ln\frac{p_1}{p_2}$；

当 $n=k=1.41$ 时，$pv^k =$ 常数，即为等熵过程；

当 $n=\pm\infty$ 时，$v=$ 常数，即为等容过程，$\int_2^1 v\,dp = v(p_2 - p_1)$。

实际多变过程中其值是变化的。在深井通风中，如果其 $n$ 值变化较大，则可把通风流程分成若干段（各段的 $M$ 值均不相等），在每一段中的 $n$ 值可以近似认为不变。当 $n$ 为定值时，对式(2-29)微分，则有

$$npv^{n-1}dv + v^n dp = 0 \quad \text{或} \quad \frac{dp}{p} + n\frac{dv}{v} = 0$$

则

$$n = -\frac{d\ln p}{d\ln v} = -\frac{\Delta \ln p}{\Delta \ln v} = \frac{\ln p_1 - \ln p_2}{\ln v_2 - \ln v_1} = \frac{\ln p_1 - \ln p_2}{\ln \rho_1 - \ln \rho_2} \tag{2-30}$$

按式(2-30)可由邻近的两个实测状态求得此过程的 $n$ 值。

由式(1-36)得到：

$$\int_2^1 v\,dp = \frac{n}{n-1}\left(\frac{p_1}{\rho_1} - \frac{p_2}{\rho_2}\right)$$

将上式代入式(2-27)和式(2-28)得：

$$L_R = \frac{n}{n-1}\left(\frac{p_1}{\rho_1} - \frac{p_2}{\rho_2}\right) + \left(\frac{v_1^2}{2} - \frac{v_2^2}{2}\right) + g(z_1 - z_2) \tag{2-31}$$

$$L_R = \frac{n}{n-1}\left(\frac{p_1}{\rho_1} - \frac{p_2}{\rho_2}\right) + \left(\frac{v_1^2}{2} - \frac{v_2^2}{2}\right) + g(z_1 - z_2) + L_t \tag{2-32}$$

令

$$\frac{n}{n-1}\left(\frac{p_1}{\rho_1} - \frac{p_2}{\rho_2}\right) = \frac{p_1 - p_2}{\rho_m} \tag{2-33}$$

式中：$\rho_m$——1—1、2—2 断面间按状态过程考虑的空气平均密度，其计算公式为

$$\rho_m = \frac{p_1 - p_2}{\frac{n}{n-1}\left(\frac{p_1}{\rho_1} - \frac{p_2}{\rho_2}\right)} = \frac{p_1 - p_2}{\frac{\ln\frac{p_1}{p_2}}{\ln\frac{p_1/\rho_1}{p_2/\rho_2}}\left(\frac{p_1}{\rho_1} - \frac{p_2}{\rho_2}\right)} \tag{2-34}$$

则单位质量流量的能量方程又可表示为：

$$L_R = \frac{p_1 - p_2}{\rho_m} + \left(\frac{v_1^2}{2} - \frac{v_2^2}{2}\right) + g(z_1 - z_2) \tag{2-35}$$

$$L_R = \frac{p_1 - p_2}{\rho_m} + \left(\frac{v_1^2}{2} - \frac{v_2^2}{2}\right) + g(z_1 - z_2) + L_t \tag{2-36}$$

**2. 单位体积(1 m³)流体能量方程**

我国矿井通风管理中，习惯使用单位体积(1 m³)流体的能量方程。考虑空气的可压缩性时，1 m³ 空气流动过程中的能量损失($h_R$，J/m³ 或 Pa，即通风阻力)可由 1 kg 空气流动过程中的能量损失($L_R$)乘以按流动过程状态考虑计算的空气密度 $\rho_m$，即 $h_R = L_R \cdot \rho_m$；并将其代入式(2-35)和式(2-36)得：

$$h_R = p_1 - p_2 + \left(\frac{v_1^2}{2} - \frac{v_2^2}{2}\right)\rho_m + g\rho_m(z_1 - z_2) \tag{2-37}$$

$$h_R = p_1 - p_2 + \left(\frac{v_1^2}{2} - \frac{v_2^2}{2}\right)\rho_m + g\rho_m(z_1 - z_2) + H_t \tag{2-38}$$

式(2-37)和式(2-38)就是单位体积流体的能量方程，其中式(2-38)是有压源($H_t$)时的能量方程。下面就单位体积流体能量方程的使用加以讨论：

(1) 1 m³ 空气在流动过程中的能量损失(通风阻力)等于两断面间的机械能差，状态过程的影响反映在动压差和位能差中，这是与单位质量流体的能量方程的不同之处，应用时应给予注意。

(2) $g\rho_m(z_1 - z_2)$ 或写成 $\int_2^1 \rho g dz$ 是 1—1、1—2 断面的位能差。当 1—1、2—2 断面的标高差较大时，该项数值在方程中往往占有很大比重，必须准确测算。需要强调的是关于基准面的选择。基准面一般选在所讨论系统的最低水平，即保证各点位能值均为正。

如图 2-18 所示的通风系统,如要计算 1—1、2—2 断面的位能差,则基准面可选在 2—2 的位置:

$$E_{p0-1-2} = \int_2^1 \rho g \, dz = \rho_{m1-2} g z_{1-2}$$

而要计算 1—1、3—3 两断面的位能差,其基准面应选在 0—0 位置。

$$E_{p0-1-3} = \int_3^1 \rho g \, dz = \rho_{m1-0} g z_{1-0} - \rho_{m3-0} g z_{3-0}$$

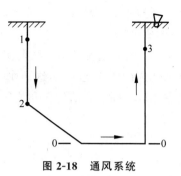

图 2-18 通风系统

对于实际矿井风流,由于其流动的非均匀性和可压缩性,矿井风流的密度是变化的,为了减小应用误差,需要对方程进行适当修正。

(1) 风速修正。

由于井巷断面上各点流速并非均匀一致,所以按平均风速计算的动能与按断面上各点实际流速计算的动能不相等。需用动能系数 $K_v$ 加以修正。动能系数是断面实际总动能与用断面平均风速计算出的总动能之比,即:

$$K_v = \frac{\int_S \rho \dfrac{u^2}{2} u \, dS}{\rho \dfrac{v^2}{2} v S} = \frac{\int_S u^3 \, dS}{v^3 S} \tag{2-39}$$

式中:$u$——微小面积 $dS$ 上的风速,m/s;

$v$——断面的平均风速,m/s;

$S$——断面面积,$m^2$。

在矿井条件下,$K_v$ 一般为 1.01~1.02。由于动能差项很小,应用能量方程时,可取 $K_v = 1$。只有在进行空气动力学研究时,才实际测定 $K_v$ 值。

(2) 风流的可压缩性修正。

由于流动过程中风流的压缩、膨胀以及与井下各种热源间的热交换,会引起井巷风流的密度发生变化。因此,对上述能量方程应加以修正。

动能项密度:由于两断面风流的密度不同,因此,动能项风流的密度应取各自断面风流的平均密度。

位能项密度分两种情况:①对于单倾斜巷道,计算两断面位能时,密度取两断面间风流的平均密度;②对于中间有起伏的巷道,计算两断面位能时,应以中间最低(最高)起伏点为界,分别取各侧空气柱的平均密度。

经过修正,矿井通风中应用的能量方程形式是:

$$h_{R1-2} = \left(p_1 + \frac{1}{2}\rho_1 v_1^2 + \rho_{m1} g z_1\right) - \left(p_2 + \frac{1}{2}\rho_2 v_2^2 + \rho_{m2} g z_2\right) \tag{2-40}$$

或

$$h_{R1-2} = (p_1 - p_2) + \left(\frac{1}{2}\rho_1 v_1^2 - \frac{1}{2}\rho_2 v_2^2\right) + (\rho_{m1} g z_1 - \rho_{m2} g z_2) \tag{2-41}$$

关于能量方程使用的几点说明:

(1) 能量方程的意义是表示单位体积(1 $m^3$)空气由 1—1 断面流向 2—2 断面的过程中

所消耗的能量(通风阻力)等于流经 1—1、2—2 断面间空气总机械能(静压能、动压能和位能)的变化量。

(2) 风流流动必须是稳定流,即断面上的参数不随时间的变化而变化,所研究的始、末断面要选在缓变流场上,这样才能比较准确地确定断面风流的平均参数(如 $p$、$\rho$、$v$ 等)。一般取巷道断面中心的静压和位压作为该断面的平均值,如果始、末断面相同,也可以取两断面相同位置(比如巷道底板或轨面)的值进行计算。

(3) 风流总是从总能量(机械能)大的地方流向总能量小的地方。在判断风流方向时,应用始、末两断面上的总能量来进行,而不能只看其中的某一项。如不知风流方向,则列能量方程时,应先假设风流方向;如果计算出的能量损失(通风阻力)为正,则说明风流方向假设正确;如果能量损失为负,则说明风流方向假设错误。

(4) 合理选择基准面才能正确应用,并可简化计算。对于水平巷道,基准面应选择巷道本身;对于单倾斜巷道,基准面应选择较低的断面;对于中间有起伏的巷道,基准面应选择中间最低(最高)起伏点所在水平面。

(5) 应用能量方程时要注意各项单位的一致性。

(6) 在始、末断面间有压源时(比如通风机),压源的作用方向与风流的方向相同,压源对风流做功;如果两者方向相反,压源为负,则压源成为通风阻力。

(7) 当井巷风流热力状态变化过大,或者风流的密度变化达到 5%~10%,应采用单位质量流体及热力学方法来分析风流能量的变化,因为流体的内能或分子能的变化以及外部的热交换等都参与了风流能量的变化。

(8) 能量方程表示的是单位体积空气由 1—1 断面流到 2—2 断面所消耗的能量(通风阻力),若巷道的风量为 $Q$,则巷道通风单位时间所消耗的总能量为

$$N = h_{R1-2}Q = \left[\left(p_1 + \frac{1}{2}\rho_1 v_1^2 + \rho_{m1}gz_1\right) - \left(p_2 + \frac{1}{2}\rho_2 v_2^2 + \rho_{m2}gz_2\right)\right]Q \quad (2-42)$$

式中:$Q$——巷道通过的风量,$m^3/s$;

$h_{R1-2}$——通风的能量损失或通风阻力,$J/m^3$ 或 Pa;

$N$——巷道通风单位时间所消耗的总能量,即通风功率,J/s 或 W。

(9) 对于静止空气,$h_R = 0$,$v = 0$,则:

$$p_1 + \rho_{m1}gz_1 = p_2 + \rho_{m2}gz_2 \quad (2-43)$$

或

$$p_1 = p_2 + \rho_{m1-2}gz_{1-2} \quad (2-44)$$

式中:$\rho_{m1-2}$——1—1、2—2 两断面间空气的平均密度,$kg/m^3$;

$z_{1-2}$——1—1、2—2 两断面间的垂直高度,m。

即静止空气中的压力分布规律符合流体静力学基本公式。

## 2.4 能量方程的应用

能量方程是通风工程的理论基础,应用极广。通风工程中的各种技术测定与技术管理无不与其密切相关,正确理解、掌握和应用能量方程至关重要。

## 2.4.1 计算井巷通风阻力、判断风流方向

利用能量方程计算井巷通风阻力、判断风流方向，可以概括为以下步骤：
(1) 明确计算断面，并确定(设定)风流方向；
(2) 确定基准面位置；
(3) 根据给出条件确定或计算断面风流参数(主要是各断面的 $p$、$v$、$\rho$、$z$)；
(4) 列出能量方程，计算通风阻力、判断风流方向。

**例题 2.4** 某倾斜巷道如图 2-19 所示，已知断面 1—1 和 2—2 风流参数为：$p_1=100421$ Pa，$p_2=100780$ Pa，$v_1=4$ m/s，$v_2=3$ m/s，$\rho_1=1.22$ kg/m³，$\rho_2=1.20$ kg/m³，两断面的高差为 60 m，试求两断面间的通风阻力，并判断风流方向。

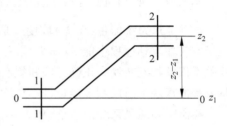

图 2-19 倾斜通风巷道

**解** 设风流方向为从 1—1 到 2—2，基准面选为通过低端的 1—1 断面中心的水平面。

两断面风流的平均密度为：

$$\rho_{m1-2}=\frac{1}{2}(\rho_1+\rho_2)=1.21 \text{ kg/m}^3$$

则两断面间的通风阻力为：

$$\begin{aligned} h_{R1-2} &= (p_1-p_2)+\left(\frac{1}{2}\rho_1 v_1^2-\frac{1}{2}\rho_2 v_2^2\right)+(z_1-z_2)\rho_{m1-2}g \\ &= \left[(100421-100780)+\frac{1}{2}\times(1.22\times 4^2-1.20\times 3^2)+(-60\times 1.2\times 9.8)\right] \text{Pa} \\ &= -1060 \text{ Pa} \end{aligned}$$

计算结果为负值，说明 1—1 断面的总能量小于 2—2 断面的总能量，实际风流方向与原设定的风流方向相反，其通风阻力值为 1060 Pa。

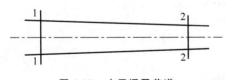

图 2-20 水平通风巷道

**例题 2.5** 某水平通风巷道如图 2-20 所示，已知断面 1—1 风流静压 $p_1=100822$ Pa，断面平均风速 $v_1=3.4$ m/s，断面面积 $S_1=8.8$ m²，风流密度 $\rho_1=1.24$ kg/m³；断面 2—2 风流静压 $p_2=100480$ Pa，风流密度 $\rho_2=1.20$ kg/m³，断面面积 $S_2=7.8$ m²。试计算巷道的通风阻力，判断风流方向。

**解** 设风流方向为从 1—1 断面到 2—2 断面。基准面选为通过巷道轴线的水平面。因为是水平巷道，故两断面的位压差为 0。

根据连续方程 $\rho_1 v_1 S_1=\rho_2 v_2 S_2$ 可知 2—2 断面的风速为

$$v_2=\frac{\rho_1 v_1 S_1}{\rho_2 S_2}=\left(\frac{1.24\times 3.4\times 8.8}{1.20\times 7.8}\right) \text{ m/s}=3.96 \text{ m/s}$$

由能量方程可计算巷道通风阻力为

$$h_{R1-2} = (p_1 - p_2) + \left(\frac{1}{2}\rho_1 v_1^2 - \frac{1}{2}\rho_2 v_2^2\right) + 0$$
$$= \left[(100822 - 100480) + \frac{1}{2} \times (1.24 \times 3.4^2 - 1.20 \times 3.96^2) + 0\right] \text{Pa}$$
$$= 339.8 \text{ Pa}$$

计算结果为正值,说明 1—1 断面的总能量大于 2—2 断面的总能量,实际风流方向与原设定的风流方向相同,其通风阻力值为 339.8 Pa。

### 2.4.2 矿井通风系统能量(压力)坡度线

矿井通风系统能量(压力)坡度线是对能量方程的图形描述。从图形上比较直观地反映了空气在流动过程中能量(压力)沿程的变化规律、通风能量(压力)和通风阻力之间的相互关系以及相互转换。正确理解和掌握矿井通风系统能量(压力)坡度线,有助于加深对能量方程的理解。通风系统能量(压力)坡度线是通风管理和均压防灭火的有力工具。

绘制矿井通风系统的能量(压力)坡度线(一般用绝对压力)的方法。沿风流流程布设若干测点,测出各点的绝对静压、风速、温度、湿度、标高等参数,计算出各点的动压、位能和总能量;然后在压力(纵坐标)-风流流程(横坐标)坐标图上描出各测点,将同名参数点用折线连接起来,即所要绘制的通风系统风流能量(压力)坡度线。

**例题 2.6** 如图 2-21 所示,风流自断面 1 经断面 2、3、4 和 5 进入通风机再排到大气中,若测得各断面风流的绝对静压 $p_i$、风速 $v_i$、相邻两断面的标高差 $z$ 和断面上空气密度 $\rho_i$ 等数值,见表 2-2,试求各段的通风阻力和断面 1 至断面 5 间的通风阻力,并绘制压力坡度线。

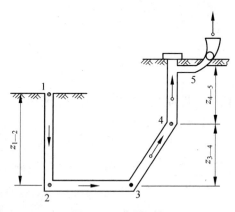

图 2-21 矿井系统

表 2-2 各点参数

| 参 数 | 测 点 | | | | |
|---|---|---|---|---|---|
| | 1 | 2 | 3 | 4 | 5 |
| $p_i$/Pa | 101292.8 | 102359 | 101692.6 | 99960 | 97436.52 |
| $v_i$/(m/s) | 8 | 6 | 6 | 6 | 14 |
| $z$/m | | 100 | 0 | 100 | 150 |
| $\rho_i$/(kg/m³) | 1.2 | 1.21 | 1.21 | 1.21 | 1.22 |

**解** 各区段通风阻力和压力坡度线(图 2-22)绘制过程如下。

(1) 下行风流 1—2 段：把式(2-37)写成下式并代入已知数，得：

$$h_{R1-2} = p_1 + \rho_1 v_1^2/2 + z_{1-2}\rho_{1-2}g - (p_2 + \rho_2 v_2^2/2)$$

$$= \left[101292.8 + 1.2 \times 8^2/2 + 100 \times \left(\frac{1.2 + 1.21}{2}\right) \times 9.8 - (102359 + 1.21 \times 6^2/2)\right] \text{Pa}$$

$$= 131.32 \text{ Pa}$$

若以图 2-22 的纵坐标轴表示压力值，横坐标表示始末两断面间的距离，则在 1 和 2 两断面的纵轴上分别取绝对静压和速压值，并在断面 1 上量出两者的位压差 $h_{e1-2}$。当始末两断面间风流压力均匀变化时，可画出绝对静压坡度线、绝对全压坡度线、绝对全压坡度线和始末两断面相比总能量坡度线。在相比较的总能量坡度线上，始末两断面上的能量差，就是这两断面间的通风阻力值 $h_{R1-2}$。

(2) 平巷 2—3 段：同理可得这段阻力为：

$$h_{R2-3} = [102359 + 1.21 \times 6^2/2 - (101692.6 + 1.21 \times 6^2/2)] \text{ Pa}$$

$$= 666.4 \text{ Pa}$$

断面 2 和断面 3 间的位压和速压皆为 0，这两断面间的通风阻力等于绝对静压差。为了绘制压力坡度线图，仍应计入速压，即在图 2-22 的 2 和 3 两断面的纵轴上分别量取绝对静压和速压值，并画出两断面间的绝对静压坡度线和绝对全压坡度线。此时两断面相比总能量坡度线和绝对全压坡度线重合，该坡度线的始末两断面上的能量差，就是这两断面间的通风阻力值 $h_{R2-3}$。

(3) 上行风流 3—4 段：同理可得这段阻力为：

$$h_{R3-4} = [101692.6 + 1.21 \times 6^2/2 - (99960 + 1.21 \times 6^2/2 + 100 \times 1.21 \times 9.8)] \text{ Pa}$$

$$= 547 \text{ Pa}$$

在上行风流的条件下，应把位压差 $h_{e3-4}$ 在图 2-21 中末断面 4 的纵轴上量取。

(4) 上行风流 4—5 段：同理可得这段阻力为：

$$h_{R4-5} = \left\{99960 + 1.21 \times 6^2/2 - \left[97436.52 + 1.22 \times 14^2/2 + 150 \times \left(\frac{1.21 + 1.22}{2}\right) \times 9.8\right]\right\} \text{ Pa}$$

$$= 639.65 \text{ Pa}$$

因 4、5 两断面的风流对 3 断面分别有位压差 $z_{3-4}\rho_{3-4}g$ 和 $(z_{3-4}\rho_{3-4} + z_{4-5}\rho_{4-5})g$，故在 5 断面的纵轴上不仅要量取 $z_{4-5}\rho_{4-5}g$，还要量取 $z_{3-4}\rho_{3-4}g$，然后画出这两断面相比总能量坡度线(图 2-22)。

本例题中风流自断面 1 到断面 5 的通风阻力必等于各段风流的阻力之和，即：

$$h_{R1-5} = h_{R1-2} + h_{R2-3} + h_{R3-4} + h_{R4-5} = (131.32 + 666.4 + 547 + 639.65) \text{ Pa}$$

$$\approx 1984.4 \text{ Pa}$$

$h_{R1-5}$ 必须用下式来计算，即：

$$h_{R1-5} = p_1 - p_5 + h_{v1} - h_{v5} + z_{1-2}\rho_{1-2}g - (z_{3-4}\rho_{3-4} + z_{4-5}\rho_{4-5})g$$

以上说明：风流始末两断面不在同一空气柱时(如 1 和 5 两断面)，能量方程中风流的位压差不是始末两断面标高差之间的位压差(即不是 $z_{1-5}\rho_{1-5}g$)，而是始末两断面对同一基准线上各自空气柱的重力压强之差。

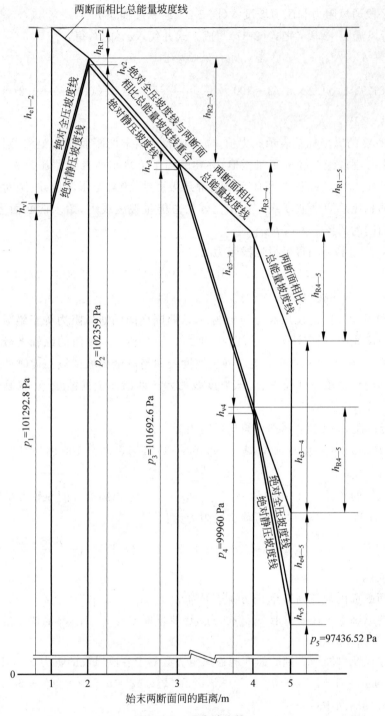

图 2-22 压力坡度线

**例题 2.7** 如图 2-23 所示的同采工作面简化系统风流在 1 点分为两路:一路流经 1—2—3—4(2—3 为工作面Ⅰ);另一路流经 1—5—6—4(5—6 为工作面Ⅱ)。两路风流在回风巷汇合后进入回风上山。如果某一工作面或其采空区出现有害气体是否会影响另一工作面?

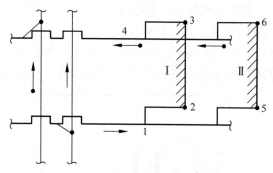

**图 2-23 同采工作面系统示意**

**解** 为了绘制压力坡度线,必须对该局部系统进行有关测定。根据系统特点,沿风流流经的两条路线分别布制测点,测算出各点的总压能。根据测算结果即可绘出压力坡度线,见图 2-24。由压力坡度线可见,1—2—3—4 线路上各点风流的全能量大于 1—5—6—4 线路上各对应点风流的全能量。所以工作面Ⅰ通过其采空区向工作面Ⅱ漏风,如果工作面Ⅰ或其采空区发生火灾则其有害气体将会流向工作面Ⅱ,影响工作面Ⅱ的安全生产。

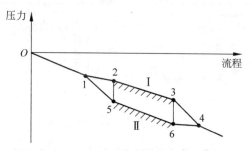

**图 2-24 同采工作面系统压力坡度线团**

### 2.4.3 其他方面应用

矿井通风阻力测定:对于复杂的矿井通风系统,选定一条由矿井的入风口到出风口的通风路线,依据能量方程测定计算组成该路线的每段巷道的通风阻力,累加处理便可得到矿井的通风阻力及相关参数。通风阻力测定是矿井通风安全管理、技术改造及通风优化的基本依据。

# 习题

2.1 简述空气静压的特点、影响因素和主要单位。

2.2 用风表测风为什么要校正其读数?用迎面法与侧面法测风时其校正系数为什么不同?

2.3 说明风流压力的种类、各种压力的特点及测算方法。

2.4 试述能量方程中各项的物理意义。

2.5 用风表在断面面积为 8.2 m² 的巷道中使用侧面法测风 1 min 后,风表的读数为 420,若该风表的校正曲线为 $v_t = 2 + 0.9 v_s$,试求该巷道的风速和风量。

2.6 用皮托管、压差计测量风筒中的点压力,各压差计的液面位置如图 2-25 所示。
(1) 说明风筒的通风方式,标出通风机的位置;
(2) 标明皮托管的"＋""－"端,说明三个压差计各测什么压力;
(3) 已知压差计的读数：$h_A=300$ Pa, $h_B=120$ Pa,求 C 的读数 $h_C$。

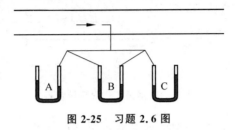

图 2-25 习题 2.6 图

2.7 如图 2-26 所示,试判断通风方式,标出通风机的位置及皮托管的"＋""－"端,说明各压差计测得什么压力,并填上空白压差计的读数。

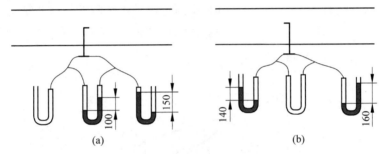

图 2-26 习题 2.7 图（单位：Pa）

2.8 某倾斜巷道如图 2-27 所示,测得 Ⅰ—Ⅰ、Ⅱ—Ⅱ 两断面处的平均风速分别为 4 m/s 和 2 m/s,两断面间高差 $z=100$ m,空气平均密度 $\rho=1.20$ kg/m³。用胶皮管和压差计连接 Ⅰ—Ⅰ、Ⅱ—Ⅱ 两断面上的皮托管的静压端,压差计上的读数为 100 Pa。求 Ⅰ—Ⅰ、Ⅱ—Ⅱ 两断面间的通风阻力,并判断风流方向；若 $p_2=100$ kPa,求点 1 的气压 $p_1$。

2.9 某倾斜巷道如图 2-28 所示,已知断面 1—1 的参数：静压 $p_1=104560$ Pa,风速 $v_1=2.6$ m/s,风流密度 $\rho_1=1.28$ kg/m³,断面面积 $S_1=15$ m²；断面 2—2 的参数：静压 $p_2=102410$ Pa,风流密度 $\rho_2=1.12$ kg/m³,断面面积 $S_2=10$ m²。两断面间的高差 $h=200$ m。求该巷道的通风阻力,判断风流的方向。

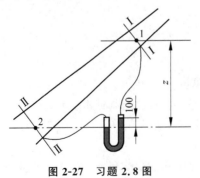

图 2-27 习题 2.8 图

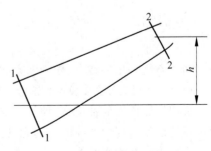

图 2-28 习题 2.9 图

2.10 图 2-29 所示为等直径水平风筒,通风机作压入式通风,风筒断面面积为 0.5 m²,风量为 240 m/min,$h_i$＝900 m,风流的密度 $\rho$＝1.2 kg/m³,风筒外的大气压为 101320 Pa,求:

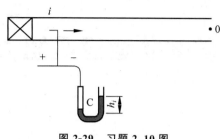

图 2-29 习题 2.10 图

(1) 风筒的通风阻力 $h_{Ri\text{-}0}$;
(2) 若改为抽出式通风,假定压差计读数的绝对值及其他各参数不变,此时的通风阻力 $h_{Ri\text{-}0}$。

2.11 如图 2-30 所示,已知风硐内 2 点断面面积为 8.6 m²,风流相对静压的绝对值为 2200 Pa,风流速度为 12 m/s,风流密度为 1.18 kg/m³。此外,$z_0$＝150m,$z_1$＝300 m,矿井外的大气密度为 1.24 kg/m³,进风井风流的平均密度为 1.26 kg/m³,回风井风流的平均密度为 1.20 kg/m³,求矿井通风阻力。

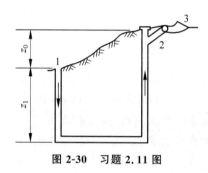

图 2-30 习题 2.11 图

# 第3章

# 矿井井巷通风阻力

本章介绍了风流的流态、摩擦阻力、局部阻力的基本理论,重点介绍了通风阻力定律及矿井通风特性、矿井通风阻力测定的内容。矿井井巷通风阻力是进行矿井通风设计、加强通风管理和改善通风状况的技术基础。

矿井通风阻力是指矿井风流流动过程中,在风流内部黏滞力和惯性力、井巷壁面及障碍物的阻滞作用下,部分机械能不可逆转地转化为热能而引起的单位体积风流的能量损失。按照造成矿井风流能量损失的形式,井巷通风阻力分为摩擦阻力和局部阻力。

## 3.1 风流的流态

井巷风流分为层流和紊流两种流态。当流速较低时,流体质点互不混杂,沿着与管轴平行的方向平稳运动,称为层流状态;当流速较大时,流体质点的运动速度在大小和方向上都随时发生变化,成为互相混杂的紊乱流动,称为紊流状态。

雷诺通过试验证实,流体的流动状态与平均速度 $v$、管道的直径 $D$ 以及流体的黏性有关。这些因素的综合影响可用一个无因次参数 $Re$ 来表示,这个无因次参数就叫雷诺数,即:

$$Re = \frac{vD}{v} \tag{3-1}$$

式中:$v$——井巷断面上的平均风速,m/s;

$v$——空气的运动黏性系数,通常取 $15 \times 10^{-6}$ m²/s;

$D$——圆形管道直径,m。

根据试验,当 $Re \leqslant 2320$ 时,流动呈层流状态;约在 $Re > 2320$ 时,水流开始向紊流过渡,故称 2320 为临界雷诺数;当 $Re \geqslant 10000$ 时,水流呈完全紊流状态。为了简便,一般 $Re > 2320$ 时,便可判断为紊流状态。把这些数值近似应用于风流,便可大致估算出风流在各种流态下的平均风速。

对于非圆形管道 $D$ 为当量直径,用下式确定:

$$D = \frac{4S}{U} \tag{3-2}$$

式中：$S$——井巷断面面积，$m^2$；
　　　$U$——井巷断面周长，m。

非圆形断面的周长可用下式计算：

$$U \approx C\sqrt{S} \tag{3-3}$$

式中：$C$——断面形状系数，梯形 $C=4.16$，三心拱 $C=4.10$，半圆拱 $C=3.84$。

因此，对于非圆形断面井巷风流，其雷诺数计算式为：

$$Re = \frac{4vS}{vU} \tag{3-4}$$

例如，某梯形巷道的断面面积 $S=5.3\ m^2$，周长 $U \approx C\sqrt{S} \approx 9.58\ m$，风流的运动黏性系数 $v=14.4 \times 10^{-6}\ m^2/s$，则估算出风流开始向紊流过渡的平均风速为：

$$v = \frac{ReUv}{4S} = \left(\frac{2320 \times 9.58 \times 14.4 \times 10^{-6}}{4 \times 5.3}\right)\ m/s = 0.015\ m/s$$

井巷中最低风速都在 $0.15 \sim 0.25\ m/s$ 甚至更高，故正常通风巷道风流都处于紊流状态。但在大型采场、漏风巷道、煤岩裂隙等风速一般都很小，会出现层流状态。

紊流的特点如下所述。

**1. 流体质点具有脉动性**

流动参数的瞬时值是时变的，其流动一般用时均值来描述，如图 3-1 所示。

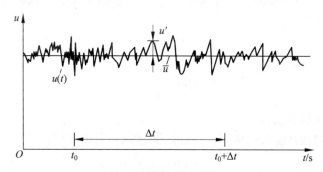

图 3-1　紊流速度变化

$$\bar{u} = \frac{1}{\Delta t} \int_{t_0}^{t_0+\Delta t} u(t) dt \tag{3-5}$$

式中：$\bar{u}$——井巷断面上某点的时均速度，m/s；
　　　$\Delta t$——计算的时间间隔，比脉动周期大得多，s；
　　　$u(t)$——该点风速的瞬时值，即实际速度，m/s。

因此，紊流中流体的实际速度可以表示为时均速度与脉动量 $u'$ 之和：

$$u = \bar{u} + u' \tag{3-6}$$

式中：$u'$——该点速度的脉动量，m/s。

$$\overline{u'} = \frac{1}{\Delta t} \int_{t_0}^{t_0+\Delta t} u'(t) dt = 0 \tag{3-7}$$

此式说明速度的脉动量在时均速度下分布是均等的。

类似地，紊流中其他参数如压力 $P(Pa)$、密度 $\rho(kg/m^3)$、温度 $T(K\ 或\ ℃)$ 等也是由时均量和脉动量所构成，即：

$$P = \overline{P} + P' \text{(压力 = 压力均量 + 压力脉动量)}$$
$$\rho = \overline{\rho} + \rho' \text{(密度 = 密度均量 + 密度脉动量)} \quad (3\text{-}8)$$
$$T = \overline{T} + T' \text{(温度 = 温度均量 + 温度脉动量)}$$

**2. 巷道断面风速的分布比较均匀**

圆管层流时,断面的速度为抛物面分布,如图 3-2(a)所示,巷道断面的平均风速 $v = 0.5 u_{\max}$($u_{\max}$——最大流速,m/s)。

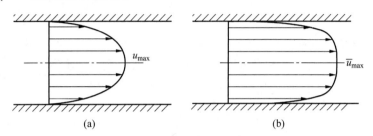

图 3-2 巷道断面风流速度分布
(a) 层流;(b) 紊流

紊流时,巷道断面速度分布如图 3-2(b)所示。紊流中,巷道断面风速分布的均匀性取决于雷诺数的大小和巷道壁面的平整程度。巷壁越光滑,则断面上风速分布越均匀。一般来说,完全紊流的条件下,

$$v = (0.8 \sim 0.86) \overline{u}_{\max} \quad (3\text{-}9)$$

巷道断面的平均风速定义如下:

$$v = \frac{Q}{S} = \frac{1}{S} \int_{S} \overline{u} \, d\sigma \quad (3\text{-}10)$$

式中:$S$——巷道断面面积,m²;

$Q$——流过巷道的空气的体积流量,m³/s,通风中称为风量;

$\sigma$——标准差。

**3. 巷道风流具有稳定性**

矿井中,在井巷系统、用风地点、矿井需风量及通风机能力等不变的条件下,风流参数在某一时期内变化不大;矿井正常通风期间,风门的开启、提升设备的升降对局部风流产生瞬时扰动的影响也不大,因此,一定时期内矿井系统中各断面风流的时均参数是稳定的。另外,矿井风流主要是沿着井巷的轴线方向运动,因此,可把井巷风流近似视为一元稳定流动。在矿井通风中,一般用断面的平均值来表示巷道风流参数。

应当指出,井下一旦发生煤尘、瓦斯爆炸,火灾或煤与瓦斯突出等重大灾害时,以及进行通风系统调整和通风机的开停期间,矿井风流就变为不稳定流动。

## 3.2 摩擦阻力

### 3.2.1 摩擦阻力意义和理论基础

风流在井巷中做沿程流动时,由于流体层间的摩擦和流体与井巷壁面之间的摩擦所形

成的阻力称为摩擦阻力(也叫沿程阻力)。在矿井通风中,克服沿程阻力的能量损失,常用单位体积(1 m³)风流的能量损失来表示。由流体力学可知,无论层流还是紊流,以风流压能损失来反映的摩擦阻力可用下式计算:

$$h_{fr} = \lambda \frac{L}{d} \frac{\rho v^2}{2} \tag{3-11}$$

式中:$L$——巷道长度,m;

$d$——圆形风道直径,或非圆形风道的当量直径,m;

$v$——断面平均速度,m/s;

$\rho$——空气密度,kg/m³;

$\lambda$——无因次系数(沿程阻力系数),其值通过实验求得;

$h_{fr}$——摩擦阻力,Pa。

式(3-11)不是严格的理论式,人们把复杂的能量损失计算问题转化为确定阻力系数 $\lambda$。系数 $\lambda$ 还包含了公式中没有给出的其他影响因素。

实际流体在流动过程中,沿程能量损失一方面(内因)取决于黏滞力和惯性力的比值,用雷诺数 $Re$ 来衡量;另一方面(外因)是固体壁面对流体流动的阻碍作用,故沿程能量损失又与管道长度、断面形状及大小、壁面粗糙度有关,其中壁面粗糙度的影响通过 $\lambda$ 来反映。

下面重点介绍尼古拉兹实验。1932—1933 年,尼古拉兹把经过筛分、粒径为 $\varepsilon$ 的砂粒均匀粘贴于管壁。砂粒的直径 $\varepsilon$ 就是管壁凸起的高度,称为绝对粗糙度;绝对粗糙度 $\varepsilon$ 与管道半径 $r$ 的比值 $\varepsilon/r$ 称为相对粗糙度。以水作为流动介质,对相对粗糙度分别为 1/15、1/30.6、1/60、1/126、1/256、1/507 六种不同的管道进行实验研究。对实验数据进行分析整理,在对数坐标纸上画出 $\lambda$ 与 $Re$ 的关系曲线,如图 3-3 所示。

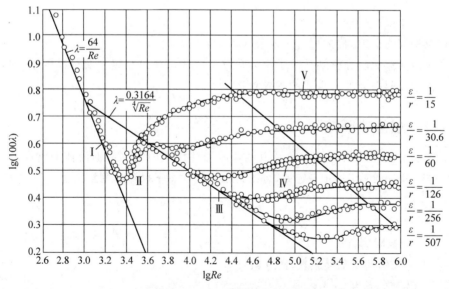

图 3-3 尼古拉兹实验结果

根据 $\lambda$ 与 $Re$ 及 $\varepsilon/r$ 的关系,图 3-3 曲线可分为 Ⅰ~Ⅴ 五个区:

Ⅰ区——层流区。当 $Re<2320$(即 $\lg Re<3.36$)时,无论管道粗糙度如何,其实验结果都集中分布于直线 Ⅰ 上。这表明 $\lambda$ 与相对粗糙度 $\varepsilon/r$ 无关,只与 $Re$ 有关,且 $\lambda=64/Re$。这

也可解释为：对各种相对粗糙的管壁，当管内为层流时，其层流边层的厚度 $\delta = r$，远远大于各个绝对粗糙度，所以 $\lambda$ 与 $\varepsilon/r$ 无关。

Ⅱ区——过渡流区。$2320 \leqslant Re \leqslant 4000$（即 $3.36 \leqslant \lg Re \leqslant 3.6$），在此区间内，不同相对粗糙度的管内流体的流态由层流转变为紊流。所有的实验点几乎都集中在线段Ⅱ上。$\lambda$ 随 $Re$ 增大而增大，与相对粗糙度无明显关系。

Ⅲ区——水力光滑管区。在此区段内，管内流动虽然都已处于紊流状态（$Re > 4000$），但在一定的 $Re$ 下，当层流边层的厚度 $\delta$ 大于管道的绝对粗糙度 $\varepsilon$（称为水力光滑管）时，其实验点均集中在直线Ⅲ上，表明 $\lambda$ 与 $\varepsilon$ 仍然无关，而只与 $Re$ 有关。随着 $Re$ 的增大，相对粗糙度大的管道，实验点在较低 $Re$ 时就偏离直线Ⅲ，而相对粗糙度小的管道要在 $Re$ 较大时才偏离直线Ⅲ。如 $\varepsilon/r = 1/507$ 的管道，直到 $Re = 100000$ 时，仍能服从 $\lambda = 0.3164/\sqrt[4]{Re}$ 的关系，所以在 $4000 < Re < 100000$ 范围内，它始终是水力光滑管。

Ⅳ区——由水力光滑管变为水力粗糙管的过渡区，即图 3-3 中Ⅳ所示区段。在这个区段内，各种不同相对粗糙度的实验点各自分散呈一波状曲线，$\lambda$ 值既与 $Re$ 有关，也与 $\varepsilon/r$ 有关。

Ⅴ区——水力粗糙管区。在该区段，$Re$ 值较大，管内液流的层流边层已变得极薄，有 $\varepsilon \gg \delta$，砂粒凸起高度几乎全暴露在紊流核心中，故 $Re$ 对 $\lambda$ 值的影响极小，略去不计，相对粗糙度成为 $\lambda$ 的唯一影响因素。故在该区段，$\lambda$ 与 $Re$ 无关，而只与相对粗糙度有关。因此，在此区段，对于一定相对粗糙度的管道，$\lambda$ 为定值，由式(3-11)可知，摩擦阻力与流速平方成正比，故此区又称为阻力平方区。在此区内 $\lambda$ 的计算式为：

$$\lambda = \frac{1}{\left(1.74 + 2\lg \dfrac{r}{\varepsilon}\right)^2} \tag{3-12}$$

此式应用较为普遍，称为尼古拉兹公式。

尼古拉兹实验比较完整地反映了阻力系数 $\lambda$ 的变化规律及其主要影响因素，对我们研究井巷沿程通风阻力问题有重要的指导意义。

### 3.2.2 层流的摩擦阻力

层流状态下流体的流动阻力主要由流体的黏性作用引起。根据流体力学圆管层流的哈根-泊肃叶（Hagen-Poiseuille）定律，可以得出层流状态下风流的摩擦阻力计算式为：

$$h_f = \frac{32\mu L}{D^2} v \tag{3-13}$$

式中：$h_f$——摩擦阻力，Pa；
　　　$\mu$——空气的动力黏性系数，Pa·s；
　　　$L$——巷道的长度，m；
　　　$D$——管道直径或巷道的当量直径，m；
　　　$v$——管道（巷道）断面平均风速，m/s。

将 $v = \dfrac{Q}{S}$，$D = \dfrac{4S}{U}$ 以及 $U \approx C\sqrt{S}$ 代入式(3-13)可得：

$$h_f = \frac{2\mu LC^2}{S^2}Q \tag{3-14}$$

$$Q = \frac{h_f}{2\mu LC^2}S^2 \tag{3-15}$$

空气的动力黏性系数 $\mu$ 是确定的,式(3-14)表明,在巷道的断面面积、形状、长度 $L$ 确定时,层流摩擦阻力与巷道流量(或平均风速)的一次方成正比。另外,式(3-15)表明,当巷道的阻力或压差一定时,巷道流量与断面面积的平方成正比。

## 3.2.3 紊流的摩擦阻力

### 1. 摩擦阻力及摩擦阻力系数

紊流状态下流体的流动阻力除由流体的黏性作用引起附加能量损失外,大部分是由紊流脉动引起的附加能量损失。根据流体力学计算紊流状态下沿程阻力的达西(Dacy)公式,可以得出井巷风流在紊流状态下的摩擦阻力公式(3-11)。

井下巷道的风流多属于完全紊流状态,$\lambda$ 值只取决于巷道的相对粗糙度。井巷壁的相对粗糙度与井巷断面大小、支护类型、支护材料、施工质量等有关,但在一定时期内,一条井巷的粗糙度可认为是不变的,故井巷的 $\lambda$ 系数在一定时期内可视为一个常数。

已知 $v = \dfrac{Q}{S}$,$D = \dfrac{4S}{U}$,代入式(3-11)得:

$$h_f = \frac{\lambda \rho}{8} \frac{LU}{S^3}Q^2 \tag{3-16}$$

令

$$\alpha = \frac{\lambda \rho}{8} \tag{3-17}$$

式中:$\alpha$——巷道摩擦阻力系数,$kg/m^3$。

在完全紊流状态下,$\alpha$ 值是巷道相对粗糙度和风流密度的函数。各种支护形式井巷的 $\alpha$ 值一般是通过实测和模型实验得到。通风设计时可以通过查表法确定井巷的摩擦阻力系数。查表法是根据巷道的壁面条件、相对粗糙度或纵口径等,在附录A中查得矿井标准空气状态下($\rho_0 = 1.2 \text{ kg/m}^3$)各类井巷的摩擦阻力系数,即所谓标准值 $\alpha_0$ 值。实际条件下($\rho \neq 1.2 \text{ kg/m}^3$)的摩擦阻力系数与标准摩擦阻力系数的关系为:

$$\alpha = \alpha_0 \frac{\rho}{1.2} \tag{3-18}$$

将式(3-17)代入式(3-16)得到紊流状态下的摩擦阻力为:

$$h_f = \frac{\alpha LU}{S^3}Q^2 \tag{3-19}$$

式(3-19)即为井巷风流在完全紊流状态下的摩擦阻力计算公式。该式表明,紊流摩擦阻力与巷道摩擦阻力系数、巷道的长度、巷道断面周长成正比,与巷道风量(或平均风速)的平方成正比,与巷道断面面积的三次方成反比。另外,从公式中还可以看出,在其他参数不变时,紊流巷道的风量与断面面积的1.5次方成正比,即:

$$Q = \sqrt{\frac{h_f}{\alpha LU}} S^{1.5} \tag{3-20}$$

**2. 摩擦风阻及摩擦阻力定律**

对于已给定的井巷，$\alpha$、$L$、$U$、$S$ 都为确定的数值，故可把式(3-19)中的 $\alpha$、$L$、$U$、$S$ 归结为一个参数 $R_f$：

$$R_f = \alpha \frac{LU}{S^3} \tag{3-21}$$

式中：$R_f$——巷道的摩擦风阻，$kg/m^7$。

$R_f$ 是空气密度、巷道粗糙程度、断面、周长、沿程长度诸参数的函数。在正常条件下当某一段井巷中的空气密度 $\rho$ 变化不大时，可将 $R_f$ 看作反映井巷几何特征的参数，即仅与巷道本身特征有关。

将式(3-21)代入式(3-19)，则有：

$$h_f = R_f Q^2 \tag{3-22}$$

式(3-22)称为紊流状态下井巷通风摩擦阻力定律，反映了摩擦风阻、摩擦阻力和风量3个通风参数的关系。

摩擦阻力是矿井通风阻力的主要组成部分。一般情况下，它占全矿通风阻力的90%左右。

**例题 3.1** 某设计巷道为梯形断面，$S=8\ m^2$，$L=500\ m$，采用工字钢棚支护，支架截面高度 $d_0=14\ cm$，纵口径 $\Delta=5$，计划通过风量 $Q=2400\ m^3/min$。预计巷道中空气密度 $\rho=1.25\ kg/m^3$。试求该段巷道的通风阻力及每年所消耗的通风能量。

**解** 根据所给的 $d_0$、$\Delta$、$S$ 值，查附录 A 可得：

$$\alpha_0 = (284.2 \times 10^{-4} \times 0.88)\ kg/m^3 = 0.025\ kg/m^3$$

则巷道实际摩擦阻力系数：

$$\alpha = \alpha_0 \frac{\rho}{1.2} = \left(0.025 \times \frac{1.25}{1.2}\right)\ kg/m^3 = 0.026\ kg/m^3$$

巷道摩擦风阻：

$$R_f = \alpha \frac{LU}{S^3} = \frac{\alpha L \cdot 4.16\sqrt{S}}{S^3} = \left(\frac{0.026 \times 500 \times 11.77}{8^3}\right)\ kg/m^7 = 0.299\ kg/m^7$$

巷道摩擦阻力：

$$h_f = R_f Q^2 = \left[0.299 \times \left(\frac{2400}{60}\right)^2\right]\ Pa = 478.4\ Pa$$

每年所消耗的通风能量：

$$E = h_f Q \times 10^{-3} \times 365 \times 24 = R_f Q^3 \times 10^{-3} \times 365 \times 24$$
$$= (478.4 \times 40 \times 10^{-3} \times 365 \times 24)\ kW \cdot h$$
$$= 167631.4\ kW \cdot h$$

## 3.3 局部阻力

### 3.3.1 局部阻力的形式及计算

在风流运动过程中，由于井巷断面、方向变化以及分岔或汇合等局部突变，导致风流速度的大小和方向发生变化,产生冲击、分离等,造成风流的能量损失,这种阻力称为局部阻力,用 $h_l$ 表示。层流状态下风流的分离冲击可以忽略,因此仅讨论紊流的局部通风阻力。

矿井产生局部通风阻力的地点很多,如巷道断面变化处(扩大或缩小,包括风流的入口和出口)、拐弯处、分岔和汇合处以及巷道的堆积物、停放和行走的矿车、人员、井筒中的装备、调节风窗等处,都会产生局部阻力,巷道局部变化情况如图3-4所示。

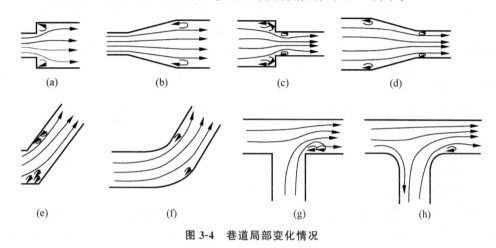

图 3-4 巷道局部变化情况

由于产生局部阻力地点的风流速度场变化比较复杂,对局部阻力的计算一般采用经验公式,将局部阻力表示为巷道风流动压的倍数:

$$h_l = \xi \frac{\rho}{2} v^2 \quad (3\text{-}23)$$

式中:$\xi$——局部阻力系数(无因次);

$\rho$——风流的密度,$kg/m^3$;

$v$——巷道的平均流速,$m/s$;

$h_l$——局部阻力,$Pa$。

由式(3-23)可见,计算局部阻力的关键是确定局部阻力系数 $\xi$。大量试验表明,紊流局部阻力系数主要取决于巷道局部变化的形状,而边壁的粗糙程度也有一定的影响。

### 3.3.2 局部阻力系数的计算

**1. 巷道突然扩大**

如图3-5所示,当忽略两断面间的摩擦阻力时,根据流体力学,可采用分析的方法求出突然扩大的局部阻力,如下式:

$$\begin{cases} h_1 = \left(1 - \dfrac{S_1}{S_2}\right)^2 \dfrac{\rho v_1^2}{2} = \xi_1 \dfrac{\rho}{2} v_1^2 \\ h_2 = \left(\dfrac{S_1}{S_2} - 1\right)^2 \dfrac{\rho v_2^2}{2} = \xi_2 \dfrac{\rho}{2} v_2^2 \end{cases} \quad (3\text{-}24)$$

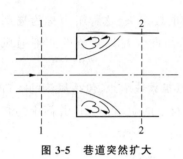

图 3-5 巷道突然扩大

$$\begin{cases} \xi_1 = \left(1 - \dfrac{S_1}{S_2}\right)^2 \\ \xi_2 = \left(\dfrac{S_2}{S_1} - 1\right)^2 \end{cases} \quad (3\text{-}25)$$

式中：$\xi_1$、$\xi_2$——分别为小断面和大断面的局部阻力系数；
$v_1$、$v_2$——分别为小断面和大断面的平均流速，m/s；
$S_1$、$S_2$——分别为小断面和大断面的面积，$m^2$；
$\rho$——空气平均密度，$kg/m^3$。

式(3-25)是计算巷道突然扩大局部阻力系数的公式，由该式可以计算井巷出口($S_2 \to \infty$)的局部阻力系数，即 $\xi_1 = \left(1 - \dfrac{S_1}{S_2}\right)^2 = 1$。

对于粗糙程度较大的矿井巷道，可按巷道的摩擦阻力系数 $\alpha$ 值对 $\xi$ 加以修正。修正后的局部阻力系数用 $\xi'$ 表示：

$$\xi' = \xi\left(1 + \dfrac{\alpha}{0.01}\right) \quad (3\text{-}26)$$

**2. 巷道突然缩小**

如图 3-6 所示，巷道突然缩小时，风流由于惯性而形成一个收缩断面 C—C 然后再扩展到整个断面上流动，在收缩前后都会产生能量损失。突然缩小的局部阻力系数 $\xi$ 取决于巷道收缩面积比 $\dfrac{S_2}{S_1}$，对应于小断面的动压 $\dfrac{\rho v_2^2}{2}$，$\xi$ 值可按下式计算：

$$\xi = 0.5 \times \left(1 - \dfrac{S_2}{S_1}\right) \quad (3\text{-}27)$$

由式(3-27)可以计算井巷入口($S_1 \to \infty$)的局部阻力系数，即 $\xi = 0.5 \times \left(1 - \dfrac{S_2}{S_1}\right) = 0.5$。

考虑巷道粗糙程度的影响，突然缩小的局部阻力系数 $\xi'$ 可用下式计算：

$$\xi' = \xi\left(1 + \dfrac{\alpha}{0.013}\right) \quad (3\text{-}28)$$

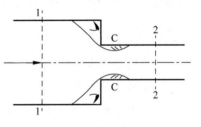

图 3-6 巷道突然缩小

**3. 巷道逐渐扩大**

巷道逐渐扩大的阻力系数比突然扩大小得多，其能量损失可认为由摩擦阻力和扩张损失两部分组成。扩张损失是由涡流区和流速分布改变所形成的。当断面比 $n(n = S_2/S_1)$ 一定时，如图 3-7 所示，渐扩段的摩擦损失随扩张角 $\theta$ 增大而减小，而扩张损失却随 $\theta$ 增大而增大，$\theta$ 在 $5° \sim 8°$ 内，逐扩段的能量损失最小。在扩张角 $\theta < 20°$ 时，对应于小断面的动压 $\dfrac{\rho v_1^2}{2}$，渐扩段的局部阻力系数 $\xi$ 可用下式计算：

$$\xi = \dfrac{\alpha}{\rho \sin\dfrac{\theta}{2}}\left(1 - \dfrac{1}{n^2}\right) + \sin\theta\left(1 - \dfrac{1}{n}\right)^2 \quad (3\text{-}29)$$

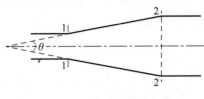

图 3-7 巷道逐渐扩大

式中：$\alpha$——风道的摩擦阻力系数，$kg/m^3$；

$n$——风道大、小断面面积之比，即 $S_2/S_1$；

$\theta$——扩张角，$(°)$。

考虑巷道粗糙度的影响时，逐渐扩大的局部阻力系数 $\xi'$ 可用下式计算：

$$\xi' = \xi\left(1 + \frac{\alpha}{0.01}\right) \tag{3-30}$$

### 4. 巷道转弯

巷道转弯（图 3-8）时的局部阻力系数（考虑巷道粗糙程度）$\xi'$ 可按下式计算：

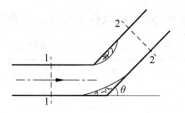

图 3-8 巷道转弯

当巷高与巷宽之比 $H/b = 0.2 \sim 1.0$ 时，

$$\xi' = \left[(\xi_0 + 28\alpha)\frac{1}{0.35 + 0.65\frac{H}{b}}\right]\beta \tag{3-31}$$

当 $H/b = 1 \sim 2.5$ 时，

$$\xi' = \left[(\xi_0 + 28\alpha)\frac{b}{H}\right]\beta \tag{3-32}$$

式中：$\xi_0$——假定边壁完全光滑时，$90°$ 弯的局部阻力系数，其值见表 3-1；

$\alpha$——巷道的摩擦阻力系数，$kg/m^3$；

$\beta$——巷道的转弯角度影响系数，见表 3-2。

表 3-1 局部阻力系数 $\xi_0$ 值

| $r_1/b$ | 0 | 0.1 | 0.2 | 0.3 | 0.4 | 0.5 | 0.6 | 0.7 | 0.75 |
|---|---|---|---|---|---|---|---|---|---|
| $\xi_0$ | 0.93 | 0.8 | 0.68 | 0.58 | 0.49 | 0.45 | 0.41 | 0.39 | 0.38 |

注：$r_1$ 为转弯处内角的曲率半径，$b$ 为巷道宽度。

表 3-2 巷道转弯角度影响系数

| 转弯角 $\theta/(°)$ | 10 | 20 | 30 | 40 | 50 | 60 | 70 |
|---|---|---|---|---|---|---|---|
| $\beta$ | 0.05 | 0.12 | 0.19 | 0.28 | 0.38 | 0.51 | 0.63 |
| 转弯角 $\theta/(°)$ | 80 | 90 | 100 | 110 | 120 | 140 | |
| $\beta$ | 0.80 | 1.00 | 1.32 | 1.63 | 1.98 | 2.43 | |

### 5. 巷道分岔与交汇

矿井通风系统中的风流在巷道的分岔与交汇处，也产生局部阻力。由于主干、分支巷道断面不同，分配的风量不同，而有不同的风速，不能只用一个局部阻力系数值反映其阻力特征，而要考虑各巷道的风速及几何特征，对各分支分别计算其局部阻力。

1) 巷道分岔处的局部阻力

分岔巷道如图 3-9 所示，1—2 段的局部阻力 $h_{1-2}$ 和 1—3 段的局部阻力 $h_{1-3}$ 分别用下式计算：

$$h_{1-2} = K_a \frac{\rho}{2}(v_1^2 - 2v_1 v_2 \cos\theta_1 + v_2^2) \qquad (3\text{-}33)$$

$$h_{1-3} = K_a \frac{\rho}{2}(v_1^2 - 2v_1 v_3 \cos\theta_2 + v_3^2) \qquad (3\text{-}34)$$

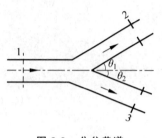

图 3-9　分岔巷道

式中：$K_a$——巷道粗糙度的影响系数，根据巷道摩擦阻力系数 $\alpha$ 值在表 3-3 中选取。

表 3-3　巷道粗糙度影响系数 $K_a$

| $\alpha/(\text{kg/m}^3)$ | (0.002,0.005] | (0.005,0.010] | (0.010,0.015] | (0.015,0.020] | (0.020,0.025] | (0.025,0.030] |
|---|---|---|---|---|---|---|
| $K_a$ | 1.0 | (1.1,1.25] | (1.25,1.35] | (1.35,1.50] | (1.50,1.65] | (1.65,1.80] |

2) 巷道交汇处的局部阻力

如图 3-10 所示，巷道交汇处 1—3 段的局部阻力 $h_{1-3}$ 和 2—3 段的局部阻力 $h_{2-3}$ 分别按下式计算：

$$h_{1-3} = K_a \frac{\rho}{2}(v_1^2 - 2v_3 \omega + v_3^2) \qquad (3\text{-}35)$$

$$h_{2-3} = K_a \frac{\rho}{2}(v_2^2 - 2v_3 \omega + v_3^2) \qquad (3\text{-}36)$$

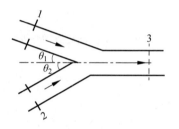

图 3-10　巷道交汇

其中：

$$\omega = \frac{Q_1}{Q_3} v_1 \cos\theta_1 + \frac{Q_2}{Q_3} v_2 \cos\theta_2 \qquad (3\text{-}37)$$

式中：$K_a$ 值见表 3-3。

当井巷中存在罐笼、矿车、采煤机等阻碍物时，它们对风流运动也产生阻力，这种阻力有人称为正面阻力，它也是局部阻力的一种形式。由于阻碍物的形式多种多样，通常只能用实测的方法把它们的影响包含在局部阻力系数之中。至于井筒中的罐道梁，运输巷道中的运输机等阻碍物，在实测井巷通风阻力时，一般都把它们的影响包括在摩擦阻力系数内，不另行计算。

### 3.3.3　局部风阻

将 $v = \dfrac{Q}{S}$ 代入式(3-24)，整理得：

$$h_1 = \xi \frac{\rho}{2S^2} Q^2 \qquad (3\text{-}38)$$

令 $R_1 = \xi \dfrac{\rho}{2S^2}$ 则有：

$$h_1 = R_1 Q^2 \tag{3-39}$$

式中：$R_1$——局部风阻，$kg/m^7$。

式(3-39)称为紊流状态下局部通风阻力定律，反映了局部风阻、局部阻力和风量 3 个通风参数的关系。此式表明，在紊流条件下局部阻力也与风量的平方成正比。

由于局部通风阻力复杂多样，并且正常通风中所占比例较小，在通风设计计算时一般不单独计算局部通风阻力，而是在总的摩擦阻力上乘以一个系数加以考虑（见矿井通风设计部分的内容）。但是，必须明确，如果不注意对局部通风阻力加强管理，也会给矿井通风造成严重问题。

## 3.4　通风阻力定律及矿井通风特性

### 3.4.1　井巷通风阻力定律

尽管引起摩擦阻力与局部阻力的原因不同，但在紊流条件下，摩擦阻力定律 $h_f = R_f Q^2$ 和局部阻力定律 $h_1 = R_1 Q^2$ 的表达式形式相同，即摩擦阻力和局部阻力均与风量的平方成正比。对于一条实际井巷，其通风阻力（或能量损失）既有摩擦阻力也有局部阻力，即：

$$h_r = R_f Q^2 + R_1 Q^2 = (R_f + R_1) Q^2 \tag{3-40}$$

令 $R = R_f + R_1$，则有：

$$h_r = R Q^2 \tag{3-41}$$

式中：$R$——巷道风阻（包括摩擦风阻和局部风阻），$kg/m^7$；

　　　$h_r$——巷道通风阻力（巷道的摩擦阻力和局部阻力之和），Pa。

式(3-41)称为井巷通风阻力定律。该式是矿井通风的基本规律之一。

对于特定井巷，其形式和尺寸是确定的，当风流的密度不变时，其风阻是确定值。通风阻力定律反映的是该井巷中通风阻力与风量间的变化关系，即该井巷的通风特性。用横坐标表示巷道通过的风量，纵坐标表示通风阻力，依据阻力定律可以画出该井巷的 $h_r$-$Q$ 曲线为一条抛物线。如图 3-11 所示，$R$ 越大，曲线越陡，该曲线叫作井巷的风阻特性曲线，或叫作通风特性曲线，一般可采用描点法绘制。

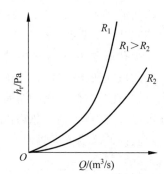

**图 3-11　井巷的风阻特性曲线**

注：$R_1$、$R_2$ 代表两个不同巷道的风阻。

### 3.4.2　矿井通风特性

矿井通风特性指的是矿井的风量与矿井通风阻力之间的变化关系。

矿井风量是指矿井的总进风量或总回风量，在不考虑外部漏风和风流密度及成分变化时，两者相同，用 $Q_m$ 表示，$m^3/s$；矿井通风阻力是指单位体积空气由进风井口进入矿井，流经井下巷道到达出风口克服摩擦阻力和局部阻力的总和，用 $h_{Rm}$ 表示，Pa。对于一个确定的矿井，其各条巷道的风阻值及巷道间的连接关系也都是确定的。单风井且无内部通风动力的矿井，其通风巷道系统可以用一个等效风阻 $R_m$ 来表示。矿井通风阻力 $h_{Rm}$ 与矿井风

量 $Q_m$ 通过阻力定律表示为

$$h_{Rm} = R_m Q_m^2 \tag{3-42}$$

式中：$R_m$——矿井总风阻，$kg/m^7$。

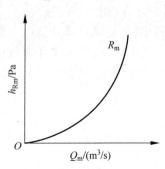

图 3-12　矿井通风特性曲线

式(3-42)反映了一个矿井的通风特性。依此绘制成 $h_{Rm}$-$Q_m$ 图，便得到矿井通风特性曲线（或称矿井风阻特性曲线），如图 3-12 所示。矿井通风特性曲线是选择通风机和分析通风机工况的必要资料。

多通风机及内部有通风动力的矿井，矿井总风阻 $R_m$ 不是一个定值，其大小除了取决于各条巷道的风阻值及巷道间的连接关系，还受到各通风动力的影响。因此，矿井风阻特性曲线不是抛物线，应该根据实验测算或计算模拟来确定。

矿井的风阻 $R_m$ 值不同，供给相同风量时所需要克服的矿井通风阻力不同，$R_m$ 越大，矿井通风越困难，反之，则较容易。或者，当矿井通风阻力相同时，风阻大的矿井，其风量小，表示通风困难，通风能力小；风阻小的矿井，其风量大，表示通风容易，通风能力大。所以，通常根据矿井风阻值 $R_m$ 的大小来判断矿井通风难易程度。

### 3.4.3　矿井等积孔

矿井等积孔是人们用来衡量矿井通风难易程度的一个形象化指标。假定在无限空间有一薄壁，在薄壁上开一面积为 $A$（单位为 $m^2$）的孔口，如图 3-13 所示。当孔口通过的风量等于矿井风量，而且孔口两侧的风压差等于矿井通风阻力时，则孔口面积 $A$ 称为该矿井的等积孔。

等积孔属于流体力学中薄壁孔口定常出流的截面积。在孔口左测距孔口 $A$ 足够远处（风速 $v_1 \approx 0$）取截面 Ⅰ—Ⅰ，在孔口右侧风流收缩断面最小处取截面 Ⅱ—Ⅱ，该处风速 $v_2$ 达最大值。忽略流动过程中的能量损失，可列出两截面的能量方程为：

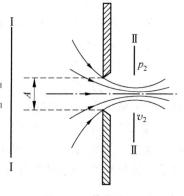

图 3-13　等积孔

$$p_1 + \frac{\rho}{2}v_1^2 = p_2 + \frac{\rho}{2}v_2^2 \tag{3-43}$$

得：

$$p_1 - p_2 = \frac{\rho}{2}v_2^2 = h_{Rm}, \quad v_2 = \sqrt{(2/\rho)h_{Rm}} \tag{3-44}$$

风流收缩处断面面积 $A_2$ 与孔口面积 $A$ 之比称为收缩系数 $\varphi$，由流体力学可知，一般 $\varphi = 0.65$，故 $A_2 = 0.65A$，则 $v_2 = Q/A_2 = Q/0.65A$，代入式(3-44)整理得：

$$A = \frac{Q}{0.65\sqrt{(2/\rho)h_{Rm}}} \tag{3-45}$$

取井下标准空气状态 $\rho=1.2\ \text{kg/m}^3$，则：

$$A = 1.19 \frac{Q}{\sqrt{h_{Rm}}} \tag{3-46}$$

因 $R_m = h_{Rm}/Q^2$，故有：

$$A = \frac{1.19}{\sqrt{R_m}} \tag{3-47}$$

由此可见，$A$ 是 $R_m$ 的函数，$A$ 与 $R_m$ 是一一对应的，故可以用矿井等积孔的大小来表示矿井通风的难易程度，单位简单，又比较形象。同理，矿井中任一段井巷的风阻也可换算为等积孔，但实际意义不大。根据矿井总风阻或等积孔，通常把矿井按通风难易程度分为三级，如表 3-4 所示。

表 3-4　矿井通风系统难易程度分级

| 矿井通风难易程度 | 矿井总风阻 $R_m/(\text{kg/m}^7)$ | 等积孔 $A/\text{m}^2$ |
| --- | --- | --- |
| 容易 | ≤0.355 | >2 |
| 中等 | (0.355,1.420] | (1,2] |
| 困难 | >1.420 | ≤1 |

用矿井总风阻来表示矿井通风难易程度，不够形象，且单位复杂。因此，常用矿井等积孔作为衡量矿井通风难易程度的指标。

**例题 3.2**　某矿井通风系统，测得矿井通风总阻力 $h_{Rm}=1800$ Pa，矿井总风量 $Q=60\ \text{m}^3/\text{s}$，求矿井总风阻 $R_m$ 和等积孔 $A$，评价其通风难易程度。

**解**
$$R_m = h_{Rm}/Q^2 = (1800/60^2)\ \text{kg/m}^7 = 0.5\ \text{kg/m}^7;$$
$$A = 1.19/\sqrt{R_m} = (1.19/\sqrt{0.5})\ \text{m}^2 = 1.68\ \text{m}^2$$

对照表 3-4 可知，该矿通风难易程度属中等。

实践表明，表 3-4 所列衡量矿井通风系统难易程度的等积孔值，对于中小型矿井比较适用。对于现代大型矿井和多通风机的矿井，衡量难易程度的指标还有待进一步研究。我国《煤矿井工开采通风技术条件》(AQ 1028—2006)规定矿井通风系统阻力应满足表 3-5 要求。

表 3-5　矿井通风阻力要求

| 矿井通风系统风量/$(\text{m}^3/\text{min})$ | 系统的通风阻力/Pa | 矿井通风系统风量/$(\text{m}^3/\text{min})$ | 系统的通风阻力/Pa |
| --- | --- | --- | --- |
| ≤3000 | <1500 | (10000,20000] | <2940 |
| (3000,5000] | <2000 | >20000 | <3920 |
| (5000,10000] | <2500 | | |

### 3.4.4　多通风机矿井通风特性

如图 3-14 对角抽出式通风矿井，在两翼通风机Ⅰ、Ⅱ的作用下，矿井由进风井 1—2 进风经由两翼巷道 2—3 和 2—4 排出矿井。两通风机的风量分别为 $Q_1$ 和 $Q_2$，则通风机Ⅰ克

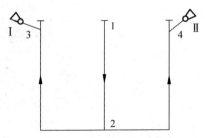

图 3-14 对角抽出式通风矿井

服的通风阻力为：

$$h_{RI} = h_{r1-2} + h_{r2-3} \quad (3-48)$$

通风机 II 克服的通风阻力为

$$h_{RII} = h_{r1-2} + h_{r2-4} \quad (3-49)$$

则单位时间内矿井通风消耗的总能量（即通风功率）为 $h_{RI}Q_1 + h_{RII}Q_2$。因为矿井通风阻力是指单位体积空气的能量损失，矿井总风量为 $Q = Q_1 + Q_2$，所以，对角抽出式通风矿井的通风阻力为：

$$h_{Rm} = \frac{h_{RI}Q_1 + h_{RII}Q_2}{Q_1 + Q_2} \quad (3-50)$$

同理，对于多通风机通风的矿井，矿井的通风阻力可表示为：

$$h_{Rm} = \frac{\sum_{i=1}^{n} h_{Ri}Q_i}{\sum_{i=1}^{n} Q_i} \quad (3-51)$$

矿井风阻可表示为：

$$R_m = \frac{h_{Rm}}{Q^2} = \frac{\sum_{i=1}^{n} h_{Ri}Q_i}{\left(\sum_{i=1}^{n} Q_i\right)^3} \quad (3-52)$$

矿井通风等积孔可表示为：

$$A = \frac{1.19}{\sqrt{R_m}} = \frac{\left(\sum_{i=1}^{n} Q_i\right)^{3/2}}{\sqrt{\sum_{i=1}^{n} h_{Ri}Q_i}} \quad (3-53)$$

由式(3-51)～式(3-53)可以看出，对于多通风机通风，其矿井风阻及等积孔已不是常数，而是随各通风机的风量不同而变化。

## 3.5 矿井通风阻力测定

### 3.5.1 通风阻力测定内容

通风阻力测定基本内容包括：
(1) 测算风阻。
(2) 测算摩擦阻力系数。
(3) 测量通风阻力及其沿程分配。
(4) 确定最大阻力段并进行降阻。

参照中华人民共和国煤炭行业标准《矿井通风阻力测定方法》(MT/T 440—2008)，上述内容的测量方法基本有两种：一种是用胶皮管和压差计把两测点连起来的测法，称为倾斜压差计测定法；另一种是用气压计测算起末两测点的测法称为气压计测定法。

### 3.5.2　倾斜压差计测定法

用倾斜 U 形管压差计在图 3-15 所示的倾斜巷道中进行测算。需在 1 和 2 两测点各安置一根静压管,用长短两根内径 3～4 mm 的胶皮管把两根静压管分别与压差计 U 形管两个开口相连,则 U 形管内两个酒精面出现一段倾斜距离,即为压差计的读数 $h_{re}$。同时,用风表在 1 和 2 两测点分别量出表速(即风表的读数,m/s),用湿度计在两测点附近分别测出风流的干温度和湿温度,用气压计分别在两测点量出风流的绝对静压(Pa 或 mmHg),最后分别量出两测点的净断面面积、周界,两测点间的距离,连同井巷名称、形状、支护方式等。静压管尺寸如图 3-16 所示。

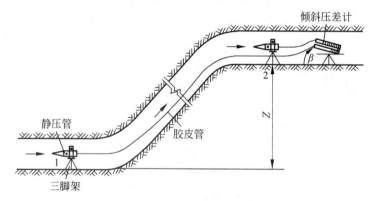

图 3-15　倾斜压差计测定法

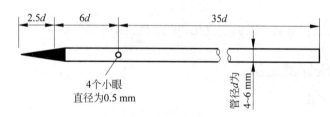

图 3-16　静压管尺寸

压差计 U 形管右边酒精表面所承受的压力,等于从静压管 4 个小眼传入胶皮管内的断面 1 空气绝对静压与皮管内空气柱产生的重力压强之差,即:

$$p_{si} = Z\rho'_{1-2}g \tag{3-54}$$

式中:$Z$——始末两断面的标高差,m;

$\rho'_{1-2}$——胶皮管内空气的平均密度,kg/m³。

压差计 U 形管左边酒精表面所承受的压力则是断面 2 的绝对静压 $p_{s2}$。故把两边酒精表面的倾斜距离 $h_{re}$ 换算为垂直水柱的高度(mm),再换算为 Pa,就是两边酒精表面所承受的压力之差,即:

$$h_{re}(\sin\beta)\delta cg = (p_{s1} - Z\rho'_{1-2}g) - p_{s2} \tag{3-55}$$

式中:$\delta$——酒精的相对密度,0.81;

$c$——压差计的精度校正系数。

根据能量方程可知，两断面间的通风阻力为：

$$h_{r1-2} = p_{s1} + \rho_1 v_1^2/2 - (v_{s2} + \rho_2 v_2^2/2 + Z\rho'_{1-2}g) \tag{3-56}$$

式中：$v_1$、$v_2$——分别是始、末断面上的平均风速，根据测得的表速查风表的校正曲线而得，m/s。

如预先用打气筒向胶皮管内打气，使巷道内的空气进入皮管内，则皮管内和巷道内的空气密度平均值相等，因而皮管内和巷道内空气柱产生的重力压强也相等，即：

$$Z\rho'_{1-2}g = Z\rho_{1-2}g \tag{3-57}$$

式中：$\rho_{1-2}$——两断面间巷道内的空气密度平均值，kg/m³。

由式(3-55)～式(3-57)可得两断面间通风阻力的测算式为：

$$h_{r1-2} = h_{re}(\sin\beta)\delta cg + \rho_1 v_1^2/2 - \rho_2 v_2^2/2 \tag{3-58}$$

式(3-58)同样适用于风流向下流的倾斜巷道和水平巷道。用式(3-58)算出 $h_{r1-2}$ 后，再用式(3-59)算出当空气密度平均值为 $\rho_{1-2}$、距离为 $L_{1-2}$ 时两断面间的风阻为：

$$R_{1-2} = h_{r1-2}/Q^2 \tag{3-59}$$

式中：$Q$——通过该巷道的风量，m³/s。

无漏风时，$Q = v_1 S_1 = v_2 S_2$；

有均匀漏风时，$Q = (v_1 S_1 + v_2 S_2)/2$。

再用式(3-60)算出两断面的标准风阻值：

$$R_{s1-2} = \rho R_{1-2}/\rho_{1-2} \tag{3-60}$$

巷道的摩擦阻力系数表示为：

$$\alpha = h_{fv}S/(LUv^2) \tag{3-61}$$

该巷道的摩擦阻力系数的标准值 $\alpha_s$ 的计算式为：

$$\alpha_s = \rho\alpha/\rho_{1-2} \tag{3-62}$$

只要该巷道的支护方式和断面不变化，其 $\alpha_s$ 值就是常数。

### 3.5.3 气压计测定法

**1. 测前准备工作**

1）测定路线的选择

根据测定要求和目的，结合该矿的生产布局和通风系统现状，选择 1 条风流路线长、风量大且包含采煤工作面，能反映矿井通风系统特征的路线作为主测路线，如有需要再选择其他路线作为辅测路线。

2）测点布置

测定路线选定后，即可按照通风阻力测定的要求，结合本工作面巷道布置的具体条件，在通风系统示意图上确定测点的位置和数量，并沿测定路线将测点依次编号。确定测点布置时一般应遵守下述原则：

（1）测点布置在风流稳定、巷道规整的地点，测点前后支护完好，巷道内无堆积物；

（2）选在风流分岔、汇合及局部阻力大的地点；

（3）测点与风流变化点之间应有一定的距离；

（4）测点应尽可能选在标高控制点附近。

井下实测时,还应根据现场实际情况对个别测点进行调整,甚至临时增加或减少一些测点,以便使测点的选择能有效地控制主要巷道和工作面的阻力分布。

3) 测定仪器

通风阻力测定所用设备包括精密数字气压计、风表、干湿温度计、秒表、皮尺等。

4) 测定方法

采用精密数字气压计逐点测定法,即将一台精密数字气压计放置在地面井口附近,作为基点气压计,监视地面气压变化情况。另将一台精密数字气压计沿测定路线按选定的测点进行测定,称为测点气压计。基点气压计每隔 5 min 读数,测点气压计在各测点每隔 5 min 或 10 min 读数,测点气压计读数和基点气压计读数时间相对应,以反映地面气压变化对测点读数的影响,保证测点测定结果的可靠性,在各测点测定风流压力的同时,应测量巷道的风速、断面尺寸、气象条件等。如此依次测定全部测点,待测点气压计返回至井口时再重新校对仪器读数,以检查仪器的误差。至此测定完毕,并记录各测点原始数据。

**2. 通风阻力计算方法**

1) 空气密度

用风扇湿度计和精密数字气压计分别测定各测点的干、湿球温度与大气压力,计算测点的空气密度。

2) 巷道断面面积

测点巷道断面面积按下式计算:

梯形、矩形巷道:
$$S_L = B_L \times H_L \tag{3-63}$$

三心拱、半圆拱巷道:
$$S_L = B_L \times (H_L - 0.1073 B_L) \tag{3-64}$$

式中:$S_L$——巷道断面面积,$m^2$;

$B_L$——巷道宽度或腰线长度,m;

$H_L$——巷道全高,m。

3) 测点风速

测点的风速由测出的表速换算成真实风速。

4) 测点速压
$$H_V = \rho v^2 / 2 \tag{3-65}$$

5) 两测点间巷道的阻力计算

用精密数字气压计逐点测定时,两测点间的静压差按下式计算:
$$H_S(i, i+1) = [B(i) - B(i+1)] + [B'(i) - B'(i+1)] \tag{3-66}$$

两测点的位压差:
$$H_Z(i, i+1) = 9.8 \times [Z(i) - Z(i+1)] \frac{\rho(i) + \rho(i+1)}{2} \tag{3-67}$$

两测点的速压差:
$$H_V(i, i+1) = H_V(i) - H_V(i+1) \tag{3-68}$$

则两测点间的通风阻力为:
$$H_r(i, i+1) = H_S(i, i+1) + H_Z(i, i+1) + H_V(i, i+1) \tag{3-69}$$

式中：$B(i)$、$B(i+1)$——分别为精密数字气压计在巷道前后测点 $i$、$i+1$ 上的读数，$mmH_2O$；

$B'(i)$、$B'(i+1)$——井下气压计读取 $B(i)$、$B(i+1)$ 时，基点气压计读数，$mmH_2O$；

$Z(i)$、$Z(i+1)$——分别为测点 $i$、$i+1$ 的标高，m；

$\rho(i)$、$\rho(i+1)$——分别为测点 $i$、$i+1$ 的空气密度，$kg/m^3$。

6）巷道风阻

$$R(i,i+1) = \frac{H_r(i,i+1)}{Q^2(i,i+1)} \tag{3-70}$$

根据巷道风阻，可测算出标准风阻值、巷道的摩擦阻力系数及其标准值。

## 习题

3.1 什么是层流，什么是紊流，说明两者的特征及判别方法。

3.2 矿井通风阻力有几种？它们的产生原因是什么？各种阻力如何计算？

3.3 解释通风阻力与风阻的含义，说明它们的关系和影响因素。

3.4 等积孔的含义是什么？

3.5 什么是矿井通风特性，说明降低通风阻力的措施有哪些？

3.6 某半圆拱巷道，采用砌碹支护，巷道宽 3.2 m，中心处高度 3.4 m，巷道中通过风量为 600 $m^3$/min，试判别风流流态。

3.7 某水平巷道如图 3-17 所示，用胶皮管和压差计测得 1—2 及 1—3 之间的风压损失分别为 120 Pa 和 200 Pa，巷道的断面面积均等于 6 $m^2$，周长为 10 m，通过的风量是 1800 $m^3$/min，求巷道的摩擦阻力系数及拐弯处的局部阻力系数。

3.8 某平巷为梯形断面，长 200 m，采用不完全木棚支护，支架直径 $d$ 为 18 cm，支架间距 0.9 m，净断面面积为 6 $m^2$，当通过的风量为 30 $m^3$/s 时，该巷道的摩擦阻力为多少？若风量增大为 40 $m^3$/s，则该巷道的摩擦阻力又为多少？

3.9 已知矿井总风阻 $R$ 为 0.4 $kg/m^7$，试绘出该矿风阻特性曲线。

3.10 某压入式通风矿井如图 3-18 所示，两井筒的深度均为 200 m，进风井筒的空气平均密度 $\rho_1 = 1.25$ $kg/m^3$，排风井筒的空气平均密度 $\rho_2 = 1.201$ $kg/m^3$，矿井总风量 $Q = 4800$ $m^3$/min，排风井口的断面面积 $S_2 = 8$ $m^2$，风硐内断面 1 处的动压 $h_{v1} = 40$ Pa，测得风筒的相对静压为 1500 Pa。试求该矿井的通风阻力。

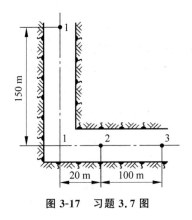

图 3-17 习题 3.7 图

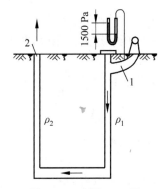

图 3-18 习题 3.10 图

3.11 某矿通风系统如图3-19所示,已知$R_{1-2}=0.042 \text{ kg/m}^7$,$R_{2-3}=0.624 \text{ kg/m}^7$,$R_{2-4}=0.582 \text{ kg/m}^7$,$Q_{2-3}=2400 \text{ m}^3/\text{min}$,$Q_{2-4}=3200 \text{ m}^3/\text{min}$,求各通风机的阻力、风阻,矿井通风阻力、等积孔及矿井通风所消耗的总功率。

3.12 某矿井采用逐点法测定矿井通风阻力,测定路线及测点布置如图3-20所示,原始数据见表3-6。根据表3-6中的数据:
(1)计算各巷道的阻力、风阻、阻力系数、风量等参数。
(2)求矿井通风总阻力、自然风压、等积孔及通风机的工况点。
(3)画出矿井通风阻力分布图,分析矿井通风系统。

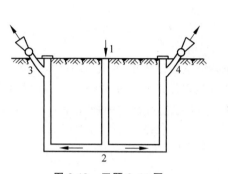

图3-19 习题3.11图

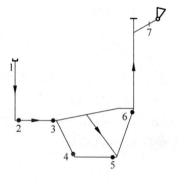

图3-20 习题3.12图

表3-6 习题3.12原始数据

| 测点 | 位置 | 标高/m | 断面尺寸/m | | | 风速/(m/s) | 温度/℃ | | 压力/Pa | 气压监测/Pa | 巷道长度/m |
|---|---|---|---|---|---|---|---|---|---|---|---|
| | | | 形状 | 宽度 | 高度 | | 干温 | 湿温 | | | |
| 1 | 入风井口 | 20.3 | | | | | 12.4 | 10.2 | 2 | 4 | |
| 2 | 井底 | -322.6 | 半圆拱 | 4.2 | 3.8 | 3.82 | 20.2 | 18.8 | 3920 | -8 | 512 |
| 3 | 大巷末端 | -321.2 | 半圆拱 | 4.1 | 3.6 | 3.44 | 22.4 | 21.2 | 3874 | -6 | 2368 |
| 4 | 下山底部 | -411.5 | 半圆拱 | 3.78 | 3.7 | 2.1 | 24.6 | 22.3 | 4846 | -20 | 420 |
| 5 | 采区末端 | -412.8 | 梯形 | 3.4中 | 3.2 | 2.32 | 25.2 | 25 | 4630 | -32 | 3866 |
| 6 | 上山顶 | -301.2 | 半圆拱 | 3.3 | 3.2 | 3.25 | 24.8 | 24.8 | 3206 | -40 | 682 |
| 7 | 风硐 | 68.6 | 矩形 | 2.8 | 2.4 | 7.98 | 20.6 | 20.6 | -1328 | -10 | 760 |

# 第4章

# 矿井通风动力

矿井通风动力是克服通风阻力、保证井巷空气连续不断地流动的能量或风压,包括由通风机提供的机械风压和由自然条件生成的自然风压两种。矿井通风中,机械风压是必须采用的主要通风动力;自然风压普遍存在,但是不稳定,是次要的通风动力。本章将重点介绍矿井通风机及其工作特性。

## 4.1 自然风压

### 4.1.1 自然风压特性

自然风压是由于空气热湿状态的变化在矿井中产生的一种自然通风动力,其数值是以矿井风流系统的最低、最高标高点为界,两侧空气柱作用在底面单位面积上的重力差。在此重力差的驱动下,较重的一侧空气向下流动,较轻的一侧空气向上流动,即可形成空气的自然流动。如图 4-1 所示矿井,0—4 水平以上,大气重力相同,矿井中空气的重力差是在 0—4 至 2—3 之间形成的。

左侧空气柱作用在底面单位面积上的重力为 $\int_0^1 \rho_0 g \mathrm{d}z + \int_1^2 \rho_1 g \mathrm{d}z$。

右侧空气柱作用在底面单位面积上的重力为 $\int_3^4 \rho_2 g \mathrm{d}z$。

图 4-1 自然风压原理

则矿井的自然风压为

$$H_n = \int_0^1 \rho_0 g \mathrm{d}z + \int_1^2 \rho_1 g \mathrm{d}z - \int_3^4 \rho_2 g \mathrm{d}z \tag{4-1}$$

式中:$g$——重力加速度,$m/s^2$;

$\rho_0$、$\rho_1$、$\rho_2$——各段空气密度分布,$kg/m^3$;

$H_n$——矿井自然风压,$Pa$;

$z$——各段的垂直高度,$m$。

如果把地表大气视为断面无限大、风阻为 0 的假想风路，则矿井通风系统可视为一个通风回路 1—2—3—4—0—1（其中大气中的 4—0—1 段为假想风路），则自然风压值为 $\rho g \mathrm{d}z$ 沿此闭合回路的积分：

$$H_n = \oint \rho g \mathrm{d}z \tag{4-2}$$

式(4-1)、式(4-2)是矿井自然风压的基本计算公式。

完全依靠自然风压进行的通风，称为自然通风。自然风压受地面气候影响，冬夏两季较大，春秋较小，甚至趋近于 0，而且夏季自然风压的方向可能与冬季相反。因此自然风压通风不稳定，难以保证矿井安全生产。《煤矿安全规程》规定"每一矿井都必须采用机械通风"。

对于采用机械通风的矿井，自然风压依然存在。其方向和大小仍由最低水平以上、进出风井空气柱的重力差决定。一般规定，自然风压与通风机所产生的机械风压方向一致时为正值，表示它有助于机械通风；反之为负值，表示它是机械通风的阻力。

在矿井通风系统有标高差的闭合回路中，都有可能存在自然风压，并对回路内的空气流动产生影响。

### 4.1.2　矿井自然风压的影响因素及变化规律

由式(4-1)和式(4-2)可见，回路中最低、最高标高点的高差即矿井深度和两侧空气柱的平均密度之差决定了矿井自然风压的大小。而空气密度又受温度 $T$、大气压力 $P$、气体常数 $R$ 和相对湿度 $\varphi$ 等因素影响，所以自然风压可表示为如下的函数关系：

$$H_n = f(\rho, z) = f[\rho(T, P, R, \varphi), z] \tag{4-3}$$

(1) 矿井最低水平以上两侧空气柱的温差是影响 $H_n$ 的主要因素。进风井风流的温度主要是地面入风气温和风流与围岩的热交换所决定的，一般进风井地势较低，有的山区矿井采用平硐开拓，地面气温对进风井影响较大，不同季节气候变化显著，有的地区一昼夜气温能变化十几摄氏度；回风井风流的温度取决于矿井的围岩散热、生产散热等，风流与围岩及各种热源的热交换作用使机械通风的回风井一年四季气温变化不大。两者综合作用的结果，导致一年中自然风压发生周期性的变化。在冬季，进风井风流温度低，空气密度大，矿井自然风压较大；夏季则相反，有的矿井甚至会出现与冬季作用方向相反的自然风压；春秋季的自然风压位于两者之间。

(2) 矿井深度对自然风压的影响表现在：①在进、回风井空气密度差一定的情况下，自然风压与最大井深成正比，即深井的自然风压值高于浅井；②进风井的深度影响风流的换热，深井进风流温度受井筒围岩的调节作用大，一年四季井筒平均温度变化小，因此深井的自然风压变化幅度小，如图 4-2 所示；相反，对于较浅的进风井，进风流受地面气温作用小，特别是山区平硐开拓的矿井，其温度主要随季节变化，矿井自然风压的变化幅度较大，甚至昼夜之间都会发生明显变化，如图 4-3 所示。

(3) 矿井主要通风机的运行对矿井自然风压也产生影响：①矿井主要通风机工作决定了主风流的方向，强迫矿井风流与围岩及各种生产热源进行热交换，致使回风流能保持较高的温度；②以抽出式通风为例，通风机的作用使回风井风流的压力较低，会进一步减小风流的密度。因此一般机械通风矿井的自然风压作用方向与通风机的作用方向一致，较少产生负值。

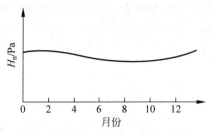
图4-2 深井自然风压规律

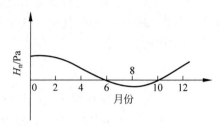
图4-3 浅井自然风压规律

（4）矿井风量对自然风压的影响，在冬季，若增加风量，进风井风流的温度会进一步降低，进、回风井风流的温差增大，因此自然风压增加；减少风量，则自然风压会有所降低。在夏季，增加风量，进风流温度会升高，则自然风压会减小。一般认为风量对自然风压的影响较小。

（5）空气成分和湿度影响空气的密度，从而对自然风压也有一定影响。

### 4.1.3 自然风压的测算方法

矿井自然风压是通风设计及矿井通风技术管理的必要资料，为了确切考虑自然风压的影响，必须对自然风压进行定量测算。矿井自然风压的测算方法主要有隔断风流测定法、平均密度测算法、改变通风机运行工况测算法、热力学测算法，其中隔断风流测定法称为直接测定法，其余为间接测定法。

**1. 隔断风流测定法**

通风机停止运转后，在总风流中设置密闭墙隔断风流，用压差计测定密闭墙两侧的压差，此值即为该回路的自然风压，如图4-4所示。密闭墙的位置可以任意选定，但要能完全隔断总风流。为简化工序，通风机停转后，可利用关闭风硐内的闸门来隔断风流，用压差计测定闸门两侧的压差，如图4-5所示，其读数即为矿井的自然风压。测定时，既要等风流停滞（停风后等待10～15 min），又要动作迅速，防止因停开通风机时间过长，空气密度发生变化。

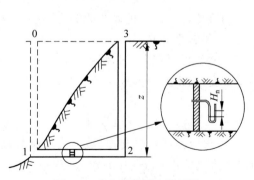
图4-4 建密闭墙测自然风压

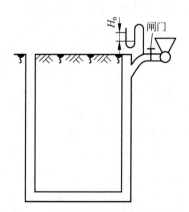
图4-5 利用关闭闸门测自然风压

隔断风流测定法简单、直观,测定结果准确,但需要停开通风机,对矿井的生产和安全有影响。

**2. 平均密度测算法**

该方法是指通过测算井巷风流的平均密度计算矿井自然风压。式(4-1)及式(4-2)是计算自然风压的基本公式。但该式中的 $\rho$ 受多种自然因素影响,与高度 $z$ 之间成复杂的函数关系。因此利用此式用积分方法解算自然风压十分困难。为了简化,取各段空气柱的平均密度进行计算,则图 4-1 矿井的自然风压为:

$$H_n = \oint \rho g \, dz = \int_0^1 \rho_0 g \, dz + \int_1^2 \rho_1 g \, dz - \int_4^3 \rho_2 g \, dz \\ = \rho_{m0} g z_0 + \rho_{m1} g z_1 - \rho_{m2} g z_2 \tag{4-4}$$

式中:$\rho_{m0}$、$\rho_{m1}$、$\rho_{m2}$——各段空气平均密度,$kg/m^3$。

对于进、回风井口标高相同的矿井,自然风压的计算式为:

$$H_n = \rho_{m1} g z - \rho_{m2} g z = g z (\rho_{m1} - \rho_{m2}) \tag{4-5}$$

式中:$z$——两井口至最低标高的深度,m。

对于井深大、巷道多的通风回路,为了比较准确地求得高度 $z$ 内空气柱的平均密度,应在风路内尽量多地布置测点,尤其要在密度变化较大的地方,如井口、井底、倾斜巷道的上下端及风温变化较大和变坡的地方布置测点,并尽可能同时或在较短的时间内测出各点风流的绝对静压 $p$、温度 $T$、湿度,两测点间的高差不宜过大(最好不超过 100 m)。分别计算各测段单位面积的重力,风流向下流动的井巷段为"+",向上流动的井巷段为"-",沿风流方向进行累加,即可得到闭合路线的自然风压。

$$H_n = \sum_{i=1}^n \rho_{mi} g z_i \tag{4-6}$$

式中:$\rho_{mi}$——第 $i$ 段井巷风流的平均密度,$kg/m^3$;

$z_i$——第 $i$ 段井巷的垂直高度,m。

此方法可以测定矿井通风系统中各条回路的自然风压,是在主要通风机正常运行的条件下进行测定,不影响生产。但是,此方法测定和计算工作量大,时间较长。对于多水平多回路通风系统,此方法不能直接得出作用于通风机的综合自然风压值(需要通过解算网络才能确定)。

**3. 改变通风机运行工况测算法**

由于自然风压和矿井通风机共同作用克服矿井通风阻力,对于单通风机工作的通风系统,其关系为:

$$H_f + H_n = R_m Q^2 \tag{4-7}$$

式中:$H_f$——通风机风压,Pa;

$R_m$——矿井风阻,$kg/m^7$;

$Q$——矿井风量,$m^3/s$。

式(4-7)中,通风机风压($H_f$)和矿井风量($Q$)可以直接测得,未知数只有两个,即 $H_n$ 和 $R_m$,$H_n$ 和 $R_m$ 随阻力和风量的变化可忽略,因此只要再改变一次工况,测出($H_f'$,$Q'$)即可建立联立方程求算出矿井自然风压 $H_n$。

$$H_f + H_n = R_m Q^2$$
$$H'_f + H_n = R_m Q'^2$$

解联立方程得：

$$H_n = \frac{H_f - H'_f}{Q^2 - Q'^2} Q^2 - H_f \tag{4-8}$$

改变通风机运行工况的方法可以采用停开通风机的方法、变频调节法、闸门调节法等（采用闸门调节法时，$H'_f$ 需要在闸门之前测定）。

采用停开通风机的方法时，$H'_f = 0$，则：$H_n = \dfrac{Q'^2}{Q^2 - Q'^2} H_f$。

如果矿井风阻 $R_m$ 为已知，则可直接由式(4-7)计算矿井自然风压 $H_n$。

**4. 热力学测算法**

自然风压的实质是风流与井巷及生产交换的热能转化的单位体积风流的机械能。根据热力学定律及风流在回路中的状态变化过程，通过测定各井巷的空气状态参数，采用计算或图解的方法可以求算自然风压。

### 4.1.4 自然风压对矿井通风的影响及控制

**1. 矿井主风流自然风压的影响**

矿井主风流自然风压的影响主要是自然风压对通风机的作用。如前所述，不同季节，矿井自然风压是变化的。自然风压的改变会影响矿井总风量的大小，其规律是冬季风量增大，夏季风量减小。当矿井风量变化超过一定限度时，必须适时调节通风机或改造通风系统，以满足矿井通风要求。由于自然风压与通风机风压比较相对较小，一般矿井自然风压的变化不会影响矿井主风流的稳定性。另外，当矿井主通风机发生故障时，可以利用矿井自然风压维持一定的风量。

**2. 通风系统中局部回路自然风压的影响**

自然风压存在于通风系统任意有高差的回路中，对于高差较大、两侧风流热湿状态差异显著的并联通风回路，其中的自然风压会严重影响各风路的风量分配，自然风压变化时可能会引起某些风路风流不稳定，甚至风流反向。这样的回路主要有以下几种：

(1) 多井进风时，由于各井筒作用不同以及季节变化等致使其内风流的热湿状态不同而产生自然风压，使有的进风井出现风流反向的现象；

(2) 并联通风的延深井或采区上（下）山中的自然风压，会使有的巷道风流不稳；

(3) 分区通风的采区之间形成的回路，由于地热分布和生产放热（如采区之间的机械化程度不同等）的差别而产生的自然风压会明显影响采区之间的风量分配。此外，在采取均压防灭火措施时，对于大高差的采空区，采空区内部空气与巷道风流之间形成的自然风压，对防灭火效果会有影响。

矿井通风局部回路中巷道风流的反向是由于其中的自然风压值大于矿井通风机分配到该回路的风压值。

实际上,水平巷道内空气的热力状态对通风及风量分配也会产生影响。比如,空气被加热,则流动中会产生附加的热阻力,消耗通风能量,减少矿井进风量。在高温热害比较严重的矿井通风中应加以考虑。

## 4.2 矿井通风机

利用通风机产生的风压对矿井或井巷进行通风的方法叫作机械通风。机械通风是矿井通风的主要形式,是稳定、连续地向井下供风的保障,是确保矿井安全和矿井通风系统稳定、可靠运行的基础。为确保井下空气的质量和数量,每一个矿井都必须采用通风机通风。通风机日夜不停地运转,将新鲜空气送往井下,并将污浊空气排到地面。因此,人们称通风机是矿井的"肺"。

矿用通风机按其服务范围和所起作用可分为主要通风机、辅助通风机和局部通风机3种。

主要通风机是指用来担负整个矿井、矿井的一翼或一个分区通风工作的通风机。主要通风机必须安装在地面,与矿井安全生产关系极大,需要常年连续运转,所消耗的电能占全矿总用电量的20%~30%,故对矿井主要通风机的合理选择和使用,无论在安全还是在技术、经济上都具有重要意义。

辅助通风机是指某分区通风阻力过大、主要通风机不能供给足够风量时,为增加风量而在该分区使用的通风机。辅助通风机只可用于矿井改造时而不可用于矿井设计时,并且严禁在煤(岩)与瓦斯(二氧化碳)突出的矿井中安设辅助通风机。

局部通风机是指用来对井下某局部地点通风的通风机。局部通风机一般为井巷掘进时通风使用。

### 4.2.1 通风机的构造及工作原理

按通风机的构造和工作原理可分为离心式通风机、轴流式通风机及混流式通风机。煤矿用通风机主要是离心式通风机和轴流式通风机两种,轴流式通风机又分为普通轴流式通风机和对旋式通风机。

**1. 离心式通风机**

1) 构造

离心式通风机一般由进风口、动轮(叶轮)、螺形机壳和前导器等部分组成,如图4-6所示。动轮是对空气做功的部件,由前盘、后盘、夹在两者之间的叶片及轮毂组成。风流沿叶片间流道流动,在流道出口处,风流相对速度 $w$ 的方向与圆周速度 $u$ 的反方向夹角称为叶片出口构造角,以 $\beta$ 表示。根据出口构造角 $\beta$ 的大小,离心式通风机可分为前倾式($\beta>90°$)、径向式($\beta=90°$)和后倾式($\beta<90°$)三种,如图4-7所示。$\beta$ 不同,通风机的性能也不同。矿用离心式通风机多为后倾式。

进风口有单吸和双吸两种。在相同条件下双吸通风机叶(动)轮宽度是单吸通风机的2

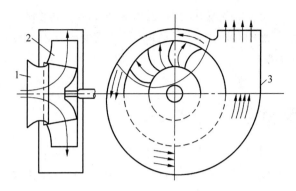

1—进风口(集风器);2—动轮(叶轮);3—螺形机壳。

图 4-6　离心式通风机构造示意

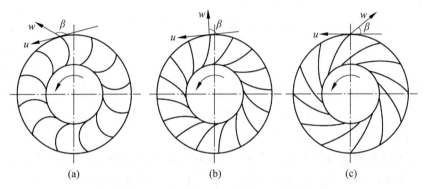

图 4-7　叶片出口构造角与风流速度

(a) 前倾式($\beta > 90°$);(b) 径向式($\beta = 90°$);(c) 后倾式($\beta < 90°$)

倍。有些通风机在进风口与动轮之间装有前导器,使进入叶(动)轮的气流发生预旋绕,以达到调节风量和改进性能的目的。

2) 工作原理

当电动机通过传动装置带动叶轮旋转时,叶片流道间的空气随叶片旋转而旋转,获得离心力,沿叶轮外缘运动,并汇集于螺旋状的机壳中。在机壳内速度逐渐减小,压力升高,然后经扩散器排出。与此同时,由于叶轮中的气体外流,在叶片入口(叶根)形成较低的压力(低于进风口压力),空气由吸风口进入,经前导器进入叶轮的中心部分然后折转 90°,沿径向离开叶轮而流入机壳中,再经扩散器排出,空气经过通风机即获得能量,使出风侧的压力高于入风侧,造成压差以克服井巷的通风阻力,促使空气流动,达到通风的目的。

3) 结构特点

离心式通风机的优点是结构简单、维护方便、噪声小,工作稳定性好。但其体积大,通风机的风量调节不方便,必须有反风道才能反风。

4) 常用型号

目前我国煤矿使用的离心式通风机主要有 G4-68 型、G4-72 型、G4-73 型、K4-73 型、9-28 型、9-19c 型等,部分型号的通风机见图 4-8。这些品种通风机具有规格齐全、效率高和噪声低等特点。以 G4-73-11No.25D 型离心式通风机为例,其型号参数的含义如下:

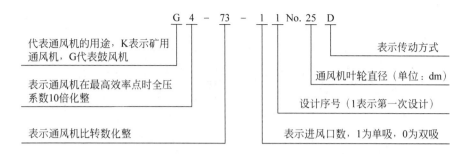

说明：

（1）比转数 $n_s$ 是反映通风机 $Q$、$H$ 和 $n$ 等之间关系的综合特性参数。$n_s = n \dfrac{Q^{1/2}}{\left(\dfrac{H}{\rho}\right)^{3/4}}$。

式中：$Q$、$H$——分别为全压效率最高时的流量和压力，相似通风机的比转数相同。

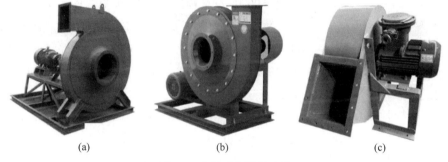

图 4-8 离心式通风机实物

(a) 9-28 型高压离心式通风机；(b) 9-19c 型高压离心式通风机；(c) G4-68 型离心式通风机

（2）离心式通风机的传动方式有 6 种：A 表示无轴承电动机直联传动；B 表示悬臂支承皮带轮在中间；C 表示悬臂支承皮带轮在轴承外侧；D 表示悬臂支承联轴器传动；E 表示双支承皮带轮在外侧；F 表示双支承联轴器传动。

**2. 轴流式通风机**

1）普通轴流式通风机

（1）构造

如图 4-9 所示，普通轴流式通风机主要由通风机进风口、动轮、导叶、整流罩、机壳、扩散器和传动部件等部分组成。

进风口由集风器与整流罩构成断面逐渐缩小的进风通道，使进入动轮的风流均匀，以减小气流冲击，提高效率。

动轮是由固定在轮轴上的轮毂和等间距安装的翼形叶片组成，是通风机使空气增加能量的部件。通风机若有一个叶轮叫一级，有两个叶轮叫二级。增加叶轮数的目的在于提高通风机的风压。叶片安装角 $\theta$ 是指叶片风流入口处至出口处的连线与叶轮旋转的切线方向之间的夹角（图 4-10），可以根据需要进行调整。对于直的叶片（扭曲叶片与此不同），叶片

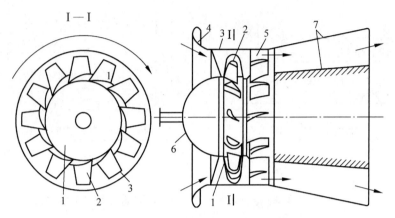

1—动轮；2—叶片；3—机壳；4—集风器；5—导叶；6—整流罩；7—扩散器。

图 4-9　普通轴流式通风机构造

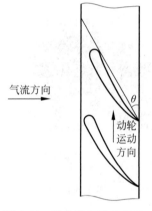

图 4-10　叶片形状及安装角

安装角度 45°左右，通风机会产生最大的风量；大于或小于这一角度，通风机的风量都会减小；0°或 90°都不会产生风量；超过 90°则会使风流反向流动。一般，一级叶轮的通风机，其调角范围为 10°～40°；二级叶轮的通风机，其调角范围为 15°～45°。

导叶为固定叶片，起整流作用，调整由前一叶轮流出的气流的方向，使气流按轴向进入下一级叶轮或流入环形扩散器中。环形扩散（芯筒）器是使从整流器流出的气流逐渐扩大到全断面，部分动压转化为静压。

传动部分由径向轴承、止推轴承和传动轴组成。通风机的轴与电动机的轴用齿轮联轴器连接，形成直接传动。

（2）工作原理

通风机运转时，叶片的凹面冲击空气，产生正压，将空气从叶道中压出；叶片的凸面牵动空气，产生负压，将后部空气吸入，使空气连续不断经集风器进入叶轮，然后经整流器进入扩散器，最后流入大气。空气经通风机叶轮后获得能量，造成通风机进风口与出风口的压差，克服井巷通风阻力，促使空气流动，达到通风的目的。

（3）结构特点

轴流式通风机具有结构紧凑、体积小、质量小、转速高，可直接与电动机相连，风量调节较为方便，反风措施较多等优点。其缺点是噪声大，构造复杂。

（4）常用型号

我国煤矿在用的普通轴流式通风机有 2K60、1K58、2K58、GAF、FBCZ（原 BK54、BK55 系列）、K40、K40L、KCS 等系列，部分轴流式通风机见图 4-11。以 2K58-4No. 25 型和 GAF31.5-17.8-1 型轴流式通风机为例，其型号的参数含义如下：

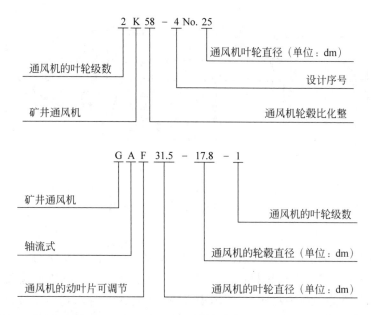

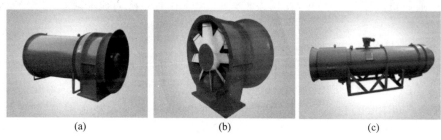

图 4-11 轴流式通风机实物

(a) K40 系列矿用轴流式通风机；(b) K40L 系列立式矿用轴流式通风机；(c) KCS 矿用轴流式通风机

2) 对旋式通风机

对旋式通风机在 20 世纪 90 年代中期以后应用于煤矿，具有气动性能好、高效区宽、运转稳定、节能、噪声低、结构紧凑、安装方便等优点，当前正在推广使用。

(1) 结构

图 4-12 为对旋式通风机的结构示意图。对旋式通风机由集风器、第一级叶轮、第二级叶轮、机壳等组成。第一级动轮和第二级动轮直接对接，旋转方向相反，机翼形叶片的扭曲方向也相反，电动机为防爆型（长轴通风机不要求电动机防爆），安装在主风筒中的密闭罩内，与通风机流道中的气流隔离，密闭罩中有扁管与大气相通，以达到散热目的。

(2) 工作原理

工作时两级叶轮分别由两个等功率、等转速、旋转方向相反的电动机驱动，当气流通过集流器进入第一级叶轮获得能量后，再经第二级叶轮升压排出。两级叶轮互为导叶。第一级后形成的旋转速度由第二级反向旋转消除并形成单一的轴向流动。两个叶轮所产生的理论全压各为通风机理论全压的 1/2，使通过两级叶轮的气流平稳，有利于提高通风机的全压效率，前后级叶轮的负载分配比较合理，以防造成各级电动机的超功和过载现象。

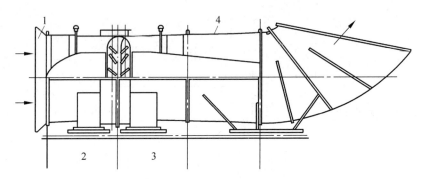

1—进风口(集风器);2—第一级叶轮;3—第二级叶轮;4—机壳。

图 4-12 对旋式通风机结构示意

(3) 结构特点

对旋式通风机是无静叶轴流式通风机,两级叶轮的气流平稳,负载分配比较合理,第二级叶轮兼备普通轴流式局部通风机中导叶的功能,在获得垂直圆周方向速度分量的同时,并加给气流能量,使通风机内耗减少,阻力损失降低。大型对旋式通风机装有扩散器、消声器等部件,通风机底座设有托轮,在预设的轨道上可沿轴向移动或非轴向移动,安装检修方便。

(4) 常用型号

目前,对旋式通风机在煤矿使用的有数千台,多个厂家生产,数十个品种,主要有FBDCZ(原BDK、BD等)、FBD、FCDZ(为长轴对旋式通风机)等系列,部分对旋式通风机如图4-13所示。以FBCDZ No.26/2×355型防爆抽出式对旋式通风机为例,其型号参数的含义如下:

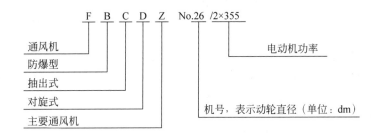

图 4-13 对旋式通风机实物

## 4.2.2 主要通风机的使用要求

矿井主要通风机对于矿井的安全生产起着至关重要的作用,《煤矿安全规程》对主要通

风机的安装和使用作了明确的规定,主要有:

(1) 主要通风机必须安装在地面;装有通风机的井口必须封闭严密,其外部漏风率在无提升设备时不得超过5%,有提升设备时不得超过15%。

(2) 必须保证主要通风机连续运转。

(3) 必须安装2套同等能力的主要通风机装置,其中1套备用,备用通风机必须能在10 min内开动。在建井期间可安装1套通风机和1部备用电动机。生产矿井现有的2套不同能力的主要通风机,在满足生产要求时,可继续使用。

(4) 严禁采用局部通风机或通风机群作为主要通风机使用。

(5) 装有主要通风机的出风井口应安装防爆门,防爆门每6个月检查维修1次。

(6) 至少每月检查1次主要通风机。改变通风机转数或叶片角度时,必须经矿技术负责人批准。

(7) 新安装的主要通风机投入使用前,必须进行1次通风机性能测定和试运转工作,以后每5年至少进行1次性能测定。

(8) 生产矿井主要通风机必须装有反风设施,并能在10 min内改变巷道中的风流方向;当风流方向改变后,主要通风机的供给风量不应小于正常供风量的40%。每季度应至少检查1次反风设施,每年应进行1次反风演习;矿井通风系统有较大变化时,应进行1次反风演习。

(9) 严禁主要通风机房兼作他用。主要通风机房内必须安装水柱计、电流表、电压表、轴承温度计等仪表,还必须有直通矿调度室的电话,并有反风操作系统图、司机岗位责任制和操作规程。主要通风机的运转应由专职司机负责,司机应每小时将通风机运转情况记入运转记录簿内;发现异常,立即报告。

(10) 因检修、停电或其他原因停止主要通风机运转时,必须制定停风措施。

(11) 主要通风机停止运转时,受停风影响的地点,必须立即停止工作、切断电源,工作人员先撤到进风巷道中,由值班矿长迅速决定全矿井是否停止生产,工作人员是否全部撤出。

主要通风机停止运转期间,对由1台主要通风机担负全矿通风的矿井,必须打开井口防爆门和有关风门,利用自然风压通风;对由多台主要通风机联合通风的矿井,必须正确控制风流,防止风流紊乱。

### 4.2.3 通风机的附属装置

通风机的附属装置主要包括风硐、防爆门(防爆井盖)、扩散器、反风装置和消声装置等。

**1. 风硐**

风硐是连接通风机和井筒的一段巷道,用于引导矿井风流:对于压入式矿井通风,风硐是将主要通风机排出的风流引入进风井筒;对于抽出式通风矿井,风硐是将回风井筒中的风流导入主要通风机。风硐的特点是通过风量大、内外压差较大,因此应尽量降低其风阻,并减少漏风。风硐的服务年限长,一般多用混凝土、砖石等材料建筑。

风硐设计和施工中具体应满足以下要求:

(1) 断面不宜过小,内部风速以8~10 m/s为宜,最大不超过15 m/s。

(2) 风阻不大于 0.0196 kg/m⁷,风硐不宜过长,与井筒连接处要平缓,风筒与风硐之间的夹角应在 60°～90°,转弯部分要呈圆弧形,内壁光滑,并保持风硐内无堆积物,以减少风硐阻力。

(3) 应用混凝土砌筑,风硐闸门及风门等装置结构要严密,总漏风量一般不要超过主要通风机工作风量的 5%。

(4) 直线部分要有一定的坡度,避免积水流向主要通风机。应有长度不小于风硐直径或高度 6～8 倍的平直段,以满足测风的要求;并安装测定风流压力的测压管。

### 2. 防爆门(防爆井盖)

出风井的上口必须安装防爆设施,在斜井井口安设防爆门,在立井井口安设防爆井盖。其作用是,当井下一旦发生瓦斯或煤尘爆炸时,受高压气浪的冲击作用,井口自动打开,以保护主要通风机免受毁坏;正常情况下井盖是气密的,以防止风流短路。图 4-14 所示为不提升的通风立井井口的钟形防爆井盖。防爆井盖 1 用钢板焊接而成,其下端放入密封液槽 2 中,槽中盛油密封,槽深与负压相适应;在其四周用 4 条钢丝绳通过滑轮 3 用平衡重锤 4 配重;井口壁四周还应装设一定数量的压角 5,在反风时用以压住井盖,防止掀起造成风流短路。装有提升设备的井筒设井盖门,一般为铁木结构。与门框接合处要加严密的胶皮垫层。防爆门(防爆井盖)应设计合理,结构严密、维护良好、动作可靠。

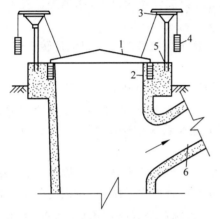

1—防爆井盖;2—密封液槽;3—滑轮;
4—平衡重锤;5—压角;6—风硐。

图 4-14 立井井口的钟形防爆井盖示意

防爆门的设计应符合下列要求:

(1) 防爆门应布置在出风井同一轴线上,其断面面积不应小于出风井的断面面积;

(2) 出风井与风硐的交叉点到防爆门的距离,比该点到主要通风机吸风口的距离至少要短 10 m;

(3) 防爆门应靠主要通风机的负压保持关闭状态,并安设平衡重物或其他措施,以便防爆门易于开启;

(4) 防爆门的结构必须有足够的强度,并有防腐和防抛出的设施;

(5) 防爆门应封闭严密不漏风。如果采用液体作密封,则在冬季应选用不燃的防冻液。

### 3. 扩散器

无论是离心式通风机还是轴流式通风机,在通风机出口处都会外接一定长度、断面逐渐扩大的构筑物——扩散器。其作用是降低出口风速,以减少通风机出风口的速压损失,提高通风机的静压,并且可以防止噪声污染和空气污染。

对扩散器的要求如下:

(1) 扩散器的扩散角(敞角)不宜过大,以阻止脱流,一般为 8°～10°;出口处断面与入口处断面之比为 3～4;扩散器阻力要小,器壁光滑,结构简单。

(2) 扩散器四面张角的大小应根据叶片出口的风流绝对速度方向确定。

(3) 大型的离心式通风机和大中型的轴流式通风机的外接扩散器,一般用砖和混凝土砌筑。其各部分尺寸应根据通风机类型、结构、尺寸和空气动力学特性等具体情况而定,总的原则是,扩散器的阻力小,出口动压小并无回流。

**4. 反风装置**

1) 反风含义及要求

矿井反风是指当井下发生火灾时,利用预设的反风设施改变火灾烟流方向、限制灾区范围,安全撤退受烟流威胁人员的一种技术措施。当矿井在进风井口附近、井筒、井底车场及其附近的进风巷道或硐室发生火灾、瓦斯或煤尘爆炸时,为了限制灾区范围扩大,防止烟流流入人员集中的生产场所,以便进行灾害处理和救护工作,有时需要改变矿井的风流方向,即进行矿井反风。

《煤矿安全规程》规定:生产矿井主要通风机必须装有反风设施,并能在 10 min 内改变巷道的风流方向;当风流方向改变后,主要通风机的供给风量不应小于正常风量的 40%。每季度应至少检查一次反风设施,每年应进行 1 次反风演习;矿井通风系统有较大变化时,应进行一次反风演习。

2) 反风方法

反风方法随通风机的类型和结构不同而异。主要有反风道反风法和调整通风机运转进行反风的方法。轴流式通风机两者均可,目前轴流式通风机大都具有反风功能,因此主要选用后者。离心式通风机只能选用前者。

(1) 反风道反风。

反风道反风有专用反风道反风和利用备用主要通风机风道进行反风两种形式。

① 专用反风道反风。图 4-14 为轴流式通风机反风道布置示意。图 4-15(a)为正常工作时反风门 1 和 2 的位置,通风机由井下吸风,然后排至大气;若将反风门 1、2 改变为图 4-15(b)所示位置,这时,虽然通过通风机的风流方向没有改变,但通风机将由大气进风而压入井下,使井下的风流反向。图 4-16 为离心式通风机反风道布置示意。通风机正常工作时,反风门 1 和 2 为实线位置;反风时,反风门 1 提起,将反风门 2 放下,风流由反风门 2 进入通风机,再从反风门 1 进入反风道 3,经风井进入井下,实现反风。

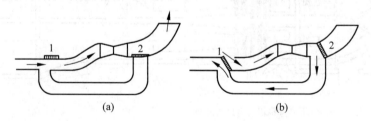

1,2—反风门。

图 4-15 轴流式通风机反风道示意

(a) 正常通风;(b) 反风

② 利用备用主要通风机风道反风。如图 4-17 所示,当 2 台通风机并排布置时,工作通风机(正转)可利用另一台备用通风机的风道作为"反风道"进行反风。图中Ⅱ号通风机正常通风时,分风门 4,入风门 6、7 和反风门 9 处于实线位置。反风时通风机停转,将分风门 4 以及反风门 9Ⅰ、9Ⅱ拉到虚线位置,然后开启入风门 6Ⅱ、7Ⅱ,压紧入风门 6Ⅰ、7Ⅰ,再启动Ⅱ号通风机,便可实现反风。

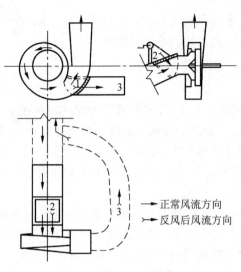

1,2—反风门；3—反风道。

图 4-16　离心式通风机反风道布置示意

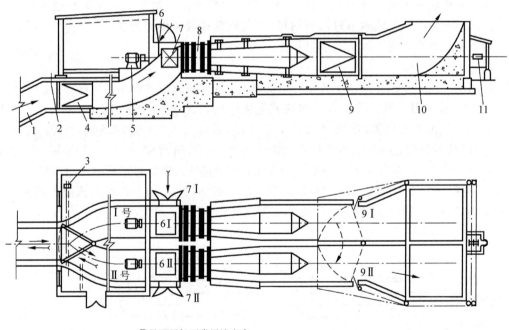

→ Ⅱ号通风机正常风流方向
⇢ Ⅰ号通风机反风风流方向

1—风硐；2—静压管；3—绞车；4—分风门；5—电动机；6—反风入风顶盖门；7—反风入风侧门；
8—通风机；9—反风门；10—扩散器；11—绞车。

图 4-17　利用备用主要通风机风道反风

(2) 调整通风机运转进行反风的方法有两种形式：

① 主要通风机反转反风将电动机电源的任意两相接线调换，使电动机改变转向，从而使通风机的叶轮反向转动，实现通风机风流的反向流动。该方法简单易行，当前的 2K60、1K58、2K58 等普通轴流式通风机及 FBDCZ(原 BDK、BD 等)、FBD、FCDZ 等对旋式通风机

都具有反转反风功能。

② 动叶偏转装置只有轴流式通风机有,它是通过将动轮所有叶片同时偏转一定角度(大约120°),而不必改变动轮转向实现风流反向的一种反风形式。如图4-18所示,图中虚线为反向通风时叶片的位置。GAF型轴流式通风机采用这种反风的形式,通过外置的叶片调节装置可以快速同时调节各叶片角度。

3) 反风装置要求

矿井反风是一种应急通风措施,所有反风设施应符合下列要求:

(1) 结构简单,牢固可靠,严密、漏风少;

(2) 动作灵活,司机1人可以独立操作;

(3) 所有操作开关应集中装设,实行远距离控制;

(4) 从下达反风命令开始,在10 min内改变巷道中的风流方向。

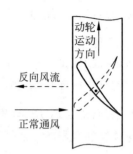

图 4-18 调节叶片安装角反风

**5. 消声装置**

通风机运转时,速度较大的风流与高速旋转的叶轮叶片等冲击,产生空气动力噪声,同时机件振动产生机械噪声。矿井通风机特别是轴流式通风机属强噪声源,其噪声一般在90 dB左右,有的甚至高达110 dB,严重影响工业场地和居民区人员的工作和休息。为保护环境,需要采取消声措施,把噪声降到人们感觉正常的程度。我国规定,新建、扩建和改建的通风机房,其噪声不得超过85 dB。

机械噪声主要通过机壳向外传播,一般多用隔声材料将机壳密封的方法隔离噪声。对于空气动力噪声一般多在风道中装设消声装置以降低噪声。如图4-19所示,将多孔性材料制成的消声板平行间隔地放入风道中,即成排行式消声器;若增加水平消声板,即为方格式消声器。为更有效地降低高频率的噪声,消声板要有足够的厚度;也可制成空心消声板,以节省材料。另外有些矿井在外扩散器迎风面上贴消声板,称为消声弯头,能降低5~10 dB的噪声。

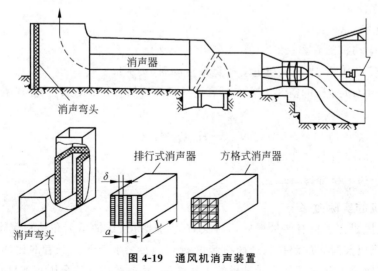

图 4-19 通风机消声装置

## 4.3 通风机实际特性曲线

### 4.3.1 通风机的实际工作参数

表示通风机性能的主要参数是风量 $Q$、风压 $H$、实际功率 $N$、实际效率 $\eta$ 等。

**1. 风量 $Q$**

通风机的风量一般指实际时间内通过通风机入口空气的体积,亦称体积流量(无特殊说明时均指在标准状态下),单位为 $m^3/h$、$m^3/min$ 或 $m^3/s$。

**2. 通风机全压 $H_t$ 与静压 $H_s$**

通风机的全压 $H_t$ 是通风机对空气做功,消耗每 1 $m^3$ 空气的能量($N \cdot m/m^3$ 或 $Pa$),其值为通风机出口风流的全压 $p_{to}$ 与入口风流全压 $p_{ti}$ 之差。即:

$$H_t = p_{to} - p_{ti} \tag{4-9}$$

通风机的动压 $h_v$ 定义为通风机出口断面风流的动压,单位为 $Pa$。

通风机的静压($Pa$)则为:

$$H_s = H_t - h_v \tag{4-10}$$

**3. 实际功率 $N$**

通风机的实际功率包括输入功率 $N_{fi}$ 和输出功率 $N_{fo}$ 两种。

$N_{fi}$ 需用下式实测,交流电源为:

$$N_{fi} = \frac{\sqrt{3}VI\cos\varphi}{1000}\eta_e \cdot \eta_t \tag{4-11}$$

直流电源为:

$$N_{fi} = \frac{VI}{1000}\eta_e \cdot \eta_t \tag{4-12}$$

式中:$V$——电压,V;

$I$——电流,A;

$\eta_e$——电动机的效率;

$\eta_t$——传动效率,通风机与电动机直接传动时,$\eta_t = 1$。

$N_{fo}$ 分为通风机全压的空气功率 $N_{fot}$ 和通风机静压的空气功率 $N_{fos}$,分别用下式计算:

$$N_{fot} = H_{ft}Q_f/1000 \tag{4-13}$$

$$N_{fos} = H_{fs}Q_f/1000 \tag{4-14}$$

式中:$H_{ft}$——通风机全压,Pa;

$H_{fs}$——通风机静压,Pa。

**4. 通风机的实际效率 $\eta$**

风流在通风机内不仅有能量损失,而且还有机械磨损(在轴承上和油料箱中)和容积损失(风流在通风机装置内的漏损)、通风机装置的 $N_{fo}$ 必须小于 $N_{fi}$,二者的比值反映了通风机的实际工作质量。此比值称为通风机的工作效率,其中通风机的全压效率计算公式为:

$$\eta_{\text{ft}} = \frac{N_{\text{fot}}}{N_{\text{fi}}} = \frac{h_{\text{ft}} Q_{\text{f}}}{1000 N_{\text{fi}}} \tag{4-15}$$

通风机的静压效率计算公式为:

$$\eta_{\text{fs}} = \frac{N_{\text{fos}}}{N_{\text{fi}}} = \frac{h_{\text{fs}} Q_{\text{f}}}{1000 N_{\text{fi}}} \tag{4-16}$$

## 4.3.2 通风机风压、矿井通风阻力和通风机房 U 形水柱计三者的关系

矿井通风阻力是单位体积的风流由进风井口流经井下巷道到出风口总的能量损失,它由矿井通风动力来克服。而在主要通风机房,为了判断主要通风机运转和通风系统的状况,在风硐中靠近通风机入口、风流稳定段安设静压测定装置,通过胶管与通风机房的 U 形水柱计相连,测得所在断面上风流的相对静压,如图 4-20 所示。

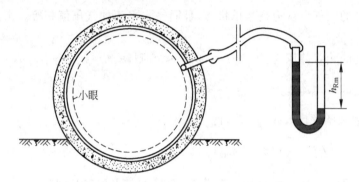

**图 4-20 通风机房 U 形水柱计的相对静压测定装置**

### 1. 抽出式通风矿井

1) 矿井通风阻力与 U 形水柱(压差)计示值之间的关系

抽出式通风矿井如图 4-21 所示。空气由进风井口 1 经进风井 1—2、井下巷道 2—3、回风井及风硐 3—4 至风硐断面 4(即通风机进风口),流动过程中总的能量损失 $h_{\text{r}1-4}$ 就是矿井通风阻力,即 $h_{\text{Rm}} = h_{\text{r}1-4}$。水柱计示值即为断面 4 相对静压 $|h_4|$。

可以由能量方程计算矿井通风阻力。选择井底 2—3 为基准面,沿风流方向,对 1、4 两断面列伯努利方程:

$$h_{\text{r}1-4} = \left( p_1 + \frac{1}{2}\rho_1 v_1^2 + \rho_{\text{m}1} g z_1 \right) - \left( p_4 + \frac{1}{2}\rho_4 v_4^2 + \rho_{\text{m}4} g z_4 \right) \tag{4-17}$$

各风流参数为:进风井,风流的平均密度为 $\rho_{\text{m}1} = \rho_{1-2}$,深度为 $z_1$,进风井口处大气压力为 $p_{0-1}$;回风井,风流的平均密度为 $\rho_{\text{m}4} = \rho_{3-4}$,深度为 $z_4$,风硐外大气压力为 $p_{0-4}$;进、回风井口标高差为进风井口 $z_0$,矿井外空气密度为 $\rho_0$。

(1) 矿井由地面大气进风,进风井口处风流收缩会造成能量损失,但是由于该值较小可以忽略,或将其算为矿井阻力,则进风井口处风流的全压等于其附近的大气压力,即:

$$p_{0-1} = p_1 + \frac{1}{2}\rho_1 v_1^2 \tag{4-18}$$

这是计算矿井通风阻力的边界条件之一。

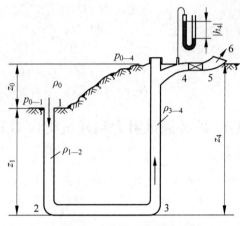

图 4-21　抽出式通风矿井

(2) 矿井外的大气可认为是静止状态,且同一水平面的气压值相等。由静力学公式得到：$p_{0-1}=p_{0-4}+\rho_0 g z_0$。

(3) 风硐处的相对静压为：$h_4=p_4-p_{0-4}<0$,则 $|h_4|=p_{0-4}-p_4$,$p_4=p_{0-4}-|h_4|$。

(4) 风硐处的平均动压为：$h_{v4}=\dfrac{1}{2}\rho_4 v_4^2$。

将以上参数及条件代入式(4-17),得：

$$\begin{aligned}h_{r1-4}&=\left(p_1+\frac{1}{2}\rho_1 v_1^2+\rho_{m1}g z_1\right)-\left(p_4+\frac{1}{2}\rho_4 v_4^2+\rho_{m4}g z_4\right)\\&=(p_{0-1}+\rho_{m1}g z_1)-(p_{0-4}-|h_4|+h_{v4}+\rho_{m4}g z_4)\\&=(p_{0-4}+\rho_0 g z_0+\rho_{m1}g z_1)-(p_{0-4}-|h_4|+h_{v4}+\rho_{m4}g z_4)\\&=|h_4|-h_{v4}+(\rho_0 g z_0+\rho_{m1}g z_1-\rho_{m4}g z_4)\\&=|h_4|-h_{v4}+H_n\end{aligned}$$

即：

$$h_{Rm}=|h_4|-h_{v4}+H_n \tag{4-19}$$

式中：$H_n$——矿井自然风压,Pa。

$$H_n=\rho_0 g z_0+\rho_{m1}g z_1-\rho_{m4}g z_4 \tag{4-20}$$

自然风压的大小取决于矿井的深度和进、回风井之间风流密度的变化。$H_n$ 若为正值,则帮助通风机通风；$H_n$ 若为负值,则削弱通风机通风。

由式(4-19)可知,只要测算出矿井自然风压 $H_n$ 和风硐断面 4 的平均动压 $h_{v4}$ 值,再加上通风机房静压水柱计的读数即可计算抽出式通风矿井的通风阻力。通常状态下,$H_n$ 和 $h_{v4}$ 两个值几乎可以抵消,因此,$|h_4|$ 可以近似表示通风矿井的通风阻力。

2) 通风机房水柱计示值与通风机风压之间的关系

类似地对 5、6 断面(扩散器出口)列伯努利方程,忽略两断面之间的位能差。

扩散器的阻力：$h_d=(p_5+h_{v5})-(p_6+h_{v6})$

风流出口边界条件(矿井出风口 6 风流排入大气,出风流受周围大气压作用,该处的静压等于大气压力),因此：

故：
$$p_6 = p_{0-6} = p_{0-5} = p_{0-4}$$

$$h_d = (p_5 + h_{v5}) - (p_{0-4} + h_{v6}) = p_{t5} p_{0-4} - h_{v6}$$

即：
$$p_{t5} = h_d + p_{0-4} + h_{v6}$$

因为，通风机全压：
$$H_t = p_{t5} - p_{t4} = (h_d + p_{0-4} + h_{v6}) - (p_4 + h_{v4})$$
$$H_t = |h_4| - h_{v4} + h_d + h_{v6}$$

由于 $h_d$ 与 $H_t$ 相比，数值较小，若忽略 $h_{Rd}$ 不计，则：
$$H_t \cong |h_4| - h_{v4} + h_{v6}$$

通风机静压：
$$H_s = |h_4| - h_{v4}$$

式中：$p_{t5}$——任意时刻 5 断面的压力，Pa；

$H_t$——通风机全压，Pa；

$h_d$——扩散器的阻力，Pa。

3）通风机风压与矿井通风阻力、自然风压之间的关系

综合上述两式：
$$H_t = |h_4| - h_{v4} + h_d + h_{v6}$$
$$= (h_{r1-4} + h_{v4} - H_n) - h_{v4} + h_d + h_{v6}$$
$$= h_{r1-4} + h_d + h_{v6} - H_n$$

即
$$H_t + H_n = h_{r1-4} + h_d + h_{v6}$$
$$|h_4| = h_{r1-4} + h_{v4} - H_n$$
$$H_s + H_n = h_{r1-4}$$

通风机全压和矿井自然风压联合作用共同克服矿井通风阻力、扩散器阻力和扩散器出口动能损失，通风机静压与自然风压联合作用共同克服矿井通风阻力。

**2. 压入式通风矿井**

如图 4-22 所示压入式通风矿井，在通风机的作用下，风流从通风机出口的断面 1（风硐）经进风井 1—2、井下巷道 2—3、回风井 3—4，在回风井口排入大气。风流在矿井中的能量损失 $h_{r1-4}$ 就是矿井通风阻力，即 $h_{Rm} = h_{r1-4}$。选择井底 2—3 为基准面，进、回风井深度相同为 $z$，进风井风流的平均密度为 $\rho_{m1}$，回风井风流的平均密度为 $\rho_{m4}$，矿井外空气密度为 $\rho_0$，地面大气压力为 $p_0$，此外：

（1）压入式通风矿井风硐处（通风机出口）的

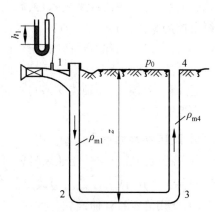

图 4-22 压入式通风矿井

相对静压为：$h_1=p_1-p_0>0$，则 $p_1=p_0+h_1$。该处风流的平均动压为：$h_{v1}=\frac{1}{2}\rho_1 v_1^2$。

(2) 在矿井出风口4风流排入大气，出风流受周围大气压作用，该处的静压等于大气压力，即 $p_4=p_0$，此式也是计算井巷通风阻力的边界条件之一。

(3) 出风口处风流的平均动压为：$h_{v4}=\frac{1}{2}\rho_4 v_4^2$，这部分能量会损失在大气之中。

将以上参数及条件代入能量方程得：

$$h_{r1-4}=(p_0+h_1+h_{v1}+\rho_{m1}gz)-(p_0+h_{v4}+\rho_{m4}gz)$$
$$=h_1+h_{v1}-h_{v4}+(\rho_{m1}gz-\rho_{m4}gz)$$
$$=h_1+h_{v1}-h_{v4}+H_n$$

即：

$$h_{Rm}=h_1+h_{v1}-h_{v4}+H_n \tag{4-21}$$

式中：$H_n$——矿井自然风压，Pa。$H_n=\rho_{m1}gz-\rho_{m4}gz=(\rho_{m1}-\rho_{m4})gz$。$H_n$ 若为正值，则帮助通风机通风；$H_n$ 若为负值，则削弱通风机通风。

压入式通风矿井风硐处静压水柱计的读数 $h_1$(Pa)为正值，因动压项和自然风压值较小，所以该读数也可以近似表示矿井通风阻力的大小。

通风机全压为：

$$H_t=p_{t1}-p_{t'1}=p_{t1}-p_0=p_1+h_{v1}-p_0=h_1+h_{v1}$$

同理可得：

$$H_t+H_n=h_{r1-4}+h_{v4}$$

通风机全压和矿井自然风压联合作用共同克服矿井通风阻力、扩散器阻力和扩散器出口动能损失。

### 4.3.3 通风机的个体特性曲线

通风机的风量、风压、功率和效率这4个基本参数可以反映通风机的工作特性。对每台通风机而言，在额定转速的条件下，对应于一定的风量，就有一定的风压、功率和效率，风量如果变动，则其他三项也随之改变。因此，可以将通风机的风压、功率和效率随风量变化而变化的关系，分别用曲线来表示，绘制在以风量 $Q$ 为横坐标，风压 $H$、功率 $N$ 和实际效率 $\eta$ 为纵坐标的直角坐标系上，即得到 $H$-$Q$、$N$-$Q$、$\eta$-$Q$ 曲线，这组曲线称为通风机的工作特性曲线，每台通风机工作特性曲线都会有所不同，因此，该组曲线也叫作该通风机的个体特性曲线。这些个体特性曲线需要通过实验的方法测算绘制。图4-23和图4-24分别是矿用离心式通风机(后倾式)和轴流式通风机的个体特性曲线的一般形式，可以看出，两类通风机的工作性能各有特点。

**1. 风压特性曲线**

风压特性曲线反映的是通风机风压与风量的关系，有全压特性曲线 $H_t$-$Q$ 和静压特性曲线 $H_s$-$Q$ 之分(两者之差为通风机的动压)。抽出式通风矿井，通风机静压克服矿井通风阻力，因此用静压特性曲线较为方便。压入式通风矿井主要用通风机全压曲线。风压特性曲线是确定通风机工况点、管理使用通风机的主要依据。

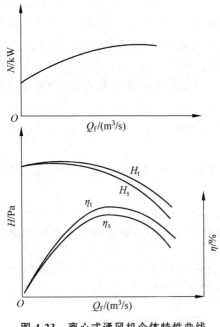 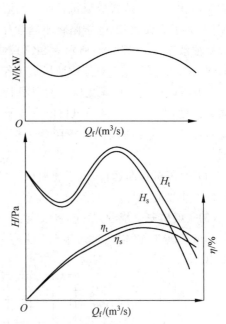

图 4-23 离心式通风机个体特性曲线　　　图 4-24 轴流式通风机个体特性曲线

从图 4-23 和图 4-24 可看出,离心式与轴流式通风机的风压特性曲线各有其特点:离心式通风机的风压特性曲线比较平缓,当风量变化时,风压变化不大,通风机的工作范围宽;而轴流式通风机的风压特性曲线较陡,当风量变化时,风压变化较大,并且在高风压处有一个不稳定的"驼峰"区,通风机在这个范围内工作时,会发生"喘振",严重时会破坏通风机。

### 2. 功率特性曲线

功率特性曲线是指通风机的输入功率(轴功率)与通风机风量的关系曲线。从图 4-23 中可看出:离心式通风机当风量增加时,功率也随之增大;轴流式通风机在稳定工作区内,其输入功率是随着风量的增加而减小。这一特性在启动通风机和采取通风节能措施时应充分考虑。启动通风机时,应防止启动时电流过大而烧毁电动机。由功率特性可知,离心式通风机启动时应先关闭闸门在风量最小时启动,然后再逐渐打开闸门;轴流式通风机应在风量最大时启动,待运转稳定后再逐渐关闭闸门至其合适位置。

### 3. 效率特性曲线

效率特性曲线是指通风机的效率与通风机风量的关系曲线。从图 4-23 和图 4-24 可知,当风量逐渐增加时效率也逐渐增大,当增大到最大值后便逐渐下降。一般通风机的设计最高效率均在风压较高的稳定工作区内,通风机在铭牌上标出的额定风量和额定风压指的就是通风机在最高效率点时的工作风量和工作风压。

关于通风机工作特性曲线的几点说明:

(1) 通风机工作特性曲线反映了通风机的工作性能,是选择、使用和管理的依据。除了通风机的个体工作特性曲线,通风机特性的表示还有类型特性曲线和通用特性曲线两种。

(2) 通风机工作特性曲线形状与通风机的类型、系列、动轮直径、叶片角度以及通风机转速有关,相同系列的通风机工作特性曲线形状相似,可以根据相似条件按照比例定律进行相互转化。对轴流式通风机,同一台通风机在相同转速下,叶片的角度不同,特性曲线也不相同,为了方便比较,通常是将不同叶片角度的特性曲线绘制在一张图上,通风机效率用等效率曲线表示。图4-25所示为2K60-No.24轴流式通风机工作特性曲线,图4-26所示为FBCDZ-No.26/2×355对旋式通风机工作特性曲线。

(3)通风机生产厂家提供的通风机特性曲线是在实验室条件下测算得出的,主要供选择通风机使用;由于受到通风机的安装质量、进回风道条件及扩散器性能的影响,通风机实际运行的工作特性曲线应该按照相关标准进行实际测定得出,以作为管理使用通风机的依据。

(4)通风机长期运行,由于通风机(主要是叶片的)磨损、腐蚀、生锈等会使通风机的工作特性发生变化。

(5)《煤矿安全规程》规定,新安装的主要通风机投入使用前,必须进行一次通风机性能测定和试运转工作,以后每5年至少进行一次性能测定。典型系列矿用通风机特性曲线见附录B。

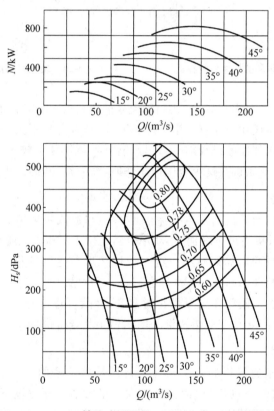

图4-25　2K60-No.24轴流式通风机($n=750$ r/min)性能特性曲线

## 4.3.4　通风机工况点及合理工作范围

**1. 通风机工况点的确定**

通风机工况点指通风机在某一特定转速和工作风阻条件下的工作参数,如风量$Q$、风压$H$、功率$N$和实际效率$\eta$等,一般是指$Q$和$H$两参数。确定工况点的方法有图解法和解析法。

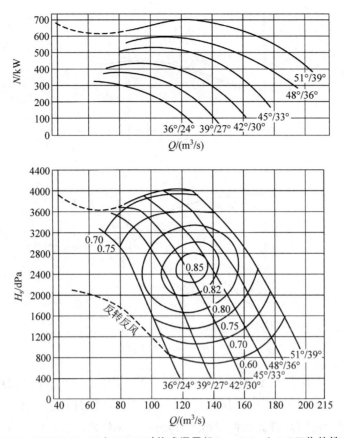

图 4-26　FBCDZ-No.26/2×355 对旋式通风机($n=740$ r/min)工作特性曲线

1) 图解法

在抽出式通风中,忽略自然风压,通风机静压克服矿井通风阻力,将通风机静压特性曲线与矿井风阻特性曲线($h=R_\mathrm{m}Q^2$)绘制在同一坐标图上,则两者的交点即为工况点。如图 4-27 所示,通风机静压特性曲线与矿井风阻特性曲线的交点 $M$ 即为通风机的工作风量 $Q_\mathrm{M}$ 和工作风压 $H_\mathrm{M}$,与矿井的风量和通风阻力相等;根据此风量可在通风机特性曲线图上进一步确定通风机的输入功率 $N_\mathrm{M}$ 和效率 $\eta_\mathrm{M}$,从而得出通风机的工况点($Q_\mathrm{M}$,$H_\mathrm{M}$,$N_\mathrm{M}$,$\eta_\mathrm{M}$)。

对于压入式通风,忽略自然风压和出风井口动压损失,则可以用通风机全压特性曲线与矿井风阻特性曲线的交点确定通风机的工况点。

2) 解析法

根据通风机的特性曲线,确定出通风机的风压曲线方程 $H=f(Q)$,与矿井通风阻力方程 $h=R_\mathrm{m}Q^2$,联立求解,可得出通风机工况点($Q,H$)。此过程适于用计算机方法处理。

通风机的风压曲线可用下面多项式拟合:

$$H=a_0+a_1Q+a_2Q^2+a_3Q^3+\cdots \tag{4-22}$$

式中:$a_0,a_1,a_2,a_3\cdots$为曲线拟合系数。曲线的多项式次数根据计算精度要求确定,一般取到 2 即可,精度要求较高时也可取到 3。

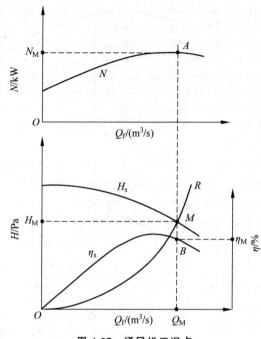

图 4-27 通风机工况点

在通风机风压特性曲线的工作段上选取 $i$ 个有代表性的工况点($Q_i$,$H_i$),一般取 $i=6$。通常用最小二乘法求方程中各项系数,也可将已知的 $H_i$、$Q_i$ 值代入式(4-22),即得含 $i$ 个未知数的线性方程,解此线性方程组,即得风压特性曲线方程中的各项拟合系数。

对于某一特定矿井,可列出通风阻力方程:

$$h = R_m Q^2 \tag{4-23}$$

式中:$R_m$——通风机工作风阻。

式(4-22)和式(4-23)联立方程即可得到通风机的工况点。

### 2. 通风机的合理工作范围

为使通风机安全、经济运转,它在整个服务期内的工况点必须在合理范围之内。

对于轴流式通风机,从安全方面考虑,其工况点必须位于驼峰点的右下侧、单调下降线段上。为防止工况点进入不稳定区,一般限定实际工作风压不得超过最高风压的 90%,即 $H_s < 0.9 H_{s\,max}$;从经济角度出发,通风机的运转效率不应低于 60%;通风机的叶片工作角度不能超过通风机设计工作角度范围。依次便可确定出轴流式通风机的工作范围,如图 4-28 的阴影部分所示。

对于离心式通风机,从风压特性曲线可知,稳定的工作范围较宽,因此工况点的合理范围应是运行效率高于 60% 的区域。

需要注意:①通风机动轮的转速不应超过额定转速;②分析主要通风机的工况点合理与否,应使用实测的通风机装置特性曲线。因厂方提供的曲线一般与实际不符,应用时会得出错误的结论;③随着矿井生产的变动和通风机自身的性能变化,应适时调节通风机的工况点,以满足安全生产需要,并能安全、经济地运行。

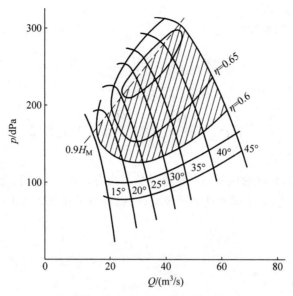

图 4-28 轴流式通风机合理工作范围

## 4.4 同类型通风机的比例定律和通用特性曲线

### 4.4.1 同类型通风机的比例定律

同类型(又名同系列)通风机是指符合几何相似、运动相似和动力相似的一组通风机。现以离心式通风机为例,按上述3种相似条件,对其比例定律进行分析。

根据几何相似原则,对于同类型的通风机,它们的形状相似,几何尺寸成比例,即:

$$\frac{D_2}{D_2'} = \frac{b_2}{b_2'} \tag{4-24}$$

式中:$D$——叶轮直径,m;

$b_2$——当量直径,m。

根据运动相似原则,对于同类型的通风机,它们的速度图相似,对应的速度成比例,即:

$$\frac{C_{2m}}{C_{2m}'} = \frac{u_2}{u_2'} = \frac{\pi D_2 n/60}{\pi D_2' n'/60} = \frac{D_2 n}{D_2' n'} = \frac{C_{2u}}{C_{2u}'} \tag{4-25}$$

式中:$n$——转速,r/min;

$u_2$——叶轮圆周速度,m/s;

$C_{2m}$——风速,m/s;

$\dfrac{C_{2u}}{C_{2u}'}$——速度相似系数。

对于同类型通风机,叶轮出口处风流流过面积之比为:

$$\frac{F}{F'} = \frac{\pi D_2 b_2}{\pi D_2' b_2'} = \frac{D_2 b_2}{D_2' b_2'} \tag{4-26}$$

式中：$F$——风流流过面积，$m^2$。

将式(4-24)代入式(4-26)得：

$$\frac{F}{F'} = \left(\frac{D_2}{D'_2}\right)^2 \tag{4-27}$$

根据式(4-25)、式(4-26)，结合通风机风量公式可得：

$$\frac{Q}{Q'} = \frac{FC_{2m}}{F'C'_{2m}} = \left(\frac{D_2}{D'_2}\right)^2 \times \frac{D_2 n}{D'_2 n'} = \left(\frac{D_2}{D'_2}\right)^3 \frac{n}{n'} \tag{4-28}$$

式中：$Q$——风量，$m^3/s$。

式(4-28)表明：通风机的风量与叶轮直径的三次方成正比，和转速的一次方成正比。

根据动力相似原则，对于同类型的通风机，它们对应工作点的风压成正比。

即：

$$\frac{h}{h'} = \frac{\rho u_2 C_{2u}}{\rho' u'_2 C'_{2u}} \tag{4-29}$$

式中：$\rho$——空气密度，$kg/m^3$；

$h$——风压，$Pa$。

将式(4-25)代入式(4-29)得：

$$\frac{h}{h'} = \frac{\rho}{\rho'}\left(\frac{D_2}{D'_2}\right)^2 \left(\frac{n}{n'}\right)^2 \tag{4-30}$$

因为：

$$\frac{\rho}{\rho'} = \frac{\gamma/g}{\gamma'/g} = \frac{\gamma}{\gamma'}$$

将上式代入式(4-30)得：

$$\frac{h}{h'} = \frac{\gamma}{\gamma'}\left(\frac{D_2}{D'_2}\right)^2 \left(\frac{n}{n'}\right)^2 \tag{4-31}$$

式中：$\frac{\gamma}{\gamma'}$——密度相似系数。

式(4-31)表明：通风机的风压和空气密度的一次方成正比，和叶轮直径的平方成正比，和转速的平方成正比。

因同类型通风机对应工况点的功率比为：

$$\frac{N}{N'} = \frac{hQ}{h'Q'} \tag{4-32}$$

根据式(4-30)和式(4-31)可得：

$$\frac{N}{N'} = \frac{\rho}{\rho'}\left(\frac{D_2}{L'_2}\right)^5 \left(\frac{n}{n'}\right)^3 = \frac{\gamma}{\gamma'}\left(\frac{D_2}{L'_2}\right)^5 \left(\frac{n}{n'}\right)^3 \tag{4-33}$$

式(4-33)表明：通风机的功率和空气密度的一次方成正比，和叶轮直径的五次方成正比，和转速的三次方成正比。

因同类通风机对应工况点的效率比为：

$$\frac{\eta}{\eta'} = \frac{hQ}{h'Q'}\frac{N}{N'} \tag{4-34}$$

将式(4-30)、式(4-31)、式(4-33)三式代入式(4-34)得：
$$\eta = \eta' \qquad (4-35)$$

式(4-35)表明：同类通风机，它们对应工况点的效率相等。

式(4-30)、式(4-31)、式(4-33)、式(4-35)就是同类通风机的比例定律。同理，对于同类型轴流式通风机，亦可求得和上述四式相同的比例定律。

### 4.4.2 通用特性曲线

为了便于使用，根据比例定律，把一个系列产品的性能参数，如压力 $H$、风量 $Q$ 和转速 $n$、直径 $D$、功率 $N$ 和实际效率 $\eta$ 等相互关系同画在一个坐标图上，这种曲线叫通用特性曲线。图4-29所示为4-72-11系列离心式通风机的通用特性曲线。

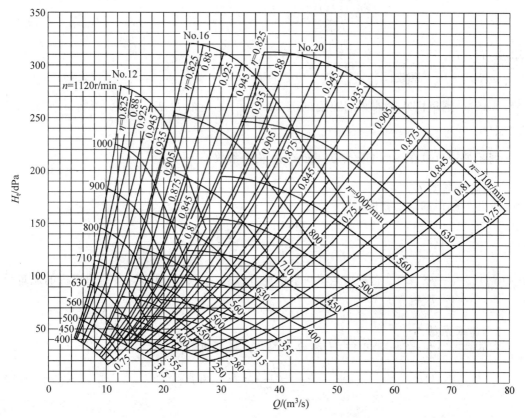

图 4-29 4-72-11系列离心式通风机的通用特性曲线

## 4.5 通风机类型特性曲线

目前通风机种类较多，同一系列的产品有许多不同的叶轮直径。同一直径的产品又有不同的转速。如果仅用个体特性曲线表示各种通风机性能，就显得过于繁多、复杂。类型特性曲线是根据流体运动相似原理，将同一系列通风机的工作特性曲线转化为用无因次系数表示的统一的特性曲线，这样就可以大大简化通风机特性的表示方法，方便通风机的选用和调节。另外，也可根据通风机的类型曲线换算得到任何直径、转速通风机的个体特性曲线。

### 4.5.1 无因次系数

同一系列通风机在工作风阻不变的条件下，其风流的流动满足几何相似、运动相似和动力相似的条件，即气体在同系列通风机内的流动过程是相似的，或者说它们之间在任一对应点的同名物理量之比保持常数，这些常数叫相似常数或比例系数。

**1. 压力系数 $\overline{H}$**

由动力相似可得的全压和静压系数，用下式表示：

$$\frac{H_t}{\rho u^2} = \overline{H_t}, \quad \frac{H_s}{\rho u^2} = \overline{H_s} \tag{4-36}$$

$$\frac{H}{\rho u^2} = \overline{H} \tag{4-37}$$

式中：$\overline{H_t}$、$\overline{H_s}$——分别为全压系数和静压系数；

$\overline{H}$——压力系数；

$u$——通风机叶轮外圆周速度，m/s，$u = \dfrac{\pi D n}{60}$；其中 $D$ 表示动轮直径，m；$n$ 表示转速，r/min。

同系列通风机在相似工况点 $\overline{H}$、$\overline{H_t}$、$\overline{H_s}$ 均为常数。

**2. 流量系数 $\overline{Q}$**

由几何相似和运动相似可以推得：

$$\frac{Q}{\frac{\pi}{4}D^2 u} = \overline{Q} = 常数 \tag{4-38}$$

式中：$D$、$u$——分别为 2 台相似通风机的叶轮外缘直径、圆周速度，同系列通风机的流量系数相等。

**3. 功率系数 $\overline{N}$**

将式(4-37)和式(4-38)中的 $H$ 和 $Q$ 分别代入通风机轴功率计算公式，得：

$$\frac{1000N}{\frac{\pi}{4}\rho D^2 u^3} = \frac{\overline{H}\overline{Q}}{\eta} = \overline{N} = 常数 \tag{4-39}$$

同系列通风机在相似工况点的效率相等，因此功率系数 $\overline{N}$ 为常数。

$\overline{Q}$、$\overline{H}$、$\overline{N}$ 三个参数都不会有因次，因此叫无因次系数。

### 4.5.2 类型特性曲线

$\overline{Q}$、$\overline{H}$、$\overline{N}$ 和 $\eta$ 可用相似通风机的模型实验获得，根据通风机模型的几何尺寸、实验条件及实验所得的工况参数 $Q$、$H$、$N$ 和 $\eta$。利用式(4-37)、式(4-38)、式(4-39)计算出该系列通风机的 $\overline{Q}$、$\overline{H}$、$\overline{N}$ 和 $\eta$。然后以 $\overline{Q}$ 为横坐标，以 $\overline{H}$、$\overline{N}$ 和 $\eta$ 为纵坐标，绘出 $\overline{H}$-$\overline{Q}$、$\overline{N}$-$\overline{Q}$ 和 $\eta$-$\overline{Q}$ 曲线，此曲线即为该系列通风机的类型特性曲线，亦叫通风机的无因次特性曲线和抽象特

性曲线。图 4-30 为 4-72-11 系列离心式通风机的类型曲线,图 4-31 为 FBCDZ 系列对旋式通风机类型曲线。可根据类型曲线和通风机直径、转速换算得到个体特性曲线。需要指出的是,对于同一系列通风机,当几何尺寸($D$)相差较大时,在加工和制造过程中很难保证流道表面相对粗糙度、叶片厚度以及机壳间隙等参数完全相似,为避免因尺寸相差较大而造成误差,有些通风机(4-72-11 系列)的类型曲线有多条,可按不同直径范围选用。

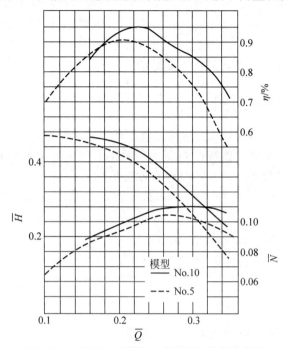

图 4-30　4-72-11 系列离心式通风机的类型曲线

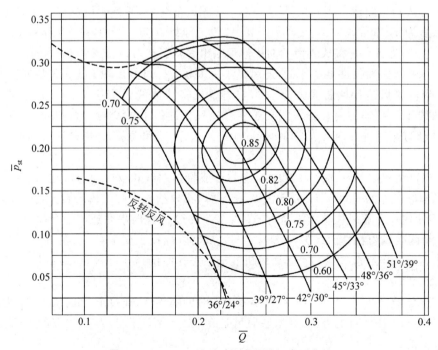

图 4-31　FBCDZ 系列对旋式通风机类型曲线

# 4.6 通风机联合运转

两台或两台以上通风机同在一个管网上工作叫作通风机联合工作。两台通风机联合工作与一台通风机单独工作有所不同。如果不能掌握通风机联合工作的特点和技术,将会事与愿违,后果不良,甚至可能损坏通风机。因此,分析通风机联合运转的特点、效果、稳定性和合理性十分必要。

通风机联合工作可分为串联和并联两大类。

## 4.6.1 通风机串联工作

一台通风机的进风口直接或通过一段巷道连接到另一台通风机的出风口上同时运转,称为通风机串联工作。串联工作特点是,通过管网的总风量等于每台通风机的风量。两台通风机串联后的总风压等于两台通风机的风压之和,即:

$$H = H_1 + H_2 \tag{4-40}$$

$$Q = Q_1 = Q_2 \tag{4-41}$$

式中:$H$——两台通风机串联后的总风压,Pa;

$H_1$、$H_2$——两台通风机的工作风压,Pa;

$Q$——总风量,$m^3/s$;

$Q_1$、$Q_2$——两台通风机的风量,$m^3/s$。

**1. 风压特性曲线不同通风机串联工作分析**

串联通风时通风机的合成特性曲线可按"风量相等,风压相加"的原则绘制。通风机集中串联的合成特性曲线如图 4-32 所示,在 $l_1$ 的等风量线上,两台通风机特性曲线Ⅰ和Ⅱ上对应的风压为 $a_1$ 和 $a_2$,将 $a_1$ 线段加于 $a_2$ 线段上即得 $F$ 点;同理,在等风量线 $l_2$、$l_3$ 上可得 $G$、$H$ 等点,将各点连接成光滑的曲线即可绘出串联工作时的合成特性曲线Ⅲ。

根据网络风阻特性曲线的不同,通风机集中串联工作可能出现下述 3 种情况:

(1)当网络风阻特性曲线为 $R_1$ 时,它与合成特性曲线Ⅲ交于 $B$ 点。$B$ 点是从Ⅰ号通风机曲线Ⅰ与横轴的交点作垂线交于Ⅱ号通风机曲线Ⅱ的交点,这时串联通风的总风压和总风量与通风机Ⅱ单独工作的风压和风量一样,Ⅰ号通风机在空运转,串联通风无效果。

(2)当网络风阻特性曲线为 $R_2$ 时,它与合成特性曲线Ⅲ交于 $A$ 点(在 $B$ 点上侧),这时通风机串联工作的总风压 $H$ 大于任何一台通风机单独工作时的风压 $H_Ⅰ$ 或 $H_Ⅱ$,而总风量 $Q$ 大于任何一台通风机单独工作时的风量 $Q_Ⅰ$ 或 $Q_Ⅱ$,这时串联通风是有效的。

(3)当网络风阻特性曲线为 $R_3$ 时,它与合成特性曲线Ⅲ交于 $C$ 点(在 $B$ 点下侧),这时串联工作的总风压与总风量均小于通风机Ⅱ单独工作时的风压和风量,通风机Ⅰ不仅不起作用,反而成为通风阻力了。

由上述分析可知,$B$ 点即为通风机串联工作时的临界点,通过 $B$ 点的风阻 $R_1$ 为临界风阻。若工作点位于 $B$ 点的上侧,则串联通风是有效的;若工作点位于 $B$ 点的下侧,则串联通风是有害的。

## 2. 风压特性曲线相同通风机串联工作

图 4-33 所示的两台特性曲线相同(性能曲线Ⅰ和Ⅱ重合)的通风机串联工作。由图可见,临界点 $A$ 位于 $Q$ 轴上。这就意味着在整个合成曲线范围内串联工作都是有效的,只不过工作风阻不同增风效果不同而已。

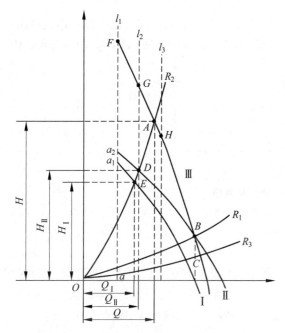

图 4-32 通风机集中串联的合成特性曲线

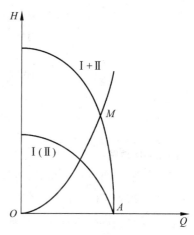

图 4-33 风压特性曲线相同集中串联通风机特性分析

根据上述分析可得出:

(1) 通风机串联工作适用于因风阻大而风量不足的管网;风压特性曲线相同的通风机串联工作较好;串联合成特性曲线与工作风阻曲线相匹配,才会有较好的增风效果。

(2) 串联工作的任务是增加风压,用于克服管网过大阻力,保证按需供风。

## 3. 通风机与自然风压串联工作

在机械通风矿井中自然风压对机械风压的影响,类似于两台通风机串联工作。不考虑自然风压随矿井风量的变化,可以用平行 $Q$ 轴的直线表示自然风压的特性。冬季自然风压较大为正,可以用图 4-34 中直线Ⅱ表示;夏季,设自然风压为负,可以用图 4-34 中直线Ⅱ'表示。

如图 4-34 所示,矿井风阻曲线为 $R$,通风机特性曲线为Ⅰ,按风量相等风压相加原则,可得到正负自然风压与通风机风压的合成特性曲线Ⅰ+Ⅱ

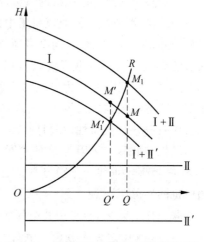

图 4-34 自然风压与通风机的串联工作

和 Ⅰ＋Ⅱ′。风阻 $R$ 与其交点分别为 $M_1$ 和 $M_1'$，据此可以考虑自然风压作用时通风机的实际工况点为 $M$ 和 $M'$。由此可见，当自然风压为正时，机械风压与自然风压共同作用克服矿井通风阻力，使风量增加；当自然风压为负时，成为矿井通风阻力。

### 4.6.2 通风机并联工作

如图 4-35 所示，两台通风机的进风口直接或通过一段巷道连接在一起工作叫作通风机并联。通风机并联有集中并联和对角并联之分。图 4-35(a)为集中并联，图 4-35(b)为对角并联。

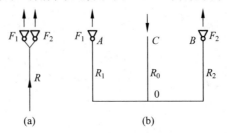

图 4-35　通风机并联
(a) 集中并联；(b) 对角并联

**1. 集中并联**

集中并联的两台通风机，其进风口(或出风口)可视为连接在同一点。所以两台通风机的装置静压相等，等于井巷通风阻力；两台通风机的风量流过同一条巷道，故通过巷道的风量等于两台通风机风量之和。即通风机并联工作的特点是风压相等，风量相加。

$$H = H_1 = H_2 \tag{4-42}$$

$$Q = Q_1 + Q_2 \tag{4-43}$$

式中：$H$——两台通风机并联后的总风压，Pa；

$H_1$、$H_2$——两台通风机的工作风压，Pa；

$Q$——总风量，$m^3/s$；

$Q_1$、$Q_2$——两台通风机的风量，$m^3/s$。

1) 风压特性曲线不同通风机集中并联

如图 4-36 所示，两台不同型号通风机 $F_1$ 和 $F_2$ 的特性曲线分别为 Ⅰ、Ⅱ。两台通风机并联后的等效合成曲线 Ⅲ 可按风压相等风量相加原理求得，即在两台通风机的风压范围内，做若干条等风压线(压力坐标轴的垂线)，在等风压线上把两台通风机的风量相加，得该风压下并联等效通风机的风量(点)，将等效通风机的各个风量点连起来，即可得到通风机并联工作时等效合成特性曲线 Ⅲ。

通风机并联后在风阻为 $R$ 的管网上工作，$R$ 与等效通风机的特性曲线 Ⅲ 的交点为 $M$，过 $M$ 作纵坐标轴垂线。分别与曲线 Ⅰ 和 Ⅱ 相交于 $m_1$ 和 $m_2$ 两点，此两点即是 $F_1$ 和 $F_2$ 两台通风机的实际工况点。

并联工作的效果，也可用并联等效通风机产生的风量 $Q$ 与能力较大通风机的 $F_1$ 单独工作产生风量 $Q_1$ 之差来分析。由图 4-36 可见，$\Delta Q = Q - Q_1 > 0$，即工况点 $M$ 位于合成特性曲线与大通风机曲线的交点 $A$ 右侧时，并联有效；当管网风阻 $R'$(称为临界风阻)通过 $A$

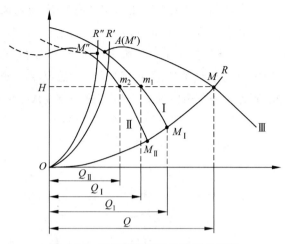

图 4-36　风压特性不同的通风机并联

点时，$\Delta Q=0$，则并联增风无效；当管网风阻及 $R''>R'$ 时，工况点 $M''$ 位于 $A$ 点左侧时，$\Delta Q<0$，即小通风机反向进风，则并联不但不能增风，反而有害。

此外，由于轴流式通风机的特性曲线存在马鞍形区段，因而合成特性曲线在小风量时比较复杂，当管网风阻 $R$ 较大时，通风机可能出现不稳定工作。

2）风压特性曲线相同通风机并联工作

图 4-37 所示的两台特性曲线 Ⅰ(Ⅱ) 相同的通风机 $F_1$ 和 $F_2$ 并联工作。Ⅲ 为其合成特性曲线，$R$ 为管网风阻。$M$ 和 $M'$ 分别为并联工作的工况点和单独工作的工况点。由 $M$ 作等风压线与曲线 Ⅰ(Ⅱ) 相交于 $m_1$，此即通风机的实际工况点。由图可见，总有 $\Delta Q=Q-Q_1>0$，$R$ 越小，$\Delta Q$ 越大。

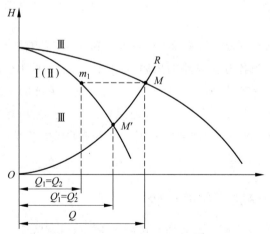

图 4-37　风压特性相同的通风机并联

## 2. 对角并联

如图 4-38 所示的对角并联通风系统中，两台不同型号通风机 $F_1$ 和 $F_2$ 的特性曲线分别为 Ⅰ 和 Ⅱ，各自单独工作的管网分别为 $OA$（风阻为 $R_1$）和 $OB$（风阻为 $R_2$），公共风路 $OC$（风阻为 $R_0$）。为了分析对角并联系统的工况点，先将两台通风机移至点 $O$。方法是，按等风量条件下把通风机 $F_1$ 的风压与风路 $OA$ 的阻力相减的原则,求通风机 $F_1$ 为风路 $OA$ 服务后的剩余特性曲线 Ⅰ′,即作若干条等风量线,在等风量线上将通风机 $F_1$ 的风压减去风路 $OA$ 的阻力,得通风机 $F_1$ 服务风路 $OA$ 后的剩余风压点,将各剩余风压点连接即得剩余特性曲线 Ⅰ′。按相同方法,在等风量条件下,把通风机 $F_2$ 的风压与风路 $OB$ 的阻力相减得到通风机 $F_2$ 为风路 $OB$ 服务后的剩余特性曲线 Ⅱ′。这样就变成了等效通风机 $F_1'$ 和 $F_2'$ 集中并联于点 $O$,为公共风路 $OC$ 服务。按"风压相等,风量相加"原理求得等效通风机 $F_1'$ 和 $F_2'$ 集中并联的特性曲线Ⅲ,它与风路 $OC$ 的风阻 $R_0$ 曲线交于点 $M_0$,由此可得 $OC$ 风路的风量 $Q_0$。

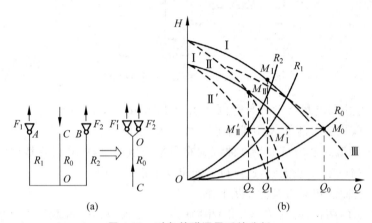

图 4-38 对角并联通风系统分析

过 $M_0$ 作 $Q$ 轴平行线与特性曲线 Ⅰ′ 和 Ⅱ′ 分别相交于 $M_Ⅰ'$ 和 $M_Ⅱ'$ 点。再过 $M_Ⅰ'$ 和 $M_Ⅱ'$ 点作 $Q$ 轴垂线与曲线 Ⅰ 和 Ⅱ 相交于 $M_Ⅰ$ 和 $M_Ⅱ$,此即为两台通风机的实际工况点,其风量分别为 $Q_1$ 和 $Q_2$。显然 $Q_0=Q_1+Q_2$。

由图 4-38 可知,每台通风机的实际工况点 $M_Ⅰ$ 和 $M_Ⅱ$,既取决于各自风路的风阻,又取决于公共风路的风阻。当各分支风路的风阻一定时,公共段风阻增大,两台通风机的工况点上移;当公共段风阻一定时,某一分支的风阻增大,则该系统的工况点上移,另一系统通风机的工况点下移;反之亦然。这说明两台通风机的工况点是相互影响的。因此,采用轴流式通风机做并联通风的矿井,要注意防止因一个系统的风阻减小引起另一系统的通风机风压增加,进入不稳定区工作。

### 4.6.3 并联与串联工作的比较

图 4-39 中的两台型号相同离心式通风机的风压特性曲线为 Ⅰ,两者串联和并联工作的特性曲线分别为 Ⅱ 和 Ⅲ,$N\text{-}Q$ 为通风机的功率特性曲线,$R_1$、$R_2$ 和 $R_3$ 为大小不同的三条管网风阻特性曲线。当风阻为 $R_2$ 时,正好通过 Ⅱ、Ⅲ 两曲线的交点 $B$。若并联则通风机的实际工况点为 $M_1$,而串联则实际工况点为 $M_2$。显然在这种情况下,串联和并联工作增风效果相同。但从消耗能量(功率)的角度来看,并联的功率为 $N_p$,串联的功率为 $N_s$,显然 $N_s>N_p$,故采用并联是合理的。当通风机的工作风阻为 $R_1$,并联运行时工况点 $A$ 的风量

比串联运行工况点 $F$ 时大,而每台通风机实际功率反而小,故采用并联较合理。当通风机的工作风阻为 $R_3$,并联运行时工况点为 $E$,串联运行工况点为 $C$,则串联比并联增风效果好。对于轴流式通风机则可根据其压力和功率特性曲线进行类似分析。

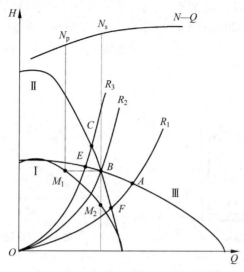

图 4-39　通风机并联与串联比较

应该指出的是,选择联合运行方案时,不仅要考虑管网风阻对工况点的影响,还要考虑运转效率和轴功率大小。在保证增风或按需供风后应选择能耗较小的方案。

综上所述,可得如下结论:

(1) 并联适用于管网风阻较小,但因通风机能力小导致风量不足的情况。

(2) 风压相同的通风机并联运行较好。

(3) 轴流式通风机并联作业时,若风阻过大则可能出现不稳定运行。所以,使用轴流式通风机并联工作时,除要考虑并联效果外,还要进行稳定性分析。

## 习题

4.1　自然风压有何特性,对矿井通风有哪些影响?

4.2　影响自然风压大小和方向的主要因素是什么?能否用人为的方法产生或增加自然风压?

4.3　主要通风机附属装置各有什么作用?设计和施工时应符合哪些要求?

4.4　描述主要通风机特性的主要参数有哪些?其物理意义是什么?

4.5　什么叫通风机的个体特性曲线?轴流式通风机和离心式通风机的风压和功率特性曲线各有什么特点?在启动时应注意什么问题?

4.6　什么叫通风机的合理工作区域?

4.7　什么叫通风机的工况点?如何用图解法求单一工作或联合工作通风机的工况点,举例说明。

4.8 试述通风机串联或并联工作的目的及其适用条件。

4.9 某自然通风矿井如图 4-40 所示,测得 $A$、$B$、$C$、$D$、$E$ 各点空气的密度为 1.23 kg/m³、1.28 kg/m³、1.22 kg/m³、1.14 kg/m³、1.19 kg/m³,矿井外空气的密度为 1.24 kg/m³,试求该矿井的自然风压,并判定其风流方向。

4.10 某自然通风矿井如图 4-41 所示,平硐口与竖井口高差 $z=100$ m,当地地表空气平均密度 $\rho_1=1.25$ kg/m³,井筒内空气平均密度 $\rho_2=1.20$ kg/m³,出风井口处风速 $v_2=2$ m/s。求算矿井通风阻力。

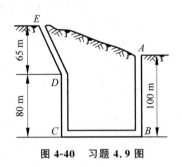

图 4-40　习题 4.9 图

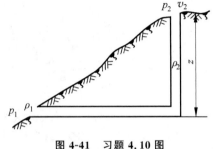

图 4-41　习题 4.10 图

4.11 某矿当矿井通风机运转时,在风硐测得矿井总风量 $Q=80$ m³/s,通风机静压 $H_s=2000$ Pa,通风机停止运转后,测得矿井自然风量 $Q_n=20$ m³/s,并与原风流方向相同,试求该矿井自然风压是多少？矿井总风阻是多少？

4.12 如图 4-42 所示,1、2 两点分别安装通风机 $F_1$ 和 $F_2$,进风井 $A$ 和 $B$ 的入风量拟定为 $Q_A=40$ m³/s,$Q_B=30$ m³/s,已知 $R_A=0.981$ kg/m⁷,$R_B=R_D=1.471$ kg/m⁷,$R_C=2.943$ kg/m⁷,$R_E=0.249$ kg/m⁷,求各主要通风机工况点及风路 $C$ 中风量及流向。

4.13 矿井通风系统如图 4-43 所示,通风机作抽出式工作,通风机房静压计读数为 1800 Pa,通风机的风量为 80 m³/s,风硐断面面积为 8 m²,扩散器出口断面面积为 16 m²,$\rho=1.22$ kg/m³,试求通风机的静压、速压和全压,若不计自然风压,计算矿井通风阻力。

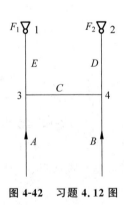

图 4-42　习题 4.12 图

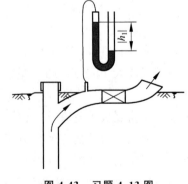

图 4-43　习题 4.13 图

4.14 某矿井通风系统如图 4-44 所示,各巷道的风阻为 $R_1=R_2=1.12$ kg/m⁷,$R_3=0.5$ kg/m⁷,通风机的特性如表 4-1 所示。用图解法求各巷道的风量及通风机的工况。

表 4-1  通风机特性

| 风量/(m³/s) | 5 | 11 | 20 | 25 | 30 | 36 | 45 | 55 |
|---|---|---|---|---|---|---|---|---|
| 通风机静压/Pa | 1250 | 1300 | 1200 | 1000 | 950 | 840 | 770 | 200 |
| 效率/% |  | 35 | 48 | 60 | 71 | 69 | 52 |  |

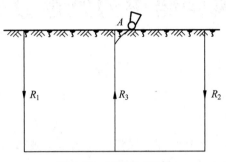

图 4-44  习题 4.14 图

# 第5章

# 矿井通风网络中的风量分配与调节

本章主要讲解井巷网络风量分配与风流流动的基本规律,简单网络特性,通风网络动态特性,矿井风量调节以及复杂通风网络解算等基本内容。本章是进行风网结构分析与优化的理论基础。

## 5.1 风量分配的基本规律

### 5.1.1 矿井通风网络与网络图

**1. 矿井通风网络**

1) 基本术语

通风网络图:用直观的单线条有向几何图形所表示的通风网络。通风网络图的组成要素为分支(井巷)与节点。其常见形式有两种:①以单线条有向几何图形绘制出的矿井通风网络图;②以数学集合或矩阵形式表示的矿井通风网络数学式。

(1) 分支(边、弧)。

分支(边、弧)表示位于两个节点之间的一段通风井巷的有向线,如图5-1(a)中的 $b\text{-}c$ 分支、$b\text{-}d$ 分支等。每条分支可有一个编号,称为分支号;通常一个网络图中的分支编号是一组从1开始的自然数,分支编号应当是连续的,便于进行计算机模拟计算。

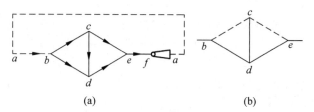

图 5-1  通风网络示意

分支的类型有两种:①代表着位于两个节点之间实有井巷的分支,在网络图中以实线表示;②在两节点间不存在井巷的伪分支,如连接矿井进、回风井口的地面大气分支或是连接两个已知节点间的尚未开掘井巷的分支,称为伪分支,在网络图中常用虚线表示。

(2) 节点(结点)。

节点(结点)是两条或两条以上分支的交点,如图 5-1(a)中的 $a$、$b$、$c$ 等。每个节点应当有唯一的编号,称为节点号。节点号最好是一组从 1 开始的自然数,且编号应当连续,以便利用计算机对通风网络进行模拟计算。

(3) 通路。

通路是由若干条方向相同的分支首尾相连而成的线路,如图 5-1(a)中的 $a—b—c—e—f$。

(4) 回路和网孔。

由两条或两条以上分支首尾相连形成的闭合线路称为回路,其中有分支者叫回路;无分支者叫网孔。如图 5-1(a)中的 $b—c—e—d—b$ 就是一个回路;$b—c—d—b$ 是一个网孔。

(5) 树、余树。

树指任意两节点间至少存在一条通路但不含回路的一类特殊连通网络图。由于这类连通图的几何形状与树相似,故将其形象地称为树,如图 5-1(b)中的图就是一棵树。树中的分支称为树枝。包含通风网络全部节点的树称为生成树,简称树。在一个网络图中去掉生成树后余下的子图称为余树。

对于同一个通风网络图,其生成树的形式不是唯一的,有多种形式。进行矿井通风网络的模拟解算时,必须选择一个合适的最小生成树。选择生成最小树的算法也有很多种,常用的方法有破圈法、加边法和缩边法等。

2) 形式

全矿井的风网形式比较复杂,其中往往包含串联风路、并联风网、角联风网及回路复杂联风网 4 种基本形式。

(1) 串联风路。

由两条或两条以上的分支彼此首尾相连,中间没有分支的线路叫作串联风路。如图 5-2 所示的串联风路,是由 6 条分支串联而成的。

(2) 并联风网。

两条或两条以上的分支自空气能量相同的节点分开到能量相同的节点汇合,形成一个或几个网孔的总回路叫作并联风网。简单并联风网只有一个网孔,复杂并联风网则有 2 个或 2 个以上网孔。例如图 5-3 所示的复杂并联风网有 4 个网孔,即 $M=5-2+1=4$。又如,

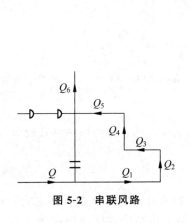

图 5-2 串联风路

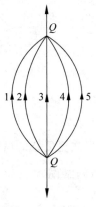

图 5-3 并联风网一

在图 5-4(a)中,因两进风井口的标高相同,两井口的大气压力相等,故可把这两井口看成一个分风点;如图 5-4(b)所示,从点 1 到点 2 构成简单并联风网。但在图 5-5(a)中,因进风井口 1 和进风井口 2 的标高不同,大气压力不相等,1 和 2 两点不能视为一点;图 5-5(b)中风道 1—3 和 2—3 构成敞开并联。后面将说明,若把敞开并联中产生的自然风压加入计算,便可用虚线把 1 和 2 点连起来(图 5-5(c)),当作一个网孔来分析。

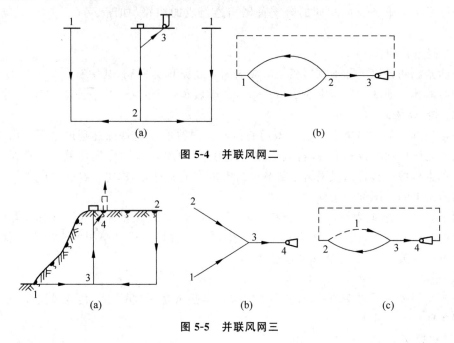

图 5-4 并联风网二

图 5-5 并联风网三

(3) 角联风网。

在简单并联风网的始节点和末节点之间有一条或几条风路贯通的风网称为角联风网。贯通的分支习惯称为对角分支。单角联风网只有一条对角分支(图 5-1(a)中的 $c—d$),多角联风网则有两条或两条以上的对角分支(图 5-6)。

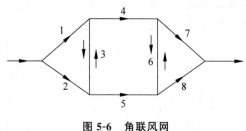

图 5-6 角联风网

(4) 回路复杂联风网。

比上述几种形式更复杂的风网都叫作复杂联风网。这类风网形式较多,不一一列举。

2. 矿井通风网络图

1) 特点

(1) 矿井通风网络图只反映井巷分支中的风流方向及节点与分支间的相互连接关系,图中的节点位置与分支线形可以任意改变,但总体绘出的网络图应当美观、分支连接关系易于辨别等。

(2) 能清楚地反映分支风流的方向和分支之间的分合关系。矿井通风网络图是进行各种通风模拟计算的基础,因此也属于生产矿井通风管理的一种重要图件。

2) 类型

矿井通风网络图的类型有两种：①曲线形状的网络图,此种网络图在实际工作中较为常见；②与通风系统图形状基本一致的网络图。

3) 绘制步骤

(1) 节点编号：在矿井通风系统图上给井巷的交汇点标上特定的节点号。

(2) 绘制草图：在图纸上绘出节点位置及其符号,并用单线条(弧线或直线)连接有风流关系的节点。

(3) 图形整理：按照连接关系正确、总体结构美观原则对网络图进行补充、修改。

4) 绘制原则

(1) 一般可将采掘面等分支布置在网络图的中部醒目区域；进风分支与节点位于其下边,出风分支与节点则位于网络图的上部；通风机出口所在分支与节点位于最上部。

(2) 分支方向基本都应由下而上布局；分支间的相互交叉尽可能少。

(3) 合并节点：对于某些距离较近、阻力很小的几个节点,可简化为一个节点。

(4) 合并分支：对于某些特别的并联分支可合并为一条分支。

(5) 网络图总的形状基本为椭圆形。

### 5.1.2 网络中风流流动基本定律

**1. Kirchhoff 风量平衡定律(基尔霍夫第一定律)**

矿井通风网络中所适用的风流流动风量平衡定律是指：在稳态通风条件下,单位时间流入某节点 $i$ 的空气质量等于相同时间内流出该节点的空气质量；或者说,流入与流出某节点 $i$ 的各分支质量流量的代数和等于零,即：

$$\sum_{i=1}^{n} M_i = 0 \tag{5-1}$$

若不考虑风流密度的变化,则流入与流出某节点 $i$ 的各分支的体积流量(风量)的代数和等于零,即：

$$\sum_{i=1}^{n} Q_i = 0 \tag{5-2}$$

图 5-7(a)中 4 节点处的风量平衡方程为：

$$Q_{1-4} + Q_{2-4} + Q_{3-4} - Q_{4-5} - Q_{4-6} = 0 \tag{5-3}$$

若将节点 4 扩展为无源回路(图 5-7(b)中 2—4—5—7—2),则上述节点风量平衡定律依然成立,图 5-7(b)所示回路 2—4—5—7—2 的各邻接分支的风量也满足如下关系：

$$Q_{1-2} + Q_{3-4} + Q_{5-6} - Q_{7-8} = 0 \tag{5-4}$$

**2. Kirchhoff 压能平衡定律(基尔霍夫第二定律)**

通风网络回路中分支压能的正负与分支风流方向有关,一般地,分支风流方向为顺时针时其分支压能取"+",逆时针时其分支压能取"−"。

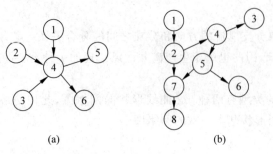

图 5-7 风量平衡定律

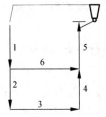

图 5-8 通风网络回路

1) 无动力源通风网络回路

对于不存在通风机、自然压能等动力源的通风网络图中的任一回路,其各分支压能的代数和为零。如图 5-8 所示,对回路 2—3—4—6 有:

$$h_6 - h_4 - h_3 - h_2 = 0 \tag{5-5}$$

2) 有动力源通风网络回路

在如图 5-8 中的回路 1—2—3—4—5—1 中,设通风机压能 $H_f$,自然压能 $H_n$,则有:

$$H_f + H_n = h_{R1} + h_{R2} + h_{R3} + h_{R4} + h_{R5} \tag{5-6}$$

写成一般表达式为:在任一闭合回路中,各分支压能代数和等于该回路中自然压能与通风机压能的代数和,即:

$$H_f \pm H_n = \sum_{i=1}^{n} h_{Ri} \tag{5-7}$$

式中:$H_f$——通风机压能;

$H_n$——自然压能;

$h_{Ri}$——分支 $i$ 的压能。

3) 阻力定律

对于矿井通风网络中的任一分支或整个网络系统,均遵守如下阻力定律:

$$h_i = R_i Q_i^2 \tag{5-8}$$

## 5.2 简单通风网络特性

### 5.2.1 串联风路

由两条或两条以上井巷分支彼此首尾相连,中间没有风流分汇点的线路称为串联风路。如图 5-9 所示,由 1、2、3、4、5 五条分支可组成一个串联风路。

**1. 串联风路特性**

(1) 总质量流量等于各分支的质量流量,即:

$$M_S = M_1 = M_2 = \cdots = M_n \tag{5-9}$$

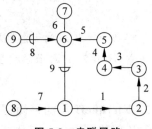

图 5-9 串联风路

当各分支的空气密度相等时,则为:
$$Q_S = Q_1 = Q_2 = \cdots = Q_n \tag{5-10}$$

(2) 总压能(阻力)等于各分支压能(阻力)之和,即:
$$h_S = h_1 + h_2 + \cdots + h_n = \sum_{i=1}^{n} h_i \tag{5-11}$$

(3) 总风阻等于各分支风阻之和,即:
$$R_S = h_S/Q_S^2 = \frac{R_1 + R_2 + \cdots + R_n}{Q_S^2} = R_1 + R_2 + \cdots + R_n = \sum_{i=1}^{n} R_i \tag{5-12}$$

(4) 串联风路等积孔与各分支等积孔间的关系为:
$$A_S = \frac{1}{\sqrt{\dfrac{1}{A_1^2} + \dfrac{1}{A_2^2} + \cdots + \dfrac{1}{A_n^2}}} \tag{5-13}$$

$$A_S = \frac{1.19}{\sqrt{R_S}} = \frac{1.19}{\sqrt{\sum_{i=1}^{n} R_i}} = \frac{1.19}{\sqrt{\sum_{i=1}^{n} \dfrac{1.19^2}{A_i^2}}} = \frac{1}{\sqrt{\sum_{i=1}^{n} \dfrac{1}{A_i^2}}} \tag{5-14}$$

**2. 串联风路等效阻力特性曲线的绘制**

根据以上串联风路的特性,可以绘制串联风路等效阻力特性曲线。方法如下:

(1) 首先在图 5-10 的 $h$-$Q$ 坐标图上分别作出串联风路 1、2 的阻力特性曲线 $R_1$、$R_2$;

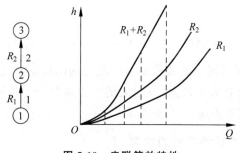

图 5-10 串联等效特性

(2) 根据串联风路"风量相等,阻力叠加"的原则,作平行于 $h$ 轴的若干条等风量线,在等风量线上将 1、2 分支阻力 $h_1$、$h_2$ 叠加,得到串联风路的等效阻力特性曲线上的点;

(3) 将所有等风量线上的点连成曲线 $R_1+R_2$,即为串联风路的等效阻力特性曲线。

## 5.2.2 并联风网

由两条或两条以上具有相同始节点和末节点的分支所组成的通风网络,称为并联风网。如图 5-11 所示并联风网由 $n$ 条分支并联而成。

**1. 并联风网特性**

(1) 总质量流量等于各分支的质量流量之和,即:
$$M_S = M_1 + M_2 + \cdots + M_n = \sum_{i=1}^{n} M_i \tag{5-15}$$

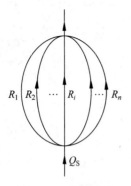

图 5-11 并联风网

当各分支的空气密度相等时,则可写成:

$$Q_S = Q_1 + Q_2 + \cdots + Q_n = \sum_{i=1}^{n} Q_i \qquad (5\text{-}16)$$

(2) 总压能等于各分支压能,即:

$$h_S = h_1 = h_2 = \cdots = h_n \qquad (5\text{-}17)$$

**注意**:当各分支的位能差不相等,或分支中存在通风机等通风动力时,并联分支的阻力并不相等。

(3) 并联风网总风阻与各分支风阻的关系:

$$h_S = R_S Q_S^2 ; \quad Q_S = \sqrt{h_S}/\sqrt{R_S} \qquad (5\text{-}18)$$

$$Q_S = Q_1 + Q_2 + \cdots + Q_n ; \quad \frac{\sqrt{h_S}}{\sqrt{R_S}} = \frac{\sqrt{h_1}}{\sqrt{R_1}} + \frac{\sqrt{h_2}}{\sqrt{R_2}} + \cdots + \frac{\sqrt{h_n}}{\sqrt{R_n}} \qquad (5\text{-}19)$$

$$R_S = h_S/Q_S^2 = \frac{1}{\left(\sqrt{\dfrac{1}{R_1}} + \sqrt{\dfrac{1}{R_2}} + \cdots + \sqrt{\dfrac{1}{R_n}}\right)^2} \qquad (5\text{-}20)$$

(4) 并联风网等积孔等于各分支等积孔之和,即:

$$A_S = A_1 + A_2 + \cdots + A_n \qquad (5\text{-}21)$$

(5) 并联风网的风量分配。

若已知并联风网的总风量,在不考虑其他通风动力及风流密度变化时,可由下式计算出分支 $i$ 的风量。

$$h_S = R_S Q_S^2 = h_i = R_i Q_i^2 ; \quad Q_i = \sqrt{\frac{R_S}{R_i}} Q_S^2 \qquad (5\text{-}22)$$

由式(5-22)可见,并联风网中的某分支所分配得到的风量取决于并联网络总风阻与该分支风阻之比。风阻小的分支风量大,风阻大的分支风量小。若要调节各分支风量,可通过改变各分支的风阻比值来实现。

**2. 并联风网等效阻力特性曲线的绘制**

根据以上并联风网的特性,可以绘制并联风网等效阻力特性曲线。方法如下:

(1) 先在图 5-12 的 $h$-$Q$ 坐标图上分别作出并联风网 1、2 的阻力曲线 $R_1$、$R_2$;

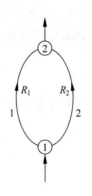 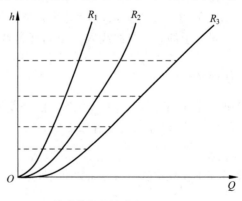

图 5-12 并联等效特性曲线

(2) 根据并联风网"压能(阻力)相等,风量叠加"的原则,作平行于 $Q$ 轴的若干条等压能线,在等压能线上将 1、2 分支阻力 $R_1$、$R_2$ 叠加,得到并联风网的等效阻力特性曲线上的点;

(3) 将所有等压能线上的点连成曲线 $R_3$,即为并联风网的等效阻力特性曲线,如图 5-12 所示。

### 5.2.3 串联风路与并联风网的比较

在任何一个矿井通风网络中,通常都同时存在串联风路与并联风网。在矿井的进、回风风路中各个分支间的关系多为串联风路关系,而采区内部分支间多为并联风网关系。

并联风网的优点如下:

(1) 从提高采掘地点空气质量及通风安全方面出发,采用分支并联风网具有明显的优点。一方面相互并联的各个采掘面通过的均为新鲜空气;另一方面,当一条分支中出现灾情时,其乏风不会通过与之相并联的其他分支井巷,因而比较安全。

(2) 从有利于减小能耗的条件考虑,在同样的分支风阻条件下,分支间并联时的风网总风阻小于分支间串联时的风网总风阻。

例如,如图 5-13 所示,若两条风阻相等的分支 1、2 风阻值为:$R_1=R_2=0.04 \text{ kg/m}^7$,则其在串联、并联后的总风阻分别为:

串联: $$R_{S,ch}=R_1+R_2=0.08 \text{ kg/m}^7$$

并联: $$R_{S,b}=\frac{1}{\left(\frac{1}{\sqrt{R_1}}+\frac{1}{\sqrt{R_2}}\right)}=0.01 \text{ kg/m}^7$$

经比较,$R_{S,b}<R_{S,ch}$;二者的关系为:$R_{S,b} : R_{S,ch}=1 : 8$。

可见,1、2 分支在具有相同风量的条件下,彼此串联的能耗为彼此并联的 8 倍。这充分证明,采用并联风网,可以显著降低矿井通风阻力。

### 5.2.4 角联风网

**1. 基本概念**

角联风网是指内部存在角联分支的网络。

角联分支(对角分支)是指位于风网的任意两条有向通路之间且不与两通路的公共节点相连的分支,如图 5-14(a)所示。

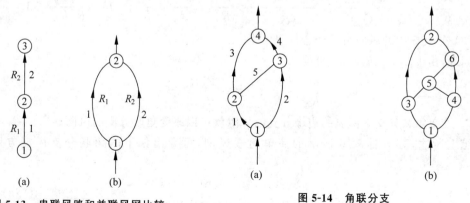

图 5-13 串联风路和并联风网比较

图 5-14 角联分支

(a) 简单角联风网;(b) 复杂角联风网

简单角联风网是指仅有一条角联分支的风网。

复杂角联风网是指含有两条或两条以上角联分支的风网,如图 5-14(b)所示。

### 2. 角联分支风向判别

1) 判别原则

风网中角联分支的风向取决于其始、末节点间两风路的压能值。角联分支风流也同其他分支风流流动规律一样,都是由位能高的节点流向位能低的节点;而当两点位能相同时,风流停滞;当始节点位能低于末节点位能时,风流反向。

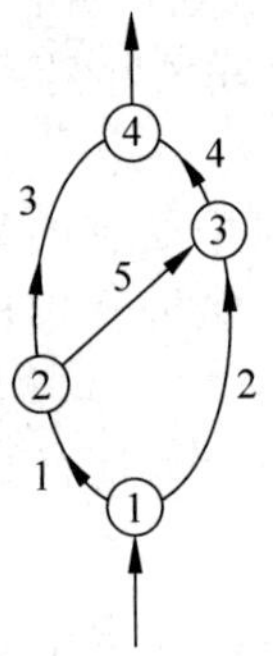

2) 判别式(以简单角联风网为例)

(1) 如图 5-15,分支 5 中无风时

∵ $Q_5 = 0$,

∴ $Q_1 = Q_3$,$Q_2 = Q_4$。

由压能平衡定律:$h_1 = h_2$,$h_3 = h_4$。

**图 5-15 简单角联**

利用阻力定律后得:

$$\frac{R_1}{R_3} = \frac{R_2}{R_4}, \quad K = \frac{R_1 R_4}{R_2 R_3} = 1$$

(2) 当分支 5 中风向由②→③

节点②的压能高于节点③,则:

$$h_2 > h_1, \quad R_2 Q_2^2 > R_1 Q_1^2, \quad \frac{R_2}{R_1} > \frac{Q_1^2}{Q_2^2} = \frac{(Q_3 + Q_5)^2}{Q_2^2}$$

同理,

$$h_3 > h_4, \quad R_3 Q_3^2 > R_4 Q_4^2, \quad \frac{R_4}{R_3} < \frac{Q_3^2}{Q_4^2} = \frac{Q_3^2}{(Q_5 + Q_2)^2}$$

两式相比得:

$$\frac{R_4}{R_3} < \frac{Q_3^2}{(Q_5 + Q_2)^2} < \frac{(Q_3 + Q_5)^2}{Q_2^2} < \frac{R_2}{R_1}, \quad \frac{R_1}{R_3} < \frac{R_2}{R_4}, \quad K = \frac{R_1 R_4}{R_2 R_3} < 1$$

(3) 分支 5 中的风向由③→②

同理,由 $h_1 > h_2$、$h_4 > h_3$ 可得:

$$\frac{R_1}{R_3} > \frac{R_2}{R_4}, \quad K = \frac{R_1 R_4}{R_2 R_3} > 1$$

∴ 改变角联分支 5 两侧的边缘分支的风阻就可以改变角联分支的风向。

综上所述,对于图 5-15 所示的简单角联风网,可导出如下的角联分支风流方向判别式:

$$K = \frac{R_1 R_4}{R_2 R_3} \begin{cases} > 1, & \text{分支 5 中风向由 ③ → ②} \\ = 1, & \text{分支 5 中风流停滞} \\ < 1, & \text{分支 5 中风向由 ② → ③} \end{cases}$$

## 5.3 复杂通风网络的风量计算

### 5.3.1 计算机解算风网的目的、基本理论与方法

**1. 计算机解算风网的目的**

在已知风网分支风阻 $R_i$、固定风量分支的按需供风量和主通风机特性的条件下，按照矿井风网的分风规律，模拟计算主要通风机工况点、风网分支风量 $Q_i$ 的自然分配结果和风向，计算风网总风量和总阻力等；根据计算机解算结果，可以验算各用风地点的分支风量 $Q_i$ 和风速 $v_i$ 是否符合《煤矿安全规程》要求，并可以确定需要进行风量调节的分支位置和调节风阻值。

**2. 计算机解算风网的基本理论与方法**

计算机解算风网的基本理论仍然是风量平衡定律、压能平衡定律和阻力定律。

通风网络的计算方法有很多种，但基本上可分为回路法与节点法两大类。

由于回路法提出较早，又能适合手算、计算机模拟计算等，在国内外研究与应用中一直较为流行。至今，国内外仍在使用的回路法为哈代-克罗斯（Hardy-Cross）法以及改进的斯考特-恒斯雷（Scott-Hinsley）法，其算法实质都是以图论与风网基本理论为依据，从假设风网中每一回路内各分支风向和风量初始值开始，引入高斯-塞德尔（Gauss-Saider）技巧，通过对独立回路分支风量 $\Delta Q_i^{(k)}$ 的逐次迭代，达到预定的精度要求，从而最后获得接近方程组真实解的风网分支风量 $Q_i^{(k)}$ 值。

节点法的实质是通过假设风网中每一回路内各分支节点的初始压力值，利用迭代法逐渐修正压力分布，使之均满足风量平衡定律而进行风网计算的方法。

### 5.3.2 改进的斯考特-恒斯雷法（回路法）

**1. 技术术语**

1）回路与独立回路（网孔）

如图 5-16 所示，一组分支首尾相接所形成的闭合风路，简称回路，图中的 ABDEF（风量 $q_1$）、BCDB（风量 $q_2$）、DCED（风量 $q_3$）等闭合风路均称为回路。

独立回路（网孔）是指内部不包含多余分支的回路。例如，图 5-16 中的 BCD、CED 及 ABDEF 等。

根据图论理论，在一个矿井通风网络图中，已知分支数 $N$、节点数 $J$，其独立回路（网孔）数 $M$ 可按如下式计算：

$$M = N - J + 1 \qquad (5-23)$$

2）回路风量与独立分支

如果把风流在风网中的流动看成是在一些互不重复的独立回路（网孔）中各有一定的风量 $q_i$ 在循环，则称这种风量 $q_i$ 为回路风量。

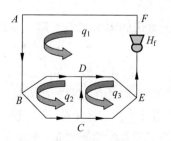

图 5-16 含通风机的通风网络

独立分支：只属于一个独立回路(网孔)的分支。可见，对于任意风网，其独立分支数即等于独立回路(网孔)数 $M$。独立回路(网孔)中不是独立分支的分支称为非独立分支，有 $J-1$ 个。

在图 5-16 中，分支 $BC$、$CE$、$EFAB$ 为 3 个独立网孔的独立分支；分支 $BD$、$DE$、$CD$ 等为不同网孔所共用的分支，为非独立分支。

在图 5-16 中，分支 $EFAB$、$BC$、$CE$ 这 3 个独立分支的风量 $q_1, q_2, q_3$，也可被看成在 3 个独立回路(网孔)$ABDEF$(风量 $q_1$)、$BCDB$($q_2$)、$DCED$($q_3$)中，按照图示方向各有风量 $q_1, q_2, q_3$ 在循环；而分支 $BD$、$DE$、$CD$ 非独立分支的风量则可由 $EFAB$、$BC$、$CE$ 这 3 个独立分支风量 $q_1, q_2, q_3$ 来线性表出。

由此可知，对于任意风网，所有分支的风量 $q_i(i=1,2,\cdots,N)$ 都可由 $M$ 个独立分支的风量来线性表出——可列出 $J-1$ 个独立的风量平衡方程；对 $M$ 个独立回路又可列出 $M$ 个压能平衡方程；风网独立方程总数为 $(J-1)+M=(J-1)+N-J+1=N$ 个，因此，理论上可联立求出风网所有分支的风量 $q_i(i=1,2,\cdots,N)$。

**2. 改进的斯考特-恒斯雷法的基本理论**

1) 风网独立回路(网孔)的选择

事实上，一个通风网络可被圈划出的回路数量很多，可比分支数 $N$ 多；但用 $M$ 个独立回路(网孔)中的 $M$ 个独立分支的风量 $q_i(i=1,2,\cdots,M)$ 线性表出风网所有 $N$ 个分支的风量 $q_i(i=1,2,\cdots,N)$ 时，必须使这 $M$ 个独立分支正好一一对应分属于 $M$ 个独立回路(网孔)。可见，$M$ 个独立分支的选择不是任选的。

风网中 $M$ 个独立回路的选择有人工选择(简单网络)与计算机选择两种方式。选择时，先确定 $M$ 个独立分支，然后依次圈划独立回路，使 $M$ 个独立分支分属于 $M$ 个独立回路(网孔)；同时这 $M$ 个独立回路也能够包含风网的全部 $N$ 个分支。一个风网 $M$ 个独立回路(网孔)的选择结果不是唯一的，它可以有若干个。

2) 改进的斯考特-恒斯雷法基本思路

依据三大定律进行网络迭代试算(逐步逼近计算)的基本思想是：首先初拟定出风网中 $N$ 个分支风量的近似值 $q_i^{(0)}(i=1,2,\cdots,N)$(最好贴近于分支风量的真实值)，使其满足风量平衡定律而往往不满足压能平衡定律；然后利用压能平衡定律对初拟的回路风量逐一进行回路风量修正值 $\Delta q_i^{(0)}(i=1,2,\cdots,N)$ 的计算，并由此对 $N$ 个分支风量的近似值 $q_i^{(0)}(i=1,2,\cdots,N)$ 进行修正，这样就完成了第 1 次的迭代计算。将第 1 次修正后的 $N$ 个分支风量 $\Delta q_i^{(1)}(i=1,2,\cdots,N)$ 再作为初值，进行第 2 次的修正计算……如此进行下去，直至所算出的第 $k$ 次的回路风量修正值 $\Delta q_i^{(k)}(i=1,2,\cdots,N)$ 中的最大值满足给定的精度为止。这样迭代计算的最终结果就使得各个回路的压能逐渐平衡，使 $N$ 个分支的风量 $q_i^{(k)}(i=1,2,\cdots,N)$ 几乎等于真值。

为提高迭代过程的收敛速度，每次迭代过程不是等到把所有回路风量修正值全部求出后，再逐个修正各个分支的风量，而是求出一个回路的风量修正值后，立即对构成本回路的分支风量及时给予修正，并在计算后续回路风量修正值时，均采用已修正过的风量。这样的处理方法被称为高斯-塞德尔技巧。

3) 回路风量修正值计算式的得出

对于任意风网,其 $M$ 个独立回路中独立分支的风量为 $q_i(i=1,2,\cdots,M)$;对于其中的第 $i$ 个独立回路,其所包括的分支记为 $j$;该独立回路对应的压能平衡方程为:

$$\sum_{j=1}^{N} h_{ij} = \sum_{j=1}^{N} R_{ij} q_{ij}^2 = 0, \quad i=1,2,\cdots,M \tag{5-24}$$

对式(5-24),利用泰勒(Taylor)级数一级展开后得:

$$\sum_{j=1}^{N} R_{ij} q_{ij}^2 + 2\Delta q_{ij} \cdot \sum_{j=1}^{N} R_{ij} q_{ij} = 0$$

移项得:

$$\Delta q_{ij} = -\frac{\sum_{j=1}^{N} R_{ij} q_{ij}^2}{2 \sum_{j=1}^{N} R_{ij} \mid q_{ij} \mid}, \quad i=1,2,\cdots,M \tag{5-25}$$

则修正计算式为:

$$q_i^{(k)} = q_i^{(k-1)} + \Delta q_i^{(k)}, \quad i=1,2,\cdots,M \tag{5-26}$$

当分支流向与独立回路流向一致时,取正,反之,取负。求解的 $\Delta q_{ij}$ 修正值是一个具体的数值,不带方向,故而此处需要时 $q_{ij}$ 加绝对值处理。

特别地,当回路中有通风机 $h_f$ 和自然风压 $h_n$ 时,式(5-25)可改写为:

$$\Delta q_{ij} = -\frac{\sum_{j=1}^{N} R_{ij} q_{ij}^2 - h_f \mp h_n}{2 \sum_{j=1}^{N} R_{ij} \mid q_{ij} \mid - \frac{\partial h_f}{\partial q_f}}, \quad i=1,2,\cdots,M \tag{5-27}$$

实际计算中,只要满足如下公式即可认为满足要求:

$$\max(\mid q_i^{(k)} - q_i^{(k-1)} \mid) = \max(\Delta q_i^{(k)}) \leqslant e \tag{5-28}$$

式中:$e$——给定的计算精度限度。

**3. 计算机进行斯考特-恒斯雷法风网解算步骤**

采用斯考特-恒斯雷法解算风网的计算步骤大致如下:

首先,绘制通风网络图,标定风流方向;为所有分支、节点等进行统一编号。

然后,输入网络结构及数据。主要包括分支数、节点数、固定风量分支数、通风机数;各分支始、末节点号和风阻值;固定风量分支始、末节点号和固定风量值;通风机特性曲线高效区拟合点的坐标值(风量、压能)等基础数据。

最后,由计算机自动完成如下工作:

(1) 对风网所有分支进行排序(排好后的顺序为:固定风量分支、通风机分支、按风阻值大小降序排列的一般分支)。

(2) 确定独立分支,使之作为选择独立回路(网孔)时的基底分支。除固定风量分支与带通风机分支必须作为独立分支外,还应从一般分支中选择该独立回路中风阻最大的分支作为独立分支。计算机软件选择独立分支的方法是在风网中先形成最小树,最后形成独立回路的加入分支(由此亦称加边法或破圈法)就是独立分支,也称余树分支。

(3) 选择独立回路(网孔)。以其独立分支为基础,沿回路正方向延伸,直到构成回路为止;回路的方向取决于独立分支风向,与独立分支方向一致的分支取正,反之取负。

(4) 计算独立回路(网孔)的自然风压。依据输入的自然风压数值,计算各个回路的自然风压值。

(5) 通风机压能特性曲线的拟合。通常多用二次多项式拟合通风机的压能特性曲线,其方程为:

$$h_f = c_1 + c_2 q + c_3 q^2 \tag{5-29}$$

若已知在通风机压能特性曲线的高效区取得 3 个点的坐标值:$1(q_1,h_1)$、$2(q_2,h_2)$、$3(q_3,h_3)$,则可按如下公式求得 3 个系数的值:

$$\begin{cases} c_3 = \dfrac{h_3(q_1-q_2)+h_1(q_2-q_3)+h_2(q_3-q_1)}{(q_1-q_2)(q_2-q_3)(q_3-q_1)} \\ c_2 = \dfrac{h_1-h_2}{q_1-q_2} - c_3(q_1+q_2) \\ c_1 = h_1 - c_3 q_1^2 - c_2 q_1 \end{cases} \tag{5-30}$$

(6) 拟定初始风量。通常,先给余树分支赋一组初值,再计算各树分支初始风量。拟定的初始风量应尽量接近真实风量,以加快计算速度。特别地,固定风量分支的初始值即为其固定值;通风机分支则以通风机压能曲线第 2 个点的风量作为初始值。

(7) 计算修正风量并进行迭代计算。软件规定包括固定风量分支的回路不参加迭代计算;迭代计算以回路为单位,直至全部回路的风量都达到预定精度值为止。

(8) 计算分支阻力并输出计算结果。

(9) 计算固定风量分支的阻力与风阻值,并输出计算结果。由于固定风量分支不参与迭代计算,其阻力是按回路的压能平衡关系式倒算出来的(有时为负,只要颠倒始末节点号即可),并由此计算保证固定风量值不变时该分支所必须具有的风阻值(有时为负)。

(10) 输出通风机工况参数。

### 5.3.3 计算机模拟计算软件

根据前述通风网络解算模型可编制计算机模拟计算软件。目前国内外用各种编程语言编写的解算程序已不在少数。早期的软件多以源程序文件形式出现,而现有的软件则多以编译后的可执行代码形式出现。在国内,就有多家单位编写的计算软件,如淮南工学院研发的通风网络解算软件 MVENT、中国矿业大学编制的计算软件等。山东科技大学矿业与安全工程学院安全工程系也编写了类似的计算软件——矿井通风系统优化改造数值模拟专用软件。

软件可运行于中文 Windows XP 等操作系统环境,具有良好的用户操作界面。通风网络的各种原始数据采用数据库文件的方式存储,使用方便。

**1. 软件的运行与启动**

在中文 Windows XP 等环境中启动软件后,出现软件运行主窗口,如图 5-17 所示。在启动窗口中可以方便地进行所有技术数据的输入、修改、存储等工作。

**2. 模拟计算**

在启动窗体中完成数据输入工作后,只要按 开始模拟计算 按钮就可以进行计算了。

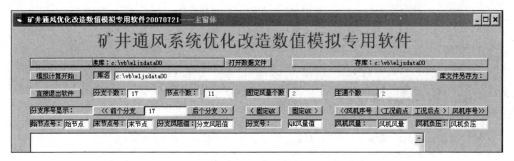

**图 5-17  矿井通风系统优化改造数值模拟专用软件启动窗体**

单击 [显示模拟结果] 按钮就可以显示全部数据和计算结果。某算例的计算结果显示如下:

\*\*矿井通风系统优化模拟计算结果显示:\*\*
\*\*输入的网络解算基本原始数据:
　　　　　　　　　分支数 N = 17;节点数 J = 11;通风机台数 F = 2
　　　　　　　　　固定风量数 NK = 2
\*\*通风机特性曲线 3 个特征点参数:
1 号通风机的特征点 1:FQ(1,1) = 80 m³/s　　　　FH(1,1) = 150 Pa
1 号通风机的特征点 2:FQ(1,2) = 90 m³/s　　　　FH(1,2) = 100 Pa
1 号通风机的特征点 3:FQ(1,3) = 110 m³/s　　　 FH(1,3) = 60 Pa

2 号通风机的特征点 1:FQ(2,1) = 70.5 m³/s　　　FH(2,1) = 130.5 Pa
2 号通风机的特征点 2:FQ(2,2) = 90.8 m³/s　　　FH(2,2) = 102 Pa
2 号通风机的特征点 3:FQ(2,3) = 120.9 m³/s　　 FH(2,3) = 50.7 Pa
\*\*输入的固定风量:
　　　　　1　　　　　QK(1) = 2.7 m³/s
　　　　　2　　　　　QK(2) = 2.6 m³/s
\*\*输入的分支风阻值参数:
分支号 N;风巷始点 J1

| 分支号 N: | 风巷始点 J1 | 风巷末点 J2 | 风巷风阻 R (Ns²/m⁸) |
|---|---|---|---|
| 1 | 9 | 11 | 0 |
| 2 | 5 | 6 | 0 |
| 3 | 11 | 1 | 0.0032 |
| 4 | 7 | 1 | 0.335 |
| 5 | 1 | 2 | 0.0022 |
| …… | …… | …… | …… |
| 15 | 8 | 10 | 0.0062 |
| 16 | 9 | 10 | 0.0027 |
| 17 | 10 | 11 | 0.082 |

\*\*网络中独立网孔总数:M = 7
\*\*本次解算的迭代次数:IT = 8

\*\*矿井通风网络解算结果输出:
　分支号 N:　　风量 Q(m³/s)　　阻力 h(Pa)　　风阻 R(Ns²/m⁸)
　　　1　　　　　2.7　　　　　217.93136　　　29.84563

| | | | |
|---|---|---|---|
| 2 | 2.6 | 5.9125 | 0.87463 |
| 3 | 54.21391 | 9.40527 | 0.0032 |
| …… | …… | …… | …… |
| 16 | 11.04523 | 0.32939 | 0.0027 |
| 17 | 51.51391 | 217.60197 | 0.082 |

\*\* 解算得到的通风机实际工况点坐标参数：

| 通风机 F | FQ(m³/s) | FH(Pa) |
|---|---|---|
| 1号通风机的工况点坐标： | 54.214 | 371.209 |
| 2号通风机的工况点坐标： | 19.347 | 180.532 |

如果单击 打印模拟结果 按钮，则可在 A4 纸上打印输出计算结果。

## 5.4 矿井风量调节

随着生产的发展变化和工作面的推进与更替，井巷风阻、网络结构及所需的风量均在不断变化，应及时进行风量调节。

从调节设施来看，有通风机、射流器、风窗、风幕，以及增加并联井巷或扩大通风断面等调节措施。按其调节范围，可分为局部风量调节与矿井总风量调节。从通风能量的角度看，可分为增能调节、耗能调节和节能调节。

### 5.4.1 局部风量调节

局部风量调节是指在采区内部各工作面间、采区之间或生产水平之间的风量调节。

调节方法有：增阻调节法、减阻调节法及增能调节法。

**1. 增阻调节法**

1) 基本概念

增阻调节法是主要通过在井巷中安装调节风窗等设施，增大井巷中的局部阻力，从而降低与该井巷处于同一通路中的风量，或增大与其关联通路上风量的一种调节方法。

增阻调节法是一种耗能调节法。主要措施包括：调节风窗、调节风帘、气幕调节装置等。但在矿井生产实际中使用最多的则是调节风窗。

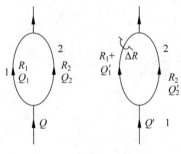

图 5-18 风窗调节法原理

2) 原理分析

如图 5-18 所示，分支 1、2 的风阻分别为 $R_1$ 和 $R_2$，风量分别为 $Q_1$、$Q_2$。

则分支 1、2 的阻力为：$h_1 = R_1 Q_1^2$，$h_2 = R_2 Q_2^2$，且 $h_1 = h_2$。

若分支 2 的风量不足，则可在分支 1 中设置调节风窗。假设安装调节风窗后产生的局部风阻为 $\Delta R_1$；并且分支 1、2 的风量分别变为 $Q_1'$、$Q_2'$，阻力分别变为 $h_1'$、$h_2'$。根据压能平衡定律，则有如下关系：

$$\begin{cases} h_1' = (R_1 + \Delta R_1) Q_1'^2, \quad h_2' = R_2 Q_2'^2 \\ h_1' = h_2' \end{cases} \tag{5-31}$$

于是，可得出如下求风窗局部风阻为 $\Delta R_1$ 的计算式为：

$$\Delta R_1 = R_2 \frac{Q_2'^2}{Q_1'^2} - R_1 \tag{5-32}$$

由于在分支 1 中增阻后，整个并联系统的总风阻有所增大，使调节后的并联网络总风量 $Q'$ 小于调节前并联网络的总风量 $Q$。由于 $Q'$ 未知，因此，实际计算过程中，往往假设 $Q' \approx Q$，即认为存在关系 $Q' = Q_1' + Q_2' \approx Q_1 + Q_2 = Q$。这样在已知 $Q'$、$Q$ 后联立式可计算风窗局部风阻 $\Delta R_1$。

3) 已知 $\Delta R_1$ 可计算调节风窗面积 $S_C$

(1) 适用条件：拟安设风窗的增阻分支中的风量有富余。

(2) 特点：增阻调节法具有简单、方便、易行、见效快等优点；但增阻调节法会增加矿井的总风阻，减少总风量。调节风窗的安装如图 5-19 所示。

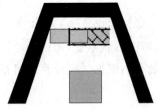

图 5-19　调节风窗

(3) 调节风窗开口面积 $S_C$ 的计算。

已知安风窗处分支井巷 1 的断面面积为 $S_1$，当 $S_C/S_1 \leqslant 0.5$ 时，根据流体力学孔口出流的计算式及能量平衡方程可得如下计算开口面积 $S_C$ 的计算式：

$$S_C = \frac{Q_1 S_1}{0.65 Q_1 + 0.84 S_1 \sqrt{h_C}} \quad \text{或} \quad S_C = \frac{S_1}{0.65 + 0.84 S_1 \sqrt{\Delta R_1}} \tag{5-33}$$

当 $S_C/S_1 > 0.5$ 时，$S_C$ 的计算式为：

$$S_C = \frac{Q_1 S_1}{Q_1 + 0.759 S_1 \sqrt{h_C}} \quad \text{或} \quad S_C = \frac{S_1}{1 + 0.759 S_1 \sqrt{\Delta R_1}} \tag{5-34}$$

式中：$S_C$——调节风窗的开口面积，$m^2$；

$S_1$——分支井巷 1 断面面积，$m^2$；

$Q_1$——分支井巷 1 贯通风量，$m^3/s$；

$h_C$——调节风窗阻力，Pa；

$\Delta R_1$——调节风窗的风阻，$N \cdot s^2/m^8$，$\Delta R_1 = h_C/Q_1^2$。

**2. 减阻调节法**

1) 减阻调节法定义

减阻调节法是在风流所通过的井巷中采取降阻措施，以降低井巷的通风阻力，从而增大与该井巷处于同一通路中的风量，同时减小与其关联的通路上的风量。减阻调节能够降低通风能耗，但往往需要增加工程投资。

2) 减阻调节法主要措施

特点：可以降低矿井总风阻，并增加矿井总风量；但降阻措施的工程量和投资一般都较大，施工工期较长，所以一般在对矿井通风系统进行较大的改造时采用。主要方法有：

(1) 扩大井巷通风断面减阻。

例如，根据图 5-18 中分支 1、2 的条件，也可在分支 2 中减阻以达到增加其通过风量的目的。

设定：根据风量计算结果，分支 1、2 的按需供风风量应当分别为 $Q_1$、$Q_2$；如果存在 $h_1=R_1Q_1^2<h_2=R_2Q_2^2$，则可在分支 2 中减阻。分支 2 所应减小的阻力差值为

$$\Delta h_2=h_2-h_1=R_2Q_2^2-R_1Q_1^2=\Delta R_2Q_2^2=(R_2-R_2')Q_2^2 \tag{5-35}$$

式中：$R_2'$——分支 2 扩大断面后的风阻值。

则：在分支 2 中需要减小的风阻值为：

$$\Delta R_2=\frac{h_2-h_1}{Q_2^2}=\frac{R_2Q_2^2-R_1Q_1^2}{Q_2^2}=R_2-R_1\left(\frac{Q_1}{Q_2}\right)^2 \tag{5-36}$$

已知长度为 $L_2$ 的分支 2 在扩大断面（由断面面积 $S_2$ 扩大为 $S_2'$）前后的长度、支护方式、断面形状不变，即认为 $L_2'=L_2$、摩擦阻力系数 $\alpha_2'=\alpha_2$，$U_2'=U_2=C\sqrt{S_2}$（$C$ 为断面形状系数），则根据风阻计算式可得

$$R_2=\frac{\alpha_2 L_2 U_2}{S_2^3}=\frac{\alpha_2 L_2 C_2}{S_2^{5/2}}, \quad R_2'=\frac{\alpha_2' L_2' C_2'}{{S_2'}^{5/2}}=\frac{\alpha_2 L_2 C_2}{{S_2'}^{5/2}}$$

两式相除，得

$$R_2'=R_2\left(\frac{S_2}{S_2'}\right)^{5/2} \tag{5-37}$$

这样，就可以得到分支 2 的减阻值 $\Delta R_2(\text{N}\cdot\text{s}^2/\text{m}^4)$ 和需要扩大到的断面面积 $S_2'(\text{m}^2)$ 分别为：

$$\Delta R_2=R_2\left(1-\frac{S_2}{S_2'}\right)^{5/2} \tag{5-38}$$

$$S_2'=\frac{S_2}{\left(1-\frac{\Delta R_2}{R_2}\right)^{2/5}} \tag{5-39}$$

式(5-39)中的 $\Delta R_2$ 可由式(5-38)计算。

(2) 降低摩擦阻力系数。

降低分支井巷的摩擦阻力系数 $\alpha$ 减阻的方法，可归结为尽量采用阻力系数 $\alpha$ 值小的支护方式，努力改变分支井巷壁面的光滑程度或支架形式等。

(3) 清除井巷中的局部阻力物。

对于生产矿井中的生产井巷分支，应防止在井巷断面内堆积杂物。因为在有限的断面内堆积的杂物越多，由此而减小的井巷通风断面面积越多，局部阻力越大，通过的风量也就越少。

(4) 开掘并联风网。

在矿井生产实际中，当不便扩大井巷断面面积减阻时，可采取在适合的地点另开掘并联井巷分支的办法来降低局部风网的通风风阻。

(5) 缩短风流路线的总长度。

对于条件许可的矿井，应尽量缩短风流路线的长度以降低矿井通风风阻和通风阻力。

**3．增能调节法**

增能调节法是在适宜的地点通过安设辅助通风机或局部通风机等设备，通过增加通风

能量的方法以达到增加局部地点风量的目的。一般以网络中阻力小的分支阻力值为基准,在阻力大的分支中安设通风机;利用通风机产生的压能去克服大阻力分支的多余阻力值。增能调节法适用于两并联分支阻力相差较大的情况。

1) 增能调节法的主要技术措施

(1) 安设辅通、局通增能调节法。具体安设方式如下:

① 有风墙的通风机增能调节法:在需要安设通风机的大阻力分支中的适宜位置构筑风墙,将通风机安设在风墙上,如图 5-20 所示。适用于分支井巷无运输、行人任务的情形。

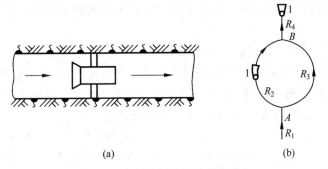

图 5-20　有风墙通风机增能调节法

② 绕道式通风机增能调节法:对于分支井巷有运输、行人任务的情形,则必须在需要安设通风机的大阻力分支一侧适宜位置开掘绕道,将通风机安设在绕道中;且还应在主分支井巷安设反向风门,以防止风流短路。如图 5-21 所示。

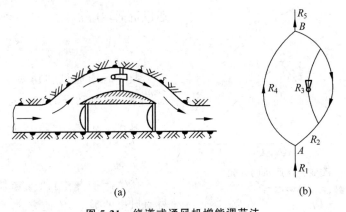

图 5-21　绕道式通风机增能调节法

(2) 利用自然风压压能调节法。适用于平硐开采或非煤矿山的开采情况。

2) 增能调节法的特点

增能调节法应用时施工相对方便,能迅速增加分支风量,还可减少矿井主通风机能耗。但采用辅通、局通等局部增能调节法时,由于设备投资大,通风机能耗多,且通风机的安全管理工作复杂,安全性差等,一般只在边界采区或采掘面中用于增风。

### 5.4.2 矿井总风量调节

当矿井（或一翼）总风量不足或过剩时，就需要进行矿井总风量调节。其实质是通过调整主通风机的工况点来调节矿井风量和压能。采用的方法主要有：改变主通风机的工作特性或改变矿井风网的总风阻。

**1. 改变主通风机的工作特性**

改变主通风机的叶轮转速 $n$、轴流式通风机叶片安装角度 $\theta$ 和离心式通风机前导器叶片角度等，都可以改变主通风机的压能特性，从而达到调节通风机所在系统总风量的目的。

1) 改变主通风机的叶轮转速 $n$ 进行调节

这种方法主要用于离心式通风机的调节。由比例定律可知，对于矿井已安装的离心式通风机，当矿井风网风阻 $R$ 不变时，通风机风量 $Q$ 与转速 $n$ 的一次方成正比，而通风机轴功率 $N$ 则与转速 $n$ 的三次方成正比，其效率基本不变。

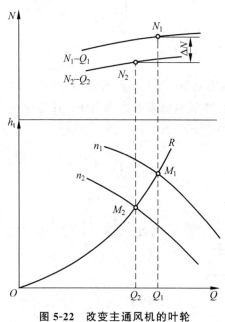

图 5-22 改变主通风机的叶轮转速 $n$ 进行调节

如图 5-22 所示，矿井风网风阻 $R$ 不变时，通风机初始特性曲线的转速为 $n_1$，工况点为 $M_1$，风量为 $Q_1$；当矿井总风量过剩，需要减小转速、降低风量时，可将通风机特性曲线调节为低转速 $n_2$ 时运转，此时通风机工况点为 $M_2$，矿井风量降低为 $Q_2$。通常已知 $n_1$、$Q_1$、$Q_2$，则根据比例定律可计算所需要的通风机低转速 $n_2$ 为

$$n_2 = n_1 \frac{Q_2}{Q_1} \tag{5-40}$$

调节后通风机轴功率也会减小，则调节前后通风机轴功率的减小量 $\Delta P$ 为：

$$\Delta P = P_1 - P_2 = P_1 \left(1 - \left(\frac{n_2}{n_1}\right)^3\right) \tag{5-41}$$

在生产矿井中，改变通风机转速的方法与通风机的类型、传递方式、驱动电动机型号等有关，其方法有多种，如改变驱动电动机与通风机之间的传动变速比法、更换电动机法、变频调速法等。

2) 改变轴流式通风机叶片安装角度 $\theta$ 进行调节

这种调节方法的实质也是改变通风机的特性曲线，与改变离心式通风机叶轮转速 $n$ 进行调节的方法类似。

3) 改变离心式通风机前导器叶片角度进行调节

对于 $G_4$-73 系列的离心式通风机，改变其前导器叶片角度也能够部分改变通风机的压能特性，从而达到改变通风机工况的目的。

## 2. 改变矿井风网的总风阻 $R$ 进行风量调节

如图 5-23 所示,矿井改造前的风阻为 $R_1$,通风机转速为 $n_1$,工况点为 $M_1$,风量为 $Q_1$;当矿井改造后的风阻降低为 $R_2$ 时,如果通风机特性不变,则其工况点可移动到 $M_2$,风量会增加到 $Q_2$,这可能大于矿井生产所需风量 $Q_3$。为此,还应当降低通风机转速至 $n_2$,即:

$$n_2 = n_1 \frac{Q_3}{Q_2} \tag{5-42}$$

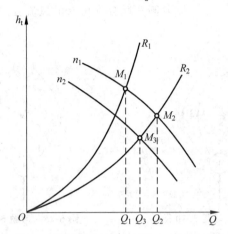

图 5-23 改变矿井风网的总风阻 $R$ 进行风量调节

生产矿井中,常见的用于改变矿井风阻特性的调节方法有如下两种:

1) 风硐闸门调节法

比较适合于轴流式通风机。如果在通风机风硐内安设调节闸门,则通过改变闸门的开口大小就能够很方便地改变通风机的总工作风阻,从而可调节通风机的工作风量。

这种方法的特点是它只能控制通风机风量而不能节能。

轴流式通风机的压能特性曲线比较陡,总风阻 $R$ 增减变化时,通风机风量 $Q$ 的变化幅度不大,故通常不采用风硐闸门调节法。

2) 调整矿井通风网络降低矿井总风阻 $R$

当矿井总风量不足时,如果能降低矿井总风阻,则不仅可增大矿井总风量,而且可以降低矿井总阻力,实现降阻、增风、节能、安全性提高等多种目标。

# 习题

5.1 什么是通风网络?其主要构成元素是什么?

5.2 如何绘制通风网络图?对于给定矿井其形状是否固定不变?

5.3 简述风路、回路、独立回路、独立分支、生成树、余树等基本概念的含义。

5.4 矿井通风网络中风流流动的基本规律有哪几个?写出其数学表达式。

5.5 比较串联风路与并联风网的特点。

5.6 写出角联分支的风向判别式,分析影响角联分支风向的因素。

5.7 矿井风量调节的措施可分为哪几类?比较它们的优缺点。

5.8 矿井通风网络解算问题的实质是什么？

5.9 比较各种风量调节计算方法的特点。

5.10 如图 5-24 所示并联风网，已知各分支风阻：$R_1=1.274, R_2=1.47, R_3=1.078, R_4=1.568$，单位为 $N \cdot s^2/m^8$；总风量 $Q=36 \text{ m}^3/\text{s}$。求①并联风网的总风阻；②各分支风量。

5.11 如图 5-25 所示角联风网，已知各分支风阻：$R_1=3.92, R_2=0.0752, R_3=0.98, R_4=0.4998$，单位为 $N \cdot s^2/m^8$。试判断角联分支位 5 的风流方向。

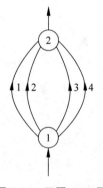
图 5-24　习题 5.10 图

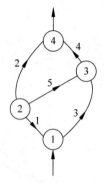
图 5-25　习题 5.11 图

5.12 如图 5-26 所示并联风网，已知各分支风阻：$R_1=1.186, R_2=0.794$，单位为 $N \cdot s^2/m^8$；总风量 $Q=40 \text{ m}^3/\text{s}$；巷道断面面积 $S_1=5 \text{ m}^2$。求①分支 1 和 2 中的自然分风量 $Q_1$ 和 $Q_2$；②若分支 1 需风量 $10 \text{ m}^3/\text{s}$，分支 2 需风量 $30 \text{ m}^3/\text{s}$；采用风窗调节，风窗应设在哪个分支？风窗风阻和开口面积各为多少？

5.13 某矿通风网络的结构参数及各分支风阻、高程和位能差列于表 5-1 中。①画出通风网络图；②用网络解算程序分别解算有无自然风压时的风量分配情况。通风机特性点：(14,2520)、(18,2030)、(22,1100)。

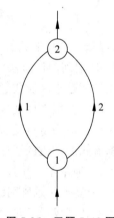
图 5-26　习题 5.12 图

表 5-1　通风网络基础数据

| 分支 | 始节点 | 末节点 | 高差/m | 位能差/Pa | 风阻/(N·s²/m⁸) |
|---|---|---|---|---|---|
| 1 | 7 | 1 | 300 | 369.3 | 0.29 |
| 2 | 1 | 4 | 0 | 0 | 1.5 |
| 3 | 1 | 2 | 0 | 0 | 1.4 |
| 4 | 2 | 3 | 100 | 122.5 | 1.2 |
| 5 | 4 | 3 | 100 | 122.5 | 1.0 |
| 6 | 2 | 5 | 200 | 244.2 | 4.26 |
| 7 | 5 | 6 | 0 | 0 | 0.6 |
| 8 | 4 | 6 | 200 | 244.2 | 9.0 |
| 9 | 6 | 7 | 100 | 121.1 | 2.29 |
| 10 | 3 | 5 | 100 | 121.6 | 0.8 |

5.14 如图5-27所示通风网络,已知各分支风阻:$R_1=0.14, R_2=0.11, R_3=0.21, R_4=0.32, R_5=0.15, R_6=0.19, R_7=0.23, R_8=0.44$,单位为$N \cdot s^2/m^8$。需风分支风量为$q_1=15, q_3=10, q_6=15, q_8=10$,单位为$m^3/s$。①若确定在分支3、4和8中进行调节,试用回路法求调节方案。②若事先不确定调节分支,试用通路法求增阻调节方案。

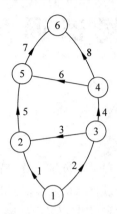

图5-27 习题5.14图

# 第6章 局 部 通 风

本章主要讨论局部通风的方法、局部通风量计算、局部通风设备和局部通风系统设计。弄清它们之间的联系及区别,是正确进行煤矿通风研究和实践的基础。

无论在新建、改建、扩建或生产矿井中,都需开掘大量的井巷工程,以便准备新的采区和采煤工作面。开掘井巷时,为了稀释和排除自煤(岩)体涌出的有害气体,爆破产生的炮烟和矿尘以及保持良好的气候条件,必须进行不间断的通风。这种井巷只有一个出口(称独头巷道),不能形成贯穿风流,故必须采用导风设施,使新鲜风流与污浊风流隔开。这种利用局部通风机或主要通风机产生的风压对局部地点进行通风的方法称为局部通风。

## 6.1 局部通风方法

局部通风方法按照通风动力形式不同可分为局部通风机通风、矿井全风压通风和引射器通风三种。其中最常用的是局部通风机通风的方法。

### 6.1.1 局部通风机通风

利用局部通风机作动力,通过风筒导风的通风方法称局部通风机通风,它是目前局部通风最主要的方法。常用通风方式:压入式通风、抽出式通风和混合式通风。

**1. 压入式通风**

压入式通风是指通风机向井下或风筒内压入空气的通风方法。压入式通风的布置方式如图 6-1 所示,局部通风机及其附属装置安装在离掘进巷道口 10 m 以外的进风侧,将新鲜风流经风筒输送到掘进工作面,污风沿掘进巷道排出。

在巷道边界条件下,一般有:

$$L_s = (4 \sim 5)\sqrt{S} \tag{6-1}$$

式中:$S$——巷道断面面积,$m^2$。

压入式通风方法的主要特点:

(1) 局部通风机及电器设备布置在新鲜风流中;

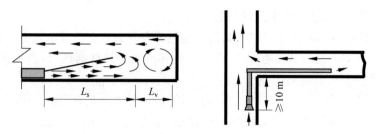

$L_s$—从风筒出口至射流反向的最远距离(即扩张段和收缩段总长,也称射流有效射程);

$L_v$—在有效射程以外的独头巷道(会出现循环涡流区)。

**图 6-1 压入式通风布置方式**

(2) 有效射程远,工作面风速大,排烟效果好;

(3) 可使用柔性风筒,使用方便;

(4) 由于 $p_内 > p_外$,风筒漏风对巷道排污有一定作用。

压入式通风方式的要求:

(1) $Q_局 < Q_巷$,避免产生循环风;

(2) 局部通风机入口与掘进巷道距离大于 10 m;

(3) 风筒出口至工作面距离小于 $L_s$。

**2. 抽出式通风**

抽出式通风是指通风机从井下或局部地点抽出污浊空气的通风方法。抽出式通风布置以及排污风过程如图 6-2 所示。局部通风机安装在离掘进巷道 10 m 以外的回风侧。新风沿巷道流入,污风通过风筒由局部通风机抽出。

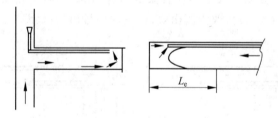

$L_e$—有效吸程。

**图 6-2 抽出式通风布置及排污风过程**

通风机工作时风筒吸口吸入空气的作用范围称为有效吸程 $L_e$。在巷道边界条件下,其一般计算式为:

$$L_e = 1.5\sqrt{S} \tag{6-2}$$

抽出式通风方法的特点:

(1) 新鲜风流沿巷道进入工作面,劳动条件好;

(2) 污风通过通风机;

(3) 有效吸程小,延长通风时间,排烟效果不好;

(4) 需用刚性风筒或带金属骨架的可伸缩柔性风筒。

### 3. 压入式通风和抽出式通风的比较

(1) 压入式通风时,局部通风机及其附属电气设备均布置在新鲜风流中,污风不通过局部通风机,安全性好;而抽出式通风时,含瓦斯的污风通过局部通风机,若局部通风机不具备防爆性能,则是非常危险的。

(2) 压入式通风风筒出口风速和有效射程均较大,可防止瓦斯层状积聚,且因风速较大而提高散热效果。然而,抽出式通风有效吸程小,掘进施工中难以保证风筒吸入口到工作面的距离在有效吸程之内。与压入式通风相比,抽出式通风风量小,工作面排污风所需时间长、速度慢。

(3) 压入式通风时,掘进巷道涌出的瓦斯向远离工作面方向排走;而抽出式通风时,巷道壁面涌出的瓦斯随风流向工作面,安全性较差。

(4) 抽出式通风时,新鲜风流沿巷道进向工作面,整个井巷空气清新,劳动环境好;而压入式通风时,污风沿巷道缓慢排出,当掘进巷道越长,排污风速度越慢,受污染时间越久。

(5) 压入式通风可用柔性风筒,其成本低、重量轻,便于运输,而抽出式通风的风筒承受负压作用,必须使用刚性或带刚性骨架的可伸缩风筒,成本高,质量大,运输不便。

### 4. 混合式通风

混合式通风是压入式和抽出式两种通风方式的联合运用,按局部通风机和风筒的布设位置,分为长抽短压、长压短抽。

1) 长抽短压(前压后抽)

工作面的污风由压入式风筒压入的新风予以冲淡和稀释,由抽出式主风筒排出(图 6-3(a))。其中抽出式风筒须用刚性风筒或带刚性骨架的可伸缩风筒,若采用柔性风筒,则可将抽出式局部通风机移至风筒入风口,改为压出式,由里向外排出污风(图 6-3(b))。

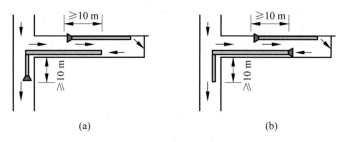

图 6-3 长抽短压通风方式

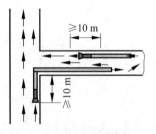

图 6-4 长压短抽通风方式

2) 长压短抽(前抽后压)

新鲜风流经压入式长风筒送入工作面,工作面污风经抽出式通风除尘系统净化,被净化后的风流沿巷道排出。其布置方式如图 6-4 所示。

混合式通风的主要特点:

(1) 混合式通风是大断面长距离岩巷掘进通风的较好方式;

(2) 主要缺点是降低了压入式与抽出式两列风筒重叠

段巷道内的风量,当掘进巷道断面大时,风速就更小,则此段巷道顶板附近易形成瓦斯层状积聚。

## 6.1.2 矿井全风压通风

全风压通风是利用矿井主要通风机的风压和通风设施向采、掘工作面和硐室等用风地点供风的方法。其通风量取决于可利用的风压和风路风阻。

按照导风设施的不同全风压通风可分为:风筒导风、平行巷道导风、钻孔导风、风障导风。

**1. 风筒导风**

在巷道内设置挡风墙截断主导风流,用风筒把新鲜空气引入掘进工作面,污浊空气从独头掘进巷道中排出。如图 6-5 所示。

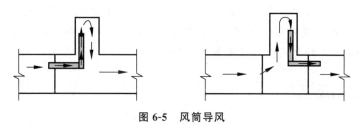

图 6-5 风筒导风

此种方法辅助工程量小,风筒安装、拆卸比较方便,通常用于需风量不大的短巷掘进通风中。

**2. 平行巷道导风**

掘进主巷的同时,在附近与其平行掘一条配风巷,每隔一定距离在主、配巷间开掘联络巷,形成贯穿风流,当新的联络巷沟通后,旧联络巷即封闭。两条平行巷道的独头部分可用风障或风筒导风,巷道的其余部分用主巷进风,配巷回风。平行巷道导风如图 6-6 所示。

平行巷道导风的主要优点是可以利用主要通风机的风压对掘进工作面通风,比较可靠;多一个安全出口。当掘进巷道发生瓦斯突出、冒顶和突水事故时,有利于人员撤退,所以在煤层内特别是在有煤与瓦斯突出的煤层内掘进巷道时,一般采用平行巷道掘进法。

**3. 钻孔导风**

离地表或邻近水平较近处掘进长巷反眼或上山时,可用钻孔提前沟通掘进巷道,以便形成贯穿风流。如图 6-7 所示。

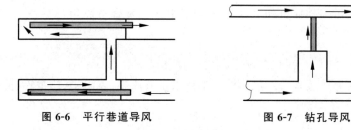

图 6-6 平行巷道导风　　　　图 6-7 钻孔导风

这种通风方法曾被应用于煤层上山的掘进通风,取得了良好的排瓦斯效果。

**4. 风障导风**

在巷道内设置纵向风障,把风障上游一侧的新风引入掘进工作面,清洗后的污风从风障下游一侧排出,如图 6-8 所示。

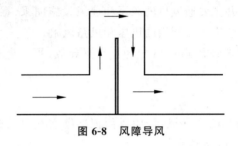

图 6-8 风障导风

这种导风方法,构筑和拆除风障的工程量大。适用于短距离或无其他好方法可用时采用。风障材料应视掘进巷道的长度而定,掘进巷道较短时可用帆布、木板;掘进巷道较长时则用砖石,或在两层木板之间充填黄土等材料建造。

### 6.1.3 引射器通风

利用引射器产生的通风负压,通过风筒导风的通风方法称引射器通风(图 6-9)。引射器通风一般都采用压入式。

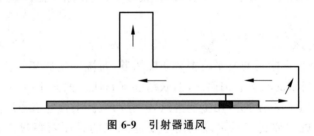

图 6-9 引射器通风

利用引射器通风的优点是无电气设备,无噪声;还具有降温、降尘作用;在煤与瓦斯突出严重的煤层掘进时,用它代替局部通风机通风,设备简单,安全性较高。缺点是风压低、风量小、效率低,并存在巷道积水问题。

## 6.2 局部通风装备

局部通风装备是由局部通风动力设备、风筒及其附属装置组成的。

### 6.2.1 风筒

风筒是最常见的导风装置。对风筒的基本要求是漏风小、风阻小、质量轻、拆装简便。

**1. 风筒种类**

风筒按其材料力学性质可分为刚性和柔性两种。

刚性风筒是用金属板或玻璃钢材制成。玻璃钢风筒比金属风筒轻便、抗酸碱腐蚀性强、摩擦阻力系数小。

柔性风筒是应用更广泛的一种风筒,通常用橡胶、塑料制成。其最大优点是轻便,可伸缩、拆装搬运方便。

**2. 风筒接头**

刚性风筒一般采用法兰盘连接方式。柔性风筒的接头方式有插接、单反边接头、双反边接头(图 6-10(a))、活塞环多反边接头(图 6-10(b))、螺圈接头(图 6-10(c))等多种形式。

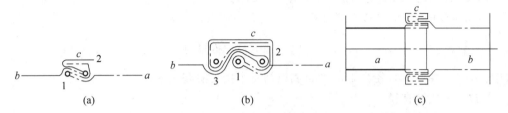

图 6-10　几种柔性风筒的接头方式

(a) 双反边接头;(b) 活塞环多反边接头;(c) 螺圈接头

**3. 风筒的阻力**

计算公式参见前文。风筒摩擦阻力系数见表 6-1 和表 6-2。

表 6-1　金属风筒摩擦阻力系数

| 风筒直径/mm | 200 | 300 | 400 | 500 | 600 | 800 |
| --- | --- | --- | --- | --- | --- | --- |
| $\alpha/(10^4 \text{N} \cdot \text{s}^2/\text{m}^4)$ | 49 | 44.1 | 39.2 | 34.3 | 29.4 | 24.5 |

表 6-2　JZK 系列玻璃钢风筒摩擦阻力系数

| 风筒型号 | JZK-800-42 | JZK-800-50 | JZK-700-36 |
| --- | --- | --- | --- |
| $\alpha/(10^4 \text{N} \cdot \text{s}^2/\text{m}^4)$ | 19.6~21.6 | 19.6~21.6 | 19.6~21.6 |

**4. 风筒漏风**

刚性风筒的漏风主要发生在接头处,柔性风筒不仅接头而且全长的壁面和缝合针眼都有漏风,故风筒漏风属连续的均匀漏风。因此,应用始末端风量的几何平均值作为风筒的风量 $Q(\text{m}^3/\text{min})$,即

$$Q = \sqrt{Q_a \cdot Q_h} \tag{6-3}$$

式中:局部通风机风量 $Q_a$ 与风筒出口风量 $Q_h$ 不相等,$Q_a$ 与 $Q_h$ 之差就是风筒的漏风量 $Q_l$。

1) 漏风率

风筒漏风量占局部通风机工作风量的百分数称为风筒漏风率 $\eta_l$。

$$\eta_l = \frac{Q_l}{Q_a} \times 100\% = \frac{Q_a - Q_h}{Q_a} \times 100\% \tag{6-4}$$

$\eta_l$ 虽能反映风筒的漏风情况,但不能作为对比指标。故常用百米漏风率 $\eta_{l100}$ 表示:

$$\eta_{l100} = \eta_l/L \times 100$$

式中:$L$——风筒长度,m。

2) 有效风量率

掘进工作面风量占局部通风机工作风量的百分数称为有效风量率 $p_e$。

$$p_e = \frac{Q_h}{Q_a} \times 100\% = \frac{Q_a - Q_l}{Q_a} \times 100\% = (1 - \eta_l) \times 100\% \tag{6-5}$$

3) 漏风系数

风筒有效风量率的倒数称为风筒漏风系数 $p_q$。

金属风筒的 $p_q$ 值可按下式计算:

$$p_q = \left(1 + \frac{1}{3} KDn \sqrt{R_0 L}\right)^2 \tag{6-6}$$

式中:$K$——相当于直径为 1 m 的金属风筒每个接头的漏风率;

$D$——风筒直径,m;

$n$——风筒接头数,个;

$R_0$——每米长风筒的风阻,N·s$^2$/m$^8$;

$L$——风筒全长,m。

柔性风筒的 $p_q$ 值可以按下式计算

$$p_q = \frac{1}{1 - n\eta_j} \tag{6-7}$$

式中:$n$——接头数,个;

$\eta_j$——一个接头的漏风率。

**5. 新型风筒**

目前煤矿用负压通风的风筒通常有两种,一种是刚性风筒,另一种是带刚性骨架的可伸缩式风筒。其中刚性风筒的特点是:坚固耐用,通风阻力小,但是成本高、易腐蚀、笨重、拆装运输不便,变形后不易修复,接头多,漏风严重,所以逐渐被淘汰。带刚性骨架的可伸缩式风筒的特点是长度可以伸缩,每节较长,使用快速接头连接,使用方便,存在的问题是风阻较大,骨架处的风筒布易磨损,从而造成漏风,所以在有些煤矿现在已禁止使用这种风筒。新设计的这种组合式负压风筒汲取了这两种风筒的长处,通风阻力小,且易于拆装运输,并且可多次重复使用,可完全代替以上两种风筒。

矿用组合式风筒是由风筒体、风筒接头、风筒布、连接螺栓、吊挂装置、风筒布接头等组成。风筒内径为 600 mm,内部骨架每一段长为 1500 mm。

风筒的内部骨架如图 6-11 所示,风筒体由 3 片相同的不锈钢片组成,这 3 片风筒体可组成一个完整的圆筒,每片风筒体两端都钻有孔,可用螺栓固定在风筒接头上,为增加其强度可在它上面安装加强筋。风筒接头的两端均钻有安装螺栓的孔,一端用螺栓固定 3 片风筒体,另一端再用螺栓固定另外 3 片风筒体。这样一直

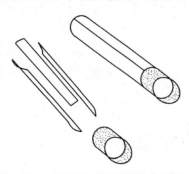

图 6-11 矿用组合式负压风筒内部骨架

循环,直至达到所需要的长度为止。然后用直径也为 600 mm 风筒布罩到连接成的风筒体上。如果风筒布不够长,则可用风筒布快速接头进行连接。最后用吊挂装置将风筒体吊挂在巷道壁上,为防止风筒骨架在吊挂中变形,可在风筒骨架的接头处吊挂。这样就组成一个组合式的负压风筒。当风筒内部传递负压时,在大气压力下,风筒布紧箍在风筒体上,能够防止漏风,气流则在风筒骨架内部流动。

矿用组合式负压风筒可进行完全的分解和组装,所以在井下运输非常方便;由于在筒体外部罩上了完整的风筒布,所以漏风量很小。而且其内完全由组装好的钢质圆风筒组成,内壁光滑,风阻很小。

### 6.2.2 引射器

利用引射器产生的通风负压,通过风筒导风的通风方法称引射器通风。引射器通风一般采用压入式。

进入引射器混合的流体,在工程中有的是气相,有的是液相,有的是气体、液体和固体的混合物。因此,到目前为止对引射器还没有一个统一的分类方法,而且名称不一,例如,引射器、喷射器(表 6-3)、混水器、射流器等,但是人们常以在引射器中相互作用介质的状态来分类。一般可以分为如下三类:

(1) 工作和引射介质的集态相同的引射器;

(2) 工作和引射介质处于不同的集态,它们在混合过程中集态也不改变的引射器;

(3) 介质的集态发生改变的引射器。在这类引射器里,工作和引射流体,在混合之前处于不同的相态,混合后变成同一相态,即在混合过程中其中一种流体的相态发生改变。

表 6-3 某系列水力喷射器性能参数

| 型号规格 | 流水条件 | | | 极限真空度/mmHg | 最大抽气量/$(m^3/h)$ |
|---|---|---|---|---|---|
| | 流量/$(m^3/h)$ | 压力/MPa | 配离心泵 | | |
| SPB50-120 | >25 | 0.3 | FS65×40-30 | >720 | 120 |
| SPB-72 | >25 | 0.3 | FS65×40-30 | >720 | 72 |

注:1 mmHg=0.133 kPa。

采用引射器通风的优点是无电气设备,无噪声;还具有降温、降尘作用;在煤与瓦斯突出严重的煤层掘进时,用它代替局部通风机通风,设备简单,安全性较高。缺点是风压低、风量小、效率低,并存在巷道积水问题。

## 6.3 局部通风系统设计

### 6.3.1 局部通风系统的设计原则

(1) 矿井和采区通风系统设计应为局部通风创造条件。

(2) 局部通风系统要安全可靠、经济合理和技术先进。

(3) 尽量采用技术先进的低噪、高效型局部通风机。

(4) 压入式通风宜用柔性风筒,抽出式通风宜用带刚性骨架的可伸缩风筒或完全刚性的风筒。风筒材质应选择阻燃、抗静电型。

（5）当一台通风机不能满足通风要求时可考虑选用两台或多台通风机联合运行。

### 6.3.2 局部通风设计步骤

（1）确定局部通风系统，绘制掘进巷道局部通风系统布置图；
（2）按通风方法和最大通风距离，选择风筒类型与直径；
（3）计算通风机风量和风筒出口风量；
（4）按掘进巷道通风长度变化，分阶段计算局部通风系统总阻力；
（5）按计算所得局部通风机设计风量和风压，选择局部通风机；
（6）按矿井灾害特点，选择配套安全技术装备。

### 6.3.3 通风方法的选择

掘进工作面通风方法的选择要根据井巷具体情况而定。

在煤层中单巷掘进时，多采用局部通风机作压入式通风。局部通风机必须安设在新鲜风流中。若局部通风机需要串联作业，则只允许采用集中串联，不能采用间隔串联。

采用双巷掘进时，可以采用矿井总风压与局部通风机联合通风的方法。为了利用矿井总风压和缩短独头巷道通风长度，除靠近掘进工作面一个风眼外，其余风眼都要砌筑密闭，形成可取的通风路线。两个掘进工作面，可用一台压入式局部通风机，也可用两台局部通风机分别通风。后一种方法容易保证两个工作面的合理配风。

### 6.3.4 通风机的风量风压计算

根据掘进工作面所需风量 $Q_h$ 和风筒的漏风情况，用下式计算通风机的工作风量 $Q_a$ 为：

$$Q_a = p_q Q_h \tag{6-8}$$

式中：$p_q$——风筒漏风系数。

压入式通风时，设风筒出口动压损失为 $h_{vo}$，则局部通风机全风压 $H_t$ 为：

$$H_t = R_f Q_a Q_h + h_{vo} = R_f Q_a Q_h + 0.811 \rho \frac{Q_h^2}{D^4} \tag{6-9}$$

式中：$R_f$——压入式风筒的总风阻，$N \cdot s^2 / m^8$；其余符号含义同前。

抽出式通风时，设风筒入口局部阻力系数 $\xi_e = 0.5$，则局部通风机静风压 $H_s$ 为：

$$H_s = R_f Q_a Q_h + 0.406 \rho \frac{Q_h^2}{D^4} \tag{6-10}$$

### 6.3.5 通风设备的选择

根据需要的 $Q_a$、$H_t$ 值在各类局部通风机特性曲线上，确定局部通风机的合理工作范围，选择长期运行效率较高的局部通风机。

现场通常根据经验选取局部通风机,工作面局部通风机与风筒配套使用的经验数据见表 6-4。

表 6-4　局部通风机和风筒配套经验数据

| 通风距离/m | 掘进工作面有效风量/($m^3$/min) | 选用风筒/mm | 选用局部通风机 BKJ 型 | JBT 型 | 功率/kW | 台数 | 备注 |
|---|---|---|---|---|---|---|---|
| <200 | 60~70 | 385 | BKJ60-No.4 | JBT-41 | 2 | 1 | |
| 300 | 60~70 | 385 | BKJ60-No.4 | JBT-42 | 4 | 1 | — |
| <300 | 120 | 460~485 | BKJ56-No.5 | JBT-51 | 5.5 | 1 | |
| 300~500 | 60~70 | 460~485 | BKJ56-No.5 | JBT-51 | 5.5 | 1 | |
| | 120 | 460~485 | 2BKJ56-No.5 | JBT-52 | 11 | 1 | — |
| | 120 | 600 | BKJ56-No.5 | JBT-51 | 5.5 | 1 | |
| 500~1000 | 60~70 | 460~485 | 2BKJ56-No.5 | JBT-51 | 11 | 1 | |
| | 60~70 | 600 | BKJ56-No.5 | JBT-52 | 5.5 | 1 | — |
| | 600 | 800 | 2BKJ56-No.5 | JBT-51 | 11 | 1 | |
| >1000 | 60~70 | 600 | 2BKJ56-No.5 | | 11 | 1 | 节长 50 m |
| 1500 | 250 | 800 | BKJ56-No.6 | JBT-52 | 28 | 1 | |
| 2000 | 500 | 1000 | BKJ56-No.6 | | 28 | 1 | |

## 6.3.6　安全与管理措施

**1. 保证局部通风机稳定可靠运转**

1)双通风机、双电源、自动换机和风筒自动倒风装置

正常通风时由专用开关供电,使局部通风机运转通风;一旦常用局部通风机因故障停机,则电源开关自动切换,备用通风机即刻启动,继续供风,从而保证局部通风机的连续运转。由于双通风机共用一套主风筒,通风机要实现自动倒台,则连接两通风机的风筒也必须能够自动倒风。风筒自动倒风装置有以下两种结构。

(1)短节倒风。

将连接常用通风机风筒一端的半周与连接备用通风机风筒一端的半周胶黏、缝合在一起(其长度为风筒直径的1~2倍),套入共用风筒,并对接头部位进行粘连防漏风处理,即可投入使用。常用通风机运转时,由于通风机风压作用,连接常用通风机的风筒被吹开,将与此并联的备用通风机风筒紧压在双层风筒段内,关闭备用通风机风筒。若常用通风机停转,备用通风机启动,则连接常用通风机的风筒被紧压在双层通风筒段内,关闭常用通风机风筒,从而达到自动倒风换流的目的。

(2)切换片倒风。

在连接常用通风机的风筒与连接备用通风机的风筒之间平面夹黏一片长度等于风筒直径1.5~3.0倍、宽度大于1/2风筒周长的倒风切换片,将其嵌套在共用风筒内并胶黏在一起,经防漏风处理后便可投入使用。常用通风机运行时,由于通风机风压作用,倒风切换片将连接备用通风机的风筒关闭。若常用通风机停机,备用通风机启动,则倒风切换片又将连接常用通风机的风筒关闭,从而达到自动倒风换流的目的。

2) "三专两闭锁"装置

"三专"是指专用变压器、专用开关、专用电缆,"两闭锁"则指风、电闭锁和瓦斯、电闭锁。其功能是:只有在局部通风机正常供风、掘进巷道内的瓦斯浓度不超过规定限值时,方能向巷道内机电设备供电;当局部通风机停转时,自动切断所控机电设备的电源;当瓦斯浓度超过规定限值时,系统能自动切断瓦斯传感器控制范围内的电源,而局部通风机仍可照常运转。若局部通风机停转、停风区内瓦斯浓度超过规定限值,则局部通风机便自行闭锁,重新恢复通风时,要人工复电,先送风,当瓦斯浓度降到安全容许值以下时才能送电。从而提高了局部通风机连续运转供风的安全可靠性。

3) 局部通风机遥信装置

局部通风机遥信装置的作用是监视局部通风机开停运行状态。高瓦斯和突出矿井所用的局部通风机要安设载波遥信器,以便实时监视其运转情况。

4) 积极推行使用局部通风机消声装置

消声装置的作用是降低局部通风机机体内部气流冲击产生的噪声。

**2. 加强瓦斯检查和监测**

(1) 安设瓦斯自动报警断电装置,实现瓦斯遥测。

(2) 放炮员配备瓦斯检测器,坚持"一炮三检"。在掘进作业装药前、放炮前和放炮后都要认真检查放炮地点附近的瓦斯。

(3) 实行专职瓦斯检查员随时检查瓦斯制度。

**3. 避免矿井循环风措施**

利用局部通风机对掘进工作面进行通风时,由局部通风机送到掘进工作面的风流,清洗工作面后的回风,有一部分或者全部又进入同一台局部通风机的现象,称为循环风。这种情况在井下是经常遇到的。循环风的危害是:

(1) 回风流中一般含有瓦斯,当其再进入局部通风机时,由于通风机叶片的高速旋转,会与风流中的粉尘发生摩擦而产生火花,可能引燃瓦斯。

(2) 由于部分污风不断循环送到掘进工作面,使掘进工作面的瓦斯和粉尘浓度不断增加,可能引起瓦斯、煤尘事故。

(3) 使掘进工作面的气候条件恶化,损害工作人员的健康。

产生循环风的主要原因包括两方面:局部通风机安设位置不当,即过于靠近掘进工作面的回风口,由于风流的扩散作用,造成部分回风进入通风机;局部通风机的吸风量大于由全风压供给该处的风量。

具体防止循环风的措施是:

(1) 压入式局部通风机和启动装置,必须安装在进风巷中,距回风口不得小于 10 m。

(2) 局部通风机的吸入风量必须小于全风压供给该处的风量。

(3) 经常检查是否发生循环风,检查的简单方法是,站在通风机一侧,用手将粉笔末捻下,如果观察到粉笔末飘向通风机吸风口,说明发生了循环风,反之,则表明无循环风。

**4. 综合防尘措施**

当用钻眼爆破法掘进时,钻眼、爆破、装岩工序产生矿尘,其中以凿岩产尘量最高;当用综掘机掘进时,切割和装载工序以及综掘机整个工作期间,矿尘产生量都很大。因此,要做到湿式煤电钻打眼,爆破使用水炮泥,综掘机内外喷雾。要有完善的洒水除尘和灭火两用的供水系统,实现放炮喷雾、装煤岩洒水和转载点喷雾,安设喷雾水幕净化风流,定期用预设软管冲刷清洁巷道,从而达到减少矿尘的飞扬和堆积。

**5. 防火防爆安全措施**

机电设备严格采用防爆型及安全火花型;局部通风机、装岩机和煤电钻都要采用综合保护装置;移动式和手持式电气设备必须使用专用的不延燃性橡胶电缆;照明、通信、信号和控制专用导线必须用橡套电缆。高瓦斯及突出矿井要使用乳化炸药,逐步推广屏蔽电缆和阻燃抗静电风筒。

**6. 隔爆与自救措施**

矿井必须设置安全可靠的隔爆设施,所有人员必须携带自救器。煤与瓦斯突出矿井的煤巷掘进,应安设防瓦斯逆流灾害设施,如防突反向风门、风筒和水沟防逆风装置以及压风急救袋和避难硐室,并安装直通地面调度室的电话。

# 习题

6.1 结合图形比较压入式和抽出式通风的布置方式和工作原理。
6.2 简述引射器通风的原理、优缺点及适用条件。
6.3 简述压入式通风的排烟过程及其技术要求。
6.4 简述矿井全风压通风分为哪几种,工作原理是什么。
6.5 试述混合式通风的适用场合及其布置方式。
6.6 有效射程、有效吸程、炮烟抛掷长度及稀释安全长度的含义是什么?
6.7 可控循环通风的含义及其优缺点、适用条件是什么?
6.8 长距离独头巷道通风在技术上有何困难,应如何克服?
6.9 简述如何按照风速验算风量。
6.10 简述风筒有效风量率、漏风率、漏风系数的含义及其相互关系。
6.11 分析影响风筒阻力的主要因素有哪些。
6.12 试述局部通风设计步骤。
6.13 局部通风装备选型的一般原则是什么?
6.14 保证掘进通风安全顺利进行的措施有哪些?
6.15 影响局部通风机性能的因素有哪些?如何根据这些因素做出改进?
6.16 简述刚性和柔性风筒的适用场合和使用方法。
6.17 某风筒长 1000 m,直径 800 mm,接头风阻 $R_j = 0.2 \text{ N} \cdot \text{s}^2/\text{m}^8$,节长 50 m,风筒摩擦阻力系数 $0.003 \text{ N} \cdot \text{s}^2/\text{m}^4$,风筒拐两个 90°弯,试计算风筒的总风阻。
6.18 为开拓新区而掘进的运输大巷,长度 1800 m,断面为 12 m²,一次爆破炸药量为 15 kg,若风筒直径为 600 mm 的胶布风筒,双反边连接,风筒节长 50 m,风筒百米漏风率为 1%。试进行该巷道掘进局部通风设计:①计算工作面需风量;②计算局部通风机工作风量和风压;③选择局部通风机型号、规格和台数;④若风筒直径选 800 mm 的胶布风筒,其他条件不变时,再重新选择局部通风机的型号、规格和台数。

# 第7章

# 通风系统与通风设计

本章主要介绍矿井通风系统与主要通风机工作方法;通风构筑物及矿井漏风;矿井通风系统设计;矿井通风能力核定;矿井可控循环风等内容。本章内容是全书的重点,是熟悉矿井通风系统、进行矿井通风设计及通风能力核定的基础。

## 7.1 矿井通风系统

矿井通风系统是向矿井各作业地点供给新鲜空气、排出污浊空气的通风网路、通风动力和通风控制设施的总称。

矿井通风系统是矿井生产系统的重要组成部分,其设计合理与否对全矿井的安全生产及经济效益具有长期而重要的影响。矿井通风设计是矿井设计的主要内容之一,是反映矿井设计质量和水平的主要因素。

### 7.1.1 矿井通风方式及其适用条件

矿井通风系统至少应有一个进风井和一个出风井。根据矿井进、出风井在井田内位置的不同,矿井通风方式可分为中央式(包括中央并列式、中央分列式(又叫中央边界式))、对角式(包括两翼对角式、分区对角式)、分区式及混合式等类型。

**1. 中央式**

矿井的进风井均位于井田走向的中央,出风井位于井田走向的中央或井田沿边界走向中部的通风方式。根据进、出风井沿煤层倾斜方向相对位置的不同,又分为中央并列式和中央分列式(中央边界式)。

1) 中央并列式

中央并列式通风方式如图7-1所示,它是指进风井和出风井并列位于井田走向中央工业广场内的通风方式。

主要优点:建井工期较短,初期投资少、出煤快;两井底便于贯通,可以开掘到第一水平,也可将出风井只掘至回风水平;矿井反风容易,便于管理。

主要缺点:风流在井下的流动路线为折返式,风流路线相对较长、阻力大;井底车场附近压差大、漏风难以控制；出风井排出的乏风容易污染附近建筑与大气环境。

中央并列式一般适用于煤层倾角大、埋藏深、井田走向长度较小、瓦斯与煤层自然发火都不严重的矿井。

2) 中央分列式(中央边界式)

如图 7-2 所示，进风井位于井田走向的中央，出风井位于井田沿边界走向中部的通风方式。在倾斜方向上两井相隔一段距离，一般出风井的井底高于进风井的井底。

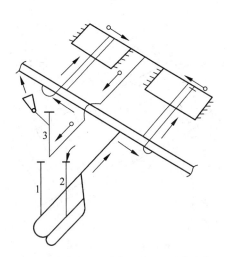

1—主井(提升)；2—副井(进风)；3—出风井。

图 7-1 中央并列式通风方式

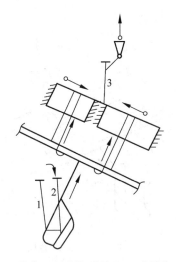

1—主井；2—副井(进风)；3—出风井。

图 7-2 中央分列式通风方式

中央分列式的主要优点：矿井通风阻力较小，内部漏风较小；工业广场不受主要通风机噪声的影响及出风井乏风的污染。其主要缺点：风流在井下的流动路线为折返式，风流路线长、阻力较大。

中央分列式一般适用于煤层倾角较小、埋藏较浅、井田走向长度不大、瓦斯与煤层自然发火都比较严重的矿井。

### 2. 对角式

1) 两翼对角式

两翼对角式通风如图 7-3 所示，进风井位于井田中央，回风井位于两翼，或回风井位于井田中央，进风井位于两翼。如果只有一个回风井，且进、回风井分别位于井田的两翼称为单翼对角式。

两翼对角式通风的优点：风流在井下的流动路线是直向式，风流线路短、阻力小，内部漏风少；安全出口多、抗灾能力强；便于进行矿井风量调节；矿井风压比较稳定；工业广场不受回风污染和主要通风机噪声的危害。其主要缺点：井筒安全煤柱压煤较多，初期投资大、投产较晚。

两翼对角式通风适用于煤层走向大于 4 km、井型较大、瓦斯与自然发火严重的矿井，或煤层走向较长、产量较大的低瓦斯矿井。

2) 分区对角式

分区对角式通风方式如图 7-4 所示，进风井位于井田走向的中央，在各采区开掘一个不深的小回风井,无总回风巷。

分区对角式通风的优点:每个采区均有独立的通风系统,互不影响,便于风量调节;安全出口多、抗灾能力强;建井工期短;初期投资少、出煤快。其主要缺点:占用设备多、管理分散、矿井反风困难。

分区对角式通风适用于煤层埋藏浅,或因地表高低起伏较大、无法开掘总回风巷的矿井。

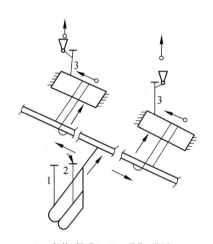

1—主井(提升);2—副井(进风)。

图 7-3 两翼对角式通风方式

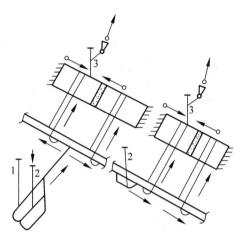

1—主井(提升);2—副井(进风)。

图 7-4 分区对角式通风方式

**3. 分区式**

分区式通风是指在井田的每一个生产区域开凿进、回风井,分别构成独立的通风系统。

分区式通风的主要优点:既可改善通风条件,又能利用风井准备采区,缩短建井工期;风流路线短、阻力小;漏风少、网络简单;风流易于控制,便于主要通风机的选择。其主要缺点:通风设备多、管理分散。

分区式通风适用于井田面积大、储量丰富或瓦斯含量大的大型矿井。

**4. 混合式**

混合式通风是指井田中央和两翼边界均有进、回风井的通风方式。例如,中央分列与两翼对角混合式(图 7-5(a))、中央并列与两翼对角混合式(图 7-5(b))等。

混合式通风的优点:出风井数量较多,通风能力大,布置较灵活,适应性强。其主要缺点:通风设备较多。

混合式通风适用于井田范围大、地质和地面地形复杂或产量大、瓦斯涌出量大的矿井。

## 7.1.2 主要通风机工作方法与安装地点

矿井主要通风机的工作方法(或称矿井通风方法)有两种:抽出式、压入式。

**1. 抽出式**

主要通风机安装在出风井口。在抽出式主要通风机作用下,整个矿井通风系统均处在低于当地大气压力的负压状态。当主要通风机因故停止运转时,井下风流的压力提高,对

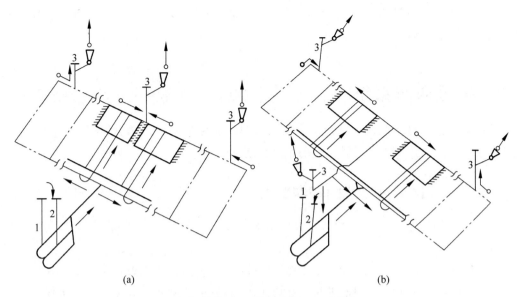

1—主井(提升); 2—副井(进风); 3—出风井。

图 7-5 混合式通风方式

(a) 中央分列与两翼对角混合式; (b) 中央并列与两翼对角混合式

抑制瓦斯涌出等具有一定作用,因此比较安全。

**2. 压入式**

主要通风机安设在入风井口。在压入式主要通风机作用下,整个矿井通风系统处在高于当地大气压的正压状态。在垮落裂隙通达地面时,矿井采区内的有害气体可通过塌陷区向地表漏出。当主要通风机因故停止运转时,井下风流的压力降低,瓦斯涌出浓度增大,不太安全。

## 7.1.3 矿井通风系统的选择

矿井必须有完整独立的通风系统。两个及以上独立生产的矿井不允许有共用的主要通风机、进、回风井和通风通道。

每个生产矿井必须至少有两个能行人的通达地面的安全出口,各个出口间的距离不得小于 30 m。采用中央式通风系统的新建或改扩建矿井,设计中应规定井田边界附近的安全出口。当井田一翼走向较长、矿井发生灾害不能保证人员安全撤出时,必须掘出井田边界附近的安全出口。

矿井进风井和出风井的位置应位于当地历年来最高洪水位以上。

根据矿井瓦斯涌出量、矿井设计生产能力、煤层赋存条件、表土层厚度、井田面积、地温、煤层自燃倾向性等条件,在确保矿井安全,兼顾中、后期生产需要的前提下,通过对多种可行的矿井通风系统方案进行优化或技术经济比较后,优选确定矿井通风系统的类型。

有煤与瓦斯突出危险的矿井、高瓦斯矿井、煤层易自燃的矿井及有热害的矿井,应采用对角式或分区式通风;当井田面积较大时,初期可采用中央通风,逐步过渡为对角式或分区对角式。

矿井通风方法应采用抽出式。当地形复杂、露头发育、老窑多，采用多风井通风有利时，可采用压入式通风。

## 7.2 采区通风系统

采区通风系统是矿井通风系统的主要组成单元。包括采区进风、回风和工作面进、回风井巷组成的风路连接形式及采区内的风流控制设施。

### 7.2.1 采区通风系统的基本要求

（1）生产水平和采盘区，必须实行分区通风。都应该布置进、回风道，形成独立的通风系统。

（2）准备采区，必须在采区构成通风系统后，方可开掘其他巷道；采用倾斜长壁布置的，大巷必须至少超前两个区段，并构成通风系统后，方可开掘其他巷道。采煤工作面必须在采（盘）区构成完整的通风、排水系统后，方可回采。

（3）高瓦斯、突出矿井的每个采（盘）区和开采容易自燃煤层的采（盘）区，必须设置至少1条专用回风巷；低瓦斯矿井开采煤层群和分层开采采用联合布置的采（盘）区，必须设置1条专用回风巷。

（4）采区进、回风巷必须贯穿整个采区，严禁一段为进风巷，一段为回风巷。

（5）采、掘工作面应当实行独立通风，严禁两个采煤工作面之间串联通风。

（6）采煤和掘进工作面的进风和回风，都不得经过采空区或冒顶区。无煤柱开采沿空送巷和沿空留巷时，应采取防止从巷道的两帮和顶部向采空区漏风的措施。

（7）采区回风巷、采掘工作面回风巷风流中的甲烷浓度超过1.0%或二氧化碳浓度超过1.5%时，必须停止工作，撤出人员，采取措施，进行处理。

### 7.2.2 采区进风上山与出风上山的选择

一般上（下）山的布置至少要有2条；对生产能力大的采区可布置成3条或4条。只设2条上山时，一条进风，另一条回风。新鲜风流由进风大巷（石门）经进风上（下）山、进风顺槽进入采煤工作面，回风经回风顺槽、回风上（下）山到回风大巷（石门）。

（1）一般采取轨道上（下）山进风、带式输送机上（下）山回风的方式；

（2）也有的矿井实行带式输送机上（下）山进风、轨道上（下）山回风的方式。

这两种通风方式的比较：采取轨道上（下）山进风时，新鲜风流不受运输煤炭时所释放瓦斯、煤尘及放热的污染与影响；而采取带式输送机上（下）山进风时，煤炭运输过程中所释放的瓦斯等有害物质会污染进风风流，使风流中的瓦斯与煤尘浓度增大，从而影响工作面的安全卫生条件。

进、回风上（下）山的选择应根据煤层赋存条件、开采方法以及瓦斯、煤尘及温度等具体条件通过技术经济比较后确定。

## 7.2.3 采煤工作面通风方式选择

采煤工作面通风方式由采区瓦斯、粉尘、气温以及自然发火倾向等因素决定。根据采煤工作面进、回风道的数量与位置,将回采工作面通风方式分为 U 型、Z 型、Y 型、W 型、H 型(或双 Z 型)及 U+L 型等。

**1. U 型与 Z 型通风方式**

采煤工作面 U 型与 Z 型通风方式的布置形式如图 7-6 所示。

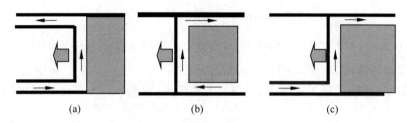

图 7-6　U 型与 Z 型通风方式

(a) U 型后退式；(b) U 型前进式；(c) Z 型后退式

1) U 型通风方式

U 型通风方式指采煤工作面与进、回风道构成的形状如英文字母"U"的通风方式,包括后退式和前进式两种。

U 型后退式的回采工作面通风方式具有漏风小,上隅角容易积聚瓦斯的特点,适用于瓦斯涌出量不大的煤层；U 型前进式的回采工作面通风方式漏风大,不适用于自然发火煤层。

2) Z 型通风方式

Z 型通风方式指采煤工作面与进、回风道构成的形状如英文字母"Z"的通风方式,其中一条进风道(或回风道)的一侧为采空区,分为前进式和后退式两种。

Z 型前进式的回采工作面通风方式中,其工作面上隅角容易积聚瓦斯,不适用于瓦斯涌出量大的工作面；Z 型后退式的回采工作面通风方式,当采空区的瓦斯涌出量很大时,其回风巷中会出现瓦斯超限现象。

另外,Z 型通风方式的采空区内漏风大,容易引起煤炭自燃,不适用于自然发火严重的煤层。

**2. Y 型与 W 型通风方式**

Y 型及 W 型通风方式的布置如图 7-7 所示。

1) Y 型通风方式

Y 型通风方式是指在采煤工作面上、下端各设一条进风道,另在采空区一侧设回风道的回采工作面通风方式。

采用 Y 型通风时上角不易积聚瓦斯,且其上下两端均处于进风流中,可布置抽放钻孔。但采空区漏风多,易引起采空区煤炭自燃。

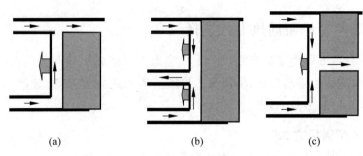

图 7-7 Y 型、W 型通风方式

(a) Y 型后退式；(b) W 型后退式；(c) W 型前进式

Y 型通风方式适用于瓦斯涌出量大、自然发火不严重的煤层。

2) W 型通风方式

W 型通风方式指采煤工作面上、下端的平巷进风（或回风），中间平巷回风（或进风）的布置方式。

采用 W 型通风时，巷道的开掘和维护量少；风阻小；漏风量小，易于防火；中间及上下平巷可布置钻孔，有利于煤层注水和抽放瓦斯。

W 型通风方式适用于高瓦斯、容易自燃的煤层。

### 3. H 型（或双 Z 型）通风方式

采煤工作面 H 型通风方式的布置形式如图 7-8 所示。

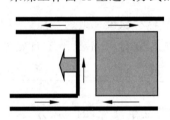

图 7-8 H 型通风系统

H 型通风方式指下端平巷双向进风（或回风）、上端平巷双向回风（或进风）的工作面布置方式。根据需要可布置成两进两回的通风系统或三进一回的通风系统。

H 型通风方式的巷道开掘与维护量大；风阻小，风量大，通风容易；采空区瓦斯不涌向工作面，气象条件好，增加了工作面的安全出口，工作面机电设备都在新鲜风流巷道中；上下平巷可布置钻孔，有利于煤层注水和抽放瓦斯。但沿空护巷困难；由于有附加巷道，可能影响通风的稳定性，管理复杂。

适用于高瓦斯、大产量、大风量的工作面。因此在工作面和采空区的瓦斯涌出量都较大，在入风侧和回风侧都需增加风量以稀释整个工作面的瓦斯时，可考虑采用 H 型通风方式。

### 4. U+L 型通风方式

U+L 型通风方式即"U 型通风+尾巷"的通风方式，亦称尾巷通风方式。

U+L 型通风方式的风流通过上隅角经联络横巷进入上部回风巷，上隅角不易积聚瓦斯；但是大部分瓦斯涌向尾巷，易发生瓦斯事故。因此尾巷不得兼作其他用途，不得敷设电缆、金属管道，并须设栅栏，安装安全监测系统。

## 7.2.4 采煤工作面上行通风与下行通风

如图 7-9 所示，工作面上行通风与下行通风是指工作面内的进风流方向与采煤工作面的关系。当采煤工作面进风巷(顺槽)水平低于回风巷(顺槽)时,采煤工作面中的风流则沿工作面煤壁倾斜向上流动,称上行通风;若进风巷(顺槽)水平高于回风巷(顺槽),风流则沿工作面煤壁倾斜向下流动,称为下行通风。

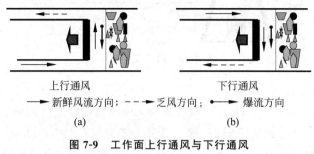

图 7-9　工作面上行通风与下行通风
(a) 上行通风;(b) 下行通风

上行通风与下行通风的优缺点对比:

(1) 工作面下行通风时的风流方向与工作面涌出瓦斯的自然流向相反(瓦斯密度小于空气,具有自然上浮的倾向),二者相向流动易于混合,工作面内不容易出现瓦斯分层流动和瓦斯局部积存的现象。

(2) 根据技术人员的观测与研究,通常认为上行通风比下行通风的工作面气温要高。因此,高温工作面在条件允许的情况可选择下行通风。

(3) 通常温度高的气流比温度低的气流轻、能够自然向上流动。所以,在工作面实施下行通风时比上行通风时所需要的机械风压要大些。

(4) 下行通风排瓦斯的速度慢、效果差些,因此下行通风在起火地点发生瓦斯爆炸的可能性比上行通风要大些。

(5) 有煤(岩)与瓦斯(二氧化碳)突出危险的采煤工作面不得采用下行通风。

## 7.3　通风构筑物及矿井漏风

在矿井通风系统网路中适当位置安设的隔断、引导和控制风流的设施和装置,用以保证风流按生产需要流动,这些设施和装置,统称为通风构筑物。合理地安设通风构筑物,并使其经常处于完好状态,可以达到减少漏风、提高矿井有效风量率的目的。

### 7.3.1　通风构筑物

矿井通风构筑物可分为两大类:一类是通过风流的通风构筑物,如主要通风机风硐、反风装置、风桥、导风板和调节风窗;另一类是隔断风流的通风构筑物,如井口密闭、挡风墙、风帘和风门等。

**1. 风门**

1) 安设地点

在通风系统中既要隔断风流又要行人或通车的地方应设立风门,如图 7-10 所示,在行人或通车不多的地方,可构筑普通风门;而在行人通车比较频繁的主要运输道上,则应构筑自动风门。

图 7-10　风门及符号

2) 类别

根据风门的使用年限与坚固程度,可分为永久风门与临时风门两种。

根据其性能与开启方式的不同,一般又可分为普通风门(图 7-11)与自动风门两大类。普通风门可用木板或铁板制成;自动风门种类很多,目前常用的自动风门有如下几种:

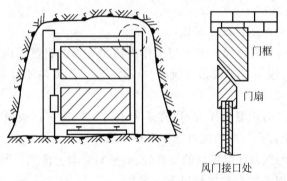

图 7-11　普通风门

(1) 碰撞式自动风门。

碰撞式自动风门由木板、推门杠杆、门耳、缓冲弹簧、推门弓和绞链等组成(图 7-12)。风门是靠矿车碰撞门板上的门弓和推门杠杆而自动打开的,借风门自重而关闭。其优点是结构简单,经济实用;其缺点是碰撞构件容易损坏,需经常维修。此种风门可用于行车不太频繁的巷道中。

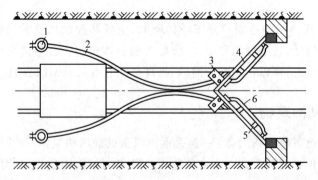

1—杠杆回转轴;2—碰撞风门杠杆;3—门耳;4—门板;5—推门弓;6—缓冲弹簧。

图 7-12　碰撞式自动风门

(2) 气动或水动风门。

这种风门的动力来源是压缩空气或高压水。它是由电气触点控制电磁阀,电磁阀控制气缸或水缸的阀门,使气缸或水缸中的活塞做往复运动,再通过联动机构控制风门开闭(图7-13)。这种风门简单可靠,但只能用于有压缩空气和高压水源的地方。北方矿山严寒易冻的地方不能使用。

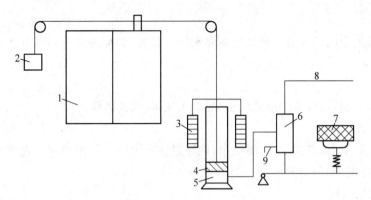

1—门扇;2—平衡锤;3—重锤;4—活塞;5—水缸;6—三通水阀;7—电磁铁;8—高压水管;9—放水管。

**图 7-13　水力配重自动风门**

(3) 电动风门。

电动风门是以电动机做动力。电动机经过减速带动联动机构,使风门开闭。电动机的启动和停止可用车辆触及开关或光电控制器自动控制。电动风门应用广泛,适应性较大,只是减速和传动机构稍微复杂些。电动风门样式较多,图7-14是其中一种。

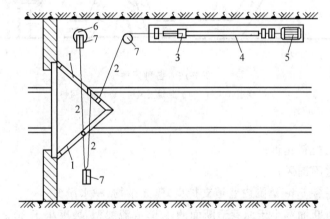

1—门扇;2—牵引绳;3—滑块;4—螺杆;5—电动机;6—配重;7—导向滑轮。

**图 7-14　电动风门**

3) 设置永久风门的要求

(1) 每组风门不少于两道,通车风门间距不小于一列车长度,行人风门间距≥5 m。入排风巷道之间需要设风门处同时设反向风门,其数量不少于两道。

(2) 风门能自动关闭;通车风门实现自动化,矿井总回风系统和采区回风系统的风门要装有闭锁装置;风门不能同时敞开(包括反风门)。

(3) 门框要包边沿口,有垫衬,四周接触严密,门扇平整不漏风,门扇与门框不歪扭。门轴与门框要向关门方向倾斜80°～85°。

(4) 风门墙垛要用不燃材料建筑,厚度≥0.5 m,严密不漏风。墙垛周边要掏槽,见硬顶、硬帮与煤岩接实；墙垛平整，无裂缝、重缝和空缝。

(5) 风门水沟要设反水池或挡风帘，通车风门要设底坎，电管路孔要堵严；风门前后各 5 m 内巷道支护良好，无杂物、积水、淤泥。

**2. 风桥**

当通风系统中的进风道与回风道需要水平交叉时，为使进风与回风互相隔开需要构筑风桥。

1) 类别

按其结构不同，可分为绕道式风桥、混凝土风桥、铁筒风桥。

(1) 绕道式风桥。

开凿在岩石里，最坚固耐用，漏风少，能通过大于 20 m³/s 的风量。此类风桥可在主要风路中使用，如图 7-15(a)所示。

(2) 混凝土风桥。

结构紧凑，比较坚固，可通过风量 10～20 m³/s，如图 7-15(b)所示。

(3) 铁筒风桥。

通过的风量不大于 10 m³/s，可使用铁筒风桥。铁筒可制成圆形或矩形，风筒直径 0.8～1 m，铁板厚≥5 mm，如图 7-15(c)所示，可在次要风路中使用。

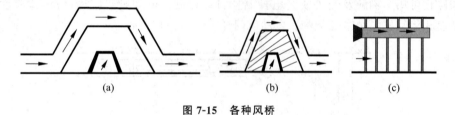

图 7-15　各种风桥

(a) 绕道式风桥；(b) 混凝土风桥；(c) 铁筒风桥

2) 设置要求

(1) 用不燃的材料建筑；

(2) 桥面平整不漏风；

(3) 风桥前后各 5 m 范围内巷道支护良好，无杂物、积水淤泥；

(4) 风桥通风断面不小于原巷道断面的 4/5，成流线型，坡度小于 30°；

(5) 风桥两端接口严密，四周实帮、实底，要填实；

(6) 风桥上下不准设风门。

**3. 密闭**

密闭是隔断风流的构筑物，设置在需隔断风流，不需要通车、行人的巷道中，如图 7-16 所示。

1) 类别

密闭的结构随服务年限的不同而分为两类：

(1) 临时密闭。

临时密闭常用木板、木段等修筑，并用黄泥、石灰抹面。

(2) 永久密闭。

永久密闭(图 7-16)常用料石、砖、水泥等不燃性材料修筑。

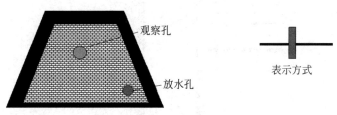

图 7-16　永久密闭及其表示方式

2) 永久密闭的设置标准

(1) 用不燃性材料建筑,严密不漏风,墙体厚度≥0.5 m。

(2) 密闭前无瓦斯积聚;5 m 内外支架完好,无片帮、冒顶,无杂物、积水和淤泥。

(3) 密闭周边要掏槽,见硬底、硬帮与煤岩接实,并抹有≥0.1 m 的裙边。

(4) 密闭内有水的要设反水池与反水管;有自然发火煤层的采空区密闭要设观测孔、灌浆孔,孔口要堵严密。

(5) 密闭前要设栅栏、警标、说明牌板和检查箱。

(6) 墙面平整、无裂缝、重缝和空缝。

**4. 导风板**

矿井中应用的导风板有引风导风板、降阻导风板和汇流导风板。

1) 引风导风板

压入式通风的矿井,为防止井底车场漏风,在入风石门与巷道交叉处,安设引导风流的导风板,利用风流动压的方向性,改变风流分配状况,提高矿井有效风量率。图 7-17 是导风板安装示意图,导风板可用木板、铁板或混凝土板制成。

挡风板要做成圆弧形与巷道成光滑连接。导风板的长度应超过巷道交叉口一定距离(0.5～1 m)。

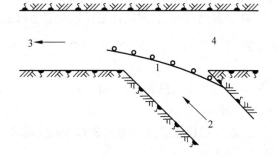

1—导风板;2—入风石门;3—采区巷道;4—井底车场绕道。

图 7-17　引风导风板

2) 降阻导风板

通过风量较大的巷道直角转弯处,为降低通风阻力,可用铁板制成机翼形或普通弧形导风板,减少风流冲击的能量损失。图 7-18 是直角转弯处导风板装置图。导风板的敞角 $\alpha$ 可取 100°,导风板的安装角 $\beta$ 可取 45°～50°。安设此种导风板后可使直角转弯的局部阻力

系数 $\xi$ 由原来的 1.40 降低到 0.3～0.4。

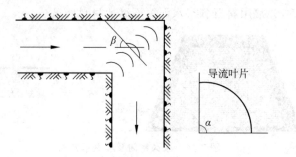

图 7-18　直角转弯处的导风板

3）汇流导风板

在如图 7-19 所示三岔口巷道中,当两股风流对头相遇汇合在一起时,可安设导风板,减少风流相遇时的冲击能量损失。此种导风板可用木板制成,安装时应使导风板伸入汇流巷道后分成的两个隔间的面积与各自通过的风量成比例。

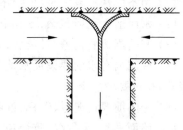

图 7-19　垂直井巷中的导风板

### 7.3.2　矿井漏风及有效风量

**1. 漏风及其危害性**

1）有效风量

送到采掘工作面、硐室和其他用风地点的风量之总称。

2）漏风

从与矿井生产无关的通道中漏失的风量。

3）漏风的危害

使工作面和用风地点的有效风量减少,气候和卫生条件恶化,增加无益的电能消耗,并可导致煤炭自燃等事故。减少漏风、提高有效风量是通风管理部门的基本任务。

**2. 漏风的分类及原因**

1）漏风的分类

矿井漏风按形式不同可分为外部漏风和内部漏风两种。

(1) 外部漏风(或称井口漏风)

外部漏风指从装有主要通风机的井口及其附属装置处漏失的风流。

(2) 内部漏风(或称井下漏风)

内部漏风是指未经采掘工作面、硐室和其他用风地点,直接漏入回风的无效风流。井下各种通风构筑物的漏风、采空区以及碎裂煤柱处的漏风均属于内部漏风。

2）漏风的原因

当有漏风通路存在并在其两端有压差时,就可产生漏风。

漏风风流通过孔隙的流态,视孔隙情况和漏风量大小而异。通风构筑物的漏风多属于紊流状态,而来自采空区以及碎裂煤柱处的漏风则多属于层流或者过渡流状态。

## 3. 矿井有效风量率及漏风率

1) 矿井有效风量 $Q_e$

矿井有效风量 $Q_e$ 是指送到采掘工作面、硐室和其他用风地点的风量之总和。

2) 矿井有效风量率 $\eta_e$

矿井有效风量率 $\eta_e$ 是指矿井有效风量 $Q_e$ 占矿井总进风量的百分数。矿井有效风量率应不低于85%。

3) 矿井外部漏风量 $Q_L$ 与矿井内部漏风量 $Q_N$

矿井外部漏风量 $Q_L$ 是指直接从装有主要通风机的井口及其附属装置处漏失的风流,可用各台主要通风机风量的总和减去矿井总回(或进)风量求得。

矿井内部漏风量 $Q_N$ 是指未经过采掘工作面、硐室和其他用风地点,直接漏入回风的无效风流。

4) 矿井外部漏风率 $\eta_L$

矿井外部漏风率 $\eta_L$ 指矿井外部漏风量 $Q_L$ 与各台主要通风机风量总和之比。

矿井外部漏风率 $\eta_L$ 应满足如下规定:

(1) 对于抽出式主要通风机,无提升任务的出风井不得超过5%,有提升任务的出风井不得超过15%;

(2) 对于压入式主要通风机,无提升任务的进风井不得超过10%,有提升任务的进风井不得超过15%。

## 4. 减少矿井漏风、提高有效风量

漏风风量与漏风通道两端的压差成正比,与漏风风阻的大小成反比。为此,应增加地面主要通风机的风硐、反风道及附近风门的气密性,增加风阻以减少矿井外部漏风。

在井下各种通风构筑物附近及一切可能存在漏风的地点,均应采取有效的封堵漏风通道、增加漏风风阻的技术措施,以减少矿井内部漏风。

## 7.4 矿井通风系统设计

矿井通风系统设计是整个矿井设计内容的重要组成部分,是保证安全生产的重要环节。因此,必须周密考虑,精心设计,力求实现预期效果。

### 7.4.1 拟定矿井通风系统

根据矿井瓦斯涌出量、矿井设计生产能力、煤层赋存条件、表土层厚度、井田面积、地温、煤层自燃倾向性及兼顾中后期生产需要等条件,提出多个技术上可行的方案,通过优化或经济比较后确定矿井通风系统。矿井通风系统应具有较强的抗灾能力,当井下一旦发生灾害性事故后所选择的通风系统能将灾害控制在最小范围,并能迅速恢复正常生产。

**1. 矿井通风系统的类型及其选择**

在选择通风系统时应考虑的原则是:保证井下工作人员具有最大的安全性;通风系统稳定可靠,不因空气的温度变化,辅扇的运动或停止等而发生变动;通风费用最少。

为了满足上述原则,在拟定通风系统时,应遵守以下要求:

(1) 尽量利用通至地面的一切井巷作为进风井和回风井,不得利用箕斗井作为进风井。

(2) 尽可能采用并联通风系统,并使并联风流的风压接近相等,以避免过多的风流调节。并联系统中的分风点尽可能靠近进风井,风流会合点尽可能靠近回风井。

(3) 在瓦斯矿井中,煤层倾斜超过10°时,所有回采工作面,分区回风及总回风道必须采取上行风流。新水平的回风,必须直接引入总回风道或分区回风道中。

(4) 应避免采用能引起大量漏风的通风系统。

(5) 在通风系统中,风桥及风门等通风构筑物不应设置过多,专用的通风巷道数目应最少,以减少这种巷道对矿井建设期限的影响和投资费用的增加。

(6) 矿井自然风压较大时,应考虑利用自然通风系统。

(7) 矿井必须有完整独立的通风系统。两个及两个以上独立生产的矿井不允许有共用的主要通风机、进、回风井和通风巷道。

(8) 每个生产矿井必须至少有2个能行人的通达地面的安全出口,各个出口间的距离不得小于30 m。采用中央式通风系统的新建和改建的矿井,设计中应规定井田边界附近的安全出口。当井田一翼走向较长,矿井发生灾害不能保证人员安全撤出时,必须掘出井田边界附近的安全出口。

(9) 矿井的通风系统必须根据矿井瓦斯涌出量、矿井设计生产能力、煤层赋存条件、表土层厚度、井田面积、低温、煤层自燃倾向性等条件,通过优化或技术经济比较后确定。

(10) 所有矿井必须采用机械通风,矿井主要通风机必须安装在地面。

### 2. 矿井通风方式的选择

矿井通风方式的种类较多,各种通风方式有其优缺点和适用条件,在选择矿井通风方式时,应根据矿山实际情况和开拓开采设计综合确定。各类型矿井通风方式的优缺点及适用条件如表 7-1 所示。

表 7-1　各类型矿井通风方式的优缺点及适用条件

| 通风方式 | | 优 点 | 缺 点 | 适 用 条 件 |
|---|---|---|---|---|
| 中央式 | 中央并列式 | 进、回风井均布置在中央工业广场内,地面建筑和供电集中,建井期限较短,便于贯通,初期投资少,出煤快,护井煤柱较小。矿井反风容易,便于管理 | 风流在井下的流动路线为折返式,风流线路长,阻力大,井底车场附近漏风大。工业广场主要受通风机噪声的影响和回风风流的污染 | 适用于煤层倾角大、埋藏深、井田走向长度小于 4 km,瓦斯与自然发火都不严重的矿井。冶金矿山当矿脉走向不太长,或受地形地质条件限制,在两翼不宜开掘风井时使用 |
| | 中央分列式 | 通风阻力较小,内部漏风较少,工业广场不受主要通风机噪声的影响及回风风流的污染 | 风流在井下的流动线路为折返式,风流线路长,阻力较大 | 适用于煤层倾角较小、埋藏较浅,井田走向长度不大,瓦斯与自然发火比较严重的矿井 |

续表

| 通风方式 | | 优　点 | 缺　点 | 适用条件 |
|---|---|---|---|---|
| 对角式 | 两翼对角式 | 风流在井下的流动线路是直向式,风流线路短,阻力小,内部漏风少,安全出口多,抗灾能力强。便于风量调节,矿井风压比较稳定。工业广场不受回风污染和通风机噪声的危害 | 井筒安全煤柱压煤较多,初期投资大,投产较晚 | 煤层走向大于 4 km,井型较大,瓦斯与自然发火严重的矿井;或低瓦斯矿井,煤层走向较长,产量较大的矿井 |
| | 分区对角式 | 每个采区有独立的通风路线,互不影响,便于风量调节,安全出口多,抗灾能力强,建井工期短,初期投资少,出煤快 | 占用设备多,管理分散,矿井反风困难 | 煤层埋藏浅,或因地表高低起伏较大,无法开掘总回风巷 |
| 区域式 | | 既可改善通风条件,又能利用风井准备采区,缩短建井工期。风流线路短,阻力小。漏风少,网络简单,风流易于控制,便于主要通风机的选择 | 通风设备多,管理分散 | 井田面积大、储量丰富或瓦斯含量大的大型矿井 |
| 混合式 | | 回风井数量较多,通风能力大,布置较灵活,适应性强 | 通风设备较多,管理复杂 | 井田范围大,地质和地面地形复杂;或产量大,瓦斯涌出量大的矿井 |

中央式通风系统具有井巷工程量少、初期投资省的优点。因此,矿井初期宜优先采用。有煤与瓦斯突出危险的矿井、高瓦斯矿井、煤层易自燃的矿井及有热害的矿井,应采用两翼对角式或分区对角式通风;当井田面积较大时,初期可采用中央式通风,逐步过渡为对角式或分区对角式通风。

矿井通风一般采用抽出式。当地形复杂、露头发育、老窑多,采用多风井通风有利时,可采用压入式通风。由于管理复杂,矿井一般不宜采用压抽混合式,只是在矿井地表裂隙多、深井、高阻力矿井中采用。

### 7.4.2　矿井总风量的计算与分配

在煤矿生产中,为了把各种有害气体冲淡到《煤矿安全规程》规定的安全浓度以下,为井下创造一个良好的气候条件,并提供足够的供井下人员呼吸的氧气,都要求供给矿井所需的风量。

**1. 矿井风量计算标准及原则**

1) 风量计算的标准

供给煤矿井下任何工作用风地点的新鲜风量,必须依据下述条件进行计算,并取其最大值,作为该工作用风地点的供风量。

(1) 按该用风地点同时工作的最多人数计算,每人每分钟供给风量不得小于 4 $m^3$。

(2) 按该用风地点风流中瓦斯、二氧化碳、氢气和其他有害气体浓度,风速以及温度等都符合《煤矿安全规程》的有关规定要求,分别计算,取其最大值。

(3) 当风量分配到各用风地点后,应结合运输条件选择经济断面,防止巷道内风速过大或过小,尽量使各条巷道内风速处于表 7-2 所列的适宜风速范围内。如确有困难,可不是适宜风速,但井巷中风速必须满足表 7-3 中巷道允许风速的规定。

表 7-2  各种巷道和采煤工作面适宜风速

| 序号 | 巷 道 名 称 | 适宜风速/(m/s) |
| --- | --- | --- |
| 1 | 运输大巷、主石门、井底车场 | 4.5～5.0 |
| 2 | 回风大巷、回风石门、回风平硐 | 5.5～6.5 |
| 3 | 采区进风巷、进风上山 | 3.5～4.5 |
| 4 | 采区回风巷、回风上山 | 4.5～5.5 |
| 5 | 采区输送机巷、带式输送机中巷 | 3.0～3.5 |
| 6 | 采煤工作面 | 1.5～2.5 |

表 7-3  井巷中的允许风速

| 井 巷 名 称 | 允许风速/(m/s) | |
| --- | --- | --- |
| | 最低 | 最高 |
| 无提升设备的风井和风硐 | — | 15 |
| 专为升降物料的井筒 | — | 12 |
| 风桥 | | 10 |
| 升降人员和物料的井筒 | — | 8 |
| 主要进、回风道 | — | 8 |
| 架线电动机车巷道 | 1.0 | 8 |
| 运输机巷,采区进、回风道 | 0.25 | 6 |
| 回采工作面、掘进中的煤巷和半煤岩巷 | 0.25 | 4 |
| 掘进中的岩巷 | 0.15 | 4 |
| 其他人行巷道 | 0.15 | — |

注:(1) 设有梯子间的井筒或维修中的井筒,风速不得超过 8 m/s;梯子间四周经封闭后,井筒中最高允许风速可按表中有关规定执行;

(2) 无瓦斯涌出的架线电动机车巷道中的最低风速可低于 1.0 m/s,但不得低于 0.5 m/s;

(3) 综合机械化采煤工作面,在采取煤层注水和采煤机喷雾降尘等措施后,其最大风速可高于 4 m/s 的规定值,但不得超过 5 m/s;

(4) 专用排瓦斯巷道的风速不得低于 0.5 m/s,抽放瓦斯巷道的风速不应低于 0.5 m/s。

2) 风量计算的原则

无论矿井还是采区的供风量,均以该地区各个实际用风地点,按照风量计算标准分别计算出各个用风地点的实际最大需风量,从而求出该地区的风量总和,再考虑一定的备用风量系数后,作为该地区的供风量,即"由里往外"的计算原则,由采掘工作面、硐室和其他用风地点计算出各采区风量,最后求出全矿井总风量。抽放瓦斯的矿井,应按抽放瓦斯后煤层的瓦斯涌出量计算风量。

矿井供风总的原则是既要能确保矿井安全生产的需要,又要符合经济性的要求。

矿井所需风量的确定,必须符合《煤矿安全规程》中有关条文的规定,即:
(1) 氧气含量的规定;
(2) 沼气、二氧化碳等有害气体安全浓度的规定;
(3) 风流速度的规定;
(4) 空气温度的规定;
(5) 空气中悬浮粉尘安全浓度的规定。

3) 配风的原则和方法

根据实际需要由里往外细致配风,即先确定井下各个工作地点(如采掘工作面、火药库、充电硐室等)所需的有效风量,逆风流方向加上各风路上允许的漏风量,确定各风路上的风量和矿井的总进风量;再适当加上因体积膨胀的风量(这项风量约为总进风量的5%),得出矿井的总回风量;最后加上抽出式主要通风机井口和附属装置的允许漏风量(即矿井外部漏风量),得出通过主要通风机的总风量。

对于压入式通风的矿井,则在所确定的矿井总进风量中加上矿井外部漏风量,得出通过压入式主要通风机的总风量。

4) 配风的依据

所配给的风量必须符合《煤矿安全规程》中下列有关规定:
(1) 关于氧气、沼气、二氧化碳和其他有毒有害气体安全浓度的规定;
(2) 关于最高风速和最低风速的规定(详见表7-3);
(3) 关于采掘工作面和机电硐室最高温度的规定;
(4) 关于冷空气预热的规定;
(5) 关于空气中粉尘安全浓度的规定等。

**2. 矿井需风量计算**

1) 采煤工作面需风量

(1) 采煤工作面的风量应按瓦斯涌出量和爆破后的有害气体产生量以及工作面气象条件、风速和人数等规定分别进行计算,取其最大值。

(2) 按照瓦斯涌出量计算。

根据《煤矿安全规程》规定,按采煤工作面回风流中瓦斯的浓度不超过1%的要求,按式(7-1)计算:

$$Q_{fi} = 100 q_{gfi} k_{gfi} \tag{7-1}$$

式中:$Q_{fi}$——第 $i$ 个采煤工作面需要风量,$m^3/min$;

$q_{gfi}$——第 $i$ 个采煤工作面瓦斯的平均绝对涌出量,$m^3/min$。可根据该采煤工作面的煤层埋藏条件、地质条件、开采方法、顶板管理、瓦斯含量、瓦斯来源等因素进行计算。抽采矿井的瓦斯涌出量,应扣除瓦斯抽采量进行计算;生产矿井可按条件相似的工作面推算或按实际涌出量计算;

$k_{gfi}$——第 $i$ 个采煤工作面瓦斯涌出不均匀的备用风量系数,它是该采煤工作面瓦斯绝对涌出量的最大值与平均值之比。生产矿井应在工作面正常生产条件下,连续观测 1 个月,取日最大绝对瓦斯涌出量与月平均日瓦斯绝对涌出量的比值。新矿井设计可参考表 7-4 选取。

表 7-4　各种采煤工作面瓦斯涌出不均匀的备用风量系数

| 采煤工作面采煤方法 | 采煤工作面瓦斯涌出不均匀的备用风量系数 |
|---|---|
| 综采工作面 | 1.2~1.6 |
| 炮采工作面 | 1.4~2.0 |
| 水采工作面 | 2.0~3.0 |

当采煤工作面有其他有害气体涌出时,也应按有害气体涌出量和不均匀系数,使其稀释到《煤矿安全规程》规定的最高允许浓度进行计算。

(3) 按气象条件计算:根据采煤工作面空气温度选取适宜风速按式(7-2)计算:

$$Q_{fi} = 60 \times 0.7 v_i S_{vi} k_{fhi} k_{fli} \tag{7-2}$$

式中:$v_i$——第 $i$ 个采煤工作面风速,按采煤工作面空气温度从表 7-5 中选取,m/s;

$S_{vi}$——第 $i$ 个采煤工作面平均有效断面面积,按最大和最小控顶有效断面的平均值计算,m²;

$k_{fhi}$——第 $i$ 个采煤工作面采高风量调整系数,取值见表 7-6;

$k_{fli}$——第 $i$ 个采煤工作面长度风量调整系数,取值见表 7-7;

0.7——采煤工作面有效通风断面系数;

60——单位换算产生的系数。

表 7-5　采煤工作面空气温度与风速对应表

| 采煤工作面温度/℃ | 采煤工作面风速/(m/s) | 采煤工作面温度/℃ | 采煤工作面风速/(m/s) |
|---|---|---|---|
| <20 | 1.0 | [26,28) | (1.8,2.5] |
| [20,23) | (1.0,1.5] | [28,30) | (2.5,3.0) |
| [23,26) | (1.5,1.8] | | |

表 7-6　采煤工作面采高风量调整系数

| 采煤工作面采高/m | 采煤工作面采高风量调整系数 | 采煤工作面采高/m | 采煤工作面采高风量调整系数 |
|---|---|---|---|
| <2.0 | 1.0 | ≥2.5 及放顶煤工作面 | 1.2 |
| [2.0,2.5) | 1.1 | | |

表 7-7　采煤工作面长度风量调整系数

| 采煤工作面长度/m | 采煤工作面长度风量调整系数 | 采煤工作面长度/m | 采煤工作面长度风量调整系数 |
|---|---|---|---|
| <150 | 1.0 | [200,250) | 1.3~1.5 |
| [150,200) | 1.0~1.3 | ≥250 | 1.5~1.7 |

(4) 按使用炸药量计算:

① 每千克一级煤矿许用炸药爆破后稀释炮烟所需的新鲜风量最小为 25 m³/min,按式(7-3)计算:

$$Q_{fi} = 25 A_i \tag{7-3}$$

② 每千克二、三级煤矿许用炸药爆破后稀释炮烟所需的新鲜风量最小为 10 m³/min,按式(7-4)计算:

$$Q_{fi} = 10A_i \tag{7-4}$$

式中：$A_i$——第 $i$ 个采煤工作面一次爆破所用的最大炸药量，kg。

（5）按工作人员数量计算：

每人每分钟应供给 4 m³ 新鲜风量，按下式计算：

$$Q_{fi} = 4N_i \tag{7-5}$$

式中：$N_i$——第 $i$ 个采煤工作面同时工作的最多人数。

（6）按风速进行验算：

① 按最小风速用下式验算：

$$Q_{fi} \geqslant 60 \times 0.7 \times 0.25 \times l_{cbi} \times h_{cfi} \tag{7-6}$$

② 按最大风速用下式验算：

$$Q_{fi} \leqslant 60 \times 0.7 \times 4 \times l_{csi} \times h_{cfi} \tag{7-7}$$

③ 综合机械化采煤工作面，在采取煤层注水和采煤机喷雾降尘等措施后，其最大风量用下式验算：

$$Q_{fi} \leqslant 60 \times 0.7 \times 5 \times l_{csi} \times h_{cfi} \tag{7-8}$$

式中：$l_{cbi}$——第 $i$ 个采煤工作面最大控顶距，m；

$h_{cfi}$——第 $i$ 个采煤工作面实际采高，m；

$l_{csi}$——第 $i$ 个采煤工作面最小控顶距，m；

0.25——采煤工作面允许的最小风速，m/s；

0.7——有效通风断面系数；

4——采煤工作面允许的最小风速，m/s；

5——采煤工作面允许的最大风速，m/s。

（7）备用工作面需风量一般不得低于其采煤时需风量的 50%，且满足稀释瓦斯、其他有害气体和风速等《煤矿安全规程》规定的要求。

2）掘进工作面需风量

（1）煤巷、半煤岩巷和岩巷掘进工作面的需风量，应按式(7-1)~式(7-5)计算，按式(7-6)验算。

（2）按瓦斯涌出量计算需风量：

$$Q_{di} = 100q_{gdi}k_{gdi} \tag{7-9}$$

式中：$Q_{di}$——第 $i$ 个掘进工作面的需风量，m³/min；

$q_{gdi}$——第 $i$ 个掘进工作面回风流中的平均绝对瓦斯涌出量，m³/min，按该工作面煤层的地质条件、瓦斯含量和掘进方法等因素进行计算，抽采矿井的瓦斯涌出量，应扣除瓦斯抽采量，生产矿井可按条件相似的掘进工作面进行计算；

$k_{gdi}$——第 $i$ 个掘进工作面瓦斯涌出不均匀的备用风量系数，其含义和观测计算方法与采煤工作面的瓦斯涌出不均匀的备用风量系数相似，通常，综掘工作面取 $k_{gdi}=1.5\sim2.0$，炮掘工作面取 $k_{gdi}=1.8\sim2.5$。

当有其他有害气体时，应根据《煤矿安全规程》规定的允许浓度按上式计算的原则计算所需风量。

（3）按使用炸药量计算：

① 每千克一级煤矿许用炸药爆破后稀释炮烟所需的新鲜风量最小为 25 m³/min，按下式计算：

$$Q_{di} = 25A_i \tag{7-10}$$

② 每千克二、三级煤矿许用炸药爆破后稀释炮烟所需的新鲜风量最小为 10 m³/min,按下式计算：

$$Q_{di} = 10A_i \tag{7-11}$$

式中：$A_i$——第 $i$ 个掘进工作面一次爆破所用的最大炸药量,kg。

(4) 按工作人员数量计算：

每人每分钟应供给 4 m³ 新鲜风量,按式(7-12)计算：

$$Q_{di} = 4N_i \tag{7-12}$$

式中：$N_i$——第 $i$ 个掘进工作面同时工作的最多人数。

(5) 取(1)~(4)结果的最大值来确定局部通风机的型号选型及台数,考虑局部通风机安装点至掘进工作面回风口之间巷道的最低风速要求,按局部通风机的实际吸风量计算掘进工作面的需风量。

① 无瓦斯涌出的岩巷按下式计算：

$$Q_{di} = Q_{si}I_i + 60 \times 0.15 S_t \tag{7-13}$$

② 有瓦斯涌出的岩巷、半煤岩巷和煤巷按下式计算：

$$Q_{di} = Q_{si}I_i + 60 \times 0.25 S_t \tag{7-14}$$

式中：$Q_{si}$——第 $i$ 个掘进工作面单台局部通风机实际吸风量,m³/min；

$I_i$——第 $i$ 个掘进工作面同时通风的局部通风机台数；

0.15——无瓦斯涌出岩巷的允许最低风速,m/s；

0.25——有瓦斯涌出的岩巷、半煤岩巷和煤巷允许的最低风速,m/s；

$S_t$——掘进工作面局部通风机安装点至掘进工作面回风口之间巷道的最大净断面面积,m²。

(6) 掘进工作面风速验算：

① 验算最小风量：

无瓦斯涌出的岩巷按下式计算：

$$Q_{si}I_i \geqslant 60 \times 0.15 S_i \tag{7-15}$$

有瓦斯涌出的岩巷、半煤岩巷和煤巷按下式计算：

$$Q_{si}I_i \geqslant 60 \times 0.25 S_i \tag{7-16}$$

② 按下式验算最大风量：

$$Q_{si}I_i \leqslant 60 \times 4 S_i \tag{7-17}$$

式中：$S_i$——第 $i$ 个掘进工作面巷道的净断面面积,m²。

3) 硐室需风量

(1) 各个独立通风硐室的需风量,应根据不同类型的硐室分别计算。

(2) 机电硐室：应根据硐室内设备的降温要求进行配风,应保证机电硐室温度不超过 30℃。小型机电硐室,按经验值确定需风量或取 60~80 m³/min；发热量大的机电硐室,根据硐室中运行的机电设备发热量按下式计算风量：

$$Q_{ri} = \frac{3600\sum W\theta}{\rho C_p \times 60 \Delta_t} \tag{7-18}$$

式中：$Q_{ri}$——第 $i$ 个机电硐室的需风量,m³/min；

$\sum W$——机电硐室中运转的电动机(或变压器)总功率(按全年中最大值计算),kW;

$\theta$——机电硐室的发热系数,可根据实际考察由机电硐室内机械设备运转时的实际热量转换为相当于电气设备容量作无用功的系数确定,也可按表7-8选取;

$\rho$——空气密度,kg/m³,一般取$\rho=1.2$;

$C_p$——空气的定压比热容,kJ/(kg·K),一般取$C_p=1.0006$;

$\Delta_t$——机电硐室进、回风流的温度差,K。

表7-8 机电硐室发热系数($\theta$)

| 机电硐室名称 | 发热系数 | 机电硐室名称 | 发热系数 |
|---|---|---|---|
| 空气压缩机房 | 0.20～0.23 | 变电所、绞车房 | 0.02～0.04 |
| 水泵房 | 0.01～0.03 | | |

(3) 爆炸物品库:按库内空气每小时更换4次用下式计算:

$$Q_{ri} = 4V/60 \tag{7-19}$$

式中:$Q_{ri}$——第$i$个爆炸物品库的需风量,m³/min;

$V$——库房容积,m³。

大型爆炸物品库需风量不应小于100 m³/min,中小型爆炸物品库不应小于60 m³/min。

(4) 充电硐室:以其回风流中氢气体积浓度≤0.5%按下式计算:

$$Q_{ri} = 200 q_{ri} \tag{7-20}$$

式中:$Q_{ri}$——第$i$个充电硐室的需风量,m³/min;

$q_{ri}$——第$i$个充电硐室在充电时产生的氢气量,m³/min。

但供风量不得小于100 m³/min。

(5) 其他硐室:其他独立通风硐室的需风量可取60～80 m³/min,或按经验值选取。

4) 其他用风巷道的需风量

(1) 其他用风巷道指矿井采掘工作面、独立通风硐室之外,应配备一定风量才能满足安全生产需要的巷道,一般设置有调节风量设施。其他用风巷道的需风量,应根据瓦斯涌出量和风速分别进行计算,采用其最大值。

(2) 按瓦斯涌出量计算

① 采区内的其他用风巷道风量按下式计算:

$$Q_{ei} = 100 q_{gei} k_{gei} \tag{7-21}$$

② 采区外的其他用风巷道风量按下式计算:

$$Q_{ei} = 133 \times q_{gei} \times k_{gei} \tag{7-22}$$

式中:$Q_{ei}$——第$i$个其他用风巷道需风量,m³/min;

$q_{gei}$——第$i$个其他用风巷道的平均瓦斯绝对涌出量,m³/min;

$k_{gei}$——第$i$个其他用风巷道瓦斯涌出不均匀的风量备用系数,一般可取1.2～1.3。

(3) 按风速验算

① 一般巷道风量按下式验算:

$$Q_{ei} \geqslant 60 \times 0.15 S_{ei} \tag{7-23}$$

② 有瓦斯涌出的架线电动机车行走的巷道风量按下式验算:

$$Q_{ei} \geqslant 60 \times 1.0 S_{ei} \tag{7-24}$$

③ 无瓦斯涌出的架线电动机车行走的巷道风量按下式验算：
$$Q_{ei} \geqslant 60 \times 0.5 S_{ei} \quad (7\text{-}25)$$

④ 架线电动机车行走的巷道最高风量按下式验算：
$$Q_{ei} \leqslant 60 \times 8 S_{ei} \quad (7\text{-}26)$$

式中：$S_{ei}$——第 $i$ 个其他用风巷道净断面面积，m²。

5）煤矿用防爆型柴油动力装置机车需风量

使用煤矿用防爆型柴油动力装置机车运输的矿井，行驶车辆巷道的供风量还应当按同时运行的最多车辆数增加巷道配风量，配风量$\geqslant 4$ m³/(min·kW)，按下式计算：

$$Q_{ji} = 4 \sum_{i=1}^{n} P_i \quad (7\text{-}27)$$

式中：$P_i$——每台煤矿用防爆型柴油动力装置机车功率，kW。

6）采区需风量

采区所需总风量是采区内各个用风地点需风量之和，并考虑漏风和配风不均匀等的备用风量系数，按下式进行计算：

$$Q_p = \left( \sum_{i=1}^{n} Q_{pfi} + \sum_{i=1}^{n} Q_{pdi} + \sum_{i=1}^{n} Q_{pri} + \sum_{i=1}^{n} Q_{pei} + \sum_{i=1}^{n} Q_{pji} \right) \times k_p \quad (7\text{-}28)$$

式中：$Q_p$——采区需风量，m³/min；

$\sum_{i=1}^{n} Q_{pfi}$——该采区内各采煤工作面和备用工作面需风量之和，m³/min；

$\sum_{i=1}^{n} Q_{pdi}$——该采区内各掘进工作面需风量之和，m³/min；

$\sum_{i=1}^{n} Q_{pri}$——该采区内各硐室所需风量之和，m³/min；

$\sum_{i=1}^{n} Q_{pei}$——该采区内其他用风巷道所需风量之和，m³/min；

$\sum_{i=1}^{n} Q_{pji}$——该采区内煤矿用防爆型柴油动力装置机车需风量之和，m³/min；

$k_p$——包括采区的漏风和配风不均匀等因素的备用风量系数。应从实测中统计求得，一般可取 1.1～1.2。

7）矿井总需风量

矿井所需总风量是矿井井下各个用风地点需风量之和，并考虑漏风和配风不均匀等的备用风量系数，按下式进行计算：

$$Q_m = \left( \sum_{i=1}^{n} Q_{mfi} + \sum_{i=1}^{n} Q_{mdi} + \sum_{i=1}^{n} Q_{mri} + \sum_{i=1}^{n} Q_{mei} + \sum_{i=1}^{n} Q_{mji} \right) \times k_m \quad (7\text{-}29)$$

式中：$Q_m$——矿井总需风量，m³/min；

$\sum_{i=1}^{n} Q_{mfi}$——各采煤工作面和备用工作面需风量之和，m³/min；

$\sum_{i=1}^{n} Q_{mdi}$——各掘进工作面需风量之和，m³/min；

$\sum\limits_{i=1}^{n} Q_{mri}$ —— 各硐室需风量之和，$m^3/min$；

$\sum\limits_{i=1}^{n} Q_{mei}$ —— 其他用风巷道需风量之和，$m^3/min$；

$\sum\limits_{i=1}^{n} Q_{mji}$ —— 煤矿用防爆型柴油动力装置机车需风量之和，$m^3/min$；

$k_m$ —— 矿井内部漏风和调风不均匀等因素的备用风量系数。抽出式通风矿井一般取 1.15～1.20，压入式通风矿井一般取 1.25～1.30。

## 7.4.3 矿井通风阻力的计算

**1. 矿井通风总阻力的计算原则**

风流流动时，必须具有一定的能量（通风压力），用以克服井巷及空气分子之间的摩擦和冲击与涡流对风流所产生的阻力。井巷通风总阻力是指风流由进风井口起，到回风井口止，沿一条通路（风流路线）各个分支的摩擦阻力和局部阻力的总和，简称井巷总阻力，用 $h_m$ 表示。由通风机或自然因素造成的通风压力与矿井的通风阻力因次相同，数值相等，方向相反。因此，在通风设计中，计算出矿井通风阻力的大小，就能确定所需通风压力的大小，并以此作为选择通风设备的依据。

矿井通风总阻力的计算原则如下：

（1）当风量按各用风地点的需要或自然分配，达到设计产量时，选择通风最容易和最困难的两个时期通风阻力最大的风路（一般只计算到主要通风机服务期限内），然后分别计算两条风路中各段井巷的通风阻力，分别累加后即为矿井通风容易和困难时期的通风阻力 $h_{fr}$ 和 $h_{fk}$。

（2）矿井通风的设计负（正）压，一般不应超过 2940 Pa。表土层特厚、开采深度深、总进风量大、通风网路长的大深矿井，矿井通风设计的后期负压可适当加大，但后期通风负压不宜超过 3920 Pa。

（3）矿井井巷的局部阻力，新建矿井（包括扩建矿井独立通风的扩建区）宜按井巷摩擦阻力的 10% 计算，扩建矿井宜按井巷摩擦阻力的 15% 计算。

（4）多通风机通风系统，在满足风量按需分配的前提下，公共风路的阻力不得超过任何一个主要通风机风压的 30%。

（5）对于小型矿井，一般只计算困难时期的通风阻力。

**2. 矿井通风总阻力计算**

对于矿井有两台或多台主要通风机工作，矿井通风阻力按每台主要通风机所服务的系统分别计算。

在主要通风机的服务年限内，随着采煤工作面及采区接替的变化，通风系统的总阻力也将发生变化。当根据风量和巷道参数直接判定最大总阻力路线时，可按该路线的阻力计算矿井总阻力；当不能直接判定时，应选几条可能是最大的路线进行计算比较，然后定出该时期的矿井总阻力。矿井通风系统阻力应满足表 3-5 的要求。

矿井通风系统总阻力最小时称通风容易时期，通风系统总阻力最大时称为通风困难时期。对于通风困难和容易时期，要分别画出通风系统图，按照采掘工作面及硐室的需要分配风量，由各段风路阻力计算矿井总阻力。

计算总阻力的方法为：沿着风流总阻力最大路线，依次计算各段摩擦阻力 $h_f$，然后分别累计得出容易和困难时期的总摩擦阻力 $h_{f1}$ 和 $h_{f2}$。

通风容易时期总阻力：
$$h_{m1} = h_{f1} + h_e = h_{f1} + (0.1 \sim 0.15)h_{f1} = (1.1 \sim 1.15)h_{f1} \tag{7-30}$$

通风困难时期总阻力：
$$h_{m2} = h_{f2} + h_e = h_{f2} + (0.1 \sim 0.15)h_{f2} = (1.1 \sim 1.15)h_{f2} \tag{7-31}$$

式中：$h_{m1}$——容易时期总阻力，Pa；
$h_{m2}$——困难时期总阻力，Pa；
$h_e$——矿井局部阻力，Pa。

$h_f$ 按下式计算：
$$h_f = \sum_{i=1}^{n} h_{ft} \tag{7-32}$$

其中：
$$h_{ft} = \frac{a_i l_i u_i}{S_i^3} Q_i^2$$

式中：$h_{fi}$——第 $i$ 个巷道的摩擦阻力，Pa；
$u_i$——第 $i$ 个巷道的断面周长，m；
$a_i$——第 $i$ 个巷道的摩擦阻力系数；
$S_i$——第 $i$ 个巷道断面面积，$m^2$；
$l_i$——第 $i$ 个巷道的风道长度，m；
$Q_i$——通过第 $i$ 个巷道的风量，$m^3/s$。

**3. 矿井通风等积孔计算**

等积孔是用一个与井巷或矿井风阻值相当的理想孔的面积值（$m^2$）来衡量井巷或矿井通风难易程度的抽象概念。它是反映井巷或矿井通风阻力和风量依存关系的数值。等积孔越大，表示其通风越容易，反之，等积孔越小，表示通风越困难。各类矿井等积孔的计算方法见表 7-9。

表 7-9  各类矿井等积孔的计算方法

| 矿井种类 | 图示 | 计算公式 | 符号注释 |
|---|---|---|---|
| 单台通风机矿井 | | $A = \dfrac{1.19Q}{\sqrt{h}}$ | $A$—等积孔，$m^2$；<br>$Q$—通风机风量，$m^3/s$；<br>$h$—通风机风压，Pa；<br>$A_1$、$A_2$—分别为通风机 1、2 之等积孔，$m^2$；<br>$Q_1$、$Q_2$—分别为通风机 1、2 之风量，$m^3/s$；<br>$h_1$、$h_2$—分别为通风机 1、2 之风压，Pa； |
| 双台通风机矿井 | | $A_1 = \dfrac{1.19Q_1}{\sqrt{h_1}}$<br>$A_2 = \dfrac{1.19Q_2}{\sqrt{h_2}}$<br>$A_z = \dfrac{1.19(Q_1+Q_2)}{\sqrt{\dfrac{Q_1 h_1 + Q_2 h_2}{Q_1+Q_2}}}$ | |

续表

| 矿井种类 | 图　示 | 计算公式 | 符号注释 |
|---|---|---|---|
| 多台通风机矿井 |  | $A_n = \dfrac{1.19Q_n}{\sqrt{h_n}}$<br><br>$A_z = \dfrac{1.19Q_z^{\frac{3}{2}}}{\sqrt{\sum_{i=1}^{i=n} Q h_i}}$ | $A_n$——通风机 $n$ 之等积孔，$m^2$；<br>$Q_n$——通风机 $n$ 之风量，$m^3/s$；<br>$h_n$——通风机 $n$ 之风压，Pa；<br>$A_z$——矿井总等积孔，$m^2$；<br>$Q_z$——矿井总风量，$m^3/s$；<br>$Q$——多台通风机矿井中每台通风机的风量，$m^3/min$；<br>$h_i$——多台通风机中每台的风压，Pa |

### 7.4.4　通风设备选择

矿井通风设备包括主要通风机及其电动机。在设备选择方面，须先选择主要通风机，然后选择电动机。

**1. 矿井通风设备的要求**

(1) 矿井必须安装 2 套同等能力的主要通风机装置，其中 1 套作备用。备用通风机必须能在 10 min 内开动。

(2) 通风机的服务年限尽量满足第一水平通风要求，并适当照顾二水平通风；在通风机的服务年限内其工况点应在合理的工作范围之内。

(3) 通风机能力应留有一定的余量，轴流式通风机在最大设计负压和风量时，轮叶运转角度应比允许范围小 5°；离心式通风机的选型设计转速不宜大于允许最高转速的 90%。

(4) 进、出风井井口的高差在 150 m 以上，或进、出风井井口标高相同，但井深 400 m 以上时，宜计算矿井的自然风压。

(5) 对于小型矿井，一般只考虑满足困难时期的通风要求。

(6) 矿井必须采用机械通风；主要通风机必须安装在地面；装有通风机的井口必须封闭严密，其外部漏风率在无提升设备时不得超过 5%，有提升设备时不得超过 15%。

(7) 生产矿井严禁采用局部通风机或通风机群作为主要通风机使用。

选型必备的基础资料有：通风机的工作方式(压入式还是抽出式)；矿井瓦斯等级；矿井不同时期的风量；通风机服务年限内的最大阻力和最小阻力以及风井是否作为提升用等。

**2. 通风机风量和风压的计算**

1) 通风机风量计算

由于外部漏风(即井口防爆门及主要通风机附近的反风门等处的漏风)，通风机风量 $Q_f$ 大于矿井需风量 $Q_z$。

$$Q_f = KQ_z \tag{7-33}$$

式中：$Q_f$——主要通风机的工作风量，$m^3/s$；

$Q_z$——矿井需风量，$m^3/s$；

$K$——漏风损失系数,风井不做提升用时取1.1;箕斗井兼作回风用时取1.15;回风井兼作升降人员时取1.2。

通风机风量按容易时期和困难时期分别计算 $Q_{fmin}$ 和 $Q_{fmax}$。

2) 通风机风压计算

通风机风压 $H_f$ 和矿井自然风压 $H_n$ 共同作用克服井巷通风系统的总阻力 $h_z$、各通风机辅助装置(如消声器、扩散器等)的阻力 $h_d$ 及扩散器出口动能损失 $h_v$。根据通风机的通风压力与矿井通风总阻力 $h$ 数值相等的规律,求出通风机风压 $H_f$。

$$H_f = h \tag{7-34}$$

通常离心式通风机提供的大多是全压曲线,而轴流式通风机提供的大多是静压曲线。

① 抽出式通风矿井

离心式通风机:

容易时期

$$H_{ftmin} = h_z + h_d + h_v - H_n \tag{7-35}$$

困难时期

$$H_{ftmax} = h_z + h_d + h_v + H_n \tag{7-36}$$

轴流式通风机:

容易时期

$$H_{fsmin} = h_z + h_d - H_n \tag{7-37}$$

困难时期

$$H_{fsmax} = h_z + h_d + H_n \tag{7-38}$$

通风容易时期为使自然风压与通风机风压作用相同时,通风机有较高的效率,故从通风系统阻力中减去自然风压 $H_n$;通风困难时期,为使自然风压与通风机风压作用反向时,通风机能力满足需要,故从通风系统阻力中加上自然风压 $H_n$。

② 压入式通风矿井

$h_v$ 改为回风井的出口动压。

高山地区大气压力较低,因此一般应对矿井负压进行校正,负压校正按下式进行:

$$h' = \frac{760 \times 13.6 \times 9.8}{P'} h \tag{7-39}$$

式中:$h'$——高山地区矿井负压,Pa;

$P'$——高山地区大气压力,Pa,见表7-10;

$h_{高}$——海拔,m。

表 7-10 通风井口绝对海拔标高 $H$ 与大气压力关系

| 海拔标高 $H$/m | 大气压力/Pa(mmHg) | 海拔标高 $H$/m | 大气压力/Pa(mmHg) |
| --- | --- | --- | --- |
| 0 | 101292.8(760) | 1400 | 85566.8(642) |
| 200 | 98627.2(740) | 1600 | 83433.3(626) |
| 400 | 96628.0(725) | 1800 | 81434.1(611) |
| 600 | 94362.2(708) | 2000 | 79434.9(596) |
| 800 | 92096.5(691) | 2200 | 77435.7(581) |
| 1000 | 89830.7(674) | 2400 | 75436.5(566) |
| 1200 | 87698.2(658) | 2600 | 73570.0(552) |

续表

| 海拔标高 $H$/m | 大气压力/Pa(mmHg) | 海拔标高 $H$/m | 大气压力/Pa(mmHg) |
|---|---|---|---|
| 2800 | 72104.5(541) | 3800 | 63174.7(474) |
| 3000 | 70105.3(526) | 4000 | 62241.8(467) |
| 3200 | 68372.6(513) | 4200 | 60642.4(455) |
| 3400 | 66506.7(499) | 4400 | 58376.6(438) |
| 3600 | 64374.2(483) | | |

**3. 主要通风机的选取**

1) 初选通风机

根据计算的矿井通风容易时期通风机的 $Q_{fmin}$、$H_{fmin}$ 和矿井通风困难时期通风机的 $Q_{fmax}$、$H_{fmax}$，在通风机特性曲线上选出满足矿井通风要求的通风机。可按类型特性曲线或个体特性曲线确定通风机的型号，包括叶轮直径、叶片安装角和转速等。

(1) 按类型特性曲线选择。

首先以效率高、性能好为条件确定通风机类型。为使通风机在整个服务期内都具有较高的效率，以 $H_{fmin}$ 和 $H_{fmax}$ 的平均值作为选择时的计算风压，即通风机在额定工况时的风压。

通风机的最佳直径可按下式计算：

$$D_2 = 1.128 \sqrt[4]{\frac{\rho Q_f^2 \overline{H_f}}{H_f \overline{Q_f}^2}} \tag{7-40}$$

式中：$H_f$——计算风压，Pa，且 $H_f = (H_{fmin} + H_{fmax})/2$；

$Q_f$——计算风量，m³/min，且 $Q_f = (Q_{fmin} + Q_{fmax})/2$；

$\overline{H_f}$、$\overline{Q_f}$——分别为所选通风机的风压系数和流量系数，对应于最佳工况的数值，可由类型特性曲线查得；

$\rho$——空气密度，kg/m³，可取 1.2 kg/m³ 或取当地实际测定值。

直径由式(7-40)确定的通风机不仅能满足通风要求，而且在整个服务期内都能获得较高的效率。但因同一类型的通风机直径不可能很多，所以还需按计算结果选一个与之靠近的机号。当机号确定后，叶轮的直径也就确定了。

当式(7-40)计算的结果与所选定通风机的直径 $D_2$ 相差不大时，通风机的转速可由下式确定：

$$n = \frac{60}{\pi D_2} \sqrt{\frac{P}{\rho \overline{P}}} \tag{7-41}$$

按式(7-40)和式(7-41)选定的通风机不仅能满足通风要求，而且能使工况点基本落在高效区内。

(2) 按个体特性曲线选择。

当资料较全时，这种方法较简单。首先优选通风机类型。然后将前面计算的风量 $Q_{fmin}$、$Q_{fmax}$ 和风压 $H_{fmin}$、$H_{fmax}$ 与个体特性曲线上高效区中的参数直接对号即可。

2) 求通风机实际工况点

因为根据 $Q_{fmin}$、$H_{fmin}$ 和 $Q_{fmax}$、$H_{fmax}$ 确定的设计工况点不一定恰好在所选择通风机的特性曲线上，因此必须根据矿井工作阻力，确定其实际工况点。

(1) 计算矿井工作风阻。

用静压特性曲线时：容易时期为 $R_{smin} = \dfrac{H_{fsmin}}{Q_{fmin}^2}$，困难时期为 $R_{smax} = \dfrac{H_{fsmax}}{Q_{fmax}^2}$。

用全压特性曲线时：容易时期为 $R_{tmin} = \dfrac{H_{ftmin}}{Q_{fmin}^2}$，困难时期为 $R_{tmax} = \dfrac{H_{ftmax}}{Q_{fmax}^2}$。

(2) 确定通风机的实际工况点。

在通风机特性曲线上作通风机工作风阻曲线，与风压曲线的交点即为实际工况点，如图 7-20 所示。

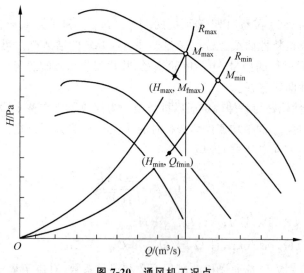

图 7-20　通风机工况点

3) 确定通风机型号和转速

根据各台通风机的工况参数 ($Q_f$、$H_f$、$\eta$、$N$) 对初选的通风机进行技术、经济和安全性比较，最后确定满足矿井通风要求，技术先进、效率高和运转费用低的通风机的型号和转速。

**4．电动机的选择**

1) 通风机的输入功率

通风机输入功率按通风容易及困难时期，分别计算通风机所需输入功率 $N_{min}$、$N_{max}$。

$$N_{min} = \dfrac{Q_f H_{fsmin}}{1000\eta_s} \tag{7-42}$$

$$N_{max} = \dfrac{Q_f H_{fsmax}}{1000\eta_s} \tag{7-43}$$

或

$$N_{min} = \dfrac{Q_f H_{ftmin}}{1000\eta_t} \tag{7-44}$$

$$N_{max} = \dfrac{Q_f H_{ftmax}}{1000\eta_t} \tag{7-45}$$

式中：$\eta_t$、$\eta_s$——分别为通风机全压效率和静压效率；

$N_{min}$、$N_{max}$——分别为矿井通风容易时期和通风困难时期通风机的输入功率,kW。

2) 电动机的台数及种类

当 $N_{min} \geqslant 0.6 N_{max}$ 时,可选一台电动机,电动机功率为:

$$N_e = N_{max} \cdot k_e / (\eta_e \eta_{tr}) \tag{7-46}$$

当 $N_{min} < 0.6 N_{max}$ 时,选两台电动机,其功率分别为:

初期

$$N_{emin} = \sqrt{N_{min} \cdot N_{max}} \cdot k_e / (\eta_e \eta_{tr}) \tag{7-47}$$

后期按式(7-46)计算。

式中:$k_e$——电动机容量备用系数,$k_e = 1.1 \sim 1.2$;

$\eta_e$——电动机效率,$\eta_e = 0.9 \sim 0.94$(大型电动机取较高值);

$\eta_{tr}$——传动效率,电动机与通风机直联时 $\eta_{tr} = 1$;皮带传动时 $\eta_{tr} = 0.95$。

电动机功率在 400~500 kW 甚至更高时,宜选用同步电动机。其优点是在低负荷运转时,可用来改善电网功率因数,使矿井减少用电消耗;缺点是这种电动机的购置和安装费较高。

### 7.4.5 通风费用概算

吨煤通风成本是通风设计和管理的重要经济指标。统计分析成本的构成,则是探求降低成本,提高经济效益必不可少的基础资料。

**1. 电费($W_1$)**

吨煤的通风电费 $W_1$(元/t)为主要通风机年耗电费及井下辅助通风机、局部通风机电费之和除以年产量,可用如下公式计算:

$$W_1 = (E + E_A) \times D / T \tag{7-48}$$

式中:$E$——主要通风机年耗电量,kW·h。设计中用下式概算:

通风容易时期和困难时期共选一台电动机时:

$$E = 8760 N_{emax} / (k_e \cdot \eta_v \cdot \eta_w) \tag{7-49}$$

选两台电动机时:

$$E = 4380 (N_{emax} + N_{emin}) / (k_e \cdot \eta_v \cdot \eta_w) \tag{7-50}$$

式中:$D$——电价,元/(kW·h);

$T$——矿井年产量,t;

$E_A$——局部通风机和辅助通风机的年耗电量,kW·h;

$\eta_v$——变压器效率,可取 0.95;

$\eta_w$——电缆输电效率,取决于电缆长度和每米电缆耗损,在 0.9~0.95 内选取。

**2. 设备折旧费($W_2$)**

通风设备的折旧费 $W_2$(元/t)与设备数量、成本及服务年限有关,可采用表7-11进行计算。

$$W_2 = (J_1 + J_2) / T \tag{7-51}$$

式中:$J_1$——基本投资每年折旧费,元;

$J_2$——大修理费用每年折旧费,元;

$T$——矿井年产量,t。

表 7-11 通风成本计算

| 序号 | 设备名称 | 计算单位 | 数量 | 单位成本/元 | 总成本/元 | | 服务年限/a | 基本投资每年的折旧费/元 | | 备注 |
|---|---|---|---|---|---|---|---|---|---|---|
| | | | | | 设备费/元 | 运输及安装费/元 | 总计 | | 折旧费($J_1$)/元 | 大修理折旧费($J_2$)/元 | |
| | | | | | | | | | | | |
| | | | | | | | | | | | |
| | | | | | | | | | | | |

### 3. 材料消耗费用($W_3$)

材料消耗费用 $W_3$(元/t)包括各种通风构筑物的材料费、通风机和电动机润滑油料费、防尘等设施费用。计算如下：

$$W_3 = \frac{C}{T} \tag{7-52}$$

式中：$C$——年材料消耗总费用，元。

### 4. 通风工作人员工资费用($W_4$)

矿井通风工作人员工资费用 $W_4$(元/t)为：

$$W_4 = \frac{A}{T} \tag{7-53}$$

式中：$A$——每年工资总额，元。

### 5. 专为通风服务的井巷工程折旧费和维护费($W_5$)

专为通风服务的井巷工程折旧费和维护费为 $W_5$(元/t)。

### 6. 通风仪表的购置费和维修费($W_6$)

回采煤的通风仪表的购置费和维修费为 $W_6$(元/t)。

故矿井的通风总费用 $W$(元/t)为：

$$W = W_1 + W_2 + W_3 + W_4 + W_5 + W_6 \tag{7-54}$$

## 7.5 矿井通风能力核定

### 7.5.1 矿井通风能力核定程序

矿井通风能力核定工作按照《煤矿通风能力核定标准》(AQ 1056—2008)具体操作，其程序按照国家发展改革委《煤矿生产能力核定的若干规定》进行。

(1) 国家发展改革委和省级煤炭生产许可证颁发管理机关(以下统称煤炭生产许可证颁发管理机关)负责煤矿生产能力核定工作。

国家发展改革委负责指导和监督全国煤矿生产能力核定工作，并直接负责中央企业所属煤矿生产能力的核定。

省级煤炭生产许可证颁发管理机关负责本行政区域内前款规定以外的煤矿生产能力核定。

其他部门或组织不得擅自组织煤矿生产能力核定。

(2) 煤矿生产能力核定以具有煤炭生产许可证的矿(井)为单位。

(3) 煤矿发生下列情形之一,致使生产能力变化的,须进行重新核定。

① 采场、提升、运输、通风、排水、供电和地面等生产系统及环节发生变化;

② 生产工艺改变;

③ 煤层赋存条件、储量发生变化;

④ 实施改建、扩建、技术改造;

⑤ 其他生产条件发生变化。

(4) 煤矿生产能力核定工作包括以下三个阶段。

① 煤矿企业组织核定;

② 主管部门(单位)审查;

③ 煤炭生产许可证颁发管理机关审查确认。

(5) 煤矿企业应在生产能力发生变化后六十日内,组织完成生产能力核定工作,并按照隶属关系向主管部门(单位)报送核定报告。不具备自我核定生产能力条件的矿(井)可委托具有资质的中介机构或直接由主管部门(单位)组织核定。

(6) 负责煤矿生产能力审查的主管部门(单位)。

① 市(地)属及市(地)以下煤矿由上级煤炭行业管理部门负责;

② 省(区、市)直属煤矿由省级煤炭行业管理部门负责;

③ 省(区、市)煤炭集团公司所属煤矿,由省(区、市)煤炭集团公司负责;

④ 中央企业所属煤矿,由中央企业负责。

(7) 主管部门(单位)接到所属煤矿企业生产能力审查申请后。应在三十日内组织完成审查工作并签署意见,连同企业申请材料.按照隶属关系报煤炭生产许可证颁发管理机关。

### 7.5.2 矿井通风能力核定办法适用范围

矿井通风能力核定办法适用于具有独立通风系统的合法生产矿井。现在有些是不具备安全生产条件的矿井,存在很大的安全隐患,此类矿井属于关闭停产之列,不属于煤矿通风能力核定的范围。

(1) 矿井通风系统是矿井生产系统的重要组成部分。所有矿井的通风系统必须符合"系统简单、安全可靠、经济合理"的原则,系统简单才便于管理,经济合理可以节约费用,而安全可靠至关重要,因为矿井通风系统的状况决定着整个矿井的安全程度;同时矿井通风系统也是"一通三防"的基础,而"一通三防"是煤矿安全的重中之重。因此,《煤矿通风能力核定标准》规定核定范围矿井必须有完整的独立通风系统。

(2) 合法矿井是指有省(区、市)工商行政管理部门颁发的营业执照,煤炭行业管理部门颁发的煤炭生产许可证、矿长资格证,国土资源管理部门颁发的采矿许可证和煤矿安全监察机构颁发的安全生产许可证、矿长安全资格证。

### 7.5.3 矿井通风能力核定办法

矿井有两个以上通风系统时,应按照每一个通风系统分别进行通风能力核定,矿井的通风能力为每一通风系统通风能力之和。

矿井通风能力核定采用总体核算法或由里向外核算法计算。

**1. 总体核算法(产量在 30 万 t/a 以下矿井可使用)**

公式一(较适用于低瓦斯矿井):

$$A = 350Q_{进} /(qK \times 10^4) \tag{7-55}$$

式中:$A$——通风能力,万 t/a。

$Q_{进}$——矿井总进风量,$m^3/min$;矿井实际进风量必须满足矿井的总需要风量,按核定时矿井总进风量计算。

$q$——平均日产吨煤需要的风量,$m^3/t$,$q=Q'/A'$。

$Q'$——矿井上年度实际需要风量,$m^3/min$;矿井实际需要风量为矿井采煤工作面、掘进工作面、硐室和其他用风巷道需要风量之和。

$A'$——矿井上年度平均日产煤量,t。

$K$——矿井通风能力系数。取 1.30~1.50,取值范围不得低于此取值范围,并结合当地煤炭企业实际情况恰当选取,确保瓦斯不超限。当矿井等积孔<1 $m^2$ 时,取 1.50;1 $m^2 \leqslant$ 等积孔 $\leqslant 2$ $m^2$ 时,取 1.40;当等积孔>2 $m^2$ 时,取 1.30。

350——矿井一年内正常生产的天数,取 350 d。

参数选取和计算时,首先应对上年度矿井供风量的安全、合理、经济性进行认真分析与评价,对上一年度生产安排的合理性进行必要的分析与评价,对串联和瓦斯超限等因素掩盖的吨煤供风量不足要加以修正,并应考虑近 3 年矿井生产情况和通风系统的变化,取其合理值。

公式二(较适用于高瓦斯矿、突出矿井和有冲击地压的矿井):

$$A = 350Q_{进} /(0.0926 \times 10^4 q_{相} \sum k) \tag{7-56}$$

式中:$Q_{进}$——矿井总进风量,$m^3/min$;

0.0926——总回风巷按瓦斯浓度不超 0.75% 核算为单位分钟的常数;

$q_{相}$——矿井瓦斯相对涌出量,$m^3/t$;

$\sum k$——综合系数(表 7-12)。

在通风能力核定时,当矿井有瓦斯抽放时,$q_{相}$ 应扣除矿井永久抽放系统所抽的瓦斯量。$q_{相}$ 取值不小于 10,小于 10 时按 10 计算。扣减瓦斯抽放量时应符合以下要求:

(1) 与正常生产的采掘工作面风排瓦斯量无关的抽放量不得扣减(如封闭已开采完的采区进行瓦斯抽放作为瓦斯利用补充源等)。

(2) 未计入矿井瓦斯等级鉴定计算范围的瓦斯抽放量不得扣除。

(3) 扣除部分的瓦斯抽放量取当年平均值。

(4) 如本年已完成矿井瓦斯等级鉴定的,取本年矿井瓦斯等级鉴定结果;本年未完成矿井瓦斯等级鉴定的,取上年矿井瓦斯等级鉴定结果。

表 7-12　$\sum k$ 取值

| $k$ 值 | 概　念 | 取　值 | 备　注 |
|---|---|---|---|
| $k_{产}$ | 矿井产量不均匀系数 | 产量最高月平均日产量/年平均日产量 | |
| $k_{瓦}$ | 矿井瓦斯涌出不均匀系数 | 高瓦斯矿井不小于 1.2,突出矿井、冲击地压矿井不小于 1.3 | |
| $k_{备}$ | 备用工作面用风系数 | $k_{备}=1.0+n_{备}\times 0.05$ | $n_{备}$——备用回采工作面个数 |
| $k_{漏}$ | 矿井内部漏风系数 | 总进风量年平均值/有效风量年平均值 | |

**2. 由里向外核算法(产量在 30 万 t/a 以上矿井可使用)**

根据计算出的矿井总需风量与矿井各用风地点的需风量(包括按规定配备的备用工作面)计算出采掘工作面个数(按合理采掘比 $m_1,m_2$),取当年度每个采掘工作面的产量,计算矿井通风能力。

$$A = \sum_{i=1}^{m_1} A_{采i} + \sum_{j=1}^{m_2} A_{掘j} \tag{7-57}$$

式中：$A_{采i}$——第 $i$ 个回采工作面正常生产条件下的年产量,万 t/a;

$A_{掘j}$——第 $j$ 个掘进工作面正常掘进条件下的年进尺换算成煤的产量,万 t/a;

$m_1$——回采工作面的数量,个;

$m_2$——掘进工作面的数量,个。

$m_1$、$m_2$ 的取值必须符合《煤矿安全规程》规定。

## 7.6　矿井智能化通风系统

目前,国内现有的地下矿山、矿井通风仅仅以满足井下通风需要作为最终目标,甚至有些地下矿山通风情况达不到通风技术规范的要求,且能耗较大。2005 年,加拿大自然资源部对加拿大大型地下矿山电能消耗做了统计,其中通风能耗占整个矿山能耗的 50%,约 1 亿 kW·h/a。从经济角度来看,通风节能能有效降低矿山企业的生产成本。

为降低通风成本,国内外矿山企业采取各种通风节能技术措施：国内矿山企业逐渐采用变频通风机以达到节能的目的,且取得了一定的效果；而国外矿山企业逐渐向矿井通风自动智能化方向发展,通过井下传感设备、智能通风监测控制系统及矿井通风优化系统等,实现井下按需通风与能耗实时最小化。不管是国内矿山企业还是国外矿山企业都是逐步采用数字化、信息化、自动化与智能化技术以达到通风节能的目的。此外,由于矿井通风数字化、信息化、自动化与智能化技术是整个矿山数字化、信息化、自动化与智能化技术的一个组成部分,因此其可以更好地利用矿山其他数字化、信息化、自动化与智能化技术,如通过井下人员及设备定位,确定井下所需风量,从而反馈到通风机,实现实时调控。

矿井智能通风建设要实现通风信息智能化与灾害精准预警、矿井安全避险六大系统综合信息集成与智能运维的多系统融合互联、主动交互、协同联控和智能决策的发展目标,并基于矿山智能化建设的需求,形成风险评估、监测预警、安全保障、应急管控"4 个中心"的一体化智能通风管控平台,一个传输网络、一个库(数据库)、统一数据接口标准、统一服务器资源、统一展示界面和综合信息一张图的矿山智能通风建设路径。

矿井通风智能化主要由智能通风监控系统、需风量计算系统以及矿井通风优化系统三大部分组成。下面以 ABB 公司关于矿井通风智能化的解决方案为例,较详细地介绍矿井通风智能化的三大组成部分,其完整系统概述见图 7-21。

### 7.6.1 智能通风监控系统

智能通风监控系统对应着图 7-21 中的 800XA 智能通风应用集成系统,它以系统的高度作为客户需求来提供智能通风应用的系统模式,以及实现该系统模式的具体技术解决方案和运作方案,即为用户提供一个全面的系统解决方案。智能通风应用集成系统是以 ABB 公司的 800XA 系统为基础构建的,其系统较为成熟。

**1. 800XA 系统特点**

该系统是一个完整、开放、灵活的智能通风应用集成系统,具有以下特点:

(1) 世界级的协作平台。操作者、工程师与矿山管理者能够监督和控制整个通风系统的移动设备;对于所有用户来说,能量消耗与关键性能指标(KPI)是容易获取的。

(2) 模块化的解决方案。它主要包括软件与硬件两个方面,其中智能通风软件库为操作员提供标准化的环境,利于高效操作;模块化的硬件解决方案是建立在 800XA 系统标准组件、有效工程与降低维护成本上的。

(3) 开放式平台。ABB 智能通风系统是通过开放接口以其他方式连接与控制易于连接的通风机,如 OPC 与 TCP 协议。

**2. 按需通风**

矿井按需通风是指在通风调控设施的调控下,使井下各需风点满足所需风量的要求。矿井通风智能化的按需通风则是在井下各种传感设备以及各种监测监控系统下,将井下各种通风所需信息反馈到 800XA 系统的监督控制器,监督控制器通过控制通风调控设施,使井下达到按需通风的目的。矿井通风智能化按需通风的特点有:

(1) 基于计划与事件控制。井下按需通风计划与事件控制包括:基于生产计划的通风需求;基于生产计划或爆破设备下的爆破活动;支持矿井火灾情景。

(2) 传感器控制。传感器控制是应用空气质量、流量、压力等传感器的监测实现对空气质量、流量及压力等的控制。

(3) 基于需求计算的流量控制。它是通过计算井下稀释有毒有害气体所需风量进行控制,而具体的需风量计算则是依据本地或远程车辆跟踪系统侦测到的车辆与人员信息。

(4) 风扇之间主次关系处理。ABB 的 800XA 系统可以轻松建立风扇间的协同关系。

(5) 本地分布式智能系统。本地分布式智能系统的"智能故障-安全功能"即使通信网络突然脱机,也能确保空气质量保持在其控制之下。

### 7.6.2 需风量计算系统

需风量计算系统对应着图 7-21 中的矿井智能定位全局追踪系统。矿井智能定位全局追踪系统主要包括全局定位追踪与矿井智能定位系统。

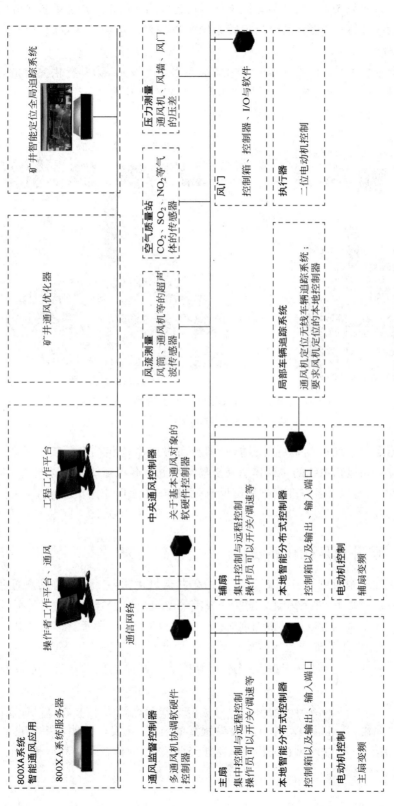

图 7-21 矿井通风智能化系统框架

全局定位追踪系统：来自任何智能定位全局追踪系统的信息均能够被矿井智能通风系统用于需风量的计算；智能定位全局追踪系统可以替代或结合该区域的车辆追踪仪器，具体如图7-22所示。

矿井智能定位系统：以适应地下矿山的决策系统为基础，为其提供完整的定位；现有数据/通信解决方案的应用成为一个与技术无关的实时定位服务（RTIS）决策方案；智能通风集成提供了一种配置与维持通风区的有效方式。

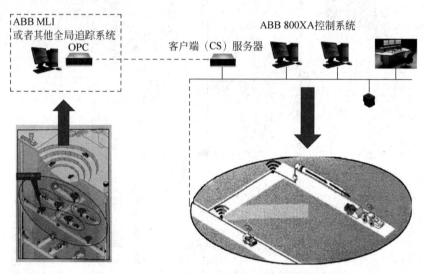

图7-22　矿井智能定位全局追踪系统的集成与布局

注：OPC：过程控制对象链接及嵌入。

矿井智能定位全局追踪系统与智能通风应用集成系统相结合而实现井下按需通风。矿井智能定位全局追踪系统的主要作用是全局追踪井下各区域车辆与人员等，再与传感器相结合，侦测出全矿以及各作业区域所需风量，通过智能通风应用集成系统控制，实现井下按需通风。

### 7.6.3　矿井通风优化系统

矿井通风优化系统则对应着图7-21中的矿井通风优化器。矿井通风是通过主扇将地表新鲜空气输送到井下，井下风量分配时一般需要通过风扇、风窗、风门以及风墙等调控设施加以控制。按需通风可以通过最先进的控制技术得以实现；然而许多矿山几乎没有应用控制技术，因而实现井下按需通风难度较大。但即使矿井实现了井下按需通风，其也存在无反馈控制的缺点且按需通风使用的风扇或调控设施调控过程较复杂且难以长时间持续调控。

因此，ABB公司为风扇和风量调控的全矿协调控制提供了一种新的独特方法，即矿井通风全矿在线优化，其可以为矿井自动提供所需的空气，且实现节能和提供可靠的解决方案，如图7-23所示。矿井通风在线优化是基于经验模型，并依赖于空气传感器的反馈，如流量传感器、温度传感器等。

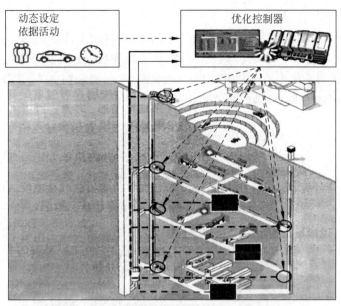

图 7-23　矿井通风全矿协调控制在线优化

该方法具有以下特点：
(1) 它是一种新的、独特的全矿井主通风机与增压通风机协调控制的方法；
(2) 可以为健康的工作环境提供所需空气；
(3) 它是基于方法模型，以及风量、压力与风能模型而实现的；
(4) 依赖于现场传感器的反馈；
(5) 以经验获取来自工作数据的模型参数；
(6) 可以在任何通风控制解决方案的基础上实现。

### 7.6.4　矿井智能化通风系统功能和优势

矿井智能化通风系统是运用全新的测控方法测量矿井风速，并在三维井巷模型的基础上对矿井通风系统进行智能分析，是矿井通风、安全生产、现场管理、技术管理和系统节能的革命性突破。

**1. 矿井智能化通风系统功能**

矿井智能化通风系统可实现的主要功能（图 7-24）如下：

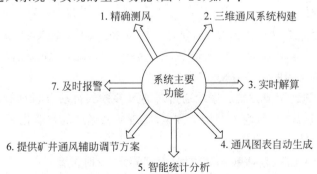

图 7-24　矿井智能化通风系统可实现的主要功能

1) 精确测风

(1) 采用矿用本安型全断面精确测风仪(图 7-25),改变了传统的"以点代面"的监测方式,可精确量测矿井通风中的风向、风量、风速,从而保证数据的真实可靠性及精确性。

(2) 精确测风可系统地反映矿井实时通风状态,实时测量掘进头、工作面、关键巷道及用风地点的精确风速与风量,构建矿井精确的风向、风速和风量监控体系。

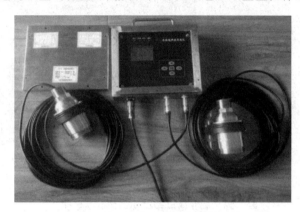

图 7-25 精确测风仪

2) 三维通风系统构建

系统能够建立可编辑的矿井真三维通风系统模型,井巷、通风机、设备设施均可实现数字空间的三维模型建设,快速生成三维通风立体图、二维通风网络图、二/三维风流图。

3) 实时解算

(1) 以实测风向、风速和风量为参数,进行风网的分析和解算,从而实时报告矿井内每一条巷道的当前通风参数。

(2) 以实测的井巷和工作面瓦斯含量为前提,在已知巷道风速、风量的基础上,分析和报告矿井巷道内的瓦斯空间分布状况。

4) 通风图表自动生成

(1) 风网信息(包括原始数据、解算结果、模拟结果、警示信息等)形式多样,既可以图数互查,也可以图形展示,还可以报表展示,报警信息及闪烁与声光报警。

(2) 通风图表自动生成,效率高、效果好、可编辑性强。具备强大的绘图功能,可自动构建井巷拓扑关系,可根据模板技术自动生成通风系统图、通风网络图、通风报表等。

5) 智能统计分析

系统实现对各类通风历史数据的综合统计,通过分析,找出各类数据间的相关性;通过分析相关性原因,指导矿井通风,提高矿井的通风效率,保障通风系统的稳定性、合理性和经济性。

6) 提供矿井通风辅助调节方案

提供矿井通风辅助调节方案。系统通过对通风参数的自动分析计算,给出系统中的通风主扇、局部通风机、风门、风窗等的调节方案,实现矿井通风的智能化调节。

7) 及时报警

(1) 提供实时的实测、推演和解算数据,发现异常,及时报警;

(2) 系统能进行风量、风速、风向不稳定性的自动报警;

（3）报警后故障原因的查询功能，提高通风系统的稳定性和安全性。

**2. 矿井智能化通风系统优势**

矿井智能化通风系统相对传统通风方式有如下优势（图7-26）：

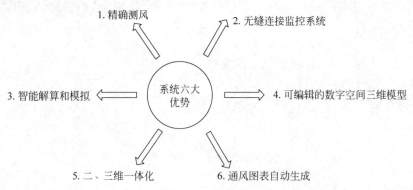

图7-26　矿井智能化通风系统的优势

1）精确测量风向和风速

系统改变了传统的点测风方式；非接触方式精确地测量巷道中心扫描线处的平均风速和风向；实现了巷道中风向、风速量测的精确、连续和真实可靠。

2）与矿井通风监控系统无缝连接

测风硬件和解算分析软件一体化，利用通风监控数据实时解算，可使管理者每时每刻知晓矿井每一条巷道的当前风速和风量。同时可实现及时报警功能。通风机监控系统和运行参数监测如图7-27和图7-28所示。

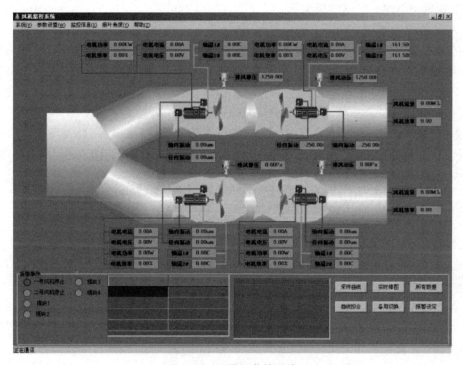

图7-27　通风机监控系统

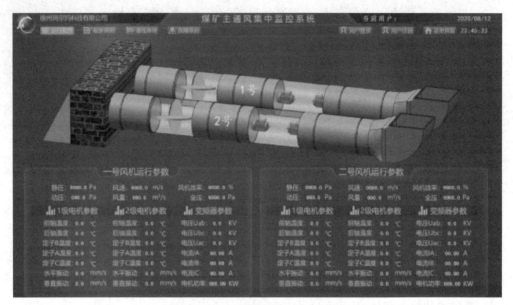

图 7-28　通风机运行参数监测系统

3）智能解算和模拟

系统具有风网解算、自然分风、按需分风、调阻分析、风网优化、风门开关模拟、贯通模拟等众多功能。

4）可编辑的数字空间真三维建模

通风机、井巷、设备设施均可进行对象化的三维模型建设，可快速生成三维通风立体图、二维通风网络图、二/三维风流图。

5）二、三维一体化

可实现二维与三维之间的单键自由切换。利用已有的地质和井巷道数据，直接建立矿井的三维通风网络模型，包括生产巷道模型、工作面模型、通风机和通风构筑物模型。

6）通风图表自动生成

系统提供浏览器和服务器架构(B/S)模式及客户端和服务器架构(C/S)模式，风网信息（原始数据、解算结果、模拟结果等）形式多样，可图数互查、图形展示、报表展示，报警信息及闪烁与声光报警。可以自动构建井巷拓扑关系，自动生成通风系统图、通风网络图等。

# 习题

7.1　采区通风系统包括哪些部分？

7.2　试比较带式输送机上山和轨道上山进风的优缺点和适用条件。

7.3　何谓下行通风？试从防瓦斯积聚、防尘及降温角度分析上行通风与下行通风优缺点。

7.4　回采工作面通风方式有哪些类型？并阐述其各自的特点和适用性。

7.5　矿井通风系统主要有哪几种类型？说明其特点及适用条件。

7.6　拟定矿井通风系统应符合哪些要求？

7.7 按进、回井在井田内的位置不同,通风系统可分为哪几种?各适用哪种情况。

7.8 矿井主要通风机的工作方式有哪些?各类型矿井通风方式的优缺点及适用条件是什么?

7.9 某岩巷掘进长度为 400 m,断面面积为 6 m$^2$,一次爆破最大炸药量为 10 kg,采用抽出式通风,通风时间为 15 min,求该掘进面所需风量。

7.10 某岩巷掘进长度为 300 m,断面面积为 8 m$^2$,风筒漏风系数为 1.19,一次爆破炸药量为 10 kg,采用压入式通风,通风时间为 20 min,求该掘进工作面所需风量。若该岩巷掘进长度延至 700 m,漏风系数为 1.38,再求工作面所需风量。

7.11 某煤巷掘进长度 500 m,断面面积 7 m$^2$,采用爆破掘进方法,一次爆破炸药量为 6 kg,若最大瓦斯涌出量为 2 m$^3$/min,求工作面所需风量。

7.12 为开拓新区而掘进的运输大巷,长度为 1800 m,断面面积为 12 m$^2$,一次爆破炸药量为 15 kg,若风筒直径为 600 mm 的胶布风筒,双反边连接,风筒节长为 50 m,风筒百米漏风率为 1%。试进行该巷道掘进局部通风设计。

(1) 计算工作面需风量;

(2) 计算局部通风机工作风量和风压;

(3) 选择局部通风机型号、规格和台数;

(4) 若风筒直径选 800 mm 的胶布风筒,其他条件不变时,再重新选择局部通风机的型号、规格和台数。

7.13 矿井通风能力核定办法的适用范围是什么?

7.14 矿井通风能力核定办法主要有哪两种,适用对象是什么?

# 第8章

# 矿井空气调节

矿井空气调节是改善井下气候条件的主要技术措施之一。其主要内容包括两方面：一是对高温矿井用风地点进行风温调节，以达到《煤矿安全规程》规定的标准；二是对冬季寒冷地区，当井筒入风温度低于2℃时，对井口空气进行预热。本章将重点讨论高温矿井的空气调节技术，同时对冬季寒冷矿区的井口空气加热问题也作一介绍。

## 8.1 概述

深井高温热害已成为制约矿井安全开采的重大问题之一。世界上矿井热害最严重的是南非金矿、德国煤矿和俄罗斯煤矿。

由于井下特殊的环境，大部分工作地点空气的相对湿度都在80%以上，高湿度加剧了高温的影响，长期工作在这样的环境下，会给工人的身体健康造成很大伤害，并且直接导致工人的劳动生产率降低，而且不利于矿井的安全生产。各国对高温矿井的作业环境都做了规定。德国矿山法规定，若干球温度$t_a > 28℃$，最低限度的风速应为0.25 m/s，每个工作点的最低风量为6 m³/min。在德国中部煤矿也曾使用过类似干球温度$t_a = 28℃$的界限值，工作点的工作时间最高不得超过6 h，但在干球温度$t_a = 27℃$时就开始缩短工作时间，若相对湿度$\phi$为83%，温度为26℃；若相对湿度$\phi > 86%$，温度为25℃；若相对湿度$\phi > 93%$，温度为24℃；若相对湿度$\phi > 96%$，工作时间也将缩短。禁止工作的最高气候界限值为$t_a = 36℃$及等效温度$t_{te} = 30℃$。比利时规定，在卡宾地区等效温度$t_{te} = 30℃$时停止工作，西部波林那格煤矿区临界值为$t_{te} = 31℃$。

我国《煤矿安全规程》中对煤矿井下的作业环境做出以下规定：

(1) 生产矿井采掘工作面空气温度不得超过26℃，机电设备硐室的空气温度不得超过30℃。

(2) 当空气温度超过时，必须缩短超温地点工作人员的工作时间，并给予高温保健待遇。

(3) 采掘工作面的空气温度超过30℃，机电设备硐室的空气温度超过34℃时，必须停止作业。

（4）新建、改扩建矿井设计时，必须进行矿井风温预测计算，超温地点必须有制冷降温设计，配齐降温设施。

## 8.2 矿井热源分析与计算

矿井热湿环境受各类矿井热源的影响，矿井热源包括相对热源和绝对热源。相对热源又称为自然热源，其散热量的多少主要取决于流经该热源的风流温度及其水蒸气分压力，如岩体放热和水与风流间的热湿交换就属于这种类型；绝对热源又称为人为热源，其散发的热量数并不取决于风流的温度、湿度，而主要取决于它们在生产中的运行状态，例如机电设备的放热。

### 8.2.1 地表大气

井下的风流是从地表流入的，因而地表大气温度、湿度与气温的日变化和季节性变化势必影响到井下。一般情况下，地表大气含湿量与气压的日变化量很小，气温的日变化幅度则有大有小，没有规律性。当空气沿井巷流动时，气温变化的幅度却急剧衰减了下来，因而在采掘工作面上一般觉察不到风温的日变化。然而当地表大气参量发生持续多天的显著性变化时，在采掘工作面上还是能够测量出这种变化的。

地表大气参量的季节性变化对井下气候状态的影响要比日变化的影响显著得多，在采掘工作面能测量出这种变化。一般来说，在给定的风量条件下，气候各参量的日与季节性变化的衰减率均和其流经的井巷距离成正比，和井巷的横断面面积成反比。

### 8.2.2 流体的自压缩

严格来说，流体的自压缩并不是一个热源，它是在地球重力场中位能转换为焓的结果，所以其温升并不是由外界输入热量的结果。由于在矿井的通风与空气调节中，流体的自压缩温升对井下风流的参量具有重大影响，故一般将它并入矿井热源中予以讨论。

自压缩只适用于可压缩的流体（如空气和压缩空气），但其位能转换为焓引起温升的原理则适用于所有流体，所以也将沿井巷下流的冷水或冷却水的焓增引起的温升一并讨论。

根据能量守恒方程式，可得任一流体从高处向下流动时的焓增为：

$$i_2 - i_1 = g(z_1 - z_2) \tag{8-1}$$

式中：$i_1$、$i_2$——流体流经某井巷的首末端的焓，J/kg；

$z_1$、$z_2$——井巷首末端的标高，m；

$g$——重力加速度，$g = 9.81 \text{ m/s}^2$。

单位质量流体在重力作用下每向下流动 1000 m 时，其焓增为 9.81 kJ/kg，对于风流相当于温度升高 9.8℃（风流比热容按 1.005 kJ/(kg·℃)考虑），对于水相当于升温 2.34℃（水的比热容按 4.18 kJ/(kg·℃)考虑）。

由于流动于井下的风、水及压缩空气是带走井内热量的常用媒介，因而自压缩引起的焓增势必缩小了风、水带走井下热量的能力。

当风流没有和其周围介质进行热、湿交换时,每垂直向下流动 100 m,其温升约为 1℃,则千米井筒里流动的风流的自压缩温升可达 10℃,这是一个不小的数字。但煤矿井巷并不是完全干燥的,总存在着换湿过程,水分的蒸发要消耗大量的热量,从而抵消了部分风流干球温升,使风流实际的干球温升值没有上面分析的理论值那么大。但是应该指出,水分的蒸发致使风流含湿量的增大对井下的气候条件也是不利的。此外,井巷围岩的蓄热、放热作用也影响风流的干球温升,使夏天的风流温升显著地比年平均值小,而冬天却比年平均值高。

在进风井筒里,风流的自压缩是最主要的热源,且往往是唯一有意义的热源,在其他的倾斜井巷里,特别是在回采工作面上,风流的自压缩仅是诸多热源之一,而且一般是个不太重要的热源。

风流沿着倾斜或垂直井巷向上流动时,因膨胀而使其焓值有所减少,风温也将下降,其数值和向下流动时是相同的,不过对风流温升的正负效应相反而已。

风流的自压缩热是无法消除的,对于像南非那样的近 4000 m 的特深金矿井来说,其危害更为突出,在无热、湿交换的井筒里,其井底车场里风流的干球温升可达 40℃,焓增可达 40 kJ/kg。如进风量为 200 $m^3$/s,则意味着其热量增量可达 10 MW,这是一个相当巨大的热源,而且进风量越大,其热量的总增量也越高。在这种情况下,增大风量已不是一个降低井下风温的有效措施,反而成为负担。

### 8.2.3 围岩散热

井巷的围岩几乎是一个取之不尽的热源,未被干扰地点岩石的温度(初始岩温)是随着距地表间距的增大而上升的,岩温变化是由地球内部的热流造成的,岩温随深度而变化的速度(地温梯度)主要取决于岩石的导热系数,某一深度的初始岩温则主要取决于地温梯度和地表岩石温度,而地表岩石温度在很大限度上受地表大气温度的日变化与季节性变化的影响,但此种变化影响的深度并不大,一般在距地表 20~30m 处,岩温基本保持不变,它反映出地表长时期的平均温度。初始岩温一般是由地面钻孔或井下初揭露岩体的钻孔或炮眼来进行测定的。

当流经井巷风流的温度不同于初始岩温时,就要产生换热,即使是在不太深的矿井,初始岩温也要比风温高,因而热流往往是从围岩传给风流,在深矿井,这种热流是很大的,甚至超过其他热源的热流量之和。

井下围岩与风流间的传热过程是不稳定的,即使在井巷表面温度保持稳定的情况下,由于岩体本身就是一个热源,所以其传导的热流量值是随着时间而变化的。随时间的推移,被冷却的岩石圈在逐渐扩大,因而热流需从岩体的更深处传到井巷表面。

**1. 围岩原始温度测算**

围岩原始温度是指井巷周围未被通风冷却的原始岩层温度。在许多深矿井中,围岩原始温度高,往往是造成矿井高温的主要原因。

由于在地表大气和大地热流场的共同作用下,岩层原始温度沿垂直方向大致可划分为三个层带。在地表浅部由于受地表大气的影响,岩层原始温度随地表大气温度的变化而呈周期性变化,这一层带称为变温带。随着深度的增加,岩层原始温度受地表大气的影响逐渐减弱,而受大地热流场的影响逐渐增强,当到达某一深度处时,两者趋于平衡,岩温常年基本保持不变,这一层带称为恒温带,恒温带的深度比当地年平均气温高 1~2℃。在恒温带以下,由于受大地热流场的影响,在一定的区域范围内,岩层原始温度随深度的增加而增加,大致呈线性的变化规律,这一层带称为增温带。在增温带内,岩层原始温度随深度的变化规律可用地温率或地温梯度来表示。地温率是指恒温带以下岩层温度每增加 1℃,所增加的垂直深度,即:

$$g_r = \frac{Z - Z_0}{t_r - t_{r0}} \tag{8-2}$$

地温梯度是指恒温带以下,垂直深度每增加 100 m 时,原始岩温的升高值,它与地温率之间的关系为:

$$G_r = 100/g_r \tag{8-3}$$

式中:$g_r$——地温率,m/℃;

$G_r$——地温梯度,℃/100 m;

$Z_0$、$Z$——分别为恒温带深度与岩层温度测算处的深度,m;

$t_{r0}$、$t_r$——分别为恒温带温度和岩层原始温度,℃。

若已知 $g_r$ 或 $G_r$ 及 $Z_0$、$t_{r0}$,则对式(8-2)、式(8-3)进行变形后,即可计算出深度为 $Z_m$ 的原岩温度 $t_r$。表 8-1 列出我国部分矿区恒温带参数和地温率数值,仅供参考。

表 8-1  我国部分矿区恒温带参数和地温率

| 矿区名称 | 恒温带深度 $Z_0$/m | 恒温带温度 $t_{r0}$/℃ | 地温率 $g_r$/(m/℃) |
|---|---|---|---|
| 辽宁抚顺 | 25~30 | 10.5 | 30 |
| 山东枣庄 | 40 | 17.0 | 45 |
| 平顶山矿区 | 25 | 17.2 | 31~21 |
| 罗河铁矿区 | 25 | 18.9 | 59~25 |
| 安徽淮南潘集 | 25 | 16.8 | 33.7 |
| 辽宁北票台吉 | 27 | 10.6 | 40~37 |
| 广西合山 | 20 | 23.1 | 40 |
| 浙江长广 | 31 | 18.9 | 44 |
| 湖北黄石 | 31 | 18.8 | 43.3~39.8 |

**2. 围岩与风流间传热**

井巷围岩与风流间的传热是一个复杂的不稳定传热过程。井巷开掘后,随着时间推移,围岩被冷却的范围逐渐扩大,其所向风流传递的热量逐渐减少,而且在传热过程中由于井巷表面水分蒸发或凝结,还伴随着传质过程发生。为简化计算,常将这些复杂的影响因素都归结到传热系数中去讨论。因此井巷围岩与风流间的传热量可按下式计算:

$$Q_r = K_\tau U L (t_{rm} - t_a) \tag{8-4}$$

式中:$Q_r$——井巷围岩传热量,kW;

$K_\tau$——围岩与风流间的不稳定换热系数,kW/(m²·℃);

$U$——井巷周长,m;

$L$——井巷长度,m;

$t_{rm}$——平均原始岩温,℃;

$t_a$——井巷中平均风温,℃。

围岩与风流间的不稳定换热系数 $K_\tau$ 是指井巷围岩深部未被冷却的岩体与空气间温差为1℃时,单位时间内从每平方米巷道壁面上向空气放出(或吸收)的热量。它是围岩的热物理性质、井巷形状尺寸、通风强度及通风时间等的函数。由于不稳定换热系数的解析解相当复杂,在矿井空调设计中大多采用简化公式或统计公式计算。应用时请参阅有关专著或手册。

### 8.2.4 机电设备的散热

目前我国煤矿井下所使用的能源几乎全部采用的是电源,压缩空气及内燃机的使用量甚少,所以下面仅对电动机械设备的放热情况进行分析。

在确定一台机电设备的放热量时,需要注意的基本原则是:机电设备所消耗的能量除部分用以做有用功外,其余全部转换为热能并最终散发到周围的介质中去,因为在煤矿井下,动能的变化量基本上可忽略不计。在矿井里,所谓有用功指的是将物质(固体或流体)反抗重力而提高到一个较高的水平上所做的功。

机电设备所消耗的能量指的是它从馈电线路上所收受的能量,并不是它们铭牌上的功率或耗电量,而且有些机电设备并不是连续运转的,所以应计其开工率,所有的机电设备也不是同时工作的,因此还要考虑其同时使用系数。煤矿井下常用的机电设备的散热情况如下。

**1. 通风机**

按照热力学概念,通风机并不做任何有用功,因而通风机电动机消耗的电能最终均转换为热能并散发到周围介质中。

风流通过通风机的焓增等于输入通风机的总能量除以风流的质量流量,即:

$$\Delta i = \frac{W}{\dot{M}} \tag{8-5}$$

式中:$W$——通风机电动机耗电量,W;

$\dot{M}$——通风机风流的质量流量,kg/s。

一般情况下,我国煤矿井下的通风机均是连续运转的,所以不用计算其时间的利用率。

**2. 提升机**

矿井提升机是用以提升有用矿物、矸石,下送物料及输送工作人员进出矿井的机电设备。

由于从井下将人员提升到井上及将人员从地面下降到井下去的人数总是相等的,所以提升机在提升人员上所做的净功为零。

一般说来,输送到井下去的物料的重量远低于从井下提升到井上来的矿物及矸石的重量,因而在计算提升机的有用功时,一般只计算其提升的有用矿物及矸石所消耗的有用功。

在提升机的驱动电动机所消耗的总电能中,除用以提升矿物及矸石以提高其位能的有用功外,其余的各种损失(如电动机损失、摩擦损失等),均转换为热能并散发到周围介质中去。这种转换为热能的比重取决于提升机的运行机制。

### 3. 照明灯

所有输送到井下照明灯用的电能均完全转换为热能并散发到周围介质中去,一般来说,井下的照明灯均是连续长期工作的,所以它们所散发的热量值是一个定值。个别非连续性照明用灯所散发的热量要少些,可根据其运行工况进行计算。

矿工随身携带的头灯也是一个热源,但通用的矿灯功率甚小,约为 4 W,和其他热源相比,其比重不大,所以一般可忽略不计。

### 4. 水泵

在输给水泵电动机的总能量中,有一部分是在电动机里以热的形式散失到周围介质中,其余部分则以机械功的形式输给水泵,而在这些机械功中,水泵的轴承因摩擦等消耗一部分机械功,它也是以热的形式散失掉的,其余的大部分机械功则用以增加水的压力、流速或者提高水的位能。

无论何种机电设备,其散给空气的热量一般情况均可用下面的通式进行计算:

$$Q_e = (1-\eta)NK \tag{8-6}$$

式中:$Q_e$——机电设备散给空气的热量,W;

$N$——机电设备的功率,W;

$K$——机电设备的时间利用系数;

$\eta$——机电设备的效率,%;当机电设备处于水平巷道做功时,可认为 $\eta=0$。

## 8.2.5 运输中煤炭及矸石的散热

运输中的煤炭及矸石的散热实际是围岩散热的另一个表现形式,其中以在连续式输送机上煤炭的散热量最大,致使其周围风流的温度升高。

实测表明,在高产工作面长距离运输巷道里,煤岩散热量可达数百千瓦甚至更高,由于输送机上煤炭的散热致使其周围风流的温度上升,从而风流与围岩间的温差减少,抑制了围岩的部分散热。此外,由于输送机的胶带及框架的蓄热作用,使风流的增热量往往少于输送机上煤炭及矸石的散热量。实测表明,高度机械化的矿井里,在运输期间,风流的平均增热量为运输中煤炭及矸石的散热量的 60%~80%。而煤炭及矸石的散热量可用下式计算:

$$Q_k = m_k c_k \Delta t_k \tag{8-7}$$

式中:$Q_k$——运输中煤炭及矸石的散热量,kW;

$m_k$——运输中煤炭及矸石的质量流量,kg/s;

$c_k$——煤炭及矸石的平均比容,在一般情况下,$c_k \approx 1.25$ kJ/(kg·℃);

$\Delta t_k$——煤炭及矸石在所考察巷段的温降值,℃。

$\Delta t_k$ 这个数值很难测量,在大运输量的情况下,一般可用下式近似地进行计算:

$$\Delta t_k \approx 0.0024 L^{0.8}(t_k - t_{fm}) \tag{8-8}$$

式中:$L$——运输巷段的长度,m;

$t_k$——运输中煤炭及矸石在所考察巷段始端的平均温度,℃,一般取 $t_k$ 较该采面的原始岩温低 4~8℃;

$t_{\text{fm}}$——运输巷道中风流的平均湿球温度,℃。

此外应指出,由于洒水抑尘致使输送机上的煤炭及矸石总是潮湿的,所以在其显热交换的同时伴随着潜热交换。大型现代化采区的测试表明,风流的显热增量仅为风流总得热量的15%～20%,而风流中水蒸气含量增大引起的潜热交换量占风流总热量的80%～90%,即运输煤炭及矸石所散发出来的热量中,用以蒸发煤炭及矸石中水分的热量在风流的总得热量中所占的比重很大。

由以上结果,可以用下式计算运输中煤炭及矸石的散热致使风流干球温升及含湿量的增加:

$$\Delta t_{\text{ak}} = \frac{0.7Q_{\text{k}} \times 0.15}{m_{\text{a}} c_{\text{p}}} \tag{8-9}$$

$$\Delta d_{\text{k}} = \frac{0.7Q_{\text{k}} \times 0.85}{m_{\text{a}} \gamma} \tag{8-10}$$

式中:$\Delta t_{\text{ak}}$——运输中煤炭散热引起的风流干球温升,℃;

$\Delta d_{\text{k}}$——运输中煤炭散湿引起的风流含湿量增量,kg/(kg 干空气);

$\gamma$——水的汽化潜热,$\gamma = 2500$ kJ/kg;

$c_{\text{p}}$——空气质量定压热容,$c_{\text{p}} = 1.01$ kJ/(kg·K),1℃ = 274.15 K;

$m_{\text{a}}$——运输中煤炭散湿引起的风流质量流量,kg/s。

### 8.2.6 热水散热

对于存在大量涌水的矿井,涌水可能使井下气候条件变得异常恶劣,特别是在有热水涌出的矿井,应根据具体情况,采取超前疏干、阻堵、疏导等措施,或者使用加盖板水沟排出。

井下热水放热主要取决于水温、水量和排水方式。当采用有盖水沟或管道排水时,其传热量为:

$$Q_{\text{w}} = K_{\text{w}} S (t_{\text{w}} - t) \tag{8-11}$$

$$\begin{cases} S = B_{\text{w}} L \text{(水沟排水)} \\ S = \pi D_2 L \text{(管道排水)} \end{cases}$$

式中:$Q_{\text{w}}$——热水传热量,kW;

$K_{\text{w}}$——水沟盖板或管道的传热系数,kW/(m²·℃);

$S$——水面与巷道风流的传热面积,m²;水沟排水:$S = B_{\text{w}} L$;管道排水:$S = \pi D_2 L$;

$B_{\text{w}}$——水沟宽度,m;

$D_2$——管道外径,m;

$L$——水沟长度,m;

$t_{\text{w}}$——水沟或管道中水的平均温度,℃;

$t$——巷道中风流的平均温度,℃。

水沟盖板传热系数的计算公式为:

$$K_{\text{w}} = \frac{1}{\dfrac{1}{a_1} + \dfrac{\delta}{\lambda} + \dfrac{1}{a_2}} \tag{8-12}$$

管道传热系数的计算公式为：

$$K_w = \frac{1}{\frac{d_2}{a_1 d_1} + \frac{d_2}{2\lambda}\ln\frac{d_2}{d_1} + \frac{1}{a_2}} \tag{8-13}$$

式中：$a_1$——水与水沟盖板或管道内壁的对流换热系数，$kW/(m^2 \cdot ℃)$；

$a_2$——水沟盖板或管道外壁与巷道空气的对流换热系数，$kW/(m^2 \cdot ℃)$；

$\delta$——盖板厚度，m；

$\lambda$——盖板或管壁材料的导热系数，$kW/(m \cdot ℃)$；

$d_1$——管道内径，m；

$d_2$——管道外径，m。

在一般情况下，矿井涌水的水温是比较稳定的，在岩溶地区，涌水的温度一般同该地初始岩温相差不大。

## 8.2.7 其他热源

### 1. 氧化放热

煤矿井下，煤炭及其他可燃物的氧化放热是一个非常复杂的过程，而且氧化的面积也很大，一般很难甚至无法将煤矿井下氧化放热量同井巷围岩的散热量区分开来；此外，煤炭和围岩或多或少吸收或吸附着一些二氧化碳，而且是在不停地释放出来，所以也无法依据巷段里空气的二氧化碳含量增量来计算该巷段的煤炭氧化量。因而一般是根据实测的数据，将它归并到围岩与风流的换热中一起进行计算，而不将它分离出来。现一般采用下式估算：

$$Q_0 = q_0 v^{0.8} UL \tag{8-14}$$

式中：$Q_0$——氧化放热量，kW；

$v$——巷道中平均风速，m/s；

$q_0$——$v=1$ m/s 时单位面积氧化放热量，$kW/m^2$；在缺乏实测资料时，可取$(3\sim4.6)\times10^{-3}$ $kW/m^2$。

实测表明，正常情况下，一个回采工作面上煤炭氧化放热量很少超过 30 kW，所以不会对采面的气候条件产生显著影响。但当煤层或其顶底板中含有大量的硫化铁时，其氧化放热量可能达到相当可观的程度。

当井下发生火灾时，根据火势的强弱及范围的大小，可能形成大小不等的热源，但它一般只是短期现象，在隐蔽的火区附近，则有可能使局部岩温上升。

### 2. 人员加热

虽然可以根据在一个工作地点工作人员数及其劳动强度、持续时间计算出他们的总放热量，但其量甚小，一般不会对井下的气候条件产生显著影响，故可略而不计。

### 3. 风动机具

压缩空气在其入井时温度一般较高，而且在煤矿中用量也较少，所以可忽略不计。

此外如岩层的移动、炸药的爆炸都可能释放出一定数量的热量，但它们的作用时间一般甚短，所以也不会对井下气候条件产生显著影响，故忽略不计。

## 8.3 矿井风流温湿度预测方法

矿井风流热湿计算是矿井空调设计的基础,是采取合理的空调技术措施的依据。一般计算范围是从井筒入风口至采掘工作面的回风口,可与矿井通风网路解算联合进行。

### 8.3.1 地表大气状态参数的确定

矿井空调设计中,地表大气状态参数一般按下述原则确定:地表大气温度采用历年最热月月平均温度的平均值,地表大气的相对湿度采用历年最热月月平均相对湿度的平均值,地表大气的含湿量采用历年最热月月平均含湿量的平均值。这些数值均可从当地气象台、站的气象统计资料中获得。

### 8.3.2 井筒风流的热交换和风温计算

研究表明,在井筒通过风量较大的情况下,井筒围岩对风流的热状态影响较小,决定井筒风流热状态的主要因素是地表大气条件和风流在井筒内的加湿压缩过程。假设风流沿井筒的流动过程为绝热过程,根据热力学第一定律,井筒风流的热平衡方程式为:

$$c_p(t_2 - t_1) + \gamma(d_2 - d_1) = g(z_1 - z_2) \tag{8-15}$$

式中:$c_p$——风流的定压比热容,kJ/(kg·℃);
$\gamma$——水蒸气的汽化潜热,kJ/kg;
$t_1$、$t_2$——分别为井口、井底的风温,℃;
$d_1$、$d_2$——分别为井口、井底风流的含湿量,g/kg;
$z_1$、$z_2$——分别为井口、井底的标高,m。

在一定大气压力下,风流的含湿量与风温呈近似的线性关系:

$$d = 622 \times \frac{\varphi b(t + \varepsilon')}{p - p_m} \tag{8-16}$$

式中:$\varphi$——风流的相对湿度,%;
$t$——风流温度,℃;
$p$——大气压力,Pa;
$b$、$\varepsilon'$、$p_m$——与风温有关的常数,由表8-2确定。

表8-2 $b$、$\varepsilon'$、$p_m$ 参数取值

| 风温/℃ | $b$ | $\varepsilon'$ | $p_m$ 井下 | $p_m$ 地面 |
|---|---|---|---|---|
| 1～10 | 61.978 | 9.324 | 1016.12 | 734.16 |
| 11～17 | 50.274 | 19.979 | 1459.01 | 1053.36 |
| 18～23 | 144.305 | -3.770 | 2108.05 | 1522.08 |
| 24～29 | 197.838 | -8.988 | 3028.41 | 2187.85 |
| 30～35 | 268.328 | -14.288 | 4281.27 | 3105.55 |
| 36～45 | 393.015 | -22.958 | 6497.05 | 4692.24 |

令 $A = 622 \times \dfrac{b}{p - p_m}$，则：

$$d = A\varphi(t + \varepsilon')  \qquad (8\text{-}17)$$

将式(8-17)代入式(8-15)可得：

$$t_2 = \dfrac{(1 + E_1\varphi_1)t_1 + F}{(1 + E_2\varphi_2)}  \qquad (8\text{-}18)$$

其中组合参数(只是为了简化公式而设的,没有任何物理意义)：

$$E_1 = 2.4876A_1; \quad E_2 = 2.4876A_2$$

$$A_1 = \dfrac{622b}{p_1 - p_m}, \quad A_2 = \dfrac{622b}{p_2 - p_m}$$

$$F = \dfrac{z_1 - z_2}{102.5} - (E_2\varphi_2 - E_1\varphi_1)\varepsilon'$$

$$p_2 = p_1 + g_p(z_1 - z_2) \qquad (8\text{-}19)$$

式中：$p_1$、$p_2$——分别为井口、井底的大气压力,Pa；

$g_p$——压力梯度,其值为 11.2～12.6 Pa/m；

$\varphi_1$、$\varphi_2$——分别为井口、井底空气相对湿度,%。

式(8-18)即为井底风温计算公式。

当井筒中水分蒸发时,由于水分蒸发吸收的热量来源于风流下行压缩热和风流本身,这部分热量将转化为汽化潜热,所以当风流沿井筒向下流动时,有时井底风温不仅不会升高,反而可能有所降低。

### 8.3.3 巷道风流的热交换和风温计算

风流经过巷道时,与巷道环境间发生热湿交换,使风温及湿度随距离逐渐上升。其热平衡方程式为：

$$M_b c_p(t_2 - t_1) + M_b \gamma(d_2 - d_1)$$
$$= [K_\tau U(t_r - t) + K_t U_t(t_t - t) - K_x U_x(t - t_x) + K_w B_w(t_w - t)]L + \sum Q_m \qquad (8\text{-}20)$$

式中：$M_b$——风流的质量流量,kg/s；

$K_\tau$——风流与围岩间的不稳定换热系数,kW/(m²·℃)；

$U$——巷道周长,m；

$t_r$——原始岩温,℃；

$t$——风流温度,℃；

$K_t$、$K_x$——分别为热、冷管道的传热系数,kW/(m²·℃)；

$U_t$、$U_x$——分别为热、冷管道的周长,m；

$t_t$、$t_x$——分别为热、冷管道内流体的平均温度,℃；

$K_w$——巷道中水沟盖板的传热系数,kW/(m²·℃)；

$B_w$——水沟宽度,m；

$t_w$——水沟中水的平均温度,℃；

$\sum Q_\mathrm{m}$——巷道中各种绝对热源的放热量之和,kW;

$L$——巷道的长度,m。

式(8-20)通过变换整理可改写成:

$$(R+E\varphi_2)t_2 = (R+E\varphi_1-N)t_1 + M + F \tag{8-21}$$

由式(8-21)可解得:

$$t_2 = \frac{(R+E\varphi_1-N)t_1 + M + F}{(R+E\varphi_2)} \tag{8-22}$$

其中组合参数:

$$E = 2.4876A$$

$$N_\tau = \frac{K_\tau UL}{M_\mathrm{b} c_\mathrm{p}}; \quad N_\mathrm{t} = \frac{K_\mathrm{t} U_\mathrm{t} L}{M_\mathrm{b} c_\mathrm{p}}; \quad N_\mathrm{x} = \frac{K_\mathrm{x} U_\mathrm{x} L}{M_\mathrm{b} c_\mathrm{p}}$$

$$N_\mathrm{w} = \frac{K_\mathrm{w} B_\mathrm{w} L}{M_\mathrm{b} c_\mathrm{p}}; \quad N = N_\tau + N_\mathrm{t} + N_\mathrm{x} + N_\mathrm{w}; \quad R = 1 + 0.5N$$

$$M = N_\tau t_\mathrm{r} + N_\mathrm{t} t_\mathrm{t} + N_\mathrm{x} t_\mathrm{x} + N_\mathrm{w} t_\mathrm{w}; \quad \Delta\varphi = \varphi_2 - \varphi_1$$

$$F = \frac{\sum Q_\mathrm{m}}{M_\mathrm{b} c_\mathrm{p}} - E\Delta\varphi\varepsilon'$$

式中:$\varphi_1$、$\varphi_2$——分别为巷道始末端风流的相对湿度,%。

式(8-22)即为巷道末端的风温计算式。

如果巷道中的相对热源只有围岩放热,则式(8-22)还可简化为:

$$t_2 = \frac{(R+E\varphi_1-N)t_1 + Nt_\mathrm{r} + F}{(R+E\varphi_2)} \tag{8-23}$$

### 8.3.4 采掘工作面风流热交换与风温计算

**1. 采煤工作面**

风流通过采煤工作面时的热平衡方程式可表示为:

$$M_\mathrm{b} c_\mathrm{p}(t_2 - t_1) + M_\mathrm{b}\gamma(d_2 - d_1) = K_\tau UL(t_\mathrm{r} - t) + (Q_\mathrm{k} + \sum Q_\mathrm{m}) \tag{8-24}$$

式中:$Q_\mathrm{k}$——运输中煤炭放热量,kW。

将式(8-17)代入式(8-24),经整理即可得出采煤工作面末端的风温计算式,其形式和式(8-23)完全一样,只是组合参数略有不同。

对于采煤工作面:

$$N = \frac{K_\tau UL + 6.67 \times 10^{-4} c_\mathrm{m} m L^{0.8}}{M_\mathrm{b} c_\mathrm{p}} \tag{8-25}$$

$$F = \frac{\sum Q_\mathrm{m} - 2.33 \times 10^{-3} c_\mathrm{m} m L^{0.8}}{M_\mathrm{b} c_\mathrm{p}} - E\Delta\varphi\varepsilon' \tag{8-26}$$

式中:$m$——每小时煤炭运输量,$m = \dfrac{A}{\tau}$,t/h,其中 $A$ 为工作面日产量(t),$\tau$ 为每日运煤时数(h);

$c_\mathrm{m}$——煤的比热容,kJ/(kg·℃)。

当要求采煤工作面出口风温不超过《煤矿安全规程》规定时,其入口风温为:

$$t_1 = \frac{(R+E\varphi_2)t_2 - Nt_r - F}{R+E\varphi_1 - N} \tag{8-27}$$

**2. 掘进工作面**

风流在掘进工作面的热交换主要通过风筒进行,其热交换过程一般可视为等湿加热过程。现以如图 8-1 所示的压入式通风为例进行讨论。

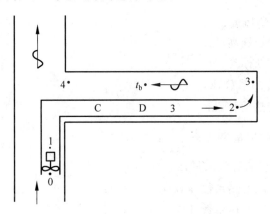

图 8-1 压入式通风风温预测点的布置

1) 局部通风机出口风温的确定

风流通过局部通风机后,其出口风温一般为:

$$t_1 = t_0 + K_b \frac{N_e}{M_{b1} c_p} \tag{8-28}$$

式中:$K_b$——局部通风机放热系数,可取 $0.55 \sim 0.7$;

$t_0$——局部通风机入口处巷道中的风温,℃;

$N_e$——局部通风机额定功率,kW;

$M_{b1}$——局部通风机的吸风量,kg/s;

$c_p$——风流的定压比热容,kJ/(kg·℃)。

2) 风筒出口风温的确定

根据热平衡方程式,风流通过风筒时,其出口风温为:

$$t_2 = \frac{2N_t t_b + (1-N_t)t_1 + 0.01(z_1 - z_2)}{1+N_t} \tag{8-29}$$

其中:$N_t = \dfrac{K_t F_t}{(K+1)M_{b1} c_p}$

对于单层风筒:

$$K_t = \left(\frac{1}{\alpha_1} + \frac{1}{\alpha_2}\right)^{-1} \tag{8-30}$$

对于隔热风筒:

$$K_t = \left(\frac{1}{\alpha_2} + \frac{D_2}{\alpha_1 D_1} + \frac{D_2}{2\lambda}\ln\frac{D_1}{D_2}\right)^{-1} \tag{8-31}$$

$$\alpha_1 = 0.006 \times \left(1 + 1.471\sqrt{0.6615 v_b^{1.6} + D_1^{-0.5}}\right) \tag{8-32}$$

$$\alpha_2 = 0.00712 D_2^{-0.25} v_m^{0.75} \tag{8-33}$$

$$v_b = 0.4167(K+1) M_{b1}/S \tag{8-34}$$

$$v_m = 0.5308(K+1) M_{b1}/D_2^2 \tag{8-35}$$

$$M_{b1} = \frac{M_{b2}}{p}$$

式中：$t_b$——风筒外平均风温，℃；

$z_1$——风筒入口处标高，m；

$z_2$——风筒出口处标高，m；

$K_t$——风筒的传热系数，kW/(m²·℃)；

$F_t$——风筒的传热面积，m²；

$p$——风筒的有效风量率，$p = \dfrac{M_{b2}}{M_{b1}}$；

$M_{b2}$——风筒出口的有效风量，kg/s；

$\alpha_1$——风筒外对流换热系数，kW/(m²·℃)；

$\alpha_2$——风筒内对流换热系数，kW/(m²·℃)；

$D_1$——风筒外径，m；

$D_2$——风筒内径，m；

$\lambda$——隔热层的导热系数，kW/(m·℃)；

$v_b$——巷道中平均风速，m/s；

$v_m$——风筒内平均风速，m/s；

$S$——掘进巷道的断面面积，m²。

3) 掘进头风温的确定

风流从风筒口射出后，与掘进头近区围岩发生热交换，根据热平衡原理，掘进头风温为：

$$t_3 = \frac{1}{R}\left[(1 + E\varphi_2 - M)t_2 + 2M t_r + F\right] \tag{8-36}$$

式中：

$$M = Z K_{\tau3} S_3$$

$$Z = (2K M_{b1} c_p)^{-1}$$

$$R = 1 + M + E\varphi_3$$

$$F = Z \sum Q_{m3} - E \Delta \varphi \varepsilon'$$

式中：$K_{\tau3}$——掘进头近区围岩不稳定换热系数，kW/(m²·℃)；

$S_3$——掘进头近区围岩散热面积，m²；

$\sum Q_{m3}$——掘进头近区局部热源散热量之和，kW。

其余符号意义同前。

掘进头近区围岩不稳定换热系数可按下式确定：

$$K_{\tau3} = \frac{\lambda \Phi}{1.77 R_3 \sqrt{F_{03}}} \tag{8-37}$$

其中：
$$\Phi = \sqrt{1 + 1.77\sqrt{F_{03}}}$$
$$R_3 = \sqrt{R_0 l_3 + R_0^2}$$
$$R_0 = 0.564\sqrt{S}$$
$$F_{03} = \frac{a\tau_3}{R_0^2}$$

式中：$\lambda$——岩石的导热系数，kW/(m·℃)；

$a$——岩石的导温系数，m²/h；

$\tau_3$——掘进头平均通风时间，h；

$l_3$——掘进头近区长度，m。

### 8.3.5 矿井风流湿交换

当矿井风流流经潮湿的井巷壁面时，由于井巷表面水分的蒸发或凝结，将产生矿井风流的湿交换。根据湿交换理论，经推导可得出井巷壁面水分蒸发量的计算公式为：

$$W_{\max} = \frac{\alpha}{\gamma}(t - t_s)UL\frac{p}{p_0} \tag{8-38}$$

$$\alpha = 2.728 \times 10^{-3} \varepsilon_m v_b^{0.8} \tag{8-39}$$

式中：$W_{\max}$——井巷壁面水分蒸发量，kg/s；

$\alpha$——井巷壁面与风流的对流换热系数，kW/(m²·℃)；

$\gamma$——水蒸气的汽化潜热，2500 kJ/kg；

$t$——巷道中风流的平均温度，℃；

$t_s$——巷道中风流的平均湿球温度，℃；

$U$——巷道周长，m；

$L$——巷道长度，m；

$p$——风流的压力，Pa；

$p_0$——标准大气压力，101325 Pa；

$v_b$——巷道中平均风速，m/s；

$\varepsilon_m$——巷道壁面粗糙度系数，光滑壁面 $\varepsilon_m = 1$；主要运输大巷 $\varepsilon_m = 1.00 \sim 1.65$；运输平巷 $\varepsilon_m = 1.65 \sim 2.5$；工作面 $\varepsilon_m = 2.5 \sim 3.1$。

由湿交换引起潜热交换，其潜热交换量为：

$$Q_q = W_{\max}\gamma = \alpha(t - t_s)UL\frac{p}{p_0} \tag{8-40}$$

必须指出，式(8-38)是在井巷壁面完全潮湿的条件下导出的，所以由该式计算出的是井巷壁面理论水分蒸发量。实际上，由于井巷壁面的潮湿程度不同，其湿交换量也有所不同，故在实际工程中应乘以一个考虑井巷壁面潮湿程度的系数，称为井巷壁面潮湿度系数，其定义为井巷壁面实际的水分蒸发量与理论水分蒸发量的比值，用 $f$ 表示，即：

$$f = \frac{M_b \Delta d}{W_{\max}} \tag{8-41}$$

该值可通过实验或实测得到。求得井巷壁面的潮湿度系数后,即可求得风流通过该段井巷时的含湿量增量:

$$\Delta d = \frac{fW_{\max}}{M_b} \tag{8-42}$$

由含湿量增量,即可求得该段井巷末端风流的含湿量和相对湿度:

$$d_2 = d_1 + \Delta d \tag{8-43}$$

$$\varphi_2 = \frac{p_v}{p_s} \times 100\% \tag{8-44}$$

式中:$p_v$——水蒸气分压力,Pa,可用下式计算:

$$p_v = \frac{p_2 d_2}{622 + d_2} \tag{8-45}$$

$p_s$——饱和水蒸气分压力,Pa,可用下式计算:

$$p_s = 610.6 \exp\left(\frac{17.27 t_2}{237.3 + t_2}\right) \tag{8-46}$$

## 8.4 矿井空气调节系统

### 8.4.1 矿井降温技术

改善矿内气候条件的措施归纳起来只有两个方面:一是采取非人工制冷降温冷却风流的措施,二是采取人工制冷降温的措施。只有在采取一般措施达不到降温目的时,才考虑采取人工制冷措施。

**1. 非人工制冷降温技术**

1) 改善矿井通风条件

(1) 增加风量。

风量不仅是改善矿内气候的一个重要的、起决定作用的因素,而且是通过适当手段就能奏效的有效措施之一,有时费用也比较低。

理论研究和生产实践都充分表明,加大采掘工作面风量对于降低风温、改善井下气候条件效果明显。

在岩石温度较高时,受热风流对采掘工作面危害最为严重。因此,提高采掘工作面的风量具有特殊意义。以前世界各国都采用通风方法降低采掘工作面的风温。图8-2所示为采用U形通风方式时风量对采面出口处风温的影响。

从图8-2可以看出,随着采煤工作面风量的增大,风速增大,温度降低,从而使采区的气候条件得到明显改善。因此,应尽量使工作面进风量全部通过,避免漏入采空区,以减少采面的热量和水汽。

由于风量的增加,围岩与风流的热交换加剧,空气的总吸热量增加,巷道调热圈的形成速度加快。因此,增加风量除能降低风流的温升外,还能为进一步降低围岩的放热强度创造条件。但是,增加风量时不应超过《煤矿安全规程》规定的最高允许风速值。

在一定条件下采用增加风量方法,再综合运用其他防止风流加热的措施,可以收到一

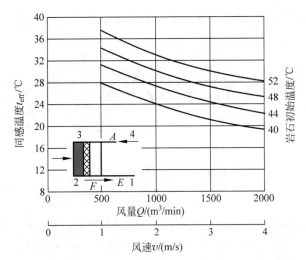

A—采面区域的空气温度,反映采面出口处风温的变化;F—风量,表示单位时间内通过采面区域的空气量;
E—能量或温度变化,描述风量变化对采面出口处风温的影响。

**图 8-2　U 形通风方式对风量对采面出口处风温的影响**

定的降温效果。该方法在开采深度浅的情况下,比用人工制冷降温的方法更为经济。但是,当风量增加时,负压随之增加,主要扇通风机的功耗增大。经研究计算证明,在通风时间少于一年、风速超过 4 m/s 和通风时间超过一年、风速超过 5 m/s 时,风温便不再明显降低。因此,通风降温不是在任何情况下都行之有效。每个高温矿井都有其通风降温的可行界限,通风降温可行界限的确定直接影响到矿井设计方案和总投资,若采用通风降温,要求供风量大,井巷断面也相应增大;而采用人工制冷降温,为了减少制冷量,应在满足其他安全因素的条件下力求风量小,井巷断面面积也小,以减少风流与围岩的热交换,因此,不同的降温方法,对矿井设计的要求亦不同。

(2) 选择合理的矿井通风系统。

从改善矿井气候条件的观点出发,选择合理的通风系统时,要考虑进风流经过的路线最短,主要进风巷布置在低岩温、低热导率的岩石中,使新鲜风流避开局部热源的影响等。

① 通风系统对井下风温的影响。

在井田走向长度相同时,因通风系统不同,进风路线的长度也不相同,表 8-3 列出了在不同的通风系统中,其新鲜风流沿井田走向的流动距离。

**表 8-3　新鲜风流线路长度**

| 井田走向长度/km | 通风系统/km | | |
|---|---|---|---|
| | 中央式 | 侧翼式 | 混合式 |
| 5 | 2.5 | 1.25 | 0.83 |
| 6 | 3.0 | 1.50 | 1.00 |
| 7 | 3.5 | 1.75 | 1.17 |
| 8 | 4.0 | 2.00 | 1.33 |

中央式和对角式的新鲜风流路线长度相同,因此进一步分析时只比较中央式、侧翼式和混合式三种通风系统(图 8-3)。当井田的通风系统为侧翼式通风系统时,井田可划分为

两个或三个独立的通风区域,其新鲜风流的路线长度是中央式通风系统中新鲜风流路线长度的 40%～50%。

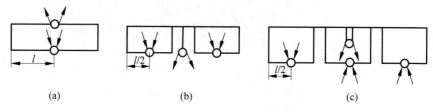

图 8-3　三种不同的通风系统
(a) 中央式；(b) 侧翼式；(c) 混合式

为了按热因素比较这三种通风系统的优劣,根据苏联对"科切加卡尔"矿 960 m 水平巷道的风温进行计算。井田走向长度为 6 km,风速分别为 2 m/s、3 m/s、4 m/s、5 m/s。在不同通风系统和风速时,集中运输大巷的终端风温见表 8-4。由表 8-4 可知,在风速相同时,中央式比侧翼式风温高 2.1～6.3℃,比混合式高 2.3～9.6℃。

表 8-4　风流的温升与通风系统的关系

| 风速<br>/(m/s) | 中央式/℃ | | | 侧翼式/℃ | | | 混合式/℃ | | |
| --- | --- | --- | --- | --- | --- | --- | --- | --- | --- |
| | 1月 | 4月 | 7月 | 1月 | 4月 | 7月 | 1月 | 4月 | 7月 |
| 2 | 23.0 | 26.0 | 30.0 | 16.8 | 20.7 | 26.3 | 13.4 | 18.9 | 25.0 |
| 3 | 18.6 | 22.7 | 27.8 | 13.6 | 18.5 | 24.8 | 11.5 | 17.6 | 24.0 |
| 4 | 16.1 | 21.0 | 26.4 | 12.0 | 17.4 | 24.0 | 10.7 | 16.9 | 23.7 |
| 5 | 15.4 | 19.7 | 25.6 | 11.9 | 16.9 | 23.5 | 10.1 | 16.5 | 23.3 |

② 以低岩温巷道为进风巷道。

在高温矿井的通风系统设计时,要尽量使新鲜风流由上水平流入回采工作面,在下水平回风。这是因为上水平的岩温要低于下水平的岩温。而巷道围岩温度越低,风流通过巷道的温升越小。

③ 要尽量使新鲜风流避开局部热源的影响。

矿内的各种局部热源(如机电设备等)都要对风流加热。如果能使新鲜风流避开这些局部热源的影响,则将会使风流的温升降低。

(3) 改革通风方式。

研究表明,将上行通风改为下行通风,对改善回采工作面的气候环境是有益的,一般情况下,可使工作面的风温降低 1～2℃。

世界各主要采煤国家对回采工作面下行通风都有所限制。我国《煤矿安全规程》第 115 条对煤(岩)与瓦斯(二氧化碳)突出的采煤工作面有不得采用下行通风的规定。

不同的通风方式对于矿井气候产生较大的影响。长壁采煤工作面通风方式一般分成 U 形通风、E 形通风和 W 形通风 3 种。其中采用 E 形通风的目的在于降低工作面和回风侧的风流温度。它是通过腰巷向工作面中部引入温度较低的风流。

(4) 利用调热巷道降温。

调热巷道降温是利用位于恒温带地层的巷道进风,调节进风的温度、湿度来实现。该方法降温效果有限,仅适用于浅井和夏季有轻度热害的条件。

(5) 井下机电硐室单独回风。

九龙岗矿井下机电硐室风流参数变化见表 8-5。

表 8-5　九龙岗矿井下机电硐室风流参数变化

| 地点 | 风量/(m³/s) | | | 温度/℃ | | |
| --- | --- | --- | --- | --- | --- | --- |
| | 改前 | 改后 | 差值 | 改前 | 改后 | 差值 |
| 630 m 井底 | | | | 26.5 | 26.3 | −0.20 |
| 充电室 | 0.80 | 2.91 | | 35.00 | 28.00 | −7.03 |
| 水泵房 | 1.91 | 2.36 | 2.11 | 32.00 | 27.00 | −5.00 |
| 暗副井(车房) | 1.45 | 3.50 | 0.45 | 37.20 | 29.40 | −7.80 |
| 暗主井(车房) | 1.08 | 2.80 | 2.05 | 35.60 | 28.50 | −7.00 |
| 530 东办道 | 18.15 | 12.13 | 2.02 | 27.10 | 26.50 | −0.60 |
| 530 东一石门 | 15.41 | 15.41 | 5.12 | 26.70 | 26.00 | −0.70 |

2) 改革采煤方法及顶板控制

在高温热害矿井中,采煤工作面是主要升温段,也是人员集中工作的场所。因此,采煤工作面应作为矿井降温的重点。采取集中生产,以及采煤工作面采用后退式采煤法、倾斜长壁采煤法、全面充填法管理顶板,对改善采煤工作面的气候条件是有利的。

(1) 集中生产。

加大矿井开发强度,提高单产单进,虽然采掘工作面热量有所增加,但采掘面减少,井下围岩总散热减少,有利于提高人工制冷冷却风流的效果,相应降低吨煤成本的降温费用。

(2) 后退式采煤法。

在各种条件相同的情况下,后退式采煤法和前进式采煤法相比,漏风少,风量大。

(3) 倾斜长壁采煤法。

采用倾斜长壁采煤法,通风线路短,有效风量相应提高,对改善采煤工作面的气候条件是有利的。该方法一般适用于缓倾斜煤层。

(4) 全面充填法。

向采空区充填温度较低的物质来降低采空区温度的方法称为全面充填法。据实验得知,采用全面充填法可以达到一台 400~500 kW 的空调设备的冷却效果。

3) 井下热水治理

热水治理应根据具体情况采取探、放、堵、截和疏导的措施治理。

(1) 地下热水对风流的加热。

矿内热水通过两个途径把热量传递给风流:一是漏出的热水通过对流对风流直接加热加湿;二是深部承压的高温热水垂直上涌,加热了上部岩体,岩体再把热量传递给风流。

(2) 矿井热水的治理。

① 超前疏干。

超前疏干就是将热水水位降到开采深度以下,是治理热水矿井行之有效的方法。

② 热水的排放方法。

热水的排放方法主要有 5 种方式,如下所述:

a. 地面钻孔把热水直接排到地面。为避免热水对矿井进风流的加热,在出水点附近打专门的排水钻孔,把热水就地排到地面。这种方法适合于热水埋藏浅、出水点较集中、水量较大的条件使用。

b. 回风井排放热水。凡回风水平涌出的热水都应在回风井底设水仓,建立泵房直接排出地面,避免热水对风流加热。

c. 利用隔热管道或加隔热盖板的水沟导入井底水仓。利用钻孔处理热水,可采用两种办法:一是对单孔涌水量小的孔进行封堵,二是对流量大的孔进行导流,引入密封水沟排入井底水仓。

大巷水沟加盖隔热板,盖板之间用水泥砂浆勾缝,每隔5~6块盖板留一块活动盖板,以便进行清理。

d. 在热水涌出量较大的矿井,可开掘专门的热水排水巷。

e. 少量局部涌出的高温热水处理方法。对沿裂隙喷淋和滴渗的高温热水,可采用打钻用水泥浆或化学浆液封堵和用隔热材料封闭出水段,把热水同风流隔开,将热水集中导入加隔热盖板的水沟中。

对缓慢渗出的高温水,美国曾用水基环氧树脂喷刷在出水岩壁上加以封堵。

4) 其他技术措施

(1) 减少采空区漏风。

当前进式开采井田时,采空区漏风对采面的风温影响很大,工作面风温将增高 2~2.5℃,且漏风量比进风平巷进风量高出 20%~30%。因此,高温矿井应尽量避免采用前进式开采方式。采用后退式回采、巷旁充填、W形通风及均压通风都可以减少采空区漏风,提高采掘工作面的有效风量,取得较好的降温效果。

(2) 隔热措施。

局部地段或主要进风大巷的壁面隔热处理。据计算,岩温 39℃、长 100 m 的巷道,岩壁每小时可向 30℃ 的空气传热 2000 MJ。而涂上一层高炉硅渣隔热层后,只能传热 260 MJ,约为隔离前的 1/8,国外曾使用氨基甲酸泡沫剂喷到岩壁上进行隔热处理,有效期约为 1 年,对干燥巷道效果更佳。

(3) 压气降温。

在掘进工作面,也可使用压气引射器加大风速来改善人体的散热条件,增加人体的舒适感。

① YP-100 型环缝式压气引射器。YP-100 型环缝式压气引射器(图 8-4)是煤炭科学研究总院抚顺分院通风研究所研制的,先后在安徽淮南矿业集团、广西里兰矿、河南平顶山八矿等高温矿井使用,受到井下工人的欢迎,取得了较满意的效果。

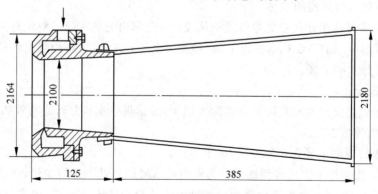

图 8-4  YP-100 型环缝式压气引射器

使用 YP-100 型环缝式压气引射器时,实验得出出口风量最大可达 1.20 m³/s,最大引射系数可达 33,引射器的环缝宽度为 0.05～0.1 mm 时最佳。如果有风量减少现象,可拆开清除灰尘,即可消除。

环缝式压气引射器具有结构简单、体积小、重量轻、使用方便的特性,尤其是无电源、转动部件,工作安全,它不仅可以改善工作地点的气象条件,还可以解决掘进巷道顶部及局部瓦斯的积聚。

② 涡流器。涡流器又称冷气分离器,是使用压缩空气制造冷空气和热空气的简单装置。其原理是将压缩空气输入一个 T 形管的中间端,经过节流,使气流高速旋转,气体充分膨胀,在 T 形管的一端(冷端)放出冷气,另一端(热端)放出热气,冷气可低于 0℃,热气可高于水的沸点。由于涡流管结构上无活动部件,使用寿命长,操作简单,井下压气充分,无须增加附加设备,因此该装置可作为井下局部降温手段之一。

(4) 冰块降温。

低于 0℃ 的冰块升温到 0℃ 之前,温度每升高 1℃ 吸热 2.09 kJ;从 0℃ 的冰到 0℃ 的水,吸热 335 kJ/kg;之后水每升高 1℃ 时,1 kg 水吸热 4.187 kJ。

矿区如有大量天然冰块的贮存条件,可以考虑在井下工作面进风口放置一定量的冰块吸收热量,降低风流的温度。以下公式是单位质量的 -6℃ 的冰变为 24℃ 的水时,可吸收的热量:

$$q = (6 \times 2.09 + 335 + 24 \times 4.187) \text{ kJ/kg} = 448 \text{ kJ/kg}$$

根据这个数值和风流需要降低的温度,可计算每班或每小时所需要的冰块量。

通常,将冰块放置在容器中,容器和局部通风机相接,如图 8-5 所示,冰块容器分上、中、下三格,外形尺寸为高 1.5 m,宽 0.6 m,长 2 m。

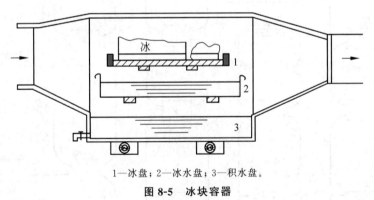

1—冰盘;2—冰水盘;3—积水盘。

图 8-5 冰块容器

(5) 煤壁注水预冷煤层。

在采煤工作面回风巷沿倾向平行工作面布置钻孔,将低温水注入煤层中,使煤层和顶底板岩体受到冷却,但该方法一般同防治冲击地压与煤尘时使用,很少单独使用。

5) 矿工个体保护

矿工的个体保护是指矿工在矿内恶劣环境工作所采取的个体防护措施。例如,在高温矿井使用冷却服,可避免人身受高温气候的危害。冷却服分为两类:自动系统和它动系统。自动系统自带能源和冷源,它动系统需外接能源和冷源,使用不方便。

## 2. 人工制冷降温技术

从20世纪70年代，人工制冷降温技术开始迅速发展，使用越来越广泛、越来越成熟。德国、南非、印度、波兰、俄罗斯和澳大利亚等国家多采用人工制冷降温技术，并已经成为矿井降温的主要手段。

1) 矿井空调系统的工作原理

矿井空调系统一般由制冷剂、载冷剂（冷冻水）和冷却水3个相对独立的循环系统组成。其循环系统的工作原理如图8-6所示。

（1）制冷剂循环系统。

图8-6中，低温低压的制冷剂液体在蒸发器中吸收载冷剂（如冷水）的热量而被汽化为低温低压的制冷剂蒸气，制冷剂单位时间吸收的载冷剂的热量即为制冷量。之后低温低压的制冷剂蒸气被压缩机吸入并经压缩升温，高温高压的蒸气再进入冷凝器，在冷凝器中高温高压的制冷剂蒸气被冷却介质（如冷却水）冷却，放出热量而被冷凝为高压液体。由冷凝器排出的高压液体制冷剂经节流阀节流降压后变为低温低压液体又进入蒸发器中，继续吸收载冷剂的热量，由此达到制冷的目的并重复进行制冷循环。

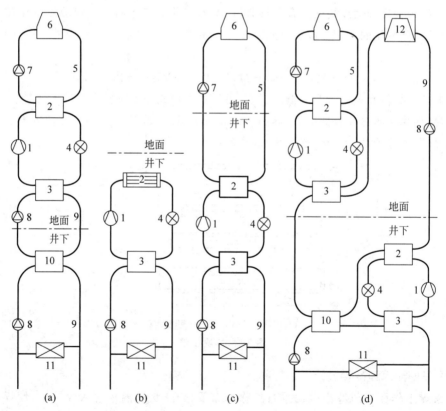

1—压缩机；2—冷凝器；3—蒸发器；4—节流阀；5—冷却水管；6—冷却塔；7—冷却水泵；
8—冷冻水泵；9—冷冻水管；10—高低压换热器；11—空气冷却器；12—蒸发式冷却器。

图8-6 矿井空调循环系统工作原理

（2）载冷剂循环系统。

由于制冷站的设置位置不同而形成不同的载冷剂循环系统。当制冷站设置在井下时

(图 8-6(b)、图 8-6(c)),其循环系统由蒸发器、空气冷却器、冷冻水泵及冷冻水管组成。当制冷站设在地面时(图 8-6(a)),载冷剂有两个循环系统,即:由地面制冷机组的蒸发器、井底高低压换热器、冷冻水泵 8 及冷冻水管构成一次循环系统;由井底高低压换热器、空气冷却器、冷冻水泵及冷冻水管 9 构成二次循环系统。当地面和井下同时设制冷站时(图 8-6(d)),一次循环系统是由蒸发器、高低压换热器、冷凝器(井下)、蒸发式冷却器、水泵和连接管路组成;二次循环系统是由蒸发器(井下)、高低压换热器、空气冷却器、水泵和冷冻水管(井下)组成。

(3) 冷却水循环系统。

冷却水循环系统由冷凝器、冷却塔(或水冷却装置)、冷却水泵和冷却水管组成。制冷剂在蒸发器中吸收载冷剂的热量和在压缩机中被压缩产生的热量,在冷凝器中放出传递给冷却水。冷却水吸收这部分热量后,经管道进入冷却塔。在冷却塔中,冷却水与风流通过热质交换及自身部分水分的蒸发最终把热量传递给空气而使本身温度降低。较低温度的冷却水,经管道再流回冷凝器,继续吸收制冷剂的热量,达到连续排除冷凝热的目的。当地面、井下同时设制冷站时(图 8-6(d)),井下制冷机的冷凝热是通过一次载冷剂排掉的。

2) 矿井空调系统基本类型

根据制冷站设置位置的不同,可分为地面集中式空调系统、井下集中式空调系统、井上下联合式空调系统及井下分散(局部)降温空调系统。此处主要依据冷凝热排放方式及制冷站设置位置不同进行介绍。

(1) 地面集中空调系统。

将制冷站设置在地面的矿井空调系统统称为地面集中空调系统。根据系统结构的不同,地面集中空调系统分为以下两种情况:

① 在地面集中冷却矿井总进风风流。该系统制冷站和空气冷却装置均设置在地面,冷却后的风流沿井筒和井下进风巷道到达各用冷地点。

② 制冷站设在地面,为使地面向井下供给的一次载冷剂不会因静水压力过高而破坏井下供冷管网及空冷器,在井下设置高低压换热器,二次载冷剂将一次载冷剂传递的冷量由泵通过管网送到各用冷地点的空冷器,如图 8-7 所示。

(2) 井下集中冷却空调。

当制冷站设置于井下时,根据冷凝热排放方式的不同,可分为以下 3 种情况。

① 井下排放冷凝热:利用矿井回风流或矿井涌水排放制冷设备排放的冷凝热,最终通过回风或矿井排水将冷凝热排向地面,如图 8-8 所示。

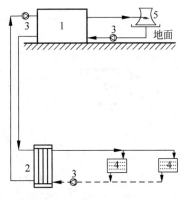

1—制冷机组;2—高低压换热器;3—水泵;
4—空冷器;5—冷却塔。

**图 8-7 地面设制冷站、井下设高低压换热器**

② 地面排放冷凝热:制冷机组设置于井下专用制冷硐室,冷凝热由安设于地面的冷却塔排放,如德国的 WAT 降温系统即为该方式,其系统原理如图 8-9 所示。

③ 井上下联合布置:为克服冷凝热排放困难及降低地面集中制冷存在的冷量损失等问题,在地面和井下同时设制冷站,两级制冷站串联连接,实质是用地面制冷站的冷冻水作为井下制冷站的冷却水,构成矿井联合空调系统,如图 8-10 所示。

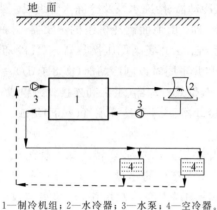

1—制冷机组；2—水冷器；3—水泵；4—空冷器。

图 8-8　井下制冷井下排热

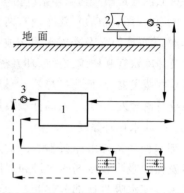

1—制冷机组；2—冷却塔；3—水泵；4—空冷器。

图 8-9　井下制冷地面排热

根据降温系统载冷剂的不同，可分为水冷（图 8-7～图 8-10，其载冷剂均可为水）、冰冷（制冰机组安设于地面，制取的片状或管状冰在重力作用下滑落至井底融冰池，空冷器回水用于融冰，冰融化后形成的低温冷水被水泵输送至各降温点的空冷器，如图 8-11 所示）、乙二醇溶液（为提高载冷剂的输冷量，增大载冷剂供回水温差，一般采用降低载冷剂供冷温度，采用乙二醇等有机溶剂的溶液可使供冷温度低于 0℃，增大输冷能力，该系统形式可用于图 8-7 所示系统，在地面制冷机组至井下高低压换热器之间的载冷剂选择乙二醇溶液）。

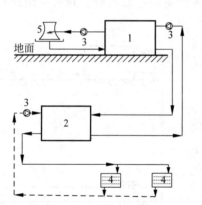

1—地面制冷机组；2—井下制冷机组；3—水泵；
4—空冷器；5—冷却塔。

图 8-10　井上下联合制冷

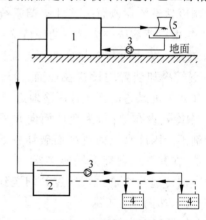

1—制冰机组；2—井底融冰池；3—水泵；
4—空冷器；5—冷却塔。

图 8-11　冰冷却空气调节系统

地面集中空调系统、井下集中空调系统、井上下联合空调系统和井下分散（局部）空调系统，这四类空调系统的比较见表 8-6。

表 8-6　矿井空调系统比较（总制冷量相同且大于 2 MW）

| 比 较 项 目 | 地面集中空调系统 | 井下集中空调系统 | 井上下联合空调系统 | 井下分散（局部）空调系统 |
| --- | --- | --- | --- | --- |
| 设备投资 | 较小 | 较大 | 小 | 大 |
| 运行费用 | 相同 | 相同 | 相同 | 大 |

续表

| 比较项目 | 地面集中空调系统 | 井下集中空调系统 | 井上下联合空调系统 | 井下分散(局部)空调系统 |
|---|---|---|---|---|
| 安装 | 简单 | 需要开掘专用空调硐室 | 管道铺设工作量大 | 简单 |
| 制冷剂 | 能用氨 | 成本高,需要氟利昂 | 能用氨 | 成本高、防爆 |
| 排水 | 简单 | 在干燥矿井需额外费用 | 在干燥矿井需额外费用 | 简单 |
| 排热 | 简单 | 困难(如井下水不充足) | 简单 | 简单 |
| 冷冻水到工作面 | 有时很复杂 | 简单 | 简单 | 简单 |
| 冷损 | 大 | 小 | 小 | 小 |
| 适用范围 | 高低压换热器 |  | 高低压换热器 |  |

### 8.4.2 矿井通风除湿技术

常用于地下空间的空气除湿方法有升温通风降湿、冷却除湿、液体吸湿剂除湿、固体吸湿剂除湿或联合使用这些方法。每种方法各有特点,应根据井下实际自然条件、工程特点等综合考虑后选用。各种膜除湿方式的原理、应用情况见表 8-7。

表 8-7 各种膜除湿方式

| 膜除湿方式 | 除湿原理 | 应用情况分析 |
|---|---|---|
| 压缩法 | 靠压缩输入气流,形成传质势差 | 当含湿量较高时,增大压力易使水蒸气在膜的表面凝结,影响水蒸气向膜内的溶解扩散作用,降低膜的除湿效果。而且提高气体压力,必然导致对膜强度以及组件设备耐压性能的要求相应提高,从而对实际应用造成某些局限 |
| 真空法 | 靠降低渗透侧压力,产生传湿动力 | 对膜的强度要求非常高,而且耗功很大,因而在实际应用中受到限制 |
| 加热再生法 | 膜另一侧加热再生,靠膜两侧化学势差作为推动力 | 由于膜本身很薄,使得膜两侧不可能有较大的温差。温差是产生化学势差的原因,所以膜两侧的传湿动力很小。该方法存在成本高、不易操作、除湿量小且速度慢等不足,离实际应用尚有一定的距离 |

### 8.4.3 井口空气加热技术

**1. 井口空气加热方式**

井口一般采用空气加热器对冷空气进行加热,其加热方式有井口房不密闭的加热方式和井口房密闭的加热方式两种。

1) 井口房不密闭的加热方式

当井口房不宜密闭时,被加热的空气需设置专用的通风机送入井筒或井口房。这种方式按冷、热风混合的地点不同,又分以下 3 种情况:

(1) 冷、热风在井筒内混合。

这种布置方式是将被加热的空气通过专用通风机和热风道送入井口以下 2m 处,在井筒内进行热风和冷风的混合,如图 8-12 所示。

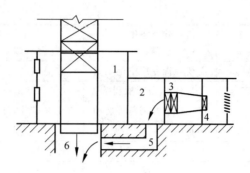

1—通风机房；2—空气加热室；3—空气加热器；4—通风机；5—热风道；6—井筒。

图 8-12　冷、热风在井筒内混合

(2) 冷、热风在井口房内混合。

这种布置方式是将热风直接送入井口房内进行混合，使混合后的空气温度达到 2℃ 以上后再进入井筒，如图 8-13 所示。

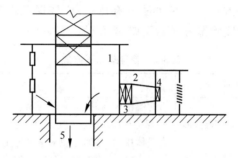

1—通风机房；2—空气加热室；3—空气加热器；4—通风机；5—井筒。

图 8-13　冷、热风在井口房内混合

(3) 冷、热风在井口房和井筒内同时混合。

这种布置方式是前两种方式的结合，它将大部分热风送入井筒内混合，而将小部分热风送入井口房内混合，其布置方式如图 8-14 所示。

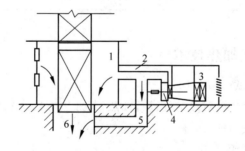

1—通风机房；2—空气加热室；3—空气加热器；4—通风机；5—热风道；6—井筒。

图 8-14　冷、热风在井口房和井筒内同时混合

将以上 3 种方式进行比较，第一种方式冷、热风混合效果较好，通风机噪声对井口房的影响相对较小，但井口房风速大、风温低，井口作业人员的工作条件差，而且井筒热风口对面井壁、上部罐座和罐顶保险装置有冻冰危险；第二种方式井口房工作条件有所改善，上部

罐座和罐顶保险装置冻冰危险减少,但冷、热风的混合效果不如前者,而且井口房内风速较大,尤其是通风机的噪声对井口的通信信号影响较大;第三种方式综合了前两种的优点,而避免了二者的缺点,但管理较为复杂。

2) 井口房密闭的加热方式

当井口房有条件密闭时,热风可依靠矿井主要通风机的负压作用而进入井口房和井筒,而不需设置专用的通风机送风。采用这种方式,大多是在井口房内直接设置空气加热器,让冷、热风在井口房内进行混合。

对于大型矿井,当井筒进风量较大时,为了使井口房风速不超限,可在井口房外建立冷风塔和冷风道,让一部分冷风先经过冷风道直接进入井筒,使冷、热风既在井口房混合又在井筒内混合。采用这种方式时,应注意防止冷风道与井筒连接处结冰。

井口房不密闭与井口房密闭这两种井口空气加热方式相比,其优缺点见表8-8。

表8-8 井口房空气加热方式的优缺点

| 井口房空气加热方式 | 优 点 | 缺 点 |
| --- | --- | --- |
| 井口房不密闭 | 1. 井口房不要求密闭;<br>2. 可建立独立的空气加热室,布置较为灵活;<br>3. 在相同风量下,所需空气加热器的片数少 | 1. 井口房风速大、风温低,井口作业人员工作条件差;<br>2. 通风机运行噪声对井口房通信有影响;<br>3. 设备投资大,管理复杂 |
| 井口房密闭 | 1. 井口房工作条件好;<br>2. 不需设置专用通风机,设备投资少 | 1. 井口房密闭增加矿井通风阻力;<br>2. 井口房漏风管理较为麻烦 |

**2. 空气加热量的计算**

1) 计算参数的确定

(1) 室外冷风计算温度的确定。

井口空气防冻加热的室外冷风计算温度,通常按下述原则确定:

① 立井和斜井采用历年极端最低温度的平均值;

② 平硐采用历年极端最低温度平均值与采暖室外计算温度二者的平均值。

(2) 空气加热器出口热风温度的确定。

通过空气加热器后的热风温度,根据井口空气加热方式按表8-9确定。

表8-9 空气加热器后热风温度的确定

| 送 风 地 点 | 热风温度/℃ | 送 风 地 点 | 热风温度/℃ |
| --- | --- | --- | --- |
| 立井井筒 | 60~70 | 正压进入井口房 | 20~30 |
| 斜井或平硐 | 40~50 | 负压进入井口房 | 10~20 |

2) 空气加热量的计算

井口空气加热量包括基本加热量和附加热损失两部分,其中附加热损失包括热风道、通风机壳及井口房外围护结构的热损失等。基本加热量即为加热冷风所需的热量,在设计中,一般附加热损失可不单独计算,总加热量 $Q$ 可按基本加热量乘以一个系数求得,即:

$$Q = \alpha M c_p (t_h - t_1) \tag{8-47}$$

式中：$M$——井筒进风量，kg/s；

$\alpha$——热量损失系数，井口房不密闭时 $\alpha = 1.05 \sim 1.10$，密闭时 $\alpha = 1.10 \sim 1.15$；

$t_h$——冷、热风混合后空气温度，可取 2℃；

$t_1$——室外冷风温度，℃；

$c_p$——空气定压比热容，$c_p = 1.01$ kJ/(kg·K)。

**3. 空气加热器的选择计算**

1) 基本计算公式

(1) 通过空气加热器的风量。

$$M_1 = \alpha \cdot M \frac{t_h - t_1}{t_{h0} - t_1} \tag{8-48}$$

式中：$M_1$——通过空气加热器的风量，kg/s；

$t_{h0}$——加热器出口热风温度，℃，按表 8-9 选取；

其余符号意义同前。

(2) 空气加热器能够供给的热量。

$$Q' = K S \Delta t_p \tag{8-49}$$

式中：$Q'$——空气加热器的供热量，kW；

$K$——空气加热器的传热系数，kW/(m²·K)；

$S$——空气加热器的散热面积，m²；

$\Delta t_p$——热媒与空气间的平均温差，℃。

当热媒为蒸汽时：

$$\Delta t_p = t_v - \frac{t_1 + t_{h0}}{2} \tag{8-50}$$

当热媒为热水时：

$$\Delta t_p = \frac{t_{w1} + t_{w2}}{2} - \frac{t_1 + t_{h0}}{2} \tag{8-51}$$

式中：$t_v$——饱和蒸汽温度，℃；

$t_{w1}$、$t_{w2}$——分别为热水供、回水温度，℃；

其余符号意义同前。

空气加热器常用的不同压力下的饱和蒸汽温度，见表 8-10。

表 8-10　不同压力下的饱和蒸汽温度

| 蒸汽压力/kPa | 100 | 150 | 200 | 250 | 300 | 350 | 400 |
|---|---|---|---|---|---|---|---|
| 饱和蒸汽温度/℃ | 99.6 | 111.3 | 120.2 | 127.4 | 133.6 | 138.9 | 143.6 |

2) 选择计算步骤

(1) 初选加热器的型号。

初选加热器的型号首先应假定通过空气加热器的质量流量 $(v\rho)'$，一般井口房不密闭时质量流量可选 $4 \sim 8$ kg/(m²·s)，井口房密闭时质量流量可选 $2 \sim 4$ kg/(m²·s)。然后按下式求出加热器所需的有效通风截面面积 $S'$：

$$S' = \frac{M_1}{(v\rho)'} \tag{8-52}$$

加热器的型号初步选定后，即可根据加热器实际的有效通风截面面积，算出实际的质量流量$(v\rho)$值。

(2) 计算加热器的传热系数。

部分国产空气加热器传热系数的计算公式见表 8-11。如果有的产品在整理传热系数实验公式时，用的不是质量流量$(v\rho)$，而是迎面风速 $v$，则应根据加热器有效截面面积与迎风面积之比 $\alpha$ 值($\alpha$ 称为有效截面系数)，使用关系式 $v_y = \dfrac{\alpha(v\rho)}{\rho}$，由 $v\rho$ 求出 $v_y$ 后，再计算传热系数。

如果热媒为热水，则在传热系数的计算公式中还要用到管内水流速 $v_w$。加热器管内水流速可按下式计算：

$$v_w = \frac{M_1 c_p (t_{h0} - t_1)}{S_w c (t_{w1} - t_{w2}) \times 10^3} \tag{8-53}$$

式中：$v_w$——加热器管内水的实际流速，m/s；

$S_w$——空气加热器热媒通过的截面面积，$m^2$；

$c$——水的比热容，$c = 4.1868\ kJ/(kg \cdot K)$；

其余符号意义同前。

(3) 计算所需的空气加热器面积和加热器台数。

空气加热器所需的加热面积可按下式计算：

$$S_1 = \frac{Q_1}{K \cdot \Delta t_p} \tag{8-54}$$

计算出所需加热面积后，可根据每台加热器的实际加热面积确定所需加热器的排数和台数。

(4) 检查空气加热器的富余系数，一般取 1.15~1.25。

(5) 计算空气加热器的空气阻力 $\Delta H$，计算公式见表 8-11。

(6) 计算空气加热器管内水阻力 $\Delta h$，计算公式见表 8-11。

表 8-11  部分国产空气加热器的传热系数和阻力计算公式

| 加热器型号 | | 热媒 | 传热系数 $K/(W/(m^2 \cdot K))$ | 空气阻力 $\Delta H/Pa$ | 管内水阻力 $\Delta h/kPa$ |
|---|---|---|---|---|---|
| SRZ 型 | 5,6,10D | 蒸汽 | $14.6(v\rho)^{0.49}$ | $1.76(v\rho)^{1.998}$ | D 型：$15.2v_w^{1.96}$ <br> Z,X 型：$15.2v_w^{1.96}$ |
| | 5,6,10Z | | $14.6(v\rho)^{0.49}$ | $1.47(v\rho)^{1.98}$ | |
| | 5,6,10X | | $14.5(v\rho)^{0.532}$ | $0.88(v\rho)^{2.12}$ | |
| | 7D | | $14.3(v\rho)^{0.51}$ | $2.06(v\rho)^{1.17}$ | |
| | 7Z | | $14.6(v\rho)^{0.49}$ | $2.94(v\rho)^{1.52}$ | |
| | 7X | | $15.1(v\rho)^{0.571}$ | $1.37(v\rho)^{1.917}$ | |

续表

| 加热器型号 | | 热媒 | 传热系数 $K/(W/(m^2 \cdot K))$ | 空气阻力 $\Delta H/Pa$ | 管内水阻力 $\Delta h/kPa$ |
|---|---|---|---|---|---|
| SRL 型 | B×A/2 | 蒸汽 | $15.2(v\rho)^{0.50}$ | $1.71(v\rho)^{1.67}$ | |
| | B×A/3 | | $15.1(v\rho)^{0.43}$ | $3.03(v\rho)^{1.62}$ | |
| | B×A/2 | 热水 | $16.5(v\rho)^{0.24}$ | $1.5(v\rho)^{1.58}$ | |
| | B×A/3 | | $14.5(v\rho)^{0.29}$ | $2.9(v\rho)^{1.58}$ | |

注：$v\rho$——空气质量流量，$kg/(m^2 \cdot s)$；$v_w$——水流速，$m/s$。

# 习题

8.1 简述矿井空调的特点。

8.2 某矿一段大巷长 100 m，巷道断面形状为半圆拱，断面面积为 14 m²，原始岩温为 35℃，巷道中平均风温为 22℃，围岩与风流间的不稳定换热系数为 $5.82 \times 10^{-4}$ kW/(m² · ℃)，求该段巷道围岩放热量。

8.3 已知某矿井地表空气温度为 21℃，相对湿度为 $\varphi_1 = 57\%$，大气压力为 99 kPa，井深 900 m，井底风流相对湿度为 $\varphi_2 = 80\%$，试确定井底车场的风温。

8.4 某矿井一条轨道上山的长度为 760 m，高差为 170 m，断面面积为 7.15 m²，周长为 11.8 m，通过该上山的风量为 40 kg/s，计算起点风温为 17.8℃，相对湿度为 96%，绝对静压为 108.5 kPa，平均原始岩温为 29℃，围岩与风流间的不稳定换热系数为 $2.67 \times 10^{-4}$ kW/(m² · ℃)，求该上山的末端风温。

8.5 某一水平掘进巷道，断面面积为 10 m²，采用 11 kW 的局部通风机压入式通风，风筒直径为 800 mm，局部通风机入口处巷道中的风温为 25℃，吸风量为 250 m³/min，空气密度为 1.23 kg/m³，风筒的有效风量率为 48%，试预计风筒出口的风温。

8.6 某掘进工作面风量为 220 kg/min，空冷器入口空气温度为 32℃，相对湿度为 90%，大气压为 101325 Pa，欲使空冷器出口风温为 24℃，相对湿度为 100%，求空冷器的供冷量。

8.7 某回采工作面风量为 680 kg/min，空冷器入口空气温度为 32℃，相对湿度为 88%，大气压为 101325 Pa，欲使空冷器出口风温为 24℃，相对湿度为 100%，求空冷器的供冷量。

8.8 简述矿井降温技术。

8.9 矿井集中式空调系统有哪几种类型？各有什么优缺点？

8.10 井口空气有哪几种加热方式？简述它们各自的优缺点。

# 第9章

# 矿井瓦斯

矿井瓦斯是严重威胁煤矿安全生产的主要自然因素之一。在近代煤炭开采史上，瓦斯灾害每年都造成许多人员伤亡和巨大的财产损失。因此，预防瓦斯灾害对煤炭工业的健康持续发展具有重要意义。瓦斯的涌出形式和涌出量对矿井设计、建设和开采都有重要影响。随着采深、开采范围和产量的增加，这类影响更加显著。本章从理论和实践两方面，系统论述了瓦斯的成因、赋存、含量、涌出形式与涌出量、瓦斯灾害形式以及防治措施等一系列问题。

## 9.1 概述

矿井瓦斯有广义和狭义之分。广义的矿井瓦斯是指煤矿生产过程中，从煤、岩、围岩、采空区及生产过程中产生的以甲烷为主的各种有害气体的总称。狭义的矿井瓦斯就是指甲烷。矿井瓦斯的来源主要有4类：第一类是煤层与围岩内赋存并能涌入矿井的气体；第二类是矿井生产过程中产生的气体，如爆破时产生的炮烟、内燃机运行时排放的废气、充电过程中产生的氢气等；第三类是井下空气与煤、岩、矿物、支架和其他材料间的化学或生物化学反应产生的气体；第四类是放射性物质蜕变过程中生成的或地下水放出的惰性气体氡(Rn)及惰性气体氦(He)，其中气体氡具有放射性，气体氦不具有放射性。

因为瓦斯的主要成分是甲烷，所以瓦斯的性质主要表现为甲烷的性质。甲烷的化学式为$CH_4$，是一种无色、无味、无臭、易燃易爆的气体。甲烷分子的直径为$0.3758\times10^{-9}$ m，可以在微小的煤体孔隙内流动。其扩散系数为$0.196$ $cm^2/s$，扩散速度是空气的1.34倍，从煤岩中涌出的瓦斯会很快扩散到巷道空间。甲烷标准状态下的密度为$0.716$ $kg/m^3$，比空气轻，与空气相比的相对密度为0.554。如果巷道上部有瓦斯涌出源，风速低时，容易在顶板附近形成瓦斯积聚层。瓦斯微溶于水，在20℃和0.1013 MPa(1atm)时，100 L水可溶解3.31 L甲烷，0℃时可以溶解5.56 L甲烷。

瓦斯中的主要成分甲烷无毒，但空气中甲烷浓度增高会导致氧气浓度降低。当空气中甲烷浓度为43%时，氧气浓度将降到12%，人会感到呼吸困难；当空气中甲烷浓度达到57%时，氧气浓度将降至9%，人会处于昏迷状态。瓦斯矿井通风不良或不通风的煤巷，往往积存大量瓦斯，如果未经检查就贸然进入，会因缺氧而很快昏迷、窒息，直至死亡。

根据全国煤矿瓦斯等级鉴定资料,我国大多数高瓦斯矿井和突出矿井分布在东北、华北的西部与南部、中部以及西南地区。除淮南、淮北等少数几个矿区外,在华北和西北地区,高瓦斯矿井与突出矿井相对较少。从地域分布看,多数高瓦斯矿井与突出矿井大致沿东北—西南线分布,东北、西南、中南地区高瓦斯、突出矿井尤其多,且突出严重。

瓦斯给煤矿带来极大的危害。在适当浓度下,瓦斯可发生燃烧和爆炸(图 9-1)。在煤矿的采掘生产过程中,一定条件下,会发生瓦斯喷出或煤与瓦斯突出,产生严重的破坏作用,甚至造成巨大的人员伤亡和财产损失。此外,瓦斯也是一种温室气体,相同条件下瓦斯的温室作用是二氧化碳的 21 倍。由于矿井开采所产生的瓦斯,一般会排入地面大气,因此瓦斯对大气环境的危害同样不容忽视。

图 9-1　瓦斯发生燃烧和爆炸

瓦斯也是一种洁净的能源,其燃烧热 $3.7 \times 10^7$ $J/m^3$,既可作民用燃料,又可发电,还可作化工原料。我国每年采煤排放的瓦斯在 $1.3 \times 10^{10}$ $m^3$ 以上,其中可利用量达到 $8.0 \times 10^9$ $m^3$ 左右,折合标准煤近 100 Mt,每年可发电 $3.0 \times 10^{10}$ kW·h,经济效益十分可观。煤层内的瓦斯也叫煤层气,是非常规天然气的一种。华北地区、西北地区、南方地区和东北地区赋存的煤层气地质资源量分别占全国煤层气地质资源总量的 56.3%、28.1%、14.3%、1.3%。1000 m 以内、1000～1500 m 和 1500～2000 m 的煤层气地质资源量,分别占全国煤层气资源地质总量的 38.8%、28.8% 和 32.4%。全国大于 5000 亿 $m^3$ 的含煤层气盆地(群)共有 14 个,其中含气量在 5000 亿～10000 亿 $m^3$ 之间的有川南黔北、豫西、川渝、三塘湖、徐淮等盆地,含气量大于 10000 亿 $m^3$ 的有鄂尔多斯盆地东缘、沁水盆地、准噶尔盆地、滇东黔西盆地群、二连盆地、吐哈盆地、塔里木盆地、天山盆地群、海拉尔盆地。煤层气的开发利用具有重要的现实意义。煤层气的开发利用既能够缓解当前世界能源紧张的状况,也能实现对我国现有能源结构的优化调整。

## 9.2　煤层瓦斯赋存及流动

### 9.2.1　瓦斯的成因与赋存

**1. 矿井瓦斯的生成和成分**

1) 矿井瓦斯的生成

煤层瓦斯是腐植型有机物(植物)在成煤过程中生成的。在植物变成煤的过程中,随着煤的变质,即从泥炭到无烟煤的变化过程中,生成的瓦斯越来越多。从植物遗体变化成瓦斯一般经历两个成气时期:一是生物化学成气时期,二是煤化变质作用时期。

(1) 生物化学成气时期。

该时期,在植物沉积成煤初期的泥炭化过程中,有机物在隔绝外部氧气和温度不超过65℃的条件下,被厌氧微生物分解为 $CH_4$、$CO_2$ 和 $H_2O$。其化学反应式如下:

$$4C_6H_{10}O_5 \text{(纤维素)} \xrightarrow{\text{隔绝空气}}_{\text{微生物}} 7CH_4 \text{(甲烷)} + 8CO_2 \text{(二氧化碳)} + C_9H_6O \text{(类烟煤)} + 3H_2O \text{(水)} \tag{9-1}$$

由于这一过程发生于地表附近,上覆盖层不厚且透气性相对较好,因而生成的气体大部分散失于古大气中。随泥炭层的逐渐下沉和地层沉积厚度的增加,压力和温度也随之增加,生物化学作用逐渐减弱并最终停止。

(2) 煤化变质作用时期。

该时期,随着煤系地层的沉降及所处压力和温度的增加,泥炭转化为褐煤并进入变质作用时期,如图 9-2 所示。有机物在高温、高压作用下,挥发分减少,固定碳增加,这时生成的气体主要为 $CH_4$ 和 $CO_2$。其化学反应式如下:

$$4C_{16}H_{18}O_5 \text{(泥炭)} \longrightarrow C_{57}H_{56}O_{10} \text{(褐煤)} + 4CO_2 + 3CH_4 + 2H_2O \tag{9-2}$$

$$C_{57}H_{56}O_{10} \text{(褐煤)} \longrightarrow C_{54}H_{42}O_5 \text{(烟煤)} + CO_2 + 2CH_4 + 3H_2O \tag{9-3}$$

$$C_{54}H_{42}O_5 \text{(褐煤)} \longrightarrow C_{13}H_4 \text{(无烟煤)} + CH_4 + H_2O \tag{9-4}$$

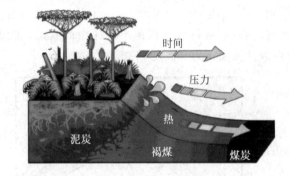

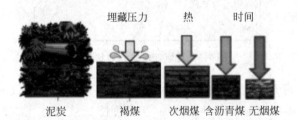

图 9-2 煤炭的演变过程

在这个阶段,瓦斯生成量随着煤的变质程度升高而增多。但在漫长的地质年代中,在地质构造(地层的隆起、浸蚀和断裂)的形成和发育过程中,瓦斯本身在其压力差和浓度差的驱动下进行运移,一部分瓦斯扩散到大气中,一部分转移到围岩内,一部分储存在煤层中。

2) 瓦斯的主要成分

根据成分性质不同,广义瓦斯主要分为以下 4 部分:

(1) 甲烷($CH_4$)及同系物、$H_2$、$H_2S$ 等可燃气体;
(2) CO、$N_2$、$H_2S$、$NH_3$ 以及乙醛等有毒气体;
(3) $CO_2$、$N_2$、Ar(氩气)等,基本上为化学性质不活泼的惰性气体;
(4) Rn(氡)、Th(钍)、Ac(锕)等放射性气体。

以上 4 部分中甲烷是最主要成分,其他气体含量极少,故狭义的瓦斯就是甲烷。

### 2. 瓦斯在煤体内存在的状态

煤体是一种复杂的多孔性固体,既有成煤胶结过程中产生的原生孔隙,也有成煤后构造运动形成的大量孔隙和裂隙,形成了很大的自由空间和孔隙表面。重庆煤科分院对四川、江西三个煤矿 11 个煤层煤的比表面积进行了测定,结果表明,所测煤样比表面积最小为 $27.4 \text{ m}^2/\text{g}$,最大为 $55.13 \text{ m}^2/\text{g}$。因此,成煤过程中生成的瓦斯就能以游离和吸附这两种状态存在于煤体内。

游离状态也叫自由状态,这种状态的瓦斯以自由气体存在,呈现出压力服从自由气体定律,存在于煤体或围岩的裂隙和较大孔隙(孔径>0.01 μm)内,如图 9-3 所示。游离瓦斯量的大小与贮存空间的容积、瓦斯压力成正比,与瓦斯温度成反比。吸附状态的瓦斯主要吸附在煤的微孔表面(吸着瓦斯)和煤的微粒结构内部(吸收瓦斯),吸着状态是在孔隙表面的固体分子引力作用下,瓦斯分子被紧密地吸附于孔隙表面上,形成很薄的吸附层;而吸收状态是瓦斯分子充填到几埃(1 埃(Å)= $10^{-10}$ m)到十几埃的微细孔隙内,占据着煤分子结构的空位和煤分子之间的空间,如同气体溶解于液体中的状态。吸附瓦斯量的大小,与煤的性质、孔隙结构特点以及瓦斯压力和温度有关。

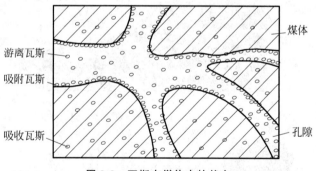

图 9-3 瓦斯在煤体内的状态

煤体中的瓦斯含量是一定的,游离状态和吸附状态存在的瓦斯量可以相互转化,这取决于温度和压力以及煤中水分等条件。例如,当温度降低或压力升高时,一部分瓦斯将由游离状态转化为吸附状态,这种现象叫作吸附。反之,如果温度升高或压力降低时,一部分瓦斯就由吸附状态转化为游离状态,这种现象叫作解吸。

在深部开采的煤层,瓦斯主要是以吸附状态存在,游离状态的瓦斯只占总量的 10%～20%,但是在断层、大的裂隙、孔洞和砂岩内,瓦斯则主要以游离状态赋存。

## 9.2.2 煤层瓦斯垂直分带

当煤层直达地表或直接被透气性较好的第四系冲积层覆盖时,由于煤层中瓦斯向上运移和地面空气向煤层中渗透,使煤层内的瓦斯呈现出垂直分带特征。掌握本煤田煤层瓦斯垂直分带的特征,是做好矿井瓦斯涌出量预测和日常瓦斯管理工作的基础。一般将煤层由露头自上向下分为4个带:$CO_2$-$N_2$带、$N_2$带、$N_2$-$CH_4$带、$CH_4$带(表9-1),前3个带总称为瓦斯风化带(图9-4)。在近代开采深度内,瓦斯带内煤层的瓦斯含量和涌出量随深度增加而有规律地增大,所以确定瓦斯风化带深度,有重要的现实意义。

表 9-1 煤层瓦斯垂直分带及各带气体成分

| 名 称 | 气带成因 | 瓦斯成分/% | | |
|---|---|---|---|---|
| | | $N_2$ | $CO_2$ | $CH_4$ |
| $CO_2$-$N_2$ 带 | 生物化学 | 20~80 | 20~80 | <10 |
| $N_2$ 带 | 空气 | >80 | <10~20 | <20 |
| $N_2$-$CH_4$ 带 | 空气-变质 | 20~80 | <10~20 | 20~80 |
| $CH_4$ 带 | 变质 | <20 | <10 | >80 |

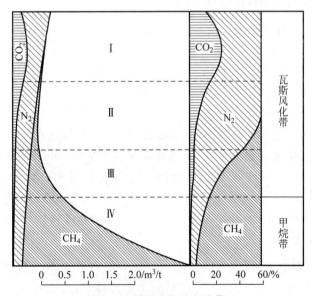

图 9-4 煤层瓦斯垂向分带

瓦斯风化带下部边界深度可根据下列指标中的任何一项确定。

(1) 煤层的相对瓦斯涌出量等于 2~3 $m^3/t$ 处;
(2) 煤层内的瓦斯组分中甲烷及重烃浓度总和达到80%(体积比)处;
(3) 煤层内的瓦斯压力为 0.1~0.15 MPa 处;
(4) 煤的瓦斯含量达到下列数值处:长焰煤 1.0~1.5 $m^3/t$(C.M.),气煤 1.5~2.0 $m^3/t$(C.M.),肥煤与焦煤 2.0~2.5 $m^3/t$(C.M.),瘦煤 2.5~3.0 $m^3/t$(C.M.),贫煤 3.0~4.0 $m^3/t$(C.M.),无烟煤 5.0~7.0 $m^3/t$(C.M.)(此处的 C.M. 是指煤中可燃质,即固定碳和挥发分)。

瓦斯风化带深度取决于煤层的基本条件。风化带的变化差异很大,即使在同一井田有时也相差很大,如开滦矿务局的唐山和赵各庄两矿瓦斯风化带深度下限就相差近 80 m。苏联顿巴斯煤田最浅的瓦斯风化带为 50 m,最深达 800 m。表 9-2 为我国一些矿井的瓦斯风化带下部边界深度。

表 9-2 中国部分矿井瓦斯风化带下部边界深度

| 矿 井 | 瓦斯风化带深度/m | 矿 井 | 瓦斯风化带深度/m |
| --- | --- | --- | --- |
| 红卫(里王庙) | <15 | 三五矿 | <15 |
| 抚顺龙凤矿 | 200 | 阳泉四矿 | 50 |
| 抚顺胜利矿 | 260 | 中梁山矿 | 50 |
| 开滦赵各庄矿 | 467 | 北票冠山矿 | 120 |
| 开滦唐山矿 | 388 | 北票台吉立井 | 130 |
| 焦作焦西矿 | 180 | 南桐(直属一井) | 90 |
| 涟邵(洪山殿) | 30 | 南桐(鱼田堡) | 30 |
| 辽源西安矿 | 131 | 南桐矿 | 60 |

### 9.2.3 煤层的瓦斯压力及测定

**1. 煤层的瓦斯压力及压力梯度**

煤层的瓦斯压力,是处于煤的裂隙和孔隙中的游离瓦斯分子热运动撞击所产生的作用力。煤层瓦斯压力是决定煤层瓦斯含量、瓦斯流动动力以及瓦斯动力灾害程度的基本参数。在研究瓦斯储量、瓦斯涌出、瓦斯流动、瓦斯抽采与瓦斯突出问题时,都要事先准确掌握煤层瓦斯压力赋存规律。

煤层埋藏深度每增加一单位(通常用 1 m 或 100 m),煤层瓦斯压力的平均增加值称为煤层瓦斯压力梯度。在同一地质单元,瓦斯风化带以下区域,煤层原始瓦斯压力与其埋深成正相关关系。瓦斯压力梯度随煤岩弹性模量和泊松比的增大而增大,当煤岩弹性模量和泊松比较小时,煤层瓦斯压力梯度的变化率较小;当煤岩弹性模量和泊松比较大时,煤层瓦斯压力梯度的变化速率迅速增加。煤层瓦斯压力梯度随温度梯度和地应力梯度的增大而增大,基本成线性变化。

**2. 瓦斯压力的测定**

《煤矿安全规程》规定,开采有煤与瓦斯突出危险煤层时,必须测定煤层的瓦斯压力。每一矿井都应有瓦斯压力测定资料。瓦斯压力测定原理为:施工一穿透待测煤层(或直接打在煤层中)的钻孔,铺设一根测压管后再把钻孔封堵好,在测压管的外端接上压力表,待压力稳定后即可读取瓦斯压力值。

由《煤矿井下煤层瓦斯压力的直接测定方法》(KA/T 1047—2007)可知,按照测压时是否向测压钻孔内注入补偿气体,测定方法可分为被动测压法和主动测压法。

1)被动测压法

被动测压法中上向钻孔封孔测压的主要操作步骤如下:

选择在岩性致密,无断层、裂隙等地质构造的石门或者岩巷中布设测点,并尽可能地设在进风系统中。如图 9-5 所示,将测压管顶部用纱布裹缠,防止固体颗粒进入管内堵塞测压管。将测压管和注浆管用铁丝捆绑送入钻孔,并用速凝水泥封孔,之后开始注浆。注浆期间始终保持测压管闸阀打开,浆液会通过三通回流到孔口处,当注入浆液达到一定高度时,应立刻停止注浆并安装压力表。

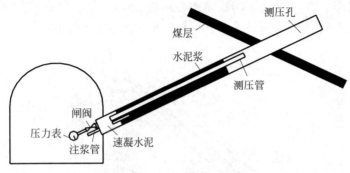

图 9-5　上向钻孔注浆封孔测压示意

如图 9-6 所示,下向钻孔封孔测压时,测压管前段应安装托盘并填入棉布等阻挡物,然后采用速凝水泥和黄泥进行封孔。测压钻孔施工完毕后应在 24 h 内完成封孔操作,待浆液凝固 24 h 后安设压力表。至少 3 d 观测一次压力表。观测时间一般需 20~30 d。如压力变化在 3 d 内小于 0.015 MPa,测压工作即可结束。

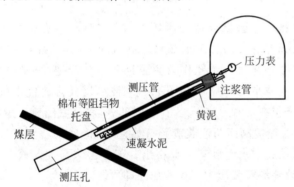

图 9-6　下向孔注浆封孔测压示意

一般情况下,原始煤层瓦斯压力随深度的增加而有规律地增加,可以大于、等于或小于静水压。通过测定不同深度煤层瓦斯压力,求出煤层的瓦斯压力梯度,即可预测其他深度的瓦斯压力。

$$g_p = (p_2 - p_1)/(H_1 - H_2) \tag{9-5}$$

则 $p = g_p(H - H_1) + p_1$ 或 $p = g_p(H - H_0) + p_0$

式中:$p$——预测的甲烷带内深 $H$(m)处的瓦斯压力,MPa;

$g_p$——瓦斯压力梯度,MPa/m;

$p_1$、$p_2$——甲烷带内深度为 $H_1$、$H_2$ 处的瓦斯压力,MPa;

$p_0$——甲烷带上部边界处瓦斯压力,取 0.2 MPa;

$H_0$——甲烷带上部边界深度,m。

2) 主动测压法

主动测压法具体内容如下:测压钻孔在密封前需要经过一段时间,在这段时间内瓦斯处于放空状态,即从煤层中放散出来的瓦斯未能被有效利用,当封闭钻孔后,就需要从更深部的煤体中放散出瓦斯以达到最终的平衡。因此,向钻孔中注入煤层可吸附的气体,让孔壁周围的煤体反吸附,结合深部放散的瓦斯,从两方面共同促进孔壁周围煤体中的瓦斯赋存还原为初始状态。$CO_2$、$N_2$ 和 $CH_4$ 常作为补充气体。

主动测压技术(图 9-7)包括注浆封孔操作与充入补偿气体操作:

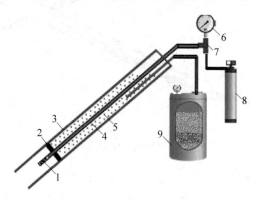

1—测压筛管;2—挡料圆盘;3—钻孔壁;4—测压管;5—水泥浆;6—压力表;
7—压力表接头;8—气瓶;9—浆液罐。

**图 9-7　主动测压技术设备**

(1) 注浆封孔过程。①选定合适的测压点,用 $\phi75$ mm 钻头按照设计参数开孔 1~2 m,然后换用 $\phi60$ mm 或 $\phi45$ mm 钻头继续钻孔直到进入煤层;②将预先准备的 $\phi15$ mm 管用生料带与接头连接好并送入钻孔作为测压管和导气管,测压管前端要尽量接近煤层,以保证注浆段的长度并减小瓦斯室体积,孔口端与测压管并排放置 1 根单独的 $\phi15$ mm 管作为注浆管,用编织袋包在 2 根 $\phi15$ mm 管中间部分,将聚氨酯倒入编织袋并送入钻孔,直到聚氨酯反应完全;③连接阀门与注浆管路开始注浆,待浊水从测压管流出时立即停止注浆(由于受重力影响,钻孔中水泥砂浆上部析出一部分浊水),关闭阀门,清洗仪器;④待水泥浆凝固后,在测压管外端安装压力表观测压力即可。

(2) 充入补偿气体。为便于操作以及实时了解充入气体的压力值,$\phi15$ mm 管与压力表之间应安装三通,而被动测压直接在 $\phi15$ mm 管外安装开关和压力表即可。

连接好三通后,打开气瓶阀门与 2 个开关,向瓦斯气室中充入气体,通过压力表观测充入气体的压力,充气完毕后,关闭连接气瓶的开关。在此过程中要注意,充气压力应当根据瓦斯资料预判值,不宜过高,可以根据压力的实际变化情况少量多次补充。

煤层赋存条件具有较大差异性,部分煤层因地质构造,造成地层水与煤层导通,使煤层涌水。涌水煤层瓦斯压力测定时,所测瓦斯压力易被钻孔涌水干扰。因此,针对上述问题演化出了含水煤层瓦斯压力测定技术。

含水煤层瓦斯压力测定技术(图 9-8)具体内容如下:当涌入钻孔与排出钻孔的水流量保持一致,而瓦斯气体只涌入不排出时,即可剔除钻孔内涌水对钻孔内瓦斯气体压力测定的影响。含水煤层瓦斯压力测定技术原理主要基于伯努利方程。

$$p + \frac{1}{2}\rho v^2 + \rho g h = C \tag{9-6}$$

式中:$p$——流体中某点的压强,Pa;

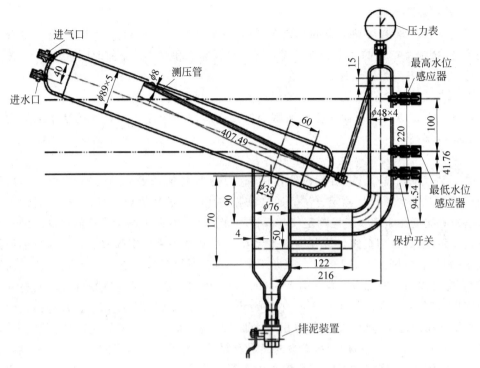

图 9-8 含水煤层瓦斯压力测定技术设备

$v$——流体该点的流速,m/s;
$\rho$——流体密度,kg/m³;
$g$——重力加速度,9.8 m/s²;
$h$——该点所在高度,m;
$C$——常量。

实际作业过程中,将排水阀门开至最大,将水快速排出,使钻孔中水体液位处于低位。采用传感器信号调节防水阀门的大小,使钻孔中水位稳定,剔除钻孔涌水影响。观察压力表示数。

### 9.2.4 煤层内的瓦斯含量及测定方法

煤层瓦斯含量是地下自然条件下,单位质量的煤体内所含瓦斯体积。一般用"m³/t"表示1 t煤中所含瓦斯的立方米数。煤层瓦斯含量包括游离瓦斯和吸附瓦斯两部分,其中游离瓦斯含量占10%～20%,吸附瓦斯含量占80%～90%。瓦斯含量测定方法主要分为直接法、间接法。

**1. 直接法测定煤层瓦斯含量**

直接法测定煤层瓦斯含量过程中,为了比较准确地测定煤层原始瓦斯含量,可以采取两种方式:一是利用专门的仪器在钻孔中采样,以保证采样过程中损失瓦斯量最小;二是采用某种方法对损失瓦斯量加以补偿。根据采样工具及补偿方式的不同,直接方法又可分为:煤芯采取器法、地勘钻孔瓦斯解吸法和井下钻孔瓦斯解吸法等。

1) 煤芯采取器法

采用煤芯采取器法测定煤的瓦斯含量时,在钻取煤芯和密封过程中,会有一部分瓦斯量损失掉,损失瓦斯量的大小取决于煤芯瓦斯解吸速度和煤样的暴露时间。

2) 地勘钻孔瓦斯解吸法

地勘钻孔瓦斯解吸法是一种在煤田地质勘探和煤层瓦斯地面开发时最常用的煤层原始瓦斯含量测定方法。地勘钻孔瓦斯解吸法测定煤层原始瓦斯含量的成功率和可靠性均有较大幅度提高。

3) 井下钻孔瓦斯解吸法

井下钻孔瓦斯解吸法是在地勘钻孔瓦斯解吸法原理的基础上经改进、发展而形成的井下煤层原始瓦斯含量直接测定方法。通过取芯钻孔将煤芯从煤层深部取出,及时放入煤样筒中密封;连接瓦斯解吸速度测定仪与煤样罐(图 9-9),在井下测量煤样筒中煤芯的瓦斯解吸速度及解吸量,并以此来计算瓦斯损失量 $Q_1$;把煤样筒带到实验室然后测量从煤样筒中释放出的瓦斯量(图 9-10、图 9-11),与井下测量的瓦斯解吸量一起计算得到煤芯瓦斯解吸量 $Q_2$;将煤样筒中的部分煤样装入密封的粉碎系统加以粉碎,测量在粉碎过程及粉碎后一段时间所解吸出的瓦斯量(常压下),并以此计算粉碎瓦斯解吸量 $Q_3$;瓦斯损失量、煤芯瓦斯解吸量和粉碎瓦斯解吸量之和就是瓦斯含量,即:$Q_t = Q_1 + Q_2 + Q_3$。这种方法主要应用于我国生产矿井的本煤层、石门即将揭穿的煤层及邻近层原始瓦斯含量测定。与地勘钻孔瓦斯解吸法的应用相比,该法在石门钻孔应用中的明显优点为:①煤样暴露时间短,一般为 3~5 min,易准确进行测定;②煤样在钻孔中解吸条件与在空气中大致相同,无泥浆压力的影响。

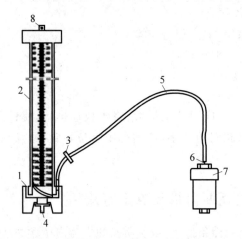

1—排水口;2—量管;3—弹簧夹;4—底塞;5—排气管;6—穿刺针头或阀门;7—煤样罐;8—吊环。

图 9-9 瓦斯解吸速度测定仪与煤样罐的连接

在直接法测定煤层原始瓦斯含量过程中,其他参数都是直接测定得到的,仅有损失瓦斯量是推算的,会产生误差。

**2. 间接法测定煤层瓦斯含量**

间接法测定煤层瓦斯含量是建立在煤层瓦斯吸附之上,包括计算煤层游离瓦斯含量和计算吸附瓦斯含量两步。具体方法是在井下钻孔实测煤层瓦斯压力,并在实验室测定煤样

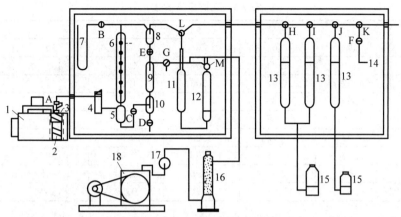

1—超级恒温器；2—密封罐；3—穿刺针头；4—滤尘管；5—集水瓶；6—冷却管；7—水银真空计；8—隔水瓶；9—吸水管；10—排水瓶；11—吸气瓶；12—真空瓶；13—量管；14—取气支管；15—水准瓶；16—干燥管；17—分隔球；18—真空泵；A—螺旋夹；B~F—单向活塞；G~K—三通活塞；L、M—120°三通阀。

图 9-10　残存瓦斯含量测定装置

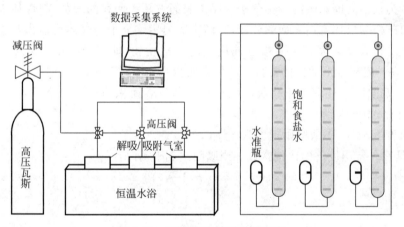

图 9-11　瓦斯吸附-解吸装置示意

的孔隙率、吸附等温线和煤的工业分析结果，考虑煤中水分、温度、可燃物百分比及瓦斯组分等影响因素，按朗缪尔方程计算煤层瓦斯含量。

1）游离瓦斯含量计算

一般情况下，煤的游离瓦斯含量按气体状态方程进行计算，即：

$$W_y = \frac{V p T_0}{T p_0 \zeta} \tag{9-7}$$

式中：$W_y$——煤的游离瓦斯含量，$m^3/t$；

$V$——单位质量煤的孔隙容积，$m^3/t$；

$p$——煤层瓦斯压力，MPa；

$T_0$、$p_0$——分别为标准状态下的热力学温度(273 K)与压力(0.101325 MPa)；

$T$——瓦斯的热力学温度，K；

$\zeta$——瓦斯压缩系数(以甲烷的压缩系数代替)，如表 9-3 所示。

表 9-3　瓦斯压缩系数 $\zeta$

| 瓦斯压力/<br>101.3 kPa | 温度/℃ | | | | | |
|---|---|---|---|---|---|---|
| | 0 | 10 | 20 | 30 | 40 | 50 |
| 1 | 1.00 | 1.04 | 1.08 | 1.12 | 1.16 | 1.20 |
| 10 | 0.97 | 1.02 | 1.06 | 1.10 | 1.14 | 1.18 |
| 20 | 0.95 | 1.00 | 1.04 | 1.08 | 1.12 | 1.16 |
| 30 | 0.92 | 0.97 | 1.02 | 1.06 | 1.10 | 1.14 |
| 40 | 0.90 | 0.95 | 1.00 | 1.04 | 1.08 | 1.12 |
| 50 | 0.87 | 0.93 | 0.98 | 1.02 | 1.06 | 1.11 |
| 60 | 0.85 | 0.90 | 0.95 | 1.00 | 1.05 | 1.10 |
| 70 | 0.83 | 0.88 | 0.93 | 0.98 | 1.04 | 1.09 |

2) 吸附瓦斯含量计算

吸附瓦斯含量一般按单分子层吸附理论进行计算。当甲烷分子进入引力场与煤体表面接触时，即被吸附；被吸附的甲烷分子由于热运动可重新回到孔隙空间，这种现象称为解吸(或叫脱附)；如压力和温度不变，则吸附和脱附速度相等，吸附即达到平衡。

假设 $\theta$ 为任一时间已吸附甲烷分子的煤体表面占总表面积的分数，即煤体表面被遮盖的分数。$(1-\theta)$ 为煤体空白表面的分数，即尚未吸附甲烷分子的煤体表面积与总表面积之比。甲烷从单位煤体表面积上解吸的速度应与 $\theta$ 成正比，即解吸速度 $\propto \theta$ 或解吸速度为 $k_1\theta$。$k_1$ 是在一定温度下的比例常数。单位表面积对气体的吸附速度除应与空白表面积的分数 $(1-\theta)$ 成正比外，还取决于单位时间内碰撞单位表面积的气体的分子数，而后者又与压力 $p$ 成正比，由此得到：

吸附速度 $\propto p(1-\theta)$ 或吸附速度为 $k_2 p(1-\theta)$。

$k_2$ 也是在一定温度下的比例常数。当吸附达到平衡时：

$$k_1\theta = k_2 p(1-\theta) \tag{9-8}$$

由此得到：

$$\theta = \frac{k_2 p}{k_1 + k_2 p} \tag{9-9}$$

若以 $\dfrac{k_2}{k_1}=b$ 表示，则：

$$\theta = \frac{bp}{1+bp} \tag{9-10}$$

式(9-9)和式(9-10)都称为朗谬尔吸附方程。

又以 $a$ 表示某一定量煤体吸附表面积被盖满时的吸附量，即极限吸附量。式 9-10 中当 $\theta=1$ 时的吸附量 $a$，称为饱和吸附量。当气体压力为 $p$ 时，吸附量为 $W$，则固体表面积被遮盖分数 $\theta$ 为：

$$\theta = \frac{W}{a} \tag{9-11}$$

因此

$$W = a\theta = \frac{abp}{1+bp} \tag{9-12}$$

式中：$a$ 和 $b$ 在一定温度下，对于一定种类吸附剂来说均为常数，这里称为煤对瓦斯的吸附常数，简称 $a$、$b$ 值。

在煤矿的实际计算中，考虑煤中水分、可燃物百分比以及温度的影响。因此，煤的吸附瓦斯量为：

$$\begin{cases} W_x = \dfrac{abp}{1+bp} \exp[n(t_0 - t)] \dfrac{1}{1+0.31W}(1-A-W_a) & (9\text{-}13) \\ n = \dfrac{0.02}{0.993 + 0.07p} & (9\text{-}14) \end{cases}$$

式中：$W_x$——煤的吸附瓦斯含量，$m^3/t$；

$\quad\quad t$——煤层温度，℃；

$\quad\quad n$——经验系数；

$\quad\quad p$——煤层瓦斯压力，MPa；

$\quad\quad a$、$b$——煤的吸附常数；

$\quad\quad W$——煤的饱和吸附瓦斯含量，$m^3/t$；

$\quad\quad A$、$W_a$——分别为煤的灰分与水分，%。

3）煤的瓦斯含量计算

根据上述可知，煤的瓦斯含量等于游离瓦斯含量与吸附瓦斯含量之和，即：

$$W = W_y + W_x = \dfrac{VpT_0}{Tp_0\zeta} + \dfrac{abp}{1+bp}\exp[n(t_0-t)]\dfrac{1}{1+0.31W}(1-A-W_a) \quad (9\text{-}15)$$

工程上为简化计算，认定煤层瓦斯含量主要以吸附状态存在，同时占瓦斯含量的 80% 以上。

## 9.2.5 瓦斯在煤层和围岩中的流动

煤岩是由孔裂隙组成的双重介质结构，连通的孔裂隙是瓦斯运移的主要场所。煤岩孔裂隙的扫描电子显微镜（SEM）扫描图片如图 9-12 所示。

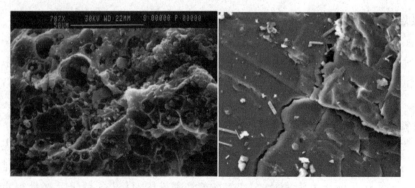

图 9-12　煤岩孔裂隙 SEM 扫描图像

**1. 煤层瓦斯空间流动状态**

瓦斯在煤层和围岩中的流动是一个十分复杂的运动过程，其流动不仅与煤层及围岩中瓦斯的赋存状态有关，而且与矿井中煤层及围岩的采掘工作及空间状态有关。煤层中瓦斯流动的状态随自然因素和采矿空间的几何形状而变化。按照流场的空间流向分类，瓦斯在煤层流动的基本形式主要为单向流动（图 9-13）、径向流动（图 9-14）、球向流动（图 9-15）。实际情况下，由于煤层的非均质性、煤层顶底板岩性的多变性等自然条件的不同，实际井巷和钻孔中的瓦斯流动是复杂的，有时可能是几种基本流动的综合。

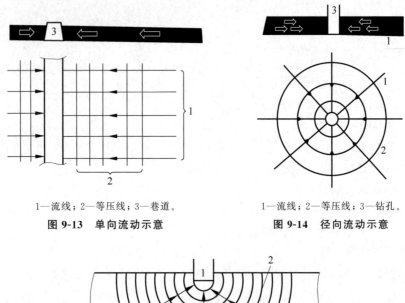

1—流线；2—等压线；3—巷道。

图 9-13　单向流动示意

1—流线；2—等压线；3—钻孔。

图 9-14　径向流动示意

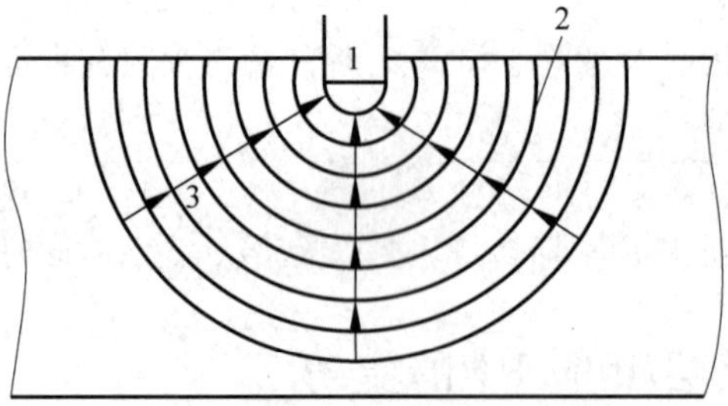

1—揭开煤层的掘进工作面；2—等压线；3—流线。

图 9-15　球向流动示意

### 2．煤层瓦斯流动理论

煤层瓦斯流动理论是专门研究煤层内瓦斯压力分布及瓦斯流动变化规律的理论，但至今尚未形成一门独立而完善的学科体系。煤层瓦斯渗流力学自创立至今深受采矿界和力学界的关注，尤其是 20 世纪 80 年代以来发展更为迅速。目前来看，关于瓦斯在煤层中的渗流机理，被科学界广为接受的学说主要有以下几种：

1) 线性瓦斯渗流理论

该理论把多孔的煤层看成一种大尺度上均匀分布的虚拟连续介质，并认为煤层内的瓦斯运移属于层流运动，基本符合线性渗透定律——达西定律（Dracy's law），即瓦斯在煤层孔隙流动的速度同瓦斯压力梯度及煤体渗透能力成正比，仅仅在瓦斯运移量很大的情况下才可能在暴露煤面附近出现紊流运动（图 9-16）。

2) 非线性瓦斯渗流理论

国内外许多学者对线性渗流定律进行了大量的考察和研究，发现达西定律在煤层瓦斯流动的运用中出现一定偏差，归纳原因为瓦斯流量过大、物质存在分子效应等。1984 年，日本学者在大量实验研究的基础上提出了瓦斯流动的规律——非线性瓦斯渗流理论，经初步

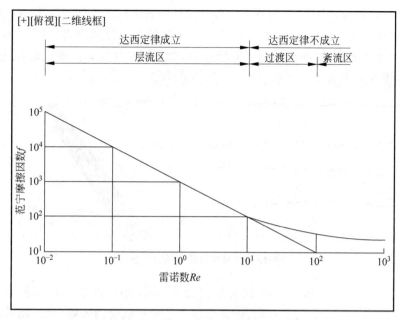

图 9-16 多孔介质中流动状态规律变化

实验验证表明,非线性瓦斯流动模型更符合煤层瓦斯流动的实际情况。

3) 线性瓦斯扩散理论

该理论将瓦斯在煤层中的流动视为一种稳态的扩散,认为散落煤体内瓦斯运移基本符合线性扩散定律——菲克定律(Fick's law),即煤层内瓦斯在单位时间内通过垂直于扩散方向的煤体单位截面面积的扩散量与该截面处的瓦斯浓度梯度成正比,也就是说,瓦斯浓度梯度越大,在煤层中的扩散通量越大。

4) 地物场效应的煤层瓦斯流动理论

随着煤层瓦斯流动机理研究的深入,许多学者认识到了地应力场、地温场及地电场等对瓦斯流场的作用和影响,围绕着煤体孔隙压力与围岩应力对煤岩体渗透系数的影响,以及对达西定律的各种修正,建立和发展了固气耦合作用的瓦斯流动模型及其数值算法。所构建的几何模型如图 9-17 所示。

**3. 采动煤岩瓦斯运移特征**

根据矿井中的不同采掘工作及空间状态,可将瓦斯在煤层和围岩中的流动分为开采煤层中的瓦斯流动以及邻近层和围岩中的瓦斯流动两类。

1) 开采煤层中的瓦斯流动

瓦斯在煤层中的流动需要有两个条件:一是要有一定的流动通道,即煤层要有一定的透气性;二是煤体中的瓦斯必须具备一定的压力。目前研究认为,同一标高原始煤层的透气性基本一致,原始煤层中瓦斯的流动状态主要取决于煤体中瓦斯压力的大小。

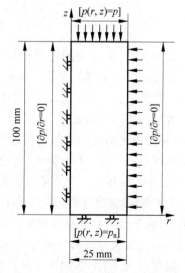

图 9-17 模型的几何模型及边界条件

实践表明,在甲烷带内,煤体中瓦斯压力一般沿煤层倾斜方向随深度而增大,而沿煤层走向变化较小。由于各个地点瓦斯压力不同,在未开采煤层的小范围内,如果用一根线将瓦斯压力相等的点连接起来,即画出瓦斯压力等压线,则煤层中往往分布着比较稳定的瓦斯压力等压线,如图 9-18 所示。

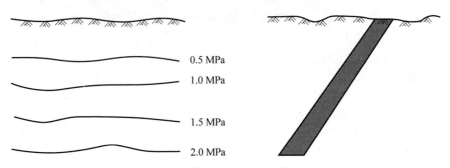

图 9-18　煤层中的瓦斯压力等压线

在矿井中进行采掘工作时,一般情况下将会破坏煤层中原始应力的平衡状态,导致煤体透气性发生变化,并且使煤层中原有的瓦斯压力平衡状态受到破坏,形成瓦斯流动场,其瓦斯压力等压线和瓦斯流动路线即为流网和流线,如图 9-19 所示。

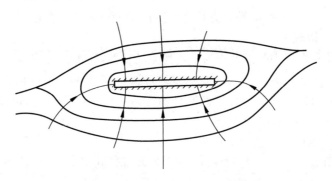

1—巷道;2—瓦斯压力等压线;3—瓦斯流线。
图 9-19　巷道周围煤体中的瓦斯流动场示意

实际上,在矿井中测定的瓦斯等压线往往不规则,这是煤层中原始瓦斯压力分布不均以及煤层透气性不同的缘故。在矿井中,这种由高压流向低压的瓦斯流动状态大多表现为矿井瓦斯涌出;在特殊情况下,则可以形成瓦斯喷出和突出。

现场的实际测定表明,煤层的透气性一般都很低,瓦斯在其中的流速也很小。这种情况下,煤层中瓦斯流动状态宏观上基本属于层流运动,也就是瓦斯的流速与压差成正比,与煤的渗透率成正比,符合线性渗透定律。

2) 邻近层和围岩中的瓦斯流动

当开采煤层附近的地层中具有邻近煤层或大量不可采的煤层时,一般情况下,在煤层开采后,由于围岩的移动和地应力的重新分布,在地层中造成了大量裂隙,可使顶底板附近煤层中的瓦斯大量涌入开采空间,如图 9-20 所示。

通常情况下,上部卸压变形区域排放瓦斯的范围是随时间和空间的不断发展而发展,并在达到一定程度后停止。距开采层不同距离的上邻近层瓦斯进入采区的时间和涌出

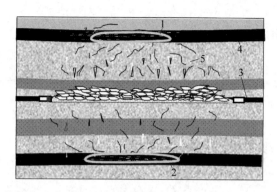

1—卸压圈；2—冒落圈；3—开采煤层；4—卸压煤层；5—瓦斯流向。

**图 9-20　邻近煤层的瓦斯流动**

量决定于开采层顶部岩层的冒落情况、层间岩石的性质、邻近层的厚度、瓦斯含量和工作面的长度等因素，它的涌出是比较迅速的，往往发生在老顶第一次冒落以后。开采层上方有几个上邻近层时，在工作面推进过程中会出现多次瓦斯涌出量突然增加的现象。

下邻近层的瓦斯涌出情况与上邻近层有所不同。在工作面推进后，由于采空区出现了大面积的空间，在强大的地应力作用下，开采层下方的地层即向采空空间鼓起，其移动的距离可达 10 mm 以上，这样，在层间形成了大量的裂隙，形成了下部地层中的瓦斯向采空区放散的条件。下部岩层向上鼓起的程度随距采空区的距离不同而不同，下邻近层的顶板向上移动的量大于其底板岩层向上移动的量，这样就使邻近层膨胀，其膨胀量可达本身厚度的千分之几，这就大大提高了下邻近层的透气系数，如下邻近层中含有高压瓦斯，则瓦斯压力形成的膨胀力和推力会促进岩层的移动和瓦斯向采空区的运移。四川天府南井的 2 号层开采后，距其下方 80 m 处的 9 号煤层的透气系数增加了 500 倍，而当距 9 号层 24 m 的 7 号层开采后，其透气系数增加了 50000 倍。这表明下邻近层的瓦斯涌出也是不容忽视的。下邻近层的瓦斯涌出量不仅取决于下邻近层的瓦斯压力和含量，也取决于层间岩石裂隙的发育程度。

## 9.3　矿井瓦斯涌出

在煤层中或其附近进行采掘工作时，在采动影响下煤岩的原始状态受到破坏，发生破裂、卸压膨胀变形、地应力重新分布等变化，部分煤岩的透气性增加。游离瓦斯在其压力作用下，经由煤层的裂隙通道或暴露面渗透流出并涌向采掘空间。随着游离瓦斯的流出，煤体里面的瓦斯压力下降，这就破坏了原有的动平衡，一部分吸附瓦斯将解吸转化为游离瓦斯并涌出。随着采掘工作的不断扩展，煤体和围岩受采动影响的范围不断扩大，瓦斯动平衡破坏的范围也不断扩展。所以瓦斯能够长时间地、持续地从煤体中释放出来，这是瓦斯涌出的基本形式，又叫瓦斯的普通涌出。与其对应的瓦斯特殊涌出是指在时间上突然，在空间上集中、大量的瓦斯涌出，主要有瓦斯喷出和煤与瓦斯突出。

## 9.3.1 瓦斯涌出量及形式

**1. 瓦斯涌出量**

瓦斯涌出量是指在矿井建设和生产过程中从煤与岩石内涌出的瓦斯量,对应于整个矿井的叫作矿井瓦斯涌出量,对应于翼、采区或工作面的,叫作翼、采区或工作面的瓦斯涌出量。

瓦斯涌出量大小的表示方法有两种:绝对瓦斯涌出量($Q_g$)——单位时间涌出的瓦斯体积,单位为 $m^3/d$ 或 $m^3/min$。

$$Q_g = Q \times C \tag{9-16}$$

式中:$Q$——风量,$m^3/min$;

$C$——风流中的平均瓦斯浓度,%。

相对瓦斯涌出量($q_g$)——平均日产 1 t 煤同期所涌出的瓦斯量,单位是 $m^3/t$。

$$q_g = Q_g / A_d \tag{9-17}$$

式中:$A_d$——日产量,$t/d$。

相对瓦斯涌出量单位的表达式虽然与瓦斯含量的相同,但两者的物理含义不同,其数值也不相等。因为瓦斯涌出量中除开采煤层涌出的瓦斯外,还有来自邻近层和围岩的瓦斯,所以相对瓦斯涌出量一般要比瓦斯含量大。矿井瓦斯涌出量是决定矿井瓦斯等级和计算风量的依据。

**2. 瓦斯涌出形式及特点**

矿井瓦斯涌出主要有正常式瓦斯涌出、喷出式瓦斯涌出和突出式瓦斯涌出 3 种形式。

1) 正常式瓦斯涌出

从煤层、岩层以及采落的煤(矸石)中比较均匀地释放出瓦斯现象即为正常式瓦斯涌出,这是煤层瓦斯涌出的主要形式。

2) 喷出式瓦斯涌出

大量瓦斯在压力状态下,从肉眼可见的煤、岩裂隙及空洞中集中涌出即为喷出式瓦斯涌出。一般都伴有声响效应,如吱吱声、哨声、水的沸腾声等。目前还没有鉴别瓦斯喷出的定量标准。一般认为,在正常通风条件下短时间内很快使巷道瓦斯浓度严重超限,并持续一定时间的瓦斯涌出属于瓦斯喷出。

喷出式瓦斯涌出必须具备大量积聚游离瓦斯的瓦斯源,按不同生成类型,瓦斯喷出源有地质生成瓦斯源和生产生成瓦斯源两种。

喷出式瓦斯的危险性在于其突然性。对地质生成的瓦斯喷出危险,应将有喷出危险的瓦斯直接引入回风巷或抽采瓦斯管路内,严禁工作面之间的串联通风。为防止生产生成瓦斯地喷出,在开采近距离保护层时,必须加强回采初期被保护层卸压瓦斯的抽采,如加密钻孔等;做好管理工作,当悬顶过长时,采取人工强制放顶。

3) 突出式瓦斯涌出

煤与瓦斯突出是含瓦斯的煤、岩体,在压力作用下,破碎的煤和解吸的瓦斯从煤体内部突然向采掘空间大量喷出的一种动力现象。

上述 3 种瓦斯涌出形式的防治措施各不相同。正常式瓦斯涌出防治措施是采用通风的方法稀释风流中的瓦斯浓度或用抽采方法减少瓦斯向巷道涌出。喷出式瓦斯涌出是一种局部性的异常瓦斯涌出，只要能及时准确预见瓦斯积聚源，并把积聚的瓦斯控制引入回风系统或抽采瓦斯管路系统，就能消除瓦斯喷出的危害。突出式瓦斯涌出是一种极其复杂的瓦斯与煤一起突然喷出的现象，危害极大，要采取专门的防治措施。

### 9.3.2 瓦斯涌出量的主要影响因素

矿井瓦斯涌出量的大小，受自然因素和开采技术因素的综合影响，现概述如下。

**1. 自然因素**

1) 煤层和围岩的瓦斯含量

煤岩瓦斯含量是决定瓦斯涌出量多少的最重要因素。单一的薄煤层和中厚煤层开采时，瓦斯主要来自煤层暴露面和采落的煤炭，因此煤层的瓦斯含量越高，开采时的瓦斯涌出量也越大。在开采煤层附近赋存有高含量煤层或岩层时，由于煤层回采的影响，在采空区上下形成大量的裂隙，这些煤层或岩层中的瓦斯，就能不断地流向开采煤层的采空区，再进入生产空间，从而增加矿井的瓦斯涌出量。在此情况下，开采煤层的瓦斯涌出量有可能大大超过它的瓦斯含量。例如焦作矿务局中马村矿开采大煤的工作面，相对瓦斯涌出量为其含量的 1.22～1.76 倍。

2) 地面大气压变化

地面大气压在一年内夏冬两季的差值可达 5.3～8 kPa，一天内，个别情况下可达 2～2.7 kPa。地面大气压变化引起井下大气压的相应变化，它对采空区（包括回采工作面后部采空区和封闭不严的老空区）或坍冒处瓦斯涌出的影响比较显著。当地面大气压突然下降时，瓦斯积存区的气体压力将高于风流的压力，瓦斯就会更多地涌入风流中，使矿井的瓦斯涌出量增大。反之，矿井的瓦斯涌出量将减少。在 1910—1960 年，美国有一半的瓦斯爆炸事故发生在大气压急剧下降时。如图 9-21 所示，通过兖矿集团济宁三号煤矿 6303 工作面采空区的大气压力和测点瓦斯浓度实测数据，可以得到这一规律。所以在生产规模较大的老矿内，应掌握本矿区大气压与井下气压变化之间的关系及其对瓦斯涌出量的影响规律，如井下大气压变化的滞后时间、变化的幅度、瓦斯涌出量变化较大的地点等，以便有针对性地调整风量、加强瓦斯检查和机电设备的管理，预防事故的发生。

3) 开采深度

在瓦斯风化带内开采的矿井，相对瓦斯涌出量与深度无关；在甲烷带内开采的矿井，随着开采深度的增加，相对瓦斯涌出量增高。值得注意的是，在深部开采时，邻近层与围岩所涌出的量比开采层增加得快。

**2. 开采技术因素**

1) 开采规模

开采规模指开采深度、开拓与开采范围和矿井产量。在甲烷带内，随着开采深度的增加，相对瓦斯涌出量增大。这是由于煤层和围岩的瓦斯含量随深度而增加。开拓与开采的范围越广，煤岩的暴露面就越大，因此，矿井瓦斯涌出量也就越大。

矿井产量与矿井瓦斯涌出量间的关系比较复杂，一般情况下：

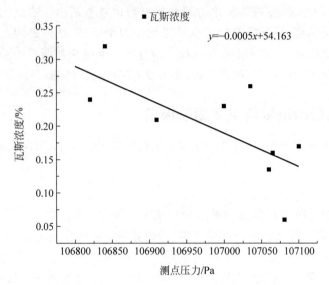

图 9-21　济宁三号煤矿 6303 工作面采空区大气压力和测点瓦斯浓度关系

(1) 矿井达产之前,绝对瓦斯涌出量随着开拓范围的扩大而增加。绝对瓦斯涌出量大致正比于产量。

(2) 矿井达产后,绝对瓦斯涌出量基本稳定并随产量变化而上下波动,这一规律可通过霍州煤电李雅庄煤矿 304 工作面 2007 年 3 月产量与瓦斯涌出量变化看出(图 9-22)。如果矿井涌出的瓦斯主要来源于本煤层,产量变化时,对绝对瓦斯涌出量的影响显著,对相对瓦斯涌出量影响较小;如果瓦斯主要来源于采空区和围岩,产量变化时,绝对瓦斯涌出量变化较小,相对瓦斯涌出量却有明显变化。

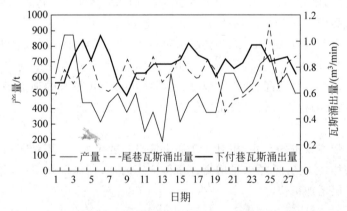

图 9-22　李雅庄煤矿 304 工作面 2007 年 3 月产量与瓦斯涌出量变化

(3) 开采工作逐渐收缩时,绝对瓦斯涌出量又随产量的减少而减少,并最终稳定在某一数值,这是由于巷道和采空区瓦斯涌出量不受产量减少的影响,这时相对瓦斯涌出量数值又会因产量低而偏大。

2) 开采顺序与回采方法

首先开采的煤层(或分层)瓦斯涌出量大。因除其本煤层(或本分层)的瓦斯涌出外,邻近煤层(或未采的其他分层)的瓦斯也要通过回采产生的裂隙与孔洞渗透出来,使瓦斯涌出量增大。表 9-4 为中梁山煤矿+390 水平开采顺序对瓦斯涌出量的影响情况。又如阳泉四矿全冒落法的长壁工作面。回采推进 30~40 m 后,大量瓦斯来自顶板的邻近层,采区瓦斯涌出量可增大到老顶冒落前的 5~10 倍。因此,瓦斯涌出量大的煤层群同时回采时,如有可能应首先回采瓦斯含量较小的煤层,同时采取抽采邻近层瓦斯的措施。

表 9-4  中梁山煤矿开采顺序与瓦斯涌出量

| 采区 | 煤层编号 | 开采顺序 | 平均日产量 /(t/d) | 绝对瓦斯涌出量 /(m³/d) | 相对瓦斯涌出量 /(m³/t) | 开 采 方 法 |
|---|---|---|---|---|---|---|
| 北采区 | 1 | 1 | 242 | 10.5 | 62.2 | 放炮落煤 |
| | 2 | 2 | 163 | 1.9 | 6.7 | 倒台阶 |
| 南采区 | 1 | 1 | 184~208 | 8~9 | 62.5 | 倒台阶 |
| | 2 | 2 | 160 | 1.4 | 12.2 | 小阶段炮采 |

采空区丢失煤炭多,回采率低的采煤方法,使得采区瓦斯涌出量较大。顶板管理采用陷落法比充填法能造成顶板更大范围的破坏和卸压,邻近层瓦斯涌出量就比较大。回采工作面周期来压时,瓦斯涌出量也会大大增加。据焦作焦西矿资料,顶板周期来压时比正常生产时瓦斯涌出量增加 50%~80%。

3) 生产工艺

瓦斯从煤层暴露面(煤壁和钻孔)和采落的煤炭内涌出的特点是,初期瓦斯涌出的强度大,然后大致按指数函数的关系逐渐衰减,如图 9-23 所示。所以落煤时瓦斯涌出量总是大于其他工序。表 9-5 为焦作焦西矿回采工作面不同生产工序时的瓦斯涌出量。落煤时瓦斯涌出量增大,值与落煤量、新暴露煤面大小和煤炭的破碎程度有关。如风镐落煤时,瓦斯涌出量可增大 1.1~1.3 倍;放炮时增大 1.4~2.0 倍;采煤机工作时,增大 1.4~1.6 倍;水采工作面水枪开动时,增大 2~4 倍。

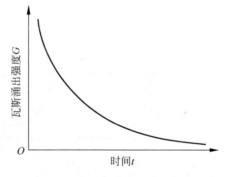

图 9-23  瓦斯从暴露面涌出的变化规律

表 9-5  生产工序对瓦斯涌出量的影响

| 生 产 工 序 | 正常生产时 | 放炮 | 放顶 | 移刮板运输机清底 |
|---|---|---|---|---|
| 瓦斯涌出量(倍数) | 1.0 | 1.5 | 1~1.2 | 0.8 |

综合机械化工作面推进度快,产量高,在瓦斯含量大的煤层内工作时,瓦斯涌出量很大。如阳泉煤矿机组工作面瓦斯涌出量可达 40 m³/min。

4) 风量变化

矿井风量变化时,瓦斯涌出量和风流中的瓦斯浓度会发生扰动,但很快就会转变为另一稳定状态。无邻近层的单一煤层回采时,由于瓦斯主要来自煤壁和采落的煤炭,采空区积存的瓦斯量不大。回风流中的瓦斯浓度随风量减少而增加或随风量增加而减少(图 9-24)。

煤层群开采和综采放顶煤工作面的采空区内、煤巷的冒顶孔洞内，往往积存大量高浓度的瓦斯。一般情况下，风量增加时，起初由于负压和采空区漏风的加大，一部分高浓度瓦斯被漏风从采空区带出，绝对瓦斯涌出量迅速增加，回风流中的瓦斯浓度可能急剧上升。然后，浓度开始下降，经过一段时间，绝对瓦斯涌出量恢复到或接近原有值，回风流中的瓦斯浓度才能降低到原值以下(图 9-25(a))。风量减少时，情况相反(图 9-25(b))。这类瓦斯浓度变化的时间由几分钟到几天，峰值浓度和瓦斯涌出量变化取决于采空区的范围、采空区内的瓦斯浓度、漏风情况和风量调节的快慢与幅度。所以采区风量调节时、反风时、综放工作面放顶煤时，必须密切注意风流中瓦斯的浓度。为了降低风量调节时回风流中瓦斯浓度的峰值，可以采取分次增加风量的方法。每次增加的风量和间隔的时间，应使回风流中的瓦斯浓度不超过《煤矿安全规程》的规定。

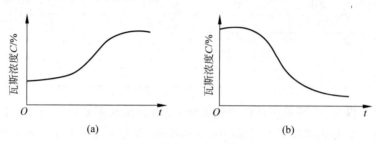

图 9-24　单一煤层风量变化时回风流中瓦斯浓度变化动态
(a) 风量减小时；(b) 风量增加时

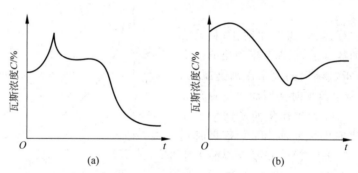

图 9-25　采区风量变化时回风流中瓦斯浓度变化动态
(a) 风量增加时；(b) 风量减少时

5) 采空区的密闭质量

采空区内往往积存着大量高浓度的瓦斯(可达 60%～70%)，如果封闭的密闭墙质量不好，或进、回风侧的通风压差较大，就会造成采空区大量漏风，使矿井的瓦斯涌出量增大。

总而言之，影响矿井瓦斯涌出量的因素很多，应通过经常和专门的观测，找出其主要因素和规律，才能采取有针对性的措施控制瓦斯的涌出。

### 9.3.3　矿井瓦斯涌出量预测

矿井瓦斯涌出量预测就是计算在一定生产时期、生产方式和生产条件下整个矿井的瓦斯涌出量，并绘制反映瓦斯涌出规律的涌出量等值线图。矿井瓦斯涌出量表示从矿井所有煤层、岩层以及采落煤(包括采空区)的瓦斯涌出量。矿井瓦斯涌出量预测方法(《综合机械化放顶煤工作面瓦斯涌出量预测方法》NB/T 10364—2019)规定有综合机械化放顶煤工作面的新建矿井、改扩建矿井、资源整合矿井或生产矿井新采区,都应进行放顶煤工作面的瓦斯涌出量预测,并结合 AQ 1018 预测矿井和采区的瓦斯涌出量。综合机械化放顶煤工作面瓦斯涌出量预测可采用矿山统计法或分源预测法。

其中一般要求有工作面设计说明书(工作面作业规程),内容至少应包括:工作面平、剖面布置图,采煤方法,通风方式,工作面产量;矿井地质资料,内容至少应包括:地层剖面图、柱状图,采掘工程平面图,各煤层和煤夹层的厚度,煤层间距离及顶、底板岩性;各煤层瓦斯含量、风化带深度及瓦斯含量等值线图;邻近矿井和本矿井已采综合机械化放顶煤工作面瓦斯涌出测定结果;煤的工业分析指标(灰分、水分、挥发分和密度)以及煤质牌号。

**1. 矿山统计法**

(1) 采用矿山统计法必须具备所要预测的工作面采煤方法、顶板管理、地质构造、煤层赋存、煤质等与已采工作面相同或类似的条件。

(2) 矿山统计法预测瓦斯涌出量外推范围沿垂深不超过 200 m,沿煤层倾斜方向不超过 600 m。

(3) 工作面相对瓦斯涌出量与开采深度的关系由下式表示:

$$q_c = \frac{H - H_0}{a} + 2 \tag{9-18}$$

式中:$H$——开采深度,m;

$H_0$——瓦斯风化带深度,m;

$a$——相对瓦斯涌出量随开采深度的变化梯度,m/(m$^3$/t)。

相对瓦斯涌出量随开采深度的变化梯度和瓦斯风化带深度的确定方法见附录 E。

**2. 分源预测法**

1) 综合机械化放顶煤工作面瓦斯涌出构成关系

综合机械化放顶煤工作面瓦斯涌出构成关系如图 9-26 所示。

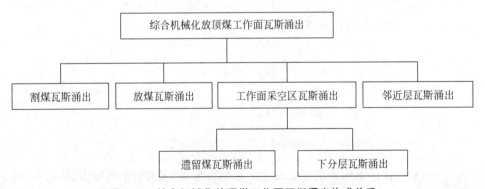

图 9-26 综合机械化放顶煤工作面瓦斯涌出构成关系

2) 综合机械化放顶煤工作面瓦斯涌出量

瓦斯涌出量预测用相对瓦斯涌出量表达,以 24 h 为一个预测单元,采用下式计算:

$$q_c = q_1 + q_2 + q_3 + q_4 \tag{9-19}$$

式中:$q_c$——回采工作面相对瓦斯涌出量,m$^3$/t;

$q_1$——割煤相对瓦斯涌出量,m³/t;

$q_2$——放煤相对瓦斯涌出量,m³/t;

$q_3$——工作面采空区相对瓦斯涌出量,m³/t;

$q_4$——邻近层相对瓦斯涌出量,m³/t。

$q_1$、$q_2$、$q_3$、$q_4$ 分别按式(9-20)～式(9-22)、式(9-26)计算。

(1) 割煤相对瓦斯涌出量 $q_1$。

$$q_1 = K_1 \cdot K_2 \cdot K_{fi} \cdot \frac{m_1}{M} \cdot (W_0 - W_c) \tag{9-20}$$

式中：$K_1$——围岩瓦斯涌出系数；$K_1$ 值选取范围为 1.1～1.3；全部垮落法管理顶板,碳质组分较多的围岩,$K_1$ 取 1.3；局部充填法管理顶板 $K_1$ 取 1.2；全部充填法管理顶板 $K_1$ 取 1.1；砂质泥岩等致密性围岩 $K_1$ 取值可偏小；

$K_2$——采区内准备巷道预排瓦斯对开采层瓦斯涌出影响系数,无实测值时可参照附录 D 选取；

$K_{fi}$——厚煤层分层开采时,取决于煤层分层数量和顺序的分层瓦斯涌出系数,如无实测值可参照附录 D 选取,若无分层开采该值取 1；

$m_1$——割煤高度,m;

$M$——开采煤层厚度,当采用分层放顶煤开采时为分段高度,m;

$W_0$——回采前煤体瓦斯含量,m³/t,参照附录 C 选取；

$W_c$——运出矿井后煤的残存瓦斯含量,m³/t,无实测值可参照附录 C 选取。

(2) 放煤相对瓦斯涌出量 $q_2$。

$$q_2 = K_1 \cdot K_2 \cdot K_3 \cdot K_{fi} \cdot \frac{m_2}{M}(W_0 - W_c) \tag{9-21}$$

式中：$K_3$——放落煤体破碎度对放顶煤瓦斯涌出影响系数,无实测值时可参照附录 D 选取；

$m_2$——放顶煤高度,m。

(3) 工作面采空区相对瓦斯涌出量 $q_3$。

$$q_3 = K_4(q_y + q_f) \tag{9-22}$$

$$q_y = K_{n1}(1 - K_5)(W_0 - W_c) \tag{9-23}$$

$$K_5 = \frac{m_1}{M}K_j + \frac{m_2}{M}K_f \tag{9-24}$$

$$q_f = \frac{1}{M}\arcsin\alpha\left(\frac{W_0 - W_c}{2}h_{pc} + \frac{W_t}{6}h_{pc}^2\right) \tag{9-25}$$

式中：$K_4$——采空区内承压影响区瓦斯涌出影响系数,如无实测值可取 $K_4 = 0.9 \sim 0.95$；

$q_y$——遗留煤相对瓦斯涌出量,m³/t,可参考式(9-23)计算；

$q_f$——下分层相对瓦斯涌出量,m³/t,若无分层开采该值取 0,采用分层放顶煤开采可参考式(9-25)计算；

$K_{n1}$——留煤瓦斯涌出不均衡系数,取 $K_{n1} = 1.2 \sim 1.5$ 或实际计算值；

$K_5$——综放工作面平均回采率,无实测值时按式(9-24)计算；

$K_j$——机采回采率；

$K_f$——放顶煤回采率；

$\alpha$——煤层倾角，(°)；

$W_t$——瓦斯含量梯度，$m^3/(t \cdot m)$，根据实际取值；

$h_{pc}$——采动影响破坏深度，m。

(4) 邻近层相对瓦斯涌出量 $q_4$。

$$q_4 = \sum_{i=1}^{n}(W_{0i} - W_{ci}) \cdot \frac{m_i}{M} \cdot \eta_i \tag{9-26}$$

式中：$m_i$——第 $i$ 个邻近层煤层厚度，m；

$\eta_i$——第 $i$ 个邻近层瓦斯排放率，%，如无实测值可参照附录 D 选取；

$W_{0i}$——第 $i$ 个邻近层煤层原始瓦斯含量，$m^3/t$，无实测值可参照开采层选取；

$W_{ci}$——第 $i$ 个邻近层煤层残存瓦斯含量，$m^3/t$，无实测值可参照开采层选取。

**3. 综合机械化放顶煤工作面绝对瓦斯涌出量**

工作面绝对瓦斯涌出量由下式表示：

$$q = K_n \cdot q_c \cdot A/1440 \tag{9-27}$$

式中：$q$——回采工作面绝对瓦斯涌出量，$m^3/min$；

$K_n$——综放工作面瓦斯涌出不均衡系数，为工作面最高瓦斯涌出量与平均瓦斯涌出量的比值，取 1.5～1.7 或实际计算值；

$A$——回采工作面的日产量，t。

### 9.3.4 矿井瓦斯涌出管理

瓦斯涌出事故一直是煤矿安全生产的大敌。近几年来，为防治瓦斯涌出事故的发生，国家投入了大量的人力、物力、财力，煤矿技术装备水平有了很大提高。但受管理水平所限，瓦斯涌出造成的重大恶性事故仍时有发生。为此必须建立完善的瓦斯安全管理体系。

**1. 矿井瓦斯等级划分**

《煤矿瓦斯等级鉴定办法》(煤安监技装〔2018〕9号)规定，矿井瓦斯等级划分为煤(岩)与瓦斯突出矿井、高瓦斯矿井、低瓦斯矿井。

具备下列情形之一的矿井为瓦斯突出矿井：

(1) 发生过煤(岩)与瓦斯(二氧化碳)突出的；

(2) 经鉴定或者认定具有煤(岩)与瓦斯(二氧化碳)突出危险的；

具备下列情形之一的矿井为高瓦斯矿井，否则为低瓦斯矿井：

(1) 矿井相对瓦斯涌出量大于 10 $m^3/t$；

(2) 矿井绝对瓦斯涌出量大于 40 $m^3/min$；

(3) 矿井任一掘进工作面绝对瓦斯涌出量大于 3 $m^3/min$；

(4) 矿井任一采煤工作面绝对瓦斯涌出量大于 5 $m^3/min$。

**2. 矿井瓦斯等级鉴定**

低瓦斯矿井每两年应当进行一次高瓦斯矿井等级鉴定，高瓦斯、突出矿井应当每年测定和计算矿井、采区、工作面瓦斯(二氧化碳)涌出量,并报省级煤炭行业管理部门和煤矿安全监察机构。经鉴定或者认定为突出矿井的,不得改定为非突出矿井。

新建矿井在可行性研究阶段,应当依据地质勘探资料、所处矿区的地质资料和相邻矿井相关资料等,对井田范围内采掘工程可能揭露的所有平均厚度至少 0.3 m 的煤层进行突出危险性评估,评估结果应当在可研报告中表述清楚。

经评估为有突出危险煤层的新建矿井,建井期间应当对开采煤层及其他可能对采掘活动造成威胁的煤层进行突出危险性鉴定,鉴定工作应当在主要巷道进入煤层前开始。所有需要进行鉴定的新建矿井在建井期间,鉴定为突出煤层的应当及时提交鉴定报告,鉴定为非突出煤层的突出鉴定工作应当在矿井建设三期工程竣工前完成。

新建矿井在设计阶段应当按地质勘探资料、瓦斯涌出量预测结果、邻近矿井瓦斯等级、煤层突出危险性评估结果等综合预测瓦斯等级,作为矿井设计和建井期间井巷掘煤作业的依据。

低瓦斯矿井应当在以下时间前进行并完成高瓦斯矿井等级鉴定工作:

(1) 新建矿井投产验收;

(2) 矿井生产能力核定完成;

(3) 改扩建矿井改扩建工程竣工;

(4) 新水平、新采区或开采新煤层的首采面回采满半年;

(5) 资源整合矿井整合完成。

低瓦斯矿井生产过程中出现《煤矿瓦斯等级鉴定办法》第九条所列高瓦斯矿井条件的,煤矿企业应当立即认定该矿井为高瓦斯矿井,并报省级煤炭行业管理部门和省级煤矿安全监察机构。

非突出矿井或者突出矿井的非突出煤层出现下列情况之一的,应当立即进行煤层突出危险性鉴定,或直接认定为突出煤层;鉴定完成前,应当按照突出煤层管理:

(1) 有瓦斯动力现象的;

(2) 煤层瓦斯压力达到或者超过 0.74 MPa 的;

(3) 相邻矿井开采的同一煤层发生突出事故或者被鉴定、认定为突出煤层的。

直接认定为突出煤层或者按突出煤层管理的,煤矿企业应当报省级煤炭行业管理部门和煤矿安全监察机构。

除停产停建矿井和新建矿井外,矿井内根据《煤矿瓦斯等级类别办法》第十四条规定按突出管理的煤层,应当在确定按突出管理之日起 6 个月内完成该煤层的突出危险性鉴定,否则,直接认定为突出煤层。

原低瓦斯矿井经突出鉴定为非突出矿井的,还应当立即进行高瓦斯矿井等级鉴定。

开采同一煤层达到相邻矿井始突深度的不得定为非突出煤层。

矿井发生生产安全事故,经事故调查组分析确定为突出事故的,应当直接认定该煤层为突出煤层、该矿井为突出矿井。

### 3. 矿井瓦斯检查与方法

检查矿井瓦斯主要有两个目的,一是了解和掌握井下不同地点、不同时间的瓦斯涌出情况,以便进行风量计算和分配、调节所需风量,达到安全、经济、合理通风的目的;二是防止和及时发现瓦斯超限或积聚等隐患,采取具有针对性的有效措施,妥善处理瓦斯事故的发生。

一般来说,凡井下有瓦斯涌出或有可能积存瓦斯的区域和地点,都应进行瓦斯检查。主要有以下地点:

(1) 采、掘工作面及其进、回风巷中的风流。

(2) 回采工作面采空区冒落情况、地质构造破碎带附近的采掘巷道等异常地区。

(3) 各采区、水平、一翼回风和矿井总回风流。

(4) 爆破地点、电动机及其开关附近的风流。

(5) 进入串联工作面或机电硐室的风流。

(6) 各种钻场、密闭和盲巷以及顶板冒落等可能发生瓦斯积聚的地点和部位。

(7) 局部通风机恢复通风前的停风区、局部通风机及其开关附近的风流。

## 9.4 煤(岩)与瓦斯突出及其预防

### 9.4.1 概述

在地应力和瓦斯的共同作用下,破碎的煤、岩和瓦斯由煤体或岩体内突然向采掘空间抛出的异常动力现象,称为煤与瓦斯突出。煤与瓦斯突出是一种极其复杂的矿井瓦斯动力现象,是矿井最严重的灾害之一。其产生的机理非常复杂,并且各突出要素之间相互制约,预测突出地点、突出强度与突出时间,是很困难的。到目前为止,对各种地质、开采条件下突出发生的规律还没有完全掌握。因此,在突出煤层中进行采掘活动时,必须采取突出危险性预测、防治突出措施、防治突出措施效果检验、区域验证或综合措施等。

世界上各主要采煤国家都发生过煤与瓦斯突出,世界上煤矿发生的第一次突出是1834年法国阿尔煤田伊萨克矿,突出发生在急倾斜厚煤层平巷掘进工作面。世界上迄今为止强度最大的突出灾害发生在1969年7月13日苏联加加林煤矿,在深710 m水平主要石门揭露仅1.03 m薄煤层时,突然发生煤突出14200 t,瓦斯突出25万$m^3$的大灾害。

我国是世界上发生煤与瓦斯突出最严重、危害性最大的国家之一。有文字记载的我国发生的第一次煤与瓦斯突出是1950年5月1日吉林省辽源矿务局富国西二矿,在垂深280 m煤巷掘进时突出。我国最大的一次突出是1975年8月8日在天府矿务局三江坝一矿主平硐振动爆破揭穿$K_1$煤层时发生的,突出煤12780 t,瓦斯$140×10^4$ $m^3$,其突出强度居全国第一、世界第二。

随着采掘深度的增加,地应力与瓦斯压力也日趋增加,过去一些没有发生过突出的煤层与矿井也会发生突出动力现象,就连低瓦斯矿井也会转变成突出矿井,这种现象在四川、贵州等严重突出的矿区已日趋普遍。如2020年4月,河北省白洋淀矿井发生瓦斯爆炸事故,导致34名矿工丧生。初步调查显示,事故是由煤矿瓦斯积聚和火源引发的爆炸所致。

### 9.4.2 突出机理

解释突出的原因和过程的理论叫作突出机理。突出是十分复杂的动力现象,至今已提出许多假说,主要有三大类:一是以瓦斯为主导作用的假说,二是以地应力为主导作用的假说,三是综合作用假说。随着对突出研究的深入,中国矿业大学还提出了煤与瓦斯突出的球壳失稳理论。但多数人认为,突出与地应力、瓦斯、煤的力学性质和结构性质均存在一定关系。

### 9.4.3 突出的一般规律

大量突出资料的统计分析表明,突出具有一般的规律性。了解这些规律,对于制定防治突出的措施,有一定的参考价值。

(1) 突出发生在一定的采掘深度以后。每个煤层开始发生突出的深度差别很大,最浅的矿井是湖南白沙矿务局里王庙煤矿,突出发生深度仅 50 m,始突深度最大的是抚顺矿务局老虎台煤矿,达 640 m。自此以下,突出的次数增多,强度增大。

(2) 突出多发生在地质构造附近,如断层、褶曲、扭转和火成岩侵入区附近。据南桐矿务局统计,95%以上的突出(石门突出除外)发生在向斜轴部、扭转地带、断层和褶曲附近。据北票矿务局统计,90%以上的突出发生在地质构造区和火成岩侵入区。

(3) 突出多发生在集中应力区,如巷道的上隅角;相向掘进工作面接近时,煤层留有煤柱的相对应上、下方煤层处;回采工作面的集中应力区内掘进时,等等。

(4) 突出次数和强度,随煤层厚度,特别是软分层厚度的增加而增加。煤层倾角越大,突出的危险性也越大。

(5) 突出与煤层的瓦斯含量和瓦斯压力之间没有固定的关系。瓦斯压力低、含量小的煤层可能发生突出;压力高、含量大的煤层也可能不突出。因为突出是多种因素综合作用的结果。但值得注意的是,我国 30 处特大型突出矿井的煤层瓦斯含量都大于 20 $m^3/t$。

(6) 突出煤层的特点是强度低,而且软硬相间,透气系数小,瓦斯的放散速度高,煤的原生结构遭到破坏,层理紊乱,无明显节理,光泽暗淡,易粉碎。如果煤层的顶板坚硬致密,则突出危险性增大。

(7) 大多数突出发生在放炮和落煤工序。例如,重庆地区 132 次突出中,落煤时 124 次,占 95%。放炮后没有立即发生的突出,称延期突出。延迟的时间由几分钟到十几小时,它的危害性更大。

(8) 突出前常有预兆发生,如煤体和支架压力增大;煤壁移动加剧,煤壁向外鼓出,掉渣、煤块迸出;破裂声、煤炮声、闷雷声;煤质干燥,光泽暗淡,层理紊乱;瓦斯增大或忽大忽小;煤尘增多;气温降低;顶钻或夹钻;等等。熟悉或掌握本矿的突出预兆,对于及时撤出人员,减少伤亡有重要意义。

### 9.4.4 "四位一体"综合预防煤与瓦斯突出

开采有突出危险的矿井,必须采取防治突出的措施。

防突措施可以分为两大类,实施以后可使较大范围煤层消除突出危险性的措施,称为区域性防突措施;实施以后可使局部区域(如掘进工作面)消除突出危险性的措施称为局部防突措施。我国有关专家学者和现场工程技术人员,经过几十年的不断探索、发展和完善,使我国的防突技术走在了世界前列。有关部门在系统地总结我国防突工作经验的基础上,于 2019 年制定并颁发了《防治煤与瓦斯突出细则》,对防治突出的各个环节都做出了具体协定,将防治突出技术归纳为区域和局部的"四位一体"综合性防突措施,其内容包括:突出危险性预测;防治突出措施;防突措施的效果检验;区域验证(安全防护措施)(图 9-27)。

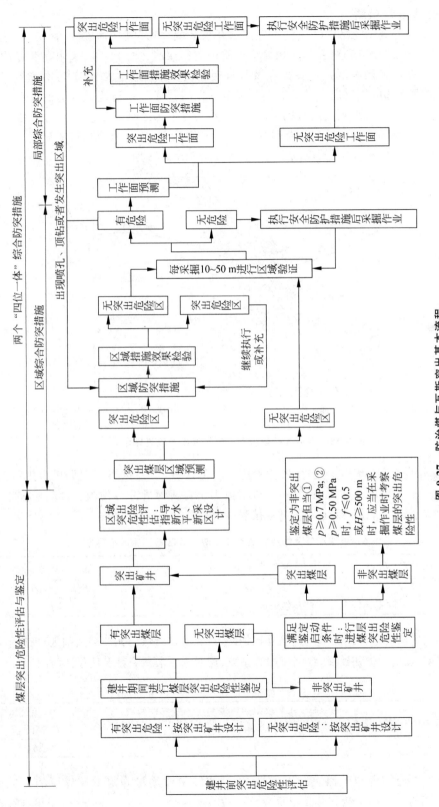

图 9-27 防治煤与瓦斯突出基本流程

注：$p$—残余瓦斯压力；$f$—坚固性系数；$H$—煤的埋深。

**1. 突出危险性预测**

在区域突出危险性预测方面,应当根据已开采区域确切掌握的煤层赋存特征、地质构造条件、突出分布的规律和对预测区域煤层地质构造的探测、预测结果,采用瓦斯地质分析的方法划分出突出危险区域。当突出点及具有明显突出预兆的位置分布与构造带有直接关系时,则根据上部区域突出点及具有明显突出预兆的位置分布与地质构造的关系确定构造线两侧突出危险区边缘到构造线的最远距离,并结合下部区域的地质构造分布划分出下部区域构造线两侧的突出危险区;否则,在同一地质单元内,突出点及具有明显突出预兆的位置以上 20 m(埋深)及以下的范围为突出危险区,如图 9-28 所示:

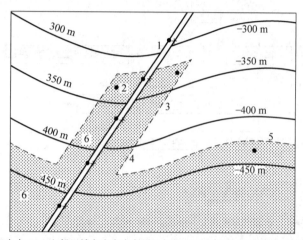

1—断层;2—突出点;3—上部区域突出点在断层两侧的最远距离线;4—推测下部区域断层两侧的突出危险区边界线;5—推测的下部区域突出危险区上边界线;6—突出危险区(阴影部分)。

图 9-28 根据瓦斯地质分析划分突出危险区域示意

在划分出的无突出危险区和突出危险区以外的区域,应根据煤层瓦斯压力进行预测。如果没有或者缺少煤层瓦斯压力资料,也可根据煤层瓦斯含量进行预测。预测所依据的临界值应根据试验考察确定,确定之前可暂按表 9-6 预测。

表 9-6 根据煤层瓦斯压力或瓦斯含量进行区域预测的临界值

| 瓦斯压力 $P/\mathrm{MPa}$ | 瓦斯含量 $W/(\mathrm{m}^3/\mathrm{t})$ | 区域类别 |
| --- | --- | --- |
| $P<0.74$ | $W<8$ | 无突出危险区 |
| 除上述情况以外的其他情况 | | 突出危险区 |

工作面的突出危险性预测常采用钻孔取样的方法。《防治煤与瓦斯突出细则》规定了用煤样的破坏类型、瓦斯放散初速度、煤的坚固性系数、瓦斯压力来预测突出危险性(表 9-7)。

表 9-7 突出煤层鉴定的单项指标临界值

| 煤 层 | 破坏类型 | 瓦斯放散初速度 $\Delta P/(\mathrm{m/s})$ | 坚固性系数 $f$ | 瓦斯压力(相对压力) $P/\mathrm{MPa}$ |
| --- | --- | --- | --- | --- |
| 临界值 | Ⅲ、Ⅳ、Ⅴ | $\geqslant 10$ | $\leqslant 0.5$ | $\geqslant 0.74$ |

各突出矿井应结合本矿地质开采条件,通过实际采样测量确定本矿煤层的指标临界值。当前所用的工作面预测方法虽已简化到一般只需两个深约 6 m 的炮眼,但仍有一定的

工程量,预测作业仍需 4~5 h。工作面预测的发展方向是实现连续非接触式预测。

实现连续预测的途径之一是声发射(AE)技术,其原理在于:煤和岩石内部存在大量的裂隙,煤岩破坏的根本原因是这些裂隙的扩张、传播导致的最后贯通。而裂隙的扩张和传播都将产生能量辐射,声发射技术基于这一原理,采用速度计(或加速度计)测量质点振动速度(或加速度)和频率,以此来判断煤岩体的破坏情况,并预测其破坏发展趋势,从而判定煤与瓦斯突出危险性。声发射技术用于煤矿已有几十年的历史,是一种很有发展前途的预测方法,各国都投入大量的人力物力进行了广泛研究,但目前其突出预测的可靠程度与生产实际的需要还有差距。随着大容量、高速度计算机系统的引入和声接收技术的发展,用声发射技术进行突出预测可望获得突破。

**2. 防治突出措施**

1) 区域性防突措施

区域性防突措施主要有开采保护层和预抽煤层瓦斯两种。其中开采保护层即在煤层开采过程中,为了保护上下层煤层、煤柱的安全,可在煤层之间留下一定的保护层,也叫作留煤保护层。这样可以减少采动对上下层的影响,降低煤与瓦斯突出的风险。顶板穿层预抽:是指在煤层开采过程中,对顶板进行预先抽采,减少顶板对工作面的压力,防止顶板突发事故。通过顶板穿层预抽,可以降低顶板的应力,减少突出的可能性。底板穿层预抽:是指在煤层开采过程中,对底板进行预先抽采,减少底板对工作面的压力,降低底板煤与瓦斯突出的风险。底板穿层预抽也有助于减少底板的沉降,提高工作面的稳定性。煤层长钻孔预抽:是一种常见的瓦斯抽放方法,通过在煤层中钻探长钻孔,将煤层中的瓦斯释放到地面,减少煤层瓦斯储存量,降低煤与瓦斯突出的风险。煤层压裂预抽:是一种通过向煤层注入液体或气体并加压,导致煤层产生裂缝和断裂,以提高煤层渗透性和瓦斯释放效率的方法。通过煤层压裂预抽,可以加速煤层中瓦斯的释放,降低煤与瓦斯突出的风险。其中开采保护层是预防突出最有效、最经济的措施。

(1) 开采保护层的作用。

以沈阳煤业集团西马煤矿利用保护煤层开采技术防治突出为例,来说明保护层开采的作用(图9-29)。西马煤矿13号煤层下距12号煤层3.5~25 m,实测的突出危险区域内,12号煤层瓦斯含量为15~30 m³/t,煤与瓦斯突出灾害严重,截至2000年矿井共发生煤与瓦斯突出事故203次。因此,通过13号煤层的保护层开采,使得12号煤层获得充分卸压保护。

保护层开采后,由于采空区的顶底板岩石冒落、移动,引起开采煤层周围应力的重新分布,采空区上、下形成应力降低(卸压)区,在这个区域内未开采的12号煤层将发生下述变化:

① 地压减少,弹性潜能得以缓慢释放。

② 煤层膨胀变形,形成裂隙与孔道,透气系数增加。所以被保护层内的瓦斯能大量排放到保护层的采空区内,瓦斯含量和瓦斯压力都将明显下降。

③ 煤层瓦斯涌出后,煤的强度增加。据测定,开采保护层后,被保护层的煤硬度系数由0.3~0.5增加到1.0~1.5。

所以保护层开采后,不但消除或减少了引起突出的两个重要因素:地压力和瓦斯,而且增加了抵御突出的能力因素——煤的机械强度。这就使得在卸压区范围内开采被保护层

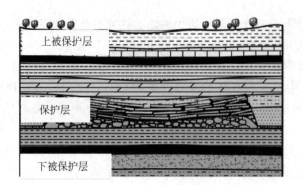

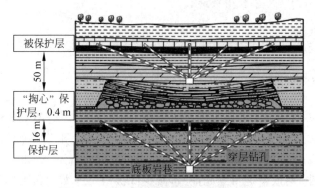

图 9-29　西马煤矿保护层开采防突示意

时,不会再发生煤与瓦斯突出。

(2) 保护范围。

保护范围是指保护层开采后,在空间上使危险层丧失突出危险的有效范围。在这个范围内进行采掘工作,按无突出危险对待,不需要再采取其他预防措施;在未受到保护的区域,必须采取防治突出的措施。但是厚度≤1.5 m 的保护层开采时,它的效果必须实际考察,如果效果不好,被保护层开采后,还必须采取其他的防治措施。

划定保护范围,也就是在空间和时间上确定卸压区的有效范围。突出危险矿井应根据实际观测资料,确定合适的保护范围,标明在矿井开采平面图上,如无实测资料,可参考下列数据。

① 沿倾斜方向的保护范围。

保护层工作面沿倾斜方向的保护范围应根据卸压角 $\delta$ 划定,如图 9-30 所示。在没有本矿井实测的卸压角时,可参考表 9-8 的数据。

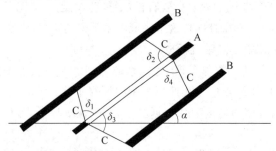

A—保护层;B—被保护层;C—保护层边界线。

图 9-30　保护层工作面沿倾斜方向的保护范围

表 9-8　保护层沿倾斜方向的卸压角

| 煤层倾角 $\alpha/(°)$ | 卸压角 $\delta/(°)$ | | | |
|---|---|---|---|---|
| | $\delta_1$ | $\delta_2$ | $\delta_3$ | $\delta_4$ |
| 0 | 80 | 80 | 75 | 75 |
| 10 | 77 | 83 | 75 | 75 |
| 20 | 73 | 87 | 75 | 75 |
| 30 | 69 | 90 | 77 | 70 |
| 40 | 65 | 90 | 80 | 70 |
| 50 | 70 | 90 | 80 | 70 |
| 60 | 72 | 90 | 80 | 70 |
| 70 | 72 | 90 | 80 | 72 |
| 80 | 73 | 90 | 78 | 75 |
| 90 | 75 | 80 | 75 | 80 |

② 沿走向的保护范围。

若保护层采煤工作面停采时间超过 3 个月且卸压比较充分,则该保护层采煤工作面对被保护层沿走向的保护范围对应于始采线、采止线及所留煤柱边缘位置的边界线可按卸压角 $\delta_5=56°\sim60°$ 划定,如图 9-31 所示。

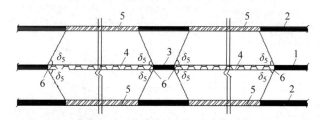

1—保护层;2—被保护层;3—煤柱;4—采空区;5—保护范围;6—始采线、采止线。

图 9-31　保护层工作面始采线、采止线和煤柱的影响范围

③ 最大保护垂距。

保护层与被保护层之间的最大保护垂距可参照表 9-9 选取或用式(9-28)、式(9-29)计算确定。

表 9-9　保护层与被保护层之间的最大保护垂距

| 煤层类别 | 最大保护垂距/m | |
|---|---|---|
| | 上保护层 | 下保护层 |
| 急倾斜煤层 | <60 | <80 |
| 缓倾斜和倾斜煤层 | <50 | <100 |

下保护层的最大保护垂距:

$$S_下 = S'_下 \beta_1 \beta_2 \tag{9-28}$$

上保护层的最大保护垂距:

$$S_上 = S'_上 \beta_1 \beta_2 \tag{9-29}$$

式中:$S'_下$、$S'_上$——分别为下保护层和上保护层的理论最大保护垂距,m。它与工作面长度 $L$ 和开采深度 $H$ 有关,可参照表 9-10 取值。当 $L>0.3H$ 时,取 $L=0.3H$,但 $L$ 不得大于 250 m。

表 9-10  $S'_\text{上}$ 和 $S'_\text{下}$ 与开采深度 $H$ 和工作面长度 $L$ 之间的关系

| 开采深度 $H$/m | $S'_\text{下}$/m 工作面长度 $L$/m | | | | | | | | $S'_\text{上}$/m 工作面长度 $L$/m | | | | | | |
|---|---|---|---|---|---|---|---|---|---|---|---|---|---|---|---|
| | 50 | 75 | 100 | 125 | 150 | 175 | 200 | 250 | 50 | 75 | 100 | 125 | 150 | 200 | 250 |
| 300 | 70 | 100 | 125 | 148 | 172 | 190 | 205 | 220 | 56 | 67 | 76 | 83 | 87 | 90 | 92 |
| 400 | 58 | 85 | 112 | 134 | 155 | 170 | 182 | 194 | 40 | 50 | 58 | 66 | 71 | 74 | 76 |
| 500 | 50 | 75 | 100 | 120 | 142 | 154 | 164 | 174 | 29 | 39 | 49 | 56 | 62 | 66 | 68 |
| 600 | 45 | 67 | 90 | 109 | 126 | 138 | 146 | 155 | 24 | 34 | 43 | 50 | 55 | 59 | 61 |
| 800 | 33 | 54 | 73 | 90 | 103 | 117 | 127 | 135 | 21 | 29 | 36 | 41 | 45 | 49 | 50 |
| 1000 | 27 | 41 | 57 | 71 | 88 | 100 | 114 | 122 | 18 | 25 | 32 | 36 | 41 | 44 | 45 |
| 1200 | 24 | 37 | 50 | 63 | 80 | 92 | 104 | 113 | 16 | 23 | 30 | 32 | 37+ | 40 | 41 |

$\beta_1$——保护层开采的影响系数,当 $M \leqslant M_0$ 时,$\beta_1 = M/M_0$,当 $M > M_0$ 时,$\beta_1 = 1$;

$M$——保护层的开采厚度,m;

$M_0$——保护层的最小有效厚度,m;

$\beta_2$——层间硬岩(砂岩、石灰岩)含量系数,以 $\eta$ 表示在层间岩石中所占的百分比,当 $\eta \geqslant 50\%$ 时,$\beta_2 = 1 - 0.4\eta/100$;当 $\eta < 50\%$ 时,$\beta_2 = 1$。

保护层工作面始采线、采止线和煤柱的影响范围如图 9-32 所示。

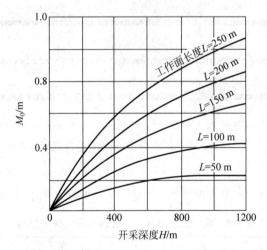

图 9-32  保护层工作面始采线、采止线和煤柱的影响范围

④ 开采下保护层的最小层间距。

开采下保护层时,不破坏上部被保护层的最小层间距离,可用式(9-30)或式(9-31)确定:

$$当 \alpha < 60°\text{时}, \quad H = KM\cos\alpha \tag{9-30}$$

$$当 \alpha \geqslant 60°\text{时}, \quad H = KM\sin(\alpha/2) \tag{9-31}$$

式中:$H$——允许采用的最小层间距,m;

$M$——保护层的开采厚度,m;

$\alpha$——煤层倾角,(°);

$K$——顶板管理系数。冒落法管理顶板时,$K$ 取 10;充填法管理顶板时,$K$ 取 6。

2）局部防突措施

矿井局部防突措施包括预抽瓦斯、排放钻孔、高压水射流增透防突技术、金属骨架、松动爆破等技术措施。

（1）预抽瓦斯。

预抽瓦斯，即在煤层开采前，利用钻孔抽采等方式预抽煤层中赋存的瓦斯，降低煤层内部瓦斯压力，进而起到防突效果，有关瓦斯抽采的内容将在9.6节中具体讲解。

（2）排放钻孔。

石门揭煤前，由岩巷或煤巷向突出危险煤层打钻，将煤层中的瓦斯经过钻孔自然排放出来，待瓦斯压力降到安全压力以下时，再进行采掘工作。钻孔数和钻孔布置应根据断面和钻孔排放半径的大小来确定，每平方米断面不得少于4个钻孔。

钻孔排放半径是指经过规定的排瓦斯时间后，在排放半径内的瓦斯压力都降到安全值，应实测。测定时由石门工作面向煤层打2~3个钻孔，测瓦斯压力。待瓦斯压力稳定后，打一个排瓦斯钻孔（图9-33），观察测压孔的瓦斯压力变化，确定排放半径。

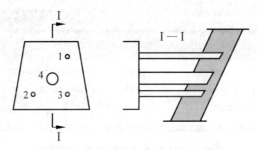

图9-33 测定排放半径的钻孔布置

排放瓦斯后，采取振动放炮揭开煤层时，瓦斯压力的安全值可取1.0 MPa，不采取其他预防措施时，应低于0.25 MPa。

排放瓦斯的范围，应向巷道周边扩大若干米。天府煤矿南井石门揭煤时，确定的钻孔排放瓦斯范围为：石门断面上部为8 m，两帮为6 m。南桐一井均为5 m。排放瓦斯时间一般为3个月左右，煤层瓦斯压力降到1.0 MPa后，用振动放炮揭开煤层，效果很好。钻孔排放瓦斯防突如图9-34所示。

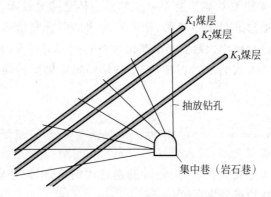

图9-34 钻孔排放瓦斯防突示意

此法适用于煤层厚、倾角大、透气系数大和瓦斯压力高的石门揭煤时,也大量应用于突出危险煤层的煤巷掘进。缺点是打钻工程量大,瓦斯压力下降慢,等待时间长。

(3) 高压水射流增透防突技术。

高压水射流增透防突技术是在安全岩(煤)柱的防护下,对井下已施工的钻孔进行高压水力射流,令钻孔周围煤体在水力冲击作用下形成一定的孔道,同时,由于孔道周围煤体的移动变形,应力重新分布,卸压范围扩大。此外,高压水射流的冲击作用可诱发煤岩体的小型突出,使煤岩中蕴藏的潜在能量逐渐释放,避免大型突出的发生。近年来,通过研究高压水射流对煤体的作用原理,我国在防突技术领域取得了一系列成果。其中,水力冲孔防突技术的应用较为普遍。

水力冲孔防突技术主要用于石门揭煤和煤巷掘进。石门揭煤时,当掘进工作面接近突出危险煤层 3~5 m 时,停止掘进,安装钻机向煤层打钻,孔径 90~110 mm。在孔口安装套管与三通管,将钻杆通过三通管直达煤层,钻杆末端与高压水管连接,如图 9-35 所示。冲出的煤、水与瓦斯则由三通管经射流泵加压后,送入采区沉淀池。

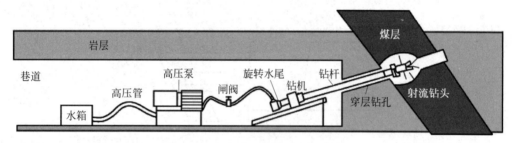

图 9-35 水力冲孔防突技术应用示意

穿层冲孔是由相邻的平巷向煤巷和煤巷上方打钻冲孔,冲孔后经过一段时间排放瓦斯,即可进行煤巷掘进。煤巷掘进水力冲孔后,由于瓦斯排放和煤体湿润,不但预防了突出,而且降低了瓦斯涌出量,减少煤尘,煤质变硬,不易垮落和片帮。

冲孔水压一般为 3.0~4.0 MPa,水量为 15~20 $m^3/h$,射流泵水量为 25 $m^3/h$。孔数一般为 1.0~1.3 孔/$m^2$,冲出的煤量每米煤层厚度≥20 t。冲孔的喷煤量越大,效果就越好。水力冲孔适用于地压大、瓦斯压力大、煤质松软的突出危险煤层。

此外,中国矿业大学研发的高压磨料射流钻割一体化防突技术,在常规的高压水射流增透防突技术基础上,通过磨料发生装置,使磨料与水的混合浆体形成能量高度集中的射流,可更有效地对煤体进行钻割。西安美尼矿山设备有限公司研发的高压自旋式射流割缝防突技术,采用自行旋转方式的水力切割,相比利用钻机提供旋转动力的方式具有更高的切割效率。

(4) 金属骨架。

金属骨架是一种超前支架。当石门掘进工作面接近煤层时,通过岩柱在巷道顶部和两帮上侧打钻,钻孔穿过煤层全厚,进入岩层 0.5 m。孔间距一般为 0.2 m 左右,孔径 75~100 mm。然后将长度大于孔深 0.4~0.5 m 的钢管或钢轨,作为骨架插入孔内,再将骨架尾部固定,最后用振动放炮揭开煤层(图 9-36)。

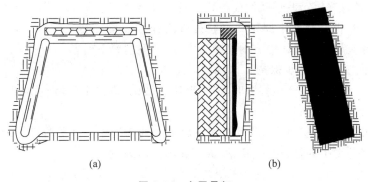

图 9-36　金属骨架

(a) 主视图；(b) 侧视图

此法适用于地压和瓦斯压力都不太大的急倾斜薄煤层或中厚煤层。在倾角小或厚煤层中,金属骨架长度大,易于挠曲,不能很好地阻止煤体移动,效果较差。北票矿务局采用在金属骨架掩护下,用扩孔钻具将石门断面内待揭穿的煤体钻出 30%～40%,从而使其逐渐卸压并释放瓦斯；金属骨架承载上方煤体压力,达到降低和消除突出危险的目的。

(5) 松动爆破。

松动爆破是向掘进工作面前方应力集中区,打几个钻孔装药爆破,使煤体松动,集中应力区向煤体深部移动,同时加快瓦斯的排出,从而在工作面前方造成较长的卸压带,以预防突出的发生。松动爆破分为深孔和浅孔两种。深孔松动爆破一般用于煤巷或半煤岩巷掘进工作面,钻孔直径一般为 40～60 mm,深度 8～15 m(煤层厚时取大值)。浅孔松动爆破主要用于采煤工作面,鸡西矿务局大通沟煤矿的施工参数为：孔径 42 mm、孔深 2.4 m、孔间距 3.0 m。深孔水压爆破钻孔内结构示意如图 9-37 所示。

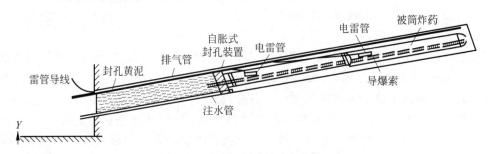

图 9-37　深孔水压爆破钻孔内结构示意

基于深孔松动爆破理论的深孔定向聚能水封爆破技术,是国家"十一五"重大技术装备研制和重大产业技术开发项目的研究成果。该技术通过聚能,有效控制爆炸能量,炸药爆炸后可在聚能槽方向形成爆压水射面。由于水的流动性,在炸药爆炸后,水携带巨大的能量作用于煤体,冲入煤层中的原生裂隙和爆炸应力波作用产生的裂隙中,形成"尖劈"作用,促使裂隙扩展延伸。该技术曾在焦作、平顶山、淮南矿区用于煤与瓦斯突出的防治,取得良好效果。

(6) 超前钻孔。

超前钻孔是在煤巷掘进工作面前方始终保持一定数量的排放瓦斯钻孔。它的作用是排放瓦斯,增加煤的强度,在钻孔周围形成卸压区,使集中应力区移向煤体深部。

超前钻孔孔数决定于巷道断面面积和瓦斯排放半径。钻孔在软煤中的排放半径为1~1.5 m,硬煤中可能只有几十厘米。平巷掘进工作面一般布置3~5个钻孔,孔径200~300 mm。孔深应超过工作面前方的集中应力区,一般情况下后者为3~7 m,所以孔深应为10~15 m。掘进时钻孔至少保持5 m的超前距离。

急倾斜中厚或厚煤层上山掘进时,可用穿透式钻机,贯穿全长后,再自上而下扩大断面并由人工修整到所需断面。

超前钻孔适用于煤层赋存稳定、透气系数较大的情况下。如果煤质松软,瓦斯压力较大,则打钻时容易发生夹钻、垮孔、顶钻,甚至孔内突出现象。

(7) 超前支架。

超前支架多用于有突出危险的急倾斜煤层、厚煤层的煤层平巷掘进时。为防止由工作面顶部煤体松软垮落而导致突出,在工作面前方巷道顶部事先打上一排超前支架,增加煤层的稳定性。架设超前支架的方法是先打孔,孔径50~70 mm,仰角8°~10°,孔距200~250 mm,深度大于一架棚距,然后在钻孔内插入钢管或钢轨,尾端用支架架牢,即可进行掘进。掘进时保持1.0~1.5 m的超前距。巷道永久支架架设后,钢材可收回再用。

(8) 卸压槽。

近年来,在采掘工作面推广使用了卸压槽的方法,作为预防煤(岩)与瓦斯突出和冲击地压的措施。它的实质是预先在工作面前方切割出一个缝槽,以增加工作面前方的卸压范围,如图9-38所示。没有卸压槽时,工作面前方的卸压区很小,巷道两帮的前方更小。巷道的两帮切割出卸压槽1后,卸压范围扩大,在此范围内掘进,并保持一定的超前距就可避免突出或冲击地压的发生。

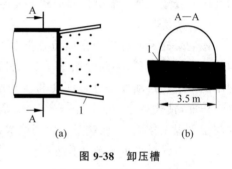

图9-38 卸压槽
(a) 主视图;(b) A—A断面图

(9) 钻孔防喷装置。

存在突出危险的煤岩体,打钻过程中时常发生"喷孔"现象,钻孔在瞬间或短时喷出大量的煤与瓦斯,且处于失控状态,极易造成瓦斯超限、气煤冲击伤人事件。安设钻孔防喷装置是预防瓦斯喷孔灾害较为有效的方法。目前,公认的突出煤层打钻防喷装置是由水包、连接装置、排渣口、排气口构成,瓦斯通过排气口排出,而煤、水则通过排渣口排出,从而防止钻孔内喷出的煤与瓦斯涌入作业场所造成事故。淮北矿业集团研发的一种新型防喷装置,通过对传统防喷装置中水包部分的改进和增设风动螺旋排渣器,可有效防止装置被煤渣堵塞,保障了防喷措施的正常运转。

我国大多数突出发生在煤巷掘进时,如南桐矿务局煤巷突出约占突出总数的74%。湖南立新煤矿蛇形山井的一条机巷掘进时,平均每掘进8.9 m突出一次。所以在突出危险煤层内掘进时,必须采取有效的预防突出的措施,不能因其费工费时而稍有松懈。

**3. 防突措施的效果检验**

国内外多年的生产实践表明,各种防突措施,特别是局部防突措施,尽管经过科学试验证实是有效的,但在生产中推广应用后,都无例外地发生过突出。这就令人对措施本身的防突效果产生了怀疑,即使在同一突出煤层,在一些区域证实所采取措施是有效的,但在有些区段则无效,其原因在于井下条件的复杂性,如煤层赋存条件变化、地质构造条件变化和采掘工艺条件变化等。因此,要求在执行防突措施后,要对其防突效果进行检验,以确保措施的防突效果。

防突措施效果检验所采用指标与突出危险性预测时所采用指标大致相同,以穿层钻孔预抽石门揭煤区域煤层瓦斯的区域防突措施为例,采用直接测定煤层残余瓦斯压力指标进行区域防突措施效果检验,介绍防突措施效果检验的基本原则。如图9-39所示,穿层钻孔预抽石门揭煤区域煤层瓦斯一定时间后,在预抽区域至少布置4个检验测试点,分别位于预抽区域内的上部、中部和两侧,并且至少有1个检验点(如图9-39(b)中左侧孔)位于预抽区域内距边缘不大于2 m的范围。为提高检验测定数据的代表性,各检验测试点布置于所在部位钻孔密度较小、孔间距较大、预抽时间较短的位置,并尽可能远离测试点周围的各预抽钻孔或尽可能与周围预抽钻孔保持等距离。同时,检验钻孔应避开采掘巷道的排放范围和工作面的预抽超前距,并在地质构造复杂区域适当增加检验测试点。

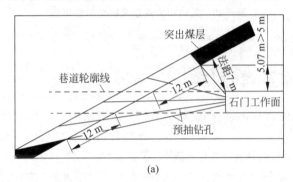

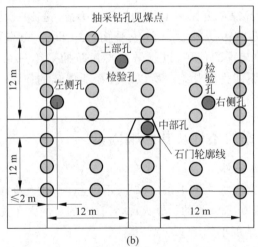

图 9-39　石门揭煤区域防突效果检验钻孔布置示意
(a) 剖面图;(b) 见煤点平面图

**4. 安全防护措施**

安全防护措施是避免突出造成人身伤亡的重要环节,其相关规定及措施如图9-40所示。在这方面,除要求装备自救器、压风自救系统、设置避难所外,尚应研究在防突措施执行过程中的安全措施。从长远来看,开展无人工作机械化采煤的研究,对避免回采面突出事故是必要的。

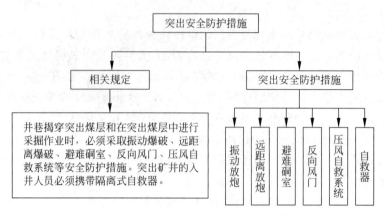

图 9-40 突出相关规定及安全防护措施

## 9.5 瓦斯爆炸及其预防

瓦斯爆炸是煤矿生产中最严重的灾害之一。我国最早关于煤矿爆炸的文献记载见于山西省《高平县志》,万历三十一年(1603年),山西省高平县唐安镇一煤井发生瓦斯爆炸事故,文中描述瓦斯爆炸时的情形:"火光满井,极为熏蒸,人急上之,身已焦烂而死,须臾雷震井中,火光上腾,高两丈余。"国外文献记载的最早瓦斯爆炸事故,是1675年发生于英国茅斯汀煤矿的瓦斯爆炸。世界煤矿开采史上最大的伤亡事故,是1942年发生于辽宁本溪煤矿的瓦斯、煤尘爆炸,造成1549人死亡,146人受伤。20世纪60年代以来,由于大型高效通风机和自动遥测监控装置的使用,以及采取了瓦斯抽采等一系列技术措施,瓦斯爆炸事故已逐渐减少,但还不能完全杜绝。所以掌握瓦斯爆炸的原因、规律和防治措施,极为重要。

### 9.5.1 瓦斯爆炸的条件及其影响因素

**1. 瓦斯爆炸的基本条件**

瓦斯爆炸必须同时具备3个基本条件,缺一不可:空气中瓦斯浓度达到一定范围,一般为5%~16%;温度为650~750℃的引爆火源,且存在的时间大于瓦斯的引火感应期;瓦斯与空气的混合气体中氧浓度不低于12%。

1) 瓦斯的爆炸浓度

在正常的大气环境中,瓦斯爆炸具有一定的浓度范围,只有在这个浓度范围内,瓦斯才能够爆炸,这个浓度范围称为瓦斯的爆炸界限。其最低浓度界限叫作爆炸下限,最高浓度界限叫作爆炸上限,瓦斯在空气中的爆炸下限为5%~6%,爆炸上限为14%~16%。

当瓦斯浓度低于5%时,遇火不爆,但能在火焰外围形成燃烧层。当瓦斯浓度达到5%时,瓦斯就能爆炸;浓度5%~9.5%时爆炸威力逐渐增强;在浓度为9.5%时,因为空气中的全部瓦斯和氧气都参与反应,所以这时的爆炸威力最强(这是地面条件下的理论计算,在煤矿井下,根据实验和现场测定,爆炸威力最强烈的实际瓦斯浓度为8.5%左右。这是因为井下空气氧浓度减小、湿度较大,含有较多的水蒸气,氧化反应不可能进行得十分充分);瓦斯浓度在9.5%~16%时,爆炸威力呈逐渐减弱的趋势;当浓度高于16%时,由于空气中的氧气不足,满足不了氧化反应的全部需要,只能有部分的瓦斯与氧气发生反应,生成的热量被多余的瓦斯和周围的介质吸收而降温,失去爆炸性,但在空气中遇火仍会燃烧。

瓦斯爆炸界限并不是固定不变的,它还受温度、压力以及煤尘、其他可燃气体、惰性气体的混入等因素的影响。

2) 一定的引火温度

瓦斯爆炸的第二个条件是高温火源的存在。点燃瓦斯所需要的最低温度,称为引火温度。

瓦斯的引火温度一般认为是650~750℃。但因受瓦斯浓度、火源性质及混合气体的压力等因素影响而变化。当瓦斯浓度为7%~8%时,最易引燃;当混合气体的压力增高时,引燃温度即降低;在引火温度相同时,火源面积越大、点火时间越长,越易引燃瓦斯。

井下的一切高温热源都可以引起瓦斯燃烧或爆炸,但主要火源是爆破和电气火花。明火、煤炭自燃、吸烟、架线火花,甚至撞击和摩擦产生的火花都足以引燃瓦斯。随着煤矿机械化程度的提高,摩擦火花引燃瓦斯的事故逐渐增多。因此,消灭井下一切火源是预防瓦斯爆炸的重要措施之一。

3) 充足的氧气含量

瓦斯爆炸界限随着混合气体中氧气浓度的降低而缩小,当氧气浓度减少到12%时,瓦斯混合气体即失去爆炸性。氧气含量低于12%时,短时间内就会导致人的窒息死亡,因此采用降低氧气含量来防止瓦斯爆炸是没有实际意义的,但是对于已封闭的火区,采取降低氧气含量的措施,却有着十分重要的意义。正常大气压和常温时,如柯瓦德爆炸三角形所示(图9-41)。氧浓度降低时,爆炸下限变化不大(BE线),爆炸上限则明显降低(CE线)。氧浓度低于12%时,混合气体就失去爆炸性。

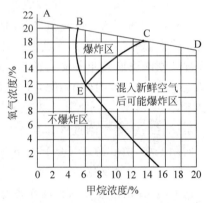

图9-41 柯瓦德爆炸三角形

爆炸三角形对火区封闭或启封时,以及惰性气体灭火时判断有无瓦斯爆炸危险,有一定的参考意义,我国已利用其原理研制出煤矿气体可爆性测定仪。

**2. 瓦斯爆炸的影响因素**

瓦斯爆炸的基本条件受很多因素的影响,其中爆炸界限是最为关键的因素之一。而影响爆炸界限的因素主要有可燃性气体、煤尘、惰性气体及混合气体的混入和初始温度等。

(1) 可燃气体的混入。

瓦斯和空气的混合气体中,如果有一些可燃性气体(如硫化氢、乙烷等)混入,则由于这些气体本身具有爆炸性,不仅增加了爆炸气体的总浓度,而且会使瓦斯爆炸下限降低,从而扩大了瓦斯爆炸的界限。

(2) 爆炸性煤尘的混入。

多数矿井的煤尘具有爆炸危险。当瓦斯和空气的混合气体中混入有爆炸危险的煤尘时,由于煤尘本身遇到 300~400℃ 的火源能够放出可燃性气体,从而使瓦斯爆炸下限降低。

根据实验,空气中煤尘含量为 5 g/m³ 时,瓦斯的爆炸下限降低到 3%;煤尘含量为 8 g/m³ 时,瓦斯爆炸下限降低到 2.5%。在正常情况下,空气中煤尘含量不会这么高,但当沉积煤尘被爆风吹起时,达到这样高的煤尘含量却十分容易。因此,对于有煤尘爆炸危险的矿井,做好防尘工作,从防止瓦斯爆炸的角度来讲也是十分重要的。

(3) 惰性气体的混入。

混入惰性气体($N_2$、$CO_2$)将使氧气含量降低,可以缩小瓦斯爆炸界限,降低瓦斯爆炸的危险性。

如每加入 1% 的氮气,瓦斯爆炸下限就提高 0.017%、上限降低 0.54%;每加入 1% 的二氧化碳,瓦斯爆炸下限就提高 0.0033%、上限降低 0.26%。二氧化碳还能降低瓦斯爆炸压力和延迟爆炸时间。当二氧化碳增加到 25.5% 时,无论瓦斯浓度有多大,都不会发生爆炸。

### 9.5.2　瓦斯爆炸的产生、传播及其危害

**1. 瓦斯爆炸的产生与传播过程**

爆炸性的混合气体与高温火源同时存在,就将发生瓦斯的初燃(初爆),初燃会产生一定速度焰面,焰面后的爆炸产物具有很高的温度,由于热量集中而使爆源气体产生高温和高压并急剧膨胀形成冲击波。如果巷道顶板附近或冒落孔内积存着瓦斯,或者巷道中有沉落的煤尘,在冲击波的作用下,它们就能均匀分布,形成新的爆炸混合物,使爆炸过程得以继续下去。

爆炸时由于爆源附近气体高速向外冲击,在爆源附近形成气体稀薄的低压区,于是产生反向冲击波,使已遭破坏的区域再次受到破坏。如果反向冲击波的空气中含有足够的 $CH_4$ 和 $O_2$,而火源又未消失,就可以发生第二次爆炸。此外,瓦斯涌出较大的矿井,如果在火源熄灭前,瓦斯浓度又达到爆炸浓度,也能发生再次爆炸。如辽源太信一井 1751 准备区掘进巷道复工排放瓦斯时,因明火引燃瓦斯,导致大巷内瓦斯爆炸,在救护队处理事故过程中和采区封闭后,6 天内连续发生爆炸 32 次。

**2. 瓦斯爆炸的危害**

矿内瓦斯爆炸的有害因素是,高温、冲击波和有害气体。

焰面是巷道中运动着的化学反应区和高温气体,其速度大、温度高。从正常的燃烧速度(1~2.5 m/s)到爆轰式传播速度(2500 m/s)。焰面温度高达 2150~2650℃。焰面经过之处,人被烧死或大面积烧伤,可燃物被点燃而发生火灾。

冲击波锋面压力由几个大气压到 20 个大气压,前向冲击波叠加和反射时可达 100 个大气压。其传播速度总是大于声速,所到之处造成人员伤亡、设备和通风设施损坏、巷道垮塌。瓦斯爆炸后生成大量有害气体,某些煤矿分析爆炸后的气体成分为 $O_2$(6%~10%)、$N_2$(82%~88%)、$CO_2$(4%~8%)、$CO$(2%~4%)。如果有煤尘参与爆炸,CO 的生成量更大,往往成为人员大量伤亡的主要原因。

### 9.5.3 矿井瓦斯爆炸的事故原因分析

矿井瓦斯爆炸发生的主要原因：一是通风不良造成瓦斯积聚，二是存在高温火源。瓦斯积聚是发生瓦斯爆炸的物质基础，如果没有这个基础，就不会发生瓦斯爆炸；在瓦斯达到爆炸浓度后，再遇上火源，瓦斯爆炸就会发生。

**1. 瓦斯积聚**

瓦斯积聚是指体积超过 $0.5\ m^3$ 的空间瓦斯浓度超过 2% 的现象。局部地点的瓦斯积聚是造成瓦斯爆炸的根源。造成瓦斯积聚的原因如下。

1) 工作面风量不足，通风系统不合理

矿井通风能力不够、供风距离过长、通风线路不畅通、采掘工作面过于集中、工作面瓦斯涌出量过大而又没有采取抽采措施等，都容易造成工作面风量不足。工作面风流短路、多次串联、循环风，局部通风机安装不符合要求、风筒漏风、通风设施不可靠，风门、风障、风桥、密闭等设施不符合要求都有可能导致用风地点风量不足，进而引起瓦斯积聚。

采掘工作面串联通风而没有监控措施，不稳定分支的风流无计划流动，角联分支受自然风压和其他风路风阻的影响而造成风流的不稳定，都会导致瓦斯超限。为消除瓦斯积聚，每个矿井、采区和采煤工作面都必须具有完善的通风系统，合理的通风方式，可靠的通风设备，足够的风量，高效的主要通风机以及相应的通风设施。

2) 煤矿瓦斯含量高，抽采效果不达标

采掘工作面没有实行瓦斯综合治理措施，或者综合治理措施不到位。虽然采取了瓦斯抽采的技术措施，但由于抽采钻孔布置不合理、抽采钻孔直径不符合煤层特点，封孔质量达不到要求，封孔管的连接不规范，抽采时间短等造成抽采效果不达标。

**2. 引爆火源的存在**

井下的一切高温热源如爆破火花、电器火花、摩擦撞击火花、静电火花、煤炭自燃等，都可能引起瓦斯燃烧、爆炸。但爆破和电气设备产生的火花是瓦斯爆炸事故的主要火源。如 2005 年发生的 34 起特大瓦斯爆炸事故中，16 起是由爆破产生的火花引爆的，15 起是由电气设备及电火花引爆的。

**3. 监测监控系统运行不正常**

矿井没有安设瓦斯监测监控系统或运行不正常，有的矿井虽然安设有监控系统，但因传感器数量不足、安装位置不对、线路存在故障；监控系统没有按规定在井下做断电实验，在矿井瓦斯超限时不能做到断电可靠；有的监控系统显示器数据与现场实际不符。

### 9.5.4 预防瓦斯爆炸的措施

如上所述，瓦斯爆炸必须同时具备 3 个条件：①瓦斯浓度在爆炸范围内；②高于最低点燃能量的热源存在的时间大于瓦斯的引火感应期；③瓦斯-空气混合气体中的氧气浓度大于 12%。最后一个条件在生产井巷中是始终具备的，所以预防瓦斯爆炸的措施，就是防止瓦斯的积聚和杜绝或限制高温热源的出现。

**1. 防止瓦斯积聚**

1) 搞好通风

有效地通风是防止瓦斯积聚最基本、最有效的方法。瓦斯矿井必须做到风流稳定,有足够的风量和风速,避免循环风,局部通风机风筒末端要靠近工作面,放炮时间内也不能中断通风,向瓦斯积聚地点加大风量和提高风速等。

2) 及时处理局部积存的瓦斯

生产中容易积存瓦斯的地点有:采煤工作面上隅角,独头掘进工作面的巷道隅角,顶板冒落的空洞内,低风速巷道的顶板附近,停风的盲巷中,综放工作面放煤口及采空区边界处,以及采掘机械切割部分周围等。及时处理局部积存的瓦斯,是矿井日常瓦斯管理的重要内容,也是预防瓦斯爆炸事故、搞好安全生产的关键工作。

(1) 采煤工作面上隅角瓦斯积聚的处理。

我国煤矿处理采煤工作面上隅角瓦斯积聚的方法很多,大致可分为以下几种:

① 迫使一部分风流流经工作面上隅角,将该处积存的瓦斯冲淡排出。此法多用于工作面瓦斯涌出量不大($2\sim3$ m³/min,甚至更小),上隅角瓦斯浓度超限不多时。具体做法是在工作面上隅角附近设置木板隔墙或帆布风障(图 9-42)。

② 全负压引排法。在瓦斯涌出量大、回风流瓦斯超限、煤炭无自然发火危险而且上区段采空区之间无煤柱的情况下,可控制上阶段的已采区密闭墙漏风(图 9-43),改变采空区的漏风方向,将采空区的瓦斯直接排入回风道内。

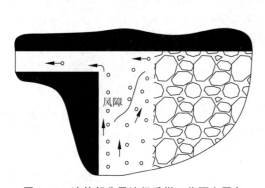

图 9-42 迫使部分风流经采煤工作面上隅角

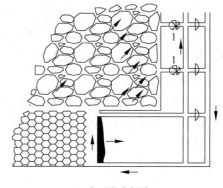

1—打开的密闭墙。

图 9-43 改变采空区的漏风方向

③ 上隅角排放瓦斯。最简单的方法是每隔一段距离在上隅角设置木板隔墙(或风障),敷设铁管。利用风压差,将上隅角积聚的瓦斯排放到回风口 $50\sim100$ m 处,如图9-44所示。如风筒两端压差太小,排放瓦斯不多时,可在风筒内设置高压水或高压气的引射器,提高排放效果。

在工作面绝对瓦斯涌出量 $5\sim6$ m³/min(甚至更大)的情况下,单独采用上述方法,可能难以收到预期效果,必须进行邻近煤层抽采以降低工作面瓦斯涌出量。

(2) 综采工作面瓦斯积聚的处理。

综采工作面由于产量高,进度快,不但瓦斯涌出量大,而且容易发生回风流中瓦斯超限和机组附近瓦斯积聚。处理高瓦斯矿井综采工作面的瓦斯涌出和积聚,已成为提高工作面产量的重要任务之一。目前采用的措施有:

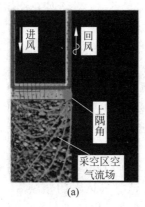 

图 9-44 上隅角排放瓦斯

(a) 传统 U 形；(b) Y 形通风

① 加大工作面风量。例如有些工作面风量高达 1500~2000 m³/min。为此，应扩大风巷断面与控顶宽度，改变工作面的通风系统，增加进风量。

② 防止采煤机附近的瓦斯积聚。可采取下列措施：

增加工作面风速或采煤机附近风速。国外有些研究人员认为，只要采取有效的防尘措施，工作面最大允许风速可提高到 6 m/s。工作面风速不能防止采煤机附近瓦斯积聚时，应采用小型局部通风机或风、水引射器加大机器附近的风速。

此外采用下行风防止采煤机附近瓦斯积聚更容易。

(3) 顶板附近瓦斯层状积聚的处理。

如果瓦斯涌出量较大，风速较低(<0.5 m/s)，在巷道顶板附近就容易形成瓦斯层状积聚。层厚由几厘米到几十厘米，层长由几米到几十米。层内的瓦斯浓度由下向上逐渐增大。据统计，英国和德国瓦斯燃烧事故的 2/3 发生在顶板瓦斯层状积聚的地点。预防和处理瓦斯层状积聚的方法有：

① 加大巷道的平均风速，使瓦斯与空气充分地紊流混合。一般认为，防止瓦斯层状积聚的平均风速不得低于 0.75 m/s。

② 加大顶板附近的风速。如在顶梁下面加导风板将风流引向顶板附近；或沿顶板铺设风筒，每隔一段距离接一短管；或铺设接有短管的压气管，将积聚的瓦斯吹散；在集中瓦斯源附近装设引射器。

③ 将瓦斯源封闭隔绝。如果集中瓦斯源的涌出量不大，则可采用木板和黏土将其填实隔绝，或注入砂浆等凝固材料，堵塞较大的裂隙。

(4) 顶板冒落孔洞内积存瓦斯的处理。

常用的方法有：用砂土将冒落空间填实；用导风板或风筒接岔(俗称风袖)引入风流吹散瓦斯。

(5) 恢复有大量瓦斯积存的盲巷或打开密闭时的处理措施。

对此要特别慎重，必须制定专门的排放瓦斯安全措施。

**2. 防止瓦斯引燃**

防止瓦斯引燃的原则，要求坚决禁绝一切非生产必需的热源。生产中可能产生的热源，必须严加管理和控制，防止它的产生或限定其引燃瓦斯的能力。

《煤矿安全规程》规定,严禁携带烟草和点火工具下井;井下禁止使用电炉,禁止打开矿灯;井口房、抽采瓦斯泵房以及通风机房周围 20 m 内禁止使用明火;井下需要进行电焊、气焊和喷灯焊接时,应严格遵守有关规定;对井下火区必须加强管理;瓦斯检定灯的各个部件都必须符合规定。

采用防爆的电气设备。目前广泛采用的是隔爆外壳,即将电动机、电器或变压器等能发生火花、电弧或炽热表面的部件或整体装在隔爆和耐爆的外壳里,即使壳内发生瓦斯的燃烧或爆炸,不致引起壳外瓦斯事故。对煤矿的弱电设施,根据安全火花的原理,采用低电流、低电压限制火花的能量,使之不能点燃瓦斯。

供电闭锁装置和超前切断电源的控制设施,对于防止瓦斯爆炸有重要的作用。因此,局部通风机和掘进工作面内的电气设备,必须有延时的风电闭锁装置。高瓦斯矿井和煤(岩)与瓦斯突出矿井的煤层掘进工作面,串联通风进入串联工作面的风流中,综采工作面的回风道内,倾角大于 12°并装有机电设备的采煤工作面下行风流的回风流中,以及回风流中的机电硐室内,都必须安装瓦斯自动检测报警断电装置。

在有瓦斯或煤尘爆炸危险的煤层中,采掘工作面只准使用煤矿安全炸药和瞬发雷管。如使用毫秒延期电雷管,最后一段的延期时间不得超过 130 ms。在岩层中开凿井巷时,如果工作面中发现瓦斯,应停止使用非安全炸药和延期雷管。打眼、放炮和封泥都必须符合有关规程的规定。必须严格禁止放糊炮、明火放炮和一次装药分次放炮。近年来进行的炮掘工作面采用喷雾爆破技术防止瓦斯煤尘爆炸的试验已经取得了成功。其实质是在放炮前的数分钟和爆破时,通过喷嘴使水雾化,在掘进工作面最前方形成一个水雾带,造成局部缺氧,降低煤尘浓度,隔绝火源,抑制瓦斯连锁反应,从而达到防止瓦斯、煤尘爆炸的目的。

防止机械摩擦火花,如截齿与坚硬夹石(如黄铁矿)摩擦,金属支架与顶板岩石(如砂岩)摩擦,金属部件本身的摩擦或冲击等。国内外都在对这类问题进行广泛的研究,公认的措施有:禁止使用磨钝的截齿;截槽内喷雾洒水;禁止使用铝或铝合金制作的部件和仪器设备;在金属表面涂以各种涂料,如苯乙烯的醇酸或丙烯酸甲醛脂等,以防止摩擦火花的发生。

高分子聚合材料制品,如风筒、运输机皮带和抽采瓦斯管道等,由于其导电性能差,容易因摩擦而积聚静电,当其静电放电时就有可能引燃瓦斯、煤尘或发生火灾。因此,煤矿井下应该采用抗静电难燃的聚合材料制品,其内外两层的表面电阻都必须不超过 $3\times10^8$ Ω,并应在使用中能保持此值。

激光在矿山测量中的使用,带来了一种新的点燃瓦斯的热源,如何防止这类高温热源,是煤矿生产中的新课题。

**3. 防止瓦斯爆炸灾害事故扩大的措施**

万一发生爆炸,应使灾害波及范围局限在尽可能小的区域内,以减少损失,为此应该:
(1) 编制周密的预防和处理瓦斯爆炸事故计划,并将计划对有关人员进行贯彻。
(2) 实行分区通风。各水平、各采区都必须布置单独的回风道,采掘工作面都应采用独立通风。这样一条通风系统的破坏将不致影响其他区域。
(3) 通风系统力求简单。应保证当发生瓦斯爆炸时入风流与回风流不会发生短路。
(4) 装有主要通风机的出风井口,应安装防爆门或防爆井盖,防止爆炸波冲毁通风机,影响救灾与恢复通风。
(5) 防止煤尘事故的隔爆措施,同样也适用于防止瓦斯爆炸。

我国新近研制出自动隔爆装置,其原理是传感器识别爆炸火焰,并向控制仪给出测速

(火焰速度)信号,控制仪通过实时运算,在恰当的时候启动喷洒器快速喷洒消焰剂,将爆炸火焰扑灭,阻止爆炸传播。

## 9.6 瓦斯抽采

### 9.6.1 概述

在一些高瓦斯矿井,例如,阳泉矿区综采工作面的瓦斯涌出量为 $40m^3/min$,国外个别工作面高达 $80\sim100\ m^3/min$。阳泉一号煤矿瓦斯抽采系统如图 9-45 所示。在此情况下,单纯采用通风的方法难以把工作面的瓦斯浓度控制在允许范围内时,必须采取瓦斯抽采措施,即通过打钻,利用钻孔(或巷道)、管道和真空泵将煤层或采空区内的瓦斯抽至地面,有效解决回采区瓦斯浓度超限问题。目前,很多高瓦斯矿井都建立了瓦斯抽采设施,据统计,2013 年我国煤矿瓦斯抽采量 156 亿 $m^3$,较 2012 年增加 10.6%。在瓦斯抽采方面,我国已经积累了比较丰富的经验。

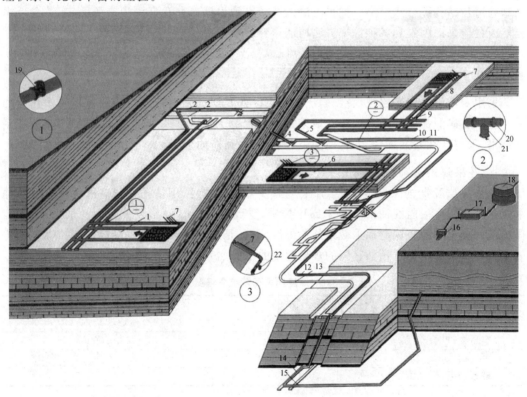

1—3 号煤抽放工作面;2—北头嘴平硐副巷;3—北头嘴平硐正巷;4—张华沟斜井;5—8 号煤回风巷;
6—12 号煤抽放工作面;7—钻孔;8—8 号煤抽放工作面;9—气门;10—北四尺二水平副巷;
11—北四尺二水平正巷;12—北四尺一水平副巷;13—北四尺一水平正巷;14—北丈八大巷副巷;
15—北丈八大巷正巷;16—12 号煤安全出口;17—抽放瓦斯泵房;18—瓦斯储集罐;19—抽放管路阀门;
20—抽放瓦斯管路;21—放水器;22—放水管;①——阀门;②——放水器;③——抽放钻孔。

图 9-45 阳泉一号煤矿瓦斯抽采系统立体示意

当抽出的瓦斯量少、浓度低时，一般直接排到大气中去。当具有稳定的、较大的抽出量时，可将抽出瓦斯作为工业原料（如制造炭黑、甲醛等）与民用燃料。衡量一个瓦斯矿井是否有必要抽采，可以根据以下几点：对于生产矿井，由于矿井的通风能力已经确定，所以矿井瓦斯涌出量超过通风所能稀释瓦斯量时，即应考虑抽采瓦斯。

凡符合下列情况之一的矿井，必须建立地面永久瓦斯抽采系统或井下移动泵站瓦斯抽采系统。

(1) 一个采煤工作面绝对瓦斯涌出量 $>5$ m$^3$/min 或一个掘进工作面绝对瓦斯涌出量 $>3$ m$^3$/min，用通风方法解决瓦斯问题是不合理的。

(2) 矿井绝对瓦斯涌出量达到以下条件的：① $\geqslant 40$ m$^3$/min；② 年产量 1.0~1.5 Mt 的矿井，$>30$ m$^3$/min；③ 年产量 0.6~1.0 Mt 的矿井，$>25$ m$^3$/min；④ 年产量 0.4~0.6 Mt 的矿井，$>20$ m$^3$/min；⑤ 年产量 $\leqslant 0.4$ Mt 的矿井，$>15$ m$^3$/min。

(3) 开采具有煤与瓦斯突出危险煤层的。

抽采瓦斯的方法，按瓦斯的来源分为开采煤层的抽采、邻近层抽采和采空区抽采三类；按抽采的机理分为未卸压抽采和卸压抽采两类；按汇集瓦斯的方法分为钻孔抽采、巷道抽采和巷道与钻孔综合法三类。抽采方法的选择必须根据矿井瓦斯涌出来源而定，综合考虑自然因素与采矿因素和各种抽采方法所能达到的抽采率。

### 9.6.2　煤矿瓦斯抽采的基本方法

采用专用设备和管路把煤层、岩层和采空区的瓦斯抽采出来或排出的措施叫作瓦斯抽采。我国煤矿的瓦斯抽采方法按瓦斯来源大致可分为 5 类：开采煤层瓦斯抽采、邻近层瓦斯抽采、采空区瓦斯抽采、围岩瓦斯抽采、地面钻井瓦斯抽采。

**1. 开采煤层瓦斯抽采**

开采煤层瓦斯抽采，是在煤层开采之前或采掘的同时，用钻孔或巷道进行该煤层的抽采工作。煤层回采前的抽采属于未卸压抽采，受到采掘工作面影响范围内的抽采，属于卸压抽采。决定未卸压煤层抽采效果的关键性因素，是煤层的天然透气系数。按照煤层的透气系数评价未卸压煤层预抽瓦斯的难易程度的指标如表 9-11 所示。

表 9-11　煤层抽采瓦斯难易程度分级

| 等　　级 | 煤层透气系数/<br>(m$^2$/(MPa$^2$·d)) | 煤层百米钻孔瓦斯涌出衰减系数/<br>(d$^{-1}$) |
| --- | --- | --- |
| 容易抽采 | $>10$ | $<0.003$ |
| 可以抽采 | 10~0.1 | 0.003~0.05 |
| 较难抽采 | $<0.1$ | $>0.05$ |

表 9-12 为国内一些矿井的煤层原始透气系数，从表中可见各矿井的煤层透气系数差别很大。在"容易抽采"的煤层抽采瓦斯时效果较好。如抚顺煤田龙凤矿的透气系数为 150 m$^2$/(MPa$^2$·d)，能抽出大量高浓度的瓦斯。对于透气系数小的煤层，未卸压抽采效果很差，实际意义不大。在这类煤层内打钻抽采时，即使抽采之初的抽出量较大（每孔 0.1~0.3 m$^3$/min），但是衰减很快，几天或几小时后就能减少到失去抽采意义。这类煤层必须在卸压的情况下或人工增大透气系数后，才能抽出瓦斯。

表 9-12　一些矿井的煤层原始透气系数

| 矿　　井 | 煤层 | 透气系数/$(m^2/(MPa^2 \cdot d))$ | 矿　　井 | 煤层 | 透气系数/$(m^2/(MPa^2 \cdot d))$ |
|---|---|---|---|---|---|
| 抚顺龙凤矿 |  | 150 | 北票冠山矿 |  | 0.008～0.228 |
| 抚顺胜利矿 |  | 31～39.2 | 红卫坦家冲井 | 6 | 0.24～0.72 |
| 包头河滩沟矿 |  | 11.2～17.2 | 涟邵蛇形山矿 | 4 | 0.2～1.08 |
| 天府磨心坡矿 | 9 | 0.004～0.04 | 淮南谢一矿 | B116 | 0.228 |

1) 未卸压钻孔抽采

本法适用于透气系数较大的开采煤层预抽瓦斯。按钻孔与煤层的关系分为穿层钻孔和顺层钻孔；按钻孔角度分为上向孔、下向孔和水平孔。我国多采用穿层上向钻孔。

穿层钻孔是在开采煤层的顶板或底板岩巷(或煤巷)，每隔一段距离开一长约 10 m 的钻场。从钻场向煤层打 3～5 个穿透煤层的钻孔，封孔或将整个钻场封闭起来，装上抽瓦斯管并与抽采系统连接。钻孔法抽采开采煤层的瓦斯，如图 9-46 所示。

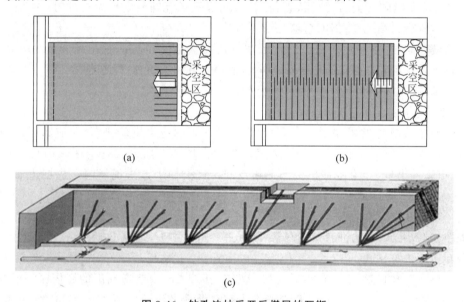

图 9-46　钻孔法抽采开采煤层的瓦斯
(a) 走向顺层钻孔；(b) 倾向顺层钻孔；(c) 穿层钻孔

此法的优点是施工方便，可以预抽的时间较长。如果是厚煤层下行分层回采，第一分层回采后，还可在卸压的条件下，抽采未采分层的瓦斯。

顺层钻孔适用于赋存稳定的中厚或厚煤层。由运输平巷沿煤层倾斜打钻，或由上、下山沿煤层走向打水平孔(仰角 1°～2°)。这类抽采方法常受采掘接替的限制，抽采时间不长，影响了抽采效果。国外采用的可弯曲钻，能由岩巷或地面打顺层钻孔，大大延长了抽采的时间。我国于 1987 年开始了有关研究工作，着重于井下水平长钻孔的打钻工艺。

(1) 钻孔方向。

我国多采用上向孔。在含水较大的煤层内打下向孔时必须及时排除孔内的积水。孔内水静压大于煤层的瓦斯压力时，就难以抽出瓦斯。

(2) 孔间距。

孔间距是决定抽采效果的重要参数。抽采瓦斯开始后,钻孔周围的瓦斯含量和瓦斯压力逐渐降低,随着时间的延长影响范围逐渐达极限值,其影响半径称极限抽采半径。钻孔的间距应小于极限抽采半径。由此可见,在极限半径范围内,抽采的时间长,钻孔的间距就可以大些;抽采的时间短,钻孔的间距就应该小些。预抽前应根据可能抽采的时间,通过试抽确定合理的孔间距。

(3) 抽采负压。

对抽采负压与抽出量的关系,国内外有不同的看法。瓦斯在煤层内流动的快慢,虽然决定于压差和透气系数。但是煤层内的瓦斯压力为几个大气压到几十个大气压,而钻孔内的瓦斯压力变化不可能超过1个大气压。所以提高抽采负压对瓦斯的抽出量影响不大,反而增加了孔口和管道系统的漏气,管内放水也更困难。

(4) 钻孔直径。

抽采瓦斯的钻孔直径一般为70～100 mm。钻孔直径对瓦斯的抽出量影响随着煤层不同而异。如抚顺龙凤矿—400 m水平,直径100 mm钻孔的瓦斯涌出量为0.0051～0.0177 $m^3$/(min·m),直径为钻孔20倍的巷道瓦斯涌出量仅为0.0053～0.0252 $m^3$/(min·m);阳泉矿务局的试验表明,预抽瓦斯钻孔直径由73 mm增大至300 mm,抽出瓦斯量约增大3倍;开滦矿务局历时3年的实验研究结果表明,大直径钻孔(180 mm)是普通钻孔(89～108 mm)抽采瓦斯量的2.3～2.23倍(在1年时间内)。

2) 卸压钻孔抽采

在受回采或掘进的采动影响下,引起煤层和围岩的应力重新分布,形成卸压区和应力集中区。在卸压区内煤层膨胀变形,透气系数大大增加。如果在这个区域内打钻抽采瓦斯,可以提高抽出量,并阻截瓦斯流向工作空间。这类抽采方法现场叫作边掘边抽和边采边抽。

(1) 边掘边抽。

如图9-47所示,在掘进巷道的两帮,随掘进巷道的推进,每隔10～15 m开一钻孔,在巷道周围卸压区内打钻孔1～2个,孔径45～60 mm,封孔深1.5～2.0 m,封孔后连接于抽采系统进行抽采。孔口负压不宜过高,一般为5.3～6.7 kPa。巷道周围的卸压区一般为5～15 m,个别煤层可达15～30 m。开滦赵各庄矿在掘进工作面后面15～20 m处,用煤电钻打孔,孔深4～9 m,孔距4～6 m。封孔后抽采,降低了煤帮的瓦斯涌出量,保证了煤巷的安全掘进。

(2) 边采边抽。

它是在采煤工作面前方由运输巷或回风巷每隔一段距离(20～60 m),沿煤层倾斜方向、平行于工作面打钻、封孔、抽采瓦斯。孔深应小于工作面斜长的20～40 m。工作面推进到钻孔附近,当最大集中应力超过钻孔后,钻孔附近煤体就开始膨胀变形,瓦斯的抽出量也因而增加,工作面推进到距钻孔1～3 m时,钻孔处于煤面的挤出带内,大量空气进入钻孔,瓦斯浓度降低到30%以下时,应停止抽采。在下行分层工作面,钻孔应靠近底板,上行分层工作面靠近顶板。如果煤层厚超过6～8 m,在未采分层内打的钻孔,当第一分层回采后,仍可继续抽采。这类抽采方法只适用于赋存平稳的煤层,有效抽采时间不长,每孔的抽出量不大。新疆阜康大黄山煤矿在开采北大槽煤层的2ZW11工作面时即采取了边采边抽的方

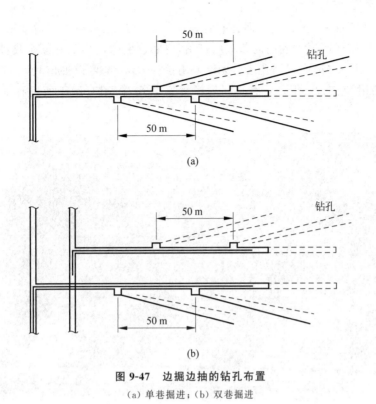

**图 9-47 边掘边抽的钻孔布置**
(a) 单巷掘进；(b) 双巷掘进

式,在一定程度上保证了工作面的安全回采。大黄山煤矿北大槽煤层边采边抽方案设计如图 9-48 所示。

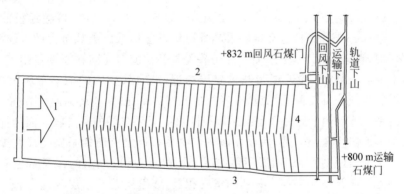

1—工作面推进方向；2—工作面运输顺槽；3—工作面回风顺槽；4—瓦斯抽采钻孔。

**图 9-48 大黄山煤矿北大槽煤层边采边抽方案设计**

## 2. 邻近层瓦斯抽采

开采煤层群时,回采煤层的顶、底板围岩将发生冒落、移动、龟裂和卸压,透气系数增加。回采煤层附近的煤层或夹层中的瓦斯,就能向回采煤层的采空区转移。这类能向开采煤层采空区涌出瓦斯的煤层或夹层,就叫作邻近层。位于开采煤层顶板内的邻近层叫作上邻近层,底板内的叫作下邻近层。

邻近层的瓦斯抽采(图 9-49),即在有瓦斯赋存的邻近层内预先开凿抽采瓦斯的巷道,或预先从开采煤层或围岩大巷内向邻近层打钻,将邻近层内涌出的瓦斯汇集抽出。前一方法称为巷道法,后一方法称为钻孔法。无论采用哪种方法,都可以抽出瓦斯。至于抽出量、抽出瓦斯中的甲烷浓度、可抽采的时间等经济安全效益,则有赖于所选择的方法和有关参数。

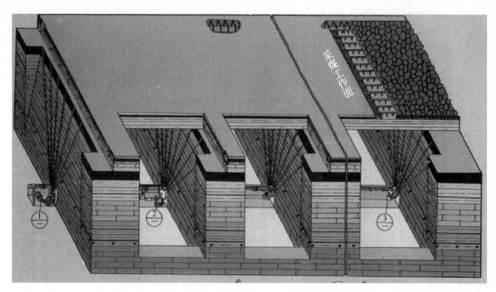

图 9-49　邻近层抽采瓦斯方法立体示意

一般认为,煤层开采后,在其顶板形成三个受采动影响的地带:冒落带、裂隙带和变形带,在其底板则形成卸压带。在距开采煤层很近、冒落带内的煤层,将随顶板的冒落而冒落,瓦斯完全释放到采空区内,这类煤层很难进行邻近层抽采。裂隙带内的煤层发生弯曲、变形,形成采动裂隙,并由于卸压,煤层透气系数显著增加。瓦斯在压差作用下,大量流向开采煤层的采空区。所以,邻近层距开采煤层越近,流向采空区的瓦斯量越大(图 9-50)。如果在这些煤层内开凿抽瓦斯的巷道,或者打抽瓦斯的钻孔,瓦斯就向两个方向流动:一个是沿煤层流向钻孔或巷道;另一个是沿层间裂隙流向开采煤层的采空区。因为抽采系统的压差总是大于邻近层与采空区的,所以瓦斯将主要沿邻近层流向抽采钻孔或巷道。但是瓦斯流向开采煤层采空区的阻力,随层间距的减小而降低,所以抽出的瓦斯量也就将随之减少。与上述邻近层向开采煤层涌出瓦斯的情况相反,邻近层距开采层越远,抽采率越大,抽出的瓦斯浓度越高。变形带远离开采煤层,可以直达地表,呈平缓下沉状态,岩层的完整性未遭破坏,无采动裂隙与采空区相通,瓦斯一般不能流向开采煤层的采空区。但是由于煤层透气系数的增加,瓦斯也可以被抽采出来,不过必须进行经济比较,确定是否值得抽采这类邻近层的瓦斯。图 9-51 示出我国部分矿井不同层间距的邻近层的抽采率。

国内外广泛采用钻孔法,即由开采煤层进、回风巷道或围岩大巷内,向邻近层打穿层钻孔抽瓦斯。当采煤工作面接近或超过钻孔时,岩体卸压膨胀变形,透气系数增大,钻孔瓦斯的流量有所增加,就可开始抽采。钻孔的抽出量随工作面的推进而逐渐增大,达最大值后能以稳定的抽出量维持一段时间(几十天到几个月)。由于采空区逐渐压实,透气系数逐渐恢复,抽出量也将随之减少,直到抽出量减小到失去抽采意义,便可停止抽采。

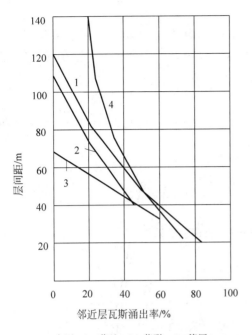

1—中国；2—荷兰；3—苏联；4—德国。

图 9-50 不同层间距的邻近层瓦斯涌出率

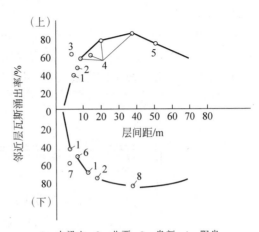

1—中梁山；2—北票；3—阜新；4—阳泉；
5—包头；6—南桐；7—鸡西；8—天府。

图 9-51 瓦斯抽采率与层间距的关系

巷道法抽采时，也可以采用倾斜高抽巷和走向高抽巷抽采上邻近层中的瓦斯。倾斜高抽巷是在工作面尾巷开口(图 9-52)，沿回风及尾巷间的煤柱平走 5 m 左右起坡，坡度 30°～50°，打至上邻近层后顺煤层走 20～40 m，施工完毕后，在其坡底打密闭墙穿管抽采。倾斜高抽巷间距 150～200 m。走向高抽巷抽采方式如图 9-53 所示。

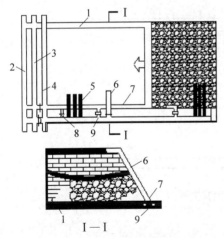

1—工作面进风巷；2—胶带输送机上山；
3—轨道上山；4—回风上山；5—抽采钻孔；
6—岩石高抽巷；7—工作面回风巷；
8—抽采瓦斯管；9—工作面尾巷。

图 9-52 倾斜高抽巷抽采方式

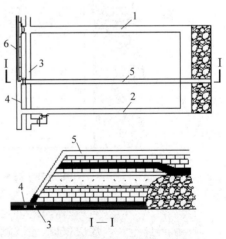

1—工作面进风巷；2—工作面回风巷；
3—进风上山；4—回风上山；
5—岩石高抽巷；6—抽采瓦斯管。

图 9-53 走向高抽巷抽采方式

1) 邻近层的极限距离

邻近层抽采瓦斯的上限与下限距离,应通过实际观测,按上述三带的高度来确定。上邻近层取冒落带高度为下限距离,裂隙带的高度为上限距离。下邻近层不存在冒落带,所以不考虑上部边界,至于下部边界,一般不超过 60~80 m。

2) 钻场位置

钻场位置应根据邻近层的层位、倾角、开拓方式以及施工方便等因素确定,要求能用最短的钻孔,抽出最多的瓦斯,主要有下列几种:

(1) 钻场位于开采煤层的运输大巷(图 9-54)。

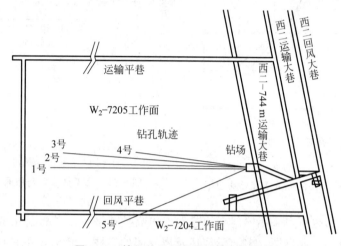

图 9-54　钻场位于开采煤层的运输大巷

(2) 钻场位于开采煤层的运输平巷或回风巷内(图 9-55)。

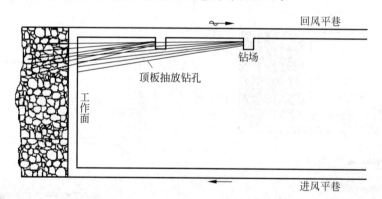

图 9-55　钻场位于开采煤层的回风巷内

(3) 钻场位于层外岩巷内(图 9-56)。

(4) 钻场位于开采煤层顶板,向裂隙带打平行于煤层的长钻孔(图 9-57)。

(5) 混合钻场,上述方式的混合布置。

钻场位于回风巷的优点是钻孔长度比较短,因为工作面上半段的围岩移动比下半段好,再加上在瓦斯的浮力作用下,抽出的瓦斯比较多;可减少工作面上隅角的瓦斯积聚;打钻与管路铺设不影响运输;抽采系统发生故障时,对回采影响较小,回风巷内气温较稳定,

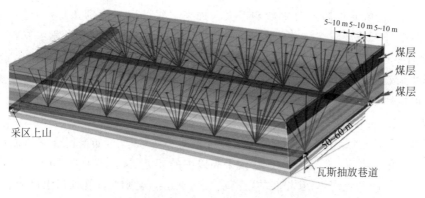

图 9-56 钻场位于层外岩巷内(剖面图)

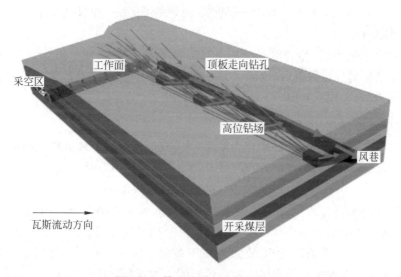

图 9-57 钻孔位于开采煤层的顶板

瓦斯管内凝结的水分比较少。缺点是打钻时供电、供水和钻场通风都比运输巷内困难,巷道的维护费用增大等。

3) 钻场或钻孔的间距

决定钻场或钻孔间距的原则,是工程量少、抽出瓦斯多,且不干扰生产。阳泉一矿以采煤工作面的瓦斯不超限,钻孔瓦斯流量在 0.005 m³/min 左右、抽出瓦斯中甲烷浓度为 35% 以上作为确定钻孔距离的原则。煤层的具体条件不同,钻孔的距离也不同,有的 30~40 m,有的可达 100 m 以上。应该通过试抽,然后确定合理的距离。一般来说,上邻近层抽采钻孔距离大些,下邻近层抽采的钻孔距离应小些;近距离邻近层钻孔距离小些,远距离的大些。通常采用钻孔距离为 1~2 倍层间距。根据国内外抽采情况,钻场间距多为 30~60 m。一个钻场可布置一个或多个钻孔。

此外,如果一排钻孔不能达到抽采要求,则应在运输水平和回风水平同时打钻抽采,在长工作面内,还可由中间平巷打钻。

4) 钻孔角度

钻孔角度指它的倾角(钻孔与水平线的夹角)和偏角(钻孔水平投影线和煤层走向或倾

向的夹角)。钻孔角度对抽采效果影响很大。抽采上邻近层时的仰角,应使钻孔通过顶板岩石的裂隙带进入邻近层充分卸压区,仰角太大,进不到充分卸压区,抽出的瓦斯浓度虽然高,但流量小;仰角太小钻孔中段将通过冒落带,钻孔与采空区沟通,必将抽进大量空气,也大大降低抽采效果。下邻近层抽采时的钻孔角度没有严格要求,因为钻孔中段受开采影响而破坏的可能性较小。

5) 钻孔进入的层位

对于单一的邻近层,钻孔穿透该邻近层即可。对于多邻近层,如果符合下列条件时,也可以只用一个钻孔穿透所有邻近层:①30倍采高以内的邻近层,且各邻近层间的间距<10 m;②30倍采高以外的邻近层,且互相间的距离在15~20 m。否则应向瓦斯涌出量大的各层分别打钻。对于距离很近的上邻近层,一般应单独打钻,因为这类邻近层抽采要求孔距小,抽采时间也短,而且容易与采空区相通。对于下邻近层,应该尽可能用一个钻孔多穿过一些煤层。

6) 孔径和抽采负压

与开采煤层抽采不同,孔径对瓦斯抽出量影响不大,多数矿井采用57~75 mm孔径。同样抽采负压增加到一定数值后,也不可能再提高抽采效果,我国一般为几千帕(几十毫米汞柱),国外多为13.3~26.6 kPa(100~200 mmHg)。

### 3. 采空区瓦斯抽采

采煤工作面的采空区或老空区积存大量瓦斯时,往往被漏风带入生产巷道或工作面造成瓦斯超限而影响生产。如峰峰煤矿,大煤(厚10多m)顶分层回采时,采煤工作面上隅角瓦斯积聚经常达2.5%~10%,进行工作面采空区的抽采后,解决了该处的瓦斯积聚问题。

采空区瓦斯抽采可分为全封闭式抽采和半封闭式抽采两类。全封闭式抽采又可分为密闭式抽采、钻孔式抽采和钻孔与密闭相结合的综合抽采等方式。半封闭式抽采是在采空区上部开掘一条专用瓦斯抽采巷道,在该巷道中布置钻场向下部采空区打钻,同时封闭采空区入口,以抽采下部各区段采空区中从邻近层涌入的瓦斯。抽采的采空区可以是一个采煤工作面,或一两个采区的局部范围,也可以是一个水平结束后的大范围抽采。

埋管抽放是沿回采工作面的回风巷敷设一条瓦斯管路,随着工作面的推进,瓦斯管的一端逐渐埋入采空区,瓦斯管路每隔一定距离设一个二通,并安立管和阀门,可以开闭。其具体实施过程是:工作面开采前,在回风巷安设一趟瓦斯抽放管,瓦斯抽放管每隔一段距离留设一个三通,三通为全闭状态,当工作面上隅角经过三通时,取开三通盲板,抽取工作面上隅角和采空区瓦斯。采空区埋管抽放如图9-58所示。

顶板巷道抽放也是一种有效的采空区瓦斯抽放方式。鹤岗集团振兴煤矿二采区采用走向长壁后退式全部陷落法一次采全高回采,该采区掘进时绝对瓦斯涌出量1.2~1.6 m³/min,工作面瓦斯浓度严重超限。2007年之后,企业采用放顶煤工作面顶板巷抽采技术,沿着工作面回风道内错5~10 m,在煤层顶板掘进走向巷道抽采瓦斯,工程完成后,回风流瓦斯浓度由1.2%下降到0.2%~0.4%,上隅角瓦斯浓度由7%下降到0.5%,保证了工作面的安全回采。鹤岗煤矿二采区顶板巷布置如图9-59所示。顶板巷道抽放瓦斯如图9-60所示。

采煤工作面采空区瓦斯抽采,除上隅角排放瓦斯的方法外,如果冒落带内有邻近层或老顶冒落瓦斯涌出量明显增加现象时,可由回风巷或上阶段运输巷,每隔一段距离(20~30 m)向采空区冒落带上方打钻抽采瓦斯,钻孔平行煤层走向或与走向间有一个不大的夹

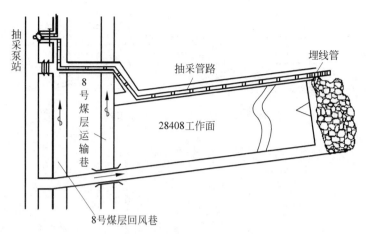

图 9-58 采空区埋管抽放示意

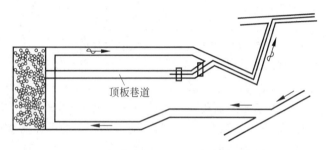

图 9-59 鹤岗煤矿二采区顶板巷布置示意

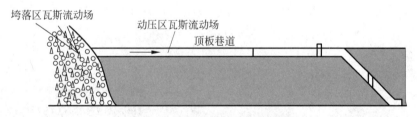

图 9-60 顶板巷道抽放瓦斯示意

角。如果采空区内积存高浓度瓦斯,可以通过回风巷密闭接管抽采。老空区抽采前应将有关的密闭墙修整加固,减少漏风。然后在老空区上部靠近抽采系统的密闭墙外再加砌一道密闭墙,两墙之间填以砂土,接管进行抽采。

采空区抽采时要及时检查抽采负压、流量、抽出瓦斯的成分与浓度。抽采负压与流量应与采空区的瓦斯量相适应,才能保证抽出瓦斯中的甲烷浓度。如果煤层有自燃危险,更应经常检查抽出瓦斯的成分,一旦发现有 $CO$,煤炭自燃的异常征兆,应立即停止抽采,采取防止自燃的措施。

**4. 围岩瓦斯抽采**

煤层围岩裂隙和溶洞中存在的高压瓦斯会对岩巷掘进构成瓦斯喷出或突出危险。为了施工安全,可超前向岩巷两侧(图 9-61)或掘进工作面前方(图 9-62)的溶洞裂隙带打钻,进行瓦斯抽采(如广旺矿务局唐家河煤矿)。

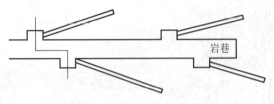

图 9-61　岩巷两侧围岩瓦斯抽采

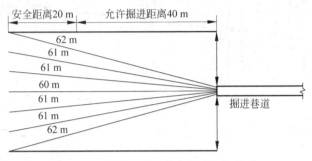

图 9-62　掘进工作面前方围岩瓦斯抽采

**5. 地面钻井瓦斯抽采**

地面钻井抽采瓦斯必将成为抽采瓦斯技术的发展方向,随着采煤工作面高产高效的要求,采煤工作面走向增大至 2000～3000 m,而与之对应的专用抽采瓦斯巷道由于单进低,不可能做到与采煤工作面回采巷道同时竣工,严重制约着生产力的发展,因此采用地面钻井代替专用抽采瓦斯巷道将是行之有效的途径,同时地面钻井较专用抽采瓦斯巷道有施工速度快、成本低的优点。地面钻井抽采煤层瓦斯如图 9-63 所示。

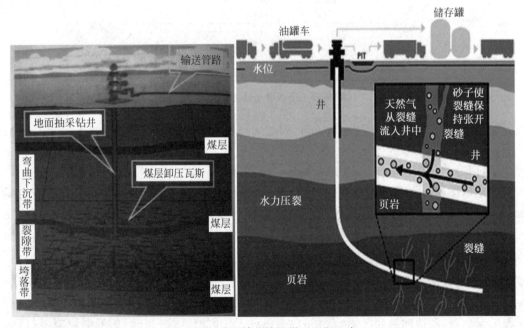

图 9-63　地面钻井抽采煤层瓦斯示意

定向钻孔技术是目前较为先进的瓦斯抽采技术。定向钻机发出一股指向性的钻井力，使钻头沿着地下的某一方向移动，它的主要组成部分是螺杆、钻头、技术传感器和传动系统。螺杆通过传动系统将动力传递给钻头，使其旋转，并发出噪声，从而在地下实现定向钻井。技术传感器负责检测定向钻机的工作状态，如钻头的旋转速度、钻头的旋转力矩、钻头的位置等，并实时将这些信息反馈给操作人员，以便操作人员更好地控制定向钻机的工作状态。定向钻机可通过控制系统对钻头进行自动调整，使其能够沿着指定的方向前进，从而提高钻井效率。在钻井过程中，定向钻机还可以检测到钻井路径的偏差，并及时调整钻头的方向，以使钻井保持在正确的方向上。技术设备连接如图 9-64 所示。

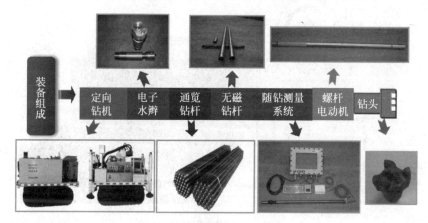

图 9-64　定向钻机连接示意

定向钻孔布置完的钻孔形式如图 9-65 所示。

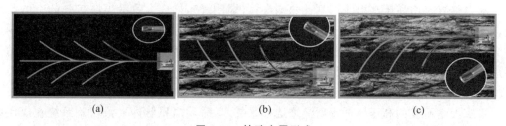

图 9-65　钻孔布置形式
（a）本煤层抽放钻孔；（b）底板抽放钻孔；（c）顶板抽放钻孔

定向钻孔可以针对特定区域进行瓦斯抽放，有针对性地减少瓦斯的积聚，降低瓦斯爆炸的危险性。该技术还具有操作灵活、成本相对较低等优点。然而，定向钻孔还需要谨慎的工程规划和操作实施，并且需要遵守相关的矿山安全法规和规章制度。

### 9.6.3　煤层瓦斯抽采增产增效措施

透气系数低的单一煤层，或者虽为煤层群，但是开采顺序上必须先采瓦斯含量大的煤层，那么上述抽采瓦斯的方法，就很难达到预期的目的。必须采用专门措施增加煤层的透气系数以后，才能抽出瓦斯。国内外都已试验过的措施有：煤层注水、水力压裂、深孔预裂爆破等。此外，封孔工艺的改进，同样对瓦斯抽采效果起着不可忽视的作用。

**1. 煤层增透技术措施**

1) 水力压裂

水力压裂是将大量含砂的高压液体(水或其他溶液)注入煤层,迫使煤层破裂,产生裂隙后砂子作为支撑剂停留在缝隙内,阻止它们的重新闭合,从而提高煤层的透气系数。注入的液体排出后,就可进行瓦斯的抽采工作(图 9-66)。龙凤矿北井、阳泉、红卫等矿都曾做过这种方法的工业实验。例如红卫里王庙矿四层煤,一般钻孔的涌出量最大为 $0.3\ m^3/min$,压裂后增至 $0.44 \sim 4.8\ m^3/min$。

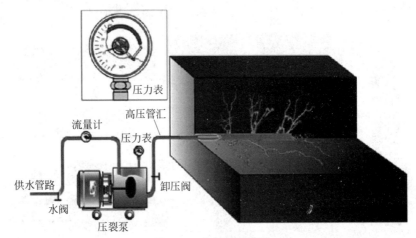

图 9-66　水力压裂示意

2) 水力割缝

水力割缝是用高压水射流切割孔两侧煤体(即割缝),形成大致沿煤层扩张的空洞与裂缝,增加煤体的暴露面,造成割缝上、下煤体的卸压,提高它们的透气系数。此法是抚顺煤科分院与鹤壁矿务局合作进行的研究。鹤壁四矿在硬度为 0.67 的煤层内,用 8 MPa 的水压进行割缝时,在钻孔两侧形成深 0.8 m,高 0.2 m 的缝槽,钻孔百米瓦斯涌出量由 $0.01 \sim 0.079\ m^3/min$ 增加到 $0.047 \sim 0.169\ m^3/min$。

重庆大学研发的高压脉冲水射流增透抽采技术,采用高压脉冲射流切割系统在煤层中钻孔割缝。相比传统水力割缝技术,该技术集钻孔、排屑、割缝、水动力致裂于一体,并实现了射流压力自动转换,使钻进、切割交替完成,简化了操作步骤,实用性较强。高压脉冲水射流切缝系统装备连接如图 9-67 所示。

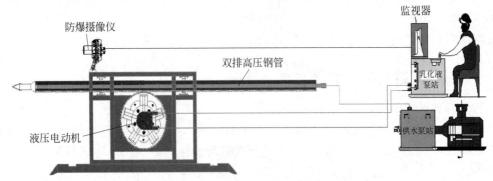

图 9-67　高压脉冲水射流切缝系统装备连接示意

3）深孔预裂爆破

深孔预裂爆破是利用在煤层中引爆炸药，使炮孔周围产生大量径向裂隙，形成瓦斯流向抽采孔的渗流通道，增加煤层透气性，提高抽采效果。同时，深孔预裂爆破可降低煤体刚度，能使局部范围内煤层的应力得到释放，进而达到煤层防突目的。爆破孔裂隙生成如图9-68所示。

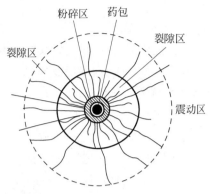

图 9-68　爆破孔裂隙生成示意

深孔预裂爆破的作用原理可以解释如下：炸药在钻孔内爆炸后，产生强大冲击波和高温高压爆炸气体。由于爆炸压力远远超过煤体的动抗压强度，使大小为钻孔半径1~3倍的介质被强烈压缩、粉碎，形成压缩粉碎区，在该区内有相当一部分爆破能量消耗在对介质过度破碎上，然后冲击波透射到介质内部，以应力波形式向煤体的内部传播。当应力波衰减到低于介质抗拉强度时，煤体裂隙便停止扩展。由于径向裂隙和环向裂隙互相交叉而形成的区域称为裂隙区或爆破中区。当应力波进一步向前传播时，已经衰减到不足以使介质产生破坏，只能使介质质点产生震动，以地震波的形式传播直至消失，故把裂隙区以外的区域称为震动区。爆破增透原理如图9-69所示。

图 9-69　爆破增透原理示意

两爆孔间的裂纹无疑增加了煤体的透气性，为瓦斯抽放提供了通道。一方面中断或减弱了围岩中径向和切向应力的传递，降低了围岩的应力，有利于瓦斯的解吸，另一方面增加了炮孔附近煤体的透气性，为游离瓦斯的抽采创造了条件。

4）酸液处理

酸液处理是向含有碳酸盐类或硅酸盐类的煤层中，注入可溶解这些矿物质的酸性溶液。该技术分为基质酸化和酸化压裂。基质酸化是指在低于煤层破裂压力的条件下将配方酸液挤入煤体，酸液腐蚀地层并沟通煤层的原生裂隙，进而增大煤层的透气性能。酸化压裂是指在高于地层破裂压力的条件下，将酸液压入地层，使地层在压力作用下产生裂缝，酸液继续刻蚀裂缝并沟通地层原生裂隙，进而增加地层的透气性。

5）交叉钻孔

交叉钻孔是除沿煤层打垂直于走向的平行孔外，还打与平行钻孔呈15°~20°夹角的斜向钻孔，形成互相连通的钻孔网。其实质相当于扩大了钻孔直径，同时斜向钻孔延长了钻孔在卸压带的抽采时间，也避免了钻孔坍塌对抽采效果的影响。在焦作矿务局九里山煤矿的实验结果表明，这种布孔方式与常规的布孔方式相比，相同条件下提高抽采量0.46~

1.02倍。

6）超临界$CO_2$相变致裂

煤层注超临界$CO_2$相变致裂增技术是一种用于增加煤层气开采效率的技术。

(1) 超临界$CO_2$（超临界二氧化碳）：超临界$CO_2$是指在高压高温条件下，$CO_2$达到了临界点以上的状态，同时具备液态和气态的性质，具有较高的溶解能力和流动性。

(2) 相变致裂：相变致裂是指通过物质状态的改变引发的岩石或煤层的裂隙生成过程。在煤层开采中，通过注入超临界$CO_2$并迅速降低温度压力，使$CO_2$从气态转变为液态，产生相变过程中会产生体积膨胀的效应，从而引起煤层中的压力差，进而产生裂缝和裂隙。$CO_2$相变致裂器结构如图9-70所示。

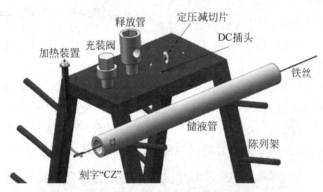

图9-70　$CO_2$相变致裂器结构示意

(3) 增技术：增技术是指采用新的技术手段来提高某个过程或工艺的效率和产量。在煤层注超临界$CO_2$相变致裂增技术中，通过改变煤层中的物理和化学条件，以增加煤层气的释放和采集效率。

总之，煤层注超临界$CO_2$相变致裂增技术利用超临界$CO_2$的溶解能力和体积膨胀特性，在控制条件下注入煤层中，通过引发相变致裂作用来增加煤层气开采的效率。

(4) 相变原理：超临界$CO_2$是指在高压和高温条件下，$CO_2$处于临界点以上，同时具有气态和液态的特性。在注入煤层中时，超临界$CO_2$会发生相变，从气态逐渐转变为液态或超临界态，释放出巨大的能量和压力。

7）固体膨胀致裂

固体膨胀致裂是一种以固体材料膨胀为基础的致裂过程。

(1) 固体膨胀：固体材料受热时会膨胀，即体积增大的现象。这是固体中原子、分子的热运动增强，使其间的相互作用力减小而导致的。

(2) 致裂：致裂是指产生裂隙或裂缝的过程。当固体膨胀超过其所能承受的变形限度时，就会发生裂纹的形成，从而导致固体材料出现裂隙或裂缝。

因此，固体膨胀致裂是指在固体材料受到热力作用或其他外部因素的影响下，由于固体膨胀而引发的裂隙或裂缝的生成过程。这种致裂现象可以应用于一些工程领域，例如岩石爆破、材料加工等，以实现特定的目标或改变材料的性质。煤体膨胀致裂实验系统如图9-71所示。

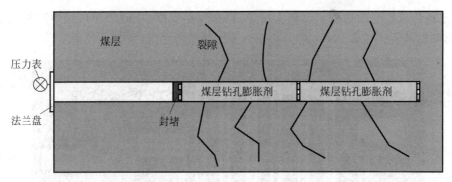

图 9-71 煤体膨胀致裂实验系统

**2. 封孔技术措施**

1) 快速封孔胶囊

快速封孔胶囊主要分为两节胶囊以及中间的黏液部分,两节胶囊及黏液部分分别通过水压泵和黏液泵增压,这样就能够实现"固体封液体,液体封气体"的封孔方式,具体胶囊-黏液封孔装置示意图见图 9-72。

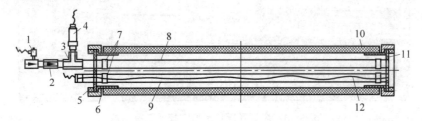

1—电磁阀;2—单向阀;3—三通;4—压力传感器;5—密封卡套;6—接头;7—内部软管接头;
8—黏液储存装置增压管路;9—传感器引线管路;10—膨胀胶囊接头;11—内部管路固定构件;12—胶管。

图 9-72 胶囊-黏液封孔装置

将配置好的黏液装填入储液管后,放入黏液储存装置内部,同时打开上位机控制系统,设定膨胀胶囊及黏液区压力,设置完毕后,系统被开启时,会以此为依据为新型封孔器测压设备提供压力。完成各项准备工作后,将封孔器放入钻孔内部,并手动触发氧烛触发装置开关,氧烛触发装置开关同时相当于整个可编程逻辑控制器控制系统的开启装置,按动该开关的同时系统会进入自动运行状态。自动运行状态下,首先被点燃的氧烛持续分解会产生大量高压气体,高压气体经由膨胀胶囊增压管路进入第一节膨胀胶囊,并通过两节胶囊的连通管路流入第二节胶囊,开始为膨胀胶囊缓慢升压,可编程逻辑控制器控制系统会通过膨胀胶囊区的压力传感器监测胶囊内部压力,达到预先设定的报警值后,系统将自动关闭膨胀胶囊增压管路电磁阀;完成膨胀胶囊增压工作后,系统控制黏液储存装置增压管路前端电磁阀打开,为黏液储存装置内部膨胀储液组件提供压力,膨胀储液组件膨胀挤压黏液,会导致储液管破裂,从而使黏液经由黏液储存装置两侧爆破阀流入钻孔内部,在膨胀储液组件不断膨胀的过程中,黏液会逐渐完全充满两端膨胀胶囊之间的钻孔空间,并渗透进周围煤层,最终完成封孔。

2) 煤层瓦斯注热增产技术

煤层瓦斯注热增产技术是一种利用物质的热值来增加煤层产气量的方法,如图 9-73 所示。通过将热值较高的物质输送到煤层中,提高煤层温度,从而增加煤层中瓦斯的解吸速率,进而增加煤层产气量。

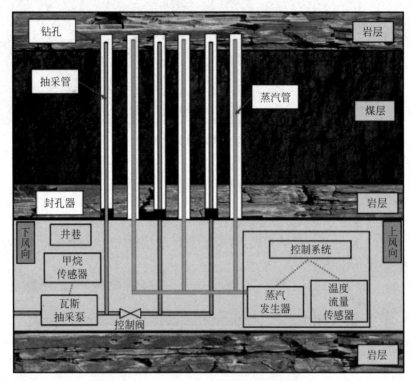

图 9-73　煤层瓦斯注热增产技术链接示意

其技术原理为实现煤层气的注热增产,在地面设置高温高压锅炉,以高温高压蒸汽代替普通的压裂液进行储层的压裂。高温蒸汽注入煤层后,随着温度的上升和有效地应力的共同作用,低渗透煤储层内的原来裂隙扩展延伸,同时,煤体内发生热破裂现象,形成大量新的微小裂隙。随着时间的延长,新的裂隙逐渐扩展形成裂隙网络,储层的孔隙率提高,渗透性增大,为煤层气提供更多的运移通道。另外,温度的上升,打破原来的煤层气吸附-解吸平衡,大量的煤层气从储层表面脱附出来。瓦斯分子活性增强,能量增加,解吸速率增加,大量瓦斯沿形成的裂隙扩散开来。

### 9.6.4　矿井瓦斯抽采设备与管理

**1. 瓦斯抽采设备与设施**

瓦斯抽采系统主要由瓦斯抽采泵、管路系统及安全装置三部分组成。瓦斯抽采泵是抽采的主要设备,目前大多采用水环真空泵。为进行瓦斯抽采,还必须有完整的抽采管路系统,以便把矿井瓦斯抽出并运输至地面。瓦斯管路系统由支管、分管、主管及抽采管路的附属装置等组成。

1) 水环真空泵

(1) 水环真空泵的特点。

① 高可靠性。抽采泵轴与叶轮孔采用热装过盈配合,轴与轴承安全系数大;采用焊接

叶轮，轮毂与叶片全部加工，从根本上解决了动平衡问题，动力平稳，噪声低。

② 维护方便。在泵的两端盖上设置有检查孔，可以方便地查看内部结构和空隙，并可快速方便地更换排气口阀板，材料的更换也可以在不拆泵盖的情况下进行。

③ 高效节能。分配板、叶轮等主要部件设计结构合理，效率较高。采用了柔性排气阀设计，避免了气体压缩过程中的过压缩，通过自动调节排气面积而降低能量消耗，最终达到最佳动力效果。

④ 适应冲击荷载。叶片采用钢板一次冲压成形，焊接叶轮整体进行热处理，叶片具有良好的韧性、抗冲压、抗弯折能力得以保证，适应冲击荷载。

(2) 水环真空泵的工作原理。

水环真空泵工作原理如图 9-74 所示。水环真空泵由叶轮、泵体、吸排气盘、水在泵体内壁形成的水环、吸气口、排气口、辅助排气阀等组成。在泵体中装有适量的水作为工作液。当叶轮顺时针旋转时，水被叶轮抛向四周，由于离心力的作用，水形成了一个决定于泵腔形状的近似于等厚度的封闭圆环。水环的上部内表面恰好与叶轮轮毂相切，水环的下部内表面刚好与叶片顶端接触（实际上叶片在水环内有一定的插入深度）。此时叶轮轮毂与水环之间形成一个月牙形空间，而这一空间又被叶轮分成与叶片数目相等的若干个小腔。如果以叶轮的上部 $0°$ 为起点，那么叶轮在旋转前 $180°$ 时小腔的容积由小变大，且与端面上的吸气口相通，此时气体被吸入，当吸气终了时小腔则与气口隔绝；当叶轮继续旋转终了时小腔则与气口隔绝；当叶轮继续旋转时，小腔由大变小，使气体被压缩，当小腔与排气口相通时，气体便被排出泵外。

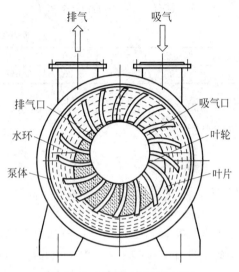

图 9-74　水环真空泵工作原理

综上所述，水环真空泵是靠泵腔容积的变化来实现吸气、压缩和排气的，因此它属于变容式真空泵。

2) 瓦斯抽采管的选择

瓦斯抽采管一般用钢管或铸铁管。管道直径是决定抽采投资和抽采效果的重要因素之一。管道内径 $D(m)$ 应根据预计的抽出量，用下式计算：

$$D = [(4Q_c)/60\pi v]^{1/2} \tag{9-32}$$

式中：$Q_c$——管内气体流量，$m^3/min$；
　　　$v$——管内气体流速，$m/s$。

管内瓦斯流速应大于 5 m/s，小于 20 m/s，一般取 $v=10\sim15$ m/s。这样才能使选择的管径有足够的通过能力和较低的阻力。大多数矿井抽采瓦斯的管道内径为：采区 100~150 mm，大巷 150~300 mm，井筒和地面 200~400 mm。

管道铺设路线选定后，进行管道总阻力计算，用来选择瓦斯泵。管道阻力计算方法和通风设计时计算矿井总阻力一样，即选择阻力最大的一路管道，分别计算各段的摩擦阻力和局部阻力，累加起来即为整个系统的总阻力。

摩擦阻力 $h_f$(Pa)可用下式计算：

$$h_f = \frac{(1-0.00446C)LQ_c^2}{kD^5} \tag{9-33}$$

式中：$L$——管道的长度，m；

$D$——管径，cm；

$Q_c$——管内混合气体（瓦斯与空气）的流量，$m^3/h$；

$k$——系数，见表 9-13；

$C$——混合气体中的瓦斯浓度，％。

表 9-13　$k$ 系数

| 管径/cm | 3.2 | 4.0 | 5.0 | 7.0 | 8.0 | 10.0 | 12.5 | 15.0 | >15.0 |
|---|---|---|---|---|---|---|---|---|---|
| $k$ | 0.05 | 0.051 | 0.053 | 0.056 | 0.058 | 0.063 | 0.068 | 0.071 | 0.072 |

局部阻力一般不进行个别计算，而是以管道总摩擦阻力的 10％～20％作为局部阻力。管道的总阻力为：

$$h_R = (1.1 \sim 1.2) \sum_{i=1}^{n} h_{fi} \tag{9-34}$$

式中：$h_{fi}$——$i$ 段管道的摩擦阻力，Pa。

3）流量计

为全面掌握与管理井下瓦斯抽采情况，需要在总管、支管和各个钻场内安设测定瓦斯流量的流量计。目前井下一般采用孔板流量计，如图 9-75 所示。

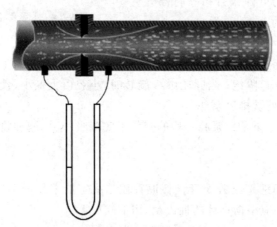

图 9-75　孔板流量计

在孔板流量计管道中安装一个孔板（节流板），孔板的作用是使风流通过管路的面积缩小，由于流经管道的流体体积一定，根据 $V=Q/S$，可以得出流体通过孔板时速度增大。根据伯努利方程，流体的机械能等于动能、压力势能和重力势能之和，由于机械能和重力势能不变，动能增加，所以流体的压力势能减小，可以得出流体通过孔板时压强减小。

孔板两端静压差 $\Delta h$（可用水柱计测出）与流过孔板的气体流量有如下关系式：

$$Q = 9.7 \times 10^{-4} \times K\{\Delta h \times P/[0.716 \times C + 1.293(1-C)]\}^{\frac{1}{2}} \tag{9-35}$$

式中：$Q$——温度为 20℃，压力为 101.3 Pa 时的混合气体流量，$m^3/min$；

$\Delta h$——孔板两端静压差，Pa；

$P$——孔板出口端绝对静压，Pa；

$C$——瓦斯浓度，%；

$K$——孔板流量系数，$m^{2.5}/min$，$K = K_t \times C_1 \times S_k \sqrt{2g} \times 60$，$C_1$ 为流速收缩系数，取 0.65，$K_t$ 为孔板系数（加工精度好时取 1），$S_k$ 为孔板孔口面积，$m^2$。

加工孔板流量计，孔口面积的大小应由流量大小而定，若孔口大、流量小，则 $h$ 值很小，难以量出；若流量大，孔口阻力损失太大。可参照表 9-14 所示选择孔板流量计特性系数。

表 9-14 孔板流量计特性系数

| 孔板直径<br>/mm | 流量/($m^3/min$) | | 孔板特性系数<br>/($m^{2.5}/min$) |
|---|---|---|---|
| | $\Delta h = 98$ Pa | $\Delta h = 980$ Pa | |
| 2 | 0.0016 | 0.005 | $0.052 \times 10^{-2}$ |
| 4 | 0.006 | 0.02 | $0.208 \times 10^{-2}$ |
| 6 | 0.015 | 0.046 | $0.473 \times 10^{-2}$ |
| 8 | 0.025 | 0.080 | $0.83 \times 10^{-2}$ |
| 10 | 0.040 | 0.127 | $1.32 \times 10^{-2}$ |
| 12.7 | 0.064 | 0.203 | $2.10 \times 10^{-2}$ |
| 25.4 | 0.256 | 0.812 | $8.4 \times 10^{-2}$ |
| 50.8 | 1.024 | 3.248 | $3.36 \times 10^{-1}$ |
| 76.2 | 2.304 | 7.308 | $7.58 \times 10^{-1}$ |
| 101.6 | 4.096 | 12.992 | 1.345 |

孔板的安装应保证孔板中心与管道中心相重合，方向要正确（图 9-75），法兰盘的垫片不能伸到管内，孔口上沉积的污物应及时清理掉。

4）其他装置

（1）放水器。

为及时放出管道内的积水，以免堵塞管道。在钻孔附近和管路系统中都要安装放水器。最简单的放水器为 U 形管自动放水器（图 9-76），当 U 形管内积水超过开口端的管长时，水就自动流出。这种放水器多用于钻孔附近，管的有效高度必须大于安装地点的管道内负压。图 9-77 为人工放水器，正常抽采时打开放水器的 1 号阀门，关闭 2 号和 3 号阀门，管道里的水流入水箱。放水时，关闭 1 号阀门，打开 2 号和 3 号阀门将水放出。

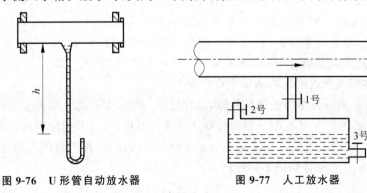

图 9-76 U 形管自动放水器　　　图 9-77 人工放水器

**(2) 防爆、防回火装置。**

抽采系统正常工作状态遭到破坏,管内瓦斯浓度降低时,遇到火源,瓦斯就有可能燃烧或爆炸。为防止火焰沿管道传播,《煤矿安全规程》规定,瓦斯泵吸气侧管路系统中,必须装设防回火、防回气和防爆炸作用的安全装置。图 9-78 所示为水封防爆、防回火器。正常抽采时,瓦斯由进气口进入,经水封器由出口排出。当管内发生瓦斯燃烧或爆炸时,火焰被水隔断、熄灭,爆炸波将防爆盖冲破而释放于大气中。

防回火网多由 4～6 层导热性能好而不易生锈的铜丝网构成,网孔直径约 0.5 mm(图 9-79)。瓦斯火焰与铜丝网接触时,网孔能阻止火焰的传播。

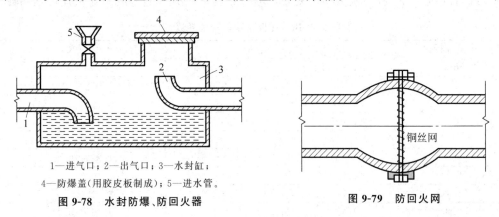

1—进气口;2—出气口;3—水封缸;
4—防爆盖(用胶皮板制成);5—进水管。

图 9-78 水封防爆、防回火器　　图 9-79 防回火网

中煤科工集团重庆研究院有限公司研制出了 WGC 型瓦斯抽采管道参数测定仪,用于井下或地面抽采泵站对瓦斯抽采管中的甲烷浓度、温度、抽采负压、抽采瓦斯的混合流量和纯流量进行流动检测和连续监测。

《煤矿安全规程》148 条规定"抽采瓦斯的矿井中,利用瓦斯时其浓度不得低于 30％","不利用瓦斯时,采用干式抽采瓦斯设备,瓦斯浓度不得低于 25％"。

抽出的瓦斯,可以按其浓度的不同,合理地加以利用:浓度为 35％～40％时,主要用作工业、民用燃料;浓度 50％以上的瓦斯可以用作化工原料,如制造炭黑和甲醛。抚顺、阳泉、天府、中梁山和淮南等局矿都已经建厂生产。

### 2. 瓦斯抽采管理

1) 瓦斯抽采日常管理制度

(1) 抽采矿井必须建立、完善瓦斯抽采管理制度和各部门责任制。矿长对矿井瓦斯抽采管理工作负全面责任。矿总工程师对矿井瓦斯抽采工作负全面技术责任,应定期检查、平衡瓦斯抽采工作,解决所需设备、器材和资金;负责组织编制、审批、实施、检查抽采瓦斯工作规划、计划和安全技术措施,保证抽采地点正常衔接和实现"抽、掘、采"平衡。矿各职能部门负责人对本职范围内的瓦斯抽采工作负责。

(2) 抽采矿井必须设有专门的抽采队伍,负责打钻、检测、安装等瓦斯抽采工作。

(3) 抽采矿井必须把年度瓦斯计划指标列入矿井年度生产、经营指标中进行考核。

(4) 矿井采区、采掘工作面设计中必须有瓦斯抽采专门设计,投产验收时同时验收瓦斯抽采工程,瓦斯抽采工程不合格的不得投产。

(5) 瓦斯抽采系统必须完善、可靠,并逐步形成以地面抽采系统为主、井下移动抽采系

统为辅的格局。

(6) 抽采系统能力应满足矿井最大抽采量需要,抽采管径应按最大抽采流量分段选配。地面抽采泵应有备用,其备用量可按正常工作数量的60%考虑。

(7) 抽采管路应具有良好的气密性、足够的机械强度,并应满足防冻、防腐蚀、阻燃、抗静电的要求;抽采管路不得与电缆同侧敷设,并要吊高或垫高,离地高度≥300 mm。

(8) 抽采管路分岔处应设置控制阀门。在管路的适当部位设置除渣装置,在管路的低洼、钻场等处要设置放水装置,在干管和支管上要安装计量装置(孔板计量应设旁通装置)。

(9) 井下移动抽采泵站应安装在抽采瓦斯地点附近的新鲜风流中,当抽出的瓦斯排至回风道时,在抽采管路排出口必须采取设置栅栏、悬挂警戒牌、安设瓦斯传感器等安全措施。

(10) 抽采泵站必须有直通矿井调度室的电话,必须安设瓦斯传感器。

(11) 抽采泵站内必须配置计量装置。

(12) 坚持预抽、边掘边抽、边采边抽并重原则。

(13) 煤巷掘进工作面,对预测突出指标超限或炮后瓦斯经常超限或瓦斯绝对涌出量>3 $m^3$/min 的,必须采用迎头浅孔抽采、巷帮钻场深孔连续抽采等方法。

(14) 采煤工作面瓦斯绝对涌出量>30 $m^3$/min 的,必须采用以高抽巷抽采、高位钻孔抽采等为主的综合抽采方法。

(15) 采煤工作面瓦斯绝对涌出量>30 $m^3$/min 的,瓦斯抽采率应达到60%以上;瓦斯绝对涌出量达到20~30 $m^3$/min 的,瓦斯抽采率应达到50%以上,其他应抽采煤工作面,瓦斯抽采率应达到40%以上。

(16) 尽量提高抽采负压,孔口负压≥13 kPa。

(17) 必须定期检查抽采管路质量状况,做到抽采管路无破损、无泄漏,并按时放水和除渣,各放水点实行挂牌管理,放水时间和放水人员姓名必须填写在牌板上。

(18) 抽采泵站司机要持证上岗,按时检测、记录抽采参数和抽采泵运行状况。

(19) 加强瓦斯抽采基础资料管理。抽采基础资料包括:抽采台账、班报、日报、旬报、月报、季度分解计划、钻孔施工设计与计划、钻孔施工记录与台账等。

(20) 抽采矿井必须按月编制分解瓦斯抽采实施计划(包括瓦斯抽采系统图)。

(21) 抽采矿井每月由矿总工程师牵头组织安监和工资部门参加,检查验收瓦斯抽采量(抽采率)和抽采钻孔量。

2) 钻孔施工参数与瓦斯抽采参数的管理

(1) 钻孔施工参数的管理。

① 钻孔施工人员必须严格按钻机操作规程及钻孔施工参数精心施工,保证施工的钻孔符合设计要求,确保钻孔施工质量。

② 钻孔施工人员当班必须携带皮尺、坡度规、线绳等量具。

③ 钻孔施工前,钻孔施工人员必须按设计参数要求,在现场标定钻孔施工位置。

④ 钻孔必须在标定位置施工,钻孔倾角、方位、孔深符合设计参数要求,做到定位置、定方向、定深度。钻孔施工时,孔位允许误差±50 mm,倾角、方位允许误差±1°;煤层钻孔施工时,中排钻孔孔深允许误差100 mm,上排、下排钻孔分别施工至本煤层顶、底板方可终孔,深度不得小于设计孔深2 m。

⑤ 钻孔施工人员必须认真填写好当班的施工记录,记录内容包括孔号、孔深、倾角、钻杆数量及钻孔施工情况等。

⑥ 加强钻孔施工验收制度,高位钻孔或底板穿层钻孔终孔时,必须有验收人员现场跟班验收。

⑦ 抽采钻孔必须有施工和验收原始记录可查。

⑧ 钻孔布置应均匀、合理。从岩石面开孔,开孔间距应＞300 mm;从煤层面开孔,开孔间距应＞400 mm;岩石孔封孔长度≥4 m,煤层孔封孔长度≥6 m;当采用穿层孔抽采时,钻孔的见煤点间距不应超过 8 m;当采用顺层孔抽采时,钻孔的终了间距不超过 10 m。

(2) 瓦斯抽采参数的管理。

① 每个抽采系统必须每天测定一次抽采参数,数据要准确,做到填、报、送及时,测定时仪器携带齐全,并熟知仪器性能及使用方法。

② 当采煤工作面距抽采钻场 30 m 时,要每天观测一次钻场距工作面的距离,并保证系统完好。

③ 使用 U 形压力计观测数据时,必须保持 U 形压力计内的液体清洁、无杂物。

④ 观看压力计时,要将压力计垂直放置,使两柱液面持平。

⑤ 安装压力计时,应按规定将压力计的胶管与管道上的压力接孔连接,并使其稳定 1~2 min,然后读取压力值。

⑥ 在测定流量或负压时,如 U 形压力计内的液面跳动不止,则应检查积水情况,并采取放水措施。

⑦ 每次观测后,应将有关参数填写在记录牌上,并保证牌板、记录和报表三对口。

⑧ 抽采钻场(钻孔)必须实行挂牌管理。牌板内容为:钻场编号,设计钻孔孔号及其参数(角度、深度),实际施工钻孔参数(角度、深度),各钻孔抽采浓度、钻场总抽采浓度、负压、流量等,并定期考察单孔浓度、负压、流量等。

⑨ 泵站必须逐步推广自动检测计量系统,井下移动泵站暂不安设自动检测计量系统的,必须安设管道高浓度瓦斯传感器和抽采泵开停传感器。人工检测时,泵站每小时检测 1 次,井下干管、支管、钻场每天检测 1 次。

⑩ 抽采量的计算要统一用大气压为 101325 kPa、温度为 20 ℃标准状态下的数值。自动计量的,通过监控系统打印抽采日报;孔板计量的,每班应计算抽采总量,再根据三班抽采量等情况编报抽采日报。

⑪ 抽采台账、班报必须由队长审签;抽采日报由区长、通风副总工程师审签;抽采旬报、月报由总工程师、矿长审签。

## 9.6.5 矿井瓦斯的抽采利用

瓦斯是一种有强烈温室效应的气体,其导致温室效应的能力是 $CO_2$ 的 23 倍,对大气臭氧层的破坏能力是 $CO_2$ 的 7 倍。煤矿生产中对瓦斯的治理,最终都是将瓦斯排出矿井,虽然煤矿安全了,但大量的瓦斯排至大气中,对大气环境造成了严重影响。另外,虽然瓦斯对煤矿安全生产是重大威胁,但加以利用又是优质的清洁能源。做好矿井瓦斯抽采利用,就可以化害为利、变废为宝,意义十分重大。

**1. 我国煤矿瓦斯利用的发展**

20世纪以来,我国开始了煤矿瓦斯利用技术的研究,并取得了一定的成果。但是从整体来看,目前煤矿瓦斯利用的研究仍处于起步阶段,主要体现在煤矿外瓦斯利用量小,利用率低,尚未形成规模化产业。我国煤矿瓦斯利用的发展概况如表9-15所示。

表9-15 我国煤矿瓦斯利用的发展概况

| 年 份 | 发 展 状 况 |
|---|---|
| 1940 | 抚顺龙凤矿在地面建立瓦斯抽采泵站和容积为 50 m$^3$ 的瓦斯储罐,储存从采空区抽出的瓦斯,瓦斯抽采流量 10 m$^3$/min,瓦斯浓度 30%~40%,开始民用 |
| 1952 | 抚顺龙凤矿煤层巷道法抽本煤层瓦斯获得成功 |
| 1954—1956 | 抚顺龙凤矿、老虎台矿和胜利矿实验成功钻孔法预抽本煤层瓦斯,促进抚顺市城市瓦斯民用的发展 |
| 1957—1958 | 阳泉四矿实验成功钻孔法抽采上邻近层卸压瓦斯,开始利用瓦斯:坑口食堂煮饭、烧茶炉、锅炉、坑口采暖和阳泉发电厂发电 |
| 1960 | 抚顺龙凤矿瓦斯抽采量 5000 万 m$^3$,利用率 91.6% |
| 1970 | 阳泉一、二、三矿建起三个矿井瓦斯民用系统,同时在一矿建起一座年产 300 t 的炭黑厂(生产半补强炭黑),在三矿建起一座年产 500 t 的甲醛厂 |
| 1992 | ① 阳泉市矿井瓦斯民用总户数达 4 万户(供气甲烷浓度 41%,热值 14.65 MJ/m$^3$,密度 1.052 kg/标 m$^3$,符合《城市煤气设计规范》TJ 28—78 煤气质量标准),日供气量为 45.66 万 m$^3$;② 抚顺龙凤和老虎台两矿矿井瓦斯民用总户数达 3.5 万户 |
| 2003 | 我国年瓦斯抽采量 1521 Mm$^3$,利用量 629.21 Mm$^3$ |
| 2006 | ① 我国年瓦斯抽采量达到 2614 Mm$^3$;② 瓦斯利用量达到 1200 Mm$^3$;③ 阳泉、晋城、淮南、松藻、盘江、水城、抚顺、淮北等 10 个矿业集团的年瓦斯抽采量超过 100 Mm$^3$;④ 地面抽采量为 130 Mm$^3$,新打地面钻井约 800 口,地面钻井总数约 1400 口;⑤ 普及瓦斯发电,发电装机容量 12×10$^4$ kW,建设中的装机容量达 34×10$^4$ kW |
| 2007 | ① 我国年瓦斯抽采量达到 4735 Mm$^3$;② 瓦斯利用量达到 1445 Mm$^3$ |
| 2008 | ① 我国年瓦斯抽采量达到 5300 Mm$^3$;② 瓦斯利用量达到 1600 Mm$^3$;③ 民用 90 万户,瓦斯浓度 CH$_4$>40% |

**2. 煤矿瓦斯利用的途径**

1)民用

瓦斯民用的基本技术条件:①瓦斯浓度>30%;②足够的气源、稳定的气压,当用于炊事时,气压应>2000 Pa;③气体混合物中无有害杂质;④完善的气体储存和输送设施。瓦斯民用系统一般由抽采泵、储气罐、调压站和输气管道组成。

2)发电

利用煤矿瓦斯就地发电是煤层气开发利用的一种新兴发电技术。这方面技术成熟的工艺有:燃气轮机发电、汽轮机发电、燃气发动机发电和联合循环系统发电,以及热电冷联供瓦斯发电。在中高浓度瓦斯利用方面,胜利油田胜利动力机械集团开发了中高浓度瓦斯发动机,采用电控混合器等专利技术,可利用浓度>25%的煤矿瓦斯发电。通用电气能源集团利用颜巴赫燃气内燃机,将井下抽出的瓦斯气体化学能转化为机械能,进而带动发电机发电。该技术目前被广泛采用,发电效率高且无污染。煤矿瓦斯的利用原理如图9-80所示。

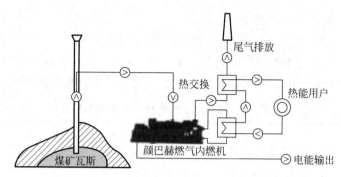

图 9-80 煤矿瓦斯的利用原理

3) 生产化工用品

开采或抽采的瓦斯是含高浓度纯净的瓦斯气时,把它作为原料气生产一系列化工产品,可以获得较好的经济效益。以高浓度瓦斯为原料可以生产炭黑、甲醛、甲醇和化肥等化工产品。

4) 工业燃料

瓦斯可作为洁净的工业炉燃料,能够减少污染,改善工业产品质量。工业炉主要包括金属加工工业炉、硅酸盐窑炉和工业锅炉 3 种。工业炉以瓦斯为燃料,可以增加传热效率,提高工业炉的生产率。阳泉煤业集团利用井下瓦斯作燃料,焙烧炼制氧化铝,每年可利用 1.26 亿 $m^3$ 煤层瓦斯,累计节约原煤 11.52 万 t,实现了循环经济要求的"节能、降耗、减排、环保"的新理念。

5) 低浓度瓦斯利用技术

(1) 瓦斯的提纯。

煤矿瓦斯提纯技术是低浓度瓦斯利用的一项新兴技术,该技术对煤矿的瓦斯能源有效利用、环境保护有着重要的现实意义。

① 变压吸附瓦斯提纯技术,变压吸附技术是利用吸附剂的平衡吸附量随组分分压升高而增加的特性,进行加压吸附、减压脱附,是目前较为成熟的瓦斯提纯技术。

② 真空变压吸附法是利用固体吸附剂对气体组分吸附的明显选择性和扩散性的差异,通过气源在接近常压下做周期性、在不同的吸附器中循环变化,其解吸成分采用真空抽吸的方式来实现气体的分离技术。目前在制富氧、制 $CO_2$ 等工业装置上有成功的应用。煤矿低浓度瓦斯提纯采用真空变压吸附法工艺流程如图 9-81 所示。

③ 膜分离法是用高分子中空纤维膜作为选择障碍层,利用膜的选择性(孔径大小),以膜的两侧存在的能量差作为推动力,允许某些组分穿过而保留混合物中其他组分,从而达到分离目的的技术。该方法是一种新兴气体分离提纯技术,具有分离精度高、选择性强、渗透快、投资省等特点,在生物产品的处理中占有重要地位。

(2) 低浓度瓦斯多孔介质预混燃烧。该技术是近几十年发展起来的新型燃烧技术,采用了新的燃烧理论,是一种新颖独特的燃烧方式,它可以提高燃烧效率,降低污染,扩展贫燃极限,甚至可以燃烧极低浓度可燃性气体,目前在国内外引起了燃烧和工程热物理界的高度重视。

(3) 利用低浓度瓦斯发电。2003 年 8 月,山西寺河煤层气电厂正式实施,该技术利用

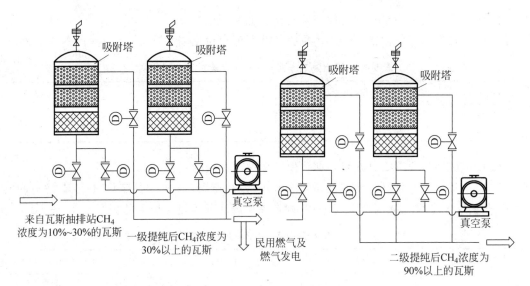

图 9-81 煤矿低浓度瓦斯提纯采用真空变压吸附法工艺流程

寺河煤矿井下抽采的低浓度瓦斯为燃料,采用燃气内燃发动机发电动机组、余热锅炉和蒸汽轮发电动机组组成联合循环发电装置。自 2008 年运行以来,安全、高效、稳定,发电效率高达 47%。

(4) 矿井乏风利用。矿井乏风的瓦斯浓度很低,可以用于燃煤锅炉和燃气轮机,作为混合燃料的一部分。燃气轮机、内燃机、大型锅炉或窑炉是辅助燃料应用技术的主要对象。一旦这方面的应用经济性得到验证,通风瓦斯的利用有着十分广阔的前景。

加快煤矿瓦斯抽采利用,是贯彻落实科学发展观,推进煤矿安全发展、清洁发展、节约发展的必然要求。近年来,通过各地区、各部门的共同努力,煤矿瓦斯治理利用取得了明显成效,但仍需进一步加大工作力度,努力实现煤矿瓦斯抽采产业化利用、规模化发展,促进煤矿安全生产形势稳定好转,推动经济发展,增加能源供给,减少环境污染。

# 习题

9.1 试述瓦斯的主要物理及化学性质。了解这些性质对于预防处理瓦斯危害有何意义。

9.2 瓦斯是如何生成的,而煤内实际含有的瓦斯量是否等于生成量?

9.3 瓦斯在煤内存在的形态有哪些?相互之间有何关系?主要存在形态是什么?

9.4 影响煤层瓦斯含量的因素有哪些?

9.5 测定煤层瓦斯压力有何意义?如何测定?

9.6 某采区的月产量为 9000 t,月工作日为 30 d,测得该采区的回风量为 480 $m^3/min$,瓦斯浓度为 0.16%。求该采区的瓦斯涌出量。

9.7 影响瓦斯涌出量的因素有哪些?

9.8 怎样从开采技术因素方面降低瓦斯的涌出量和瓦斯涌出的不均匀性?

9.9 地面大气压和风量变化对瓦斯涌出的影响如何?

9.10 测定瓦斯涌出来源有何实际意义？如何测定？

9.11 某综采工作面在一个班内测得的瓦斯涌出量见表 9-16，求瓦斯涌出不均系数。

表 9-16 某综采工作面一个班内测得的瓦斯涌出量

| 测定时间 | 06:30 | 07:30 | 08:30 | 09:30 | 10:30 | 11:30 | 12:30 | 13:30 |
|---|---|---|---|---|---|---|---|---|
| 瓦斯涌出量 /($m^3$/min) | 0.52 | 0.64 | 0.66 | 0.61 | 0.66 | 0.61 | 0.51 | 0.48 |

9.12 矿井瓦斯等级分几级？如何鉴定矿井的瓦斯等级？

9.13 某矿于 8 月进行矿井瓦斯等级鉴定，该月产煤 15000 t，月工作日 31 d，测得的风量、瓦斯浓度和二氧化碳浓度见表 9-17，确定该矿的瓦斯等级和最大的相对 $CO_2$ 涌出量。

表 9-17 某矿 8 月风量、瓦斯浓度和二氧化碳浓度

| 时间 | | 8月上旬 | | | 8月中旬 | | | 8月下旬 | | |
|---|---|---|---|---|---|---|---|---|---|---|
| 风量和浓度 | | 风量 /($m^3$/min) | 浓度/% | | 风量 /($m^3$/min) | 浓度/% | | 风量 /($m^3$/min) | 浓度/% | |
| | | | $CH_4$ | $CO_2$ | | $CH_4$ | $CO_2$ | | $CH_4$ | $CO_2$ |
| 班次 | 第一班 | 800 | 0.62 | 0.73 | 821 | 0.63 | 0.74 | 800 | 0.60 | 0.71 |
| | 第二班 | 830 | 0.63 | 0.73 | 843 | 0.64 | 0.75 | 835 | 0.61 | 0.72 |
| | 第三班 | 842 | 0.60 | 0.70 | 834 | 0.62 | 0.72 | 817 | 0.58 | 0.70 |

9.14 预防和治理瓦斯喷出的主要技术措施有哪些？

9.15 煤与瓦斯突出有何特点和危害？

9.16 煤与瓦斯突出的机理是什么？

9.17 突出的一般规律有哪些？如何确定矿井和煤层是否属于有突出危险？

9.18 为什么开采保护层是最有效的预防突出的措施？怎样划定保护范围？

9.19 瓦斯爆炸的危害及影响瓦斯爆炸范围的因素有哪些？

9.20 某火区内可燃气体的成分为 3.5% $CH_4$，0.02% $C_3H_8$，0.04% $C_2H_4$，0.06% $H_2$，另外，$O_2$ 为 18%。这个火区内有无爆炸危险？

9.21 试述瓦斯爆炸与煤尘爆炸的异同点。

9.22 何为瓦斯的引火延迟性？煤矿生产中如何利用这一特性？

9.23 煤矿井下哪些地点以及什么条件下最容易发生瓦斯燃烧爆炸事故？

9.24 怎样防止采煤工作面上隅角的瓦斯积聚？

9.25 影响瓦斯抽放的重要参数有哪些？

9.26 为什么邻近层抽放总能抽出瓦斯？抽放效果取决于哪些因素？为什么邻近层距离采煤层越近，抽放率越低？

# 第10章

# 火灾防治

本章主要介绍矿井火灾的危害、矿井火灾的分类、矿井火灾的预测预报、矿井火灾的防治、防治煤自燃的开采技术、矿井火灾时期的风流控制、火区的封闭和启封、煤矿火灾的预测和防治措施了解。

## 10.1 矿井火灾概述

矿井火灾是指发生在矿井地面或井下、威胁矿井安全生产、形成灾害的一切非控制性燃烧。矿井火灾是煤矿主要灾害之一。火灾中产生大量高温烟雾和有毒有害气体（如 $CO$、$CO_2$、$SO_2$ 等），会造成井下人员伤亡。此外，矿井火灾还会引起瓦斯和煤尘爆炸，导致矿井设备和煤炭资源受到严重破坏与损失。因此，矿井火灾防治是煤矿安全生产的一项重要工作。

### 10.1.1 燃烧基础知识

物质燃烧是一种伴有放热、发光的快速氧化反应。发生燃烧必须具备的充要条件包括必要条件和充分条件两个方面。

**1. 必要条件**

必要条件包括以下内容：

(1) 有充足的可燃物。

(2) 有助燃物存在。凡是能支持和帮助燃烧的物质都是助燃物，常见的助燃物是含一定氧气浓度的空气。

(3) 具有一定温度和能量的火源。

**2. 充分条件**

充分条件包括以下内容：

(1) 燃烧的三个必要条件同时存在，相互作用。

(2) 可燃物的温度达到燃点，生成热量大于散发热量。

如果把燃烧比作一个由链体组成的圆环，则三要素是组成圆环的三个链体，如图 10-1

所示。如果组成圆环的三个链体缺少一个,或三个链体不相互连接,则将不能构成圆环,即缺少燃烧三要素之一,或三要素不相互作用,则不能形成火灾。

### 10.1.2 火灾/矿井火灾的概念

火促进了人类文明的发展,推动了社会进步。但一旦对火失去控制,就会给人类造成灾害。通常把违背人们意愿而发生的非控制性燃烧,称为火灾。火灾往往造成巨大的经济损失和众多的人员伤亡,造成不良的社会影响。

图 10-1 发生燃烧的充要条件示意

在矿井或煤田范围内发生,威胁安全生产、造成一定资源和经济损失或者人员伤亡的燃烧事故,称为矿井或煤田火灾。火灾是矿井或煤田较为常见的灾害之一。

### 10.1.3 矿井火灾研究内容

煤矿火灾防治是一项系统工程,其理论与技术的研究内容应围绕一个目标和三个问题。

一个目标就是防止矿井火灾发生,对于已发生的火灾要防止其扩大并最大限度地减少火灾中的人员伤亡和经济损失。

三个问题是:

(1) 火灾是如何发生的?其内容主要是研究矿井火灾的类型及其产生的原因、条件,以及各类火灾发生过程和特点,这是防灭火的理论基础。

(2) 如何防止火灾发生?包括火源预测、火灾预防和预报技术。

(3) 火灾发生后如何进行及时而有效的控制和处理?

## 10.2 矿井火灾分类及其危害

矿井火灾按引火热源的不同可分为外因火灾和内因火灾。外因火灾是指由外部火源引起的火灾。如电流短路、焊接、机械摩擦、违章放炮产生的火焰、瓦斯和煤尘爆炸等都可能引起该类火灾。内因火灾又称自燃火灾。它是指由煤炭或其他易燃物自身氧化积热,发生燃烧引起的火灾。在自燃火灾中,主要是由煤炭自燃引起的。

### 10.2.1 矿井外因火灾

外因火灾是由外部火源(如明火点、爆破、电流短路、摩擦等)引起的火灾。其特点是突然发生、来势汹涌,如不及时发现、控制,将造成恶性事故。

**1. 矿井可燃物及其燃烧特性**

1) 固体可燃物

煤矿井下常见固体可燃物有煤、坑木、胶带等,下面对这些常见可燃固体的燃烧特性分别予以介绍。

(1) 煤。

煤是一种以碳质为主的多相异性层状有机复合体,其含碳量在70%(变质程度低的褐煤)到96%(变质程度高的无烟煤),次烟煤和烟煤的含碳量介于两者之间。除有机质外,煤中还混有大量的矿物质如黄铁矿类、亚铁盐类以及其他的无机杂质。它是在严格的地热和压力的外部条件下由植物转化而形成的均质岩相组分(煤显微成分)组成的,这是一个生物化学过程。

表10-1给出了各种不同变质程度煤的燃点范围,据此可区分不同煤种的燃烧危险性:褐煤的燃点最低,危险性最高;烟煤居中;无烟煤的燃点最高,危险性最低。此外,由燃点和变质程度的关系可以得出如下规律,即:变质程度越高的煤,燃点越高,燃烧的危险性越小。反之,亦然。

表10-1 常见煤种的燃点

| 煤 种 | 燃点/℃ | 煤 种 | 燃点/℃ |
| --- | --- | --- | --- |
| 褐煤 | 260～290 | 肥煤 | 340～350 |
| 长焰煤 | 290～330 | 焦煤 | 370～380 |
| 气煤 | 330～340 | 无烟煤 | 400～500 |

煤燃烧后的产物主要以气态形式存在,如$CO$、$CO_2$等,也包括液态的水和固态的焦炭等物质。煤受热后,首先干燥而后可燃性气体开始析出。在一定的温度和供氧条件下,可燃性气体在煤颗粒周围着火燃烧,形成光亮的火焰。燃烧特点是速度快、温度高、火焰长、时间短、发展猛烈。当所析出的可燃气体燃尽后,煤颗粒才开始燃烧起来。

(2) 坑木。

随着矿井巷道支护与开采新技术的推广,矿井生产中坑木的应用在逐渐减少,但是作为传统的支护材料,坑木质量较轻、容易加工、容易架设、具有可缩性,经济方便,仍然在巷道、竖井、综采工作面、特殊巷道等许多井下空间被使用。

坑木的主要成分是碳(50%)、氢(6.4%)和氧(42.6%),还有少量的氮(0.01%～0.2%),以及其他元素(0.8%～0.9%),但不含其他燃料中常含有的硫元素。坑木中还含有水分,水分多少随坑木干燥程度而不同。

坑木的燃烧大体分为有焰燃烧和无焰燃烧两个阶段。有焰燃烧是坑木受热分解出的可燃气体的燃烧,与煤析出的可燃气体燃烧一样,它的特点是燃烧速度快;燃烧量大,占整个坑木燃烧质量的70%;火焰温度高,燃烧时间短,发展猛烈。可燃气消耗殆尽时,坑木中的碳才开始出现无焰燃烧,即表面燃烧。

(3) 胶带。

带式输送机是煤矿井下运煤的主要运输工具。我国矿井生产逐步向高产高效集约化发展,目前国有重点煤矿在用的输送胶带长度总和超过$1.1 \times 10^7$ m,因此胶带火灾的防治越来越受到关注。

目前的矿井运输胶带一般采用三种材料,丁二烯橡胶(SBR,简称丁苯橡胶)、氯丁(二烯)橡胶(NP)和聚氯乙烯(PVC),它们的混合型材料也同样在矿井中使用。为了提高带体的阻燃性,通常采用的技术手段是添加含锑、磷、卤素元素的有机与无机阻燃剂。

中国矿业大学曾利用锥形量热仪,对煤矿井下常用的聚氯乙烯(PVC)阻燃输送带、非阻燃橡胶(CR)输送带以及坑木等材料,在热释放性能、CO 生成速率等燃烧特性方面进行了试验。试验结果表明:非阻燃 CR 输送带的热释放速率远大于 PVC 阻燃输送带和坑木,其最大热释放速率和平均热释放速率分别比后两者大 55% 和 40% 左右;PVC 阻燃输送带的 CO 生成速率远远大于坑木和非阻燃 CR 输送带。随着辐射能量的增加,PVC 阻燃输送带中 CO 生成率变化微小,其平均数值为 0.1203 kg/kg,比坑木和非阻燃 CR 输送带大 90% 和 80%,这说明 PVC 阻燃输送带虽阻燃效果明显、产生热量相对较少,但其着火后产生有毒有害气体的数量多,危害性大,故仍需进一步改进阻燃胶带的防火性能。

2) 气体可燃物

煤矿井下常见气体可燃物有甲烷($CH_4$)、乙烷($C_2H_6$)、乙烯($C_2H_4$)、一氧化碳(CO)、氢气($H_2$)、硫化氢($H_2S$)等。在矿井下,危害最大的可燃气体就是瓦斯,它的爆炸往往造成大量的人员伤亡、设备和通风设施的破坏、巷道坍塌,给矿井带来灾难性后果。这里重点介绍瓦斯的燃烧特性。

气体的燃烧速度和气体分子的组成、结构等有关,一般来讲组成和结构比较简单的气体燃烧速度快,而组成和结构比较复杂的气体燃烧速度慢。气体的燃烧方式为扩散燃烧和预混燃烧。气体的扩散燃烧速度取决于气体分子间的扩散。

3) 液体可燃物

煤矿井下的液体可燃物主要是各种油料。就数量、发生频次以及造成危害的程度,它们在矿井可燃物中所占据的份额较固体和气体可燃物小,这里仅作简单介绍。

根据矿井可燃物分布状况及火灾燃烧的规模,燃烧的火源基本可分为两类:点火源和线火源。

点火源指可燃物燃烧的面积较小、燃烧地点较固定的火源。例如井下机电硐室,或可燃物堆积较集中地点(如木垛等)燃烧的火源。线火源是指巷道沿轴向连续分布的可燃物(木材支架、输送机胶带、电缆等)发生燃烧的火源。由于矿井巷道的宽度较巷道的轴向长度比较起来较小,可视可燃物的分布为线性分布,故称线火源。

**2. 燃烧产物及其危害**

1) 燃烧产物的组成

由于燃烧而生成的气体、液体和固体物质称为燃烧产物,它有不完全燃烧产物和完全燃烧产物之分。所谓完全燃烧是指可燃物中 C 元素经过氧化成为 $CO_2$、H 元素经过氧化成为 $H_2O$、S 元素经过氧化成为 $SO_2$。而如果可燃物中含有 CO、$NH_3$、醇类、酮类、醛类、醚类,则为不完全的燃烧产物。

燃烧产物主要以气态形式存在,通常称为烟气,其成分主要取决于可燃物的组成和燃烧条件。大部分属于有机化合物,它们主要由碳、氢、氧、硫、磷等元素组成。在空气充足的条件下,燃烧产物主要是完全燃烧产物,不完全燃烧产物的数量很少;如果空气不足或温度过低,不完全燃烧产物量相对增多。

火灾烟气从物质组成来讲是一种很复杂的混合物,主要包括三部分:①可燃物热解或燃烧产生的气相燃烧产物,如 $CO_2$、CO、水蒸气等;②未完全燃烧的液、固相分解物和冷凝物微小颗粒;③未燃的气态可燃物和卷吸混入的大量空气。

氮在一般条件下不参加反应,而呈现游离态($N_2$)析出,只在特殊的条件下,氮才被氧化生成 NO 或 $NO_2$。

燃烧产物对人和环境造成很大的危害,主要表现在 3 个方面:①缺氧、窒息作用;②毒性、刺激性和腐蚀性;③高温气体的热损伤作用。

2) 燃烧产物的危害

烟气的毒性对人体的危害最大。目前,已知的火灾中有毒烟气的成分有数十种。其中最为常见的有以下几种。

(1) 一氧化碳。

一氧化碳是一种无色、无味、无臭的气体,对空气的相对密度为 0.97,微溶于水,能与空气均匀地混合。与酸碱不起反应,只能被活性炭少量吸附。一氧化碳能燃烧,当空气中一氧化碳浓度在 13%～75% 时有爆炸的危险。

一氧化碳是一种对血液、神经有害的毒物。一氧化碳随空气吸入人体后,通过肺泡进入血液,并与血液中的血红蛋白结合。一氧化碳与血红蛋白的结合力比氧与血红蛋白的结合力大 200～300 倍。一氧化碳与血红蛋白结合成碳氧血红蛋白(COHb),不仅减少了血细胞携氧能力,而且抑制、减缓氧和血红蛋白的解析与氧的释放。一氧化碳对人的危害主要取决于空气中一氧化碳的浓度和与人的接触时间(表 10-2)。一氧化碳可导致心肌损伤,对中枢神经系统特别是锥体外系统也有损害,经实验证明一氧化碳还可引起慢性中毒。许多火灾事故的调查都证实,造成人员大量伤亡的有毒气体成分主要是 CO。矿内爆破作业、煤炭自燃及发生火灾或煤尘、瓦斯爆炸时都能产生一氧化碳。

表 10-2 CO 中毒症状与浓度的关系

| CO 浓度(体积分数)/% | 主 要 症 状 |
|---|---|
| 0.02 | 2～3 h 内可能引起轻微头痛 |
| 0.08 | 40 min 内出现头痛、眩晕和恶心。2 h 内发生体温和血压下降,脉搏微弱,出冷汗,可能出现昏迷 |
| 0.32 | 5～10 min 内出现头痛、眩晕。0.5 h 内可能出现昏迷并有死亡危险 |
| 1.28 | 几分钟内出现昏迷和死亡 |

(2) 二氧化碳。

二氧化碳在常温下是一种无色无味气体,不燃烧也不支持燃烧,密度比空气略大,易溶于水,对空气的相对密度为 1.517。火灾中产生的 $CO_2$ 气体也会造成人员的呼吸中毒,当人处在 $CO_2$ 体积分数为 10% 的环境中时还会有生命危险,具体危害如表 10-3 所示。

表 10-3 不同体积分数的 $CO_2$ 对人体的影响

| $CO_2$ 浓度(体积分数)/% | 对人体的影响 |
|---|---|
| 0.55 | 6 h 内对人体不会产生任何痛苦 |
| 1～2 | 引起不适 |
| 3 | 呼吸中枢受到刺激、呼吸频率增大、血压升高 |
| 4 | 感觉有头痛、耳鸣、眩晕、心跳加快等症状 |
| 5 | 感觉喘不过气来,30 min 内引起中毒 |
| 6 | 呼吸急促,感到非常难受 |
| 7～10 | 数分钟内失去知觉,以致死亡 |

(3) 二氧化硫。

二氧化硫（$SO_2$）对空气的相对密度为 2.2，它极易变成无色液体。液态二氧化硫的沸点为 10℃。二氧化硫易溶于水，在 20℃ 时，1 体积的水能溶解大约 40 体积的二氧化硫，因此，灭火时可用水喷雾溶解烟雾中的二氧化硫以减轻二氧化硫的毒性。二氧化硫对人体健康的影响列于表 10-4。

表 10-4　$SO_2$ 对人体健康的影响

| $SO_2$ 浓度（体积分数）/% | 对人体的影响 |
| --- | --- |
| 0.0005 | 长时间作用无危险 |
| 0.001～0.002 | 气管感到刺激、咳嗽 |
| 0.005～0.01 | 1 h 内无直接的危险 |
| 0.05 | 短时间内生命有危险 |

(4) 氮的氧化物。

氮的氧化物主要是一氧化氮（NO）和二氧化氮（$NO_2$）。前者是无色不能助燃的烟气，但易与氧化合成二氧化氮，后者为红棕色助燃烟气，并有气味，有毒。氮的氧化物对人体健康的影响列于表 10-5。

表 10-5　不同体积分数氮的氧化物对人体的影响

| 氮的氧化物浓度（体积分数）/% | 对人体的影响 |
| --- | --- |
| 0.004 | 长时间作用无明显反应 |
| 0.006 | 短时间内气管即感到刺激 |
| 0.01 | 短时间内刺激气管，咳嗽，继续作用有生命危险 |
| 0.025 | 短时间内可迅速致死 |

(5) 硫化氢。

硫化氢是无色而有臭鸡蛋味的毒性烟气，其化学性质不稳定，点火时能在空气中燃烧，具有还原性，硫化氢烟气对空气的相对密度为 1.17，爆炸浓度极限为 4.3%～46%。硫化氢烟气毒性较大，吸入少量时会引起头痛、晕眩，吸入大量时可致死。硫化氢对人体健康的影响列于表 10-6。

表 10-6　不同体积分数的硫化氢对人体的影响

| $H_2S$ 浓度（体积分数）/% | 对人体的影响 |
| --- | --- |
| 0.01～0.015 | 经几小时，有轻微的中毒症状 |
| 0.02 | 经 5～8 min，强烈刺激眼睛、鼻子和气管 |
| 0.05～0.07 | 经 1 h，严重中毒 |
| 0.1～0.3 | 致死 |

矿井火灾对人身安全、生产设备、煤炭资源均有重大危害，但是火灾是可以预防的，我们应该把重点放在预防上，采用防灭火技术是一种重要的手段。

### 10.2.2　矿井内因火灾

内因火灾是由于煤炭或者其他易燃物质自身氧化蓄热，发生燃烧而引起的火灾。煤的自燃倾向性分为容易自燃、自燃、不易自燃3类。内因火灾多发生在采空区、遗留的煤柱、破裂的煤壁及浮煤堆积等处。内因火灾发生有一个或长或短的过程且有预兆,易于早期发现但火源隐蔽,内因火灾可以持续燃烧,冻结大量煤炭资源。

**1. 煤自燃及其特性**

1) 煤的基础性质

煤的化学结构是研究煤自燃过程的重要基础。长期以来,为了阐明煤的化学结构,国内外研究人员在该方面开展了大量研究。但是,由于煤是一种组成、结构极其复杂且极不均一,包括多种有机和无机化合物的非晶态混合物,人们至今尚无法准确、定量的对煤的化学结构进行阐述。鉴于这一研究难点,建立合理的煤化学结构模型成为研究煤化学结构的重要途径。煤的化学结构模型是在对煤的各种结构参数进行推断和假想的基础上建立的,用以表示煤的平均化学结构。虽然煤的化学结构模型只是一种统计平均概念,并非煤中客观存在的真实分子形式,只能近似反映煤中基团空间分布的平均结构,但其对于煤自燃过程发生机理的研究仍具有十分重要的指导作用。

自20世纪初开始研究煤结构以来,人们已提出了多种煤分子结构模型,如由Fuchs提出随后由Krevelen修正的Fuchs模型、Given模型、Wiser模型、本田模型、Shinn模型、Solomon模型等。这些前期提出的煤化学结构模型之间均存在不同程度的差异,但仍有一些观点在大多数结构模型中取得共识:①煤的化学结构主要是芳香结构的聚合体;②不同的芳香基团之间通过桥键进行连接;③桥键形成于多种不同的化学结构中,其中大部分为脂肪性结构;④煤结构中含有O、N、S等元素,N主要以杂环和芳香环外联两种形式存在,其中以杂环存在形式为主,S主要以杂环、硫醚键和芳香环外联等形式存在;⑤煤结构中含有游离相结构,它们被认为是与煤主体化学结构之间存在非紧密关系的小分子结构,或是被镶嵌在煤主体化学结构中,或是通过氢键或范德华力与煤主体化学结构之间保持不同程度的弱联系;⑥煤化学结构中含有一定种类和数量的自由基,其反应活性存在差别。

2) 煤自燃理论

(1) 物质自燃理论。

任何反应体系中可燃混合气体会进行缓慢氧化而放出热量,使体系温度升高,此外,体系又会通过器壁向外散热,使体系温度下降。因此,着火与否受反应放热因素与散热因素相互作用的影响。如果放热因素占优势,体系就会出现热量积聚,温度升高,反应加速,发生自燃;相反,如果散热因素占优势,则体系温度下降,不能自燃。例如在寒冷而风大的环境中不易点燃可燃物,而在风小的地方就容易点燃,这就是两种情况下的散热条件不同的结果。

谢苗诺夫认为:反应系统与周围介质间热平衡遭到破坏时就会发生着火。图10-2所示为谢苗诺夫热自燃体系的示意。示意图中以圆圈表示容器,以圆圈内的阴影区域表示容器里能够进行反应的混合气体,容器置于流体中,被流体包围。

(2) 热动力学理论。

① 化学动力学。

化学动力学是研究化学反应速率和反应机理的学科,它的发展始于质量作用定律的建立。化学动力学经历了三大发展阶段:宏观反应动力学阶段、元反应动力学阶段和微观反

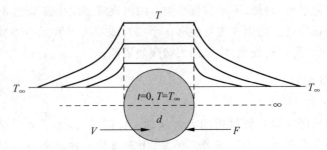

**图 10-2 谢苗诺夫热自燃体系示意**

注：$V$—容器体积；$t$—时间；$d$—直径；$S$—容器表面积；$T$—无穷远处温度（环境温度）；$F$—自由能。

应动力学阶段。

② 阿伦尼乌斯方程。

自燃着火条件的分析、火势发展快慢的估计、燃烧历程的研究及灭火条件的分析等都要用到燃烧反应的化学动力学理论。大量的实验证明，反应温度对化学反应速率的影响很大，同时这种影响也很复杂，但是最常见的情况是反应速率随着温度的升高而加快。Van't Hoff 提出了一条简单而近似的规则，即在不大的速率范围内和不高的温度下（在常漏附近），温度每升高 10℃，反应速率增大 2~4 倍，即：

$$\frac{k(T+10k)}{k(T)}=2\sim 4 \tag{10-1}$$

式中：$k$——温度为 $T$ 时的反应速率常数。

1889 年，阿伦尼乌斯从实验结果中总结出一个温度对反应速率影响的经验公式，后来他又用理论证实了该式。

### 2. 煤的自燃过程及影响因素

1）煤自燃过程

煤炭自燃一般是指：煤在常温环境下会与空气中的氧气通过物理吸附、化学吸附和氧化反应而产生微小热量，且在一定条件下氧化产热速率大于向环境散热的速率，产生热量积聚使得煤体温度缓慢而持续地上升，当达到煤的临界自热温度后，氧化升温速率加快，最后达到煤的着火点温度而燃烧起来，这样的现象和过程就是煤的自燃（或称为煤的自然发火导致的煤矿内因火灾）。

根据现有的研究成果，认为煤炭的氧化和自燃是基链反应，一般将煤炭自燃过程大体分为三个阶段：①准备期；②自热期；③燃烧期。如图 10-3 所示。

煤炭在其形成过程中，产生许多含氧游离基，如羟基、羧基和碳基等。当破碎的煤与空气接触时，煤从空气中吸附的 $O_2$ 只能与这些游离基反应，生成更多的稳定性不同的游离基。此阶段煤体温度变化不明显，煤的氧化进程十分平稳缓慢，然而煤确实在发生变化，不

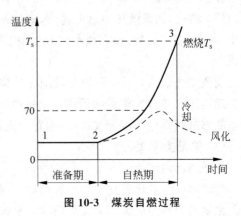

**图 10-3 煤炭自燃过程**

仅煤的重量略有增加,着火点降低,而且氧化性被活化。由于煤的自燃需要热量的聚集,在该阶段因环境起始温度低,煤的氧化速率慢,产生的热量较少,因此需要一个较长的蓄热过程,故这个阶段通常也称为煤的自燃准备期,它的长短取决于煤的自燃倾向性的强弱和外界条件。

经过自燃准备期之后,煤的氧化速率增加,不稳定的氧化物分解成水($H_2O$)、二氧化碳($CO_2$)、一氧化碳(CO)。氧化产生的热量使煤温继续升高,超过煤自热的临界温度(一般为60~80℃),煤温急剧上升,氧化进程加快,开始出现煤的干馏,产生芳香族的碳氢化合物($C_xH_y$)、氢($H_2$)、更多的一氧化碳(CO)等可燃气体,这个阶段为自热期。

自热期的发展有可能使煤温上升到着火点温度($T_s$)而导致自燃。煤的着火点温度由于煤种不同而变化,无烟煤一般为400℃,烟煤为320~380℃,褐煤为270~350℃。如果煤温根本不能上升到临界温度,或能上升到这一温度但由于外界条件的变化更适于热量散发而不是聚集,则煤炭自燃过程自行放慢而进入冷却阶段,继续发展,便进入风化状态,使煤自燃倾向性能力降低而不易再次发生自热,如图10-3中的虚线所示。

从煤的自燃过程可见,煤的自燃过程就是煤氧化产生的热量大于向环境散失的热量而导致煤体热量聚集,使煤的温度上升而达到着火点的过程。

2) 煤自燃的影响因素

煤自燃是煤的氧化产热与向环境散热的矛盾发展的结果。因此,只要与煤自燃过程产热和热量向环境散失相关的因素都能影响煤的自然发火过程。可以将影响煤自燃的因素分为内在因素和外在因素。

(1) 内在因素。

自燃是煤的一种自然属性,但发生自燃的能力(煤的自燃倾向性)却不相同。这是因为不同的煤氧化能力不同,而影响其自身氧化能力的,即内在影响因素,主要有煤化程度、煤的含水量、煤岩成分、煤的含硫量、煤的粒度与孔隙结构、煤的瓦斯含量等。实际上,这些影响因素也就是煤的自燃倾向性的影响因素。

① 煤化程度,即煤的变质程度。不同煤化程度的煤的自燃倾向性发生规律性变化正是由于随着煤化程度的变化煤的分子结构发生规律性变化。随着煤化程度的提高,结构单元中芳香环数增加,对气态氧反应敏感的侧链和含氧官能团减少甚至消失,煤的抗氧化能力增加。一般来说,煤的煤化程度越低,挥发分就越高,氢氧含量就越大,其自燃危险性就越大。尽管煤的自燃性是随着煤的变质程度增高而降低,但不能以煤化程度作为判断煤的自燃危险性的唯一标志。

② 煤的含水量。根据煤中水分的赋存特点,煤的水分分为内在水分和外在水分,煤的内在水分是吸附或凝聚在煤颗粒内部直径小于$10^{-5}$ cm的毛细孔中的水分,煤的外在水分是指附着在煤的颗粒表面以及直径大于$10^{-5}$ cm的毛细孔中的水分。一般来说,煤的内在水分在100℃以上的温度中才能完全蒸发而散发到周围空气中,煤的外在水分在常温状态下就能不断蒸发,在40~50℃下,经过一定时间,煤的外在水分会完全蒸发。在煤的水分还没有全部蒸发之前,煤的温度很难上升到100℃,因此,煤的含水量对煤的氧化进程有重要影响。

③ 煤岩成分。煤岩成分是指煤层中煤的岩相学组分。用肉眼看,可以将煤层中的煤分为丝煤、暗煤、亮煤和镜煤4种煤岩成分。不同的煤炭中,这4种成分的含量差别很大,通常煤体中暗煤和亮煤所占的比例最大,丝煤与镜煤所占比例较小,它们仅仅是煤中的少量混

杂物质。褐煤中丝煤含量最高，几乎无镜煤；无烟煤中镜煤含量最高，几乎无丝煤。镜煤与丝煤组分比较单一。

④ 煤的含硫量。硫在煤中有3种存在形式：二硫化亚铁即黄铁矿（$FeS_2$）、有机硫及硫酸盐。煤中的无机硫和有机硫在氧化反应中的行为不同。煤中的硫无疑会影响煤的自燃，硫氧化能力相对来说要比煤强，因此在其他成分相差不大的情况下，含硫多的煤在同样条件下易于氧化、自燃。但是当煤中硫的含量不大（一般低于3%）时，对煤自燃的影响有限。

⑤ 煤的粒度与孔隙结构。完整的煤层和大块堆积的煤一般不会发生自燃，一旦受压破裂，呈破碎状态存在，煤才可能自然发火。这是因为氧气不能进入完整煤层的煤体，大块的煤能够充分与氧接触的表面积有限，氧化产生的热量相对较小，不足以使煤块升温，并且由于大块煤堆积的大缝隙导致对流传热明显，热量不易于积聚。

(2) 外在因素。

煤炭自燃倾向性取决于煤在常温下的氧化能力，是煤层发生自燃的基本条件。然而在生产中，一个煤层或矿井的自然发火危险程度并不完全取决于煤的自燃倾向性，还受外界条件的影响，如煤层的地质赋存条件、开拓开采方法及通风等。这些外界条件决定着煤炭接触到的空气量和与外界的热交换。因此，必须掌握它们的基本规律，来指导现场的生产实践，保证安全生产。

① 煤层地质赋存条件。煤层地质赋存条件主要是指煤层厚度、倾角、埋藏深度、地质构造及围岩性质等。

② 采掘技术因素。采掘技术因素对自燃危险性的影响主要表现在采区回采速率、回采期、采空区丢煤量及其集中度、顶板管理方法、煤柱及其破坏程度、采空区封闭难易程度等方面。好的开拓方式应是少切割煤层、少留煤柱，矿压的作用小、煤层的破碎程度小，所以岩石结构的开拓方式，如集中平硐、岩石大巷、石门分采区开拓布置能减少自燃危险性。

③ 通风因素。通风因素的影响主要表现在采空区、煤柱和煤裂隙漏风。如果漏风很小，供氧不足，则抑制煤炭自燃，如果漏风量大，大量带走煤氧化后产生的热量，则很难产生自燃。决定漏风大小的因素有矿井和采区的通风系统、采区和工作面的推进方向、开采与控顶方法等。

### 3. 煤自燃倾向性与自然发火期

1）煤自燃倾向性

煤的自燃倾向性表示煤自然发火的难易程度，是煤氧化能力的内在属性。我国《煤矿安全规程》将煤的自燃倾向性分为容易自燃、自燃、不易自燃3类，并规定新建和延伸矿井都必须对煤层作自燃倾向性鉴定，开采容易自燃和自燃煤层的矿井，必须采取综合预防煤层自然发火的措施。因此，煤自燃倾向性的科学鉴定是搞好矿井防灭火工作的基础。

2）煤自然发火期

煤层自然发火期是煤炭自然发火危险性的时间量度，即煤层从暴露在空气中起到自燃所需的时间，通常是指煤矿某一煤层自然发火最短的一个时间值，故称最短自然发火期，也简称发火期。

煤自然发火期与煤自燃倾向性都是表示对煤自然发火危险性量度的评价指标，二者有紧密联系，但也有区别。煤的自燃倾向性只反映煤自燃的内在性质；而煤的自然发火期既反映煤自燃的内因条件,也反映煤在地质、采矿、通风和管理等外因作用下的综合自燃特性,加之发火期采用时间量度(月或天或小时)进行评价易被理解和接受,因而在国内得到广泛应用。如国内的一般技术报告中普遍采用最短自然发火期介绍某矿的煤自然发火特性,如某煤矿"自然发火期6个月"或"自然发火期1个月"等,能比较形象地反映煤矿的自然发火特征。

## 10.3 矿井火灾的预测预报

矿井火灾的发生发展是一个动态发展的过程,根据火灾发生发展时期产生的各种迹象,比如气味、烟雾、明火等,可以早期发现并及时扑救。矿井火灾早期识别的目的是尽可能早地发现火灾并及时控制火势,将火灾危害和造成的损失减少到最低。

### 10.3.1 矿井外因火灾预测

矿井外因火灾预测的任务是,通过井巷中的可燃物和潜在火源分布调查,确定可能产生外因火灾的空间位置及其危险性等级。准确地预测,可以使外因火灾的预防更具有针对性,灭火准备更充分。

外因火灾预测可遵循如下程序:
(1) 调查井下可能出现火源(包括潜在火源)的类型及其分布。
(2) 调查井下可燃物的类型及其分布。
(3) 划分发火危险区。井下可燃物和火源(包括潜在火源)同时存在的区域视为危险区。

### 10.3.2 煤自然发火条件及危险区域

内因火灾是由于煤炭或者其他易自燃物质自身氧化蓄热,发生燃烧而引起的火灾。

**1. 煤层自燃倾向性鉴定方法**

《煤矿防灭火细则》对煤的自燃倾向性鉴定有明确的规定,新建矿井或改扩建矿井应当将厚度为0.3 m以上的煤层进行煤的自燃倾向性鉴定。采用吸氧量法,即"双气路气相色谱仪吸氧鉴定法",鉴定结果按表10-7分类确定自燃倾向性等级。

表 10-7 煤的自燃倾向性分类

| 自燃等级 | 自燃倾向性 | 30℃常压条件下煤吸氧量(干燥)/(cm³/g) | | 备 注 |
| --- | --- | --- | --- | --- |
| | | 干燥无灰基挥发分 $(V_{daf})>18\%$ | 干燥无灰基挥发分 $(V_{daf})\leqslant18\%$ | |
| I | 容易自燃 | $>0.7$ | $\geqslant1.00$ | 全硫(sf,%)$\geqslant2.00$ |
| II | 自燃 | $(0.4, 0.7]$ | $<1.00$ | 全硫(sf,%)$\geqslant2.00$ |
| III | 不易自燃 | $\leqslant0.4$ | | 全硫(sf,%)$<2.00$ |

**2. 煤层自然发火期估算方法及其延长途径**

《煤矿防灭火细则》规定:所有开采煤层应当通过统计比较法、类比法或者实验测定等方法确定煤层最短自然发火期。

1) 煤层的自然发火期估算方法

目前我国规定采用统计比较和类比的方法确定煤层的自然发火期。

(1) 统计比较法。

矿井开工建设揭煤后,对已发生自燃火灾的自然发火期进行推算,并分煤层统计和比较,以最短者作为煤层的自然发火期。计算自然发火期的关键是首先确定火源的位置。此法适用于生产矿井。

(2) 类比法。

对于新建的开采有自燃倾向性煤层的矿井,可根据地质勘探时采集的煤样所做的自燃倾向性鉴定资料,并参考与之条件相似区或矿井,进行类比而确定,以供设计参考。此法适用于新建矿井。

2) 延长煤层自然发火期途径

(1) 减缓煤的氧化速度和氧化生热。减小漏风,降低自热区内的氧气浓度;选择分子直径较小、效果好的阻化剂或固体浆材,喷洒在碎煤或压注至煤体内使其充填煤体的裂隙,阻止氧分子向孔内扩散。

(2) 增加散热强度,降低温升速度。增加遗煤的分散度以增加表面散热量;对于处于低温时期的自热煤体可用增加通风强度的方法来增加散热;增加煤体湿度。

**3. 自然发火"三带"划分**

采煤工作面采空区自然发火"三带"可划分为散热带、氧化带和窒息带。开采容易自燃和自燃煤层时,同一煤层应当至少测定 1 次采煤工作面采空区自然发火"三带"分布范围。当采煤工作面采煤方法、通风方式等发生重大变化时,应当重新测定。划分方法有以下 3 种:

(1) 按照煤自然发火临界氧浓度指标来划分,一般可分为散热带(氧气浓度>18%)、氧化带(5%≤氧气浓度≤18%)、窒息带(氧气浓度<5%)。

(2) 按照采空区内的漏风风速来划分,分为散热带(漏风风速>0.24 m/min)、氧化带(0.1 m/min≤漏风风速≤0.24 m/min)、窒息带(漏风风速<0.1 m/min)。

(3) 按照采空区内的温升率来划分,如果采空区内的温升率>1℃/d 时,就认为已进入氧化带。

## 10.3.3 煤自燃早期监测及预警

煤矿建立现代化的环境监测系统进行火灾早期预报,是改变煤矿安全面貌、防止重大火灾事故的根本出路。近年来,国内外的煤矿安全监测技术发展很快。法国、波兰、日本、德国、美国等国家先后研制了不同型号的环境监测系统。我国从 20 世纪 80 年代开始,通过对国外技术的引进、消化和吸收,环境监测技术有了很大进步。除分别引进波兰的 CMC-1 系统、英国的 MINOS 系统、美国的 DAN-6400 系统及德国的 TF-200 系统外,国内一些军工和煤矿研究单位也研制了一些监测和监控系统,在我国部分煤矿进行了装备,为改变我国煤矿的安全状况起到了一定作用。

**1. 煤自燃监测系统**

目前实现连续巡回自动监测系统基本上有束管监测系统和矿井火灾监测与监控系统两种形式。

下面主要介绍束管监测系统。

束管监测系统主要由采样、分析、控制和数据储存、显示等部分组成,如图10-4所示。

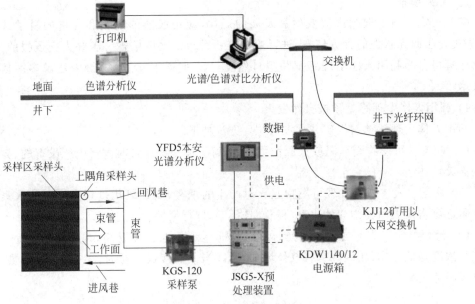

图 10-4  束管监测系统

(1) 采样点设置。

测点设置的总要求是,保证一切火灾隐患都要在控制范围之内,并有利于准确地判断火源的位置,同时要求安装传感器少。

测点布置一般原则如下:

① 在已封闭火区的出风侧密闭墙内设置测点,取样管伸入墙内 1 m 以上。
② 有发火危险的工作面的回风巷内设测点。
③ 潜在火源的下风侧,距火源的距离应适当。
④ 温度测点设置要保证在传感器的有效控制范围之内。
⑤ 测点应随采场变化和火情的变化而调整。

(2) 采样系统。

采样系统由抽气泵和管路组成。管路一般采用管径为 60~87 mm 聚乙烯塑料管,在采样管的入口装有干燥粉尘和水分捕集器等净化和保护单元。滤尘材料一般采用玻璃纤维和粉末冶金材料。在管路的适当位置装有储放水器,以排除管中的冷凝水。整个管路要绝对严密,管路上装有真空计指示管路的工作状态。在仪器入口装有分子筛或硅胶,以进一步净化气样。

(3) 控制装置。

主要由三通实现井下多取样点巡回取样。

（4）气样分析。

气样分析可采用气相色谱仪、红外气体分析仪等仪器。

（5）数据储存、显示和报警。

分析仪器输出的模拟信号可用图形显示、记录仪记录，超过临界指标时发出声光报警。必要时进行打印，也可计算机储存。束管监测系统的缺点是管路长、维护工作量大。

**2. 火灾预报**

矿井火灾预报是根据火灾发生和发展的规律，应用成熟的经验和先进的科学技术手段，采集处于萌芽状态的火灾信息，进行逻辑推断后给出火情报告。矿井火灾预报的方法，按其原理可分为利用人体生理感觉预报自然发火、气体成分分析法、测温法及多源信息融合技术等。

1）利用人体生理感觉预报自然发火

利用人体生理感觉预报矿井火灾的主要方法如下：

（1）嗅觉。可燃物受高温或火源作用，会分解生成一些正常时大气中所没有的、异常气味的火灾气体。

（2）视觉。人体视觉发现可燃物起火时产生的烟雾，煤在氧化过程中产生的水蒸气及其在附近煤岩体表面凝结成的水珠（俗称"挂汗"），进行报警。

（3）感（触）觉。煤炭自燃或自热、可燃物燃烧会使环境温度升高，并可能使附近空气中的氧气浓度降低、二氧化碳等有害气体增加，所以当人们接近火源时，会有头痛、闷热、精神疲乏等不适之感。

2）气体成分分析法

煤自燃标志性气体测定方法主要分为色谱和光谱测定方法，是煤自燃束管检测系统的核心检测终端。色谱检测方法是目前标志性气体检测最准确的方法，用仪器分析和检测煤在自燃、可燃物在燃烧过程中释放出的烟气或其他气体产物，预报火灾。

（1）指标气体及其临界指标。

能反映煤炭自热或可燃物燃烧初期特征并可用来作为火灾早期预报的气体叫作指标气体。

指标气体必须具备如下条件：

① 灵敏性，即正常大气中不含有（天然本底值低），或虽含有但数量很少且比较稳定，一旦发生煤炭自热或可燃物燃烧，则该种气体浓度就会发生较明显的变化。

② 规律性，即生成量或变化趋势与自热温度之间呈现一定的规律和对应关系。

③ 稳定性，水溶度低、不易氧化、不易分解。

④ 可测性，可利用现有的仪器进行检测。

⑤ 释放和采样方便、来源方便，容易制取，成本低。

⑥ 安全性，无色、无臭、无毒。

（2）常用指标气体。

目前我国煤矿所用的气体检测设备（气相色谱仪），主要检测氧气、氮气、一氧化碳、二氧化碳、甲烷、乙烷、丙烷、乙烯、乙炔 9 种气体。

在煤自燃过程中，根据各种气体的相对产生量和采用的分析方法（微量分析和常量分析),可将其划分为以下 3 类。第一类常量分析的气体:氧气和氮气。第二类微量分析的气体:一氧化碳、乙烷、丙烷、乙烯、乙炔。第三类微量分析或常量分析的气体:二氧化碳和甲烷。

在煤自燃过程中,根据各种气体指标的产生原因,可将其分为以下两类。第一类氧化性气体(与煤氧复合和煤温相关):一氧化碳和二氧化碳。第二类热解气体(与煤温相关):甲烷、乙烷、丙烷、乙烯、乙炔。

通过上述划分,除选用各种单一气体指标作为判定煤自燃程度的表征参数外,还可选用一氧化碳/二氧化碳、甲烷/乙烷、丙烷/乙烷、乙烯/乙烷等气体的比值作为判定煤自燃程度的表征参数。

目前,国内外常用指标气体及预报指标见表 10-8。

表 10-8 主要产煤国家预报煤炭自然发火的指标气体及预报指标

| 国　　别 | 指标气体及预报指标 | 国　　别 | 指标气体及预报指标 |
|---|---|---|---|
| 中国 | $CO$、$C_2H_4$、$I_{CO}$ 等 | 日本 | $CO$、$C_2H_4/CH_4$、$I_{CO}$、$C_2H_4$、烟等 |
| 苏联 | $CO$、$C_2H_4/C_2H_2$、烟等 | 英国 | $CO$、$C_2H_4$、$I_{CO}$、烟等 |
| 德国 | $CO$、$I_{CO}$、烟等 | 美国 | $CO$、$C_2H_4$、$I_{CO}$、烟等 |

① 一氧化碳。

一氧化碳生成温度低,生成量大,其生成量随温度升高按指数规律增加,是预报煤炭自燃火灾较灵敏的指标之一。若大气中含有一氧化碳,并采用一氧化碳作为指标气体时,要确定预报的临界值。确定临界值时一般要考虑下列因素:各采样地点在正常时风流中一氧化碳的本底浓度;临界值所对应的煤温适当,即留有充分的时间寻找和处理自热源。

应该指出的是,应用一氧化碳作为指标气体预报自然发火时,要同时满足两点:一是一氧化碳的浓度或绝对值要大于临界值;二是一氧化碳的浓度或绝对值要有稳定增加的趋势。

② Graham 系数 $I_{CO}$。

J.J.Graham 提出了用流经火源或自热源风流中的一氧化碳浓度增加量与氧气浓度减少量之比作为自然发火的早期预报指标。其计算式如下:

$$I_{CO}=\frac{100C_{CO}}{\Delta C_{O_2}}=\frac{1000C_{CO}}{0.265C_{N_2}-C_{O_2}} \qquad (10-2)$$

式中:$C_{CO}$、$C_{O_2}$、$C_{N_2}$——分别为回风侧采样点气样中的一氧化碳、氧气和氮气的体积浓度,%。

如果进风侧气样中氧氮之比不是 0.265,则应计算出进风侧氧氮浓度之比值代替 0.265。

图 10-5 所示为 Graham 系数 $I_{CO}$ 与煤温和氧化速度的关系曲线。由图 10-5 可知,$I_{CO}$ 曲线的斜率在氧化速度小时较大,所以此期间较为灵敏。当氧化速度增加(接近明火)时,其斜率减小。其原因是二氧化碳生成量大于一氧化碳生成量。

③ 乙烯。

试验发现,煤温升高到 80～120℃ 之后,会解析出乙烯、丙烯等烯烃类气体产物,而这些气体的生成量与煤温成指数关系。一般矿井大气中不含有乙烯,因此,只要井下空气中检测出乙烯,则说明已有煤炭在自燃。同时根据乙烯和丙烯出现的时间还可推测出煤的自热

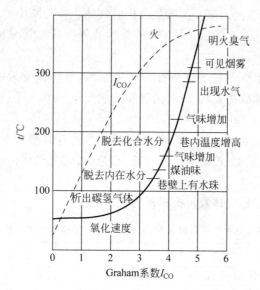

图 10-5　Graham 系数 $I_{CO}$ 与煤温 $t$ 和氧化速度的关系曲线

温度。

④ 格氏火灾系数。

英国学者格雷哈姆于 1914 年提出格氏火灾系数。格氏火灾系数是可以不受一定客观因素的影响且易于选择的优选指标,通过实验过程中的 CO 体积分数的增量 $+\Delta\varphi(CO)$、$CO_2$ 体积分数的增量 $+\Delta\varphi(CO_2)$ 与耗氧量 $-\Delta\varphi(O_2)$ 之间的比值来预测火灾发展情况。用 $R_1$、$R_2$、$R_3$ 依次体现第一、二、三火灾系数。

$$R_1 = [+\Delta\varphi(CO_2)/(-\Delta\varphi(O_2))] \times 100\%$$
$$R_2 = [+\Delta\varphi(CO)/(-\Delta\varphi(O_2))] \times 100\%$$
$$R_3 = [+\Delta\varphi(CO)/(+\Delta\varphi(CO_2))] \times 100\%$$

⑤ 其他指标气体。

单一指标气体容易受到现场风流等环境因素影响降低预测预报的准确度和精度,为提高预测预报的准确性,确定煤温大小,往往采用同一数量级的指标气体体积分数比值来表示,即选择 $\varphi(C_2H_6)/\varphi(CH_4)$、$\varphi(C_2H_4)/\varphi(CH_4)$、$\varphi(C_2H_4)/\varphi(C_2H_6)$ 来确定煤温的相应关系。

3) 测温法

光纤测温技术具有抗电磁干扰、灵敏度高、质量轻、尺寸小、成本低,适于在高温、腐蚀性等环境中使用的优点,还具有本征自相干能力强及在一根光纤上利用复用技术实现多点复用、多参量分布式区分测量的独特优势。因此,在国内外均取得了较好的应用效果。

目前,煤矿常用的分布式光纤测温系统由激光器、波分复用器、传感光纤、探测器、采集卡和数据处理系统组成。如图 10-6 所示,激光器发出的脉冲光通过波分复用器进入传感光纤,脉冲光在传感光纤内传输时产生斯托克斯拉曼散射光和反斯托克斯拉曼散射光。斯托克斯拉曼背向散射光和反斯托克斯拉曼背向散射光再通过波分复用器进入探测器进行光电转换,高速采集卡对信号进行采集和累加平均后通过数据处理系统解调得到温度信息。

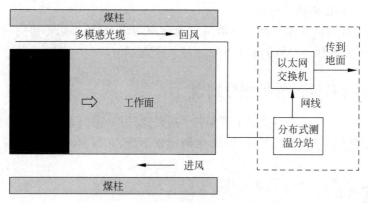

图 10-6　采煤工作面分布式光纤测温布置

光纤测温传感器的感温光缆沿巷道安装到工作面,再通过采空区的密闭墙延伸到采空区。感温光缆与井下分站相连接,分站实现温度信号的解调、结果的显示、存储,最终将温度信号通过以太网发送到地面监测系统。采空区内的感温光缆拟采用 L 形的布线方式,最终将温度数据采用算法实现采空区温度场的重建。此种布设方式可较全面地反映出采空区内部温度的变化情况,有助于分析采空区煤层自然发火导致的不同区域温度变化情况。如果采空区敷设光缆处附近煤层有自燃的趋势,则该处的温度会升高,测量得到的在该点处的温度会有相应的改变,发火的速率可以根据测量得到的温度信息计算得到。依据这些信息,可以建立采空区自燃温度趋势图,从而为判定采空区自然发火提供依据。

4) 多源信息融合技术

矿井火灾多源信息融合预警系统是针对煤矿井下内因和外因火灾(主要针对皮带火灾)的监测预警系统,其结构如图 10-7 所示,通过集成煤矿安全监控系统、火灾束管监测系统、无线自组网温度监测系统和分布式光纤温度监测系统监测的指标数据,根据基于实验研究、现场观测及专家经验得出的火灾预警指标体系和火灾发展规律,融合处理来自不同位置、具有不同物理含义的多源火灾信息,进而判断火灾危险程度,确定火灾危险区域,实现火灾预警。

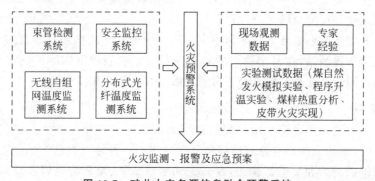

图 10-7　矿井火灾多源信息融合预警系统

主要采用多源信息融合理论及方法研究了多传感器火灾监测系统的智能化数据融合方法、数据处理、故障检测和系统可靠性等方面的基本问题及关键技术。该类系统具有感温、感烟、感光或气体检测等多源火灾特征信息监测、探测功能,有效提高了火灾探测、报警系统的灵敏度、可靠性和准确度。

信息融合技术在矿井煤自燃火灾监测方面的应用较少,处于初步研究阶段,在监测方法、判断依据、预警机制等方面仍需要开展大量的研究工作。

### 10.3.4 火源位置的探测与判别

探测地下煤自燃隐蔽高温火源位置,基于探测原理的不同,国内外研究学者提出了不同探测方法,包括红外探测法、磁探测法、电阻率探测法、无线电波法、地质雷达法、同位素测氡法等。

**1. 红外探测法**

红外探测法和遥感法主要利用红外线在不同温度物体上所反射的颜色特征进行探测,其只能探测较浅层位的火源位置,其探测结果如图 10-8 所示。

彩图 10-8

图 10-8　表面温度分布

自然界中任何物体只要处于绝对零度之上就会产生分子振动和晶格振动并自行向外发射红外电磁波形成红外辐射场。当巷道煤体自然发火时必然会在巷道表面产生红外辐射能量场,辐射能量场具有能量、动量、方向和信息特性,煤层自燃火源点在向外辐射红外线的同时必然会把煤体内的自燃信息以场的形式反馈出来。因此,在排除干扰因素后提取巷道表面辐射能量场变化的异常信息,建立巷道表面辐射能量场与自燃火源的对应关系并根据场的变化规律来反演自燃火源位置。

在矿山煤巷煤炭自燃隐蔽火源探测中主要用到中远红外的探测仪器,红外探测时在巷道内按一定距离布置测站,在每个测站的巷道两帮、顶、底板根据实际情况布置若干测点。根据不间断的探测数据变化判断是否有自燃火源点存在及其相应的位置。

**2. 磁探测法**

磁探测法是通过观测和记录由探测对象与周围岩体或矿物的磁性差异引起的局部磁异常现象,进而分析研究探测对象在地层内分布规律的一种地球物理方法。磁探测法主要通过对火区范围磁场的异常进行探测,容易受到地球磁场、地质构造以及煤岩体中存在的磁性物质干扰,影响其探测效果。

**3. 电阻率探测法**

电阻率探测法通过火区范围电阻率变化进行探测,适用于煤田自燃火区,很难应用于自燃隐蔽火源探测。电阻率探测法是电法勘探的一种。

电法勘探可以追溯到 19 世纪初 P. 福克斯(P. Fox)在硫化金属矿上发现的自然电场现象,并据此衍生出寻找金属矿的物理探测方法。经过 200 多年的发展,电法勘探的方法理论、仪器设备、数据采集、数据处理与解释方面都经历了重大变化,其应用领域从矿藏勘探拓展到地质结构探测、工程勘察和环境监测等多个行业领域。其中,基于电法勘探的煤自燃高温火源定位技术也位居其中,是近年来该领域内的研究热点内容之一,其工作原理如图 10-9 所示。受煤自燃高温火区上方的高(电)阻层屏蔽作用的影响,电法勘探中如直流电法的多数探测技术的使用受到了限制。

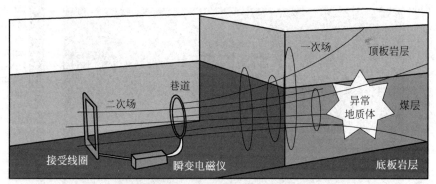

图 10-9　瞬变电磁法的工作原理示意

**4. 无线电波法和地质雷达法**

无线电波法和地质雷达法,对于煤自燃高温火源位置的探测目前仍处于研究阶段。

**5. 同位素测氡法**

同位素测氡法作为一种成熟的探测技术,最早应用于环境评价、资源勘探及地质构造勘查等领域。通过对地表氡浓度进行测定,可对井下高温热源位置进行判定,测氡仪如图 10-10 所示。

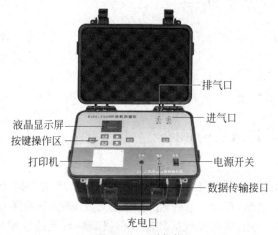

图 10-10　测氡仪

测氡法于 20 世纪 80 年代首次提出,该方法利用煤岩介质中天然放射性氡气随环境温度升高析出率增加的特性,通过在地面布置测点探测氡气浓度在探测区域的变化规律,根据气体异常分布范围、形态以及异常的中心位置来分析处理火源位置、范围及发展趋势。

当地下煤层发生自燃时,会产生高温高压环境,对围岩中氡气的分布产生较大影响。在此环境下会有大量的气体产生,这些气体能够作为氡气的载体,帮助氡气通过裂隙运移至地表。随着地下煤温的不断升高,氡气从地下运移到地表的速率不断加快,导致火区上方的氡气值远高于未发生自燃区域的氡气值。测氡法理论上可以探测到800~1200 m深度范围内的高温异常点,而且操作方法简便、精度高、抗外界干扰能力强,测场氡值如图10-11所示。

彩图 10-11

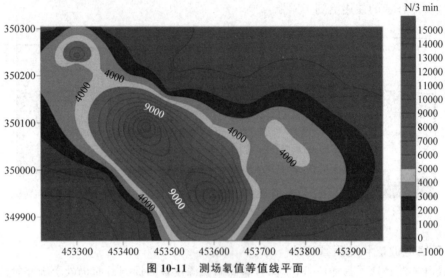

图 10-11　测场氡值等值线平面

测氡法是目前矿井煤自燃高温火源最为有效的探测技术之一,但在使用上需满足地表含有一定量表土层等条件,而且测量精度易受探测区域内地下水的影响。

## 10.4　煤矿外因火灾防治

外因火灾(exogenous fire)是由于外来热源(如明火、放炮、沼气煤尘爆炸、机电设备运转不良、机械摩擦、电流短路等)造成的火灾。它可发生在矿井任何地点,但多发生在井口楼、井筒、机电硐室、火药库及安有机电设备的巷道或工作面内。矿井外因火灾防治的重点:一是防止火源产生;二是防止已发生的火灾事故扩大,以尽量减少火灾损失。

### 10.4.1　矿井外因火灾的预防

**1. 我国消防方针**

我国的消防工作实行"预防为主,消防结合"的方针。所谓预防为主,即是在消防工作中坚持重在预防的指导思想,在设计、生产和日常管理工作中应严格遵守有关防火的规定,把防火放在首位。消防结合,即是在预防的同时积极做好灭火的思想、物质和技术准备。

**2. 防火对策**

火灾的防治可以采取技术对策、教育对策及管理(法制)对策3个对策。

1) 技术(engineering)对策

技术对策是防止火灾发生的关键对策。它要求从工程设计开始,在生产和管理的各个环节中,针对火灾产生的条件,制定切实可行的技术措施。技术对策可分为灾前对策和灾后对策两种。

(1) 灾前对策。

灾前对策的首要目标是破坏燃烧的充要条件,防止起火;其次是防止已发生的火灾扩大。防止起火主要对策包括以下内容:

① 确定发火危险区(潜在火源和可燃物共同存在的地方),加强明火与潜在高温热源的控制与管理,防止火源产生。

② 消除燃烧的物质基础,井下尽量不用或少用可燃材料,采用不燃或阻燃材料和设备,如使用阻燃风筒、阻燃输送带,支架非木质化。

③ 防止火源与可燃物接触和作用,在潜在高温热源与可燃物间留有一定的安全距离。

④ 安装可靠的保护设施,防止潜在热源转化为显热源,如变电所安装过电流保护装置,防止电缆短路。

防止火灾扩大主要对策包括以下内容:

① 有潜在高温热源的前后 10 m 范围内应使用不燃支架。

② 划分火源危险区,在危险区的两端设防火门;矿井有反风装置,采区有局部反风系统。

③ 在有发火危险的地方,设置报警、消防装置和设施。

④ 在发火危险区内设避难硐室。

(2) 灾后对策。

灾后对策主要包括以下内容:

① 报警。采集处于萌芽状态的火灾信息,发出警报。

② 控制。利用已有设施控制火势发展,使非灾区与灾区隔离。

③ 灭火。迅速采取有效措施灭火。

④ 避难。使灾区受威胁的人员尽快选择安全路线逃离灾区,或撤至灾区内预设的避难硐室等待救援。

2) 教育(education)对策

教育对策包括知识、技术和态度教育 3 个方面。

3) 管理(法制(enforcement))对策

管理(法制)对策是制定各种规程、规范和标准,且强制性执行。

这 3 种对策简称"3E"对策。前两种是防火的基础,第三种是防火的保证。如果片面地强调某一对策都不能收到满意的效果。

**3. 技术措施**

如前所述,预防火灾发生有两个方面:一是防止火源产生;二是防止火灾蔓延。

1) 防止火源产生

防止火源产生的主要措施有以下几个方面。

(1) 防止失控的高温热源产生和存在。按《煤矿安全规程》要求严格对高温热源、明火和潜在的火源进行管理。

(2) 尽量不用或少用可燃材料,不得不用时应与潜在热源保持一定的安全距离。

(3) 防止产生机电火灾。

(4) 防止摩擦引燃：防止输送带摩擦起火；防止摩擦引燃瓦斯。

(5) 防止高温热源和火花与可燃物相互作用。

2) 防止火灾蔓延

限制已发生火灾的扩大和蔓延，是整个防火措施的重要组成部分。火灾发生后，首先利用已有的防火安全设施把火灾局限在最小的范围内，然后采取灭火措施将其熄灭，这对于减少火灾的危害和损失极为重要。

防止火灾蔓延的主要措施有以下几个方面：

(1) 在适当的位置建造防火门，防止火灾事故扩大。

(2) 每个矿井地面和井下都必须设立消防材料库。

(3) 每一矿井必须在地面设置消防水池，在井下设置消防管路系统。

(4) 主要通风机必须具有反风系统或设备，并保持其状态良好。

### 10.4.2 矿井外因火灾灭火技术

**1. 电气事故引发的火灾防治及装备**

(1) 井下机电设备硐室防火措施。井下主要机电硐室如水泵房、变电所、蓄电池电动机车充电及修理硐室等，如图 10-12 所示，均布置 2 条及以上通道，并采用不燃性材料支护；井下机电硐室设置消火栓，按其防火性质配备不同类型的灭火器材；井下变电硐室、主排水泵房硐室等设置防火门。

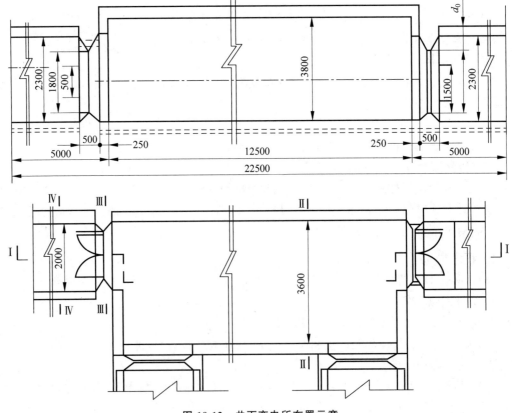

图 10-12　井下变电所布置示意

(2) 井下电气设备防火措施。采区变电所、带式输送机机头及其余地点的变配电设备、电动机均选用矿用隔爆型产品；井下监控、通信、信号的各组成设备，为本质安全型或隔爆兼本质安全型设备，如图10-13所示；照明灯具为矿用隔爆型节能荧光灯，井下无带油电气设备（变压器、开关）。

(3) 井下电缆防灭火。选用经检验合格并取得煤矿矿用产品安全标志的阻燃抗静电型铜芯电缆，如图10-14所示，其主芯线及接地芯线均能满足供电线路负荷及保护接地的要求。电缆的连接应符合有关要求。通信系统的井下电缆采用矿用阻燃通信电缆，并按照相关规定敷设电缆。做好电缆定期打压实验和绝缘测试，对于绝缘下降的电缆进行绝缘处理，对处理完仍不合格的电缆要进行更换。避免电缆发生漏电、短路从而引起火灾事故。按照要求安设井下电气设备的各种保护。

图 10-13　煤矿本质安全型电力监控分站

**2. 带式输送机着火的防治措施及装备**

带式输送机（图10-15）在生产制造和安装、使用中必须符合有关规定。胶带保护装置齐全、动作灵敏可靠；避免满载启动，减少空转时间；托辊损坏不转的应及时更换，防止胶带与其摩擦产生发热现象；胶带张紧装置配置应合理，防止胶带重载打滑；加强设备日常维护和定期检修保养，胶带不允许跑偏运行。在带式输送机机头及机尾安设烟雾报警与超温自动洒水保护，并与矿井安全监测监控系统连接。

图 10-14　矿用阻燃电缆

图 10-15　带式输送机示意

**3. 其他火灾的防治措施及装备**

1) 防止地面明火引发井下火灾的措施

木料场、矸石场与进风井的间距＞80 m，木料场与矸石场的距离＞50 m时，不会对井下生产造成威胁。矸石处理采用分层碾压填筑，5 m左右填筑一层矸石，上部覆盖0.5 m厚黄土，分层堆放，最后覆盖黄土并绿化，确保不会发生矸石自燃。井上消防材料库储存的材料、工具的品种和数量应符合有关规定，并定期检查和更换；材料、工具不得挪作他用。井口房和通风机房附近20 m内不得有烟火或用火炉取暖。进风井井口房装设防火铁门，防火铁门必须严密且易于关闭，并应定期维修。

2) 防止地面雷电波及井下引起火灾的措施

矿井属于第二类防雷建筑物,其雷击次数>0.3次/a。为防止雷电造成的煤矿意外灾害,应做好以下几个方面:

(1) 所有从地面引入到井下的母线均使用电缆,而不是裸露的钢芯铝绞线;

(2) 在信号线路入井处装设避雷器和熔断器;

(3) 对于由地面连接到井下的金属管路,应该埋入到地下,并保证金属管有两处接地良好。

3) 防止井下爆破引发火灾的措施

为能有效预防井下爆破工作引发的灾害,应做好以下几个方面:

(1) 进行放炮作业的工作人员必须熟悉炸药的性能及安全注意事项,放炮员必须专职且持有有关部门颁发的放炮合格证;

(2) 严禁使用冻结或半冻结的硝化甘油类炸药,要使用水的质量分数不超过0.5%的铵梯炸药,对于硬化的硝化铵梯炸药,不能用手揉搓;

(3) 爆破时应该采用矿用毫秒延时雷管,且延时不得超过130 ms,多种厂家的雷管不能混合使用;

(4) 在对掘进工作面进行爆破时,要对断面进行一次性全部起爆。

4) 空气压缩机的防火与防爆措施

煤矿井下使用的空气压缩机(图10-16)必须安装压力表和安全阀,压力表和安全阀必须定期检查,以保证空气压缩机使用的安全性。对于需要添加润滑油的空气压缩机,必须安装断油保护装置或断油报警装置。对于水冷式空气压缩机,必须装设断水保护装置或断水报警装置。而对于风冷空气压缩机,其气缸温度不应超过190℃,一旦超过这个温度值,则应该立即进行断电保护。空气压缩机必须使用闪点不低于215℃的压缩机油。风包上必须装有动作可靠的安全阀和放水阀,并有检查孔,必须定期清除风包内的油垢。新安装或检修后的风包,应用1.5倍空气压缩机工作压力做水压试验。

图10-16 矿用防爆空气压缩机示意

5) 防灭火喷淋系统自动灭火

防灭火喷淋装置主要适用于主运输皮带系统和有可能发生火灾的地方。其主要特点是:能在皮带跑偏、煤炭燃烧、有烟发生的地方迅速喷洒大量的水,及时扑灭火势和有可能燃烧的地方,其喷淋面积约为30 m²,动作灵敏可靠,便于安装。缺点是需要安装在水量充足并有气压或风压提供的地点。

井下喷淋系统是一条断面规则、无弯曲,壁面光滑的巷道,由集水池、供回水管、喷嘴、矿用潜水泵、挡水板、隔水墙、止回阀、温度控制阀、浮球阀、过滤器、水位控制阀、矿用离心泵、闸阀等设备及材料组成。典型的两级半喷淋系统如图10-17所示。

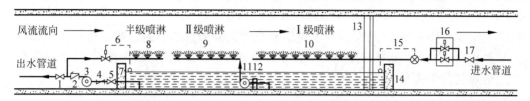

1、5、17—闸阀;2—止水阀;3—回水泵;4—Y形过滤器;6—水位控制器;7、12、14—挡水墙;
8—第2.5级喷淋;9—第Ⅱ级喷淋;10—第Ⅰ级喷淋;11—潜水泵;13—挡水板;15—浮球阀;16—温度控制阀。

图10-17 典型的两级半喷淋系统示意

喷淋系统在煤矿特殊条件下的应用,可分为以下两种形式:

(1) 风流为热源、水为冷源的情形,主要体现为热风流与冷水进行热交换,从而风流气的温度降低、水的温度升高,其应用形式根据整体系统的用途又分为两种。

在井底主要进风巷道建立喷淋系统,集中冷却矿井进风流,在井底主要进风处营造一个冬天的环境,从而降低整个风流路线上的温度。这种应用形式目前在我国还没有应用案例,在国外应用比较普遍,尤其是在金属矿山。

矿井回风余热利用系统,在回风井口建立喷淋系统,利用热泵系统供给的低温水与回风热风流进行热交换,从而将回风中的热量置换到水中,供给热泵系统使用,这种应用形式在我国煤矿中应用较多。

(2) 当风流为冷源、水为热源时,可在井下建立喷淋硐室,用于矿井降温系统的冷凝热排放,其具有类似于冷却塔相同的性能特征。

## 10.5 煤炭自燃防治技术

煤炭自燃火灾多发生在风流不通畅的地方,如采空区、压碎的煤柱、浮煤堆积处等地,一旦发生火灾,扑灭难度极大,有的火灾甚至可以持续数年或数十年不灭,对矿井的安全生产带来极大危害。与其他灾害的治理相同,针对矿井火灾的防治,应本着"预防为主,综合治理"的方针。防治煤炭自燃必须从系统设计着手,掌握较准确的煤层埋藏地质条件,优化矿井开拓系统,合理确定开采方法、工艺及巷道支护方式;在开采中有效控制矿山压力、减少煤体破碎,实现少丢煤、快开采和快隔离;同时加强通风管理、少漏风;通过注氮或二氧化碳等惰性气体抑制煤炭自燃;利用向采空区中注浆、阻化剂及防灭火凝胶等防灭火材料,高效抑制煤炭的自然发火等。

随着煤矿生产的不断发展和现代科学技术的进步,煤矿自然发火防治措施和手段有了巨大发展。因此各矿区需因地制宜,合理选用防灭火措施,保证矿井的安全生产。

### 10.5.1 防治煤自燃的开采技术措施

煤矿防治煤炭自燃的实践证明：合理的开拓系统、巷道支护方式和开采方法对于防止煤的自然发火起决定性作用。国内不少矿区的易自然发火矿井，通过优化矿井开拓系统、改革巷道支护方式、采用合理的开采方法和先进的开采装备，实现了矿井漏风小、巷道高冒区少、丢煤少和快速开采，从而改变了煤层易自然发火的被动局面。对于易自然发火的煤层，从防止自然发火的角度出发，对开拓、开采的要求是：最小的煤层暴露面、最大的煤炭回收率、最快的回采速度、易于隔绝的采区、正规的开采方式及合理的开采顺序。

**1. 开采技术防火要求**

从防止矿井自然发火的角度出发，开拓开采技术总的要求如下：

(1) 提高回采率，减少丢煤，即减少或消除自燃的物质基础。

(2) 限制或阻止空气流入和渗透至疏松的煤体，消除自燃的供氧条件。对此，可从两方面考虑：一是消除漏风通道；二是减小漏风压差。

(3) 使流向可燃物质的漏风，在数量上限制在不燃风量之下，在时间上限制在自然发火期以内。

**2. 开采技术防火措施**

1) 合理确定开拓方式

合理地进行巷道布置。对服务时间较长的巷道应尽量采用岩石巷道，若将其布置在煤层中时应采用宽煤柱护巷。采区巷道布置应有利于采用均压防火技术。某矿开采 8～12 m 的特厚易自燃煤层，采用如图 10-18 所示的 U-U 型巷道布置，实现了分层工作面在开采过程中均压调节。其原理是：当工作面推过第一个联络眼，均压巷道 6 内设风门且关闭，使采煤工作面形成独立的通风系统。当工作面推过了第一个联络眼后，均压巷道 6 中风门拆移至集中回风岩巷 BD 之间，这时均压巷道与以两联络眼为始末点的采空区漏风形成并联。显然，经联络眼的采空区漏风压差为巷道 CD 间压差。因风门的控制作用，其压差很小。此外，通过改变风门的开度，还可以调节工作面的风量和风压，以及工作面的并联漏风。

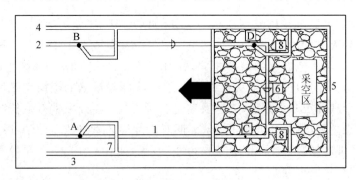

1、2—底板集中岩巷；3、4—工作面进回风巷；5—开切眼；6—均压巷道；7—联络斜巷；8—1号联络巷。

图 10-18　U-U 型巷道布置

2) 采用岩石巷道

在自燃危险程度较大的厚煤层或煤层群开采中，运输大巷和回风大巷，采区上、下山，集中运输平巷和集中回风平巷等服务时间较长的巷道,如果布置在煤层内,一是要留下大量的护巷煤柱,二是煤层容易受到严重的切割。其后果是增大了煤层与空气接触的暴露面积,煤柱易受压碎裂,自然发火概率必定增大。因此,为防止自燃火灾,应尽可能采用集中岩巷和岩石上山。

3）分层巷道垂直重叠布置

厚煤层分层开采时,如果分层区段平巷采用倾斜布置的方式（内错式或外错式）,容易给自然发火留下隐患。因此,各分层巷道应采用垂直重叠方式布置,即各分层区段平巷沿铅垂线呈重叠式布置。这种布置方式的优点是:可以减小煤柱尺寸甚至不留煤柱,消除区段平巷处煤体自燃的基本条件。区段巷道受支承压力的影响较小,维护比较容易。

4）分采分掘布置区段巷道

在倾斜煤层单一长壁工作面,过去习惯于采用双巷掘进方式,即同时掘出上区段的运输平巷和下区段的回风平巷,且在两条巷道之间的护巷煤柱中一般每隔 80～100 m 开一条联络巷（图 10-19、图 10-20）。随着工作面的推进,这些联络巷被封闭遗留在采空区内。护巷煤柱经联络巷的切割和采动的影响,极容易受压破裂,加之联络巷很难严密封闭,致使处于采空区的区段煤柱极易自然发火。因此,从防火角度出发,区段平巷应分采分掘,即准备每一区段时只掘出本区段的区段平巷,而下区段的回风平巷等到准备下一区段时再进行掘进。同时,上下区段的区段平巷间不应掘联络巷。

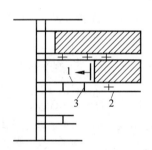

1—工作面运输巷；2—下区段工作面回风巷；
3—联络巷。

图 10-19　上下区段分采同掘

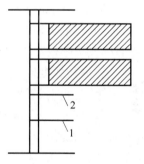

1—工作面运输巷掘进头；
2—下区段工作面回风巷掘进头。

图 10-20　上下区段分采分掘

5）采用无煤柱开采

留煤柱采煤不但浪费资源,而且遗留在采空区的煤柱也带来煤炭自燃的安全隐患。无煤柱开采能够减少巷道遗煤,从根本上消除煤炭自燃的物质基础,从而也就消除了煤炭自燃隐患。无煤柱开采是从 20 世纪 60 年代开始,70 年代发展成熟的一项技术,并且是目前许多矿井已经成熟应用的一种开采方法。不仅可大幅减少煤炭损失,获得良好的经济技术效益,而且在防止煤柱自然发火方面,取得了卓越的成效。

在特厚煤层的开采中,将水平大巷采区上山,区段集中运输巷和回风巷均布置在煤层底板岩石里,采用跨越回采,取消水平大巷煤柱、采区上（下）山煤柱,采用沿空留巷或掘巷,取消区段煤柱、采区区间煤柱；采用倾斜长壁仰斜推进等措施,并辅以巷旁隔离,采空区灌水、停采线局部区域注浆充填、及时封闭、均压通风等措施，采空区自然发火可以完全有效控制。

无煤柱开采主要应用于煤层顶板比较坚硬、矿压不是很大的工作面开采。采用无煤柱开采的矿井，一定要加强巷道围护，避免巷道因矿压显现加剧而发生冒顶；沿空侧的巷道容易向邻近采空区（尤其是停采线附近）漏风，所以应采取有效的漏风通道封堵措施，以防止引起邻近采空区自燃。随着工作面的开采，邻近工作面的采空区会连成一片，这给防治煤炭自然发火带来了很大难度，因此每隔3~4个面（视各面采空区大小而定）要留有40m以上的隔离煤柱；同时，应尽可能提高煤炭回收率，如果采空区大量丢煤，无煤柱开采也就失去了其防治煤炭自燃的意义。

### 3. 选择合理的开采方法

合理的采煤方法指采出率高、推进速度快、采空区填实度好、推进方式有利于减少采空区漏风的采煤方法。因此，选择适合不同煤层赋存条件的采煤方法，可减少或消除采空区的遗煤自然发火。

在合理的采煤方法中也应包括合理的顶板管理方法。我国长壁式开采一般采用全部陷落法管理顶板，在顶板岩性松软、易冒落、碎胀比大且很快压实形成再生长顶板的工作面，空气难以进入采空区，自燃危险性小。但如果顶板岩层坚硬，冒落块度大，采空区难以充填密实，漏风与浮煤堆积易造成自燃火灾。可通过注浆或用水砂充填等充填法管理顶板，以减小煤的自燃危险性。

选择先进的回采工艺和合理的工艺参数，以便尽可能提高回采率，加快回采进度。要根据煤层的自燃倾向、发火期和采矿、地质开采条件以及工作面推进长度，合理确定回采速度，以保证在自然发火期内将工作面采完，且在采完后立即封闭采空区。

合理确定近距离相邻煤层（下煤层顶板冒落高度大于层间距）和厚煤层分层同采时两工作面之间的错距，防止上、下采空区之间连通。

选择合理的开采顺序。合理的开采顺序是：煤层间采用下行式，即先采上煤层，后采下煤层；上山采区先采上区段，后采下区段，下山采区与此相反；区段内先采上区段，后采下区段。而反常规的短期行为往往是先吃"肥肉"，后啃"骨头"，其结果是采区内巷道围护困难，通风管理难度大，采空区漏风严重，并易形成"孤岛"工作面，对防止煤炭自然发火十分不利。

## 10.5.2　均压防灭火

均压的概念是波兰学者布德雷克1956年在总结和分析井下各种条件下，消除煤炭自燃的种种措施而提出的。这些措施在实际应用中均取得了良好的效果，如1946年，布德雷克在西利亚煤矿用改变风流流动方向的方法成功地扑灭了一场威胁提升井筒安全的自燃火灾；由于井下条件复杂多变，火区密闭可能设在裂隙的煤体中，从而增大向火区的漏风量，为了减少漏风，布德雷克提出在密闭墙外侧再建单道密闭墙，同时安装一节风筒和一台通风机，利用通风机调节气室压力而消除向火区的漏风。1956年波兰学者贝斯特隆提出矿井通风压能图理论，用于分析矿井通风压能分布，为均压通风防灭火提供了理论基础。到1968年他在其博士论文中完成了压能图理论的论述。20世纪60年代初，波兰学者库库其卡提出了单侧、双侧连通管调压气室等措施,从而丰富了均压防灭火措施的内容。

为验证均压通风防灭火效果,1961年日本在实验室模拟调压气室对封闭区火灾燃烧过程的影响。实验分以下3种情况。

(1) 自然燃烧情况。
(2) 完全密闭,即火区与外部完全隔绝。
(3) 应用调压气室均压后的燃烧情况。

实验结果表明:虽然均压法不能完全消除火区漏风负压(均压精度 1 $mmH_2O$(9.81 Pa)),但在短时间内灭火效果与完全密闭灭火效果相同。所谓均压防灭火技术即设法降低采空区漏风区域两端风压差,从而减少向采空区漏风供氧,达到抑制和窒息煤炭自燃的方法。

**1. 均压防灭火原理**

均压防灭火有调节风窗调压、局部通风机调压、风窗-局部通风机调压等方法。

在进行风窗-局部通风机联合降压调节时,须在风巷设置好两道调节风门,在机巷安装好局部通风机,按照风量分配方案进行风量调节,确保工作面风流的压能比原来有所降低。必须保证风、机两巷的风门闭锁完好,均压通风机必须设专职瓦斯检查员进行看管,执行专用开关及专用线路并挂牌管理。

在建立科学合理风网的基础上和保持矿井主要通风机运行工况合理的条件下,通过对井下风流有意识地进行调整,改变相关巷道的风压分布,均衡火区或采空区进回风两侧的风压差,减少或杜绝漏风,抑制煤炭自然发火等。即均压的实质是通过风量合理分配与调节,达到降压减风、堵风防漏、管风防火、以风治火的目的。

降压减风是在提高矿井有效风量率和确定合理有效的防灭火供风标准的前提下,改善矿井通风管网特性,调整矿井主要通风机工况,合理地分布风压,增大风网的稳定性,实行低风压、低风量供风。堵风防漏是用密闭或其他的科学方法(均压)杜绝向采空区或火区漏风。管风防火是科学合理地确定通风设施的位置,简化风网结构,降低风阻和合理分配风量。以风治火是建立一个有利于通风灭火的通风系统、均压系统,为通风管理创造有利的基础条件,使采空区或火区周围内外风压差趋于0,防止采空区或火区内空气流动,达到均压灭火的目的。

根据作用原理和使用条件的不同,均压防灭火技术可分为开区均压和闭区均压两类。开区均压是指在回采工作面建立均压系统,以减少采空区漏风量,抑制采空区浮煤的自热或自燃,防止CO等有毒有害气体超限积聚或向工作面大量涌出,从而保证回采工作的正常进行。闭区均压是针对已封闭的采空区或因火灾封闭的火区而实施均压措施,达到控制向密闭区内漏风而防止自然发火或加速火区熄火的目的。按照均压设施组合方式的不同,均压系统可分为矿井主要通风机总风压与调节风窗均压系统、调节风窗与调压通风机均压系统、调压气室与调压通风机均压系统、卸压式均压系统和调节气囊均压系统等。

具体选择均压防灭火系统时,应根据采空区或火区的漏风轨迹、压能分布等情况,有针对性地将调节风门、调压通风机、调压气室、连通管和调压气囊等设施有机组合,构成某种特定的、适合现场实际的均压系统,预防自燃火灾或对已发生的火区进行窒息惰化,实现管风防火或以风治火的目的。

**2. 调节风窗均压系统**

调节风窗均压系统属开区均压方法,常用于巷道静压较低、处于动态变化中的回采工作面。其主要作用是：适度升高开采空间的静压，使之接近或小于自燃隐患或瓦斯溢出出口侧的静压，减缓或消除 $CO$、$CH_4$ 的溢出强度，减弱或消除自燃隐患点的漏风强度，减小采空区漏风带的宽度，达到减轻灾害威胁程度、抑制或尽快消除隐患的目的。

均压调节风门应注意以下事项：

（1）工作面回风巷所建造均压调节风门的位置距上安全出口应适中，每组风门至少为两道。

（2）均压调节风门的间距应适当，且必须连锁。

（3）随着工作面的推进，挪移均压调节风门时，应先在距使用均压调节风门以外的合适位置建造好新的，挪移时，新建均压调节风门的关闭、启用和旧的开启、停用必须同步进行。

（4）均压调节风门使用过程中，若矿井主要通风机倒台或运行工况调整，以及调整与均压工作面相距较近并联分支风路的风量时，必须及时测定均压工作面的风量，确保其一直处于稳定状态。

（5）均压调节风门除每班应指定人员进行巡检外，还应定期设专人维护，以保证其一直处于稳定状态。

**3. 调节风窗与调压通风机均压系统**

调节风窗与调压通风机均压系统是目前我国开采煤层自然发火严重矿区普遍采用的方法之一，常用于采煤工作面、采空区或火区的均压抑制。其特点是升压值高，风量调节范围大。根据调节风窗与调压通风机摆放位置的不同可分两种：一种是将调压通风机设置在调节风窗之前，另一种是将调压通风机设置在调节风窗之后。

调压通风机设置在调节风窗之前的均压方法可提高工作面的风压，常用于采煤工作面采空区及其附近采空区发生严重自燃隐患以及存在漏风强度较大的外部通道。产生的 CO 气体涌入工作面或可能发生自燃隐患时，由于矿井主要通风机总风压的强力作用，采空区漏风较大，自燃隐患久治不除，在产生的自燃烟流或有毒有害气体不断涌入工作面开采空间而危及作业人员安全的情况下，为抑制灾害气体或隐患的发展，可采用均压系统，从而提高工作面内的区域风压状态，使工作面内的风压与采空区自燃隐患点或外部漏风源处的压力相平衡，减少或杜绝流向自燃隐患点的漏风量和有毒有害气体的涌出强度，以消除对作业人员的危害或为尽快治理自燃隐患创造条件。其具体做法是：在工作面进风巷适当位置设置调压通风机，在回风巷适当位置设置调节风窗。若升压幅度要求较大时，可在调压通风机吸风口里侧与所接风布出口之间建一组风门。此时，调节通风机与调节风门之间的风压将会升高，升高的程度可通过调节风门过风的面积大小来调节。在现场实际操作过程中，可按照"由远到近、由弱到强、由简单到复杂"的原则，注重"均压度"，先开动调压通风机后，逐步调整调节风门的过风面积，直到采空区不大量溢出烟流或有毒有害气体，又能保证工作面的风量满足最低安全需求。

此种均压方法的注意事项有以下几方面：

（1）调压通风机必须完善并正常使用"双通风机、双电源和自动倒台"装置。

（2）所有的风门每组间必须全部实行连锁。

（3）均压时，必须把握好"均压度"，应兼顾到工作面的风流不能低于最低安全条件所允许的值。

（4）均压前，必须摸清漏风的类型。若是内部漏风，对煤层自燃严重的矿井而言，均压不能无限期地持续进行，以防止出现隐蔽的伴生自燃灾害。对于外部漏风，可持续进行，但必须把握好"均压度"，以防止均压度过大而造成发火。

#### 4. 智能风窗调节系统

井下风窗风量自动调节装置的研究相对于矿用百叶调节风窗、压风动力调节风窗、拨轮调节风窗等传统调节装置，其在局部通风系统调节过程中具有风量调节稳定性高、调节精度高、调节风量过程振荡小、自动化程度高等优点，并且极大地减少了人力成本，该系统的使用缩短了风量调节的时间，最大限度地消除了局部通风系统调节过程中存在的安全隐患。

井下风窗风量自动调节控制装置主要有卷帘风窗窗体，由风量传感器、风速传感器、限位开关、位移传感器等构成的信号采集系统，由可编程逻辑控制器（PLC）电控柜和声光报警器等构成的电气控制系统，由液压缸和小型动力站等构成的液压系统4个关键部分。装置巷道布置如图10-21所示。

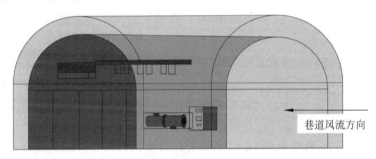

图 10-21　井下风窗风量自动调节控制装置布置示意

智能矿用调节风窗可取代通风技术人员定期对巷道内的风量及风速的手动检测，巷道上方悬挂的风量传感器和风速传感器可实现对巷道风量和风速的实时连续检测，并能及时将检测到的数据传输到设定有巷道风量安全值的PLC控制模块，随后由该模块对接收的实时数据进行处理后得到该地点巷道的实时风量平均值，并根据已设定该地点的风量安全阈值对该风量均值进行偏差判断，若风量均值超过风量阈值，将触发已预先设定的程序，立即启动声光报警器报警并通过控制智能调节风窗电动机的正反转驱动液压缸活塞杆的伸缩，带动卷帘风窗进行上下移动进行风窗开口面积调节，实现该地点巷道风量均值的调节，调节过程中风量均值重回阈值范围内时，风量偏差消除，停止声光报警，风量调节结束。风量调节过程中，由于液压缸活塞杆与位移拉杆同步伸缩，PLC控制模块只需根据位移传感器的反馈数据就可以监测风窗的实时开口面积。

### 10.5.3　惰气防灭火

惰性气体是指不可燃气体或窒息性气体，主要包括氮气、二氧化碳以及燃料燃烧生成的烟气（简称"燃气"）等。

惰性气体防灭火原理：惰性气体防灭火就是将惰气注入已封闭的或有自燃危险的区域，降低其氧的浓度，从而使火区因氧含量不足而火源熄灭；或者使采空区中因氧含量不足而使遗煤不能氧化自燃。

**1. 氮气防灭火技术**

氮气防灭火技术是近30年来随着放顶煤采煤技术的推广和应用,为抑制采煤工作面采空区自然发火,以及加速火区熄灭而发展起来的一项新的防灭火技术。

1) 氮气防灭火机理及技术特点

氮气防灭火技术是防治煤层内因火灾的有效技术措施之一。目前,俄罗斯、波兰等国广泛采用氮气防灭火技术,成功地抑制了矿井自燃火灾,获得了较好的防治效果。在常温常压下,氮分子结构稳定,化学性质也稳定,很难与其他物质发生化学反应,所以它是一种良好的防灭火用惰性气体。

(1) 氮气防灭火机理。

① 采空区内注入大量高浓度的氮气后,氧气浓度相对减小,氮气部分替代氧气进入煤体裂隙表面,这样煤表面对氧气的吸附量降低,在很大程度上抑制或减缓了遗煤的氧化放热速度。

② 采空区注入氮气后。提高了气体静压,降低了漏入采空区的风量,减少了空气与残煤的接触机会。

③ 氮气在流经煤体时,吸收了煤氧化产生的热量,可以减缓煤升温的速度和降低周围介质的温度,使煤的氧化因聚热条件的破坏而延缓或终止。

④ 采空区内的可燃、可爆性气体与氮气混合后,随着惰性气体浓度的增加,爆炸范围逐渐缩小(即下限升高、上限下降)。当惰性气体与可燃性气体的混合物比例达到一定值时,混合物的爆炸上限与下限重合,此时混合物失去爆炸能力。这是注氮防止可燃、可爆性气体燃烧与爆炸作用的另一个方面。

⑤ 注氮防火,可以实现"边采、边注、边防火";注氮灭火,扑灭火灾迅速,抢险救灾便捷。

⑥ 与注浆(砂)或注水相比,注氮不污染防治区,无腐蚀或不损坏综采、设备;火区启封,恢复工作安全、迅速、经济。

(2) 氮气防灭火技术特点。

氮气防灭火技术是利用制氮设备制取氮气,通过管路送入井下,注入采空区等煤炭可能自燃的区域,如采空区自燃危险区域,使之惰化。主要用于防治采空区自然发火和瓦斯爆炸,以及加快封闭火区熄灭过程,但氮气热容小,降温效果差,且一旦重新供氧,火区极易复燃,因此在开放式工作面的采空区防火中,必须有针对性地确定氮气释放口,才能有效缩短氧化升温带范围。在封闭灭火过程中,氮气不会损坏或污染机械设备和井巷设施,火区可以较快恢复生产,但氮气防灭火必须与均压和其他堵漏风措施配合应用,否则,如果注入惰气的采空区或火区漏风严重,氮气必然随漏风流失,难以起到防灭火作用。

2) 氮气防灭火的优缺点

(1) 氮气防灭火技术的优点。

① 工艺简单、操作方便、易于掌握。

② 不污染防火区域,对封闭区域内的设备损害小,恢复生产快。

③ 稀释抑爆作用。注入氮气可快速、有效稀释防灭火区域的氧气,降低氧气和可燃气体的浓度,可使防灭火区域内达到缺氧状态,并使可燃气体失去爆炸性,从而充分惰化防灭

火区域,保证防灭火区域的安全。

④ 有效抑制防灭火区域的漏风。由于氮气均为正压注入,因此,当大量注入防灭火区域后,使得该区域的气压升高,处于正压状态,从而有效抑制了防灭火区域的漏风。

(2) 氮气防灭火技术的缺点。

一切事物都有两面性,惰气防灭火也有一定的局限性,其缺点表现为:

① 注入防灭火区域的氮气不易在防治区域滞留,不如注浆注砂能"长期"覆盖在可燃物或已燃物的表面上,其隔氧性较差;

② 注氮能迅速窒息火灾,但火区完全灭火时间相当长,不能有效地消除高温点,因此,在注惰气灭火的同时,应辅以其他措施灭火,如用水、注浆以及凝胶等方法,以防复燃;

③ 注氮气防火时,氮气有向采面或邻近采空区泄漏的可能性;注氮气灭火时,若密闭不严或者存有漏风通道,则氮气可通过密闭不严所存在的漏风通道泄漏。因此,注氮气防灭火的同时,需相应采取堵漏措施,使氮气泄漏量控制在最低限度内;

④ 氮气本身无毒,但具有窒息性,浓度较高时对人体有害。据实验,井下作业场所氧含量下限值为19%,所以氮气泄漏的工作地点氧含量不得低于其下限值。

因此,矿井在应用氮气防灭火技术时,要根据自身情况,因地制宜,采取合理的技术及管理措施,扬长避短,充分发挥其优越性。

3) 注氮防灭火系统

(1) 制氮方法。

用于煤矿氮气的制备方法有深冷空分、变压吸附和膜分离3种。这3种方法的原理都是将大气中的氧和氮进行分离以提取氮气,制氮机如图10-22所示。

图 10-22 制氮机实物

深冷空分式制氮是使过滤净化后的空气进入空气压缩机,经过数级压缩和冷却后,再净化脱水、纯净器纯化、膨胀机膨胀降压,经过热交换反复换热,再经节流降压进入分馏塔液化、精馏,这样才将空气分离成氮和氧。

变压吸附法制氮是20世纪70年代后新开发的一项技术,利用氮氧分子对碳分子筛的气体扩散速度不同来分离氮气。在使用碳分子筛时,由于氮分子动力直径大于氧分子的动力直径,而碳分子筛的孔径几乎等于氧分子的动力直径,于是在压力作用下,氧分子进入碳分子筛粒内,而氮被富集于碳分子筛粒外,这样氧被吸附而氮被排出,在降压过程中,将氧从碳分子筛中解吸排空。这种方法工艺过程简单,从启动至出气时间短。但由于切换阀频繁动作,不易维护,而且氮气回收率低,制氮成本较高。

膜分离技术是利用气体组分对膜的渗透不同,在分离膜两侧压差的作用下,分离出氮气和氧气。膜分离制氮是最新技术,氮气回收率高,但合格的膜元件需依靠进口,提高了制氮成本,且配套设备多、维修量大,从启动至出气时间短,产氮温度高,不利于火区降温。虽然已经制成井下移动式制氮机,但还需进一步改善。制氮设备有两种形式,一种是地面固定或移动设备,借助于灌浆管路或专用胶管送往井下火区;另一种是井下移动设备。目前,矿用氮气一般是以空气为原料,通过空分设备精馏分离出氮气,再通过低压储气罐,经加压机送至输氮管路,并通过管路连续不断地送至井下各注氮地点进行注氮防灭火,注氮防灭火工艺系统如图10-23所示。

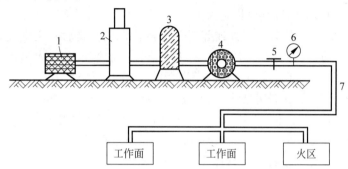

1—空分机;2—精馏塔;3—低压储罐;4—加油机;5—阀门;6—流量计;7—输氮管。

图 10-23 注氮防灭火系统示意

(2)注氮防灭火工艺。

注氮从空间上分为开放式注氮和封闭式注氮;从时间上分为连续性注氮和间断性注氮;从输送通道分为采空区埋管注氮方式和钻孔注氮方式。工作面开采初期和停采撤架期间,或因遇地质破碎带、机电设备等造成工作面推进缓慢,工作面正常回采期间,可采用间断性注氮。

① 开放式注氮工艺。

当自然发火危险主要来自回采工作面的后部采空区时,应该采取向本工作面后部采空区注入氮气的防火方法。具体方式有两种:一种是埋管注氮。在工作面的进风侧采空区埋设一条注氮管路。当埋入一定长度后开始注氮,同时再埋入第二条注氮管路(注氮管口的移动步距通过考察确定)。当第二条注氮管口埋入采空区氧化带与冷却带的交界部位时向采空区注氮,同时停止第一条管路的注氮,并又重新埋设注氮管路。如此循环,直至工作面采完为止。另一种是拖管注氮。在工作面的进风侧采空区埋设一定长度(其值由考察确定)的注氮管,它的移动主要利用工作面的液压支架,或工作面运输机头、机尾或工作面进风巷的回柱绞车作牵引。注氮管路随着工作面的推进而移动,使其始终埋入采空区氧化带内。

无论是埋管注氮还是拖管注氮,注氮管的埋设及氮气释放口的设置应符合如下要求。

a. 对采用U形通风方式的采煤工作面,应将注氮管铺设在进风顺槽中,注氮释放口设在采空区中,如图10-24所示。

b. 氮气释放口应高于底板,以90°弯拐向采空区,与工作面保持平行,并用石块或木垛等加以保护。

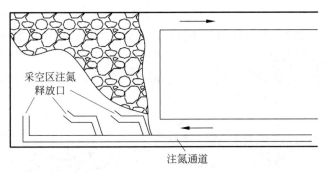

图 10-24　注氮管埋设及释放口位置

c. 氮气释放口之间的距离,应根据采空区"三带"宽度、注氮方式和注氮强度、氮气有效扩散半径、工作面通风量、氮气泄漏量、自然发火期、工作面推进度以及采空区冒落情况等因素综合确定。第一个释放口设在起采线位置,其他释放口间距以 30 m 为宜。当工作面长度为 120~150 m 时,应采用注氮口间距为 50 m。

② 封闭式注氮工艺

a. 旁路注氮。旁路注氮就是在工作面与已封闭采空区相邻的顺槽中打钻,然后向已封闭的采空区插管注氮,使之在靠近回采工作面的采空区侧形成一条与工作面推进方向平行的惰化带,以保证本工作面安全回采的注氮方式。

b. 钻孔注氮。在地面或施注地点附近巷道向井下火区或火灾隐患区域打钻孔,通过钻孔将氮气注入火区。

c. 插管注氮。工作面起采线、停采线,或巷道高冒顶火灾,可采用向火源点直接插管进行注氮。

d. 墙内注氮。利用防火墙上预留的注氮管向火区或有火灾隐患的区域实施注氮。

③ 一次采全高注氮工艺

氮气防灭火技术的实质是向工作面采空区注入氮气使采空区氧化自燃带惰化,使其空气中氧气的体积浓度降至 7% 以下,抑制采空区煤氧化自燃,从而达到防止自然发火的目的。

一般采取沿顺槽埋管方式进行注氮防火,可在工作面进风顺槽外侧巷铺设无缝钢管,并埋入采空区内,管路采用法兰盘联结。如采空区埋管兼作注浆管时,则该埋管分别通过三通与注氮、注浆管相连,根据需要,通过埋管注氮或注浆。

采空区埋管管路每隔一定距离预设氮气释放口,其位置应高于煤层底板,并采用石块或木垛加以妥善保护,以免空口堵塞。为控制注氮地点,提高注氮效果,可采用拉管移动式注氮方式。即采用回柱绞车将埋管向外牵移,埋管移动周期大体与工作面推进速度保持同步,使注氮孔始终在采空区氧化自燃带内注入氮气。

**2. 二氧化碳防灭火技术**

二氧化碳防灭火技术是对预处理区注入液态或气态 $CO_2$ 来进行防灭火的技术。该技术充分利用了 $CO_2$ 分子量比空气大、抑爆性强、吸附和阻燃等特点,可在一定区域形成 $CO_2$ 惰化气层,并且 $CO_2$ 密度大易沉积于底部,对低位火源具有较好的控制作用,并能挤压出有害气体以控制火区灾情。

由于 $CO_2$ 具有灭火能力强、速度快、使用范围广、对环境无污染等优点,因此,在我国矿井的煤层火灾防治过程中起到了显著的防灭火效果,如我国窑街和兖州等矿区都曾经有过 $CO_2$ 治理煤层火灾的情况,并且使用效果良好。二氧化碳惰性防灭火装置是液态二氧化碳转换控制技术与安全释放防灭火技术结合形成的防灭火装备。该装备将液态的二氧化碳转换成 5~20℃气态二氧化碳,通过注浆管路用于采空区灭火,减少氧含量,降低燃烧速度和燃烧火势,以达到灭火或减少爆炸危险性的目的。

二氧化碳惰性防灭火装置(系统)主要由 $CO_2$ 转换器、调压装置、$CO_2$ 转换器控制柜、缓冲罐、安全阀、监测部等组成。转换器壳体、管路和操作阀门采用不锈钢,耐腐蚀,经久耐用。$CO_2$ 转换器、调压装置、$CO_2$ 转换器控制柜装配在一起。从运送二氧化碳槽车上压出的液体进入 $CO_2$ 转换器,经过调压装置的压力、温度等控制,经过缓冲罐,使液态二氧化碳转化为气态,实物如图 10-25 所示。

图 10-25 二氧化碳惰性防灭火装置实物

$CO_2$ 相对空气的密度为 1.53,所以 $CO_2$ 注入较低位置的火区处理效果较好,特别是在以下情况下 $CO_2$ 比 $N_2$ 有更好的灭火效果:

(1) 该火区已封闭,或火区系采空区。
(2) 风流由着火带上行至注入 $CO_2$ 位置。
(3) 低标高的着火带为巷道冒顶所掩盖。

由于 $CO_2$ 密度大,而 $N_2$ 与空气密度相近,所以,$CO_2$ 不易与空气混合,容易形成高浓度的惰气流向低标高巷道底部的着火带。应用 $CO_2$ 灭火的缺点如下。

(1) $CO_2$ 产生量不大,成本高。
(2) 对于高位或平巷巷顶的着火带,应用 $CO_2$ 效果不好。
(3) $CO_2$ 与空气不易混合的特性在一些情况下成为缺点。
(4) 在着火带,$CO_2$ 可能生成 CO,导致新的隐患。
(5) $CO_2$ 具有活性,特别是易溶于酸性水,在潮湿有积水的巷道减弱了 $CO_2$ 的防灭火效果。
(6) $CO_2$ 比 $CH_4$ 更易被煤燃烧生成的焦炭吸附,使注入的 $CO_2$ 在进入着火带前就已减少。

**3. 复合惰化防灭火技术**

常规惰性气体 $CO_2$ 和 $N_2$ 用于普通的采空区遗煤自然发火灾害防治工作时具有较强的适用性,然而在用于采空区大面积长时间遗煤自然发火灾害的防治工作中时则存在一定的不足之处。为有效地对井下采空区大面积长时间遗煤自然发火灾害进行治理,将 $CO_2$ 和 $N_2$ 等比例混合制成复合惰化气体,利用这种复合惰气进行灭火的方法称为复合惰气灭火法。

1) 复合惰化系统

复合惰化气体由 $CO_2$ 及 $N_2$ 相互混合而成,井下 $CO_2$ 及 $N_2$ 的制备方法如下(以唐口煤矿为例)。

井下气态 $CO_2$ 由液态 $CO_2$ 工作站制备而成，$CO_2$ 制备站如图 10-26 所示。液态 $CO_2$ 由 $CO_2$ 槽车运输至唐口煤矿，是气态 $CO_2$ 经过低温冷冻液化而成，槽车内液态 $CO_2$ 温度较低，不能直接用管道运输用于井下防灭火工作，否则会使得管道内部温度过低从而导致管道的损坏，必须经过加热至气态后方能将 $CO_2$ 运输至井下，运输液态 $CO_2$ 槽车如图 10-27 所示。

图 10-26　$CO_2$ 制备站

图 10-27　液态 $CO_2$ 运输槽车

井下 $N_2$ 由 $N_2$ 制备机制备而成，制氮装置主要由空气压缩机段、空气预处理段、制氮主机段以及产品氮气段所组成。系统之间由高压快接软管连接。设备结构为箱式，安装在矿用平板车上。在井下可防尘、防水、防撞。箱体表面分别镶嵌空气预处理系统差压表、制氮主机压力表。其制氮原理为中空纤维膜对气体都是可透的，只要在膜的两侧存在压力差就会发生气体渗透。膜分离气体的总过程是气体分子在膜中的溶解和扩散，即气体在膜的高压侧表面以不同的溶解度溶于膜内，然后在膜两侧压力差的推动下，气体的分子以不同的速度向膜低压侧扩散。由于气体中各组分的渗透系数有差别，即不同气体透过膜的速率不同，渗透速率快的气体快速透过膜进入膜的渗透侧富集，同时，相对速率慢的气体富集于膜的滞留侧，从而实现了不同气体在膜的两侧富集而分离。富集后的氮气出口压力大小几乎和压缩空气进入膜组件时的压力相同，动力损耗非常小，这就实现了空气中的氧氮分离。井下膜分离制氮机设备如图 10-28 所示。膜分离组件如图 10-29 所示。气体混合设备如图 10-30 所示。

图 10-28　膜分离制氮机

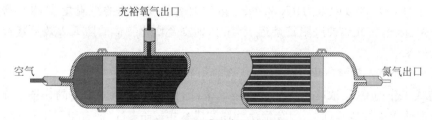

图 10-29　膜分离组件示意

图 10-30 气体混合设备实物

混合器的工作原理就是让流体在管线中流动冲击各种类型板元件,增加流体层流运动的速度梯度或形成湍流,层流时是"分割—位置移动—重新汇合",湍流时,流体除上述三种情况外,还会在断面方向产生剧烈的涡流,有很强的剪切力作用于流体,使流体进一步分割混合,最终混合形成所需要的乳状液。其混合过程是由一系列安装在空心管道中的不同规格的混合单元进行的。由于混合单元的作用,使流体时而左旋,时而右旋,不断改变流动混合方向,不仅将中心流体推向周边,而且将周边流体推向中心,从而造成良好的径向混合效果。与此同时,流体自身的旋转作用在相邻组件连接处的接口上亦会发生,这种完善的径向环流混合作用,达到流体混合均匀的目的。静态混合器是一种没有运动的高效混合设备,通过固定在管内的混合单元内件,使两股或多股流体产生切割、剪切、旋转和重新混合,达到流体之间良好分散和充分混合的目的。适用于黏度 $\leqslant 102$ cp(厘泊,$1$ cp $= 10^3$ Pa·s)的液-液、液-气、气-气的混合乳化、反应、吸收、萃取、强化传热过程。

2) 复合惰化技术优势

复合惰化气体密度为 1.605 g/L,约为空气密度的 1.24 倍,注入采空区后不易漏失。在吸热性能方面,复合惰化气体的定压比热容为 0.944 kJ/(kg·K),定容比热容为 0.701 kJ/(kg·K),注入采空区后同样能够有效地带走采空区内部蓄积热量,起到降低采空区内遗煤表面温度的作用。简要分析相对 $CO_2$ 和 $N_2$ 而言复合惰化气体的优势所在,优势主要体现在以下几个方面:

(1) 较好的防灭火效果。相对于 $N_2$ 而言,复合惰化气体密度较大,在采空区内部滞留时间长,漏失量小,同时也能够对采空区中下部重点遗煤自燃区域形成很好的覆盖。并且,煤体对复合惰化气体的吸附性能要优于 $N_2$,实验室结果表明 1 MPa 压力下煤样对复合惰化气体和 $N_2$ 的吸附量分别为 12.34 $cm^3$/g 和 6.55 $cm^3$/g,即复合惰化气体吸附量是 $N_2$ 的 1.88 倍,能够更好地发挥隔氧抑燃的作用,即复合惰化气体的防灭火效果优于 $N_2$。相对于 $CO_2$ 而言,复合惰化气体防灭火原理与其类似,复合惰化气体注入采空区后能够对采空区中下部区域遗煤形成覆盖,形成惰性气体隔氧层。并且受竞争吸附的影响,煤中原来吸附的 $N_2$ 会不断被 $CO_2$ 置换而出,煤对 $CO_2$ 的吸附量会不断增加,实验室结果表明 1 MPa 压力下煤样对 $CO_2$ 的吸附量为 15.33 $cm^3$/g,对复合惰化气体的吸附量为 $CO_2$ 吸附量的 80%,煤对复合惰化气体的吸附量接近于 $CO_2$,即复合惰化气体的防灭火效果接近于 $CO_2$ 的防灭火效果。

(2) 安全经济。复合惰化气体中 $CO_2$ 含量得到大幅降低,使得向采空区内部注入过多 $CO_2$ 而造成工作面 $CO_2$ 浓度超限的风险随之下降,保障了工作面人员的作业安全。并且在其优异的防灭火性能基础上,复合惰化气体的成本相较于 $CO_2$ 而言得到了降低。根据唐

口煤矿制备 $CO_2$ 和注 $N_2$ 成本统计数据可知，$CO_2$ 的制备价格为 3.94 元$/m^3$，而复合惰化气体的制备成本为 2.24 元$/m^3$。因此相对于注 $CO_2$ 防灭火，复合惰化气体用于防治采空区遗煤自燃时更加安全、更具有经济效益及适用性。

通过对复合惰化气体防灭火特点的研究可知，相对于 $N_2$，复合惰化气体具有更好的防灭火效果。相对于 $CO_2$ 气体，复合惰化气体更加安全、经济，且其防灭火效果与之相近。因此复合惰化气体在采空区大面积长时间遗煤自燃防控效果、成本、安全性方面性能均衡，适用性更强。

### 10.5.4 注浆防灭火

注浆防灭火是我国煤矿当前应用较为普遍的一项技术。尽管随着科学技术的发展，出现了许多新的防灭火技术，但是，注浆防灭火技术仍不失其实用性。所以很多矿，尤其是自然发火严重的矿井至今仍将其列为矿井正常生产的重要环节。因此，了解和掌握矿井注浆防灭火技术非常重要。

注浆防灭火技术就是将水与不燃性的固体材料按适当的配比，制成一定浓度的浆液，利用输浆管送至可能发生或者已经发生自燃的地点，以防治煤炭的自燃或者扑灭已经发生的火灾。

注浆防灭火的机理为：

(1) 浆液充填煤岩裂隙及其孔隙表面，增大氧气扩散的阻力，减小煤与氧气的接触和反应面；

(2) 浆水浸润煤体，增加煤的外在水分，吸热冷却煤岩；

(3) 加速采空区冒落煤岩的胶结，增加采空区的气密性。注浆防灭火的实质是抑制煤在低温时的氧化速度，延长自然发火期。

**1. 浆液的制备**

1) 制浆材料的选择

制浆用的材料应满足以下基本要求：

(1) 不含可燃、自燃及催化物质成分。

(2) 粒径 $d \leqslant 2$ mm，而且细小颗粒应占大部分，对于黏土，$d \leqslant 0.1$ mm 的颗粒应占 60%～70%；页岩，$d < 0.077$ mm 的颗粒应占 70%～75%。

(3) 主要物理性能指标应符合：相对密度 2.4～2.8；密度 1.7～1.9 t/m；胶体混合物（按 MgO 含量计）25%～30%；含砂量 25%～30%；润湿时间 15～20 min；天然水分 15%等。

(4) 易脱水，且具有一定的稳定性。

(5) 浆液渗透力强，收缩率小，来源广泛，成本低。

(6) 塑性指数 $I_p$。根据苏联经验，$I_p = 9$～11 最适宜用于注浆。煤炭科学研究总院重庆分院认为，$I_p < 7$ 的岩浆不宜用于注浆灭火。

选取的注浆材料除满足上述的基本性能要求外，还要求其来源丰富，运输和加工成本低廉，尽量不占或少占耕地和良田。

(7) 注浆用水的酸碱度也有一定要求，pH 值在 6～9 为宜。

2) 制备浆液

根据采用浆材不同,浆液的制备工艺也有所不同。目前很多煤矿广泛使用黄土制浆,黄土制浆的方法为水力取土自然成浆和人工或机制取土机械制浆。

当井下注浆地点需要的泥浆量不大而无法进行钻孔输送时,可将固体材料运往井下,在使用地点用小型搅拌器就地制浆。

人工或机械取土、机械制浆的特点:可以形成集中注浆系统,效率高,产量大,泥浆浓度容易控制。

**2. 注浆工艺**

1) 浆液输送

泥浆的输送一般采用泥浆的静压力作为输送动力,制成的泥浆由地面注浆站经过注浆主管到支管再送到用浆地点。注浆管道根据注浆压力的大小选取,当压力<1.6 MPa 时,可选取普通水管;当压力>1.6 MPa 时,应选用无缝钢管。

注浆管道直径应根据管内泥浆流速加以选择,管内泥浆的实际流速应大于临界流速。所谓泥浆的临界流速,就是为保证泥浆中的固体颗粒在管道输送时不致沉淀或堵管的最小平均流速。其值与固体材料颗粒的形状、粒径、密度、泥浆浓度和颗粒在静水中的自由沉降速度等因素有关。当采用密度为 2.7 t/m³ 的黏土作为泥浆中固体材料时,在土水比为 1:3~1:10 的情况下,泥浆在管道中的临界流速为 1.1~2.2 m/s。

管道内径按下式计算。

$$d = \sqrt{\frac{4Q_h}{3600\rho v}} = \frac{1}{30}\sqrt{\frac{Q_h}{\rho v}} \tag{10-3}$$

式中:$d$——灌浆管道内径,m;

$Q_h$——小时灌浆量,m³/h;

$v$——管内泥浆的实际流速,m/s;

$\rho$——泥浆密度,kg/m³。

现场注浆干管直径一般为 100~150 mm,支管直径为 75~100 mm,工作面胶管直径为 40~50 mm,管壁厚度为 4~6 mm。

$$N = L/Z \tag{10-4}$$

式中:$N$——输送倍线;

$L$——进浆管进口至注浆点的距离,m;

$Z$——进浆管口至注浆点的垂高,m。

输送倍线是表示注浆系统的阻力与静压动力之间关系的参数,若其数值过大,则静压动力不足,泥浆输送困难;若其数值过小,则泥浆出口的压力过大,不利于浆液的均匀分布。一般来讲,泥浆的输送倍线最好控制在 5~6 内。

2) 注浆方式

注浆系统可根据矿体埋藏条件、采区分布布置、注浆量的大小和取土距离等条件,采用集中注浆或分散注浆两种方式,通过技术经济比较选取。

(1) 集中注浆。集中注浆即在地面工业场地或主要风井煤柱内设集中注浆站,为全矿服务的注浆系统。

(2) 分散注浆是在地面沿煤层走向打钻孔网或分区打钻注浆,设多个注浆站,分区注浆的系统。这种系统又分为钻孔注浆、分区注浆和井下移动式注浆。

3) 注浆方法

注浆按与回采的关系大体可分为采前预注、采后封闭注浆和随采随注三种类型。

采前预注是在工作面尚未回采前对其上部的采空区进行注浆。这种注浆方法适用于开采老窑多的易自燃、特厚煤层。对于开采老窑多、易燃厚煤层进行采前预注,充填老窑空区,可消灭老空蓄火、降温和黏结浮煤,并起到除尘和排挤有害气体的作用,以实现老空的安全复采。

采后封闭注浆是采空区封闭后,利用钻孔向工作面后部采空区内注浆。可由邻近巷道向采空区上、中、下三段分别打钻注浆,也可以在每一段中间顺槽砌密闭墙插管注浆。采后注浆方式必须在发火期允许的开采条件下才能使用。该方法安全可靠、注浆量大、效率高,不受时间和回采工序的限制、使用范围广。

随采随注则是随着采煤工作面推进的同时向有发火危险的采空区注浆,是注浆采用的主要方法,其目的和作用:一是防止采空区遗煤自燃,二是胶结冒落的矸石,形成再生顶板而为下分层开采创造条件。随采随注分为钻孔注浆、埋管注浆和工作面洒浆或插管注浆三种方式。

(1) 钻孔注浆。

钻孔注浆是在煤层底板运输巷或回风巷以及专门开凿的注浆巷道内,也可在邻近煤层的巷道内,向采空区钻孔注浆,钻孔直径一般为 75 mm,如图 10-31 所示。为减少孔深或便于安装钻机,而又不影响巷道内的运输,在巷道内一般每隔 20~30 m 开一小巷(称钻窝或钻场),在钻场内向采空区打扇形钻孔注浆(图 10-32)。

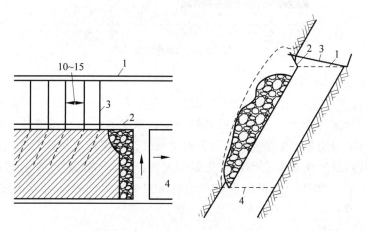

1—底板巷道;2—回风巷道;3—钻孔;4—进风巷。

图 10-31　由底板巷道钻孔注浆

(2) 埋管注浆。

埋管注浆是在放顶前沿回风道在采空区预先铺好注浆管,一般预埋 10~15 m,预埋管一端通往采空区,另一端接胶管,胶管长一般为 20~30 m,放顶后立即开始注浆。为防止冒落岩石砸坏注浆管,埋管时应采取防护措施(如架设临时木垛)。随工作面的推进,按放顶步距用回柱绞车逐渐牵引注浆管,如图 10-33 所示,牵引一定距离注一次浆。

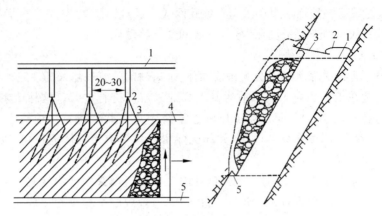

1—底板巷道；2—钻窝；3—钻孔；4—回风巷；5—进风巷。
图 10-32　由钻窝钻孔注浆

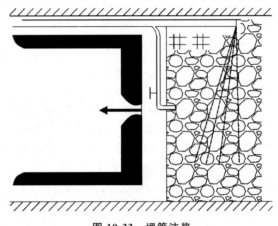

图 10-33　埋管注浆

（3）工作面洒浆或插管注浆。

从回风巷注浆管上接出一段浆管，沿倾斜方向向采空区均匀地洒一层泥浆，洒浆量要充分，泥浆能均匀地将采空区新冒落的矸石包围。洒浆通常作为埋管注浆的一种补充措施，使整个采空区特别是下半段也能注到足够的泥浆。对综采工作面常采用插管注浆的方式，即注浆主管路沿工作面倾斜铺设在支架的前连杆上，每隔 20 m 左右预留一个三通接头，并分装分支软管和插管。将插管插入支架掩护梁后面的垮落岩石内注浆，插入深度应≥0.5 m。工作面每推进两个循环，注浆一次。

4）主要注浆参数

注浆参数主要包括注浆浓度、注浆量、浆液扩散半径和采后开始注浆时间等。

（1）注浆浓度（浆液的水土比）。

浆液的水土比是反映浆液浓度的指标，是指浆液中水与土的体积比。不同的注浆材料其浆液浓度会有所不同。水土比的大小影响注浆效果和浆液的输送。浆液的水土比小，则浆液的浓度大，其黏性、稳定性和致密性好，包裹隔离效果好，但流动性差，输送困难，注浆钻孔与输浆管路容易堵塞。水土比过大，则耗水量大，矿井涌水量增加；在工作面后方采空区注浆时,容易流出放顶线而恶化工作环境。一般水土比的变化范围为 2∶1～5∶1。特别地,由于砂子密度和平均颗粒粒径均较大,根据经验,水砂比一般控制在 9∶1～15∶1 较为适宜。水砂比过小时,会造成堵管事故,过大时会使注浆效率降低。

（2）注浆量。

根据注浆的作用和目的,合理的注浆量应能够使沉积的浆材充填碎煤裂隙和包裹注浆区暴露的遗煤。注浆量主要取决于注浆形式、注浆区的容积、采煤方法等。采前预注、采后封闭停采线注浆都是以充满注浆空间为准。随采随注的用土量和用水量可按下列方法计算。

① 按采空区注浆计算需土量和需水量。

a. 注浆需土量。

$$Q_t = KMLHC \tag{10-5}$$

式中：$Q_t$——注浆用土量,$m^3$；

$M$——煤层开采厚度,m；

$L$——注浆区的走向长度,m；

$H$——注浆区的倾斜长度,m；

$C$——煤炭回采率,%；

$K$——注浆系数,即浆液的固体材料体积与需注浆采空区空间体积之比。在值中反映顶板冒落岩石的松散系数、泥浆收缩系数和跑浆系数等综合影响,它只能根据现场具体情况而定,一般取值范围为 0.03～0.3。

b. 注浆需水量。

$$Q_s = K_s Q_t \delta \tag{10-6}$$

式中：$Q_s$——注浆所用水量,$m^3$；

$K_s$——冲洗管路防止堵塞用水量的备用系数,一般取 1.10～1.25；

$\delta$——水土比,根据所要求的泥浆浓度所取。

② 按日注浆计算需土量和需水量。

a. 日注浆需土量。

$$Q_{t1} = KMLHC \tag{10-7}$$

式中：$Q_{t1}$——日注浆用土量,$m^3/d$；

$L$——工作面日推进度,m/d；

$C$——矿井日产量,t。

b. 日注浆需水量。

$$Q_{s1} = K_s Q_{t1} \delta \tag{10-8}$$

式中：$Q_{s1}$——日注浆所用水量,$m^3/d$。

③ 浆液扩散半径。

注浆过程中,浆液的扩散半径随注浆区渗透系数、裂隙、宽度、孔隙率、注浆压力、注浆时间的增加而增加,随着浆液浓度（或黏度）的增加而减小。此外,注浆材料的选择对浆液扩散半径影响也较大。

浆液扩散半径的大小在很大程度上决定了注浆施工的成本和进度。浆液扩散半径大,单孔所需要的浆液注入量就大,而注浆钻孔的数量就相对少些,这样注浆钻孔的工作量就少。

当浆液扩散半径确定后,要达到设计的扩散半径,可以通过调整注浆压力以及浆液浓度来达到。浆液浓度小,注浆时压力大,浆液在采空区中扩散得远,反之则扩散得近。

此外,注浆方法也能控制浆液在注浆区的扩散范围。采用连续注浆,浆液扩散范围大,而采用间歇式注浆方法,浆液扩散范围就小。

④ 采后开始注浆时间。

采后开始注浆时间是指在回采后开始注浆的一段时间间隔。这是一个重要参数,从防火要求来说,应尽可能缩短采后注浆时间。但采后间隔时间短,由于注浆点与回采工作面的距离小,采空区未被压实,浆液容易流入回采工作面,不但影响正常生产,而且浆液流失会影响注浆效果。合理的采后注浆时间,既要考虑钻孔施工的可能和及时抑制遗煤氧化,又要顾及注浆管路系统的倍线和不能影响正常生产。

采后注浆时间对不同的顶板岩性应有所差异。此外,当注浆压力较小时,为保证比较充足的注浆量,亦应及早注浆。

**3. 智能化煤矿注浆防灭火**

智能化煤矿注浆防灭火是指在传统注浆防灭火技术的基础上,运用先进的智能化技术,对煤矿进行实时监测和控制,提高煤矿的防火能力和灭火效率。

智能化煤矿注浆防灭火可通过安装智能传感器,实时监测煤矿的温度、湿度、氧气浓度等参数,一旦发现异常情况,就可以自动启动注浆防灭火系统,及时对火灾进行防控和扑灭。同时,通过云计算等技术,可以实现对煤矿的远程监测和控制,提高整个系统的智能化和效率。

此外,智能化煤矿注浆防灭火还可以运用人工智能技术,对煤矿内部进行智能化管理和预警,帮助煤矿管理者及早发现隐患,做好防范工作。

智能化煤矿注浆防灭火具有响应速度快、自动化程度高、预防性强等优点,可大大提高煤矿的安全性和生产效率。

1) 系统结构及功能设计

(1) 系统结构设计。

矿井注浆防灭火监控系统在实际运行过程中需要借助 PLC 技术,针对注浆作业实际进行过程中的管道内部压力分布状况和浆水流量等具体注浆信息数据进行信息采集、信息传输和信息处理工作。通过远程控制技术,监控系统更加实时地针对注浆作业整体过程进行检测、控制和操作,实现监控系统整体的安全稳定运行。分别在矿井工作面采空区的各个位置配置一定数量的矿用压力传感仪,通过信号输送线路回传至环网交换设备,发送至地上监控系统控制中心。针对经注浆站的压力变送装置和电磁型流量计采集得到的 $4 \sim 20$ mA 的信号,通过信号输送线路发送至 PLC 控制系统,借助 PLC 控制系统内含的组态软件进行实际监控工作。该系统应当具备数据显示、参数设置、趋势图绘制、超出限度警报和历史信息数据查询等各项功能。由 PLC 控制系统负责针对渣浆泵和注浆作业具体浆水流量及其压力数值进行即时的控制和管理,由工控机负责针对矿井重点检测地点的实际管道内压进行实时监测。

(2) 系统功能设计。

首先是信息即时采集功能。注浆防灭火管道中实际所含的基础性信息数据包含以下几种类型,地面注浆站的出浆管口实际压力值、注浆站具体的浆水流量值、矿井各管道监测点测得实际压力值。其次是实时检测功能。监控系统控制中心可以通过系统实时采集的各项信息数据,切实地跟进注浆管道内部压力状况,出现包含管道内压超出极限值在内的各种紧急状况时发出警报。再次是开关控制与故障防护功能。操作人员应当通过手动切换开关的形式,满足电动机自动模式和手动模式的切换需求。处于手动控制模式时,操作人员需要通过外置按钮对电动机开关进行控制,如启动或停止渣浆泵。设置手动控制模式的目的在于预防 PLC 控制系统失效导致无法通过开关控制的状况。最后是信息显示功能。在 PLC 控制系统的硬件端,以彩色触摸屏的形式呈现监控过程中包含压力值和流量值在内的各项变量信息。同时 PLC 控制系统需要切实地针对压力值超出限度所引起的问题进行一定的控制,在压力值超出预设时自动停止渣浆机的实际运转。

2) PLC 控制系统设计

(1) 渣浆泵控制系统。

渣浆泵控制系统应当实现闭合断路器(QF)和系统上电过程及控制回路内部的主要隔离器闭合,以便操作 PLC 控制系统和交流接触装置,保护回路供电。在彩色触摸屏显示控制屏上按下渣浆泵启动键后,操作信号传递至 PLC 控制系统之中,经由 PLC 控制系统程序控制端口实际发出信号后,继电器吸合,带动接触器获得电力供应,需要 12 s 完成。12 s 后,PLC 控制系统另一端口继而发出信号,另一继电器随之吸合,主要回路中的另一接触器获得电力供应,最终实现电动机的全压力启动运转,从 PLC 控制系统的其他端口接收压力传感装置和电磁流量计各自发出的信号。在压力超出预设数值,持续 50 s 后,由 PLC 控制系统的端口发出信号,带动继电器闭合断电,迫使电动机停止工作。

(2) 排污泵控制系统。

排污泵控制系统在结构设计层面分为两个主要部分:主要回路和保护回路。由包含断路装置和交流接触装置在内的器件组成的即为主要回路,通过交流接触装置实现对排污泵的具体控制操作。保护回路的主要组成器件为热过载继电装置,在控制系统出现包含短路和过载在内的各类故障时发出故障信号警告。针对自动手动切换器,在切换器按钮处于弹起状态时为手动控制状态,按下排污泵的启动键后,继电器随之吸合,进入自动锁定状态,接触装置收到信号后得电,实现开启排污泵的功能。相反,按下排污泵关闭键后,主要回路内部的常时关闭式触点断开,继电器随之断开,断电之后排污泵停止运行。当切换器按钮处于按下状态时,进入自动控制状态,信号出自浮球液位开关发送的开关量数值。在液位上升到达指定数值位置时,开关随之闭合,继电器随之吸合,进入自动锁定状态,接触装置受其带动得电,最终开启排污泵;而在液位下降到达指定数值位置时,排污泵经由一系列流程停止运行。

(3) 超压保护系统。

就构成结构而言,超压保护系统的组成成分主要包含弹簧微起型安全阀门、压力变送装置、矿用压力传感装置、PLC 控制系统以及渣浆泵。由 PLC 控制系统负责针对渣浆泵进行的实际控制,在地上注浆站与地下注浆管道之间的重要节点位置设置压力传感装置和弹簧微起型安全阀门,针对矿井工作面采空区实行动压注浆的作业操作。在矿井内部特定管道区域出现压力骤然提升时,通常起因是管道内部堵塞,或是因注浆处已经注满而引起的各种堵塞现象,管道内部压力将会升高,借由压力传感装置传送至监控系统控制中心。在安全阀门压力数值达到 0.8 MPa 时,安全阀门的泄压口将会随之打开,针对管道内部压力泄除。在压力数值达到 0.8 MPa 并持续 50 s 后,PLC 控制系统应当控制渣浆泵停止加压作业。

3) 上位机检测系统软件设计

针对监控系统的软件主要界面设计过程中,需要设计包含图形组态、动画连接以及实际控制在内的三个部分。首先是图形组态,参照注浆现场的工艺流程,实时地生成与之相应的画面。具体需要呈现包含渣浆泵、流量计、压力变送器以及浆液池等部分在内的图形组态。其次是动画连接,需要针对画面图形要素建立与数据库内部变量相对应的关系,在监控系统发现管道压力值出现变化时,经过特定接口针对数据库内部变量数值进行即时监控,更有效地控制注浆现场设备运行状态。在动画连接作业结束后,应当再次针对注浆现场的具体作业工艺流程,编写与之相应的程序,针对图形要素动画进行程序式的控制,实现对注浆现场设备运行状况的及时把控。

### 10.5.5 阻化剂防灭火

阻化剂的本质是一种负催化剂,在煤的表面可减少煤氧化过程中的活性基团,抑制煤的氧化反应进程。传统阻化剂以 $CaCl_2$、$MgCl_2$ 为主,其成本较低,但阻化效率相对不高,多针对煤的早期低温氧化自热,同时传统阻化剂多以卤化物为主;近年来新型阻化剂逐渐进入研究人员的视野,这类新型阻化剂以抗氧化剂为主,它们能与煤中的活性官能团发生化学反应从而降低其活性,诸如茶多酚、抗坏血酸、儿茶素等在煤氧化过程中能与活性官能团反应生成一类较为稳定的结构从而延缓煤的氧化进程。常用的矿井防灭火阻化剂主要分为物理阻化剂、化学阻化剂和复合阻化剂三类。

**1. 阻化剂防灭火材料**

1) 物理阻化剂

物理阻化剂主要是以无机盐类最为常见,如氯盐、铵盐、氢氧化钙等,此类阻化剂具有溶解度较大、原材料来源广泛以及制备成本较低等优势,特别是湿度大的井下环境,该阻化剂与煤体接触后会发生液化覆盖在煤的表层,通过隔绝氧气来阻止煤的进一步被氧化。常见的氯盐类阻化剂有 $NaCl$、$CaCl_2$、$MgCl_2$、$KCl$ 等,当盐类阻化剂喷洒到煤体表面时,会在其表面自然成膜,减少煤与氧气的接触面积,从而有效抑制煤自燃。铵盐类阻化剂包括 $(NH_4)H_2PO_4$、$NH_4HCO_3$ 等,铵盐热解吸热有效吸收煤氧化反应释放的热量且生成的 $NH_3$、$CO_2$ 等气体可以降低环境内的氧气浓度。

2) 化学阻化剂

化学阻化剂通过与煤分子中的活性基团预先发生反应,生成稳定环链结构,以此抑制活性基团数量的增加或参与煤氧化反应,终止自由基的连锁反应,最终达到抑制煤加快氧化的目的。常见的化学阻化剂主要有抗氧化类阻化剂、离子液体。其中抗氧化类阻化剂主要包括防老剂 A、尿素、硼酸二胺、碳酸氢铵、磷酸氢二铵、氨基甲酸酯等。其作用机理是:煤在低温下生成的活性自由基与阻化剂发生化学反应,从而中断煤自由基链式反应,阻止煤氧化反应进一步进行。离子液体属于一种新型阻化溶剂,目前被大量应用于煤化学领域。其主要阻化机理是:离子液体可以溶解表面活性官能团,能使煤中亚甲基、氢键、氢氧根断裂溶解,打断自由基反应序列,并限制活性物质的生成,提高煤的稳定性,且在高达400℃时仍具有较好的阻化效果。

3) 复合阻化剂

复合阻化剂一般由物理阻化剂和化学阻化剂复配而成,兼具两种阻化剂的优点。不仅可以惰化煤中关键活性基团反应,还具备火区覆盖封堵、大量固化水分降温的作用,实现煤自燃的物理-化学协同阻化。实现高效、便捷、安全和环保的煤自燃灾害防治。秦波涛等采用超强吸收水性凝胶和 L-抗坏血酸(维生素 C)制备了一种复合阻化剂,在具备高吸水性、保水性的物理效果的同时,对影响煤自燃的主要活性基团实现精准清除,最终做到对煤自燃问题的高效防治。刘博等通过对合成工艺的改变实现了层状双氢氧化物(LDHs)晶体结构与热性能间的可控调节,且采用原位共沉淀法制备了锌镁铝水滑石/神府煤复合材料(CLCs),提出了水滑石与煤的热效应络合机理。CLCs 作为新型煤基复合材料具有高效抑制烟煤的阻燃优势。CLCs/EVA 复合材料在一定范围随 CLCs 填充量的增加,其阻燃性能增强,LDHs 和神府煤之间有着良好的协同阻燃效应。对于低渗易自燃煤层,通过物理、化学阻化材料与表面活性剂的复配,制备了渗润阻化复合阻化剂溶液,该复合阻化剂中物理、化学阻化材料都具有阻燃作用,既拥有吸热降温、隔绝氧气,减少氧化反应的效果,又能捕获煤氧化反应自由基,对煤氧化自燃具有很强的抑制作用,同时通过添加表面活性剂可以使阻化溶液更好地渗入煤中,延长阻化效果。

**2. 阻化剂防灭火技术原理**

阻化剂的种类很多,但由于其阻化率与阻化衰退期的不同,防灭火的效果也不同,一般情况下阻化率越高,阻化衰退期越长的阻化剂防灭火效果也越好。根据阻化剂的基本类型,目前阻化剂的阻化防火原理主要分为物理阻化和化学阻化两个方面。

1) 物理阻化原理

物理阻化剂诸如 $NaCl$、$MgCl_2$、$CaCl_2$ 等卤盐类和氢氧化钙、硅酸钠(水玻璃)等,主要是通过隔绝煤氧接触或保水保湿,来达到阻化效果,其与煤之间发生的是物理阻化作用,物理阻化剂作用机理如图 10-34 所示。物理阻化原理可以分为以下几方面:

(1) 隔绝煤与氧气的接触。阻化剂一般是具有一定黏度的液体或者液固混合物,能够覆盖包裹煤体,使煤体与氧气隔绝。

(2) 保持煤体的湿度。阻化剂含有水分,并且一些阻化剂具有吸收空气中的水分使煤体表面湿润的功能,这样煤体的温度在有水分的作用下就不容易上升。

(3) 加速热量的散失。一方面阻化剂本身导热性比煤体特别是破碎煤体要好,另一方面,阻化剂本身所含水分的蒸发要吸收大量的热。

2) 化学阻化原理

煤是以缩合芳环为主体,并带有许多侧链、杂环和官能团的有机大分子结构。煤自燃的根本原因在于煤表面的活性基团与氧气发生复合反应,从而引发链式反应释放热量。化学阻化剂是通过破坏或减少煤体中反应活化能较低的结构,防止煤自燃,这种阻化剂加入煤的自由基链式反应中,生成一些稳定的链环、醚键结构,阻止了碳氧中间体的产生,中断了随后的热循环反应。或者与煤分子发生取代或络合作用,从而提高煤表面活性自由基与

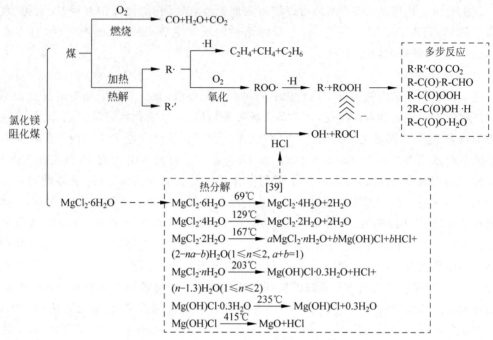

图 10-34　物理阻化剂作用机理（以氯化镁为例）

氧气之间发生化学反应的活化能,使煤表面活性自由基团与氧气的反应速度放慢或受到抑制,提高了煤的热稳定性,从而起到抑制煤炭自燃的作用,化学阻化剂作用机制如图 10-35 所示。

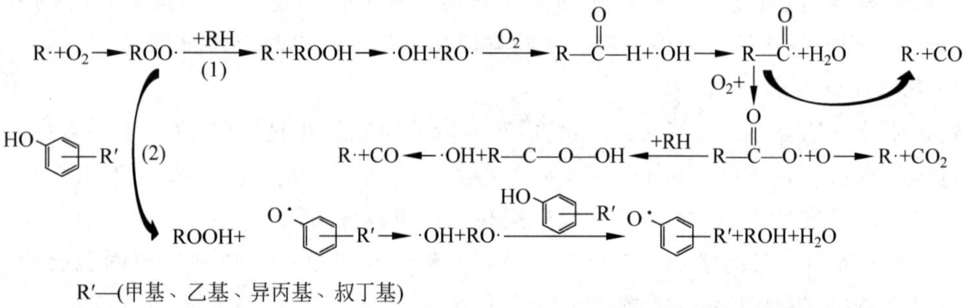

图 10-35　化学阻化剂作用机制（酚类抑制剂的理化煤自燃（CSC）抑制机制）

3）物理-化学协同阻化原理

如图 10-36 所示,复合阻化剂从物理化学两个角度分阶段对煤自燃氧化过程起到抑制作用。当氧化温度低于 200℃时,物理阻化剂热分解释放出 $CO_2$,扩散到煤分子表面,与氧气形成竞争吸附,从而减少煤分子间氧气的吸附量,达到惰化抑制的效应；同时释放出的水蒸气会吸附在煤分子表面,起到吸热降温的抑制效果。物理阻化是通过改变反应条件来抑制煤自燃反应速率。在低温氧化阶段,煤中的脂肪族基团含量减少,碳氧中间体含量增多,说明煤中的脂肪族基团与氧气发生反应,生成过氧化物自由基或者氢过氧化物,过氧化物很容易分解为醇和含氧自由基,醇继续氧化生成不稳定的碳氧中间体。氧化温度高于 200℃处于氧化反应后期的阻化煤样中的碳氧中间体含量下降,醚键含量上升。可以得出当氧化温度高于200℃时,化学阻化剂茶多酚的侧链开始断裂,产生烃基自由基。化学阻化剂可以与醇反应生成较稳定的醚键结构,阻止了碳氧中间体的产生,中断了随后的热循环反应,有效抑制煤自燃。

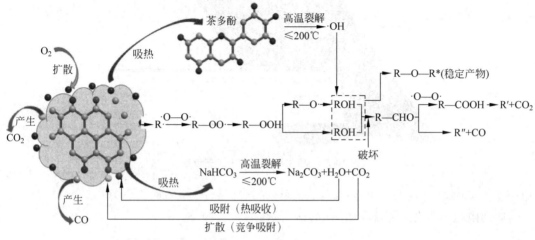

图 10-36　复合阻化剂抑制煤自燃机理

### 3. 阻化剂防灭火技术工艺

应用阻化剂防火的主要方法是表面喷洒、用钻孔向煤体压注及利用专用设备向采空区送入雾化阻化剂。

1）压注阻化剂系统

压注阻化剂防火技术是利用钻孔将一定浓度的阻化剂溶液注入煤柱、始采线、终采线等自然发火危险区域,达到防火目的。向煤壁打钻注液可用一般煤电钻打孔,钻孔间距根据阻化剂对煤体的有效扩散半径确定。钻孔深度应视煤壁压碎深度确定,一般孔深 2~3 m,孔径 42 mm。钻孔的方位、倾角要根据火源或高温点的位置而定。可用橡胶封孔器封孔。压注之前首先将固体阻化剂按需要的浓度配制成阻化剂溶液,开动阻化泵,将阻化剂吸入泵体,再由排液管经封孔器压入煤体。压注阻化液以煤壁见阻化剂即可,一次达不到效果时,可重复几次,直到煤温降到正常为止。在条件允许的情况下,也可将储液池建在上水平,借助静压喷洒或压注阻化液。压注阻化剂防火工艺流程如图 10-37 所示。

针对压注阻化剂系统,有学者提出了原位阻化防灭火技术,即将制备好的阻化液,在煤中打好钻孔,通过钻孔预先注入还未开采的煤层中,从源头进行防治。与采空区防灭火技术相比,其显著优势和目标是实现煤层开采全过程阻化抑燃,从源头预防煤自燃的一种技术。

2）喷洒阻化剂系统

喷洒阻化剂防火技术是将含有阻化剂的水溶液均匀喷洒到煤体表面,以达到防火目的。为此,需建立喷洒系统。喷洒系统一般分为三种形式:临时性喷洒系统、半永久性喷洒系统和永久性喷洒系统。其中以半永久性喷洒系统使用最为广泛。阻化剂喷洒工艺设备包含供水管路、药液箱、吸液管、压力表、阻化多用泵、高压胶管、阀门、三通和喷枪。喷洒阻化剂适用于采煤工作面区域防火,汽雾阻化剂适用于采空区深部火灾预防,压注阻化剂适

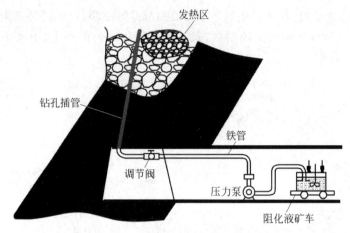

图 10-37 压注阻化剂防火工艺流程

用于保护煤柱、工作面开切眼、终采线、始采线等局部易自燃地点防火。

喷洒阻化剂防火工艺流程如图 10-38 所示。

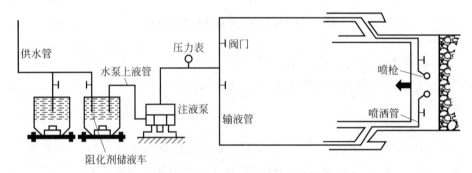

图 10-38 喷洒阻化剂防火工艺流程

3）汽雾阻化剂系统

汽雾阻化剂防火技术是将配制好的阻化剂溶液通过管路和输送泵加压，然后通过汽雾生成装置产生阻化液汽雾，产生的微小汽雾颗粒通过采空区漏风风流的运输到达所有漏风区域，阻化液微粒沉降到煤体表面，通过抑制、隔绝空气等作用来达到防止采空区煤自燃发火的目的，汽雾阻化剂系统如图 10-39 所示。

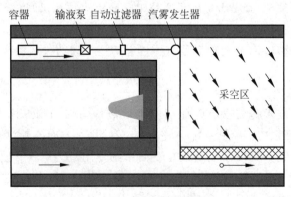

图 10-39 汽雾阻化剂系统

矿井根据不同的地质条件和现场作业环境,在具体工作过程中可以选择不同的汽雾喷洒系统,正确科学地选择喷洒系统既能达到很好的防火效果又能节约资源。按照设置不同,喷洒系统可分为三类:地面永久型、半永久型和井下可移动型。具体如图 10-40～图 10-42 所示。

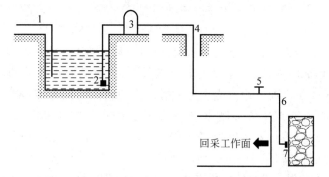

1—井上供水管;2—井上存液池;3—输送泵;4—输送管道;5—调节阀门;6—输送软管;7—喷液枪。

**图 10-40　地面永久型喷洒系统**

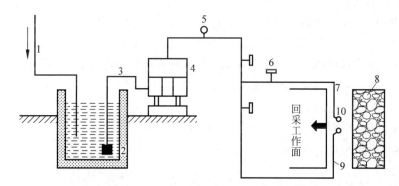

1—供水管;2—阻化液溶液池;3—水泵上液管;4—注液泵;5—压力表;6—阀门;7—胶管;
8—采空区;9—喷洒管;10—喷枪。

**图 10-41　半永久型喷洒系统**

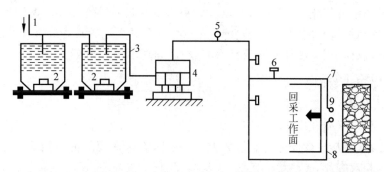

1—井下供水管;2—阻化液储蓄池;3—加注泵上液管;4—加注泵;5—注液压力表;
6—阻化液加注阀门;7—输送管路;8—喷洒管;9—喷头。

**图 10-42　井下可移动型喷洒系统**

地面永久型喷洒系统工艺简单,井下无须用电。阻化剂溶液池设在地面,阻化液配制较井下操作更便捷。但是随着开采深度的增加,阻化液输送距离加大、阻力增加,沿途阻化液损失较多。对泵的性能要求较高,但喷枪的压力较难控制。

半永久型喷洒系统,阻化液在井下配制,相对于永久型喷洒系统离工作面较近,输送距离小,沿途阻力小。但是其井下阻化液溶液池所需地方较大,溶液池需防漏保护,且不能移动,重复利用率低。井下须单独配电,工艺须数人参与,人工利用率低。

井下可移动型喷洒系统相比于前两者更加便捷,阻化液溶液池可放置在相邻的两个矿车上面,离采煤工作面距离较小,连接到乳化液泵站,并且同时跟着移动,可以将喷雾装置安装在工作面液压支架上面。由汽雾发生装置产生的阻化剂汽雾,随着采空区的漏风风流到达所有漏风区域,阻化剂发挥抑制作用,从而达到防止采空区遗煤氧化自燃的目的。在液压支架移动之前进行阻化液汽雾喷洒工作,汽雾生产装置设置在工作面回风巷机头、液压支架中间、工作面进风口等地方,启动高压泵完成汽雾喷洒工作。这种喷洒系统阻化液输送阻力小,沿途阻化液漏失较少,所需人工数量少,工艺紧凑便捷。系统可循环使用,经济效能好。但是其喷射范围较小,雾化效率较低,雾化效果还有待提高,工艺系统体积较大,注液泵还需单独供电。

选择阻化剂时,除满足阻化效率高、材料来源充足、储运方便、价格经济的条件外,也应满足对人体无害、环境无污染、设备腐蚀小的要求。使用阻化剂前,应对目标煤体进行阻化效果实验,测定阻化剂的阻化率和阻化寿命,阻化剂的阻化率应$\geqslant 40\%$,阻化剂的阻化寿命应$\geqslant 200\ \text{min}$。根据阻化效果、应用成本和现场实际条件合理确定阻化剂的种类、浓度、用量以及使用工艺(喷洒、压注或汽雾方式),从而达到理想的阻化目标。高硫煤宜采用水玻璃、氢氧化钙(消石灰)作阻化剂,其他煤种宜采用盐类阻化剂。盐类阻化剂浓度宜控制在$15\%\sim 20\%$,最低不应低于$10\%$。

### 10.5.6 凝胶防灭火技术

凝胶防灭火技术是指利用化学反应产生一类具有一定黏度、包裹性较好的高分子胶体进行灭火的技术。凝胶通常具有较好的保水能力,低温时可以有效增加煤体润湿程度,高温时凝胶内部的水分汽化速度减慢,可以吸收更多的热量;凝胶可以在煤体表面形成一层凝胶薄膜,有效地把煤与周围的氧气隔绝开来。常用的矿井防灭火凝胶有:无机凝胶类、有机凝胶类、复合胶体、稠化胶体和温敏性水凝胶等,如图10-43所示。

**1. 凝胶防灭火材料**

1) 无机凝胶类

在电解质作用下或利用化学反应溶胶经胶凝作用均可形成凝胶,但电解质制备凝胶时对水质要求很高,且形成的胶体稳定性较差、易老化,在煤矿现场的应用受到限制;化学反应生成凝胶则相对容易,且热稳定性好、失水慢、成胶工艺简单,便于现场应用,其中最典型的是硅酸凝胶。硅酸凝胶主要以硅酸钠溶液为基料、铵盐为促凝剂(碳酸氢铵成胶过程最稳定、用量最少),形成具有三维网状结构的水凝胶,在现场取得了良好的效果。但在成胶过程中会产生刺激性气体,恶化工作环境。许多黏土矿物质(如膨润土、海泡石、蒙脱石、硅藻土等)具有高吸水性,当其溶解在水中后,大量的水进入矿物的层间或与矿物反应形成结晶水,

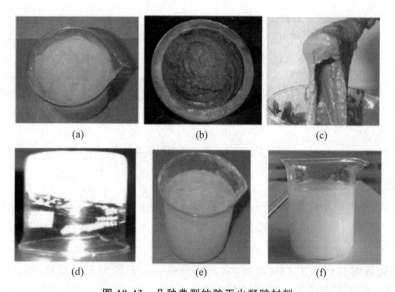

图 10-43 几种典型的防灭火凝胶材料
(a) 硅胶；(b) 粉煤灰复合胶体；(c) 黄土复合胶体；(d) 聚合物凝胶；
(e) 砂悬浮胶体；(f) 硅酸钠/聚合物复合凝胶

其吸水倍率可达自身重量的数百倍，可以达到固水的作用，从而形成凝胶。其胶体的耐温性较佳，也有一定阻化性，但易于脱水，同时受到矿物的纯度、结晶度影响较大，性质不稳定。

2) 有机凝胶类

有机凝胶目前主要是利用亲水性高分子材料吸收大量水分形成的，这些材料主要包括纤维素、蛋白质、明胶等天然高分子材料，人工合成及改性的纤维素醚、黄原胶、聚氨酯树脂、乙烯醇等。由于单一材料合成的高分子材料的亲水官能团比较单一，用含有大量离子的矿井水进行胶体制备时效果不甚理想，常采用多种单体共聚的方法形成含有多种亲水官能团的吸水高分子材料。

3) 复合胶体和稠化胶体

复合胶体是在泥浆中加入少量基料制备而成，所用基料可分为无机矿物类和线性高分子类。泥浆颗粒充填在基料形成的网状胶体结构之间，可增加胶体的强度；稠化胶体是在泥浆中加入少量具有悬浮分散作用的添加剂改善浆液的流动性，两者形态不同，所用基料既有相同之处也有不同之处，该类胶体的性质主要受凝胶原料性质的控制。通过在黄泥浆中加入聚合物凝胶后具有更好的流动性、均匀性和更短的成胶时间，具有阻化性能强、渗透性好和吸热量大等优点，可有效控制巷道高冒处自燃火灾。

4) 温敏性水凝胶

温敏性水凝胶是一种聚 N-异丙基丙烯酰胺和聚乙二醇的嵌段共聚物，具有较强的温度敏感特性(图 10-44)。在低温环境下呈现溶胶状态，劲度低且流动性好，便于贮存与喷射；高温(超过耐受温度(LOST))环境下，溶胶通过体积相分离转化为凝胶，劲度高且附着力强，溶胶向凝胶发生转变，黏度增加，从而能长时间滞留于着火物表面，提高了灭火的封堵、窒息和降温作用。温敏性水凝胶与水相溶，能够大幅降低水的表面张力，增强水的利用率与灭火效率。

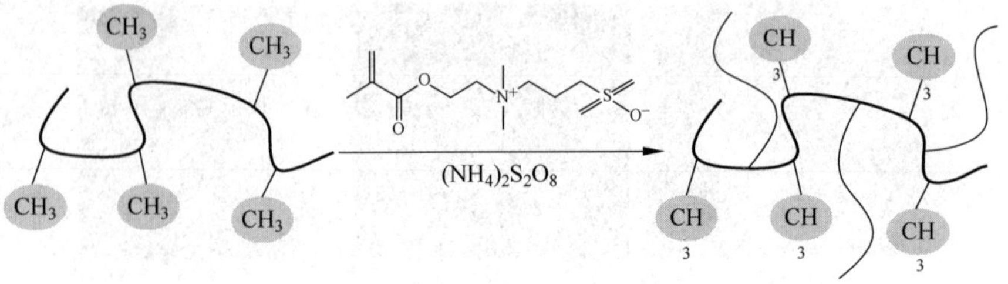

图 10-44  温敏性凝胶合成

(1) 溶胀热力学研究进展。

Ananak 等在热敏水凝胶溶胀热力学研究中讨论了无机离子对相变温度的影响及原因。无机离子的加入会改变聚合物的疏水水化结构,也会影响低临界相变温度(LCST)。Kokufutal 等充分讨论了表面活性剂对凝胶体相变有一定程度的影响。此外,对于交联的聚 N-异丙基丙烯酰胺(PNIPAM)凝胶,有机溶剂的加入表现出非共晶效应：随着有机溶剂加入量的增加,凝胶会先收缩再膨胀,即 LCST 先减小后增大。

(2) 溶胀动力学研究进展。

为了获得快速响应的热敏凝胶,研究凝胶的膨胀收缩率也很重要。Tanaka 等证明 PNIPAM 凝胶膨胀或收缩所需的时间与凝胶尺寸的平方成正比。凝胶尺寸越大,达到膨胀或收缩平衡所需的时间越长。Lyon 等进一步证明,疏水表面对 PNIPAM 凝胶的体积转变速度有显著影响。在 PNIPAM 骨架上引入一定链长的接枝 PNIPAM 链,使凝胶的收缩率大大提高。此外,在 PNIPAM 骨架上引入了一定链长的接枝聚氧乙烯链(PEO)。接枝 PEO 后,凝胶和接枝 PNIPAM 的丙烯酸单体发生链接反应,生成了大孔的可收缩凝胶。

(3) 聚合物应变性凝胶性质。

外界环境如温度、离子变化会改变聚合物的性质,这类使共聚物的结构与性能发生改变的物质被称为刺激响应性高分子。目前主要研制两种凝胶：一种是通过共价键或者非共价键在物理变化中形成的三维高分子流动物质,另一种即本文所研究的对刺激响应性高分子敏感的凝胶。依据敏感物质可划分为温度响应性凝胶、pH 响应性凝胶以及离子响应性凝胶,但其由于相变,机械性能相对较差。

(4) 温敏性聚合物。

对于温度敏感的聚合物被称为温敏性聚合物,其最明显的特点就是有 LCST,在此温度前后由于溶胀平衡原理,便会发生物理析水收缩,导致体积与形态大幅改变。温敏凝胶的相变状态在理论上是可逆的,现实中在特定的实验条件下也是可以完成这种可逆相的变化。

综上,胶体防灭火材料种类丰富,又有各自独特的性质,在火灾处理时应根据矿井条件和发火特点,选择合适的胶体材料、配比及工艺。

**2. 凝胶阻化剂防灭火技术原理**

凝胶阻化剂防灭火的作用机理为：将制备出的用于防灭火的胶体输送至火区,由于胶体中含有水分,水分蒸发时可以降低火区温度。同时,胶体在达到稳定后,附着于煤体表面,形成一层致密的薄膜,这层薄膜可以阻隔煤与氧气接触,进而阻断煤体氧化。随着注胶过程的不断进行,被胶体覆盖的煤层越来越广,火区火灾慢慢熄灭。输送至火区的胶体还能起到堵漏作用,降低煤层孔隙率,减少能够接触火区的空气量,大大提高了防灭火效率。

图 10-45 是 KGM@FA 凝胶的阻燃机理介绍。KGM@FA 凝胶的冷却、窒息和胶凝特性使其能够有效地抑制煤的燃烧。KGM@FA 凝胶在低温下具有良好的渗透能力,因此可以通过煤体之间的间隙并黏附在煤表面。凝胶化过程中三维结构的形成增加了凝胶强度,增强了黏附到煤表面的附着力。因此,凝胶可以有效地包裹煤体,减少煤和氧气之间的接触。增加煤的含水量。KGM@FA 凝胶因其简便、廉价、良好的流动性、热敏性、能快速成型,而广泛应用于生物医学领域。KGM@FA 凝胶具有良好的保水能力,因此可以增加煤的含水量。水的比热容高于煤的比热容。因此,含水量越高,煤的温度就升高得越慢。

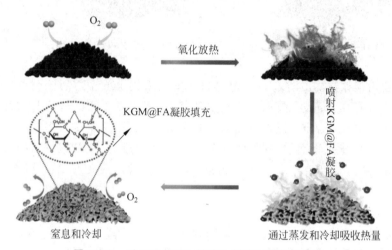

图 10-45  以 KGM@FA 凝胶为例的阻燃作用机理

**3. 凝胶防灭火技术工艺**

1) 注胶设备介绍

(1) 搅拌机。

由于在进行凝胶防灭火模拟时需要大量的凝胶材料,因此配制凝胶的工具也需要相应的提升,为了快速高效地配备出实验所需凝胶,搅拌机就成了必不可少的工具。实验选用上海索域实验设备有限公司生产的 jj-5 型行星式胶砂搅拌机,如图 10-46 所示。

搅拌机主要由电动机、搅拌页、搅拌锅等构成。

根据搅拌机的规格参数及计算公式计算搅拌桶容积。

$$V = \pi \left(\frac{\varphi}{2}\right)^2 h \tag{10-9}$$

式中:$V$——搅拌桶容积,L;

$\varphi$——搅拌锅内径,m;

$h$——搅拌锅最大深度,m。

通过计算搅拌桶容积:$V = 280$ L。

(2) 注浆泵。

注浆泵选用中交天和机械设备制造有限公司制造的 UB3-C 型柱塞式注浆泵。如

图 10-47 所示。

图 10-46 搅拌机

图 10-47 注浆泵

该泵主要由泄浆阀、压力安全阀、电器自控安全系统组成。适用于公路、铁路、市政、地下工程护坡锚杆压力灌浆，隧道壁后充填灌浆，水泥混凝土路面板块脱空加固灌浆，桥梁后张拉工艺洞孔压力灌浆，搅拌桩灌浆及各种夹缝、洞孔充填压力灌浆，渗漏维修工程注浆、堵浆，也可用于工程面层、支护喷涂作业。工作原理为：UB3-C 型柱塞式注浆泵由传动机构曲轴，通过连杆使柱塞产生往复运动，浆液由吸入阀吸入，然后经泵缸送至外界空气排出。

（3）输送管

输送管选择与注浆泵注浆口径相一致的、具有一定骨架结构的 PVC 软管，这样的输送管具有一定的硬度并且可弯曲进行物料输送，将物料输送到目标区域。

2）注凝胶流程

煤自燃的发生和发展必须具备特定条件，同时又有偶然性，但还是具有一定的规律。根据煤自燃条件及事故统计，煤自燃主要危险区域是巷道高冒区、煤柱破坏区和采空区（特别是工作面始采线、终采线、上下煤柱线和三角点）。针对这些易自燃地点，采用凝胶防灭火时基本操作步骤如下：

（1）根据现场测定的温度和气体变化情况，确定火源位置和范围，估算注凝胶用量并准备好材料。

（2）如果火区生成的有毒有害气体量较少，作业地点满足安全条件下，直接实施钻孔注胶，否则先使用黏度高、成胶时间短的凝胶交联体系对火区暴露表面进行喷洒，以减少向火区的漏风供氧，同时减少火区内有毒有害气体的释放，为进一步灭火工作提供良好的工作环境并争取时间。

（3）施工注胶用钻孔，钻孔直径为 38 mm 或 50 mm，倾角为 30°～45°，终孔位置应尽可能接近火区的上部。

（4）施工完钻孔后立即下套管，以防止塌孔。下管时先下一段花管，再下套管，下完套管后立即用丝堵进行封堵，并用快速水泥进行封孔。

（5）通过套管注入低黏度、成胶时间长的凝胶交联体系，为减少胶体的下渗，保证其在火源范围内成胶，注胶时应采用多轮间隔式，即每个孔注入约 5 m³ 后换另一个孔，如此循环直至温度或气体恢复至正常情况。

(6) 为防止因高位注胶堵塞低位孔,应先注终孔位置较低的钻孔,后注位置高的钻孔。

(7) 在注胶过程中,及时检查各孔注胶情况,当出现压力突然增大或返胶时,立即停止,分析情况。

(8) 施工完毕后,用清水冲洗注胶管路,并记好台账。

凝胶灭火工艺流程如图 10-48 所示。

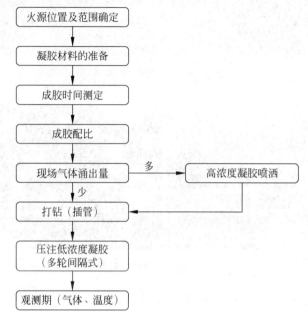

图 10-48　凝胶灭火工艺流程

### 10.5.7　三相泡沫防灭火

泡沫防灭火技术是指利用发泡物质将产生的泡沫覆盖在火区,以达到冷却降温、隔绝氧气的作用。其中以三相泡沫应用最为广泛,该泡沫指由气相-固相-液相组成的泡沫体系。气相通常使用氮气,利用氮气的惰性稀释采空区氧气,起到惰化窒息的作用。液相使用加入表面活性剂的水溶液,水蒸发吸热,冷却煤体,是泡沫灭火的主要成分。同时加入表面活性剂后,与氮气充分混合形成泡沫,可以在采空区堆积,治理高处的遗煤自燃现象。固相的选择较为多样,通常是选择粉煤灰、黄泥浆或岩矿颗粒等,用来增强泡沫稳定性,并覆盖在遗煤表面,起到一定阻化作用(图 10-49、图 10-50)。

**1. 三相泡沫防灭火材料**

针对采空区自燃火源难以定位且呈立体分布的特点,泡沫防灭火以其良好的流动性和堆积性,可对远距离中高位立体空间进行灭火而逐渐得到应用。常用的泡沫主要有惰气泡沫、三相泡沫和凝胶泡沫。

1) 惰气泡沫

惰气泡沫是通过在水中加入气泡剂、稳泡剂等,在惰性气体的作用下物理发泡而成,在我国 20 世纪 90 年代引入采空区自燃火灾防治之中。该泡沫由于起泡倍数低、稳定性较差、

图 10-49　粉煤灰三相泡沫

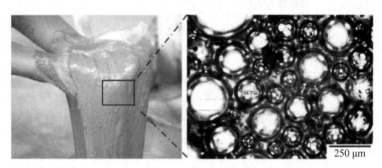

图 10-50　泡沫糊的形态

稳定时间短,在注入采空区过程中容易破裂,需要大流量长时间持续产生泡沫,一旦停止则可能引起复燃。

2）三相泡沫

三相泡沫集氮气、泡沫和灌浆技术的综合防灭火功能于一体,利用浆材的覆盖性、惰气的窒息性和水的吸热降温性,实现煤自然发火的预防和治理。三相泡沫防灭火技术是由气体、固体、液体在特别选定出的分散系统中发泡进而最终形成的混合物。所配制好的混合物在得到较好的发泡之后,利用预先埋设的管路压注到井下采空区或火区,通过利用其较好的堆积扩散效果来控制煤体的氧化过程。当压注的三相泡沫覆盖煤体后,能够保持稳定状态,并能够在一定时间内覆盖在煤体表面,即使等到破裂后,其混合液中的固相仍能较为有效地覆盖在煤体上,起到将煤体与氧气隔离的作用,从而能够对煤炭自燃起到较好的防治效果。

3）凝胶泡沫

凝胶泡沫是将聚合物和发泡剂分散在水中,在气体的作用下发泡并经一段时间后,聚合物在泡沫液膜内形成三维网状结构,该凝胶泡沫兼有凝胶和泡沫的双重性质,具有良好的封堵性能和阻化性能,从而提高了防灭火效果。有研究者结合泡沫与凝胶的优点,将表面活性剂、交联剂和高分子溶液经机械发泡形成稳定性较强的凝胶泡沫材料,具有良好的阻化性能与封堵性能。

**2. 三相泡沫防灭火技术原理**

该技术形成集氮气、泡沫和灌浆技术的综合防灭火功能于一体。充分发挥了黄泥灌浆和采空区注氮的防灭火优势,以氮气为载体将黄泥或粉煤灰带至高处,提高了黄泥或粉煤灰浆体覆盖效率。同时,三相泡沫的形成也提高了氮气在采空区的驻留时间。并且三相泡沫发泡剂添加了阻化剂,因此其发泡剂本身就是一种很好的阻化材料,其能均匀地分散在煤体上,能有效阻止煤氧结合官能团的产生和自由基的链式反应,对煤的自燃有很好的阻化效果,实现煤自然发火的预防和治理。

### 3. 三相泡沫防灭火技术工艺

1) 三相泡沫的制备

制浆:矿井废水通过水泵动压输送至圆形制浆池,如图10-51所示,采用人工取灰的方式向制浆罐内添加粉煤灰,制浆池顶部的搅拌机带动制浆池内的搅拌叶片避免浆体大量沉淀,至此完成制备三相泡沫的浆体制备流程,制浆设备及系统如图10-51、图10-52所示。

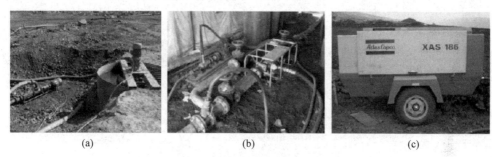

图 10-51 现场试验所使用主要设备
(a) 制浆池、泥浆泵;(b) 三相泡沫发泡装置;(c) 空压机

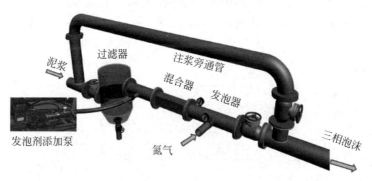

图 10-52 三相泡沫制备系统

气源:治理初期采用了最大制氮流量 500 m³/h 的制氮机作为产生三相泡沫的气源,后期为了增加三相泡沫制备量,采用两套空压机联合的方式作为气源,气源流量最大可达 1200 m³/h。矿压机的主要技术参数为:压力 0.7 MPa,气量为 660 m³/h,能够很好地满足三相泡沫对气源的需求。

2) 灭火钻孔间距和灌注工艺的优化设计

最优的工艺设计就是要实现合理的灭火钻孔布置,既能做到避免钻孔布置较少产生治理死角,还能做到不过量施工灭火钻孔,增加灭火成本。因此,需要在三相泡沫流动范围特征的现场灌注试验和数值模拟研究结论的指导下,进行设计。如在高温区域灭火钻孔采取了间隔 8~9 m 的网状布置方式,如图10-53所示。合理设置套管深度,这样既可以保证三相泡沫不从地表溢出,又尽可能地覆盖顶部的高温区域。通过三相泡沫分流器每次并联灌注钻孔为 3~5 个,单次灌注时间持续 4 h 左右,分流器的外观如图10-54所示。

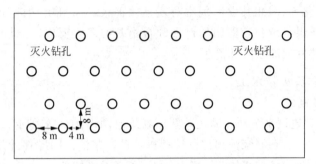

图 10-53　煤灭火钻孔布置示意

3）三相泡沫的应用工艺设计

三相泡沫的应用工艺：利用地面智能制浆系统制备粉煤灰浆体，在输送管路入口处通过添加泵将发泡剂压入输浆管路；制氮机产生氮气后，将氮气在发泡器处引入粉煤灰浆体产生三相泡沫，沿架间钻孔压注入高温区域。整个流程如图10-55所示。

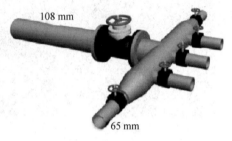

图 10-54　三相泡沫分流器

三相泡沫的扩散范围与堆积高度受灌注流量的影响较大。因此，为尽可能提高三相泡沫向采空区深部和高处堆积的能力，并没有采用多钻孔并联同时灌注三相泡沫的常规思路，而选择了单一钻孔并联单一钻孔逐个灌注的方式，虽然短时间内的覆盖面积不如多钻孔并联灌注，但却大大提高了三相泡沫的堆积高度与扩散深度，捕捉到火源的概率也变得更大。

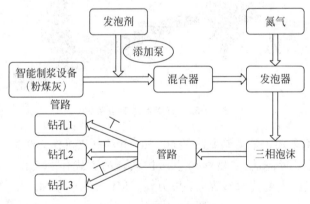

图 10-55　三相泡沫应用流程

## 10.6　矿井火灾时期风流控制

矿井内因火灾需要有供氧条件，因此必须严格控制漏风，矿井每个采区及工作面均设置独立回风系统。矿井通风设施应严格按照标准进行施工，并及时进行巡查、维护，防止通风设施漏风和采空区等地点的漏风增加。不燃材料构成的防火墙必须严密，并及时进行巡查、维护,确保无漏风。及时进行均压,通过通风系统调整或者使用均压设备等进行压力控制,确保漏风通道两侧的压力趋于平衡,最大限度地减少漏风量,进而实现防止自燃的目标。

### 10.6.1 风流控制原则

为了控制风流逆转和降低火灾危害程度,以火灾时期风向判别条件为基础,在无法进行直接灭火的情况下,遵循以下两原则对风流进行控制:

(1) 降低局部火风压。可通过在着火区域沿逆风流方向的远处建造临时密闭墙或悬挂风帘来控制着火区域的风量,这样不仅降低了局部火风压,同时也增大了内部风系统的合成风阻值,能有效地防止风流逆转。

(2) 降低外部分系统的合成风阻值。可打开预设的排烟巷道的风门和局部通风机风硐闸门来排放烟气,同时在日常通风管理过程中加强巷道的维护,防止排烟巷道和回风巷道出现局部堵塞。

以上原则是火灾时期上行风流和下行风流控风所要遵循的主要原则。但对于下行风流发生火灾的位置存在进风侧与回风侧的差异,应该依据现场实际情况来制定相应的具体控风方案和措施。

### 10.6.2 旁侧支路风流逆转原因分析及控制措施

上行通风的旁侧支路发生风流逆转是井下火灾时期风流紊乱的表现形式之一,其危害严重的主要原因是旁侧支路风流逆转能使有毒气体和烟流意外侵入作业人员密集区域,造成大量人员中毒伤亡。井下发生火灾后,火风压使主干风路和旁侧支路回风巷道内的风压逐渐增大,其值随着着火时间的延长变得更大,使流经旁侧支路的风流变得越来越少,最终发生风流逆转。

为防止旁侧支路风流逆转导致火灾危害性进一步扩大,可实施的控制措施:

(1) 减小内部分系统的局部火风压;
(2) 增大外部分系统的风压值或维持其风压值不变;
(3) 提高内部分系统的风阻值;
(4) 降低外部分系统的风阻值。

### 10.6.3 上行风流巷道火灾风流逆转原因及条件

图 10-56 为上行通风系统简图。当火灾发生在上行风路 a 时,高温烟流在运移过程中产生了浮升力从而在上行风路中形成了局部火风压 $h_i$。局部火风压的存在使得原通风系统的压力分布发生改变,这种改变可能会使旁侧支路 2→b→3 的风流方向发生逆转,而由于局部火风压和主要通风机两者的作用方向相同,故主干风路 1→2→a→3→4 的风向一般不会发生逆转。

将 b 支路作为划分界限将风网系统划分为内部分系统和外部分系统来分析旁侧支路的风向改变情况,如图 10-57 所示,$h_i$ 代表内部系统产生的风压,$h_o$ 代表在外部分系统中存在的火风压。

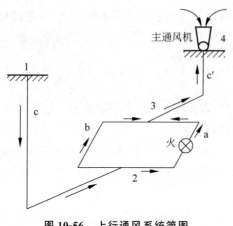 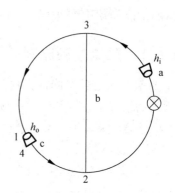

图 10-56　上行通风系统简图　　　　图 10-57　上行通风封闭回路

对上述封闭回路列出风压方程可获得 b 支路风流逆转的判别式。

$$\frac{h_i}{h_o} > \frac{R_i}{R_o} \tag{10-10}$$

式中：$R_i$——内部分系统的合成风阻，Pa·s；

$R_o$——外部分系统的合成风阻，Pa·s。

### 10.6.4　下行风流巷道火灾风流逆转原因及条件

采用下行通风时，火灾发生后产生的高温烟流在运移过程中形成的火风压增大了巷道中的阻力，使主干风路中风量慢慢减小，而火风压则随着火势增强慢慢增大，当其增大到与巷道中主要通风机提供的风压数值上相等时，巷道中的风量近似趋近 0，此时若火情进一步发展，则会发生风流逆转。

图 10-58 中的支路 a、支路 b 和支路 c 分别表示内部分系统、旁侧支路和外部分系统；$h_b$ 代表旁侧支路产生的火风压。

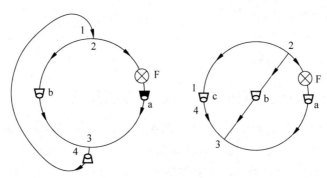

图 10-58　火灾时期下行通风的风网示意

根据上述假设可通过对比 $h_o$、$h_i$、$h_b$ 三者的大小来分析各支路（a、b、c）的风流方向，即 $h_o$、$h_i$、$h_b$ 中最大值代表的支路的风流方向一定与其风压作用方向一致，同时，最小风压值代表的支路的风流方向也一定与其风压作用方向相反，而风压值介于最大风压和最小风压之间的支路风向可能出现保持不变和逆转两种情况。

## 10.7 火区封闭和启封及管理

### 10.7.1 火区封闭

**1. 隔绝灭火**

采用灭火剂或挖出火源等方法把火直接扑灭称为直接灭火法。无论是井上还是井下所发生的火灾,凡是能直接扑灭的,均应尽量扑灭。当不能直接将火源扑灭时,为了迅速控制火势,使其熄灭,可在通往火源的所有巷道内砌筑密闭墙,使火源与空气隔绝。火区封闭后其内惰性气体(如 $CO_2$ 和 $N_2$ 等)的浓度逐渐增加,氧气浓度逐渐下降,燃烧因缺氧而停止。此种灭火方法称为隔绝灭火。

1) 密闭墙的结构和种类

火区的封闭是靠密闭墙来实现的。按照密闭墙存在的时间长短和作用,可分为临时密闭墙、永久密闭墙和防爆密闭墙三种。

(1) 临时密闭墙。

其作用是暂时切断风流,控制火势发展,为砌筑永久密闭墙或直接灭火创造条件。对临时密闭墙的主要要求是结构简单,建造速度快,具有一定的密实性,位置上尽量靠近火源。传统的临时密闭墙是在木板墙上钉不燃的风筒布,或在木板墙上涂黄泥,如图 10-59 所示;也有采用木立柱夹混凝土块板的,如图 10-60 所示。

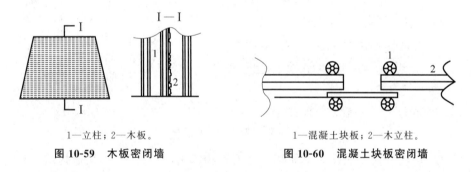

1—立柱;2—木板。　　　　　　　1—混凝土块板;2—木立柱。

图 10-59　木板密闭墙　　　　　图 10-60　混凝土块板密闭墙

随着科学技术的发展,目前已研制出多种轻质材料结构,能快速建造密闭墙,例如泡沫塑料密闭墙、伞式密闭墙和充气式密闭墙等。

(2) 永久密闭墙。

其作用是较长时间地(至火源熄灭为止)阻断风流,使火区因缺氧而熄灭。其要求是具有较高的气密性、坚固性和不燃性,同时又要求便于砌筑和启开。密闭墙的结构如图 10-61 所示。材料主要有砖、片(料)石和混凝土,砂浆作为黏结剂。为了增加气密性和耐压性,一般要求在巷道的四周挖 0.5~1.0 m 厚的深槽(使墙与未破坏的岩体接触),并在墙与巷道接触的四周涂一层黏土或砂浆等胶黏剂。在矿压大、围岩破坏严重的地区设置密闭墙时,采用两层砖之间充填黄土的结构,以增加密闭墙的气密性。在密闭墙的上、中、下适当位置应预埋相应的铁管,用于检查火区的温度、采集气样、测量漏风压差、灌浆和排放积水,平时这些管口应用木塞或闸门堵塞,以防止漏风。

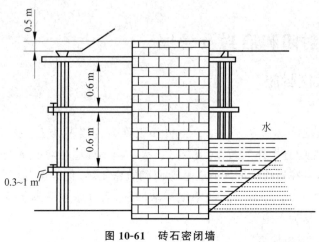

图 10-61 砖石密闭墙

(3) 防爆密闭墙。

在有瓦斯爆炸危险时,需要构筑防爆密闭墙,以防止封闭火区时发生瓦斯爆炸。防爆密闭墙一般由砂袋堆砌而成,如图 10-62 所示。其厚度一般为宽巷的 2 倍。密闭墙间距 5～10 m。目前比较先进的方法是采用石膏快速充填构成耐压防爆密闭墙。

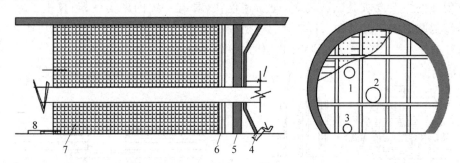

1—采样管;2—通过筒;3—放水管;4—加强柱;5—木板;6—立柱;7—砂包;8—过滤头。

图 10-62 砂袋防爆密闭墙

近年来,国内外研制出多种远距离输送石膏构筑密闭墙的设备,快速构筑石膏防爆密闭墙,以避免形成灾害,图 10-63 为湿输灌注密闭工艺系统。

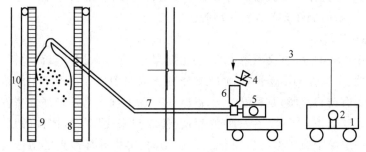

1—水车;2—潜水系;3—供水管;4—螺旋供料器;5—拌桶;6—注浆泵;
7—输气管;8—外侧模板;9—内侧模板;10—石膏墙体。

图 10-63 湿输灌注密闭工艺系统

2) 密闭墙的位置选择

密闭墙的位置选择合理与否不仅影响灭火效果,而且决定施工安全性。过去曾有不少火区在封闭时因密闭墙的位置选择不合适而造成瓦斯爆炸。灭火效果取决于密闭墙的气密性和密闭空间的大小。封闭范围越小,火源熄灭得越快。

封闭火区的原则是"密、小、少、快"四字。密是指密闭墙要严密,尽量少漏风;小是指封闭范围要尽量小;少是指密闭墙的道数要少;快是指封闭墙的施工速度要快。在选择密闭墙的位置时,人们首先考虑的是把火源控制起来的迫切性,以及在进行施工时防止发生瓦斯爆炸,保证施工人员的安全。

3) 封闭火区的顺序

火区封闭后必然会引起其内部压力、风量、氧浓度和瓦斯等可燃气体浓度变化;一旦高浓度的可燃气体流过火源,就可能发生瓦斯爆炸。因此,正确选择封闭顺序,加快施工速度,对于防止瓦斯爆炸、保证救护人员的安全至关重要。就封闭进回风侧密闭墙的顺序而言,目前基本上有两种:一是先进后回(又称为先入后排);二是进回同时。

**2. 封闭火区的方法**

封闭火区的方法分为三种:

(1) 锁风封闭火区。从火区的进回风侧同时密闭,封闭火区时不保持通风。这种方法适用于氧浓度低于瓦斯爆炸界限($O_2$浓度<12%)的火区。这种情况虽然少见,但是如果发生火灾后采取调风措施,阻断火区通风,空气中的氧因火源燃烧而大量消耗,也是可能出现的。

(2) 通风封闭火区。在保持火区通风的条件下,同时构筑进回风两侧的密闭。这时火区中的氧浓度高于失爆界限($O_2$浓度>12%),封闭时存在着瓦斯爆炸的危险性。

(3) 注惰封闭火区。在封闭火区的同时注入大量的惰性气体,使火区中的氧浓度达到失爆界限所经过的时间比爆炸气体积聚到爆炸下限所经过时间要短。

第二、第三种方法,即封闭火区时保持通风的方法在国内外被认为是最安全和最正确的方法,应用较广泛。

**3. 扑灭和控制不同地点火灾的方法**

1) 井口和井筒火灾

(1) 进风井口建筑物发生火灾时,应采取防止火灾气体及火焰侵入井下的措施:①迅速扑灭火源。②立即反转风流或关闭井口防火门,必要时停止主要通风机。

(2) 进风井筒中发生火灾时,为防止火灾气体侵入井下巷道,必须采取反风或停止主要通风机运转的措施。

(3) 回风井筒发生火灾时,风流方向不应改变。为了防止火势增大,应减少风量。其方法是控制入风防火门,打开通风机风道的闸门,停止通风机或执行抢救指挥部决定的其他方法(以不能引起可燃气体浓度达到爆炸危险为原则)。必要时,撤出井下受危及的人员。

当停止主要通风机时,应注意火风压可能造成的危害。

多风井通风时,发生火灾区所在的回风井主要通风机不得停止。

(4) 竖井井筒发生火灾时,不管风流方向如何,应用喷水器自上而下地喷洒。只有在能确保救火队员生命安全时,才允许派遣救护队进入井筒从上部灭火。

2) 井底火灾

(1) 当进风井井底车场和毗连硐室发生火灾时,必须进行反风或风流短路,不让火灾气体侵入工作区。

(2) 回风井井底发生火灾时,应保持正常风向,在可燃性气体不会聚集到爆炸限度的前提下,可减少流入火区的风量。

(3) 为防止混凝土支架和砌碹巷道上面木垛燃烧,可在碹上打眼或破碹,设水幕。

3) 井下硐室火灾

(1) 着火硐室位于矿井总进风道时,应反风或风流短路。

(2) 着火硐室位于矿井一翼或采区进回风所在的两巷道连接处时,则在可能的情况下,采取短路通风,条件具备时也可采用局部反风。

(3) 火药库着火时,应首先将雷管运出,然后将其他爆炸材料运出,如因高温运不出时,则关闭防火门,退往安全地点。

(4) 绞车房着火时,应将火源下方的矿车固定,防止烧断钢丝绳,造成跑车伤人。

(5) 蓄电池机车库着火时,为防止氢气爆炸,应切断电源,停止充电。加强通风并及时把蓄电池运出硐室。

(6) 无防火门的硐室发生火灾时,应采取挂风障控制入风,积极灭火。

4) 通风巷道火灾

(1) 倾斜进风巷道发生火灾时,必须采取措施防止火灾气体侵入有人作业的场所,特别是采煤工作面。为此可采取风流短路或局部反风、区域反风等措施。

(2) 火灾发生在倾斜上行回风风流巷道,则保持正常风流方向。在不引起瓦斯积聚的前提下应减少供风。

(3) 扑灭倾斜巷道下行风流火灾,必须采取措施,增加入风量,减少回风风阻、防止风流逆转,但决不允许停止通风机运转。

(4) 在倾斜巷道中,需要从下方向上灭火时,应采取措施防止冒落岩石和燃烧物掉落伤人,如设置保护吊盘、保护隔板等护身设施。

(5) 在倾斜巷道中灭火时,应利用中间联络巷和行人巷接近火源。不能接近火源时,可利用矿车、箕斗,将喷水器下到巷道中灭火,或发射高倍数泡沫、惰性气体进行远距离灭火。

(6) 位于矿井或一翼总进风道中的平巷、石门和其他水平巷道发生火灾时,要选择最有效的通风方式(反风、风流短路、多风井的区域反风和正常通风等)以便救人和灭火。在防止火灾扩大采取短路通风时,要确保火灾有害气体不致逆转。

(7) 在采区水平巷道中灭火时,一般保持正常通风,根据瓦斯情况增大或减少火区供风量。

5) 采煤工作面火灾

一般要在正常通风的情况下进行灭火,且必须做到:

(1) 从进风侧进行灭火,要有效利用灭火器和防尘水管。

(2) 急倾斜煤层采煤工作面着火时,不准在火源上方灭火,防止水蒸气伤人;也不准在火源下方灭火,防止火区塌落物伤人;要从侧面(即工作面或采空区方向)利用保护台板和保护盖接近火源灭火。

(3) 采煤工作面瓦斯燃烧时,要增大工作面风量,并利用干粉灭火器、砂子、岩粉等喷射灭火。

（4）在进风侧灭火难以取得效果时，可采取局部反风，从回风侧灭火，但进风侧要设置水幕，并将人员撤出。

（5）采煤工作面回风巷着火时，必须采取有效方法，防止采空区瓦斯涌出和积聚。

（6）用上述方法无效时，应采取隔绝方法和综合方法灭火。

6）独头巷道火灾

（1）要保持独头巷道的通风原状，即通风机停止运转的不要随便开启，通风机开启的不要盲目停止。

（2）如发火巷道有爆炸危险，则不得入内灭火，而要在远离火区的安全地点建筑密闭墙。

（3）扑灭独头巷道火灾时，必须遵守下列规定：

① 火灾发生在煤巷迎头、瓦斯浓度不超过 2% 时，可在通风情况下采用干粉灭火器、水等直接灭火。灭火后，必须仔细清查阴燃火点，防止复燃。如瓦斯浓度超过 2% 且仍在继续上升，要立即把人员撤到安全地点，远距离进行封闭。

② 火灾发生在煤巷中段时，灭火过程中必须检测流向火源的瓦斯浓度，防止瓦斯经过火源点，如果情况不清应远距离封闭。若火灾发生在上山中段时，不得直接灭火，要在安全地点进行封闭。

③ 上山煤巷发生火灾时，不管火源在什么地点，如果局部通风机已经停止运转，在无须救人时，严禁进入灭火或侦察，而要立即撤出附近人员，远距离进行封闭。

④ 火源在下山煤巷迎头时，若火源情况不清，一般不要进入直接灭火，应进行封闭。

## 10.7.2　火区管理

矿井火区被封闭之后，可以认为已被控制，但是火源并未彻底熄灭，对矿井仍是一个潜在威胁。因此加强火区管理，促使火源早日消灭是摆在通风防灭火工作者面前的一项重要任务。煤矿企业必须绘制火区位置关系图，注明所有火区和曾经发火的地点。每一处火区都要按形成的先后顺序进行编号，并建立火区管理卡片。火区位置关系图和火区管理卡片必须永久保存。

**1. 火区位置关系图**

火区位置关系图以通风系统图为基础绘制，标明所有火区的边界、防火密闭墙位置、历次发火点的位置、漏风路线及防灭火系统布置。图上注明火区编号、名称、发火时间。

**2. 火区管理卡片**

火区管理卡片应当包括下列内容：

（1）火区基本情况登记表。火区登记表所附火区位置示意图中应当标明火源位置、防火墙类型、位置与编号、钻孔位置、火区外围风流方向及均压技术设施等内容，并绘制必要的剖面图。

（2）火灾事故报告表。

（3）火区灌注灭火材料记录表。

（4）防火墙观测记录表。

不得在火区同一煤层的周围进行采掘工作。在同一煤层同一水平的火区两侧、煤层倾角小于35°的火区下部区段、火区下方邻近煤层进行采掘时，必须编制火区管理计划，并遵守下列规定：

（1）必须留有足够宽（厚）度的隔离火区煤（岩）柱，回采时及回采后能有效隔离火区，不影响火区的灭火工作。

（2）掘进巷道时必须有防止误冒、误透火区的安全措施，煤层倾角在35°及以上的火区下部区段严禁进行采掘工作。

### 10.7.3　火区启封

封闭的火区只有经取样化验证实火已熄灭后，方可启封或注销。火区同时具备下列条件时，方可认为火已熄灭：

（1）火区内的空气温度下降到30℃以下，或与火灾发生前该区的日常空气温度相同。

（2）火区内空气中的氧气浓度降到5.0%以下。

（3）火区内空气中不含有乙烯、乙炔，一氧化碳浓度在封闭期间内逐渐下降，并稳定在0.001%以下。

（4）火区的出水温度低于25℃，或与火灾发生前该区的日常出水温度相同。

（5）上述4项指标持续稳定的时间在1个月以上。

火区经连续取样分析符合火区熄灭条件后，由矿长和总工程师组织有关部门鉴定火区已经熄灭，提出火区注销或者启封报告，报上级企业技术负责人批准，无上级企业的由煤矿组织专家进行论证。火区注销或者启封报告应当包括下列内容：

（1）火区基本情况。

（2）灭火总结，包括灭火过程、灭火费用和灭火效果等。

（3）火区启封或者注销依据与鉴定结果。

（4）与火区治理相关图纸。

启封已熄灭的火区前，必须编制启封计划和制定安全措施，报上级企业技术负责人批准，无上级企业的由煤矿组织专家进行论证。启封计划和安全措施应当包括下列内容：

（1）火区基本情况与灭火、注销情况。

（2）火区侦察顺序与防火墙启封顺序。

（3）启封时防止人员中毒、防止火区复燃和防止爆炸的通风安全措施。

（4）与火区启封相关的图纸。

启封火区时，应当采用锁风启封方法逐段恢复通风，当火区范围较小、确认火源已熄灭时，可采用通风启封方法。启封过程中必须测定回风流中一氧化碳、甲烷浓度和风流温度。发现有复燃现象必须立即停止启封，重新封闭。启封火区和恢复火区初期通风等工作，必须由矿山救护队负责进行。火区回风风流所经过巷道中的人员必须全部撤出。救护队员进入火区后应当仔细记录火区破坏情况和支护情况。启封火区工作完毕后3天内，必须由救护队每班进行检查测定和取样分析气体成分，确认火区完全熄灭、通风情况正常后方可转入恢复生产工作。

火区启封后应当进行启封总结，编写启封总结报告。启封总结报告应当包括下列内容：①启封经过；②火区火源位置及发火原因分析；③火区破坏情况及火灾后果分析；④经验与教训。

## 习题

10.1 试述矿井火灾的定义、分类以及各自的特点。
10.2 煤自燃的条件是什么？煤自燃分为哪几个阶段，各阶段有什么特征？
10.3 煤自燃倾向性分类及划分依据是什么？
10.4 预防煤自燃的措施有哪些？
10.5 自然发火"三带"及划分依据是什么？
10.6 均压防灭火的具体措施有哪些？
10.7 试述注氮防灭火与注二氧化碳防灭火技术机理以及二者的区别。
10.8 常用的注浆防灭火材料和注浆工艺有哪些？
10.9 试述常用的阻化剂材料分类及阻化机理。
10.10 试述常用的凝胶防灭火材料分类及作用机理。
10.11 防火密闭墙有哪几种，分别用什么材料构筑？
10.12 矿井火灾时期风流控制原则是什么？

# 第11章

# 矿尘防治

## 11.1 矿尘及其危害

### 11.1.1 矿尘的分类

煤矿生产过程中,伴随着煤和岩石破碎而产生的煤、岩石及其他固体物质的细微颗粒称为矿尘。

**1. 按矿尘存在状态划分**

(1) 浮游矿尘。悬浮于矿内空气中的矿尘,简称浮尘。

(2) 沉积矿尘。从矿内空气中沉降下来的矿尘,简称落尘。

浮尘和落尘在不同环境下可以相互转化。浮尘在空气中飞扬的时间不仅与尘粒的大小、质量、形式等有关,还与空气的湿度、风速等大气参数有关。矿山除尘研究的直接对象是悬浮于空气中的矿尘,因此一般所说的矿尘就是指这种状态下的矿尘。

**2. 按矿尘粒径划分**

(1) 粗尘。粒径$>40~\mu m$,相当于一般筛分的最小颗粒,在空气中较易沉降。

(2) 细尘。粒径为 $10\sim40~\mu m$(不含 $10~\mu m$),肉眼可见,在静止空气中做加速沉降。

(3) 微尘。粒径为 $0.25\sim10~\mu m$(不含 $0.25~\mu m$),用光学显微镜可以观察到,在静止空气中做等速沉降。

(4) 超微尘。粒径$\leqslant 0.25~\mu m$,要用电子显微镜才能观察到,在空气中做扩散运动。

**3. 按矿尘的粒径组成范围划分**

(1) 全尘。煤尘采样时获得的包括各种粒径在内的粉尘的总和。对于煤尘来说,常指粒径在 1 mm 以下的所有颗粒。

(2) 呼吸性粉尘。主要指空气动力学直径为$1\sim2~\mu m$ 的微细尘粒。它能通过人体上呼吸道进入肺泡区,是导致尘肺病的病因,对人体健康威胁极大。

(3) 总尘。生产过程中产生的粉尘的总和。

全尘、总尘和呼吸性粉尘是粉尘检测中常用的术语,从其概念的解释中可以看出三者之间的区别和联系。

全尘和呼吸性粉尘,在一定条件下,两者有一定的比例关系,其比值大小与矿物性质及生产条件有关,可以通过分析粉尘粒径分布结果获得。

**4. 按矿尘中游离 $SiO_2$ 含量划分**

(1) 硅尘。指游离 $SiO_2$ 含量在 10% 以上的矿尘。它是引起矿工硅肺病(矽肺病)的主要因素。煤矿中的岩尘一般多为硅尘。

(2) 非硅尘。指游离 $SiO_2$ 含量在 10% 以下的矿尘。煤矿中的煤尘一般多为非硅尘。

**5. 按矿尘有无爆炸性划分**

(1) 爆炸性煤尘。指经过煤尘爆炸性鉴定,确定悬浮在空气中的煤尘在一定浓度和有引爆热源的条件下,本身能发生爆炸或传播爆炸的煤尘。

(2) 非爆炸性煤尘。指经过爆炸性鉴定,不能发生爆炸或传播爆炸的煤尘。

(3) 惰性粉尘。指能够减弱和阻止有爆炸性粉尘爆炸的粉尘,如岩粉等。

**6. 按粉尘成因划分**

(1) 原生粉尘。在开采之前因地质作用和地质变化等生成的粉尘。原生粉尘存在于煤体和岩体的节理、层理和裂隙之中。

(2) 次生粉尘。在采掘、装载、转运等生产过程中,因破碎煤岩而产生的粉尘。次生粉尘是煤矿井下粉尘的主要来源。

**7. 按粉尘粒子折光性分类**

(1) 可见性粉尘。肉眼可见,粉尘粒子直径 $>10~\mu m$,在静止空气中依靠自身重力加速度下降,停留时间短,不扩散。

(2) 显微性粉尘。显微镜下可见,粉尘粒子直径为 $0.25 \sim 10~\mu m$。

(3) 超显微性粉尘。只有在超显微镜下(如电子显微镜)才能看见,粒径 $<0.25~\mu m$。

**8. 按粉尘的成分分类**

按粉尘的成分分为煤尘、岩尘、水泥尘等。

## 11.1.2 矿尘的产生源

为准确测定煤矿粉尘的性状、评价安全生产水平和作业人员所受尘害状况,并有针对性地采取粉尘控制技术控制粉尘产生量,就必须了解和掌握煤矿粉尘的产生源。矿井的主要尘源在采煤工作面、掘进工作面、煤岩装运、转载点,其他工作场所也产生大量粉尘。

**1. 采煤工作面产尘源**

采煤工作面的主要产尘工序有采煤机落煤、装煤、液压支架移架、运输转载、运输机运煤、人工攉煤、放炮及放煤口放煤等。

采煤工作面各种产尘工序的产尘机理一般可分为摩擦和抛落两种机制,前者产生的大颗粒粉尘较多,后者产生的呼吸性粉尘较多。采煤机截煤产尘相对于其他工序来说,摩擦为主要产尘机制,其产生的呼吸性粉尘较多,因此经常更换截齿以保持截齿的锐利很重要。目前,各工序的产尘特点研究尚不充分,有待进一步加强,以便有针对性地采取粉尘控制技术措施。

**2. 综采放顶煤工作面粉尘产生机制**

综采放顶煤开采技术是 20 世纪 90 年代以来在我国大面积推广的比较先进的采煤方法,但工作面粉尘问题也引起较多关注。综采放顶煤工作面的产尘环节主要有采煤机落煤、放煤、移架、装煤和运煤五大工序。从微观方面分析,煤尘产生可分为摩擦、抛落和摩擦与抛落相结合等三种方式。

摩擦产尘发生在煤与煤、煤与岩石之间,也发生在煤与截齿及其他机械设备之间。采煤机截煤时,其截齿与煤体接触给煤体以挤压力,推动煤体移动、破坏,截齿首先与煤接触,不可避免地在两者之间产生摩擦,产生煤尘;同时,煤体被挤压部分要产生移动、破坏,在移动过程中,同煤体其他部分及煤块产生摩擦,产生粉尘。类似地,在放煤、移架、装煤和运煤过程中,也发生这种煤与煤、煤与机械设备之间的摩擦产尘现象。

机械割煤时,煤块在滚筒动力作用下发生抛落现象,抛落时煤块要发生破碎产尘。顶煤在放落和运输、移架过程中,这种抛落产尘也是普遍情况。

煤块在斜向抛落于其他物体之上时,既与该物体产生摩擦,也伴有破碎,即抛落与摩擦相结合的产尘方式。事实上,严格意义上垂直抛落是不存在的,总是在抛落时伴有摩擦。

**3. 掘进工作面的产尘源**

掘进工作面的产尘工序主要有机械破岩(煤)、装岩、放炮、煤矸运输转载及锚喷等。一般而言,掘进工作面各工序所产生的粉尘含游离二氧化硅成分较多,对人体危害大,操作人员很有必要进行个体防护,作为其他粉尘控制措施的补充。统计资料也表明,掘进工人的尘肺病发病率比采煤工人高,这也是由于掘进工人接触的粉尘具有较高的游离二氧化硅含量。

**4. 其他产尘源**

巷道维修的锚喷现场、煤炭装卸点等也都是产生高浓度粉尘的尘源,尤其是煤炭卸载处的瞬时粉尘浓度有时每立方米高达数克,有时甚至达到煤尘爆炸浓度界限,十分危险,应予以充分重视。

此外,地面煤炭装运、煤堆、矸石山等由于风力作用也产生大量粉尘,使矿区周边空气环境受到严重污染,对居民健康和植物都造成十分不利的影响。

综上所述,粉尘主要是在生产过程中形成的,而地质作用生成的粉尘是次要的。从粉尘的产生量来看,采掘工作生成的粉尘最多。在机械化采煤的矿井中,70%~85%的煤尘是由采掘工作产生的,其次是运输系统各转载点。因此,进行防尘工作,就是要抓住上述各个环节,采取有效措施,使矿井的粉尘浓度达到国家规定的卫生标准。

### 11.1.3 影响粉尘产生的因素

**1. 自然条件**

(1) 矿田地质构造复杂、断层、褶皱比较多,岩层和煤层遭到破坏的地区,开拓、开采时,粉尘的产生量最大。

(2) 煤层的倾角越大,厚度越大,采掘过程中煤尘的发生量越大。

(3) 煤质脆、节理发育、结构疏松、水分少的煤层,开采时煤尘的产生量大。

**2. 采掘条件**

(1) 采掘机械化程度高,采掘强度大时,粉尘的发生量大。由于滚筒采煤机组的广泛应用,生产的高度集中,产量大幅上升,使煤尘的产生量大大增加。据统计,炮采工作面空气中的含尘量一般为 $400\sim600\ \text{mg/m}^3$。干打眼的全岩石掘进工作面空气中的含尘量为 $800\sim1400\ \text{mg/m}^3$。机采工作面的含尘量有时高达 $8000\ \text{mg/m}^3$ 以上。

(2) 生产的集中化程度。生产的集中化使矿井采掘工作面的个数减少,采掘推进速度加快,人和设备集中,其结果是在较小的空间内产生较多的粉尘。

**3. 采煤方法**

采煤的方法不同,生成煤尘的量不一样。如:急倾斜煤层采用倒台阶采煤法比水平分层采煤法生成的煤尘的量大,在缓倾斜煤层中,全面冒落采煤法比充填采煤法生成的煤尘的量大。

**4. 通风方式**

通风的状态不同,空气中的粉尘量也不同。矿井中的风量和风速会直接影响井下空气中粉尘的含量。如果风速过小,就不能把井下生产各工序中飞扬到空气中的粉尘吹走,使粉尘在空气中的含量增大;若风速过大,又把落在巷道周围的粉尘吹起,同样增加空气中的含尘量。因此,风速也是影响井下空气中含尘量的重要因素之一。

### 11.1.4 矿尘的性质

煤矿生产过程产生粉尘一般都不伴有化学变化,因此漂浮于空气中粉尘的化学成分与其来源物料的化学成分基本相同。煤炭、岩石往往由多种矿物成分组成,这些成分的硬度存在差别,某些成分较易破碎形成细小颗粒,某些成分密度较小,其细小颗粒容易漂浮到空气中,所以漂浮于空气中的粉尘,其成分与原始物料略有不同,但这种差别一般很小,工程上常把煤炭、岩石的化学成分与煤炭、岩石粉尘成分同等对待。

**1. 煤尘的化学成分**

煤尘的化学成分及含量,直接决定着对人体的危害程度。粉尘中所含游离二氧化硅的量越高,则引起尘肺病(也称肺尘埃沉着病)病变的程度越来越重,病情发展的速度越快,所以危害性也越大。

二氧化硅占地壳成分的 $60\%\sim70\%$,总称为硅石,在地表分布极为广泛。其以结合型和游离型两种形态存在于自然界中。游离二氧化硅其中有无定型的,如硅藻土,致纤维化能力较弱;结晶型的,如石类,具有很强的致纤维化能力。结合二氧化硅,如石棉、滑石,其致病力也因游离二氧化硅含量高低而不同。石棉肺症状在尘肺病中最重,而滑石肺症状较轻。

经研究证明,含游离二氧化硅量在 $70\%$ 以上的粉尘所致尘肺病,肺内弥漫性纤维化病变多以结节为主,进展较快且易融合成大的纤维团块;含游离二氧化硅量低于 $10\%$ 的粉尘所致尘肺,肺内病变则以间质纤维化为主,发展较慢且不易融合。以上说明粉尘中游离二氧化硅含量不同,所引起的尘肺病表现形式也不同。

在尘肺病发生中,除粉尘中游离二氧化硅这一关键影响因素之外,其他因素也不容忽视,如一些稀有元素和放射性物质,也能影响尘肺病的发病和病程。

### 2. 矿尘的粒度与比表面积

矿尘粒度是指矿尘颗粒的平均直径,单位为 $\mu m$。

矿尘的比表面积是指单位质量矿尘的总表面积,单位为 $m^2/kg$,或 $cm^2/g$。

矿尘的比表面积与粒度成反比,粒度越小,比表面积越大,因而这两个指标都可以用来衡量矿尘颗粒的大小。煤岩破碎成微细的尘粒后,首先其比表面积增加,因而化学活性、溶解性和吸附能力明显增加,其次更容易悬浮于空气中,表 11-1 所示为在静止空气中不同粒度的尘粒从 1 m 高处降落到底板所需的时间;另外,粒度减小容易使其进入人体呼吸系统,据研究,只有 5 $\mu m$ 以下粒径的矿尘才能进入人的肺内,是矿井防尘的重点对象。

表 11-1  尘粒沉降时间

| 粒度/$\mu m$ | 100 | 10 | 1 | 0.5 | 0.2 |
|---|---|---|---|---|---|
| 沉降时间/min | 0.043 | 4.0 | 420 | 1320 | 5520 |

### 3. 粉尘的分散度

在气溶胶力学中常采用"分散度"这一概念,以统计形式表征多分散性气溶胶集合体的粒径分布状况。在通风除尘技术中,又常称分散度为粒径分布或粒度分布。

矿尘分散度表征岩矿被粉碎的程度,是指矿尘整体组成中不同粒径范围(粒级)内的尘粒所占的百分比。通常说分散度高,即表示矿尘总量中微细尘粒多,所占比例大;分散度低,即表示矿尘中粗大的尘粒多,所占比例大。

矿尘分散度的表示方法有两种:

(1) 计数分散度(又称个数标准的粒度分布)。

用粒子群各粒级尘粒的颗粒数占总颗粒数的百分数表示,按下式计算:

$$P_{n_i} = n_i \Big/ \sum n_i \times 100\% \qquad (11\text{-}1)$$

式中:$P_{n_i}$——某粒级尘粒的数量百分比,%;

$n_i$——某粒级尘粒的颗粒数。

(2) 质量分散度(又称质量标准的粒度分布)。

用各粒级尘粒的质量占总质量的百分数表示,按下式计算:

$$P_{w_i} = w_i \Big/ \sum w_i \times 100\% \qquad (11\text{-}2)$$

式中:$P_{w_i}$——某粒级尘粒的质量分数,%;

$w_i$——某粒级尘粒的质量,$mg/m^3$。

由于表示的基准不同,同一种矿尘的计数分散度和质量分散度的数值也不尽相同。如果矿尘是均质的,则个数标准与重量标准可用下式换算:

$$P_{w_i} = n_i d_i^3 \Big/ \sum n_i d_i^3 \qquad (11\text{-}3)$$

式中:$d_i$——某粒级粒径的代表粒径,$\phi$ 值。

粒级的划分是根据粒径组成和测试目的确定的。从工业卫生角度,我国工矿企业将矿尘粒级分为 4 级:$<2\ \mu m$、$[2,5)\ \mu m$、$[5,10)\ \mu m$ 和 $\geqslant 10\ \mu m$。

根据一些实测资料,矿井中矿尘的数量分散度大致为:$<2\ \mu m$ 的占 $46.5\% \sim 60\%$;

$2\sim 5~\mu m$ 的占 $25.5\%\sim 35\%$；$5\sim 10~\mu m$ 的占 $4\%\sim 11.5\%$；$>10~\mu m$ 的占 $2.5\%\sim 7\%$。一般情况下，$<5~\mu m$ 的矿尘（即呼吸性粉尘）占 90% 以上。

矿尘分散度是衡量矿尘颗粒大小的一个重要指标，是研究矿尘性质与危害的一个重要因素，矿尘分散度对其性质有如下影响：

（1）矿尘分散度直接影响着它的比表面积的大小，矿尘分散度越高，其比表面积越大，矿尘的溶解性、化学活性和吸附能力等也越强。如石英粒子由 $75~\mu m$ 减小到 $50~\mu m$ 时，它在碱溶液中的含量由 2.3% 上升到 6.7%，这对尘肺病的发病起着重要作用。

煤尘比表面积越大，与空气中的氧气反应就越剧烈，更易引起煤尘自燃和爆炸。

随着粉尘颗粒比表面积的增大，微细尘粒的吸附能力增强。一方面，井下爆破后，尘粒表面能吸附诸如 CO、氮氧化合物等有毒有害气体；另一方面，由于充分吸附周围介质（空气）的结果，微细尘粒表面形成气膜现象随之增强，从而大大提高了微细尘粒的悬浮性，而尘粒周围气膜的存在，阻碍了微细尘粒间的相互结合，尘粒的凝聚性和润湿性明显下降，不利于粉尘的沉降。

（2）矿尘的分散度对尘粒的沉降速度有显著影响。矿尘在空气中的沉降速度主要取决于它的分散度、密度及空气的密度和黏度。矿尘的分散度越高，其沉降速度越慢，在空气中的悬浮时间越长。如静止空气中的岩尘和煤尘，粒径为 $10~\mu m$ 时，沉降速度分别为 7.86 mm/s 和 3.98 mm/s；而粒径为 $1~\mu m$ 时，沉降速度则仅为 0.0786 mm/s 和 0.0398 mm/s；粒径 $<1~\mu m$ 时，沉降速度几乎为零。在实际的生产条件下，由于风流、热源、机械设备运转及人员操作等因素的影响，微细尘粒的沉降速度更慢。微细尘粒难以沉降，给降尘工作带来了不利因素。

（3）矿尘分散度对尘粒在呼吸道中的阻留有直接影响。空气中悬浮的矿尘，随着气流吸进人体呼吸道，尘粒通过惯性碰撞、重力沉降、拦截和扩散等几种运动方式，进入并阻留在呼吸道和肺泡里。矿尘分散度的高低和被吸入人体后在呼吸道中各部位的阻留程度有着密切关系。$30~\mu m$ 的尘粒可达气管分歧部；$10~\mu m$ 的可达终末细支气管；$3~\mu m$ 的可达肺泡管；$1~\mu m$ 的可达肺泡道和肺泡囊腔；$1~\mu m$ 以下的，部分沉着在肺泡上，部分再呼出。

上述可见，矿尘的分散度越高，危害性越大，而且越难捕获。

**4. 粉尘的自燃和爆炸性**

当煤等可燃性物料被研磨成粉料时，总表面积增加，系统的表面自由能也增加，从而提高了粉尘的化学活性，特别是提高了氧化产热的能力，这种情况在一定条件下会转化为燃烧状态。粉尘的自燃是粉尘氧化而产生的热量不能及时散发，而使氧化反应自动加速所造成的。

各类可燃性粉尘的自燃温度相差很大。根据不同的自燃温度可将可燃性粉尘分为两类。第一类粉尘的自燃温度高于周围环境的温度，因而只能在加热时才能引起燃烧；第二类粉尘的自燃温度低于周围空间的温度，甚至在不加热时都可能引起自燃。这种粉尘造成火灾的危险性最大。在封闭或半封闭空间内（包括矿井各种巷道）可燃性悬浮煤尘燃烧导致的化学爆炸的粉尘最低浓度和最高浓度称为爆炸的上限和下限。处于上下限浓度之间的粉尘都具有爆炸危险性。在封闭或半封闭空间内低于爆炸浓度下限或高于爆炸浓度上限的粉尘虽然不能爆炸，但是可以燃烧，因此也是不安全的。

### 5. 粉尘的接触角

湿润现象是分子力作用的一种表现,是由液体(水)分子与固体分子间的相互吸引力造成的。它可以用接触角($\theta$)的大小来表示,如图 11-1 所示,接触角是指粉尘自由地倾倒在平板上形成圆锥体的母线同平面之间的夹角。若 $\theta>90°$,则尘粒不被该液体湿润;若 $\theta\leqslant 90°$,则尘粒能被该液体湿润;若 $\theta=0°$,就能完全湿润。粉尘与液体(水)的接触角因其成分的不同而不同,部分粉尘与水的接触角见表 11-2。

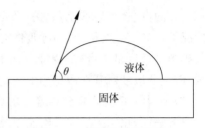

图 11-1 接触角表示示意

表 11-2 部分粉尘与水的接触角

| 名称 | 钢 | 石墨 | 氧化铝 | 石英 | 方解石 | 粉砂岩 | 碳质页岩 | 滑石 | 煤 |
|---|---|---|---|---|---|---|---|---|---|
| 接触角/(°) | 70~80 | 55 | 0~10 | 0~4 | 0~10 | 0~10 | 40~43 | 70 | 60~90 |

容易被水湿润的粉尘称为亲水性粉尘,不容易被水湿润的粉尘称为疏水性粉尘。由表 11-2 可知,粉砂岩相对于煤更易于被水湿润,粉砂岩、氧化铝、方解石粉尘与水的接触角均为 0°~10°,说明这三种物质有极为相似的湿润性。

## 11.1.5 矿尘含尘量的计量指标

单位体积空气中所含浮尘的数量称为矿尘浓度,矿尘浓度的大小直接影响着矿尘危害的严重程度,是衡量作业环境的劳动卫生状况和评价防尘技术效果的重要指标。因此《煤矿安全规程》对井下有人工作的地点和人行道的空气中粉尘(总粉尘、呼吸性粉尘)浓度标准作了明确规定,见表 11-3,同时还规定作业地点的粉尘浓度,井下每月测定 2 次,地面及露天煤矿每月测定 1 次;粉尘分散度,每 6 个月测定 1 次。

表 11-3 作业场所空气中粉尘浓度要求

| 粉尘种类 | 游离 $SiO_2$ 含量/% | 时间加权平均容许浓度/(mg/m³) | |
|---|---|---|---|
| | | 总粉尘 | 呼吸性粉尘 |
| 煤尘 | <10 | 4 | 2.5 |
| 矽尘 | [10,50) | 1 | 0.7 |
| | [50,80) | 0.7 | 0.3 |
| | ≥80 | 0.5 | 0.2 |
| 水泥尘 | <10 | 4 | 1.5 |

其表示方法有两种:

(1) 质量法

每立方米空气中所含浮尘的毫克数,单位为 mg/m³。

(2) 计数法

每立方米空气中所含浮尘的颗粒数,单位为粒/m³。

我国规定采用质量法来计量矿尘浓度。计数法因其测定复杂且不能很好地反映矿尘的危害性,因而在国外使用也越来越少。

### 11.1.6 矿尘的危害

矿尘具有很大的危害性,表现在以下几个方面:

(1) 污染工作场所,危害人体健康,引起职业病。

工人长期吸入矿尘后,轻者会患呼吸道炎症、皮肤病,重者会患尘肺病,而尘肺病引发的矿工致残和死亡人数在国内外都十分惊人。据国内某矿务局统计,尘肺病的死亡人数为工伤事故死亡人数的 6 倍;德国煤矿死于尘肺病的人数曾比工伤事故死亡人数高 10 倍。因此,世界各国都在积极开展预防和治疗尘肺病的工作,并已取得较大进展。

(2) 某些矿尘(如煤尘、硫化尘)在一定条件下可以爆炸。

煤尘能够在完全没有瓦斯存在的情况下爆炸,对于瓦斯矿井,煤尘则有可能参与爆炸。煤尘或瓦斯煤尘爆炸,都将给矿山以突然性的袭击,酿成严重灾害。例如,1906 年 3 月 10 日,法国柯利尔煤矿发生的煤尘爆炸事故,死亡 1099 人,造成了重大的灾难。

(3) 加速机械磨损,缩短精密仪器使用寿命。

随着矿山机械化、电气化、自动化程度的提高,矿尘对设备性能及其使用寿命的影响将会越来越突出,应引起高度的重视。

(4) 降低工作场所能见度,增加工伤事故的发生率。

在某些综采工作面割煤时,工作面煤尘浓度高达 $4000\sim8000\ mg/m^3$,有的甚至更高,这种情况下,工作面能见度极低,往往会导致误操作,造成人员的意外伤亡。

## 11.2 矿山尘肺病

煤矿井下采煤、掘进等各生产环节,常常产生大量的生产性粉尘,如果不采取有效的防尘措施,作业人员长期吸入粉尘将引起肺部纤维增生性疾病——尘肺病。因此,生产环境的粉尘是尘肺病产生的首要条件。但是在同一环境中接触相同性状粉尘的工人,并不一定都患尘肺病,一般情况下只有少数人可患尘肺病,而且发病时间不同,病变程度也轻重不一,这是因为人们的机体对粉尘的防御功能及敏感程度不同。矿山尘肺病包括三种:

(1) 矽肺病,岩石掘进工作面各工艺过程产生大量岩尘,岩尘中含有游离二氧化硅,一般含量在 $18\%\sim30\%$。煤矿建井时期以岩石作业为主,故病例中以矽肺病较多。

(2) 煤矽肺病,在生产矿井病例中居多数,因为生产矿井多数工人为混合工种作业。

(3) 煤肺病,是由煤尘所引起的尘肺病,病例多见于纯采煤工种。

### 11.2.1 尘肺病的发病机理

石英粉尘(即游离二氧化硅)是矽肺病发病的最主要原因,这一点毫无疑义,但石英粉尘如何在肺内引起纤维化,则论点和学说颇多。试验和研究证明,新鲜的二氧化硅粉尘,表面活性很强,吞噬了硅尘的吞噬细胞会崩解死亡。从免疫因素角度看,吞噬细胞吞噬异物后,在细胞内形成吞噬体,细胞内的初级溶酶体与吞噬体结合成次级溶酶体,次级溶酶体中的各种水解酶,能消化外来异物,未消化完全的物质成为残余体暂保留在细胞内或被排出细胞外。如果肺内进入了游离二氧化硅粉尘,则尘细胞在其毒性作用下往往很快崩解死亡,从崩解逸出的硅尘,可再被具有活力的吞噬细胞吞噬,这个过程可反复进行。所以在游离二氧化硅粉尘的作业环境中,暴露连续时间长或粉尘浓度过量,除肺脏的防卫功能受到破坏外,大量的死亡含尘细胞堆积,在肺部形成伤痕组织——矽肺病。

煤肺病的发病原理,大体上是由于煤尘在肺内各部位的过量聚集和堆积,形成煤尘病灶。随着时间进展,网状纤维增生,并可能由胶原纤维增生,最终形成煤尘纤维化——煤肺病。

### 11.2.2 尘肺病的发病症状及影响因素

**1. 尘肺病的发病症状**

尘肺病的发展有一定的过程,轻者影响劳动生产力,严重时丧失劳动能力,甚至死亡。这一发展过程是不可逆转的,因此要及早发现,及时治疗,以防病情加重,从自觉症状上,尘肺病分为三期:

第一期,重体力劳动时,呼吸困难、胸痛、轻度干咳。

第二期,中等体力劳动或正常工作时,感觉呼吸困难、胸痛、干咳或带痰咳嗽。

第三期,做一般工作甚至休息时,也感到呼吸困难、胸痛、连续带痰咳嗽,甚至咯血和行动困难。

**2. 影响尘肺病的发病因素**

尘肺病是长期吸入过量粉尘所引起的全身性疾病。作业人员从开始接触粉尘作业至肺部出现纤维化病变的这一段时间,称发病工龄。尘肺病发病工龄有的长达 20～30 年,个别病例在游离二氧化硅含量高的作业区作业也有 1～2 年发病者,即所谓"快发型矽肺"。尘肺病的发病工龄、临床症状等涉及因素很多且十分复杂,大体可归纳为五个方面。

1) 粉尘的成分

根据粉尘引起疾病的危害程度来看,粉尘的矿物成分比其化学性质更为重要,化学性质比物理性质更为重要,如游离二氧化硅比化合的二氧化硅(如硅藻土)危害更为严重。游离二氧化硅导致肺组织纤维化作用最强,游离二氧化硅含量越高,危害越大,病变发展的速度也越快。如吸入含游离二氧化硅 70% 以上的粉尘时,往往形成以结节为主的弥漫性纤维化,且发展快、易融合;如粉尘中游离二氧化硅含量低于 10%,则肺内病变以间质性为主,发展慢且不易融合。

2) 粉尘的分散度

空气中粉尘是由较小粒径组成的粒子群,其中细微颗粒占的百分比较多,称为分散度高。细微颗粒受重力影响很小,在空气中滞留时间较长,被机体吸入的概率也高。分散度高的浮尘吸入后可进入肺的深部,从动物实验和尸检中发现,肺组织中多数是粒径 5 $\mu m$ 以下的尘粒。能进入肺泡的尘粒主要是粒径 2 $\mu m$ 以下的颗粒,粒径 0.5 $\mu m$ 以下的颗粒因重力极小,在空气中随气体分子运动可随呼气时排出。不同粒径的尘粒在呼吸道和肺脏组织的沉积率如图 11-2 所示。

根据各国大量的分析研究,不同粒径的粉尘在肺脏的阻留规律,于 1959 年约翰内斯堡国际尘肺病会议通过决议,尘粒大小对健康损害的指标如下:

等效直径为 1 μm 的尘粒有 100% 的危害;等效直径为 5 μm 的尘粒有 50% 的危害;等效直径为 7 μm 的尘粒没有危害。

3) 粉尘浓度

除粉尘成分外,作业点空气中的粉尘浓度将是一个极重要的因素。一般来说,一种有害粉尘必须当它的浓度超过某一浓度值时才能产生致病危害。例如英国煤炭部现场研究得出的接触煤尘与煤工尘肺病之间的数量关系如图 11-3 所示。

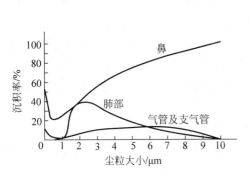
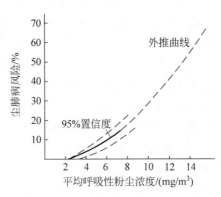

图 11-2 不同粒径粉尘在呼吸系统各部位的沉积率　　图 11-3 英国煤工尘肺病与接触粉尘的关系曲线

图 11-3 曲线表明,尘肺病的危害直接随粉尘接触量的增多而加大。1971 年英国就据此规定了多尘工作面回风巷呼吸性粉尘标准为 7 mg/m³。哈顿等从回风巷测出的粉尘量为采煤工作面的 1.4 倍,因此英国回风巷粉尘标准相当于工作面允许平均接触粉尘为 5 mg/m³。按图 11-3 英国煤工尘肺病与接触粉尘关系曲线推算,接触该浓度(5 mg/m³)的粉尘 35 年患 II 型以上煤肺病的可能性约为 5.5%。德国的调查结果,按图 11-4 德国煤工尘肺病与接触粉尘的关系曲线推算和英国的完全相同,平均接触 5 mg/m³ 粉尘的矿工会有 4.3% 的可能罹患煤肺病。

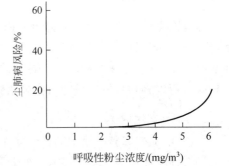

图 11-4 德国煤工尘肺病与接触粉尘的关系曲线

4) 暴露时间

人员暴露于游离二氧化硅粉尘中的时间少于 1 年而诊断为矽肺病的情况极为罕见。根据井下采掘工种工作年限,多半可以间接说明累计接触粉尘量工作时间越长或平均粉尘浓度越高,尘肺病的发病率越高。

5) 其他

按流行病学观点,许多因素可以分别归于宿主、因子、环境等致病要素。其中,宿主包括民族、年龄、性别、疾病、习惯、先天等,以及肺清除机能和免疫因素等诸多方面。因子包括粉尘分散度、煤种、非煤组分含量、石英类型、其他矿物含量、痕量元素存在及数量等。环境要素包括工龄、工作种类和性质、气象条件、对粉尘控制措施及粉尘存在状况等。

一般我们对环境因素已有充分的了解,但由于涉及面广且复杂,对宿主、因子认识很不够,对煤肺病来讲须查明煤尘的特性,尤其要发现增强呼吸性粉尘的致病成分,同时须评定宿主特异性在疾病发病中的作用,个人生理反应这个重要的可变因素也不容忽视。

## 11.3 综合防尘措施

多年来粉尘防治的实践证明,通常情况下,单靠某一种方法或采取某一种措施去防治粉尘,既不经济也达不到预期的效果,所以必须贯彻预防为主、综合防治的原则,采取标本兼治的综合防治措施。所谓防,就是最大限度地减少产尘量;所谓治,就是将已经产生的粉尘在尘源附近处理,最大限度地减少粉尘扩散、飞扬和进入风流中,降低工作环境粉尘浓度,使之达到国家标准。首先必须改革工艺设备和工艺操作方法,从根本上杜绝和减少有害物的产生以消除或控制尘源。在此基础上再采用合理的通风除尘措施,建立严格的检查管理制度,这样才能有效地防治粉尘。

综合防尘措施包括技术措施和组织措施两个方面,其基本内容是:通风除尘;湿式作业;密闭尘源与净化;个体防护;改革工艺及设备以减少产尘量;科学管理、建立规章制度、加强宣传教育;定期进行测尘和健康检查。

### 11.3.1 通风除尘

通风除尘的作用是稀释并排出矿内空气中的粉尘。矿内各种尘源在采取了防尘措施后,仍会有一定量的矿尘进入矿井空气中,而且多为粒径≤10 μm 的微细矿尘,这些粉尘能较长时间悬浮于空气中,同时由于粉尘的不断积聚,造成矿井内空气严重污染,严重危害人身健康。所以必须采取有效通风措施稀释并排走矿尘,不使其积聚。

**1. 最低排尘风速**

5 μm 以下粉尘对人体的危害性最大,能使这种微细粉尘保持悬浮状态并随风流运动的最低风速称为最低排尘风速。对于矿井在水平井巷中,粉尘的重力和气流对粉尘的阻力作用方向互相垂直。此时使粉尘在风流中处于悬浮状态的主要动力是紊流脉动速度。如果尘粒受横向脉动速度场的作用力与粉尘重力相平衡,则尘粒处于悬浮状态。使粉尘粒子处于悬浮状态的条件是:紊流风流横向脉动速度的均方值等于或大于尘粒的沉降速度。根据有关实验资料,最低排尘风速可用下面的经验公式计算:

$$v_s = \frac{3.17 v_f}{\sqrt{a}} \tag{11-4}$$

式中:$v_s$——最低排尘风速,m/s;
  $a$——井巷的摩擦阻力系数;
  $v_f$——粉尘粒子在静止空气中均匀沉降的速度,m/s。

**2. 最优排尘风速**

当排尘风速由最低风速逐渐增大时,粒径稍大的粉尘也能悬浮,同时增强了对粉尘的稀释作用。在产尘量一定的条件下,粉尘浓度随风速的增高而降低。当风速增加到一定数值时,工作面的粉尘浓度降到最低值。粉尘浓度最低值所对应风速称为最优排尘风速。

国内外对最优排尘风速进行了大量的实验研究,结果表明,在干燥的井巷中,无论是否有外加扰动,都存在最优排尘风速,如有外加扰动,则最优排尘风速较低,如图 11-5 所示。

### 3. 扬尘风速

当风速超过最优排尘风速后,再继续增大风速,原来沉降的粉尘将被重新吹起,粉尘浓度再度增高。大于最优排尘风速时,粉尘浓度再次增高的风速称为扬尘风速。粉尘飞扬的条件是风流作用在粉尘粒子上的扬力大于或等于粉尘粒子所受重力。扬尘风速可用下面经验公式计算:

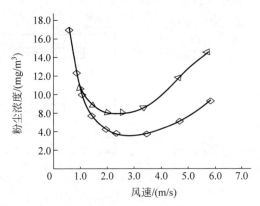

图 11-5　干燥井巷中最优排尘风速

$$v_b = (4.5 \sim 7.5)\sqrt{\rho_d g d} \tag{11-5}$$

式中:$v_b$——扬尘风速,m/s;
　　　$\rho_d$——粉尘粒子的密度,kg/m³;
　　　$d$——粉尘粒子的直径,μm。

扬尘风速除与矿尘粒径和密度有关外,还与矿尘湿润程度、巷道潮湿状况、附着状况、有无扰动等因素有关。根据试验,干燥巷道中,在不受扰动情况下,赤铁矿尘的扬尘风速为 3～4 m/s;煤尘扬尘风速为 1.5～2.0 m/s。潮湿巷道中,扬尘风速可达 6 m/s 以上。矿尘二次吹扬,成为次生矿尘,能造成严重污染,除控制风速外,及时清除积尘和增加矿尘湿润程度是常用的防尘方法。

通风排尘的关键是最佳排尘风速问题。如果风速偏低,粉尘不能被风流有效地冲淡排出,并且随着粉尘的不断产生,造成作业空间粉尘浓度的非定量叠加,导致粉尘浓度持续上升。风速过高,又会吹扬巷道、液压支架及老塘里的积尘,同样会造成粉尘浓度升高。一般来说,掘进工作面的最优风速为 0.4～0.7 m/s,机械化采煤工作面的风速为 1.5～2.5 m/s。

### 4. 掘进工作面通风除尘方式

通风除尘在掘进工作面的粉尘防治中发挥着重要作用。目前,掘进工作面的通风除尘方式主要有压入式通风、抽出式通风、混合式通风。其中,混合式通风是在掘进工作面采用压入和抽出相结合的通风方式,它兼有压入和抽出式通风的优点,通风排尘效果好,适用于大断面、长距离的巷道掘进,特别是在粉尘污染严重的机掘工作面,更适于采用混合式通风,具体见第 6 章。除传统的局部通风方法外,还存在一些通风除尘方法和技术。例如采用附壁风筒。

附壁风筒是一种利用气流的附壁效应,将原压入式风筒供给综掘工作面的轴向风流改变为沿巷道壁的旋转风流,并以一定的旋转速度吹向巷道的周壁及整个巷道断面,形成一堵风墙,并不断向综掘工作面推进,在除尘器吸入含尘气流产生轴向速度的共同作用下,形成一股螺旋线状气流,在掘进机司机工作区域的前方建立起阻挡粉尘向外扩散的空气屏幕,封锁住掘进机工作时产生的粉尘,使之经过吸尘风筒吸入除尘器中进行净化而不外流,从而提高了综掘工作面的除尘效率,如图 11-6 所示。

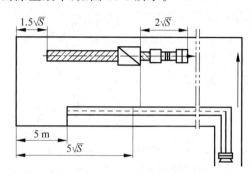

图 11-6　安设附壁风筒的综掘工作面通风系统示意

在工作面掘进时,工作面通风系统为长压短抽的混合通风方式,此时要求压入供风口距掘进工作面距离应$\leqslant 5\sqrt{S}$($S$:巷道净断面面积),吸尘口距掘进工作面的距离应按$\leqslant 5\sqrt{S}$经验公式计算。为了减小风速偏小处巷道的长度和避免工作面出现循环风,除压入风量应大于抽出风量外,除尘器排放口与附壁风筒距离应$\leqslant 2\sqrt{S}$。附壁风筒不仅能够有效降低工作面的粉尘浓度,改善职工劳动环境,而且保证了工作面作业人员对新鲜空气的需求,减少了粉尘对职工身体的危害。其结构简单,成本低,防尘效果较好。

附壁风筒在移动过程中,需要耗费大量的人力。为此,国内针对有单轨吊的综掘工作面,提出了自动化控除尘系统,如图 11-7 所示。其中附壁风筒被安装在单轨吊车上,随着掘进面往前不断推进,可实现附壁风筒机械化前移,不需要矿工参与,可操作性较强。

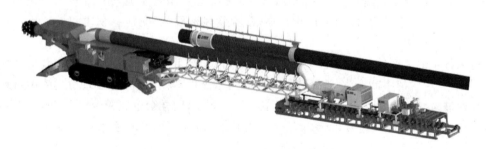

图 11-7　自动化控除尘系统

### 5. 采煤工作面通风除尘方式

目前,采煤工作面的通风除尘方式除了选择最佳通风参数,还主要有改变工作面通风系统或风流方向及安设简易通风隔尘设施等方式。

1)改变工作面通风系统或风流方向

我国现行的长壁工作面通风系统一般为 U 形、Y 形、W 形、E 形及 Z 形等,其中 U 形应用最为普遍。从排尘效果来看,以 W 形和 E 形这类 3 条巷道的 2 进 1 排通风系统为佳。如中梁山煤矿将 U 形改为 W 形通风系统后,回风流中煤尘含量降低约 37.5%。

在尘源分布相近的条件下,工作面的风流方向与粉尘浓度关系极为密切。通常,工作面风流方向与运煤方向相反,因而风流和运煤的相对速度较高。当煤由工作面输送机运出并在转载点卸载时,煤尘(特别是干燥的煤尘)将被重新扬起,致使工作面粉尘量普遍增加。在这种情况下,可以考虑改变工作面的风流方向,采用顺煤流方向通风(或称下行通风),即由上顺槽经工作面向下顺槽通风。实践证明能极大地减少工作面区域的粉尘浓度,有时可减少90%。我国在《煤矿井下粉尘综合防治技术规范》(AQ 1020—2006)中明确规定:在煤层倾角≤12°的采煤工作面,或>12°但能满足《煤矿安全规程》规定要求的采煤工作面,可采用下行通风。

2) 采煤机隔尘帘幕

采煤机是综采面的主要尘源,且当其在工作面移动特别是处于割煤行程时,采煤机周围由于过风断面缩小,形成高速风流,导致个别地方浮游粉尘量会明显增加,在极薄煤层开采中这一问题更为突出。为了有效地控制采煤机产尘的扩散,在尽量保证采煤机周围风流稳定的同时,可沿采煤机机身纵向设置隔尘帘幕(图11-8)。这种帘幕可用废输送带按采煤机实际高度制作而成,简易可行,防尘效果较好。

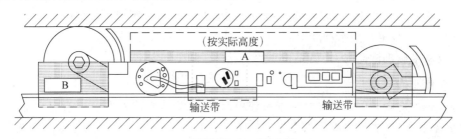

A—基体帘幕;B—截齿帘幕

图11-8 安装在采煤机上的隔尘帘幕

3) 综采工作面全隔断式气幕控尘

全隔断式气幕控尘(图11-9)主要通过开启采煤机上部两台除尘通风机,除尘通风机内的叶片工作产生负压吸入风流,同时吸入前、后滚筒割煤产生的煤尘,除尘通风机内部过滤网将煤尘过滤并捕集,除尘通风机鼓出压缩的空气流经控风装置形成扇形气幕。气幕的覆盖范围自出风口延伸至工作面人行道,即采煤机操作者工作处。当前后滚筒产生的粉尘以及移架产生的粉尘随风流运动到下风侧采煤机操作者处时,气幕可将粉尘阻挡在外,防止采煤机操作者吸入大量粉尘,创造了隔断空间,形成清洁空间。设备较为简单、成本低,但易受到煤壁片帮的影响。

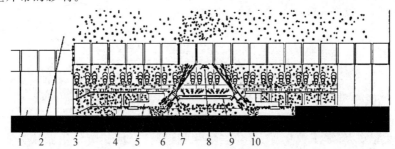

1—液压支架;2—采空区;3—煤壁;4—采煤机滚筒;5—采煤机摇臂;6—除尘通风机;7—控风装置;8—采煤机操作者;9—狭缝式出风通风机;10—采煤机机身。

图11-9 综采工作面全隔断式气幕控尘系统的降尘效果正视图

### 11.3.2 湿式除尘

湿式除尘是利用水或其他液体,使之与尘粒相接触而捕集粉尘的方法。它是矿井综合防尘的主要技术措施之一,具有所需设备简单、使用方便、费用较低和除尘效果较好等优点。缺点是增加了工作场所的湿度,恶化了工作环境,影响煤矿产品的质量。除缺水和严寒地区外,一般煤矿应用较为广泛。我国煤矿较成熟的经验是采取以湿式凿岩为主,配合喷雾、水封爆破和水炮泥以及煤层注水等防尘技术措施。

水能湿润矿尘,增加尘粒重力,并能将细散尘粒聚结为较大的颗粒,使浮尘加速沉降,落尘不易飞扬。因此,按除尘作用可将湿式除尘分为两种方式:

(1) 用水湿润、冲洗初生或沉积的矿尘;
(2) 用水捕捉悬浮于空气中的矿尘。

用水湿润初生或已沉积的粉尘,防止飞扬扩散于空气中,是很有效而简便的防尘措施,如:装载、运输、切割煤层、煤、岩钻进等广泛采用湿式作业,已积累了丰富的经验,并已制定了一定的标准和规范。用水捕集悬浮于空气中的矿尘,目前多采用喷雾捕捉浮尘,俗称喷雾,主要包括采掘机械的内、外喷雾和井巷定点喷雾降尘。

**1. 湿式凿岩、钻眼**

根据《矿山安全条例》,在矿井采掘过程中,为了大量减少或基本消除粉尘在井下飞扬,必须采取湿式凿岩、水封爆破等安全生产技术。在有条件的矿井还应通过改进采掘机械结构及其运行参数等方法减少采掘工作面的粉尘产生量。

湿式凿岩机是在凿岩和打钻过程中,将压力水通过凿岩机、钻杆送入井充满孔底,以湿润、冲洗和排出产生的矿尘。它是凿岩工作普遍采用的有效防尘措施。

**2. 喷雾降尘**

喷雾降尘是用水湿润沉积于煤堆、岩堆、巷道周壁、支架等处的矿尘。当矿尘被水湿润后,尘粒间会互相附着凝集成较大的颗粒;同时,因矿尘湿润后附着性增强了,能黏结在巷道周壁、支架煤岩表面上,这样在煤岩装运等生产过程中或有高速风流时,矿尘就不易飞起。

在炮采炮掘工作面放炮前后喷雾,不仅有降尘作用,还能消除炮烟、缩短通风时间。对于生产强度高、产尘量大的设备和地点,还可设自动喷雾装置。

喷雾是将压力水通过喷嘴,在旋转和(或)冲击的作用下,使水流雾化成细微的雾滴喷射于空气中(图 11-10)。喷雾的捕尘效果取决于雾滴的分散度(即雾滴的大小与比值)以及尘粒与雾滴的相对速

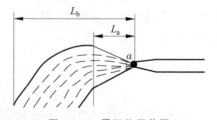

图 11-10 雾场作用范围
注:$L_a$—射程;$L_b$—有效射程;$\alpha$—雾化角。

度。粗分散度雾滴大,雾滴数量少,尘粒与雾滴相遇时,会因旋流作用而从雾滴边缘绕过,不被捕获。过高分散度的雾场,雾滴十分细小,容易气化,捕尘效率也不高。实验结果表明,用 0.5 mm 的雾滴喷洒粒径为 10 $\mu m$ 以上的粉尘时,捕尘率为 60%;粉尘粒径为 5 $\mu m$ 时,捕尘效率为 23%;粉尘粒径为 1 $\mu m$ 时,捕尘率仅有 1%。将雾滴直径减小到 0.1 mm,

雾场速度提高到 30 m/s 时,对 2μm 尘粒的捕尘率可提高 55%。因此,粉尘的分散度越高,要求雾滴的直径也越小。一般说来,雾滴的直径在 10～15 μm 时,捕尘效率最好。雾滴与尘粒的相对速度越大,二者碰撞时的动能也越大,因此有利于克服水的表面张力而将尘粒湿润捕获。

喷雾除尘简单方便,被广泛用于采掘机械切割、爆破、装载、运输等生产过程中,缺点是对微细尘粒的捕集效率较低。

雾场的分散度、作用范围和雾滴运动速度,取决于喷嘴的构造、水压和安装位置。应根据不同生产过程中产生的粉尘分散度选用合适的喷嘴,得到较好的除尘效果。影响喷雾捕尘效率的主要因素有:

(1) **雾场的分散度**。雾场的分散度(即雾滴的大小与比值)是影响捕尘效率的重要因素。低分散度的物体,雾滴大,雾滴数量少,尘粒与大雾滴相遇时,会因旋流作用而从雾滴边绕过,不被捕获。过高分散度的雾场,雾滴十分细小,容易汽化,捕尘率也不高。矿井粉尘的分散度越高,要求雾滴的直径也越小,一般说来,雾滴直径为 10～15 μm 时的捕尘效果最好。

(2) **雾滴与尘粒的相对速度**。相对速度越高,两者碰撞时的动量越大,有利于克服水的表面张力而将尘粒湿润捕获。但因风力速度高,尘粒与雾滴接触时间缩短,也会降低捕尘效率。

(3) **水压**。喷雾降尘的过程,是尘粒与雾滴不断发生碰撞、湿润、凝聚、增重而不断沉降的过程。当提高供水压力(如采用高压喷雾)时,由于在很大程度上提高了雾化程度,增加了雾滴密度和雾滴的运动速度,以及增加了射体涡流段的长度,无疑大大增加了尘粒与雾粒之间的碰撞机会和碰撞能量,使微细粉尘易于捕捉。

(4) 单位体积空气的耗水量越多,捕尘效率越高,但所用动力亦增加。使用循环水时,需采取净化措施,如水中微细粒子增加,将使水的黏性增加,且会使分散雾滴粒径加大,降低效率。

(5) 粉尘的密度大易于捕集;空气中含尘浓度越高,总捕集效率越高。

(6) 粉尘的湿润性是影响喷雾降尘效果的一个重要因素。不易湿润的粉尘与雾滴碰撞时,能产生反弹现象,难以捕获。尘粒表面吸附空气形成气膜或覆盖油层时,都难被雾滴捕获。向水中添加表面活性剂降低水的表面张力或使之荷电,均可提高湿润效果。

喷雾的方式有以下几种:

1) 掘进机喷雾

掘进机喷雾分外喷雾和内喷雾两种。外喷雾多用于捕集空气中悬浮的矿尘,内喷雾则通过掘进机切割机构上的喷嘴向割落的煤岩处直接喷雾,在矿尘生成的瞬间将其抑制。较好的内外喷雾系统可使空气中含尘量减少 85%～95%。

掘进机外喷雾采用高压喷雾时,高压喷嘴安装在掘进机截割臂上,启动高压泵的远程控制按钮和喷雾开关均安装在掘进机司机操纵台上。掘进机截割时,开动喷雾装置;掘进机停止工作时,关闭喷雾装置。

2) 采煤机喷雾

采煤机的喷雾系统分为内喷雾和外喷雾两种方式。采用内喷雾时,水由安装在截割滚筒上的喷嘴直接向截齿的切割点喷射,形成"湿式截割";采用外喷雾时,水由安装在截割部的固定箱上、格臂上或挡煤板上的喷嘴喷出,形成水雾覆盖尘源,从而使粉尘湿润沉降。

喷嘴是决定降尘效果好坏的主要部件,喷嘴的形式有锥形、伞形、扇形、束形,一般来说内喷雾多采用扇形喷嘴,也可采用其他形式;外喷雾多采用扇形和伞形喷嘴,也可采用锥形喷嘴。外喷雾喷嘴的布置方式及喷雾方向主要有以下三种:①喷嘴安装在截煤部固定箱上,位于煤壁一侧、靠采空区一侧的端面上及箱体顶部;②喷嘴安装在摇臂上,位于摇臂的顶面上,靠煤壁的侧面上及靠采空区一侧的端面上;③喷嘴安装在挡煤板上。采煤机外喷雾喷射方向要对准截割区及扬尘点,如图11-11所示。如有条件,还应兼顾有利于将煤尘移向煤壁。

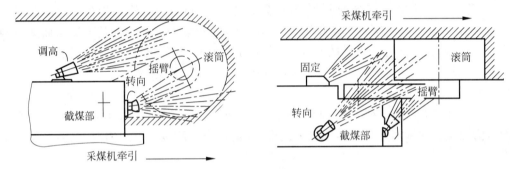

图11-11 采煤机外喷雾喷射方向布置

(1)综采工作面智能喷雾除尘控制系统。

综采工作面智能喷雾除尘系统控制装置(图11-12)由ZPD-H-A型防爆电磁控制阀、KXJ型矿用防爆控制电源箱、KPZ-C/A型主移架触控传感器(与本架防爆电磁控制阀配接)、KPZ-C/B型从移架触控传感器、KCP4型万向扇形喷雾组件、KGL型主过滤器、主供水管路、主阀门、支供水管路、支管路阀门及快接三通等部件组成。

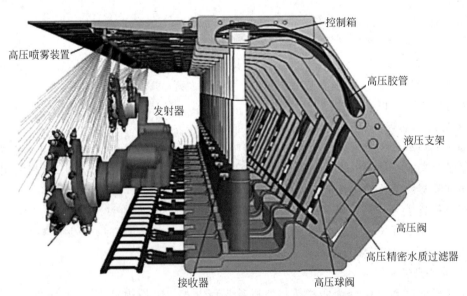

图11-12 综采工作面智能喷雾除尘系统控制装置

采煤机割煤作业时,安装于采煤机上的定位信号发生器将采煤机位置信号发送至固定在液压支架上的防爆电磁控制阀的采煤机位置传感器,防爆电磁控制阀将采煤机位置信息通过通信电缆传送,防爆控制电源箱按预先设定的参数和功能进行计算与程序控制,根据采煤机的运行位置,在其风流下方自动顺序开启或关闭多道扇形强雾,并跟随采煤机的运行位置移动,对割煤作业产生的大量粉尘进行有效阻隔和高效除尘,实现采煤机架间喷雾智能化,使综采工作面防降尘达到高效、智能、合理的目的。

(2) 超大采高液压支架架间导尘装置。

主要有两种结构形式的导尘装置:拉簧式和滑移式,如图 11-13 所示。拉簧式导尘装置是利用高强度柔性材料将相邻支架的侧缝进行密闭,然后利用弹簧将其吊挂在液压支架掩护梁上的合适位置。正常情况下,柔性材料与掩护梁的外缘有一定的间隙,当液压支架降柱移架时,一侧支架前移会带动弹簧伸展,从而保证柔性材料能够始终与掩护梁侧缝紧密贴合,将洒落的粉尘全部兜接,复位后粉尘将在重力作用下导移至采空区。滑移式导尘装置是预先在相邻支架侧缝掩护梁内侧的两根滑轨、通过滑移小车将两侧的密闭柔性材料吊挂,两侧的密闭柔性材料下方固定着滑槽,当降柱移架一侧支架前移时两组滑移小车同步前移,能够始终保证对相邻支架掩护梁缝隙的密闭。

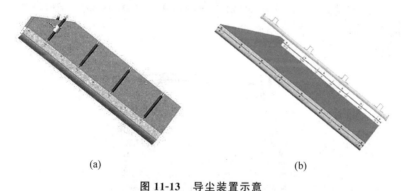

图 11-13 导尘装置示意
(a) 拉簧式导尘装置;(b) 滑移式导尘装置

3) 水封爆破和水炮泥

(1) 水封爆破。

水封爆破是指在打好炮眼以后,首先注入一定量的压力水,水沿矿物质节理和裂隙渗透,矿物质被湿润到一定程度后,把炸药填入炮眼,然后插入封孔器,封孔后在具有一定压力的情况下进行爆破。

水封爆破虽能降尘、消烟和消火,但是,当炮眼的水流失过多时,也会造成放空炮,所以对炮眼中水的流失要引起注意。

(2) 水炮泥。

水炮泥就是将装水的塑料袋代替一部分炮泥,填于炮眼内,如图 11-14 所示,起到爆破封孔的作用。爆破时水袋破裂,水在高温高压下汽化,与尘粒凝结,达到降尘的目的。采用水炮泥比单纯用土炮泥时的矿尘浓度低 20%～50%,尤其是呼吸性粉尘含量有较大的减少。除此之外,水炮泥还能降低爆破产生的有害气体,缩短通风时间,并能防止爆破引燃瓦斯。

水炮泥的塑料袋应难燃,无毒,有一定的强度。水袋封口是关键,目前使用的自动封口水袋如图 11-15 所示。装满水后,能将袋口自行封闭。

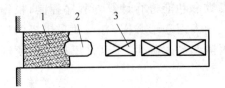 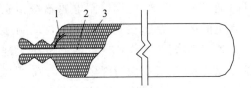

1—黄泥;2—水袋;3—炸药包。

图 11-14  水炮泥布置

1—逆止阀注水后位置;2—逆止阀注水前位置;3—水。

图 11-15  自动封口水袋

### 11.3.3  净化风流

净化风流是使井巷中含尘的空气通过一定的设施或设备,将矿尘捕获的技术措施。目前使用较多的是水幕和湿式除尘装置。

**1. 水幕净化风流**

水幕是在敷设于巷道顶部或两帮的水管上间隔地安上数个(3～5 个)喷嘴喷雾形成的,如图 11-16 所示。喷嘴的布置应以水幕布满巷道断面为原则,并尽可能靠近尘源,缩小含尘空气的弥漫范围。

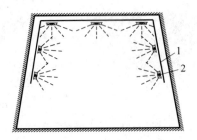

1—水管;2—喷嘴。

图 11-16  巷道内水幕示意

净化水幕应安设在支护完好、壁面平整、无断裂破碎的巷道段内。一般安设位置为:

(1) 矿井总入风流净化水幕:距井口 20～100 m 巷道内;
(2) 分区和采区入风流净化水幕:风流分岔口支流里侧 20～100 m 巷道内;
(3) 采煤回风流净化水幕:距工作面回风口 10～20 m 回风巷内;
(4) 掘进回风流净化水幕:距工作面 30～50 m 巷道内;
(5) 巷道中产尘源净化水幕:尘源下风侧 5～10 m 巷道内。

水幕的控制方式可根据巷道条件,选用光电式、触控式或各种机械传动的控制方式。选用的原则是既经济合理又安全可靠。

净化风流水幕是净化入风流和降低污风流矿尘浓度的有效方法。徐州董庄矿在距掘进工作面 20 m、40 m 和 60 m 处各设了一道水幕,工作面含尘风流经第一道水幕后降尘率为 59%～60.5%,经第二道水幕后降尘率为 78.2%～80%,经第三道水幕后,矿尘浓度只有 0.78 mg/m³,降尘率达到 98.6%。

图 11-17 所示为智能型全自动降尘水幕装置,主要由全自动喷雾装置和卷帘式防尘帘两部分组成。通过拉绳方式,实现防尘水幕的升降操作,起到封闭掘进巷道断面的作用。在防尘帘上预留带式运输机口和行人通行小门。建立了远程智能控制系统,由程控主机、电磁阀、传感器、传输线路等组成。

当需长时间不间断对风巷粉尘进行净化时,地面通过程控主机给远程智能控制系统发送启动信号,水量监测传感器关闭,水幕管路与水源连接处的电磁阀开始启动,打开水源启动净化水幕进行喷淋;当不需要净化时,远程程控主机只需发送信号,打开控制电磁阀的传感器即可;当远程智能控制系统监测到掘进机、钻机等设备进行施工作业时,通过智能连锁控制智能型全自动降尘水幕装置开启作业。

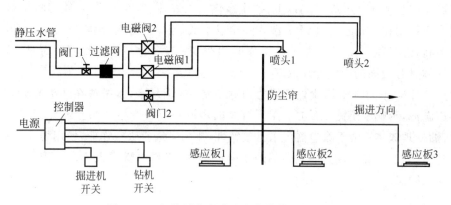

图 11-17 智能型全自动降尘水幕装置布置示意

### 2. 湿式除尘装置

所谓除尘装置(或除尘器)是指把气流或空气中含有的固体粒子分离并捕集起来的装置,又称集尘器或捕尘器。

根据是否利用水或其他液体,除尘装置可分为干式和湿式两大类。煤矿一般采用湿式除尘装置,其是通过尘粒与液滴的惯性碰撞进行除尘的。

1)湿式除尘器的结构

湿式除尘器主要由除尘风箱、除尘器外壳、喷嘴、除尘垫层、泥水分离器、通风机、泥浆泵等组成。设备结构如图 11-18 所示。

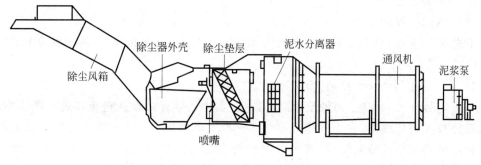

图 11-18 湿式除尘器结构示意

2) 湿式除尘器的原理

通风机动力将迎头含尘空气压入除尘器，在来流方向上设置的水喷嘴向振弦过滤板上喷雾，通过过滤板的粉尘在喷雾的作用下湿润增重或凝固滞留。在含尘气体气流的冲击下，振弦过滤板的纤维产生振动。含尘气体在喷嘴不断喷雾的作用下变成湿润的含尘液气流。气流沿外壁由上向下旋转运动形成外涡旋，旋转气流在锥体底部转而向上沿轴心旋转形成内涡旋，少量气体沿径向运动到中心区域。到达外壁后，在气流和重力的共同作用下沿着壁面下落至灰斗中，形成污水流。污水流进入循环过滤水箱重新经喷雾站循环利用或通过脱水环下排污斗流出机外。除尘通风机出风口排出净化后的洁净空气。

3) 湿式除尘器的优缺点

优点：除尘效率可达到 99% 以上，捕尘净化效果好，除尘效果明显，能够将出口粉尘排放浓度严格控制在 5 mg/m³ 以下；湿式除尘成本低，能净化空气，消除空气中的有毒成分；除尘效率高，性能稳定，除尘效果不随工作时间改变；对净化高比阻、高湿、高温、易燃易爆的含尘气体具有较高的废气处理效率。

缺点：对粒径<5 μm 粉尘处理能力相对较差；需消耗水，水排放在迎头或输送带经常造成巷道淤泥，影响巷道施工质量；需要持续的水源且过滤产生的污水需要特定污水处理设备，增加处理成本；由于除尘器污水排放特性，排污泵经常吸空作业，使用寿命不高，平均 180 d 更换一次排污泵；动力装置普遍采用电动部件，工作时噪声大，对于高瓦斯矿井还存在电气安全隐患。

4) 常用湿式除尘器的类型

使用广泛的湿式除尘器类型有：重力喷雾除尘器、湿式过滤除尘器、文丘里除尘器、湿式离心除尘器。重力喷雾除尘器的工作原理是含尘空气进入除尘器后，遇到喷嘴喷出的顺（逆）风雾滴，使得煤尘湿润变重，发生重力沉降，净化后的洁净空气流出除尘器。湿式过滤除尘器通过喷雾装置向振弦过滤板上喷雾，使得纤维栅幕上覆盖一层水雾，使粉尘湿润增重沉降或滞留，同时由于经过的含尘气体使纤维栅幕在高速气流的冲击下产生振动，强化了雾滴与粉尘的冲突，提高除尘效率。文丘里除尘器的工作原理是含尘气流喷入喷嘴后，以较高的速度流经收缩段，在收缩段内形成低于大气压的压力，使液滴吸入喉管段，液滴和含尘气流共同进入混合段，混合均匀形成湿润尘团后增重沉降经扩散段排出实现除尘。湿式离心除尘器通过离心式叶轮产生的高负压吸入含尘气流，同时进水管出水。

**3. 干式除尘装置**

1) 干式除尘器的结构

干式除尘器主要由轴流抽出式通风机、清灰气路接口、清灰按钮、清灰指示表及设备本体等构成。其结构如图 11-19 所示。

2) 干式除尘器的工作原理（图 11-20）

当除尘通风机工作时，由轴流通风机抽吸，含尘气体经风筒从进风口进入除尘室内，在气流分布板的作用下，含尘气体中的一部分粗大颗粒粉尘与之发生撞碰失去动能而下沉落到除尘器底部的输灰装置，其余的细粒粉尘进入滤尘室后，在布朗扩散和筛滤等组合效应下，使粉尘吸附在滤筒表面上，净化后的气体经滤筒的上端口进入净气室内，经出风口由通风机排出。滤筒的阻力随表面粉尘厚度的增加而增大，当阻力达到某一规定值

图 11-19　干式除尘器主要结构示意

时进行清灰。此时轴流通风机停机,脉冲清灰阀打开,储气罐内的压缩空气经喷嘴倒流入滤筒内部,滤筒表面上的粉尘被吹落入除尘器本体的底部,在除尘器本体底部设置有刮板输送机构,将粉尘运输至卸灰口,在卸灰口处安装集尘布袋以达到除尘、清灰、集灰的作用。

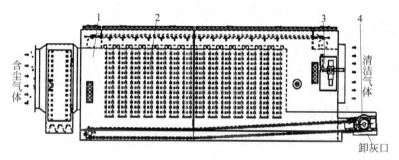

1—防爆箱体；2—集成过滤系统；3—喷吹系统；4—输灰卸灰系统。

图 11-20　干式除尘器工作原理

3）干式除尘器的优缺点

优点：除尘效率高,更适合在粉尘浓度高的全岩巷道掘进使用；不消耗水,更适合在对使用水比较敏感或者污水无法处理的巷道掘进使用；自动化程度高,日常维护量少,工人劳动强度低；除尘率可达 96% 以上,而且不仅能够对粒径 $\geqslant 5~\mu m$ 的粉尘颗粒进行高效处理,还对粒径 $<5~\mu m$ 的粉尘进行有效处理。

缺点：体积大,移动不便,在空间受限的掘进巷道无法使用；成本比较高,维护难度较高；对水比较敏感,进水后滤袋遇水会糊袋,除尘效果大大降低。

4）常用干式除尘器的类型

使用广泛的干式除尘器类型有：涡旋除尘器、滤筒式除尘器、离心式除尘器和旋风式除尘器。涡旋除尘器利用离心力和惯性力原理,将含尘气体通过离心分离器形成旋风,使尘粒与气体分离并脱落。广泛应用于矿山、石化、冶金等行业的工业废气净化。滤筒式除尘器采用滤筒过滤的方式进行除尘,含尘气流通过一组纵向排列的滤筒进行过滤,颗粒物被拦截在滤筒表面形成尘层,常用于对粗颗粒物和烟雾的处理。离心式除尘器利用气流旋转的动能和静能的变换,将含尘气体与液体混合后经离心分离器进行旋转分离,使尘粒在离心力的作用下与液体分离,常用于处理煤尘、钢铁等含有悬浮颗粒物的废气。旋风式除尘器利用离心力和惯性离心力将含尘气体旋转形成旋风,使尘粒与气体分离,采用旋风管和锥形管组成的进尘口、分离器和排尘口相结合,可有效分离物料粉尘等细小颗粒,常用于除尘和防爆场所。

5) 选择标准

选择除尘器要从生产特点与排放标准出发,结合除尘器的除尘效率、设备的阻力、处理能力、运转可靠性、操作工作简繁、一次投资及维护管理等诸因素加以全面考虑。

(1) 选用的除尘器必须满足排放标准规定的排尘浓度。要求除尘器的容量能适应生产量的变化且除尘效率不会下降,含尘浓度变化对除尘效率的变化要小。当气体的含尘浓度较高时,可考虑在除尘器前设置低阻力的初净化设备,以去除粗大尘粒,使它们更好地发挥作用。对于运行工况不太稳定的系统,要注意风量变化对除尘器效率和阻力的影响。

(2) 应考虑粉尘的性质和粒度分布。粉尘的性质对除尘器的性能发挥影响较大,黏性大的粉尘容易黏结在除尘器表面,不宜采用干法捕尘;水硬性或疏水性粉尘不宜采用湿式除尘。此外,不同除尘器对不同粒径的粉尘除尘效率是完全不同的,选择除尘器时必须了解处理粉尘的粒度分布和各种除尘器的分级除尘效率。

(3) 除尘器排出的粉尘或泥浆等要易于处理。

(4) 容易操作与维修。

(5) 费用。除考虑除尘器本身费用外,还要考虑除尘装置的整个费用,包括初建投资、安装、运行和维修费用等。

### 11.3.4 煤层注水

在煤矿井下生产过程中,通过减少煤尘产生量或降低空气中悬浮煤尘含量以达到从根本上杜绝煤尘爆炸的可能性。为达到这一目的,煤矿上采取了以煤层注水为主的多种防尘手段,本节将重点介绍煤层注水。

**1. 煤层注水减尘原理**

煤层注水是用水预先湿润煤体。煤层在开采之前,打若干钻孔,通过钻孔向煤体注入压力水,使其渗入煤体内部,增加煤层水分。水进入煤体后,先沿阻力较低的大裂隙以较快速度流动,注水压力增高可使在裂隙中的运动速度加快,毛细作用力随孔径变细而增加。注水实践表明,大的裂隙和孔隙中水的运动主要靠注水的压力,而细小孔隙中水的运动主要靠毛细管作用,因此,水在各级孔隙中运动速度差异很大。煤体开始注水后,水可以较快地到达一些裂隙中,但细小的空隙则需要较长时间。根据国外理论研究表明,在同样压力下,水在半大孔隙中的运动速度要比细微孔隙中大 1000 倍。从注水现场观察也证明,湿润煤体的层理、节理只需数小时到数天,而使煤体大部分细微孔隙湿润则需要十余天到数十天。

由于水分子的直径为 $2.6 \times 10^{-10}$ m,因此 $10^{-9}$ m 以下的细微孔隙不能考虑在注水湿润的范围内。

水在煤体中的减尘作用有下列两个原因:

(1) 水进入各种裂隙后,将煤体中的原生煤尘预先湿润,使其不能随落煤工作而飞扬进入工作面空间。一些研究资料表明,开采硬度小、脆性大的煤层,工作面浮尘主要来自煤层中的原生煤尘,因此水预先进入煤体,湿润了原生煤尘,有效地消除了这一尘源。

(2) 由于水进入了煤体各级孔、裂隙,甚至 1 μm 以下的微孔隙中也充满了毛细作用渗入的水,使整个煤体被水包裹起来,回采时抑制煤尘的产生。

注水后的煤体,在回采及整个生产流程中都具有连续的防尘作用,而其他防尘措施,则多为局部的。采煤工作面产量占全矿井煤炭产量的 90%,因此煤层注水对减少煤尘的产生和沉积,防止煤尘爆炸有着重要意义。

**2. 影响煤层注水效果的因素**

1) 煤的裂隙和孔隙

煤层透水性和煤体裂隙率、孔隙率有直接关系,一般裂隙的透水性比孔隙的透水性强得多,而影响煤层透水性及煤的受水能力的主导因素是煤的空隙率。对烟煤来说,孔隙率 $n=1\%\sim4\%$ 时,煤层不能注水;$n=5\%\sim15\%$(不含 15%)时,煤层能注水,且有较好湿润效果;当 $n=15\%$ 时,注水效果很好。烟煤的透水性,透水性系数 $K$ 随煤的孔隙率增大而变大。对褐煤来说,虽然孔隙率很高,但透水性极差,透水性系数 $K=0$,开采时无法注水。对于未受采动影响的烟煤来说,$n=4\%$ 这一数值可作为煤层能否注水的下限值。

2) 渗透方向

根据实践证明,因煤层沿层厚方向表现出煤岩相的不均匀性,所以渗透能力差别很大。沿煤层厚度方向的渗透能力比沿走向钻孔小 60%~70%;正交层面的渗透速度比沿煤层层面小 90%。

3) 上覆岩层压力及支承压力

地层压力的集中程度与煤层的埋藏深度有关,煤层埋藏越深地层压力越大,而裂隙和孔隙变得越小,导致透水性能降低,因而随着矿井开采深度的增加,要取得良好的煤体湿润效果,需要提高注水压力。在长壁工作面的超前集中应力带以及其他大面积采空区附近的集中应力带,因承受的压力增高,其煤体的孔隙率与受采动影响的煤体相比,要小 60%~70%,减弱了煤的透水性。

4) 液体性质

煤是极性小的物质,水是极性大的物质,两者之间极性差越小,越易湿润。为了降低水的表面张力,减小水的极性,提高对煤的湿润效果,可以在水中添加表面活性剂。阳泉一矿在注水时加入浓度 0.5% 的洗衣粉,注水速度比原来提高 24%。

5) 煤质

煤的炭化程度对透水性影响很大,实验室条件下做出的透水性系数 $K$ 与挥发分 $V_a$ 的关系发现,$V_a=15\%\sim65\%$ 的煤比其他煤种的透水性都好。

6) 注水参数

煤层注水参数是指注水压力、注水速度、注水量和注水时间。注水量或煤的水分增量是煤层注水效果的标志,也是决定煤层注水除尘率高低的重要因素,如图 11-21、图 11-22 所示。通常,注水量或煤的水分增量变化在 50%~80%,注水量和煤的水分增量都和煤层的渗透性、注水压力、注水速度以及注水时间有关。

**3. 煤层注水方式及选择**

按国内外注水情况,有以下 8 种方式。

1) 短孔注水

短孔注水是在回采工作面垂直煤壁或与煤壁斜交打钻孔注水,注水孔长度一般为 2~3.5 m,如图 11-23 中的 a 所示。

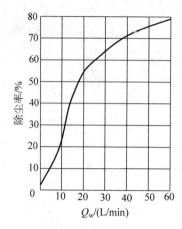
图 11-21 除尘率与注水量 $Q_w$ 的关系

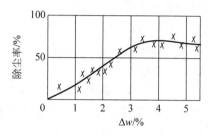
图 11-22 除尘率与煤的水分增量 $\Delta w$ 的关系

短孔注水适应条件：煤层赋存不稳定，地质构造复杂，煤层薄（<0.7 m）。产量较低的回采工作面，或者顶、底板（特别是底板）岩性易吸水膨胀时，短孔注水较合理。由于注水压力低，所以工艺装备简单。它的缺点是钻孔数量多，湿润范围小，钻孔长度短，易跑水，且钻孔注水必须在准备前进行，容易与回采发生矛盾，对生产能力高的工作面不适用，加上注水效果不如另外两种，所以正规工作面已很少采用。

2）深孔注水

深孔注水是在回采工作面垂直煤壁打钻孔注水，孔长一般为 5~25 m，如图 11-23 中的 b 所示。

深孔注水适应条件：钻孔较长要求煤层赋存稳定。它具有适应顶、底板吸水膨胀等特点。与短孔注水相比较，钻孔数量少，湿润范围大且均匀，国外采用较多。但注水压力要求高，注水工艺装备较复杂，而且采用这种方式的前提是采煤循环中要有准备。

3）长孔注水

长孔注水是从回采工作面的运输巷或回风巷，沿煤层倾斜方向平行于工作面打上向孔或下向孔注水（图 11-24），孔长 30~100 m；当工作面长度超过 120 m 而单孔达不到设计深度或煤层倾角有变化时，可采用上向、下向钻孔联合布置钻孔注水（图 11-25）。

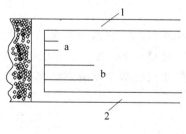

a—短孔；b—深孔；
1—回风巷；2—运输巷。

图 11-23 短孔、深孔注水方式示意

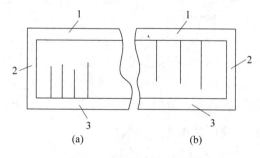

1—回风巷；2—开切眼；3—运输巷。

图 11-24 单向长孔注水方式示意

（a）上向孔；（b）下向孔

长孔注水适应条件：一般认为长孔注水是一种先进的注水方式,钻孔能湿润较大区域的煤体,能获得较长的注水时间,煤体湿润均匀,注水与回采不相互干扰。缺点是钻孔难度较大,定向打钻困难,对地质条件变化适应差。这种方法广泛被国内外采用。

4) 巷道钻孔注水

巷道钻孔注水由上邻近煤层的巷道向下煤层打钻注水或由底板巷道向煤层打钻注水,如图 11-26 所示。在一个钻场可打多个垂直于煤层或扇形布置方式的钻孔。巷道钻孔注水采用小流量、长时间的注水方法,而且受条件限制,所以极少采用。

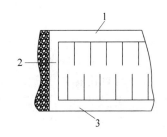

1—回风巷；2—工作面；3—运输巷。

图 11-25　双向长孔注水方式示意

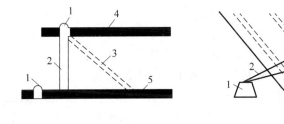

1—巷道；2、3—钻孔；4—上层煤；5—下层煤。

图 11-26　巷道钻孔注水方式示意

5) 常压渗透注水

常压渗透注水是厚煤层分层开采或近距离煤层群开采时,在上分层(或上煤层)采空区内注水,供水是在常压下缓慢地、长时间大面积渗入下一分层(或近距煤层),使下层达到预先湿润的目的,而且还具有黏结上层采空区的冒落矸石和浮煤的双重效果。该方法的特点是不受设备和水压的限制,易于施行。对易燃煤层在水中添加阻化剂还可以延长发火期,防止煤层自燃。

6) 脉冲式注水

高压脉冲式注水就是利用脉冲式高压泵形成脉冲水压,将具有一定频率的脉动水持续注入钻孔中,由峰值压力与谷底压力构成周期性的脉动波对煤体裂隙产生交变或重复荷载,逐渐使煤体出现疲劳破坏,促使煤层中的微小裂隙形成和逐渐张开。脉冲式注水也是利用水的传能作用使脉冲波传递到煤体上形成水击、"水楔"增大煤体孔隙度,可以减少注水阻力,增加水分在煤体中的浸润扩散,使煤体的润湿效果显著增加,减少在采掘过程中的产尘量。

7) 混合式注水

混合式注水方式即脉冲动压注水与静压注水相结合进行注水。在注水的开始阶段,用静压水注水,让水充满煤层内已有的孔裂隙,在注水流量减小时用注水泵进行高压注水,这一阶段注入煤体的水迅速充满煤层内部大的孔隙、裂隙。随后关闭注水泵,用静压水对煤体继续进行注水,当静压注不进水或钻孔注水流量明显减小,不能满足开采进度要求时,可多次启动注水泵进行强制式注水,注入的水量用安装在注水管接口上的高压水表计量,在达到设计的注水量或煤壁出现"冒汗"、注水压力为零或很低,出现煤层内部大裂隙贯通跑水时,停止注水。

8) 分段式注水

分段式注水是根据掘进工作面煤壁前方煤体承受不同应力情况,打设注水钻孔,使用2级或者3级封孔器进行分段注水。根据煤壁前方应力值大小,自浅部向深部可分为卸压带、应力集中带、原岩应力带,简称"三带",第1段封孔器的出水孔位于应力集中带,第2段封孔器的出水孔位于原岩应力带,通过分段式封孔器完成煤壁前方煤体内分段注水。通过煤壁内部分段注水使煤体裂隙不断扩展,卸压带范围更大,向内部延伸,继而应力集中带整体向深部移动,一是能够提高煤体湿度,降低粉尘产生量;二是能够使应力集中带前移,工作面的矿压显现强度明显降低。

### 4. 注水系统

注水系统分为静压注水系统和动压注水系统。

利用管网将地面或上水平的水通过自然静压差导入钻孔的注水叫作静压注水。静压注水采用橡胶管将每个钻孔中的注水管与供水干管连接起来,其间安装有水表和截止阀,干管上安装压力表,然后通过供水管路与地表或上水平水源相连。

利用水泵或风包加压将水压入钻孔的注水叫作动压注水。水泵可以设在地面集中加压,也可直接设在注水地点进行加压。常见的井下加压动压注水系统布置如图11-27所示。

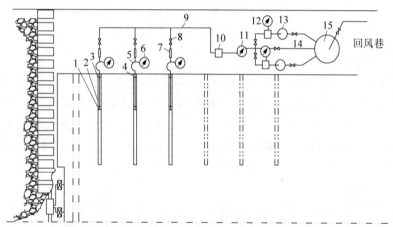

1—棉纱条;2—塑料水管;3—注水钢管;4—木塘(头);5—胶管;6—压力表;
7—分流器;8—闸门;9—注水干管;10—单向阀;11—高压水表;12—安全阀;
13—煤层注水泵;14—注水管;15—自控供水箱。

图 11-27 煤层动压注水系统

### 5. 注水设备

煤层注水所使用的设备主要包括钻机、水泵、封孔器、分流器、水表及压力表等。

1) 钻机

我国煤矿注水常用的钻机如表11-4所示。

2) 煤层注水泵

煤矿常用煤层注水泵技术特征见表11-5。

表 11-4  常用煤层注水钻机一览表

| 钻机名称 | 功率/kW | 最大钻孔深度/m |
|---|---|---|
| KHYD40KBA 型钻机 | 2 | 80 |
| TXU-75 型油压钻机 | 4 | 75 |
| ZMD-100 型钻机 | 4 | 100 |

表 11-5  煤层注水泵型号及其主要技术特征

| 项目 | 单位 | 型号 | | | | | | | |
|---|---|---|---|---|---|---|---|---|---|
| | | 5BD (2.5/4.5) | 5BZ (1.5/80) | 5D (2/150) | 5BG (2/160) | 7BZ (3/100) | 7BG (3.6/100) | 7BG (4.5/100) | KBZ (100/150) |
| 工作压力 | MPa | 4.5 | 80 | 15 | 16 | 10 | 16 | 16 | 15 |
| 额定流量 | m³/h | 2.5 | 1.5 | 2 | 2 | 3 | 3.6 | 4.5 | 6 |
| 柱塞直径 | mm | 25 | 25 | 25 | 25 | 25 | 25 | 25 | 25 |
| 缸数 | 个 | 5 | 5 | 5 | 5 | 7 | 7 | 7 | |
| 吸水管直径 | mm | 32 | 25 | 27 | 25 | 45 | 32 | 45 | 38 |
| 电动机功率 | kW | 5.5 | 5.5 | 13 | 13 | 13 | 22 | 30 | 30 |
| 整机质量 | kg | —80 | 230 | 350 | 350 | —194 | 440 | —6 | |
| 外形尺寸 | mm³ | 20×260×360 | 1100×320×310 | 1400×400×600 | 1370×380×640 | 660×330×400 | 1500×400×650 | 680×360×460 | 1600×760×460 |

3) 封孔器

我国煤矿长钻孔注水多采用 YPA 型水力膨胀式封孔器和 MF 型摩擦式封孔器。YPA 型在使用时,将封孔器与注水钢管连接起来送至封孔位置,通过高压胶管与水泵连通,开泵后压力水进入封孔器,水流从封孔器前端的喷嘴流出进入钻孔,产生压力降,膨胀胶管内的水压升高,将胶管膨胀,封住钻孔。注水结束后,封孔器胶筒将随压力下降而恢复原状,可取出复用。

MF 型在使用时,将封孔器与注水钢管连接起来送至钻孔内的封孔位置,顺时针旋动注水管使其向前移动,这时橡胶密封筒被压缩而径向胀大,封住钻孔。注水结束后,逆时针旋动注水管,密封胶管卸压,胶筒即恢复原状,可取出复用。

4) 分流器

分流器是动压多孔注水不可缺少的器件,它可以保证各孔的注水流量恒定。煤炭科学研究总院重庆分院研制的 DF-1 型分流器,压力范围 0.49~14.7 MPa,节流标准 0.5 m³/h、0.7 m³/h、1.0 m³/h。

5) 水表及压力表

当注水压力>1 MPa 时,可采用 DC-4.5/200 型注水水表,耐压 20 MPa,流量 4.5 m³/h;

注水压力<1 MPa时,可采用普通自来水水表。注水压力表为普通压力表,选择时要求压力表量程应为注水管中最大压力的1.5倍,水泵出口端压力表的量程应为泵压1.5~2倍。

6) 注水参数

注水压力的高低取决于煤层逆水性的强弱和钻孔的注水速度。通常,透水性强的煤层采用低压(<3 MPa)注水,透水性较弱的煤层采用中压(3~10 MPa)注水,必要时可采用高压注水(>10 MPa)。如果水压过小,注水速度太低,水压过高,又可能导致煤岩裂隙猛烈扩散,造成大量窜水或跑水。适宜的注水压力是通过调节注水流量使其不超过地层压力而高于煤层的瓦斯压力。

国内外经验表明,低压或中压长时间注水效果好。在我国,静压注水大多属于低压,动压注水以中压居多。对于初次注水的煤层,开始注水时,可对注水压力和注水速度进行测定,找出两者的关系,根据关系曲线选定合适的注水压力。

(1) 注水速度(注水流量)。

注水速度是指单位时间内的注水量。为了便于对各钻孔注水流量进行比较,通常以单位时间内每米钻孔的注水量来表示。注水速度是影响煤体湿润效果及决定注水时间的主要因素,在一定的煤层条件下,钻孔的注水速度随钻孔长度、孔径和注水压力的不同而增减。

实践表明,有些煤层(如阳泉二矿)在注水压力不变的情况下,注水流量会随时间延长而不同程度地降低。为了增加注水流量,可适当提高注水压力,例如把原来的静压注水在短时间内改为动压注水(将煤层裂隙扩张一下,以增强煤层透水性),然后再恢复静压注水。

一般来说,小流量注水对煤层湿润效果最好,只要时间允许,就应采用小流量注水。静压注水速度一般为 $0.001\sim0.027\ m^3/(h\cdot m)$,动压注水速度为 $0.002\sim0.24\ m^3/(h\cdot m)$。若静压注水速度太低,可在注水前进行孔内爆破,提高钻孔的透水能力,然后再进行注水。

(2) 注水量。

注水量是影响煤体湿润程度和降尘效果的主要因素。它与工作面尺寸、煤厚、钻孔间距、煤的孔隙率、含水率等多种因素有关。确定注水量首先要确定吨煤注水量,各矿应根据煤层的具体特征综合考察。一般来说,中厚煤层的吨煤注水量为 $0.015\sim0.03\ m^3/t$,厚煤层为 $0.025\sim0.04\ m^3/t$。机采工作面及水量流失率大的煤层取上限值,炮采工作面及水量流失率小或产量较小的煤层取下限值。

(3) 注水时间。

每个钻孔的注水时间与钻孔注水量成正比,与注水速度成反比。实际注水中,常把在预定的湿润范围内的煤壁出现均匀"出汗"(渗出水珠)的现象,作为判断煤体是否全面湿润的辅助方法。"出汗"后或在"出汗"后再过一段时间便可结束注水。通常静压注水时间长,动压注水时间短。为了对注水参数有个总体了解,表11-6列出了我国部分煤矿煤层长孔注水参数,供参考。

表11-6 我国部分煤矿煤层长孔注水参数表

| 局 矿 | 加压方式 | 钻孔长度/m | 钻孔间距/m | 钻孔深度/m | 注水压力/MPa | 每米钻孔有效流量/(L/h) | 注水时间/h | 吨煤注水量/(L/t) | 钻孔注水量/m³ |
|---|---|---|---|---|---|---|---|---|---|
| 石炭井各矿 | 静压 | 25~90 | 10~15 | 3~5 | 0.3~1.2 | 6~16 | 100~300 | 9~20 | 30~80 |
| 抚顺龙凤矿 | 静压 | 16~130 | 3~5 | 1~2 | 2~15.7 | 144~300 | 20~40 | 30~340 | |

续表

| 局　　矿 | 加压方式 | 钻孔长度/m | 钻孔间距/m | 钻孔深度/m | 注水压力/MPa | 每米钻孔有效流量/(L/h) | 注水时间/h | 吨煤注水量/(L/t) | 钻孔注水量/m³ |
|---|---|---|---|---|---|---|---|---|---|
| 同家梁矿 | 静压 | 60～90 | 12～15 | 4 | 0.2～1 | 17～40 | 59～286 | | |
| 汾西水峪矿 | 静压 | 30～50 | 25 | 3～5 | 0.5～0.8 | 38 | 192 | 15～47 | |
| 沈阳采屯矿 | 动压 | 37～50 | 8 | 2.5 | 0.6～1.1 | 2.1～20.5 | 14～120 | 14～23 | 4.7～22 |
| 阳泉二矿 | 动压 | 40～66 | 3～7 | 3 | 0.6～1.7 | 14.9～35.4 | 12～25 | 24.5～426 | |
| 枣庄陶庄矿 | 动压 | 80 | 10 | 5～6 | 6～8 | 13.3～20 | 48～72 | 30～40 | |
| 新汶孙村矿 | 动压 | 36～84 | 15～20 | 6～9 | 5～12 | 12～16.6 | 30～45 | | |
| 松藻煤矿 | 动压 | 26～42 | 40 | 9～16 | 4.7～6.5 | 43～90 | 16～32 | 20～66 | |
| 徐州韩桥矿 | 动压 | 15～30 | 15～30 | 4～6 | 6～12 | 25～50 | 15～20 | 20～70 | 10～25 |

### 11.3.5　个体防护

矿井各生产环节尽管采取了多项防尘措施，但也难以使各作业地点粉尘浓度达到卫生标准，有些作业环节的粉尘浓度甚至严重超标，所以，个体防护是综合防尘工作中不容忽视的一个重要方面。

个体防护的防尘用具主要包括：防尘面罩、防尘帽、防尘呼吸器、防尘口罩等，其目的是使佩戴者既能呼吸净化后的洁净空气，又不影响正常操作。

个体防护是指通过佩戴防尘面具以减少人体吸入粉尘的最后一道措施。防尘面具的作用是将含尘空气中的粉尘通过过滤材料过滤，使人体吸入清洁的空气，防止空气中的粉尘进入呼吸系统，从而避免接尘人员受到粉尘的危害。目前的防尘面具可分为过滤式和隔离式两大类。一般说来，氧气含量＞18％、粉尘毒害性及产尘量不大的工作场所可使用过滤式防尘面具；而氧气含量＜18％，或粉尘毒害性大，或产尘量大的作业场所可使用隔离式防尘面具。下面主要介绍过滤式防尘面具。

**1. 过滤式防尘面具**

过滤式防尘面具又可分为自吸式和动力送风式两种。自吸式是依靠人体呼吸器官吸气过滤，例如各种自吸式防尘口罩；动力送风式是利用微型通风机抽吸含尘空气，例如送风口罩、送风头盔等。

矿井要求所有接触粉尘工作人员必须佩戴防尘口罩。对防尘口罩的基本要求是：阻尘率高，呼吸阻力和有害空间小，佩戴舒适，不妨碍视野。普通纱布口罩阻尘率低，呼吸阻力大，潮湿后有不舒适的感觉，应避免使用。

1) 种类

目前用于矿井个体防尘的自吸过滤式防尘口罩，主要有不带换气阀的简易型和带有换气阀的专用防尘口罩两种。

(1) 简易型口罩

这种口罩一般都无换气阀。吸入及呼出的空气都经过同一通道。由于呼吸时随气流夹杂的各种杂物会逐渐沉积在过滤层上，致使口罩的呼吸阻力不断增加。当工人在粉尘浓度高或劳动强度大的条件下工作时，随着时间的延长，会有呼吸费劲的感觉。这种口罩主要缺点是过滤细粉尘能力较差,优点是结构简单、轻便、容易清洗、成本低廉。

(2) 换气阀型口罩

它带有呼气阀,而滤料装在专门的滤料盒内,滤料被污损后可以更换。如图 11-28 所示。面具 1 由橡胶模压制成,边缘有泡沫塑料,能贴近面部。口罩下部两侧各有一个进气口朝下的过滤盒,盒内装有滤布和滤纸,用以滤尘。口罩下部中央为呼吸阀。这种口罩阻尘率高,呼吸阻力低,严密性好。但是这种口罩的缺点是质量较大,妨碍视线,影响操作。

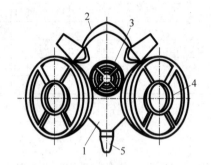

1—面罩主体;2—密封面部的坐圈;3—呼吸阀;4—滤料盒;5—带有逆止浮球的出水嘴。

图 11-28  带有换气阀型防尘口罩示意

2) 性能指标

了解防尘口罩的主要技术性能指标,是正确选用防尘口罩的依据。

(1) 阻尘率。阻尘率是指口罩滤料阻止粉尘通过的能力,通常以被口罩滤料阻止住的那部分粉尘所占的百分比来表示。影响阻尘率高低的主要因素是滤料的种类和口罩的结构;其次也与空气中粉尘的含量和粉尘的粒度有关。对同一口罩来说,如空气中的含尘量高,粒度细,其阻尘率必然会高;反之则低。

(2) 呼、吸气阻力。口罩的呼、吸气阻力是否适度,是衡量口罩优劣及工人是否自愿佩戴的重要因素。呼、吸气阻力增加,会引起人员呼吸肌疲劳,产生憋气或其他不舒适感觉。国家标准规定:防尘口罩的吸气阻力应≤49 Pa,呼气阻力应≤29.4 Pa。

(3) 死腔容积。作业人员佩戴上防尘口罩后,口罩与人面之间总有一定的自由空间,一般称为"死腔"。人员呼吸时,在"死腔"内往往会保留着一部分呼出来的空气。这些残留空气的特点是含氧成分低,约占 16%,二氧化碳含量较高,约占 49%。这些有害的污浊气体如果再次被吸入,对人体总是有害的。因此,要求口罩"死腔"容积应尽量小,按照国家标准规定应<180 cm$^3$。

(4) 影响下方视野。人戴上口罩后,总是会影响到眼睛下方视野的广度。其影响程度,一般都是以妨碍下方视野的实际角度来表示。按照国家标准规定,影响下方视野的角度应≤10°。

(5) 质量和气密性。口罩的质量应是越轻越好,按规定不得超过 150 g/个。

带有换气阀的防尘口罩,如果呼气阀的严密性差,将会使口罩内的废气不易排出。按照规定,当负压在 1960 Pa 时,恢复至零值时间要超过 10 s。

3) 口罩的类型和性能

我国生产的几种主要防尘口罩的技术特性见表 11-7。

表 11-7　几种防尘口罩的技术特性

| 名　称 | 滤　料 | 阻尘率/% | 呼气阻力/Pa | 吸气阻力/Pa | 质量/g | 有害空间/cm³ | 妨碍视野/(°) |
|---|---|---|---|---|---|---|---|
| 武安-3型 | 聚氯乙烯布 | 96～98 | 11.8 | 11.8 | 34 | 195 | 1 |
| 上劳-3型 | 羊毛毡 | 95.2 | 27.4 | 25.9 | 128 | 157 | 8 |
| 武安-1型 | 超细纤维 | 99 | 25.5 | 25.5～29.4 | 142 | 108 | 5 |
| 武安-2型 | 超细纤维 | 99 | 29.4 | 16.7～22.5 | 126 | 131 | 1 |

4) 口罩的使用与维护

正确使用和维护好自吸过滤式防尘口罩,才能使其发挥应有的防尘作用并延长使用寿命。使用前,要检查口罩整体及零部件是否完整良好,如不符合标准要求,必须更换。佩戴时,要包住口鼻,并检查口罩与鼻梁两侧的接触是否良好,要防止粉尘从口罩周边进入。使用后,必须把口罩清洗干净,特别是简易型口罩,更要勤洗。滤料为聚氯乙烯和泡沫塑料制成的口罩,不能用高于 40℃ 的热水冲洗。带有滤料盒和换气阀的口罩,最好设专人管理,经常进行检查和修配。检查时,要取下换气阀,用清水洗净、晾干,再经消毒后,才能使用。

**2. 动力送风过滤式防尘面具**

这类防尘面具是由电源、微型电动机和通风机、过滤器及管路等部件组成,其形式可分为送风口罩和送风头盔两种。

1) 送风口罩

送风口罩是借助于小型通风机的动力,将含尘空气过滤净化,然后把净化后的清洁空气经过蛇形管送到口罩内,供佩戴者呼吸使用。如 AFK、YMK-3 两种型号的送风防尘口罩,具有阻尘率高、泄露低、呼吸阻力小、不憋气、重量轻、携带方便、活动自如、成本低、易于维修和使用安全可靠等优点。

2) 送风头盔

(1) AFM-1 型防尘安全帽。

为了减少工人佩戴多种附件,使用一种具有多功能且能避免佩戴口罩产生憋气感的防尘面具,煤炭科学研究总院重庆分院研制出 AFM-1 型防尘安全帽或称送风头盔。

AFM-1 型防尘送风头盔(图 11-29)与 LKS-7.5 型两用矿灯匹配,在该头盔间隔中,安装有微型轴流通风机 1、主过滤器 2、预过滤器 5,面罩可自由开启,由透明有机玻璃制成。

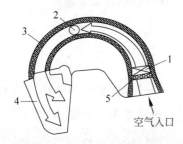

1—轴流通风机；2—主过滤器；3—头盔；
4—面罩；5—预过滤器。

**图 11-29　AFM-1 型防尘送风头盔**

送风头盔进入工作状态时,环境含尘空气被微型通风机吸入,预过滤器可截留 80%～90% 的粉尘,主过滤器可截留 99% 以上的粉尘。经主过滤器排出的清洁空气,一部分供呼吸,剩余气流带走使用者头部散发的部分热量,由出口排出。

AFM-1 型防尘送风头盔的技术特征：LSK-7.5 型矿灯电源可供照明 11 h,同时供微型通风机连续工作 6 h 以上,阻尘率>95%；净化风量>200 L/min；耳边噪声<75 dB(A)；安全帽(头盔)、面罩具有一定的抗冲击性。其优点是与安全帽一体化,减少佩戴口

罩的憋气感。主要缺点是：体积和噪声较大，呼出的水蒸气在透明面罩前易形成水珠影响视线。

（2）正压动力送风防护头盔。

煤炭科学研究总院研制出正压动力送风防护头盔，防护头盔包括头盔外壳、头盔内衬和送风组件，头盔外壳设有进风口，头盔内衬至少一部分具有弹性并在头盔风道进风时充气膨胀与佩戴者的头部紧密贴合，起到良好的防护作用。送风组件包括通风机和送风管，送风管连通风机与进风口，用于通过进风口向头盔风道送风，气流沿着头盔风道流动从出风口流出，可向佩戴者提供新鲜的空气，并在头盔内部形成正压环境，防止粉尘侵入，对佩戴者的呼吸系统进行良好的保护。

正压动力送风防护头盔的技术特征：为实现更好的缓冲效果和防护效果，防护头盔需尽可能地与头部贴合，如图 11-30 所示，头盔内衬在膨胀后至少与头顶和头部后侧的一部分贴合。另外，压力传感器与控制器连接，控制器用于接收压力传感器的压力检测信号，并判断压力检测值与压力设定阈值的关系。当判断压力检测值大于或等于压力设定阈值时，控制器控制通风机调小功率。当控制器检测到头盔风道内的压力大于或等于设定阈值，说明此时头盔风道内的压力过大，头盔内衬可能会有破裂的风险，并且可能会影响佩戴者此时的舒适度，控制器通过控制通风机的功率调小头盔风道的进风量，从而调小头盔风道内的压力，保障防护头盔的正常使用。

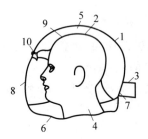

1—头盔外壳；2—头盔内衬；3—送风管；4—头部；5—压力传感器；6—防护布置；7—进风口；
8—头盔风道；9—变形部；10—流量控制阀。

图 11-30　送风头盔结构图（充气）

个体防护不可以也不能完全代替其他防尘技术措施。防尘是首位的，鉴于目前绝大部分矿井尚未达到国家规定的卫生标准的情况，采取一定的个体防护措施是必要的。

## 11.4　煤尘爆炸及其预防

井下煤尘在一定条件下，会发生爆炸事故，造成人员伤亡、设备破坏和整个矿井毁坏，灾害严重，损失惨烈，因此世界各采煤国家都很重视煤尘爆炸事故方面的研究。

### 11.4.1　煤尘爆炸机理及特征

**1. 煤尘爆炸机理**

煤尘爆炸是空气中氧气和煤尘急剧氧化的反应过程。

煤是复杂的固体化合物,煤尘爆炸的机理比可燃气体爆炸复杂。一般认为,煤炭被破碎成微细的煤尘后,总表面积显著增加,当它悬浮于空气中,吸氧和被氧化的能力大大增强,在外界高温热源的作用下,悬浮的煤尘单位时间内能吸收更多的热量,300~400℃时,就可放出可燃性气体,主要成分为甲烷以及乙烷、丙烷、丁烷、氢和1%左右的其他碳氢化合物;这些可燃气体集聚于尘粒周围,形成气体外壳,当这个外壳内的气体达到一定浓度并吸收一定能量后,链反应过程开始,游离基迅速增加,就发生了尘粒的闪燃;闪燃的尘粒被氧化放出的热量,以分子传导和火焰辐射的方式传递给周围的尘粒,并使之参加链反应,反应速度急剧增加,燃烧循环地继续下去;由于燃烧产物的迅速膨胀而在火焰面前方形成压缩波,压缩波在不断压缩了的介质中传播时,后波可以赶上前波;这些单波叠加的结果,使火焰面前方气体的压力逐渐增高,因而引起了火焰传播的自动加速;当火焰速度达到每秒数百米以后,煤尘的燃烧便在一定的临界条件下跳跃式地转变为爆炸。

从燃烧转变为爆炸的必要条件是化学反应产生的热能必须超过热传导和辐射所造成的热损失;否则,燃烧既不能持续发展,也不会转为爆炸。

**2. 煤尘爆炸的危害性及特征**

煤尘爆炸的危害性表现为对人员的伤害和对设备的破坏两方面。其特征概括为如下5个方面:

1) 产生高温高压

煤尘着火燃烧的氧化反应主要是在气相内进行的。当煤尘云开始被点燃时,产生的火焰和压力波两者的传播速度几乎相同。随着时间延长,压力波的传播速度加快。国外用化学方法算出的煤尘爆炸最大火焰速度为 1120 m/s,而在实验中所测得的火焰速度为 610~1800 m/s。计算出的压力波速度为 2340 m/s。根据实验室测定,煤尘爆炸火焰的温度是 1600~1900℃。煤尘爆炸产生的热量可使爆炸地点的温度高达 2000℃ 以上。这是煤尘爆炸得以自动传播的条件之一。煤尘爆炸的理论压力为 736 kPa,但是在有大量沉积煤尘的巷道中,爆炸压力将随着离开爆源的距离增加而跳跃式地增大。只要巷道中有煤尘,这种爆炸就会不停地向前发展,一直传播到没有煤尘的地点为止。对发生煤尘爆炸事故的矿井调查表明,一般距爆源 10~30 m 以内的地点,破坏较轻,而后离爆源越远,破坏越严重。根据煤尘爆炸平硐实验,距爆源 200 m 的巷道出口处,爆炸压力可达 0.5~1.0 MPa。如在爆炸波传播的通道内有障碍物、断面突然变化处或拐弯等,爆炸压力还将上升。

2) 连续爆炸

煤尘爆炸和瓦斯爆炸一样,都伴随有两种冲击:进程冲击——在高温作用下爆炸瓦斯及空气向外扩张;回程冲击——发生爆炸地点空气受热膨胀,密度减小,瞬时形成负压区,在气压差作用下,空气向爆源逆流促成的空气冲击,简称"返回风",若该区内仍存在着可以爆炸的煤尘和热源,就会因补给新鲜空气而发生第二次爆炸。

由于煤尘爆炸的压力波传播速度很快,能将巷道中的落尘扬起,使巷道中的煤尘浓度迅速达到爆炸范围,因而当落后于压力波的火焰到达时,就能再次发生煤尘爆炸。有时可如此反复多次,形成连续爆炸。

连续爆炸是煤尘爆炸的一个重要特征。因为再次爆炸是在前一次爆炸的基础上发生的,爆炸前的初压往往大于大气压,所以很多情况下,在一定距离范围内,离爆源越远破坏力越大。

3）煤尘爆炸的感应期

煤尘爆炸也有一个感应期,即煤尘受热分解产生足够数量的可燃气体形成爆炸所需的时间。根据实验,煤尘爆炸的感应期主要决定于煤的挥发分含量,一般为 40～280 ms,挥发分越高,感应期越短。

4）挥发分减少或形成"黏焦"

煤尘爆炸时,参与反应的挥发分占煤尘挥发分含量的 40%～70%,致使煤尘挥发分减少,根据这一特征,可以判断煤尘是否参与了井下的爆炸。

对于气煤、肥煤、焦煤等黏结性煤的煤尘,一旦发生爆炸,一部分煤尘会被焦化黏结在一起,沉积于支架和巷道壁上,形成煤尘爆炸所特有的产物——焦炭皮渣或黏块,统称"黏焦"(图 11-31)。

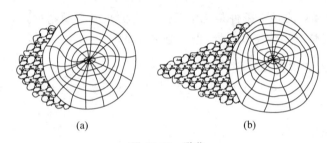

图 11-31　黏焦

(a) 焦炭皮渣；(b) 黏块

皮渣是一种烧焦到某种程度的煤尘集合体,其形状通常为椭圆形(图 11-31(a));而黏块是属于完全未受到焦化作用的煤尘集合体,其断面形状通常为三角形(图 11-31(b))。"黏焦"也是判断井下发生爆炸事故时是否有煤尘参与的重要标志,同时还是寻找爆源及判断煤尘爆炸强弱程度的依据,因此是鉴定煤尘爆炸事故的一个重要依据。黏焦的形状与爆炸特征密切相关。

(1) 弱爆炸时,火焰与爆风以慢速传播,黏焦黏附在支柱两侧,而迎风侧(迎向爆源方向)较密,且多呈椭圆形。

(2) 中等强度爆炸时,传播速度较快,黏焦主要附着在支柱的迎风侧,且多呈三角形。

(3) 强爆炸时,传播速度极快,黏焦附着在支柱的背风侧,而在迎风侧有燃烧的痕迹。

(4) 距爆源较远处,由于煤尘颗粒飞扬较远和燃烧时间较长,可形成焦化作用较完全的焦炭颗粒,大量附着在巷道支柱的迎风侧和周壁上,或堆积在背风侧的支柱下边,在头灯光照下有闪光亮点。

5）产生大量的 CO

煤尘爆炸时产生的 CO,在灾区气体中的浓度可达 2%～3%,甚至高达 8% 左右。爆炸事故中大多数受害者(70%～80%)是由于 CO 中毒。煤尘爆炸中一氧化碳明显增多,是因为在燃料显得充裕的情况下,单位空间的氧与燃料发生不完全燃烧。根据对爆炸后气体的分析,计算出 C/H 比,就可以确定爆炸物质是气体还是煤尘。瓦斯爆炸时的 C/H 比值为 3～8,煤尘爆炸时为 3～16。煤尘爆炸传播过程中,由于煤尘粒子的热变质和干馏作用,除产生一氧化碳、二氧化碳(富氧时)、甲烷和氢气以外,还产生干馏气体,并含有毒气体,如氢氰酸（HCN）。

**3. 煤尘与瓦斯参与爆炸时的不同点**

煤尘爆炸比瓦斯爆炸复杂，煤尘与瓦斯参与爆炸时表现出各自不同的特点：

（1）存在状态不同。矿井巷道中的瓦斯通常完全混合于空气中；而煤尘有浮尘和落尘之分，落尘比浮尘的量多数倍，且落尘可转化为浮尘参与爆炸。

（2）发现的难易程度不同。瓦斯在巷道中的浓度是它的爆炸下限浓度的几分之一时就能发现；而落尘厚度<1 mm时则很难判断其是否具有爆炸的危险性，而实际上这部分煤尘一旦飞扬于空气中，就能够引起强烈的爆炸。

（3）爆炸倾向性不同。矿内瓦斯的燃烧性与爆炸性在所有的瓦斯矿井内实际上都是相同的；而煤尘的爆炸倾向程度各矿不尽一致，在某些矿井内，煤尘完全没有爆炸的倾向，而在有煤尘爆炸危险的矿井内，煤尘爆炸又受诸多因素的影响而显示较大差异。

（4）荷电性不同。煤尘云很容易带有静电荷；而瓦斯则不具有这种特性。

（5）产生CO量不同。瓦斯爆炸时，若氧气不足，则产生少量CO；而煤尘爆炸时，由于部分煤尘被焦炭化，可产生大量的CO。

**4. 煤尘爆炸的条件**

煤尘爆炸必须同时具备三个条件：煤尘本身具有爆炸性；煤尘必须悬浮于空气中，并达到一定的浓度；存在能导致煤尘爆炸的高温热源。

1）煤尘的爆炸性

并不是所有的煤尘都具有爆炸性。煤尘具有爆炸性是煤尘爆炸的必要条件。煤尘爆炸的危险性必须经过实验确定。

2）悬浮煤尘的浓度

井下空气中只有悬浮的煤尘达到一定浓度时，才可能引起爆炸，单位体积中能够发生煤尘爆炸的最低和最高煤尘量分别称为下限浓度和上限浓度。低于下限浓度或高于上限浓度的煤尘都不会发生爆炸。煤尘爆炸的浓度范围与煤的成分、粒度、引火源的种类和温度及实验条件等有关。一般来说，煤尘爆炸的下限浓度为 $30\sim50$ g/m$^3$，上限浓度为 $1000\sim2000$ g/m$^3$。其中爆炸力最强的浓度范围为 $300\sim500$ g/m$^3$。

一般情况下，浮游煤尘达到爆炸下限浓度的情况是不常有的，但是爆破、爆炸和其他震动冲击都能使大量落尘飞扬，在短时间内使浮尘量增加，达到爆炸浓度。因此，确定煤尘爆炸浓度时，必须考虑落尘这一因素，即通过实验得出落尘的爆炸下限，用作确定巷道按煤尘爆炸危险程度分类的指标。

3）引燃煤尘爆炸的高温热源

煤尘的引燃温度变化范围较大，它随着煤尘性质、浓度及实验条件的不同而变化。我国煤尘爆炸的引燃温度在 $610\sim1050$℃，一般为 $700\sim800$℃。煤尘爆炸的最小点火能为 $4.5\sim40$ mJ。这样的温度条件，几乎一切火源均可达到，如爆破火焰、电气火花、机械摩擦火花、瓦斯燃烧或爆炸、井下火灾等。根据20世纪80年代的统计资料，由于放炮和机电火花引起的煤尘爆炸事故分别占总数的45%和35%。

以爆破引燃煤尘爆炸为例，爆破作业时炸药释放的能量是导致煤尘氧化反应加速所需热能的主要来源。其引燃或引爆的原因有：①炸药爆炸时形成的空气冲击波的绝热压缩；

②炸药爆炸时生成的炽热的或燃着的固体颗粒的点火作用;③炸药爆炸时生成的气态爆炸产物(也称爆炸瓦斯,如 $NO_2$、$H_2$、$CO$ 和 $O_2$ 等)及二次火焰的直接加热。这三种因素尽管其发火机制不同,但都能引燃甚至引爆,即都有发火作用。这一点已被实验所证实。

**5. 影响煤尘爆炸的因素**

成分复杂的固体煤尘,不同于单一成分的甲烷,它的爆炸性受其本身物理化学因素影响很大,同时也受一些外界因素的制约。

1) 煤的挥发分

煤尘爆炸主要是在尘粒分解的可燃气体(挥发分)中进行的,因此煤的挥发分数量和质量是影响煤尘爆炸的最重要因素。一般来说,煤尘的可燃挥发分含量越高,爆炸性越强,即煤化作用程度低的煤,其煤尘的爆炸性强,随煤化作用程度的增高爆炸性减弱。

煤尘的爆炸性还和挥发分的成分有关,即使同样挥发分含量的煤尘,有的爆炸,有的不爆炸。因此,煤的挥发分含量(煤尘爆炸指数)仅可作为确定煤尘有无爆炸危险的参考依据。不同成分的煤尘挥发分的临界值,只能通过大量实验得出。

2) 煤的灰分和水分

煤的灰分是不燃性物质,能吸收能量,阻挡热辐射,破坏链反应,降低煤尘的爆炸性。煤的灰分对爆炸性的影响还与挥发分含量的多少有关,挥发分≤15%的煤尘,灰分的影响比较显著;挥发分>15%时,天然灰分对煤尘的爆炸几乎没有影响。

水分能降低煤尘的爆炸性,因为水的吸热能力大,能促使细微尘粒聚结为较大的颗粒,减少尘粒的总表面积,同时还能降低落尘的飞扬能力。

煤的天然灰分和水分都很低,降低煤尘爆炸性的作用不显著,只有人为地掺入灰分(撒岩粉)或水分(洒水)才能防止煤尘的爆炸。

3) 煤尘粒度

粒度对爆炸性的影响极大。粒径 1 mm 以下的煤尘粒子都可能参与爆炸,而且爆炸的危险性随粒度的减小而迅速增加,粒径 75 $\mu m$ 以下的煤尘特别是 30~75 $\mu m$ 的煤尘爆炸性最强,因为单位质量煤尘的粒度越小,总表面积及表面能越大,粒径<10 $\mu m$ 后,煤尘爆炸性增强的趋势变得平缓。

煤尘粒度对爆炸压力也有明显的影响。煤炭科学研究总院重庆分院的实验结果表明:在同一煤种不同粒度条件下,爆炸压力随粒度的减小而增高,爆炸范围也随之扩大,即爆炸性增强。

粒度不同的煤尘引燃温度也不相同。煤尘粒度越小,所需引燃温度越低,且火焰传播速度也越快。

因此,现场生产中应当注意:远离尘源的回风道内,潜在的爆炸危险性大于尘源附近。

4) 空气中的瓦斯浓度

瓦斯参与使煤尘爆炸下限降低。瓦斯浓度低于 4%时,煤尘的爆炸下限可用下式计算:

$$\delta_m = k\delta \tag{11-6}$$

式中:$\delta_m$——空气中有瓦斯时的煤尘爆炸下限,$g/m^3$;

$\delta$——煤尘的爆炸下限,$g/m^3$;

$k$——系数,见表 11-8。

表 11-8　瓦斯浓度对煤尘爆炸下限的影响系数

| 空气中的瓦斯浓度/% | 0 | 0.50 | 0.75 | 1.0 | 1.50 | 2.0 | 3.0 | 4.0 |
|---|---|---|---|---|---|---|---|---|
| k | 1 | 0.75 | 0.60 | 0.50 | 0.35 | 0.25 | 0.1 | 0.05 |

随着瓦斯浓度的增高,煤尘爆炸浓度下限急剧下降,这一点在有瓦斯煤尘爆炸危险的矿井应引起高度重视。一方面,煤尘爆炸往往是由瓦斯爆炸引起的;另一方面,有煤尘参与时,小规模的瓦斯爆炸可能演变为大规模的煤尘瓦斯爆炸事故,造成严重的后果。

5) 空气中氧的含量

空气中氧的含量高时,点燃煤尘的温度可以降低;氧的含量低时,点燃煤尘云困难,当氧含量低于 17% 时,煤尘就不再爆炸。

煤尘的爆炸压力也随空气中含氧的多少而不同。含氧高,爆炸压力高;含氧低,爆炸压力低。

6) 引爆热源

点燃煤尘云造成煤尘爆炸,就必须有一个达到或超过最低点燃温度和能量的引爆热源。引爆热源的温度越高,能量越大,越容易点燃煤尘云。而且煤尘初爆的强度也越大;反之温度越低,能量越小,越难以点燃煤尘云,且即使引起爆炸,初始爆炸强度也越小。

### 11.4.2　煤尘爆炸性鉴定

现行《煤矿安全规程》第 185 条规定:新建矿井或者生产矿井每延伸一个新水平,应当进行 1 次煤尘爆炸性鉴定工作,鉴定结果必须报省级煤炭行业管理部门和煤矿安全监察机构。煤矿企业应当根据鉴定结果采取相应的安全措施。

煤尘爆炸性的鉴定方法有两种:一种是在大型煤尘爆炸实验巷道中进行,这种方法比较准确可靠,但工作繁重复杂,所以一般作为标准鉴定用;另一种是在实验室内使用大管状煤尘爆炸性鉴定仪进行,方法简便,目前多采用这种方法。

大管状煤尘爆炸性鉴定仪如图 11-32 所示,它的主要部件有:内径为 75~80 mm 的燃烧管 1,长为 1400 mm 的硬质玻璃管,一端经弯管与排尘箱 8 连接,在另一端距入口 400 mm 处径向对开的两个小孔装入铂丝加热器 2,加热器是长为 110 mm 的中空细瓷管(内径 1.5 mm,外径 3.6 mm),铂丝 11 缠在直径 0.3 mm 的管外;两端由燃烧管的小孔引出,接在变压器上,铂铑热电偶 10,它的两端接上铜导线构成冷接点置于冷瓶 3 中,然后连到高温计 4 以测量火源温度,铜制试料管 5,长 100 mm,内径 9.5 mm,通过导管 6 与电磁气筒 7 连接,排尘管内装有滤尘板,并和小通风机 9 连接。实验的程序是:将粉碎后全部通过 75 μm 筛孔的煤样在 105℃ 温度时烘干 2 h,称量 1 g 尘样放在试料管中;接通加热器电源,调节可变电阻将加热器的温度升至 1100±5℃;按压电磁气筒开关,煤尘试样呈雾状喷入燃烧管,同时观察大管内煤尘燃烧状态,最后开动小通风机排除烟尘。

煤尘通过燃烧管内的加热器时,可能出现下列现象:①只出现稀少的火星或根本没有火星;②火焰向加热器两侧以连续或不连续的形式在尘雾中缓慢地蔓延;③火焰极快地蔓延,甚至冲出燃烧管外,有时还会听到爆炸声。

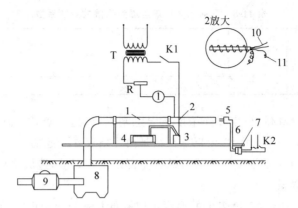

1—燃烧管；2—铂丝加热器；3—冷瓶；4—高温计；5—试料管；6—导管；7—电磁气筒；
8—排尘箱；9—小风机；10—铂铑热电偶；11—铂丝。

图 11-32 煤尘爆炸性鉴定仪示意

同一试样应重复进行 5 次实验，其中只要有一次出现燃烧火焰，就定为爆炸危险煤尘。在 5 次实验中都没有出现火焰或只出现稀少火星，必须重做 5 次实验，如果仍然如此，定为无爆炸危险煤尘，在重做的实验中，只要有一次出现燃烧火焰，仍应定为爆炸危险煤尘。

对有爆炸危险的煤尘，还可进行预防煤尘爆炸所需岩粉量的测定。具体做法是将岩粉按比例与煤尘均匀混合，用上述方法测定它的爆炸性，直到混合性粉尘由出现火焰刚转入不再出现火焰，此时的岩粉比例，即为最低岩粉用量的百分比。

矿井中只要有一个煤层的煤尘有爆炸危险，该矿井就应定为有煤尘爆炸危险的矿井。根据煤尘爆炸性实验，我国约 80% 的煤矿属于开采有煤尘爆炸危险煤层的矿井。

### 11.4.3 预防煤尘爆炸的技术措施

预防煤尘爆炸的技术措施主要包括减尘、降尘措施（前文已述），防止煤尘引燃措施及隔绝煤尘爆炸措施等。

**1. 防止煤尘引燃的措施**

防止引燃煤尘爆炸的原则是，对一切非生产必需的热源坚决禁绝，生产中可能发生的热源，必须严加管理和控制。井下热源一般有明火、放炮火焰、电火及机械摩擦火花 4 种，应针对不同热源采取相应措施加以控制。

1）严格执行《煤矿安全规程》有关消除明火的规定

（1）消除井下明火。

（2）禁止携带烟草及点火工具下井。

（3）井口房和通风机房附近 20 m 内，不得有烟火或者用火炉取暖。

（4）井下严禁使用灯泡取暖和使用电炉，井下和井口房内不准从事电焊、气焊和喷灯接焊等工作。

（5）当井下发现自然发火征兆时，必须停止作业，立即采取有效措施处理。在发火征兆不能得到有效控制时，必须撤出人员，封闭危险区域。任何人发现井下火灾时，应当视火灾性质、灾区通风和瓦斯情况，立即采取一切可能的方法直接灭火，控制火势，并迅速报告矿调度室。

2）防止瓦斯积聚和燃烧爆炸

（1）矿井必须从设计和采掘生产管理上采取措施，防止瓦斯积聚，当发生瓦斯积聚时，必须及时处理，当瓦斯超限达到断电浓度时，停电撤人。

（2）不得有积聚瓦斯的空洞或盲巷。

（3）贯通巷道时，必须严格检查两方的工作面瓦斯，不得超限。

（4）穿透老窑时，必须先探明老窑中的瓦斯情况，采取专门措施进行处理。

（5）所有安装电动机及其开关的地点附近 20 m 的巷道内，都必须检查瓦斯，只有甲烷浓度符合《煤矿安全规程》规定时，方可开启。

（6）严禁在停风或者瓦斯超限的区域内作业。

3）消除放炮时产生的火焰

（1）加强火药管理，对火药要定期检查，失效变质的火药必须妥善处理。

（2）必须使用煤矿许用炸药和许用电雷管。

（3）装药时必须清除炮眼内的煤粉。

（4）没有封泥的炮眼不准放炮。

（5）尽量采用水泡泥。

（6）禁止放糊炮。

（7）禁止用炮崩落卡在溜煤眼中的煤矸。

4）消除电气火源

（1）井下电器设备，必须采用防爆型。

（2）井下必须采用防爆型照明设备。

（3）必须使用防爆型或矿用增安型的电话、信号装置和自动闭锁装置。

（4）必须采用防爆型蓄电池机车。

（5）一切防爆型电器设备、电器装置中任何一项零部件不正常或防爆部分失去防爆性能时不许使用。

（6）井下严禁带电检修电气设备和带电搬迁非本安型电气设备、电缆。

（7）电缆悬挂高度，不应因矿车掉道时受到撞击，不应当电缆坠落时落在轨道或输送机上。

（8）电缆连接和电缆与电气设备的连接要符合防爆规定。

5）消除其他火源

（1）装设防止斜巷跑车的保险装置，避免摩擦火花。

（2）防止金属强烈碰撞产生引燃源。

（3）常用的非金属材料（如输送带、电缆、导风筒等）必须具有抗静电、难燃等安全性能等。

**2. 隔绝煤尘爆炸的措施**

防止煤尘爆炸危害，除采取防尘措施外，还应采取降低爆炸威力、隔绝爆炸范围的措施。

1) 清除井巷中积尘

在采取其他防尘措施的基础上,清除积尘,防止沉积煤尘参与爆炸,是煤矿防爆的一项重要措施。当巷道周壁沉积煤尘厚度为 0.05 mm 时,受到气浪冲击,就会转化为浮尘,并达到爆炸下限浓度。因此必须对巷道进行定期的清、冲、刷或黏。

"清"就是清扫。主要是对容易积尘的输送机两旁、转载点、翻煤笼、运输大巷和石门等处定期进行清扫。清扫方法分人工和机械清扫两种。人工清扫时可先洒水,防止引起煤尘,清扫的煤尘必须运出。机械清扫,常用的是干式吸尘机和湿式清尘车。

"冲"就是冲洗。定期用水对巷道顶板、棚梁和巷道两帮进行冲洗,冲洗下来的煤尘落到底板后及时运出。冲洗井巷煤尘可由防尘洒水管路系统中供水,小范围的冲洗由专用水车或盛水的普通矿车来供水。

"刷"就是刷浆。即用生石灰与水按一定比例配制成的石灰水喷洒在主要运输大巷周边,使已沉积在巷道周壁上的煤尘被石灰水湿润、覆盖而固结,不再飞扬起来参与爆炸。最好每半年进行一次刷白。

国外广泛应用黏结法作为防止煤尘爆炸发生和传播的补充措施。该方法是,将吸水物质 $NaCl$、$CaCl_2$ 或 $MgCl_2$ 等制成粉状或者加湿润剂做成糊状,撒或喷洒在沉积煤尘多的巷道底板或周边上,使沉积煤尘湿润或被黏住,丧失飞扬能力,这样已发生的爆炸由于得不到煤尘补充就会逐渐熄灭。

2) 撒布岩粉

岩粉是不燃性细散粉尘,它的作用是:①处于落尘层面上的岩粉,能阻止煤尘飞扬;②随同煤尘一起飞扬的岩粉能吸热并使链反应断裂。因此,定期在一定的井下巷道范围内撒布岩粉,增加沉积煤尘的灰分,可抑制煤尘爆炸的传递。撒布岩粉隔爆的办法国内外应用比较广泛。

惰性岩粉一般为石灰岩粉和泥岩粉。

(1) 对惰性岩粉的要求。

① 可燃物含量不超过 5%,游离 $SiO_2$ 含量不超过 10%;

② 不含有害有毒物质,吸湿性差;

③ 粒度应全部通过 50 号筛孔(即全部粒径<0.3 mm),且其中至少有 70% 能通过 200 号筛孔(即粒径<0.075 mm)。

(2) 对撒布岩粉用量的要求。

① 巷道的所有表面,包括顶、帮、底及背板后侧暴露处都用岩粉覆盖;

② 岩粉的最低撒布量在做煤尘爆炸鉴定的同时确定,但煤尘和岩粉的混合煤尘,不燃物含量不得低于 80%;

③ 撒布岩粉的巷道长度≥300 m,如果巷道长度<300 m,则全部巷道都应撒布岩粉。

(3) 撒布地区。

开采有煤尘爆炸危险煤层的矿井,下列地区应撒布岩粉:

① 采掘工作面所有的运输巷道和回风巷道中;

② 煤尘经常聚集的地方;

③ 有煤尘爆炸危险煤层和无煤尘爆炸危险煤层同时开采时,在这两煤层相连接的巷道中撒布岩粉。

（4）撒布岩粉地区的化验检查。

① 在距离采、掘工作面 300 m 以内的巷道，每月取样一次；距离采掘工作面 300 m 以外的巷道每 3 个月取样一次。

② 每隔 300 m 为一采样段，每段内设 5 个采样带，带间距离约 50 m，每个采样带处，沿巷道两帮、顶、底板周边取样，取样带宽 0.2 m。

③ 将每个取样处取样宽度内全部粉尘分别收集起来。一个取样处的粉尘作为一个样本。样品中＞1.0 mm 粒径的粉尘，应剔除出去并送化验室处理。

④ 将已称重的尘样在 480℃ 加热 3 h 后测得的剩下物质重量，即为不燃物质含量。如果不燃物质含量低于规定含量，则巷道内应重新撒布岩粉。

3）隔爆棚

隔爆棚有岩粉棚和水棚两种。按隔爆的保护范围又可分为主要隔爆棚和辅助隔爆棚两类。主要隔爆棚设置在下列地点：

① 矿井两翼及井筒相连通的主要运输大巷和回风大巷；
② 相邻采区之间的集中运输巷道和回风巷道；
③ 相邻煤层之间的运输石门和回风石门。

辅助隔爆棚的设置地点：

① 采区工作面进、回风巷道；
② 采区内的煤层掘进巷道；
③ 采用独立通风，并有煤尘爆炸危险的其他巷道。

（1）岩粉棚

岩粉棚分轻型和重型两类。它的结构和规格如图 11-33 和表 11-9 所示，它是由安装在巷道中靠近顶板处的若干块岩粉台板组成，台板的间距稍大于板宽，每块台板上放置一定数量的惰性岩粉，当发生煤尘爆炸事故时，火焰前的冲击波将台板震裂，岩粉即弥漫于巷道中，火焰到达时，岩粉从燃烧的煤尘中吸收热量，使火焰传播速度迅速下降，直至熄灭。

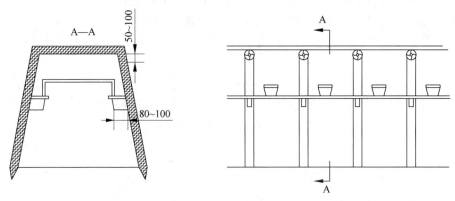

图 11-33 岩粉棚

表 11-9 岩粉棚规格

| 岩粉棚 | 单位 | 轻型棚 | 重型棚 |
| --- | --- | --- | --- |
| 岩粉平台宽 | mm | ≤350 | 350～500 |
| 岩粉板宽 | mm | 100～150 | 100～150 |

续表

| 岩粉棚 | 单位 | 轻型棚 | 重型棚 |
|---|---|---|---|
| 岩粉板长 | mm | ≤350 | 350~500 |
| 台板高 | mm | 150 | 150 |
| 中间距 | mm | 最大 200 | 最大 200 |
| 岩粉平台载岩粉量 | kg/m | ≤30 | ≤60 |

岩粉棚的设置应遵守以下规定：

① 按巷道断面面积计算，主要岩粉棚的岩粉量不得少于 400 kg/m², 辅助岩粉棚不得少于 200 kg/m²。

② 轻型岩粉棚的排间距为 1.0~2.0 m，重型为 1.2~3.0 m。

③ 岩粉棚的平台与侧帮立柱（或侧帮）的空隙≥50 mm，岩粉表面与顶梁（顶板）的空隙≥100 mm，岩粉板距轨面≥1.8 m。

④ 岩粉棚距可能发生煤尘爆炸的地点不得小于 60 m，也不得大于 300 m。

⑤ 岩粉板与台板及支撑板之间，严禁用钉固定，以利于煤尘爆炸时岩粉板有效的翻落。

⑥ 岩粉棚上的岩粉每月至少检查和分析一次，当岩粉受潮变硬或可燃物含量超过 20% 时，应立即更换，岩粉量减少时应立即补充。

(2) 水棚

水棚包括水槽棚和水袋棚两种。设置应符合以下基本要求：

① 主要隔爆棚组应采用水槽棚，水袋棚只能作为辅助隔爆棚组。

② 水棚组应设置在巷道的直线段内。其用水量按巷道断面计算，主要隔爆棚组的用水量≥400 L/m²，辅助水棚组≥200 L/m²。

③ 相邻水棚组中心距为 0.5~1.0 m，主要水棚组总长度≥30 m、辅助水棚组≥20 m。

④ 首列水棚组距工作面的距离，必须保持在 60~200 m 范围内。

⑤ 水槽或水袋距顶板、两帮距离≥0.1 m，其底部距轨面≥1.8 m。

⑥ 水内如混入煤尘量超过 5% 时，应立即换水。

4) 自动隔爆棚

自动隔爆棚是利用各种传感器，将瞬间测量的煤尘爆炸时的各种物理参量迅速转换成电信号，指令机构的演算器根据这些信号准确计算出火焰传播速度后选择恰当时机发出动作信号，让抑制装置强制喷洒固体或液体等消火剂，从而可靠地扑灭爆炸火焰，阻止煤尘爆炸蔓延。

# 习题

11.1 何为矿尘？它的危害有哪些？

11.2 表示矿尘颗粒大小的指标有哪些？它们对衡量矿尘的危害性有何影响？

11.3 矿尘的湿润性和荷电性对防尘、降尘有何作用？

11.4 说明矿尘分散度的意义及表示方法。

11.5 说明矿尘浓度的意义及表示方法。我国关于工作场所粉尘浓度标准是如何规定的？

11.6　说明矿尘对人体的危害性及主要影响因素。
11.7　试分析为了排出和稀释工作面的粉尘,供风量是否越大越好。
11.8　矿山尘肺病分为哪几类?
11.9　粉尘在人体呼吸系统内的运移规律是什么?
11.10　影响尘肺病的发病因素有哪些?
11.11　煤尘爆炸的条件及过程是什么?
11.12　简述煤尘爆炸的特点和危害。
11.13　影响煤尘爆炸的因素有哪些?
11.14　煤层注水的实质是什么?分析除尘效率与注水量的关系。
11.15　撒布惰性岩粉时对岩粉有何要求?
11.16　岩粉棚和水棚的限爆作用原理是什么?
11.17　何为综合防尘?
11.18　说明对防尘口罩的基本要求。
11.19　表示除尘器技术性能指标主要有哪些?
11.20　何为最低及最优排尘风速?

# 参考文献

[1] 国家安全生产监督管理总局,国家煤矿安全监察局.煤矿安全规程[M].北京:煤炭工业出版社,2010.
[2] 张国枢.通风安全学[M].徐州:中国矿业大学出版社,2007.
[3] 张子敏.瓦斯地质学[M].徐州:中国矿业大学出版社,2009.
[4] 辛嵩,等.矿井热害防治[M].北京:煤炭工业出版社,2011.
[5] 李国刚.环境空气和废气污染物分析测试方法[M].北京:化学工业出版社,2013.
[6] 毕明树.工程热力学[M].北京:化学工业出版社,2001.
[7] 国家安全生产监督管理总局.煤矿井工开采通风技术条件:AQ 1028—2006[S].北京:煤炭工业出版社,2006.
[8] 王海宁.矿井风流流动与控制[M].北京:冶金工业出版社,2007.
[9] 王从陆,吴超.矿井通风及其系统可靠性[M].北京:化学工业出版社,2007.
[10] 张鸿雁,张志政,王元.流体力学[M].北京:科学出版社,2004.
[11] 张良瑜,谭雪梅,王亚荣.泵与通风机[M].北京:中国电力出版社,2005.
[12] 朱正宪,孔令刚,李万鹏.我国煤矿用风筒产品概述[J].矿业安全与环保,2001,28(2):24-26.
[13] 沈五名.矿井通风设计应注意的问题[J].江西煤炭科技,2005(3):36-37.
[14] 吕智海.矿井通风等积孔定义辨析[J].煤,2008(7):28-29.
[15] 国家安全生产监督管理总局,国家煤矿安全监察局.防治煤与瓦斯突出规定[M].北京:煤炭工业出版社,2009.
[16] 张洪兵.矿井通风[M].北京:煤炭工业出版社,2011.
[17] 程卫民.矿井通风与安全[M].北京:煤炭工业出版社,2009.
[18] 国家安全生产监督管理总局.煤矿通风能力核定办法(试行)[M].北京:煤炭工业出版社,2005.
[19] 王刚,谢军,段毅,等.取碎屑状煤芯时的煤层瓦斯含量直接测定方法研究[J].采矿与安全工程学报,2013,30(4):610-615.
[20] 岑衍强,侯祺棕.矿内热环境工程[M].武汉:武汉工业大学出版社,1989.
[21] 严荣林,侯贤文.矿井空调技术[M].北京:煤炭工业出版社,1994.
[22] 舍尔巴尼.矿井降温指南[M].黄翰文,译.北京:煤炭工业出版社,1982.
[23] 褚召祥.矿井降温系统优选决策与集中式冷水降温技术工艺研究[D].山东:山东科技大学,2011.
[24] 吴超.矿井通风与空气调节[M].长沙:中南大学出版社,2008.
[25] 郭惟嘉.矿井特殊开采[M].北京:煤炭工业出版社,2008.
[26] 李白英.采矿工程水文地质学[R].济南:山东矿业学院,1988.
[27] 徐九华,谢玉玲,李建平,等.地质学[M].北京:冶金工业出版社,2008.
[28] 孟召平,高延法,卢爱红.矿井突水危险性评价理论与方法[M].北京:科学出版社,2011.
[29] 周刚,程卫民,聂文,等.高压喷雾射流雾化及水雾捕尘机理的拓展理论研究[J].重庆大学学报,2012,35(3):47-52.
[30] 中华人民共和国煤炭工业部.煤矿救护规程[M].北京:煤炭工业出版社,1995.
[31] 国家安全生产监督管理总局矿山救援指挥中心.矿山事故应急救援战例及分析[M].北京:煤炭工业出版社,2006.
[32] 张业胜.矿山救护[M].北京:煤炭工业出版社,2011.
[33] 国家安全生产监督管理总局,国家煤矿安全监察局.煤矿防治水规定[M].北京:煤炭工业出版社,2009.
[34] 方裕章.煤矿应急救援预案与抢险救灾[M].徐州:中国矿业大学出版社,2005.

[35] 王一镗.现场急救常用技术[M].北京:中国医药科技出版社,2003.
[36] 黄喜贵,王克道,阳生贵,等.矿山救护队员[M].北京:煤炭工业出版社,2006.
[37] 王志坚.矿山救护指挥员[M].北京:煤炭工业出版社,2007.
[38] 国家安全生产监督管理总局矿山救援指挥中心.国外矿山医疗急救手册[M].北京:煤炭工业出版社,2003.
[39] 国家安全生产监督管理总局矿山医疗救护中心.矿山医疗救护指南[M].北京:煤炭工业出版社,2006.
[40] 时训先,蒋仲安,邓云峰,等.重大事故应急救援法律法规体系建设[J].中国安全科学学报,2004,14(12):45-49.
[41] 孙亚飞,陈仁文,周勇,等.测试仪器发展概述[J].仪器仪表学报,2003,24(5):480-484.
[42] 王德明.矿井火灾学[M].徐州:中国矿业大学出版社,2008.
[43] 中国标准出版社第二编辑室.煤矿安全标准汇编[M].北京:中国质检出版社,2012.

# 附录A

# 井巷摩擦阻力系数 $\alpha$ 值
# (空气密度 $\rho = 1.2$ kg/m³)

**1. 水平巷道**

(1) 不支护巷道 $\alpha$ 值(表 A-1)。

表 A-1　不支护巷道的 $\alpha$ 值　　　　　单位：$10^4$ N·s²/m⁴

| 巷道壁的特征 | $\alpha$ |
|---|---|
| 在岩层里开掘的巷道 | 68.6～78.4 |
| 巷道壁与底板粗糙度相同的巷道 | 58.8～78.4 |
| 在底板阻塞情况下 | 98～147 |

(2) 混凝土、混凝土砖及砖石砌碹的平巷值(表 A-2)。

表 A-2　砌碹平巷的 $\alpha$ 值　　　　　单位：$10^4$ N·s²/m⁴

| 类　别 | $\alpha$ | 类　别 | $\alpha$ |
|---|---|---|---|
| 混凝土砌碹、外抹灰浆 | 29.4～39.2 | 砖砌碹、不抹灰浆 | 29.4～30.2 |
| 混凝土砌碹、不抹灰浆 | 49～68.6 | 料石砌碹 | 39.2～49 |
| 砖砌碹、外面抹灰浆 | 24.5～29.4 | | |

注：巷道断面小者取大值。

(3) 圆木棚子支护的巷道 $\alpha$ 值(表 A-3)。

表 A-3　圆木棚子支护的巷道 $\alpha$ 值

| 木柱直径 $d_0$/cm | 支架纵口径 $\Delta = L/d_0$ 时的 $\alpha$ 值/($10^4$ N·s²/m⁴) | | | | | | | 按断面校正 | |
|---|---|---|---|---|---|---|---|---|---|
| | 1 | 2 | 3 | 4 | 5 | 6 | 7 | 断面/m² | 校正系数 |
| 15 | 88.2 | 115.2 | 137.2 | 155.8 | 174.4 | 164.6 | 158.8 | 1 | 1.2 |
| 16 | 90.16 | 118.6 | 141.1 | 161.7 | 180.3 | 167.6 | 159.7 | 2 | 1.1 |
| 17 | 92.12 | 121.5 | 141.1 | 165.6 | 185.2 | 169.5 | 162.7 | 3 | 1.0 |
| 18 | 94.03 | 123.5 | 148 | 169.5 | 190.1 | 171.5 | 164.6 | 4 | 0.93 |

续表

| 木柱直径 $d_0$/cm | 支架纵口径 $\Delta=L/d_0$ 时的 α 值/($10^4$ N·s²/m⁴) | | | | | | | 按断面校正 | |
|---|---|---|---|---|---|---|---|---|---|
| | 1 | 2 | 3 | 4 | 5 | 6 | 7 | 断面/m² | 校正系数 |
| 20 | 96.04 | 127.4 | 154.8 | 177.4 | 198.9 | 175.4 | 168.6 | 5 | 0.89 |
| 22 | 99 | 133.3 | 156.8 | 185.2 | 208.7 | 178.4 | 171.5 | 6 | 0.80 |
| 24 | 102.9 | 138.2 | 167.6 | 193.1 | 217.6 | 192 | 174.4 | 8 | 0.82 |
| 26 | 104.9 | 143.1 | 174.4 | 199.9 | 225.4 | 198 | 180.3 | 10 | 0.78 |

注：表中 α 值适合于支架后净断面 $S=3$ m² 的巷道，对于其他断面的巷道应乘以校正系数。

(4) 金属支架的巷道 α 值。

工字梁拱形和梯形支架巷道 α 值（表 A-4）。

表 A-4　工字梁拱形和梯形支架的巷道 α 值

| 金属梁尺寸 $d_0$/cm | 支架纵口径 $\Delta=L/d_0$ 时的 α 值/($10^4$ N·s²/m⁴) | | | | | 按断面校正 | |
|---|---|---|---|---|---|---|---|
| | 2 | 3 | 4 | 5 | 8 | 断面/m² | 校正系数 |
| 10 | 107.8 | 147 | 176.4 | 205.4 | 245 | 3 | 1.08 |
| 12 | 127.4 | 166.6 | 205.8 | 245 | 294 | 4 | 1.00 |
| 14 | 137.2 | 186.2 | 225.4 | 284.2 | 333.2 | 6 | 0.91 |
| 16 | 147 | 205.8 | 254.8 | 313.6 | 392 | 8 | 0.88 |
| 18 | 156.8 | 225.4 | 294 | 382.2 | 431.2 | 10 | 0.84 |

注：$d_0$ 为金属梁截面的高度。

金属横梁和帮柱混合支护的平巷 α 值（表 A-5）。

表 A-5　金属梁、帮柱混合支护的平巷 α 值

| 边柱厚度 $d_0$/cm | 支架纵口径 $\Delta=L/d_0$ 时的 α 值/($10^4$ N·s²/m⁴) | | | | | 按断面校正 | |
|---|---|---|---|---|---|---|---|
| | 2 | 3 | 4 | 5 | 6 | 断面/m² | 校正系数 |
| 40 | 156.8 | 176.4 | 205.8 | 215.6 | 235.2 | 3 | 1.08 |
| | | | | | | 4 | 1.00 |
| | | | | | | 6 | 0.91 |
| | | | | | | 8 | 0.88 |
| 50 | 166.6 | 196.0 | 215.6 | 245.0 | 264.6 | 10 | 0.84 |

注："帮柱"是混凝土或砌碹的柱子，呈方形；顶梁是由工字钢或 16 号槽钢加工的。

(5) 钢筋混凝土预制支架的巷道 α 值为 88.2~186.2($10^4$ N·s²/m⁴)（纵口径大，取值也大）。

(6) 锚杆或喷浆巷道的 α 值为 78.4~117.6($10^4$ N·s²/m⁴)。

对于装有带式运输机的巷道 α 值可增加至 147~196($10^4$ N·s²/m⁴)。

**2. 井筒**

(1) 无任何装备的清洁的混凝土和钢筋混凝土井筒 α 值（表 A-6）。

(2) 砖和混凝土砖砌的无任何装备的井筒，其 α 值按表 A-6 增大一倍。

(3) 有装备的井筒，井壁用混凝土、钢筋混凝土、混凝土砖及砖、砌碹的平巷 α 值为 343~490($10^4$ N·s²/m⁴)。选取时应考虑到罐道梁的间距，装备物纵口径以及有无梯子间和梯子间规格等。

表 A-6　无装备混凝土井筒 α 值

| 井筒直径/m | 井筒断面/m² | 平滑的混凝土/($10^4$ N·s²/m⁴) | 不平滑的混凝土/($10^4$ N·s²/m⁴) |
|---|---|---|---|
| 4 | 12.6 | 33.3 | 39.2 |
| 5 | 19.6 | 31.4 | 37.2 |
| 6 | 28.3 | 31.4 | 37.2 |
| 7 | 38.5 | 29.4 | 35.3 |
| 8 | 50.3 | 29.4 | 35.3 |

**3. 矿井巷道 α 值的实际资料**

沈阳煤矿设计研究院根据在抚顺、徐州、新汶、阳泉、大同、梅田、鹤岗 7 个矿务局 14 个矿井的实测资料，编制的供通风设计参考的 α 值见表 A-7。

表 A-7　矿井巷道摩擦阻力系数 α 值

| 序号 | 巷道支护形式 | 巷道类别 | 巷道壁面特征 | α/($10^4$ N·s²/m⁴) | 选取参考 |
|---|---|---|---|---|---|
| 1 | 锚喷支护 | 轨道平巷 | 光面爆破，凹凸度<150 mm | 50～77 | 断面大、巷道整洁凹凸度<50、近似砌碹的取小值；新开采区巷道、断面较小的取大值；断面大而成型差、凹凸度大的取大值 |
| | | | 普通爆破，凹凸度≥150 mm | 83～103 | 巷道整洁、底板喷水泥抹面的取小值；无道砟和锚杆外露的取大值 |
| | | 轨道斜巷（设有行人台阶） | 光面爆破，凹凸度<150 mm | 81～89 | 兼流水巷和无轨道的取小值 |
| | | | 普通爆破，凹凸度≥150 mm | 93～121 | 兼流水巷和无轨道的取小值；巷道成型不规整、底板不平的取大值 |
| | | 通风行人巷（无轨道、台阶） | 光面爆破，凹凸度<150 mm | 68～75 | 底板不平、浮矸多的取大值；自然顶板层面光滑和底板积水的取小值 |
| | | | 普通爆破，凹凸度≥150 mm | 75～97 | 巷道平直、底板淤泥积水的取小值；四壁积尘、不整洁的老巷有少量杂物堆积取大值 |
| | | 通风行人巷（无轨道、有台阶） | 光面爆破，凹凸度<150 mm | 72～84 | 兼流水巷的取小值 |
| | | | 普通爆破，凹凸度≥150 mm | 84～110 | 流水冲沟使底板严重不平的取大值 |
| 2 | 喷砂浆支护 | 轨道平巷 | 普通爆破，凹凸度≥150 mm | 78～81 | 喷砂浆支护与喷混凝土支护巷道的摩擦阻力系数相近，同种类别巷道可按锚喷的选 |
| 3 | 料石砌碹支护 | 轨道平巷 | 壁面粗糙 | 49～61 | 断面大的取小值；断面小的取大值；巷道洒水清扫的取小值 |
| | | | 壁面平滑 | 38～44 | 断面大的取小值；断面小的取大值；巷道洒水清扫的取小值 |
| 4 | 毛石砌碹支护 | 轨道平巷 | 壁面粗糙 | 60～80 | |

续表

| 序号 | 巷道支护形式 | 巷道类别 | 巷道壁面特征 | $\alpha/(10^4 \text{ N}\cdot\text{s}^2/\text{m}^4)$ | 选 取 参 考 |
|---|---|---|---|---|---|
| 5 | 混凝土棚支护 | 轨道平巷 | 断面 5～9 m²，纵口径 4～5 | 100～190 | 依纵口径、断面选取。巷道整洁的完全棚、纵口径小的取小值 |
| 6 | U形钢支护 | 轨道平巷 | 断面 5～8 m²，纵口径 4～8 | 135～181 | 按纵口径、断面选取。纵口径大的、完全棚支护的取小值；不完全棚大于完全棚的取大值 |
| | | 带式运输机巷（铺轨） | 断面 9～10 m²，纵口径 4～8 | 209～226 | |
| 7 | 工字钢、钢轨支护 | 轨道平巷 | 断面 4～6 m²，纵口径 7～9 | 123～134 | 包括工字钢与钢轨的混合支架。不完全棚大于完全棚的，纵口径为 9 取小值 |
| | | 带式运输机巷（铺轨） | 断面 9～10 m²，纵口径 4～8 | 209～2206 | 工字钢与U形钢支架混合支护与第 6 项带式运输机巷近似，单一支护与混合支护近似 |

# 附录B 典型系列矿用通风机特性曲线

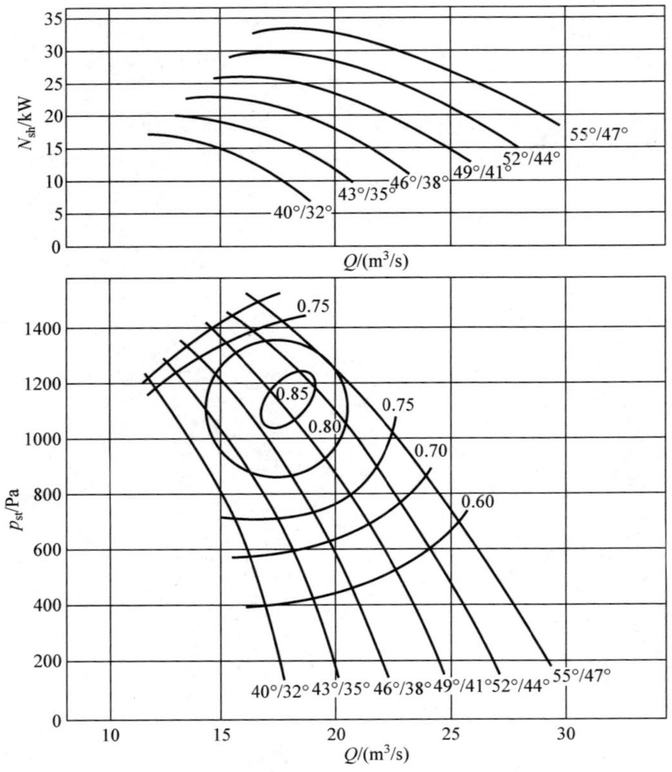

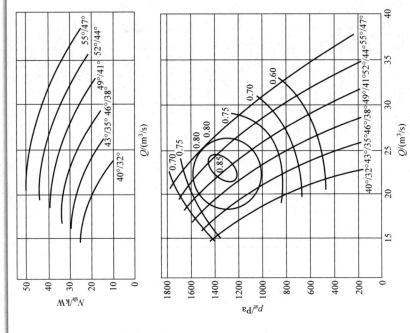

图 B-1　FBCDZ-6-No.12B

图 B-2　FBCDZ-6-No.13B

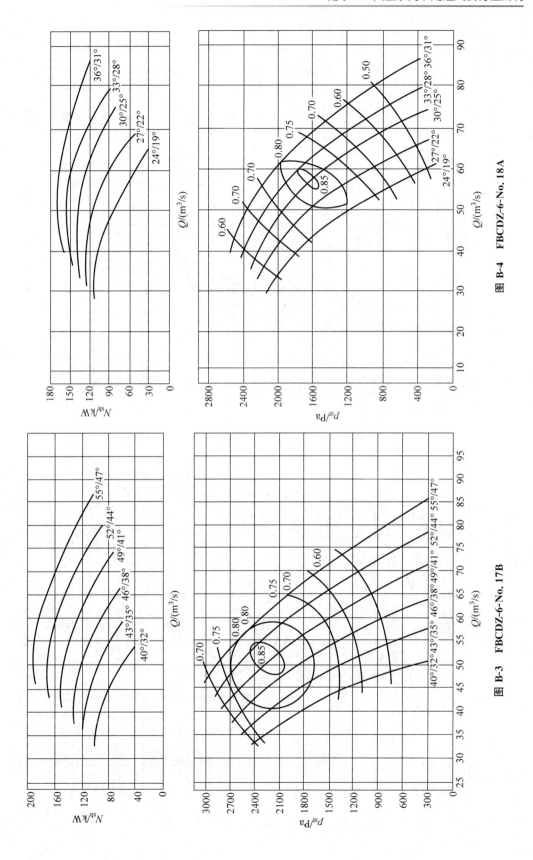

图 B-4　FBCDZ-6-No. 18A

图 B-3　FBCDZ-6-No. 17B

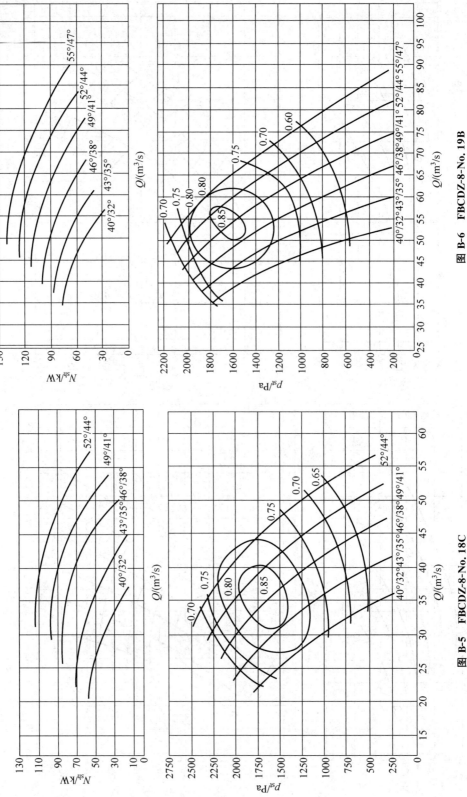

图 B-5　FBCDZ-8-No.18C

图 B-6　FBCDZ-8-No.19B

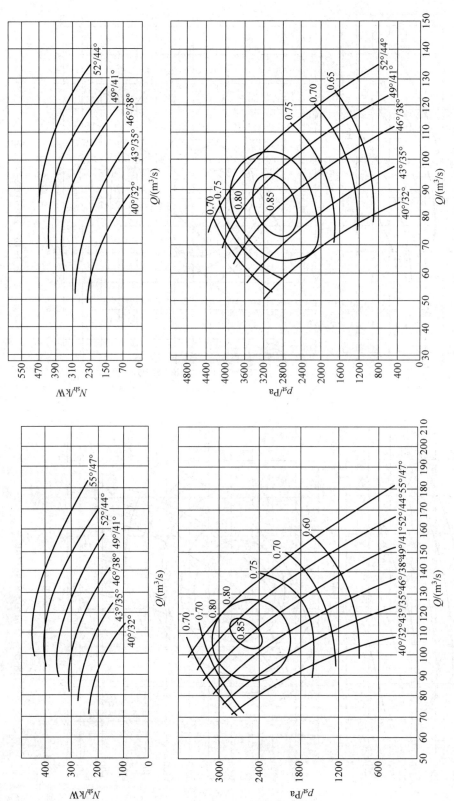

图 B-8　FBCDZ-8-No. 24C

图 B-7　FBCDZ-8-No. 24B

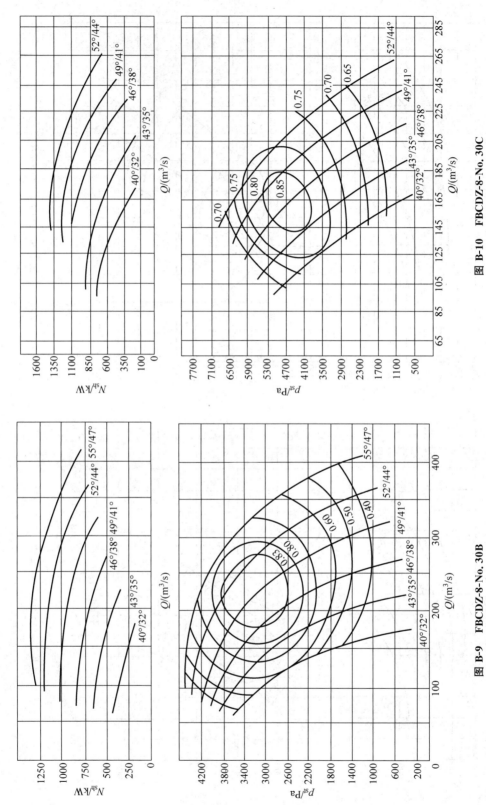

图 B-10 FBCDZ-8-No.30C

图 B-9 FBCDZ-8-No.30B

附录B 典型系列矿用通风机特性曲线

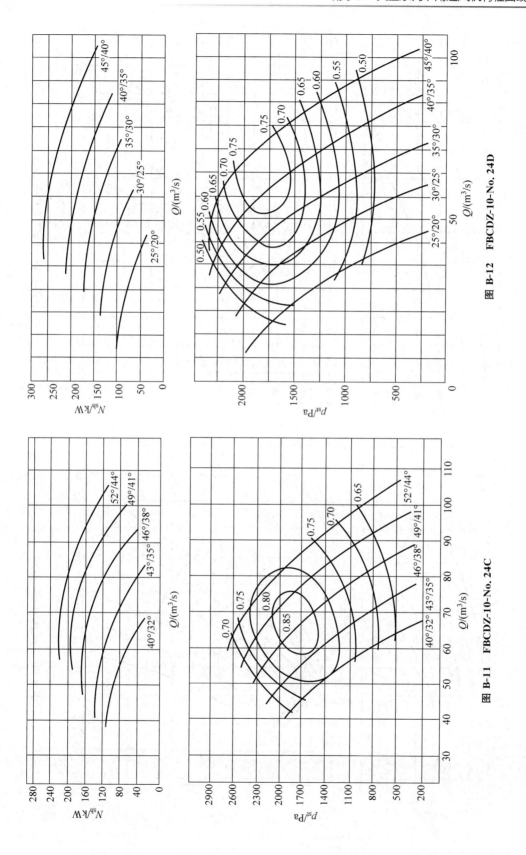

图 B-12 FBCDZ-10-No.24D

图 B-11 FBCDZ-10-No.24C

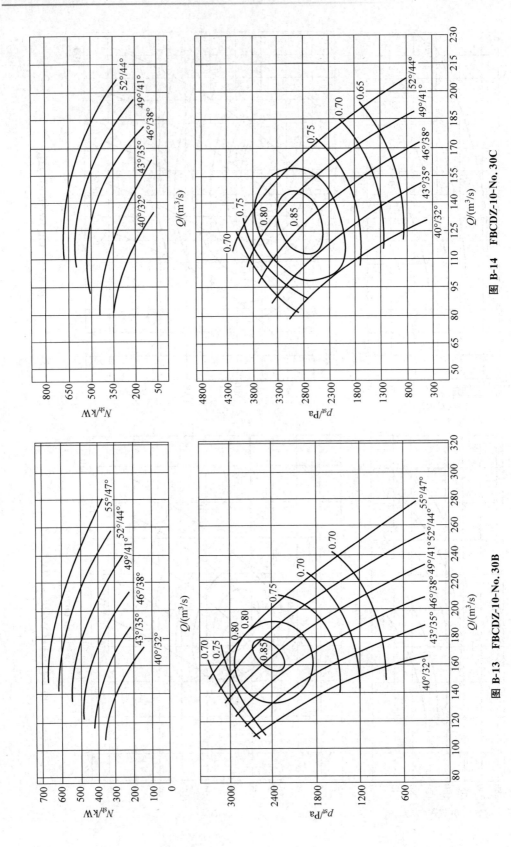

图 B-14　FBCDZ-10-No.30C

图 B-13　FBCDZ-10-No.30B

附录B 典型系列矿用通风机特性曲线

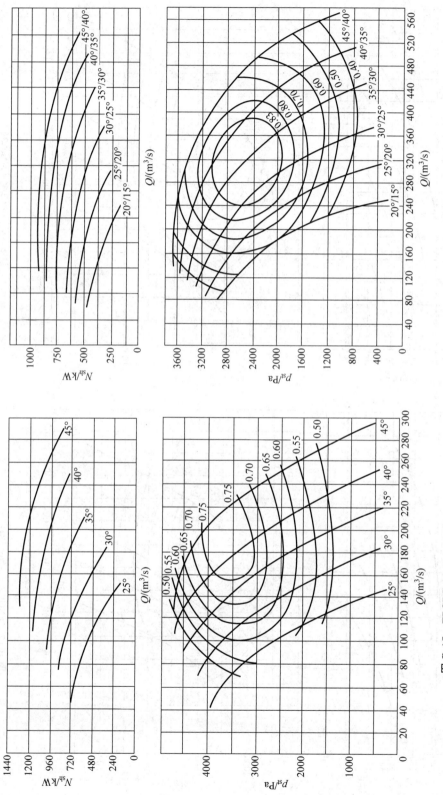

图 B-16 FBCDZ-10-No.36A

图 B-15 FBCDZ-10-No.34D

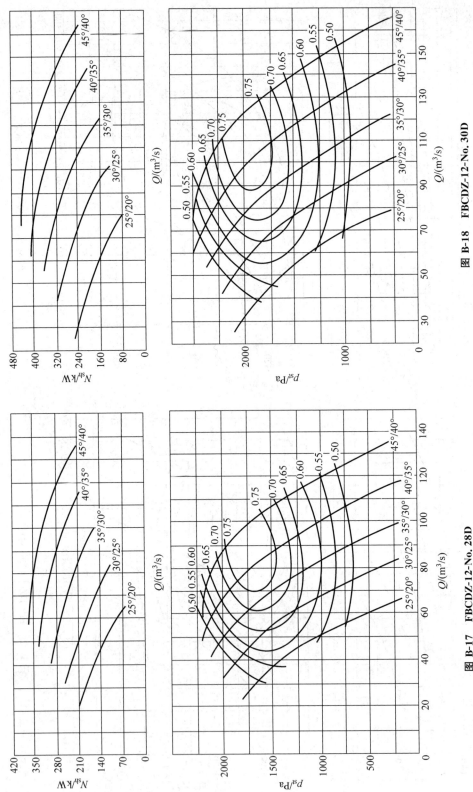

图 B-18　FBCDZ-12-No. 30D

图 B-17　FBCDZ-12-No. 28D

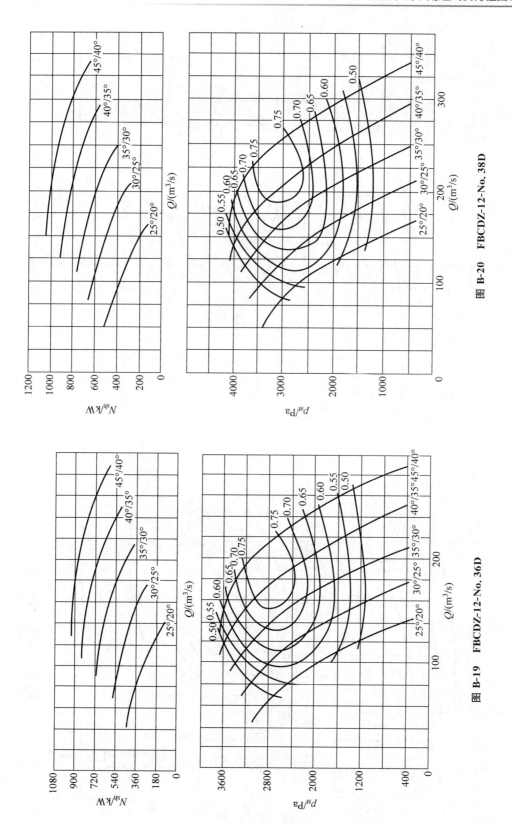

图 B-19　FBCDZ-12-No.36D

图 B-20　FBCDZ-12-No.38D

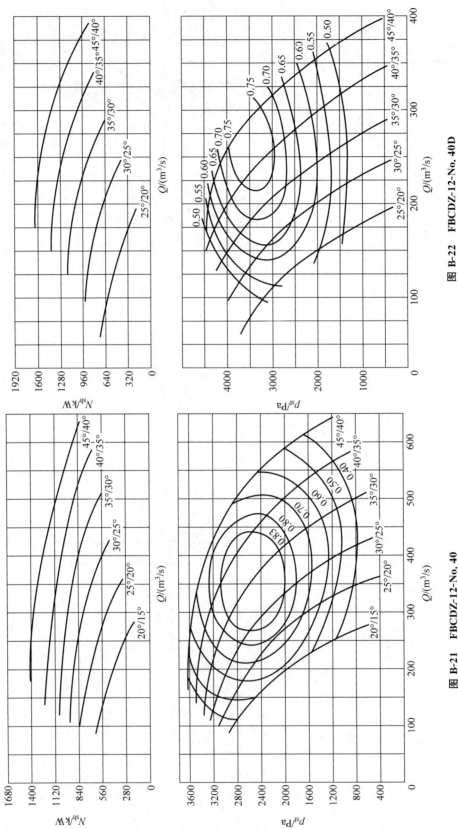

图 B-22　FBCDZ-12-No. 40D

图 B-21　FBCDZ-12-No. 40

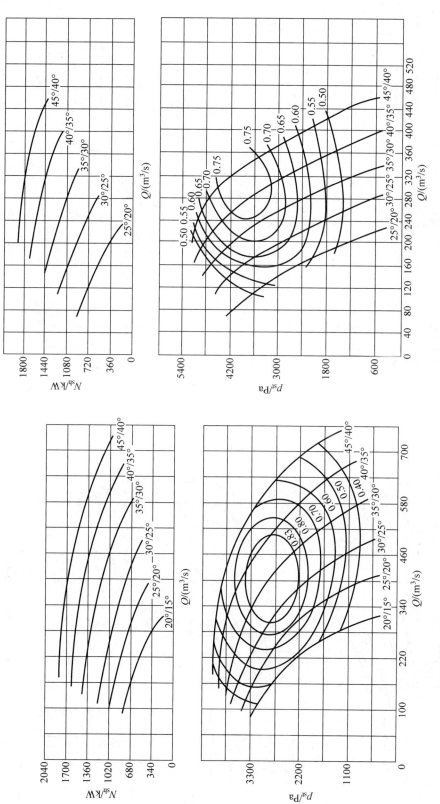

图 B-23　FBCDZ-12-No. 42

图 B-24　FBCDZ-12-No. 42D

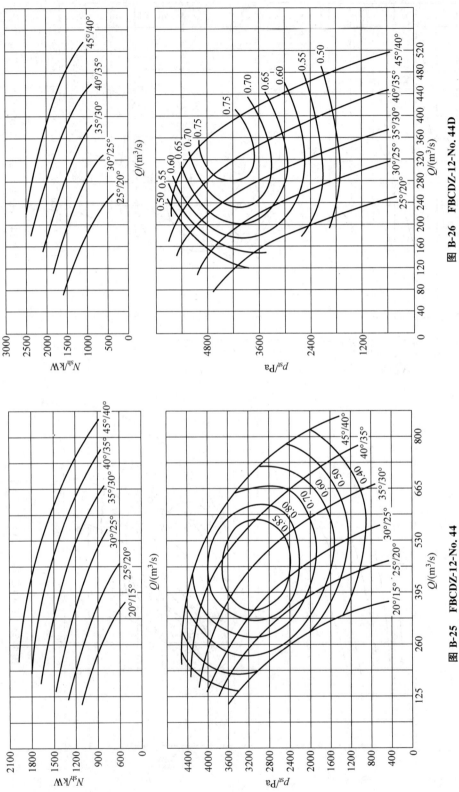

图 B-26　FBCDZ-12-No. 44D

图 B-25　FBCDZ-12-No. 44

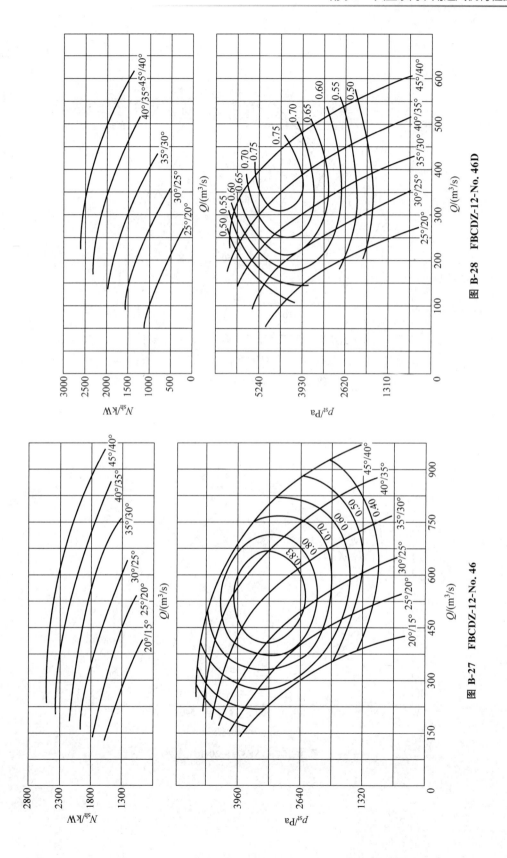

图 B-28　FBCDZ-12-No. 46D

图 B-27　FBCDZ-12-No. 46

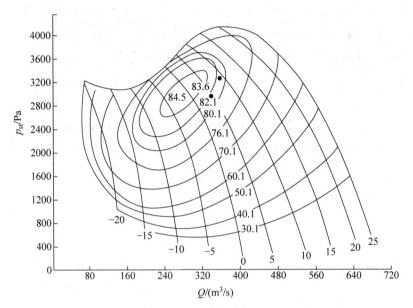

图 B-29　GAF33.5-17-1GZ

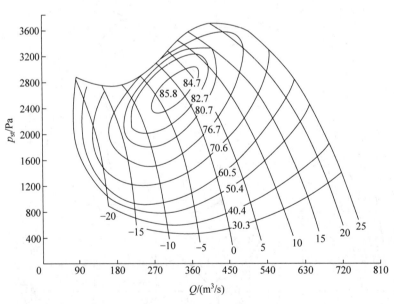

图 B-30　GAF37.5-20-1

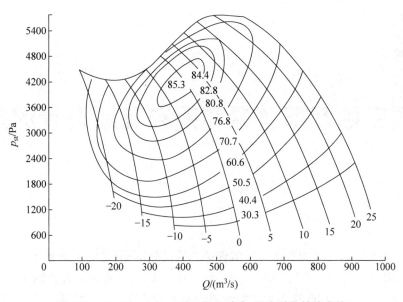

图 B-31　GAF37.5-20-1 型通风机过渡、困难时期性能曲线

# 附录C

# 煤层原始瓦斯含量和残存瓦斯含量的选定

1. 煤层原始瓦斯含量的测定可采用直接法或间接法,测定时可分别依据《地勘时期煤层瓦斯含量测定方法》(GB/T 23249—2009)、《煤层瓦斯含量井下直接测定方法》(GB/T 23250—2009)或根据煤层瓦斯压力采用朗格缪尔公式计算得到。依据 GB/T 23249—2009 测定的地勘时期瓦斯含量应与邻近生产矿井和已生产水平井下钻孔解吸法或间接法测定的瓦斯含量对比校正。

2. 煤层的残存瓦斯含量 $W_c$ 可按照 GB/T 23250—2009 测定或计算,也可选定,选定时高变质煤可燃基瓦斯含量 $>10$ m³/t 和低变质煤的 $W_c$ 值可按表 C-1 取值。

表 C-1 低变质煤的 $W_c$ 值

| 挥发分($V_r$)/% | 6～8 | 8～12 | 12～18 | 18～26 | 26～35 | 35～42 | 42～56 |
|---|---|---|---|---|---|---|---|
| $W_c$/[m³/(t·r)] | 9～6 | 6～4 | 4～3 | 3～2 | 2 | 2 | 2 |

注:煤层的残存瓦斯含量亦可近似地按煤在 0.1 MPa 压力条件下的瓦斯吸附量取值。

可燃基瓦斯含量 $<10$ m³/t 的高变质煤的 $W_c$ 按式(C-1)计算。

$$W_c = 10.385 e^{-7.207} W_0 \tag{C-1}$$

式中: $W_c$ ——煤层残存瓦斯含量, m³/t;

$W_0$ ——煤层原始瓦斯含量, m³/t。

# 附录D

# 分源预测法各种系数的确定

**1. 面巷道预排瓦斯影响系数 $K_2$**

采用长壁后退式回采时,$K_2$ 按下式计算:

$$K_2 = \frac{L - 2h}{L} \tag{D-1}$$

采用长壁前进式回采时,如上部相邻工作面已采,则 $K_2 = 1$;上部相邻工作面未采,$K_2$ 按下式计算:

$$K_2 = \frac{L + 2h + 2b}{L + 2b} \tag{D-2}$$

式中:$L$——工作面长度,m;
$h$——掘进巷道预排等值宽度,m;无实测值时可按表 D-1 取值;
$b$——巷道宽度,m。

表 D-1 巷道预排瓦斯带宽度值

| 巷道煤壁暴露时间 $T$/d | 不同煤种巷道预排瓦斯带宽度/m | | |
|---|---|---|---|
| | 无烟煤 | 瘦煤或焦煤 | 肥煤、气煤及长焰煤 |
| 25 | 6.5 | 9.0 | 11.5 |
| 50 | 7.4 | 10.5 | 13.0 |
| 100 | 9.0 | 12.4 | 16.0 |
| 150 | 10.5 | 14.2 | 18.0 |
| 200 | 11.0 | 15.4 | 19.7 |
| 250 | 12.0 | 16.9 | 21.5 |
| 300 | 13.0 | 18.0 | 23.0 |

注:$h$ 值亦可采用下式计算:
低变质煤:$h = 0.808 T^{0.55}$;
高变质煤:$h = (13.85 \times 0.0183T)/(1 + 0.0183T)$。

**2. 落煤体破碎度对放顶煤瓦斯涌出影响系数 $K_3$**

$K_3$ 值按表 D-2 取值。

表 D-2　放落煤体破碎度对放顶煤瓦斯涌出影响系数 $K_3$ 值

| 放顶煤冒落角/(°) | ≥80 | 70~80 | 60~70 | ≤60 |
|---|---|---|---|---|
| $K_3$ 取值范围 | 0.95~1.00 | 0.85~0.95 | 0.70~0.85 | 0.70 |

### 3. 邻近层受采动影响瓦斯排放率 $K_i$

当邻近层位于冒落带中时，$K_i=1$。

当采高<4.5 m 时，$K_i$ 按下式计算或按图 D-1 选取。

$$K_i = 1 - \frac{h_i}{h_p} \tag{D-3}$$

式中：$h_i$——第 $i$ 邻近层与开采层垂直距离，m；

$h_p$——受采动影响顶底板岩层形成贯穿裂隙，邻近层向工作面释放卸压瓦斯的岩层破坏范围，m。

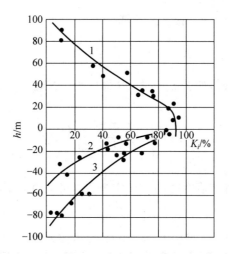

1—上邻近层；2—缓倾斜煤层下邻近层；3—倾斜、急倾斜煤层下邻近层。

图 D-1　邻近层瓦斯排放率 $K_i$ 与层间距 $h$ 的关系曲线

开采层顶、底板的破坏影响范围 $h_p$ 按《建筑物、水体、铁路及主要井巷煤柱留设与压煤开采规范》方法计算。

当采高>4.5 m 时，$K_i$ 按下式计算：

$$K_i = 100 - 0.47\frac{h_i}{M} - 84.04\frac{h_i}{L} \tag{D-4}$$

式中：$h_i$——第 $i$ 邻近层与开采层垂直距离，m；

$M$——工作面采高，m；

$L$——工作面长度，m。

### 4. 分层开采第 $i$ 分层瓦斯涌出量系数 $K_{fi}$

分层（两层或三层）开采时，$K_{fi}$ 按表 D-3 取值；分层（四层）开采时，$K_{fi}$ 按表 D-4 取值。

**表 D-3　分层（两层或三层）开采 $K_{fi}$ 值**

| 两个分层开采 | | 三个分层开采 | | |
|---|---|---|---|---|
| $K_{f1}$ | $K_{f2}$ | $K_{f1}$ | $K_{f2}$ | $K_{f3}$ |
| 1.504 | 0.496 | 1.820 | 0.692 | 0.488 |

**表 D-4　分层（四层）开采 $K_{fi}$ 值**

| 分层 | 1 | 2 | 3 | 4 |
|---|---|---|---|---|
| $K_{fi}$ | 1.80 | 1.03 | 0.70 | 0.47 |

# 附录E

# 相对瓦斯涌出量随开采深度的变化梯度和瓦斯风化带深度的确定

**1. 瓦斯涌出量随开采深度的变化梯度 $a$**

当有瓦斯风化带以下两个水平的实际相对瓦斯涌出量资料时，$a$ 值由下式确定：

$$a = \frac{H_2 - H_1}{q_2 - q_1} \tag{E-1}$$

式中：$H_2$——瓦斯带内 2 水平的开采深度，m；

$H_1$——瓦斯带内 1 水平的开采深度，m；

$q_2$——在 $H_2$ 深度开采时的相对瓦斯涌出量，$m^3/t$；

$q_1$——在 $H_1$ 深度开采时的相对瓦斯涌出量，$m^3/t$。

当有瓦斯风化带以下多个水平的实际相对瓦斯涌出量的资料时，$a$ 的加权平均值由下式确定：

$$a = \frac{n\sum_{i=1}^{n} q_i H_i - n\sum_{i=1}^{n} H_i \sum_{i=1}^{n} q_i}{n\sum_{i=1}^{n} q_i^2 - (\sum_{i=1}^{n} q_i)} \tag{E-2}$$

式中：$H_i$——第 $i$ 个水平的开采深度，m；

$q_i$——第 $i$ 个水平的相对瓦斯涌出量，$m^3/t$；

$n$——统计的开采水平个数。

当矿井相对瓦斯涌出量与开采深度之间不呈线性关系，即 $a$ 值不是常数时，应根据实测资料确定 $a$ 值与开采深度的变化规律，再进行预测。

**2. 瓦斯风化带深度 $H_0$**

1) $H_0$ 可由下式确定：

$$H_0 = H_1 - a(q_1 - 2) \tag{E-3}$$

式中符号同前。

2) 根据实测煤层瓦斯基本参数确定,瓦斯风化带的下部边界可参照下列条件确定:
(1) 甲烷及重烃的浓度之和占气体组分的 80%(按体积);
(2) 瓦斯压力 $P=0.1\sim0.15$ MPa;
(3) 相对瓦斯涌出量 $q_{CH_4}=2\sim3$ m³/t;
(4) 煤层的可燃基瓦斯含量:
① 长焰煤:$W=1.0\sim1.5$ m³/t;
② 气煤:$W=1.5\sim2.0$ m³/t;
③ 肥、焦煤:$W=2.0\sim2.5$ m³/t;
④ 瘦煤:$W=2.5\sim3.0$ m³/t;
⑤ 贫煤:$W=3.0\sim4.0$ m³/t;
⑥ 无烟煤:$W=5.0\sim7.0$ m³/t。